Kosten- und Leistungsrechnung

William Jórasz / Björn Baltzer

Kosten- und Leistungsrechnung

Lehrbuch mit Aufgaben und Lösungen

6., überarbeitete Auflage

Schäffer-Poeschel-Verlag Stuttgart

Autoren

Prof. Dr. **William Jórasz** lehrt Controlling sowie Kosten- und Leistungsrechnung an der Hochschule für angewandte Wissenschaften Würzburg-Schweinfurt

Prof. Dr. **Björn Baltzer** lehrt Controlling und Rechnungswesen an der Hochschule für angewandte Wissenschaften Würzburg-Schweinfurt

Dozenten finden ergänzende Unterlagen zu diesem Lehrbuch unter www.sp-dozenten.de

Bibliografische Information der Deutschen Nationalbibliothek

Die Deutsche Nationalbibliothek verzeichnet diese Publikation in der Deutschen Nationalbibliografie; detaillierte bibliografische Daten sind im Internet über http://dnb.dnb.de abrufbar.

Print: ISBN 978-3-7910-4273-2   Bestell-Nr. 20327-0002
ePub: ISBN 978-3-7910-4275-6   Bestell-Nr. 20327-0100
ePDF: ISBN 978-3-7910-4274-9   Bestell-Nr. 20327-0151

William Jórasz / Björn Baltzer
Kosten- und Leistungsrechnung
Nachauflage, 6. Auflage, Mai 2019

© 2019 Schäffer-Poeschel Verlag für Wirtschaft · Steuern · Recht GmbH
www.schaeffer-poeschel.de
service@schaeffer-poeschel.de

Produktmanagement: Frank Katzenmayer
Lektorat: Adelheid Fleischer

SCHÄFFER POESCHEL **myBook**

Ihr Online-Material zum Buch

Zur Vertiefung und Lernzielkontrolle finden Sie didaktisch aufbereitetes, kostenloses Zusatzmaterial wie eine geschlossene, alle Kostenrechnungssysteme umfassende Fallstudie und ein Fallbeispiel zum Industriekontenrahmen (IKR) sowie deren Lösungen. Auch stehen hier die Lösungen zu den Aufgaben im Buch zum Download zur Verfügung.

So funktioniert Ihr Zugang

1. Gehen Sie auf das Portal sp-mybook.de und geben den Buchcode ein, um auf die Internetseite zum Buch zu gelangen.
2. Oder scannen Sie den QR-Code mit Ihrem Smartphone oder Tablet, um direkt auf die Startseite zu kommen.

SP myBook:
www.sp-mybook.de
Buchcode: 4273-KoRe

Inhalte zum Download

Kapitel 1–12: Lösungen zu den Aufgaben im Lehrbuch

Kapitel 6: Fallbeispiel Industriekontenrahmen (IKR) – Aufgabenstellungen

Kapitel 6: Lösung zum Fallbeispiel Industriekontenrahmen (IKR)

Kapitle 12: Velo Fallstudie Vorlage für Studierende

Kapitle 12: Velo Fallstudie kurze Lösungshinweise für Studierende

Inhaltsverzeichnis

Vorwort der Autoren zur 6. Auflage

Die erfreulich positive Resonanz auf dieses Lehrbuch bestärkte die Autoren darin, das bisherige Konzept beizubehalten und durch Verfeinerung und Aktualisierung weiterzuentwickeln. Die offensichtlichste Neuerung der aktuellen Auflage gegenüber den vorhergehenden Auflagen ist zudem, dass aus bislang einem Autor nun zwei Autoren geworden sind.

Dem Konzept dieses einführenden Lehrbuchs liegt die Überlegung zugrunde, die durchgängige Darstellung des Kostenflusses im System der Kosten- und Leistungsrechnung von der Kostenartenrechnung bis hin zur Kostenträgerrechnung anhand einheitlicher Ausgangsgrößen für das Beispielunternehmen, die Speedy GmbH, zu vermitteln. Behandelt werden die Ist-, Normal- und Plankostenrechnung aus Voll- und Teilkostensicht, um verschiedene, insbesondere auch aktuelle Fragestellungen aus einem Gesamtrahmen heraus beantworten zu können. Ausführlicher behandelt wird in diesem Teil nunmehr auch die Leistungsrechnung. Für die Abbildung der Schnittstelle zur Investitionsrechnung fand zudem die Kosten- und Gewinnvergleichsrechnung Eingang.

Da die Kosten- und Leistungsrechnung dem operativen Controlling zuzuordnen ist, die aktive Beeinflussung des Kostenniveaus, der Kostenstruktur und des Kostenverlaufs aber immer stärker in den Vordergrund rückt, bedarf es einer Weiterentwicklung zum Kosten- und Leistungsmanagement. So können nunmehr auch strategische Fragestellungen beantwortet werden. Instrumente wie die Prozesskostenrechnung und ihre Weiterentwicklung zum Time-driven Activity-based Costing, das Target Costing und die Lebenszykluskostenrechnung werden daher nun in Kapitel 9 ausführlicher behandelt oder neu aufgenommen.

Unterschiedliche Ausprägungsformen von Unternehmen haben zudem eine Auswirkung auf die Gestaltung der Kosten- und Leistungsrechnung. Deswegen wurden im neuen Kapitel 10 anhand von ausgewählten Beispielen (Medienwirtschaft, Gesundheitsbranche, kleine und mittelgroße Unternehmen sowie internationale Großkonzerne) grundsätzliche Überlegungen zur Abhängigkeit der Kosten- und Leistungsrechnung von Einflussfaktoren angestellt, die auf diese Unternehmen wirken.

Darüber hinaus wurde im neuen Kapitel 11 ein historischer Rückblick und ein Ausblick auf die zukünftige Entwicklung der Kosten- und Leistungsrechnung aufgenommen.

Dem Verständnis des Systems der Kosten- und Leistungsrechnung soll eine weitere Fallstudie zur Velo GmbH in Kapitel 12 dienen. Sie behandelt vor dem Hintergrund einer Einzel-/Auftrags-/Serien-, Massen- und Sortenfertigung – bei gleichen Ausgangsdaten – ausführlich die Vollkostenrechnung, die Teilkostenrechnung und die Plankostenrechnung. Einzelne Ausgestaltungsvarianten wurden an entsprechender Stelle ebenso integriert wie

z. B. die Überleitung des Vollkostenergebnisses zum Teilkostenergebnis. Ausführlich und Schritt für Schritt werden an entsprechender Stelle die jeweils notwendigen Daten eingeführt und deren weitere Verrechnung dargestellt. Somit kann gezeigt werden, wie eine Kosten- und Leistungsrechnung die an sie gestellten Aufgaben (Kalkulation, Betriebsergebnisermittlung, Bestandsbewertung, Kostenkontrolle und Informationsbereitstellung für Entscheidungsrechnungen) erfüllen kann.

Diejenigen, die Berührungspunkte mit den kostenrechnerischen Zusammenhängen der Kontenklasse 9 des Industriekontenrahmens (IKR) einschließlich der Überleitung zum Ergebnis der Gewinn- und Verlustrechnung der Finanzbuchhaltung haben, finden eine eigenständige und geschlossene Fallstudie im Kapitel 6.

Zahlreiche Übungsfragen und -aufgaben dienen in jedem Kapitel der Lernzielkontrolle. Die Lösungen zu diesen Übungen können auf der Seite www.sp-mybook.de abgerufen werden. Zur weiteren Unterstützung in der Lehre finden sich zudem didaktisch aufbereitete Materialien für Dozenten auf der Seite www.sp-dozenten.de.

Die Autoren wünschen sich auch weiterhin einen regen Meinungsaustausch mit den Lesern dieses Buches (william@jorasz.de und bjoern.baltzer@fhws.de).

Dank möchten die Autoren Herrn Frank Katzenmayer vom Schäffer-Poeschel-Verlag sowie ihren Familien für die Unterstützung bei der Erstellung der vorliegenden Auflage dieses Buchs aussprechen.

Würzburg, im Frühjahr 2019

William Jórasz und Björn Baltzer

1 Die Kosten- und Leistungsrechnung als zentrales Instrument des operativen Controllings

LEITFRAGEN

Was versteht man unter Controlling?
- Welche Funktionen hat das Controlling zu erfüllen?
- Was besagt das von der International Group of Controlling (IGC) entwickelte Controller-Leitbild?
- Wie trägt Controlling zur Unternehmenssteuerung bei?

Wie sind strategisches und operatives Controlling miteinander verknüpft?
- In welche zeitlichen Abschnitte kann der Planungsprozess untergliedert werden?
- Welche Gemeinsamkeiten weisen das strategische und das operative Controlling auf?
- Wie grenzen sich das strategische und das operative Controlling voneinander ab?

Welche Bedeutung hat die Kosten- und Leistungsrechnung für das Controlling?
- Was versteht man unter einem Controlling-Instrument?
- Ist die Kosten- und Leistungsrechnung eher dem strategischen oder eher dem operativen Controlling zuzuordnen?

Beispiel Speedy GmbH

Die Speedy GmbH ist ein international tätiges Unternehmen der Fahrzeugindustrie, das als Hersteller und Anbieter von Automobilen seine Marktschwerpunkte in Deutschland und dem europäischen Ausland hat. Eines der Kernprodukte der Speedy GmbH ist ein familienfreundlicher Personenkraftwagen auf dem neuesten technischen Stand, der mit einer Brennstoffzelle betrieben und in verschiedenen Produktvarianten angeboten wird. Es wird eine langfristige Wachstumsstrategie verfolgt, die das Ziel hat, auch neue, dem Kerngeschäft nahestehende Geschäftsfelder zu erschließen. Seit einiger Zeit treten jedoch neue Anbieter mit vergleichbaren Produkten und niedrigeren Preisen am Absatzmarkt auf. Die über Jahre hinweg positive Ergebnissituation der Speedy GmbH weist in der jüngeren Vergangenheit eine rückläufige und damit wenig zufriedenstellende Tendenz auf.
Dr. Karl-Heinz Scharrenbacher, neu berufener Vorsitzender der Geschäftsführung, möchte sich deshalb von Manfred Kolb, seinem Leiter der Finanzabteilung und zuständig für das Rechnungswesen, ein genaues Bild über die derzeitige Kostensitua-

tion geben lassen. So interessieren ihn z. B. die Selbstkosten aller Produktvarianten, die jeweils zugehörige langfristige und kurzfristige Preisuntergrenze, das Betriebsergebnis aufgeschlüsselt nach Produkten und Regionen oder die Wirtschaftlichkeit bestehender Verantwortungsbereiche. Auch wünscht er Aussagen darüber, ob gegebenenfalls eine Fremdvergabe derzeit selbst gefertigter Teile sinnvoll wäre, ob sich Produktionsverlagerungen an andere Standorte rechnen würden oder ob sich mittelfristig die Ergebnisentwicklung wieder positiver gestalten wird.

Doch Dr. Karl-Heinz Scharrenbacher muss feststellen, dass schon auf diese wenigen Fragen derzeit keine zufriedenstellenden Antworten zu erhalten sind. Über die vom Gesetzgeber geforderten Jahresabschlussrechnungen hinaus werden bisher keine Instrumente des internen Rechnungswesens genutzt.

Die Geschäftsführung ist sich deshalb sehr schnell einig, dass sofort Aktivitäten eingeleitet werden müssen, damit alle Entscheidungsträger zukünftig auch über derartige Informationen verfügen können. Manfred Kolb wird beauftragt, zunächst ein leistungsfähiges Kostenrechnungssystem zu installieren, das einmal Bestandteil eines Controlling-Konzepts werden soll.

Mit dieser Aufgabenstellung werden bereits die Bedeutung einer ausgeprägten Kosten- und Leistungsrechnung und deren herausragende Stellung für die Unternehmensführung angedeutet.

Bevor jedoch die eigentliche Aufgabe von Manfred Kolb, nämlich die Erstellung eines leistungsfähigen Kostenrechnungssystems als Bestandteil eines Controlling-Konzepts, in Angriff genommen wird, sollen zunächst überblicksweise einige Grundlagen zum Controlling-Verständnis, sowie zur Einordnung und Bedeutung einer Kosten- und Leistungsrechnung in bzw. für das Controlling gegeben werden.

1.1   Controlling-Begriff

Controlling wird mitunter noch immer mit Kontrolle gleichgesetzt und der Controller somit mit einem Kontrolleur verglichen – eine Meinung, die deshalb falsch ist, weil die Kontrolltätigkeit nur eine der Controlling-Funktionen darstellt. Die Ableitung vom englischen Wort »to control« beinhaltet vielmehr auch »regeln«, »lenken«, »steuern«, »beherrschen« und nicht nur kontrollieren. Dies macht deutlich, dass Controlling einen Steuerungsprozess beinhaltet und somit eine Management-Funktion darstellt.

!   **Merke**

Controlling ist als ein zielorientiertes Steuerungssystem im Managementprozess zu verstehen, das funktionsübergreifend unternehmerische Entscheidungen durch Informationsversorgung unterstützt.

Daraus lassen sich folgende Funktionen des Controllings ableiten:

- Die *systemkoppelnde Funktion* beinhaltet die Koordination zum Beispiel des Personalführungssystems mit anderen Management-Teilsystemen. Dazu muss vom Controlling ein praxisgerechtes, effizientes und effektives Instrumentarium bereitgestellt werden. Es hilft durch systematische Planung und der daraus resultierenden Kontrolle, die angestrebten Unternehmensziele zu erreichen. Das setzt wiederum ein betriebliches Zielsystem mit qualitativen Wertvorstellungen und quantifizierbaren Werten voraus. Obwohl das Controlling auch eine Kontrollfunktion beinhaltet, ist besonders der Aspekt der Planung und Steuerung von unternehmerischen Prozessen neben der Kontrolle von großer Bedeutung. Voraussetzung für die systemkoppelnde Koordination ist hierbei die *systembildende Funktion* des Controllings, d. h. das Controlling muss darauf hinwirken, dass die einzelnen Management-Teilsysteme (z. B. ein Personalführungssystem) überhaupt existieren.
- Von grundlegender Bedeutung für die systemkoppelnde Koordination ist zudem eine umfassende *Informationsversorgungsfunktion*. Hierunter ist der Einklang zwischen den zur Entscheidungsfindung benötigten Informationen (Informationsbedarf), den zur Verfügung stehenden Informationen (Informationsangebot) und den von den Managern tatsächlich genutzten Informationen (Informationsnachfrage) zu verstehen. Zur Informationsversorgung gehören insbesondere der Aufbau eines adäquaten Berichtswesens sowie die betriebswirtschaftliche Beratung aller Entscheidungsträger.
- Die *Systemgestaltungsfunktion*, die aus instrumenteller Sicht die Gestaltung, Implementierung und Pflege der Controlling-Instrumente umfasst sowie aus organisatorischer Sicht den Aufbau von Controller-Stellen sowie die Etablierung von Controlling-Prozessen. Des Weiteren fällt hierunter beispielsweise auch die Verankerung eines Controller-Leitbilds im Unternehmen.

Funktionen des Controllings

Controlling im Sinne von beherrschen, lenken, steuern oder regeln stellt also eine zentrale Management-Funktion dar. Jeder Manager muss auch Controlling ausüben. Der Controller macht alleine kein Controlling. Er unterstützt als Führungsgehilfe vielmehr die Manager hierbei. *Controlling* bezeichnet die Funktion und *Controller* einen Träger dieser Funktion.

Controller

Controller nehmen somit sehr unterschiedliche allgemeine Funktionen bzw. konkrete Aufgaben der Managementunterstützung wahr. Von der International Group of Controlling (ICG) ist ein Controllerleitbild entwickelt worden, um der Unternehmenspraxis eine Unterstützung bei der Erstellung ihres eigenen Leitbildes durch eine Kennzeichnung wichtiger Grundpositionen der Controller-Rolle zu ermöglichen (Abbildung 1.1). Die IGC (www.igc-controlling.org) ist eine internationale Interessengemeinschaft des Controllings, in der beispielsweise der Internationale Controller Verein (ICV) vertreten ist.

Controller-Leitbild

Controller leisten als Partner des Managements einen wesentlichen Beitrag zum nachhaltigen Erfolg der Organisation.

Controller ...
1. gestalten und begleiten den Management-Prozess der Zielfindung, Planung und Steuerung, so dass jeder Entscheidungsträger zielorientiert handelt.
2. sorgen für die bewusste Beschäftigung mit der Zukunft und ermöglichen dadurch, Chancen wahrzunehmen und mit Risiken umzugehen.
3. integrieren die Ziele und Pläne aller Beteiligten zu einem abgestimmten Ganzen.
4. entwickeln und pflegen die Controlling-Systeme. Sie sichern die Datenqualität und sorgen für entscheidungsrelevante Informationen.
5. sind als betriebswirtschaftliches Gewissen dem Wohl der Organisation als Ganzes verpflichtet.

Abb. 1.1: Aktuelles Controller-Leitbild der International Group of Controlling (Stand 2013)

Der Manager trifft die Entscheidungen, der Controller bereitet für ihn die notwendigen Informationen auf, unterstützt ihn bei der Umsetzung der getroffenen Entscheidungen und informiert ihn über den jeweiligen Stand des Erreichten. Typische Controllerfragen beschäftigen sich damit, welcher Weg der richtige und inwieweit dieser Weg ökonomisch machbar ist, ob Vorhaben finanziell realisierbar oder ob die angestrebten Ziele erreichbar sind. Ein wichtiger Controlling-Grundsatz lautet:

»Vorher überlegen macht nachher überlegen!«

Der Anspruch des Controllings als modernes Konzept der Unternehmenssteuerung kann nur erfüllt werden, wenn die Funktionen, die im Controlling-Aktivitäten-Viereck (Abbildung 1.2) dargestellt sind, mit Leben ausgefüllt werden.

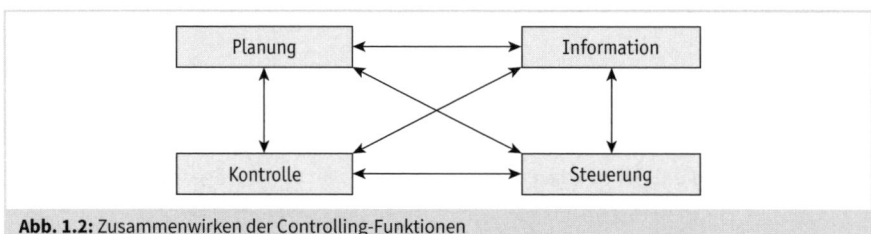

Abb. 1.2: Zusammenwirken der Controlling-Funktionen

Planung   Die Steuerung von Unternehmen ist nur dann möglich, wenn feststeht, welche Zielrichtung eingeschlagen werden soll. Es muss also vorab ein Kurs fixiert worden sein. Eine solche Kursfestlegung erfolgt in Unternehmungen durch Ziele oder Zielvereinbarungen (Objectives). Nur wenn die Ziele festgelegt sind, können die einzelnen Entscheidungsträger im Unternehmen ihre Entscheidungen so treffen, dass diese Ziele erreicht werden. Damit die Kurseinhaltung möglich ist, muss die *Planung* als Soll um das vergleichbare Ist ergänzt werden. Aus dem Vergleich von Plan und Ist wird die Steuerung auf die Objectives hin ermöglicht. Nur so lassen sich Kurskorrekturen vornehmen.

Das *Informationssystem* ist das Kernstück eines jeden Controlling-Systems. Es signalisiert die tatsächliche Entwicklung und zeigt auf, welche Abweichungen in der Realität gegenüber der Planung entstanden sind. Aus diesem Feedback erhalten die Entscheidungsträger die Impulse, die sie zur Steuerung auf die Objectives hin benötigen. Damit diese Ziele erreicht werden können, hat der Controller dafür zu sorgen, dass dem Entscheidungsträger die zur Einleitung von Steuerungsmaßnahmen erforderlichen Informationen rechtzeitig, in der notwendigen Verdichtung und problemadäquat aufbereitet zur Verfügung gestellt werden.

Information

Den Aufbau eines funktionsfähigen Informationssystems muss der Controller zusammen mit dem Finanz- und Rechnungswesen vornehmen, da das Finanz- und Rechnungswesen die Basis bietet, auf der der Controller aufbaut.

Bei der Konzipierung des Informationssystems definiert der Controller zusammen mit den Funktionsbereichen die Anforderungen, die an das System zu stellen sind. Dem einzelnen Entscheidungsträger sind vor allem solche Informationen zu liefern, die er auch beeinflussen kann. Die Informationen müssen entscheidungs- und problemorientiert aufbereitet sein. Jeder Entscheidungsträger muss Informationen zu den Bereichen bekommen, für die seine Objectives formuliert wurden.

Die Informationsfunktion des Controllers erstreckt sich damit auf den Aufbau eines Management-Informations-Systems (MIS), das das Ziel- und Planungssystem um das entsprechende Informationssystem ergänzt, welches für die Verantwortungseinheiten konform konzipiert ist und das garantiert, dass die Informationen rechtzeitig beim richtigen Empfänger in der notwendigen Verdichtung vorhanden sind.

Die *Kontrolltätigkeit* im Rahmen des Controllings bezieht verfahrens- und ergebnisorientierte Kontrollen ein.

Kontrolle

Verfahrensorientierte Kontrollen beschränken sich auf die Kontrolle der Aktivitäten von Unternehmenseinheiten bei der Planerstellung, Informationsermittlung und Gegensteuerung. Der Controller muss überwachen, dass diese Tätigkeiten nach den von ihm vorgegebenen Richtlinien ablaufen. Werden bei der Erstellung einer Jahresplanung bestimmte Planungsrichtlinien nicht beachtet, gehen dadurch die Plausibilität und die Integrierbarkeit der Planungen der Teilbereiche verloren. Fehler in diesem Stadium wirken sich in erheblichem Maße spätestens beim Soll-Ist-Vergleich und den Möglichkeiten zur Gegensteuerung aus. Sie führen dazu, dass ein wirksames Gegensteuern kaum möglich ist.

Ergebnisorientierte Kontrollen beinhalten den Vergleich von Soll und Ist des Jahres, des Monats oder sonstiger Zeiträume. Abweichungen der Eckwerte aller wesentlichen Bereiche wie Absatz, Technik, Beschaffung, Umsatzstruktur, Kostenstellen, Budgets, Investitionsetats usw. werden kontrolliert. Diese Kontrolltätigkeiten bilden den Einstieg für die aktive Gegensteuerung im Rahmen des Controllings, reichen aber nicht allein aus, um die Gegensteuerung zu garantieren.

Die Kontrolltätigkeiten sind immer um eine intensive *Analyse* zu ergänzen. Während Kontrolle immer feedback-orientiert – also rückwärtsgewandt – ist, ermöglicht erst die darauf aufbauende Analyse den Übergang zu einem feed-forward-orientierten – also vorwärtsgewandten – Steuern. Hier liegt der wesentliche Unterschied zwischen »kontrollorientierten« Controllern, die Abweichungen als Schuldbeweise betrachten und »steuernden« Controllern, die die Kontrollinformationen als Einstieg für tiefer gehende Analysen und Gegensteuerungen verwenden. Dazu gehört

- die Ursachenanalyse der Abweichungen,
- die Suche nach Lösungen zur Vermeidung der Abweichungen und
- die Beobachtung der Auswirkungen der eingeleiteten Gegensteuerungsmaßnahmen.

Für die Steuerung ist nicht so sehr entscheidend, dass Abweichungen entstanden sind, sondern welche Ursachen diese Abweichungen hervorgerufen haben. Aufgabe des Controllers ist es, ein effizientes Analyseinstrumentarium bereitzustellen, um gemeinsam mit den betroffenen Bereichen die Abweichungen zu untersuchen.

Nachdem die Abweichungsursachen festgestellt sind, ist es Aufgabe des Controllers dafür zu sorgen, dass Maßnahmen eingeleitet werden, damit unerwünschte Abweichungen künftig nicht mehr auftreten.

Sind die Maßnahmen eingeleitet und umgesetzt, so liegt die wesentliche Aufgabe darin zu prüfen, ob diese Maßnahmen gegriffen haben. Auch hier ist wieder ein ständiger Kontroll- und Analysevorgang erforderlich, um den Erfolg der Maßnahmen feststellen zu können.

Steuerung Der Regelkreis des Controlling-Aktivitäten-Vierecks wird über die Planung, Information, Kontrolle mit der (Gegen-) *Steuerung* als Antwort auf das Feedback geschlossen. Während alle vorgelagerten Funktionen die Aufgabe haben, die Kursfixierung festzulegen, ihre Einhaltung zu signalisieren und Abweichungen aufzuzeigen, ist die Steuerung die zukunftsgerichtete regulierende Funktion, mit der das Unternehmen wieder auf Kurs gebracht wird.

1.2   Operatives und strategisches Controlling

Controlling ist im Gegensatz zur Finanzbuchhaltung zukunftsorientiert (Abbildung 1.3).

Zukunfts-orientierung
- Der erste Schritt der Zukunftsausrichtung umfasst den Aufbau der *Jahresplanung*, mit der die Objectives für die einzelnen Unternehmensbereiche über Budgets für die kommende Periode fixiert werden. Die (alleinige) Jahresplanung besitzt aber einen großen Nachteil: Je weiter man im Jahr fortschreitet, umso kürzer wird der Zeitraum

für eine zukunftsorientierte Steuerung, bis er zum Jahresende auf null zusammen-schmilzt. Dies hat zur Erweiterung der Jahresplanung geführt.

- Die *Mittelfristplanung* soll die Jahresplanung ergänzen und den bei der Jahresplanung enger werdenden Horizont erweitern. In der Regel stellt die Mittelfristplanung die Fortschreibung der Jahresplanung für einen Zeitraum von drei bis fünf Jahren dar. Der Zeitraum für Gegensteuerungsmaßnahmen wird hierdurch erweitert, da die Jahres-planung in das System der Mittelfristplanung rollierend integriert ist.
- In vielen Unternehmen wird die Mittelfristplanung ergänzt um eine *Langfristplanung* als Fortschreibung und Extrapolation der Mittelfristplanung für einen Zeitraum von fünf bis zehn Jahren. Allerdings erweitern sich die Möglichkeiten der Gegensteuerung aufgrund der Langfristigkeit kaum. Bei der sich permanent verändernden Umwelt bricht das langfristige Planungsgerüst in der Regel nach nicht allzu langer Zeit zusam-men, da sich die Prämissen grundlegend verändert haben. Aus diesem Grund wurde in letzter Zeit verstärkt die strategische Planung entwickelt.
- Die *strategische Planung* geht bewusst von den Planungstechniken der Jahres-, Mittel-frist- und Langfristplanung ab und versucht, die dort auftretenden Mängel zu beseiti-gen. Sie ist keine Planung in Zahlen, sondern als verbale Planung zu verstehen, die keine Begrenzung des Zeithorizontes kennt. Sie zeigt auf, wo die Existenzberechti-gung des Unternehmens liegt, welche Strategien und Maßnahmen mittelfristig umge-setzt werden müssen, um das oberste Unternehmensziel zu erfüllen und die Existenz des Unternehmens zu sichern. Die strategische Planung überlagert somit die Jahres-und die Mittelfristplanung.

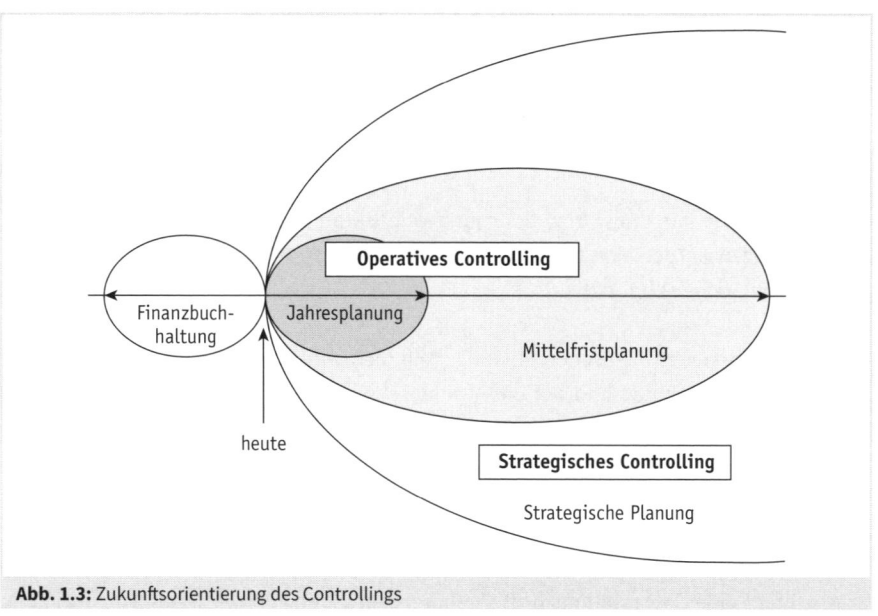

Abb. 1.3: Zukunftsorientierung des Controllings

In Anknüpfung an die Unterteilung der Unternehmensplanung in eine strategische und in eine operative Dimension, unterscheidet sich auch das Controlling in *strategisches und operatives Controlling*.

Die Funktionen sind beim strategischen und beim operativen Controlling grundsätzlich identisch: Planung, Information, Kontrolle und Steuerung. Das strategische, primär umweltbezogene Controlling überlagert das operative, primär betriebsbezogene Controlling. Beide müssen in integrierter Form miteinander verbunden werden (Abbildung 1.4).

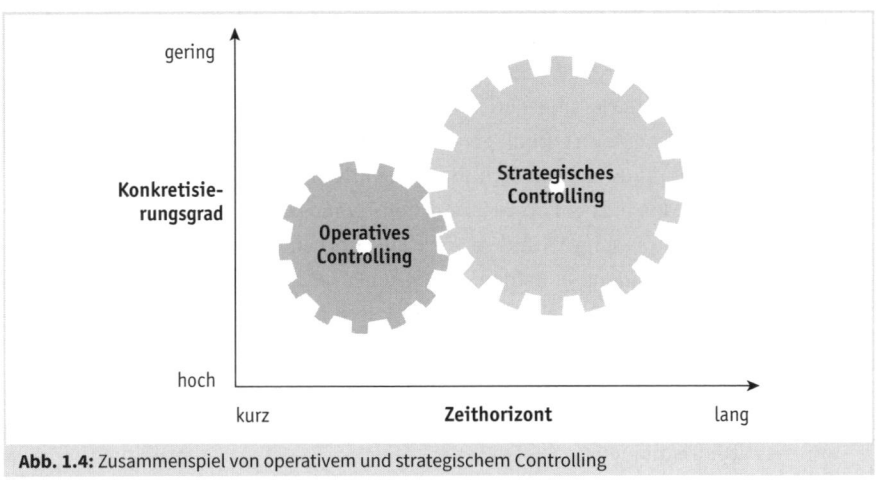

Abb. 1.4: Zusammenspiel von operativem und strategischem Controlling

Strategisches Controlling

Strategisches, primär umweltbezogenes *Controlling* soll die strategische Führung des Unternehmens unterstützen. Im Mittelpunkt steht die *dauerhafte Existenzsicherung* des Unternehmens. Hierzu müssen die Chancen und Risiken der Unternehmensumwelt einerseits und die Stärken und Schwächen des Unternehmens selbst systematisch erkannt und miteinander abgeglichen werden.

Erfolgspotenziale wie Know-how oder Innovationskraft stellen hierbei die Steuerungsgröße dar. Dazu werden eine *strategische Planung, eine strategische Kontrolle und strategische Informationen* benötigt.

Strategische Analyse

Die erste Phase der strategischen Planung stellt die *strategische Analyse* dar, die sich auf das Gesamtunternehmen und auf die strategischen Geschäftseinheiten des Unternehmens bezieht. Hier werden z. B. der Marktanteil des Unternehmens und seiner Konkurrenten, Absatzkanäle und Kundenstruktur oder die Positionierung der gegenwärtigen Produktfamilien untersucht. Die Analyse der Umweltbedingungen, denen sich das Unternehmen nach außen hin gegenübersieht, die Analyse der zur Verfügung stehenden Ressourcen (relative Stärken und Schwächen des Unternehmens zur Konkurrenz) und das Herausfiltern eines Wertsystems (Unternehmensleitbilder, Führungsgrundsätze) sind im Einzelnen vorzunehmen.

Vor der Formulierung von Strategien müssen die qualitativen und quantitativen *Zielsetzungen* in der zweiten Phase der strategischen Planung festgelegt werden. Die qualitativen Zielsetzungen finden ihren Niederschlag in einer verständlich formulierten Unternehmensvision. Quantitative Zielsetzungen können z. B. in einer anzustrebenden Umsatzrendite, dem Umsatz je Beschäftigten, dem Marktanteil oder dem Deckungsbeitrag in Prozent vom Umsatz ihren Ausdruck finden.

Zielsetzungen

Die dritte Phase der strategischen Planung besteht in der Entwicklung von *Strategien*: In welchen Märkten will das Unternehmen weshalb tätig sein und wie müssen die strategischen Geschäftseinheiten geführt werden, damit langfristig Gewinne erzielt werden können (durch Kostenvorsprung, durch Nischenprodukte usw.)?

Strategien

Die Besonderheit der *strategischen Kontrolle* besteht darin, dass sie nicht erst im Nachhinein durchgeführt wird, sondern den Planungs- und Realisierungsprozess von Anfang an begleiten muss. Störgrößen sind frühzeitig zu erkennen, damit gegebenenfalls die Strategie verändert werden kann. Die Entwicklung eines Frühwarnsystems erfordert hierbei die Festlegung von Indikatoren (z. B. Hochrechnung kalkulatorischer Ergebnisse, Preispolitik der Konkurrenten, Einkaufsverhalten der Kunden, Auftragseingänge usw.).

Strategische Kontrolle

Die strategische Planung und Kontrolle macht eine ausreichende *Informationsversorgung* notwendig, damit zur richtigen Zeit am richtigen Ort die notwendigen Informationen in der erforderlichen Aufbereitung zur Verfügung stehen. Hierzu ist mit der Bereitstellung von IT-Potenzialen die Informationsbeschaffung (z. B. Datenbanken), die Informationsbearbeitung (z. B. Datenaggregation oder -selektion), die Informationsaufbereitung (z. B. grafische Cockpits) und die Informationsverteilung (z. B. an die verschiedenen Management-Ebenen) zu organisieren.

Das *operative Controlling* wird vom strategischen überlagert: Operativ lässt sich immer nur das erreichen, wofür zuvor strategisch die Grundlage gelegt wurde. Der Schwerpunkt des operativen Controllings liegt in der *Gewinnsteuerung unter Sicherstellung der Liquidität*. Wirtschaftlichkeit, Rentabilität und Gewinn als Steuerungsgrößen können auf Basis der quantifizierbaren Größen Aufwand und Ertrag bzw. Kosten und Leistungen ermittelt werden.

Operatives Controlling

Das operative Controlling beginnt in der Gegenwart und betrachtet kurz- und mittelfristige Zeiträume – in der Regel bis zu einem Jahr (in Monate und Quartale unterteilt). Um die Gewinne sicherzustellen oder zu erhöhen, ist in Anlehnung an die strategische Vorgehensweise das operative Geschehen ebenfalls zu planen, zu kontrollieren und zu steuern.

Die *operative Planung* leitet sich aus der strategischen ab. Sie wird weitgehend durch die bereits getroffenen langfristigen Entscheidungen bestimmt und hat naturgemäß einen höheren Detaillierungsgrad.

Operative Planung und Kontrolle

Die aus der operativen Planung abgeleiteten Vorgaben von Leistungszielen und Kosten-
werten werden im Rahmen der *operativen Kontrolle* mit dem entsprechenden Istzustand
verglichen, damit Abweichungen festgestellt werden können. Das erfordert natürlich,
dass sich sowohl Soll- wie Istzustand in zeitlicher und sachlicher Hinsicht entsprechen.

Operative
Steuerung
Die aus dem Soll-Ist-Vergleich ermittelten Abweichungen sind für eine *operative Steue-
rung* auf ihre Abweichungsursachen hin zu analysieren, so dass daraufhin entsprechende
Korrekturmaßnahmen eingeleitet werden können. Ein adäquates *Berichtswesen* sollte in
diesem Prozess enthalten sein.

Instrumente
des Controllings
Das strategische wie auch das operative Controlling benutzen eine Vielzahl von Cont-
rolling-Instrumenten. Unter einem Controlling-Instrument soll hierbei ein betriebswirtschaftliches Hilfsmittel verstanden werden, welches die Funktionsträger des Controllings
(Manager und Controller) bei der Erfüllung ihrer Controlling-Aufgaben einsetzen. Häufig
werden die Controlling-Instrumente mit speziellen IT-Lösungen umgesetzt.

Abgrenzungs-merkmale	Operatives Controlling	Strategisches Controlling
Zentral verfolgte Führungsgrößen	Gewinn, Rentabilität, Liquidität, Produktivität	Erfolgspotenziale zur Sicherung der langfristigen Unternehmensexistenz
Vorherrschende Orientierung	Primär Unternehmensinnenwelt	Primär Unternehmensumwelt
Zeithorizont	Primär kurzfristig (z. B. ein Jahr), im Rahmen rollierender Steuerung auch mittelfristig	Langfristig, nicht a priori begrenzt (aber: ökonomischer Horizont)
Berücksichtigte Informationen	Kosten und Erlöse; Ein- und Auszahlungen; daneben Leistungsgrößen	Sehr heterogen, bezogen auf die Art der Informationen (z. B. relevante Marktpositionen, Wettbewerbs-vorteile)
Freiheitsgrad	Weitgehende Konstanz der grundsätzlichen Ziele und Handlungsmöglichkeiten	Bewusste Veränderbarkeit aller Planungs- und Kontrollparameter (Ziele, Handlungsalternativen)
Strukturierungs-/ Formalisierungsgrad	Stark strukturiertes und formalisiertes Vorgehen	Beschränkung auf die Vorgabe eines Vorgehensrahmens
Autonomiegrad der Controller	Nebeneinander autonome Aufgabenfelder des Controllings und kooperativ mit anderen Stellen zu bearbeitende Aufgabengebiete	Notwendigkeit einer sehr engen Zusammenarbeit mit anderen Stellen in allen Phasen des strate-gischen Controllings
Organisation des Controllings	Zentrales oder dezentrales Controlling	Zentrales Controlling

Abb. 1.5: Abgrenzung des operativen und strategischen Controllings

Beim *strategischen Controlling* steht eine Vielzahl von Instrumenten zur Verfügung, z. B. Portfoliomethoden, Lebenszyklusanalysen, Sensitivitäts- und Risikoanalysen oder Szenariotechniken, um zukünftige Entwicklungen möglichst qualitativ und quantitativ aufzeigen und beurteilen zu können.

Beim *operativen Controlling* gelangen insbesondere Instrumente des betrieblichen Rechnungswesens zum Einsatz, die auf der Finanzbuchhaltung und der Kosten- und Leistungsrechnung basieren. Darüber hinaus werden Analyse- und Berichtssysteme mithilfe von Kennzahlen entwickelt, um die Ebenen des Managements hinsichtlich seiner operativen Führungsfunktionen zu unterstützen. Instrumente für das operative Controlling können z. B. die Kostenstellenrechnung zu Vollkosten, die Kostenträgerrechnung zu Vollkosten, die Plankostenrechnung zu Vollkosten, die Grenzplankostenrechnung, die ein- oder mehrstufige Deckungsbeitragsrechnung, Kennzahlensysteme, die Kosten- oder die Gewinn-Vergleichsrechnung, die Prozesskostenrechnung, die Kapitalflussrechnung, ABC-Analysen oder die Budgetierung sein.

In Abbildung 1.5 werden die wesentlichen Unterschiede zwischen strategischem und operativem Controlling nochmals im Überblick dargestellt.

1.3 Bedeutung der Kosten- und Leistungsrechnung als Controlling-Instrument

Damit die Funktionen des Controllings erfüllt werden können, bedarf es *integrierter Informationssysteme*. Sie sind so aufzubauen, zu gestalten und zu pflegen, dass eine systematische Informationsbedarfsermittlung, Informationserzeugung sowie entscheidungsebenenorientierte oder anwendungsbezogene Informationsbereitstellung ermöglicht wird.

Die Kosten- und Leistungsrechnung stellt mit ihren vielfältigen Ausgestaltungsmöglichkeiten das zentrale Instrument des *operativen* Controllings dar: In ihr werden Kosten- und Erlösinformationen verarbeitet, die eine wesentliche Führungsgröße des operativen Controllings darstellen. Die Kosten und Leistungsrechnung bezieht sich auf vergangene, gegenwärtige und zukünftige Vorgänge im Unternehmen und umfasst Beziehungen zwischen dem Unternehmen und seiner Umwelt. Der Einsatz der Kosten- und Leistungsrechnung im operativen Controlling ergibt sich aus dessen oben genannten Merkmalen. Das oberste (monetäre) Ziel stellt grundsätzlich das Streben nach maximaler Ergebniserwirtschaftung (Gewinnmaximierung oder Verlustminimierung) dar, um das Unternehmen zu erhalten und erfolgreich weiterzuentwickeln. Als Nebenbedingung ist hierbei die ständige Aufrechterhaltung der Liquidität zu beachten. Betrachtungsobjekte sind (nicht nur, aber insbesondere) Leistungen (Sach- und Dienstleistungen) und Leistungsprozesse (Prozesse im Beschaffungs-, Fertigungs- und Absatzbereich). Die Kosten- und Leistungsrechnung stellt ein spezielles Informationsinstrument dar, dessen Informationen in den Führungsbereichen zur Erfüllung der jeweiligen Aufgaben benötigt werden. Abbildung 1.6 verdeutlicht, wie die Kosten- und Leistungsrechnung in einem integrierten betrieblichen Informationssystem einzuordnen ist.

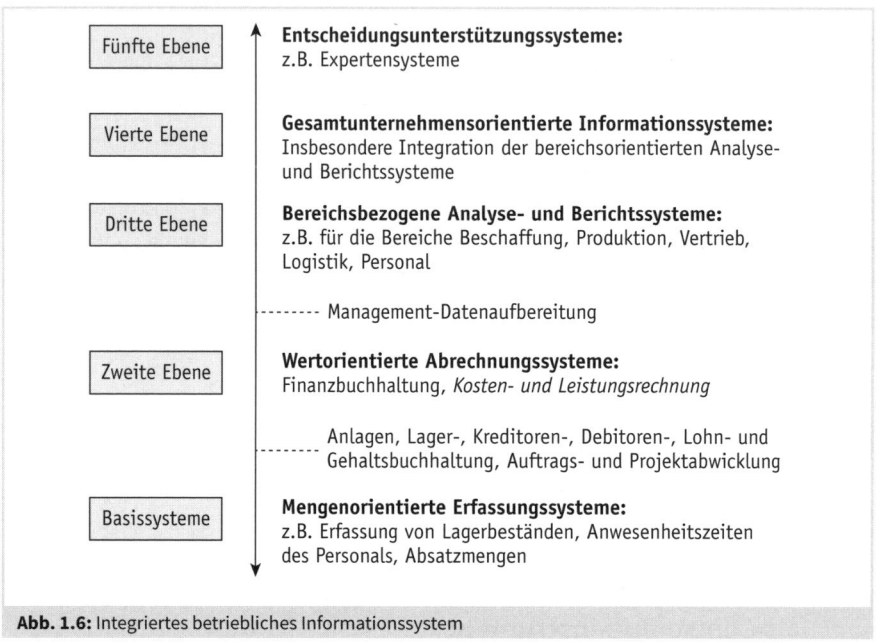

Abb. 1.6: Integriertes betriebliches Informationssystem

!   Merke

Die Kosten- und Leistungsrechnung ist als Informationssystem mit mengen- und wertmäßigen Daten für das Management zu betrachten.

Gewinn-
steuerungs-
instrument

Die Kosten- und Leistungsrechnung hat sich von einem Gewinnermittlungs- zu einem *Gewinnsteuerungsinstrument* entwickelt.

Hierzu sind unter anderem geeignete Kosten-, Deckungsbeitrags- und Ergebnisinformationen für spezifische Entscheidungen (Produktionsprogrammplanung, Eigenfertigung/ Fremdbezug usw.) bereitzustellen. Mithilfe der gewonnenen Informationen wird aus der angemessen ausgestalteten Kosten- und Leistungsrechnung eine fundamentale Grundlage für die Aufgabenerfüllung des Controllings gewonnen.

Eine für das Controlling erforderliche Kosten- und Leistungsrechnung macht es erforderlich, dass sie auf die Planungs- und Kontrollprozesse des Unternehmens ausgerichtet ist. Damit sind wirksame periodische Kostenplanungen und -kontrollen möglich.

Es werden vielfältige Anforderungen an eine Kosten- und Leistungsrechnung gestellt, die von einem einzelnen Kostenrechnungssystem kaum bewältigt werden können. Es muss deshalb eine *Auswahl* unter den zur Verfügung stehenden Systemen getroffen werden, damit der angestrebte Nutzen in einem vertretbaren Maße zu seinem Aufwand steht (Prinzip der Wirtschaftlichkeit). Aber es ergeben sich auch gewisse inhaltliche Notwendigkeiten. Zwar wird die Deckungsbeitragsrechnung (= Teilkostenrechnung) als ein grundlegendes Instrument des Controllings angesehen, doch hat sie ihre Grenzen dort, wo beispielsweise Vollkostenkalkulationen (Bestandsbewertung, Kalkulation bei öffentlichen Aufträgen) notwendig werden.

Um die herausragende Bedeutung der Kosten- und Leistungsrechnung und deren Möglichkeiten beurteilen zu können, werden im Folgenden sukzessive die verschiedenen Kostenrechnungssysteme erarbeitet.

Aufgaben Kapitel 1
1. Erläutern Sie in Ihren eigenen Worten die Kernaussagen des Controller-Leitbilds der International Group of Controlling!
2. Wie kann der Anspruch des Controllings als modernes Konzept der Unternehmenssteuerung erfüllt werden?
3. Charakterisieren Sie operatives und strategisches Controlling!
4. Wie ist die Kosten- und Leistungsrechnung in das Controlling einzuordnen?

Die Lösungen zu den Aufgaben finden Sie im Online-Bereich des Schäffer-Poeschel-Verlags: www.sp-mybook.de

Literatur Kapitel 1

Becker, W./Baltzer, B./Ulrich, P.: Wertschöpfungsorientiertes Controlling, Stuttgart 2014.

Becker, W./Ulrich, P. (Hrsg.): Handbuch Controlling, Wiesbaden 2016.

Hahn, D./Hungenberg, H.: PuK, 6. Auflage, Wiesbaden 2001.

Horváth, P./Gleich, R./Seiter, M: Controlling, 13. Auflage, München 2015.

Küpper, H.-U.: Anforderungen an die Kostenrechnung aus Sicht des Controlling, in: Männel, W. (Hrsg.): Handbuch Kostenrechnung, Wiesbaden 1992, S. 138-153.

Küpper, H.-U./Friedl, G./Hofmann, C./Hofmann, Y./Pedell, B.: Controlling, 6. Auflage, Stuttgart 2013.

Vahs, D./Schäfer-Kunz, J.: Einführung in die Betriebswirtschaftslehre, 7. Auflage, Stuttgart 2015.

Weber, J./Schäffer, U.: Einführung in das Controlling, 15. Auflage, Stuttgart 2016.

2 Die Kosten- und Leistungsrechnung als Kernbestandteil des betrieblichen Rechnungswesens

LEITFRAGEN

Wie ist die Kosten- und Leistungsrechnung in das Informationssystem Rechnungswesen einzuordnen?

- Wie wird das betriebliche Rechnungswesen untergliedert?
- Was sind typische Merkmale einer Kosten- und Leistungsrechnung?
- Wodurch unterscheidet sich die Kosten- und Leistungsrechnung von der Finanzbuchhaltung?

Wie sieht der grundsätzliche Aufbau einer Kosten- und Leistungsrechnung aus?

- Welche Zwecke hat eine Kosten- und Leistungsrechnung zu erfüllen?
- In welche Abrechnungsstufen unterteilt sich eine Kosten- und Leistungsrechnung?
- Welche Verrechnungsprinzipien müssen oder können zur Anwendung kommen?
- Welche Kostenrechnungssysteme können grundsätzlich unterschieden werden?

Was sind Kosten in ihren Abgrenzungen zu Auszahlung, Ausgabe und Aufwand?

- Welche Arten von Gütern unterliegen einem Verbrauch?
- Welche Arten von Verbräuchen werden unterschieden?
- Was versteht man unter Auszahlung, Ausgabe, Aufwand und Kosten?
- Wie sind die Begriffe neutrale Ausgabe, neutraler Aufwand, Zusatzausgabe, Zusatzaufwand, Zusatzkosten, Zweckaufwand und Grundkosten einzuordnen?

Was sind Leistungen in ihren Abgrenzungen zu Einzahlung, Einnahme und Ertrag?

- Was versteht man unter Einzahlung, Einnahme, Ertrag und Leistung?
- Wie sind die Begriffe neutrale Einnahme, neutraler Ertrag, Zusatzeinnahme, Zusatzertrag, Zusatzleistung, Zweckertrag und Grundleistung einzuordnen?

Beispiel: Speedy GmbH

Vor der Einführung einer Kosten- und Leistungsrechnung will sich Manfred Kolb, der auch für das Rechnungswesen zuständige Leiter der Finanzabteilung der Speedy GmbH, zunächst über die Unterschiede gegenüber dem gesetzlich vorgeschriebenen externen Rechnungswesen und über die grundsätzlichen Ausgestaltungsmöglichkeiten einer Kosten- und Leistungsrechnung Klarheit verschaffen.

Seine Entscheidung wird hierbei sein, dass er zunächst eine Istkostenrechnung auf Vollkostenbasis mit teilweisen Ergänzungen aufbaut, um sukzessive auf dieser Basis – je nach Zwecksetzungen – weitere Ausgestaltungsformen zu ergänzen und zu implementieren.

Um die Istkostenrechnung auf Vollkostenbasis mit Rechengrößen zu befüllen, muss Manfred Kolb zuvor diese Rechengrößen Kosten und Leistungen definieren. Seine Idee: Er greift auf vorhandene Daten z. B. aus der gesetzlich vorgeschriebenen Jahresabschlussrechnung des externen Rechnungswesens zurück. Das wirft für ihn allerdings einige Fragen auf: Stellt beispielsweise der gezahlte Anschaffungswert eines Anlagengutes Kosten dar? Wie sieht es mit einer Spende aus, die die Speedy GmbH kürzlich an einen regionalen Fußballverein überwiesen hat? Können die Abschreibungen aus der Finanzbuchhaltung eins zu eins in die Kostenrechnung übernommen werden? Stellen die gekauften, aber noch nicht in der Produktion eingesetzten Materialien bereits Kosten dar? Manfred Kolb wird feststellen, dass bestimmte Geschäftsvorfälle die Kosten- und Leistungsrechnung entweder gar nicht, in anderer Höhe oder in gleicher Höhe berühren. Zudem fließen Sachverhalte in die Kostenrechnung ein, welche wiederum die Finanzbuchhaltung nicht berücksichtigt.

2.1   Charakterisierung und Gestaltungsmöglichkeiten einer Kosten- und Leistungsrechnung

2.1.1   Die Teilgebiete des betrieblichen Rechnungswesens

Bereitstellung von Informationen

Für die angesprochenen Betrachtungen stehen im Mittelpunkt alle Aktivitäten im Rahmen des Transformationsprozesses eines Unternehmens, der die beschafften Produktionsfaktoren zu den spezifischen Leistungen überführt, die zur Erreichung bestimmter Ziele (Gewinn-, Umsatz-, Wachstumsziele usw.) von den Entscheidungsträgern festgelegt wurden. Um diesen Transformationsprozess abbilden zu können, werden *Informationen* benötigt. Das betriebliche Rechnungswesen als zentrales Informationssystem liefert diese mengen- und wertmäßigen Daten.

Informationsempfänger

Dem betrieblichen Rechnungswesen kommt in einem ersten Schritt die Aufgabe zu, aufgrund von Belegen, in denen die Geschäftsvorfälle dokumentarisch festgehalten werden, Informationen zu produzieren. Im Rahmen des Informationsverarbeitungsprozesses sind dann zahlenmäßige Berichte zu erstellen und an diejenigen Personen weiterzuleiten, welche sich für die wirtschaftliche Lage des Unternehmens interessieren. Dabei spielen sich mehrere informationswirtschaftliche Teilprozesse ab, um verschiedenen Informationsempfängern jeweils bestimmte Informationen zur Verfügung zu stellen. Naturgemäß sind – je nach Empfängergruppe – die Informationswünsche sehr unterschiedlich. Hier hat sich die für die Informationswünsche angepasste Einteilung in *externe* und *interne Informationsempfänger* bewährt. Das unterschiedliche Informationsbedürfnis beider Informationsempfängergruppen kann so jeweils zusammengefasst und befriedigt werden.

Es bietet sich an, das Rechnungswesen entsprechend in ein externes und in ein internes Rechnungswesen zu gliedern. Beide Teilbereiche unterscheiden sich hinsichtlich ihres Informationsgegenstandes und der Informationsempfänger, d. h. welcher Ausschnitt des wirtschaftlichen Geschehens zahlenmäßig dargestellt und für wen berichtet wird (Abbildung 2.1).

Abb. 2.1: Gliederung des betrieblichen Rechnungswesens

Das *externe Rechnungswesen* bildet den internen Güterverzehr und die Güterentstehung und alle finanziellen Vorgänge ab, die sich zwischen dem Unternehmen und seiner Umwelt abspielen. Basis dafür sind die allen Geschäftsvorfällen zu irgendeinem Zeitpunkt zu Grunde liegenden Zahlungen. Zur Unternehmensumwelt zählen insbesondere die Partner auf den verschiedenen Beschaffungs- und Absatzmärkten, die Kapitalgeber und -empfänger sowie der Staat. Seinen zusammenfassenden Abschluss findet das externe Rechnungswesen in der Bilanz und in der Gewinn- und Verlustrechnung, dem sogenannten Jahresabschluss. Er dient in erster Linie der vergangenheitsorientierten Dokumentation und Rechenschaftslegung sowie der Bemessung von Steuerzahlungen und Ausschüttungen. Da er sich insbesondere an externe Informationsempfänger richtet, die in der Regel keine weiteren Einblicksmöglichkeiten haben, existieren umfangreiche gesetzliche

Externes
Rechnungs-
wesen

Vorschriften für die Erstellung des Jahresabschlusses und für die Gestaltung des ihm zu Grunde liegenden Rechenwerks, der Finanz- oder Geschäftsbuchhaltung. Wesentliche Gesetzesquellen für deutsche Unternehmen sind das Handelsgesetzbuch, das Einkommensteuergesetz und das Körperschaftsteuergesetz sowie für kapitalmarktorientierte Konzerne die International Financial Reporting Standards (IFRS). Natürlich liefern auch die Finanzbuchhaltung und die Jahresabschlussrechnung Informationen für unternehmerische Entscheidungen (z. B. für die Finanzplanung).

Internes Rechnungs-wesen Das *interne Rechnungswesen* bildet die wirtschaftlich bedeutsamen Vorgänge ab, die gänzlich durch die im Unternehmen tätigen Personen beeinflusst oder gesteuert werden. Eine Hauptaufgabe des internen Rechnungswesens besteht darin, den Verzehr von Produktionsfaktoren und die damit verbundene Entstehung von Leistungen mengen- und wertmäßig zu erfassen und die Wirtschaftlichkeit der Leistungserstellung zu überwachen. Von Ausnahmen bei öffentlichen Aufträgen abgesehen, müssen die Zahlen und Berechnungen des internen Rechnungswesens Dritten nicht zugänglich gemacht werden, sondern dienen zur Information der Entscheidungsträger, die sie zur Planung, Steuerung und Kontrolle des Betriebsgeschehens verwenden. So gibt es im Gegensatz zum externen Rechnungswesen für das interne Rechnungswesen kaum zwingende gesetzliche Vorschriften.

Zur gesamthaften Abbildung des wirtschaftlich bedeutsamen Geschehens *im* Unternehmen (Leistungserstellungsprozess) existiert neben der Kosten- und Leistungsrechnung auch in der einen oder anderen organisatorischen Form die *Betriebsstatistik*, in der Daten in übersichtlicher Form dargestellt, komprimiert oder mittels mathematischer Verfahren analysiert werden.

Wir haben bislang vom betrieblichen Rechnungswesen gesprochen und meinen dies auch weiterhin, verzichten jedoch ab hier auf den Zusatz »betrieblich«. Deswegen sei an dieser Stelle der kurze Hinweis gegeben, dass neben dem betrieblichen Rechnungswesen von Unternehmen und anderen einzelwirtschaftlichen Organisationen auch noch das volkswirtschaftliche Rechnungswesen existiert, welches auch oft als volkswirtschaftliche Gesamtrechnung bezeichnet wird.

2.1.2 Merkmale der Kosten- und Leistungsrechnung

Die Gliederung des Rechnungswesens in einen externen und einen internen Teil gibt zunächst noch keinen Aufschluss darüber, wieso es überhaupt eine separate Kosten- und Leistungsrechnung neben der gesetzlich vorgeschriebenen Finanzbuchhaltung mit Jahresabschluss geben soll. Man könnte argumentieren, der Gesetzgeber habe in der Generalnorm des § 264 Abs. 2 HGB schließlich verfügt, dass ein Außenstehender einen Einblick in die Finanz-, Vermögens- und Ertragslage des Unternehmens erhalten soll. Wieso sollte dies für die unternehmensinternen Entscheidungsträger nicht ausreichend sein? Die sich mit der Kosten- und Leistungsrechnung zusätzlich eröffnenden Gestaltungsmöglichkeiten werden jedoch durch die nachfolgende Darstellung ihrer Merkmale deutlich. Abbildung 2.2 fasst diese folgenden Ausführungen zusammen, wobei zwischen eindeutigen Merkmalen (»ist«) und Merkmalen mit unterschiedlichen Ausprägungsmöglichkeiten (»kann«) unterschieden wird.

Die in Abbildung 2.1 dargestellte Einteilung des Rechnungswesens zeigt, dass die Kosten- und Leistungsrechnung ein Teilgebiet des *internen Rechnungswesens* darstellt, während die Finanzbuchhaltung mit ihrer Jahresabschlussrechnung zum externen Rechnungswesen gehört. Dies ist insofern bedeutsam, weil die jeweilig zu verarbeitenden Informationen aufgrund der unterschiedlichen Informationsempfänger sich inhaltlich und von ihrer Darstellung und Verwertbarkeit her unterscheiden.

Bestandteil des internen Rechnungswesens

Die Charakterisierung der Kosten- und Leistungsrechnung als *kalkulatorische Rechnung* mag zunächst überraschen, denn naiv übersetzt heißt dies doch, dass es sich um eine »rechnerische Rechnung« handelt. Doch damit soll zum Ausdruck kommen, dass die Kosten- und Leistungsrechnung im Gegensatz zur Finanzbuchhaltung auch fiktive (»kalkulatorische«) Rechengrößen berücksichtigt.

Kalkulatorische Rechnung

Die Kosten- und Leistungsrechnung	
ist	kann
• Bestandteil des internen Rechnungswesens. • eine kalkulatorische Rechnung. • eine vorwiegend kurzfristige Rechnung. • eine Erfolgsrechnung. • vorwiegend eine laufend erstellte Rechnung. • eine freiwillig durchgeführte Rechnung.	• eine Vor- und/oder Nachrechnung sein. • eine Stück- und/oder Periodenrechnung sein. • eine Voll- und/oder Teilkostenrechnung sein. • eine Ermittlungs- und/oder Entscheidungsrechnung sein.

Abb. 2.2: Merkmale der Kosten- und Leistungsrechnung

In die Finanzbuchhaltung hingegen gehen nur solche Geschäftsvorfälle ein, denen zu irgendeinem Zeitpunkt Zahlungen zugrunde liegen. Auch wenn z. B. die bilanziellen Abschreibungen im Moment ihrer Erfassung nicht zahlungswirksam sind, so fand doch ein Zahlungsvorgang beim Kauf der abzuschreibenden Maschine statt. Die Finanzbuchhaltung ist deshalb eine *pagatorische Rechnung, d. h. es werden periodisierte* Zahlungsströme zwischen der Umwelt und dem Unternehmen abgebildet. Während – wie später noch zu zeigen ist – die Finanzbuchhaltung den Kauf von Rohstoffen bereits zum Zeitpunkt des Kaufs erfasst, verrechnet die Kosten- und Leistungsrechnung die Rohstoffe erst zum Zeitpunkt ihres Verbrauchs. Der eigentliche Kaufvorgang ist für die Kosten- und Leistungsrechnung zunächst uninteressant. Auch fühlt sich die Kosten- und Leistungsrechnung berechtigt, fiktive Zinsen für das eingesetzte Eigenkapital anzusetzen, die Finanzbuchhaltung hingegen verbucht nur die tatsächlich gezahlten Fremdkapitalzinsen. Die Rückzahlung eines Bankkredits ist hingegen ein Vorgang, der nur in die Finanzbuchhaltung Eingang findet, jedoch nicht in die Kosten- und Leistungsrechnung. Entscheidend für die Kosten- und Leistungsrechnung ist nämlich, dass Güter im betrieblichen Leistungserstellungs- und -verwertungsprozess entstehen oder verbraucht werden, und nicht, dass Zahlungen zu irgendeinem Zeitpunkt stattfinden. Darauf wird in Abschnitt 2.2 bei den Begriffsabgrenzungen noch einzugehen sein.

Kurzfristige Rechnung

Die Kosten- und Leistungsrechnung sollte nicht zu lange Abrechnungsperioden zugrunde legen. Üblich sind hier Monatszeiträume, teilweise auch kürzer (Wochen) oder etwas länger (Quartale). Durch die *kurzen Perioden* spielt der zeitlich unterschiedliche Anfall der Kosten- und Leistungsgrößen im Gegensatz zu den Ein- und Auszahlungsvorgängen in Investitionsrechnungen kaum eine Rolle. In den üblicherweise vieljährigen Investitionsrechnungen müssen die zu unterschiedlichen Zeitpunkten anfallenden Ein- und Auszahlungen daher durch Auf- oder Abzinsungen vergleichbar gemacht werden, was für die Kosten- und Leistungsrechnung nicht notwendig ist.

Erfolgsrechnung

Durch die Gegenüberstellung von Kosten und Leistungen wird in der Kosten- und Leistungsrechnung ein Betriebsergebnis als Erfolgsgröße ermittelt. Dieses Betriebsergebnis deckt sich allerdings in der Regel nicht mit dem Erfolg (Jahresüberschuss/-fehlbetrag), der in der Gewinn- und Verlustrechnung des externen Rechnungswesens ermittelt wird, auch dann nicht, wenn sich beide Rechnungen auf dieselbe Abrechnungsperiode beziehen. In beide Ergebnisrechnungen fließen – wie noch gezeigt wird – unterschiedliche Rechengrößen ein.

Laufende Rechnung

Eine Kosten- und Leistungsrechnung kann nur dann ihre Aufgaben erfüllen, wenn sie laufend erstellt wird. Der betriebliche Güterverbrauch und die betriebliche Güterentstehung sind kontinuierlich zu erfassen. Fallweise zu erstellende Sonderrechnungen müssen auch auf laufend erfasstes Zahlenmaterial zurückgreifen können. Investitionsrechnungen werden hingegen nur dann erstellt, wenn eine Investitionsentscheidung ansteht und erübrigen sich spätestens nach Abschluss dieser Investition.

Freiwillige Rechnung

Während die Finanzbuchhaltung verschiedene gesetzliche Bestimmungen beachten muss, bestehen im Grundsatz für die Einrichtung und Durchführung einer Kosten- und Leistungsrechnung keine rechtlichen Vorschriften. Beispiele für einige Ausnahmen sind die Preiskalkulationen bei öffentlichen Aufträgen und die Bestandsbewertung für Zwecke der Bilanzierung. Es liegt grundsätzlich in der freien Entscheidung des Unternehmens ob, und wenn ja, in welcher Form eine Kosten- und Leistungsrechnung durchgeführt wird. Damit ergeben sich verschiedene Gestaltungsmöglichkeiten.

Vor- und/oder Nachrechnung

Je nachdem, ob in der Kosten- und Leistungsrechnung das tatsächliche, vergangene oder aber das gedanklich vorweggenommene, zukünftige Geschehen abgebildet werden soll, unterscheidet man zwischen *Nach-* und *Vorrechnung.* Im ersten Fall spricht man von einer Istkostenrechnung (oder von einer *Normalkostenrechnung,* siehe Abschnitt 4.4), im zweiten Fall spricht man von einer *Plankostenrechnung*. Eine Ist- und eine Plankostenrechnung können z. B. für eine effiziente Kostenkontrolle auch kombiniert werden, was seinen Ausdruck in einem Soll-Ist-Vergleich findet.

Obgleich eine Kosten- und Leistungsrechnung nur stück-/auftragsorientiert oder periodenorientiert ausgerichtet sein könnte, ist es zweckmäßig, beide Ausgestaltungsformen wahrzunehmen. Die Entscheidungsträger werden sich nicht nur für die Kosten einer Einheit eines Erzeugnisses, sondern sicherlich auch für die gesamten Kosten oder den Erfolg aller Einheiten dieses Erzeugnisses in einem bestimmten Zeitraum (z. B. Monat) interessieren.

Stück- und/ oder Periodenrechnung

Kostenrechnungssysteme können in ihrer Ausprägung als *Voll-* oder als *Teilkostenrechnung* ausgestaltet sein. Im ersten Fall werden die vollen Kosten *auf die Erzeugnisse verrechnet* (kalkuliert), im zweiten Fall »nur« ein Teil der Kosten (i. d. R. die variablen Kosten), da der andere Teil der Kosten (i. d. R. die Fixkosten) für den zugrunde liegenden Zeitraum als unverändert angesehen und deshalb erst in der *Betriebsergebnisrechnung* erfasst wird. Beide Systeme haben ihre Vor- und Nachteile und entsprechende Anwendungsgebiete, worauf an späterer Stelle noch detailliert einzugehen sein wird. Nichtsdestotrotz wollen wir diese wichtige Unterscheidung bereits an dieser Stelle mit einem leicht nachvollziehbaren, historischen Beispiel erläutern.

Voll- und/ oder Teilkostenrechnung

Eine Teilkostenrechnung erkennt die variablen Stückkosten als *kurzfristige Preisuntergrenze*, die jedoch nur für kurzfristige, vorübergehende oder – anders ausgedrückt – nicht dauerhafte Entscheidungen herangezogen werden sollte. Die Vollkostenrechnung kalkuliert hingegen die vollen Selbstkosten, und damit die *langfristige Preisuntergrenze*, die jedoch ausschließlich für dauerhafte Entscheidungen Relevanz hat. Verwechselt man beide Ansätze, so können diese nicht unerhebliche Konsequenzen für den Erfolg haben, wie das nachfolgende Beispiel von G. Cassel aus dem Jahr 1900 verdeutlicht.

Beispiel: Voll- und Teilkostenrechnung

Ein Reisebüreau hatte für eine Reihe von Sonntagen Extrazüge bestellt und sich verpflichtet, für jeden Zug 250 Mark zu zahlen. Der Zug sollte 400 Plätze, alle dritter Klasse, haben. Am ersten Sonntag hatte das Büreau den Fahrpreis auf 2 Mark festgesetzt, und es kamen 125 Theilnehmer. Die Roheinnahmen betrugen also 250 Mark, ebenso viel wie die Ausgaben. Nun sagten sich die Direktoren des Büreaus: Mit diesem Preis kommen wir ja nur auf unsere Selbstkosten; etwas müssen wir doch verdienen; und so wurde der Preis auf 3 Mark erhöht. Nächsten Sonntag kamen 50 Theilnehmer. Das Ergebnis war eine Einnahme von 150 Mark, und ein reiner Verlust von 100 Mark. Daraufhin meinte man im Büreau: die *Durchschnittskosten* betragen ja 5 Mark für die Person, und wir befördern die Reisenden für 3 Mark; so kann es nicht gehen. Der Preis wurde jetzt auf 6 Mark erhöht mit dem Ergebnis, dass der Zug am nächsten Sonntag nur 6 Reisende beförderte. Der Verlust steigerte sich jetzt auf 214 Mark. Jetzt endlich traten die Direktoren zusammen und sagten sich: Diese Geschichte mit den Selbstkosten muss doch ein Unsinn sein: die bringt uns ja nur Verluste. So wurde der Preis auf einmal auf 1 Mark herabgesetzt. Der Erfolg war glänzend: die Zahl der Reisenden betrug den nächsten Sonntag 400; es entstand ein Überschuss von 150 Mark, und, das Merkwürdigste von allem, die Selbstkosten waren auf 62,5 Pf. pro Person gesunken.

Andererseits besteht bei Teilkostenrechnungen durchaus die Gefahr, dass durch die Kenntnis allein der kurzfristigen Preisuntergrenze auf die Deckung der Fixkosten langfristig verzichtet und damit die Existenz des Unternehmens bedroht wird.

Ermittlungs- und/oder Entscheidungsrechnung

Anfangs diente die Kosten- und Leistungsrechnung vorwiegend *Ermittlungszwecken*. Der Leistungserstellungsprozess sollte möglichst realitätsgetreu abgebildet werden. Wenn die Kosten- und Leistungsrechnung jedoch ein Controlling-Instrument sein soll, dann ist dies nicht ausreichend, sondern es müssen relevante und spezifisch aufbereitete Informationen für betriebliche Entscheidungen zur Verfügung gestellt werden. Typische Entscheidungsrechnungen (siehe Abschnitt 8.4) wie Eigenfertigung oder Fremdbezug, Wahl zwischen Verfahrensalternativen, Programmoptimierungen usw. bedürfen eines spezifischen Datenmaterials, d. h. die Kosten- und Leistungsrechnung ist in ihrer Ausgestaltung so anzupassen, dass diese Fragen beantwortet werden können.

2.1.3   Abgrenzung der Kosten- und Leistungsrechnung zur Finanzbuchhaltung

Die bisherigen Ausführungen wiesen an verschiedenen Stellen bereits auf die Unterschiede der *Kosten- und Leistungsrechnung* gegenüber der *Finanzbuchhaltung* mit ihren Jahresabschlussrechnungen hin. Nachstehend und zusammengefasst in Abbildung 2.3 sind die wichtigsten Unterschiede zusammengetragen.

Externe/interne Informationsempfänger

Beide Rechnungen stellen ihre Informationen unterschiedlichen Personengruppen zur Verfügung, die vorrangig entweder *außerhalb (Finanzbuchhaltung)* oder *innerhalb (Kosten- und Leistungsrechnung)* des Unternehmens zu suchen sind.

Gesamtrechnung/Teilrechnung

Die Finanzbuchhaltung ist als *Gesamtrechnung* einzuordnen. Sie erfasst die Real- und Nominalgüterströme zwischen Unternehmen und ihrer Umwelt sowie den Güterverbrauch und die Güterentstehung im Unternehmen. Die Kosten- und Leistungsrechnung als *Teilrechnung* beschränkt sich dagegen auf die Darstellung der Prozesse der betrieblichen Leistungserstellung und Leistungsverwertung.

Um den unterschiedlichen Informationsbedürfnissen der überwiegend außerhalb des Unternehmens zu findenden Interessengruppen Rechnung zu tragen, hat der Gesetzgeber vielfältige Vorschriften erlassen, die für die laufende Buchführung und Abschlussrechnung zu beachten sind. Dadurch kann sichergestellt werden, dass die von verschiedenen Unternehmen erstellten und publizierten Abschlussinformationen vergleichbar sind und auf eine für externe Dritte nachvollziehbare Art und Weise ermittelt wurden.

Gesetzliche Vorschriften

Finanzbuchhaltung	Kosten- und Leistungsrechnung
Externe Informationsempfänger	Interne Informationsempfänger
Gesamtrechnung (Unternehmen – Umwelt – unternehmensinterne Vorgänge)	Teilrechnung (betriebstypische Leistungserstellungs- und -verwertungsprozesse)
Vielfältige gesetzliche Vorschriften (HGB, EStG, AktG, GmbHG, PublG usw.)	Grundsätzlich keine Vorschriften (Ausnahme: öffentliche Aufträge)
Anschaffungswertprinzip (Prinzip der nominellen Kapitalerhaltung)	Zweckorientierte Bewertung (Prinzip der substanziellen Kapitalerhaltung)
Abschluss am Ende des Geschäftsjahres	Kurze Abrechnungsperioden
Ergebnis = Differenz von Erträgen und Aufwendungen	Ergebnis = Differenz von Leistungen und Kosten
Steuerliche Aspekte stehen im Vordergrund	Abbildung des tatsächlichen Geschehens
Pagatorische Rechnung (auf tatsächlichen Zahlungen basierend)	Kalkulatorische Rechnung (enthält auch Rechengrößen, die nicht zu Zahlungen führen)

Abb. 2.3: Abgrenzung der Kosten- und Leistungsrechnung von der Finanzbuchhaltung

Für die Kosten- und Leistungsrechnung hingegen haben sich Gestaltungsempfehlungen herausgebildet. Aufgrund der Freiwilligkeit existieren aber keine gesetzlichen Vorgaben. Ausnahmen bestehen nur für die Angebotsabgabe bei öffentlichen Aufträgen und für den Ansatz von *Herstellungskosten* – begrifflich korrekt müsste man hier von *Herstellungsaufwand* sprechen – für die Bestände in der Finanzbuchhaltung, wenn sie aus den *Herstellkosten* der Kosten- und Leistungsrechnung abgeleitet werden.

Zudem schreibt der Gesetzgeber vor, für die Bewertung von Vermögensgegenständen maximal die Anschaffungs- oder Herstellungskosten anzusetzen. Dieses *Anschaffungswertprinzip*, das auch als das Prinzip der nominellen Kapitalerhaltung bezeichnet werden kann, gilt nicht für die Kosten- und Leistungsrechnung. Vielmehr steht hier das Prinzip der Substanzerhaltung als Grundlage für die Wertansätze im Vordergrund: Oberster Grundsatz sollte immer die Aufrechterhaltung der Substanz sein. In der Regel werden in die Kosten- und Leistungsrechnung daher die *Wiederbeschaffungswerte* einfließen, unabhängig davon, ob sie über oder unter den derzeitigen Anschaffungs- oder Herstellungskosten liegen.

Bewertungsprinzip

Periodenlänge

Die Abrechnungsperiode für die Finanzbuchhaltung umfasst ein *Geschäftsjahr*. Selbst wenn die Kosten- und Leistungsrechnung als Istkostenrechnung dargestellt würde, wäre diese Abrechnungsperiode zu lang. Die Ergebnisse lägen zu spät vor. Deshalb werden in der Kosten- und Leistungsrechnung kurze Abrechnungsperioden (i. d. R. ein *Monat*) zu Grunde gelegt.

Ergebnis-ermittlung

Wie in Abschnitt 2.2 zu zeigen ist, gehen in die Finanzbuchhaltung und in die Kosten- und Leistungsrechnung unterschiedliche Stromgrößen ein. Während das Ergebnis in der Gewinn- und Verlustrechnung als Differenz von *Erträgen* und *Aufwendungen* gebildet wird, ermittelt die Betriebsergebnisrechnung den Erfolg als Differenz von *Leistungen* und *Kosten*. Unterschiede im Inhalt und in der Höhe führen zwangsläufig zu unterschiedlichen Ergebnissen.

Rechnungs-zweck

Der Gesetzgeber gesteht den Unternehmen trotz vieler Vorschriften *Spielräume* bei den Wertansätzen in der Jahresabschlussrechnung zu. So bestehen beispielsweise beim Ansatz der Anschaffungs- oder Herstellungskosten Pflicht- und Wahlbestandteile, die zu Wertober- und -untergrenzen führen. Oder der Gesetzgeber lässt aus politischen Gründen im Steuerrecht Sonderabschreibungen zu. Derartige Wertansätze sind für die Beurteilung des tatsächlichen Betriebsgeschehens wenig hilfreich. Im Vordergrund dürfen daher bei der Kosten- und Leistungsrechnung nicht steuerliche Überlegungen oder Gewinnausschüttungsaspekte stehen, sondern die *realitätsgetreue* Abbildung der betrieblichen Leistungsprozesse, um gezielt planen, kontrollieren und steuern zu können. Auf die Rechenzwecke der Kosten- und Leistungsrechnung gehen wir in Abschnitt 2.1.4 gleich noch detaillierter ein.

Pagatorische/ kalkulatorische Rechnung

Während die Berücksichtigung von Sachverhalten in der Finanzbuchhaltung an tatsächliche *Zahlungsvorgänge* gebunden ist, verrechnet die Kosten- und Leistungsrechnung – abgesehen von Systemen, die den *pagatorischen Kostenbegriff* verwenden – auch Rechengrößen, denen keine Zahlungen zugrunde liegen, d. h. *kalkulatorische Positionen*.

Beurteilung der Finanz-buchhaltung

In der Einleitung zu Abschnitt 2.1.2 haben wir die Frage aufgeworfen, warum die Finanzbuchhaltung und die Jahresabschlussinformationen für die unternehmensinternen Entscheidungsträger nicht ausreichend sein sollten. Diese Frage können wir auf Basis der Ausführungen in den beiden vorausgehenden Abschnitten nunmehr eindeutig beantworten. Aus Sicht der Kosten- und Leistungsrechnung ist die *Finanzbuchhaltung* wie folgt zu beurteilen:

- Es werden auch Sachverhalte dargestellt, die nichts mit den betrieblichen Leistungserstellungs- und -verwertungsprozessen zu tun haben.
- Die Berichtsperioden sind zu lang und damit kommen die Ergebnisse zu spät.
- Der Erfolgsausweis ist zu global.
- Wertansätze sind bilanzpolitisch geprägt.

- Die Darstellungen unterliegen zu starken gesetzlichen Normierungen und gehen nicht ausreichend auf die Unternehmensspezifika ein.
- Das Anschaffungswertprinzip ist nicht realistisch.
- Entscheidungsrelevante Daten stehen nicht zur Verfügung.

2.1.4   Rechenzwecke der Kosten- und Leistungsrechnung

Da der Kosten- und Leistungsrechnung in Abschnitt 1.3 eine zentrale Bedeutung für das *operative Controlling* zugeschrieben wurde, leiten sich aus den *Controlling-Funktionen* (siehe Abbildung 1.2) die folgenden *allgemeinen* Aufgaben der Kosten- und Leistungsrechnung ab:

- Ermittlung und Darstellung des Güterverbrauchs, der Güterentstehung und der Güterverwertung,
- Planung von Kosten- und Leistungsgrößen mit Vorgabe von Richtwerten,
- Kontrolle der Zielerreichung mit Analyse von Abweichungen.

Allgemeine Aufgaben

Neben der dokumentarisch-abrechnungstechnischen Funktion muss die Kostenrechnung also in der Lage sein, erwartete Kosten und Leistungen zu prognostizieren, Sollkosten als Zielgrößen vorgeben, deren Einhaltung zu kontrollieren und Ursachenanalyse zu betreiben.

Die wichtigsten speziellen Aufgaben der Kosten- und Leistungsrechnung, die aus diesen allgemeinen Aufgaben abgeleitet werden können, sind (siehe auch Abbildung 2.5):

Spezielle Aufgaben

- Kalkulation,
- Wirtschaftlichkeitskontrolle,
- Informationsbereitstellung für Entscheidungsrechnungen,
- Erfolgsermittlung und Bestandsbewertung,
- Verhaltenssteuerung.

Eine der Hauptaufgaben der Kosten- und Leistungsrechnung besteht darin, alle im Rahmen des Leistungserstellungsprozesses angefallenen Kosten zu erfassen und den Erzeugnissen (wir werden diese später als »Kostenträger« bezeichnen) so verursachungsnah wie möglich zuzurechnen. Somit werden die Selbstkosten der Erzeugnisse kalkuliert.

Kalkulation

Da sich der Marktpreis in einer Marktwirtschaft aber in der Regel durch Angebot und Nachfrage bildet, somit verschiedene Faktoren diesen Marktpreis beeinflussen und nicht die Kostensituation des anbietenden Unternehmens allein, kann die Formulierung »Die Kosten- und Leistungsrechnung kalkuliert die Preise« nicht mehr gelten. Die Vorgehensweise, auf die Selbstkosten nur noch den Gewinn zu beaufschlagen, mag nur dann funktionieren, wenn eine relativ preisunempfindliche Nachfrageseite existiert oder vergleichbare Konkurrenzprodukte fehlen.

Preisbeurteilung   In der Regel werden jedoch Konkurrenzprodukte auf dem Markt angeboten und aus dem bestehenden Angebot wird von der Nachfrageseite nach deren Kriterien eine Auswahl getroffen. Somit kann die Kosten- und Leistungsrechnung letztendlich zur Ermittlung der Preisuntergrenzen herangezogen werden, oder anders ausgedrückt: Die Kosten- und Leistungsrechnung dient der *Preisbeurteilung*.

Dadurch erfährt das Unternehmen, ob es sich mit seinen Vollkosten (*langfristige Preisuntergrenze*) unter den Marktpreisen bewegt. Auch sind Situationen denkbar, die ein Unternehmen veranlassen könnten, vorübergehend auf die Kompensation von Teilen seiner Selbstkosten zu verzichten (*kurzfristige Preisuntergrenze*).

Eine gut ausgebaute Kostenrechnung sollte darüber hinaus in der Lage sein, auf der anderen Seite die *Preisobergrenze* der zu beschaffenden Produktionsfaktoren bei gegebenen Verkaufspreisen und festgelegter Fertigungs- und Vertriebsstruktur zu ermitteln.

Auch interne Leistungen sind kalkulierbar. Die ermittelten Werte können die Grundlage für die Festlegung von Verrechnungspreisen darstellen (z. B. Minutensatz für Rechenzentrumsleistungen, Stundensatz für Instandhaltungsleistungen, Kilometersatz für Transportleistungen usw.).

Wirtschaftlich-   Eine weitere Hauptaufgabe der Kosten- und Leistungsrechnung ist die *Wirtschaftlichkeits-*
keitskontrolle   *kontrolle*. Aussagekräftig kann diese jedoch nur dann sein, wenn man Unwirtschaftlichkeiten im Unternehmen lokalisieren kann. Es bietet sich deshalb an, die Wirtschaftlichkeitskontrolle nicht pauschal für das gesamte Unternehmen, sondern auf der Ebene abgegrenzter Verantwortungsbereiche (sogenannte Kostenstellen) durchzuführen. Durch Vergleich der entstandenen Istkosten mit einer Maßgröße können Abweichungen pro Kostenstelle festgestellt werden. Als Maßgröße sollten *Sollkosten* (= auf die Istbeschäftigung umgerechnete Plankosten) infrage kommen. Diese sind jedoch nur recht aufwendig ermittelbar. *Normalkosten* als durchschnittliche Istkosten der Vergangenheit eignen sich zwar nicht ganz so gut als Maßstab, können jedoch relativ schnell und einfach gebildet werden. Ziel derartiger Methoden ist es, insbesondere die mengenwirtschaftliche Komponente des Betriebsergebnisses zu überwachen. Dabei ist festzuhalten, dass zur Feststellung der *Wirtschaftlichkeit Kosten mit Kosten* verglichen werden. In einem Soll-Ist-Vergleich sind es die Soll- und die Istkosten, in einem Normal-Ist-Vergleich die Normal- und die Istkosten.

Gelegentlich taucht in diesem Zusammenhang der Begriff *Rentabilität* auf. Eine Rentabilitätskennziffer ermittelt sich immer, indem eine *Gewinn*größe (in der Regel die Differenz von Ertrag und Aufwand als ein Ergebnis aus dem externen Rechnungswesen) ins Verhältnis zu einer *Basis* gesetzt wird (z. B. Eigenkapital, Gesamtkapital, Umsatz usw.), was in den meisten Fällen auf Kostenstellenebene von den Daten her gar nicht zur Verfügung stehen kann. Rentabilität sollte als Begriff der Finanzbuchhaltung, Wirtschaftlichkeit der Kosten- und Leistungsrechnung vorbehalten bleiben.

Andere Vorgehensweisen wie der *Zeit- oder Betriebsvergleich* sind weniger geeignet, um Unwirtschaftlichkeiten in einem Unternehmen festzustellen. Vergleicht man beispielsweise die Personalkostenentwicklung im Zeitablauf, so stellt man zwar fest, dass sie zu- oder abnehmen. Die Gründe im Sinne von Kostenbestimmungsfaktoren (z. B. Beschäftigung, Auftragszusammensetzung, Lohnsätze usw.) sind jedoch nicht oder nur in Ansätzen erkennbar. Betriebsvergleiche über Verbände, mit denen sich das Unternehmen an Branchendurchschnitten messen kann, helfen auch nur sehr bedingt, die eigene Unwirtschaftlichkeit festzustellen.

Seit geraumer Zeit versprechen sich Unternehmen mit dem Instrument *Benchmarking* die Aufdeckung von z. B. Kostensenkungspotenzialen. Hier werden Produkte, Dienstleistungen und insbesondere Prozesse und Methoden betrieblicher Funktionen über mehrere Unternehmen anonymisiert hinweg verglichen. Es handelt sich jedoch damit nicht nur um einen Kostenvergleich, sondern um einen kontinuierlichen Prozess, bei dem die Unterschiede zu anderen Unternehmen offengelegt, die Ursachen für die Unterschiede und Möglichkeiten zur Verbesserung aufgezeigt sowie wettbewerbsorientierte Zielvorgaben ermittelt werden. Es hat sich jedoch gezeigt, dass in indirekten Bereichen die Vergleichbarkeit oft nur schwerlich gegeben ist, da die Aufgaben sehr unterschiedlich definiert und abgegrenzt werden. Das Benchmarking führt in der Regel zu Aufhol- und nur begrenzt zu Überholeffekten. Mit dem Instrument Benchmarking wird nicht nur die eigene Kostensituation mit anderen verglichen, sondern Benchmarking beinhaltet auch, die Prozesse und Methoden des Vergleichspartners zu verstehen, um dadurch Veränderungen im eigenen Unternehmen vorzunehmen und auf diese Weise die Kosten zu beeinflussen.

Eine weitere Hauptaufgabe der Kosten- und Leistungsrechnung ist die Informationsbereitstellung für Entscheidungsrechnungen. Letztlich soll bei einer Entscheidung aus mehreren Möglichkeiten die erwartungsgemäß beste Alternative ausgewählt werden (wobei diese Alternative auch ein Unterlassen sein kann). Typische *Entscheidungsrechnungen*, die wir in Abschnitt 8.4 behandeln werden, sind:

- Vorteilhaftigkeit von Eigenfertigung oder Fremdbezug,
- Ermittlung des wirtschaftlichsten Produktionsverfahrens,
- Ermittlung des gewinnmaximalen bzw. kostenoptimalen Produktionsprogramms,
- Vergleich verschiedener Absatzpolitiken,
- Beurteilung von Zusatzaufträgen.

Die Überlegung, das Unternehmen mithilfe der Gewinn- und Verlustrechnung zu steuern, wurde bereits oben im Rahmen der Abgrenzung der Kosten- und Leistungsrechnung zur Finanzbuchhaltung verworfen. Hierzu benötigt man eine flexibel gestaltbare, kurzfristige, wesentlich differenziertere *Betriebsergebnisrechnung*. Diese Hauptaufgabe hat die Kosten- und Leistungsrechnung zu erfüllen. So muss beispielsweise der Erfolgsbeitrag eines jeden Erzeugnisses am Gesamterfolg erkennbar sein. Das Gleiche gilt auch für bestimmte Produktgruppen, Geschäftsbereiche, Regionen, Vertriebswege usw., und dies ausschließlich bezogen auf den aus der betrieblichen Leistungserstellung resultierenden Erfolg.

Bestandsbewertung

Da sich normalerweise die Produktionsmenge von der Absatzmenge unterscheidet, kommt es sowohl für Halb- wie für Fertigfabrikate zu Bestandsveränderungen, unabhängig ob sie für den Absatzmarkt oder für den Eigenverbrauch bestimmt sind. Diese *Bestände* müssen bewertet werden. Deshalb muss die Kosten- und Leistungsrechnung auch in der Lage sein, die Herstellkosten von den Gesamtkosten zu trennen, um sie den Beständen zuordnen zu können. Nicht alle Kosten dürfen nur den produzierten oder nur den abgesetzten Erzeugnissen zugerechnet werden.

Dies gilt natürlich auch für das externe Rechnungswesen. Hierzu müssen die in der Kalkulation ermittelten *Herstellkosten* in *Herstellungskosten* (eigentlich: Herstellungsaufwand) umgewandelt werden.

Verhaltenssteuerung

Die mittels der Kosten- und Leistungsrechnung generierten Informationen beeinflussen automatisch das Verhalten derjenigen, welche diese Informationen verarbeiten. Dies ist ja auch explizit so gewünscht, denn die Informationen der Kosten- und Leistungsrechnung sollen ja beispielsweise in Entscheidungssituationen Verwendung finden.

Eine weitere Aufgabe der Kosten- und Leistungsrechnung kann aber auch darin gesehen werden, das Verhalten von Entscheidungsträgern in dezentralen Organisationen in eine ganz bestimmte Richtung zu lenken. Dies kann z.B. dadurch erreicht werden, dass bestimmte Kostengüter absichtlich mit einem besonders niedrigen oder einem besonders hohen Lenkpreis versehen werden.

! Aus der Praxis

Beim WHU Controller Panel wurden die Teilnehmer in den Jahren 2008, 2012 und 2015 jeweils gefragt, zu welchen Zwecken in ihrer Organisation die Kosten- und Leistungsrechnung wie intensiv genutzt wird. Die über die Zeit konstanten Ergebnisse waren hierbei:

- Von sehr großer Bedeutung sind die Rechenzwecke der Wirschaftlichkeitskontrolle und der Planung von Kosten- und Leistungsgrößen.
- Von großer Bedeutung sind darüber hinaus die Rechenzwecke der Kalkulation, der Entscheidungsunterstützung sowie der Beeinflussung des Verhaltens von Führungskräften.

2.1.5   Teilgebiete der Kosten- und Leistungsrechnung

Jedes Kostenrechnungssystem unterteilt sich in zunächst drei aufeinander aufbauende Abrechnungsstufen (siehe Abbildung 2.4):

Die erste Stufe oder das erste Teilgebiet eines Kostenrechnungssystems stellt die *Kostenartenrechnung* dar. Hier sollen alle Kosten erfasst und für die weitere Verrechnung zweckorientiert gegliedert werden. Die zentrale Frage lautet: Welche Kosten sind angefallen? Sie ist eine Zeitraum- oder Periodenrechnung, denn es werden die Kosten je Art pro Periode erfasst (z. B. Personalkosten für den Monat x). *(Kostenartenrechnung)*

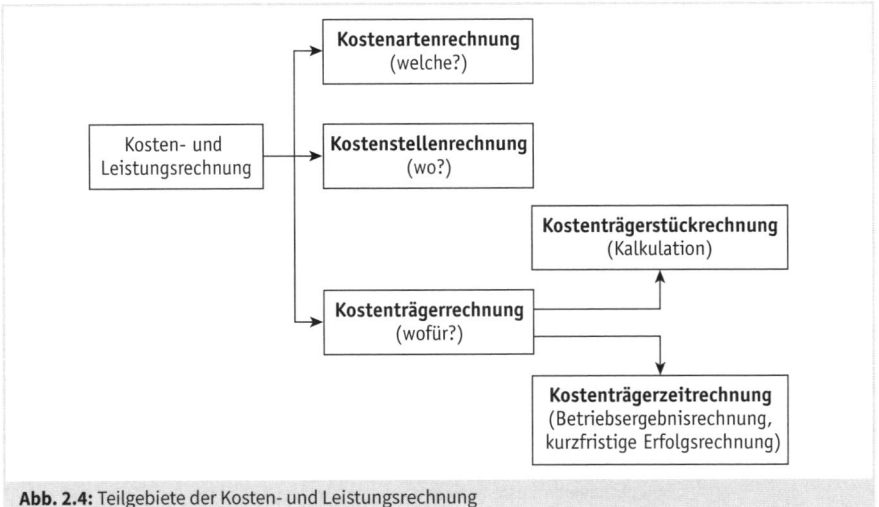

Abb. 2.4: Teilgebiete der Kosten- und Leistungsrechnung

In der zweiten Stufe, der *Kostenstellenrechnung*, werden die Kosten, die den Erzeugnissen nicht unmittelbar zugerechnet werden können, aus der Kostenartenrechnung übernommen, indem sie am Ort der Kostenentstehung erfasst und dann weiter verrechnet werden. Hier lautet die zentrale Frage: Wo sind diese Kosten angefallen? Um die Kostenentstehung lokalisieren zu können, wird das Unternehmen zu diesem Zweck in Kostenstellen gegliedert. Auch die Kostenstellenrechnung ist eine Zeitraumrechnung. Sie ermittelt die Kosten je Stelle pro Periode (z. B. kalkulatorische Abschreibungen der Kostenstelle 4711 im Monat x). *(Kostenstellenrechnung)*

Die nächste Stufe, die Kostenträgerrechnung, unterteilt sich in die *Kostenträgerstückrechnung* (oder *Kalkulation*) und in die *Kostenträgerzeitrechnung* (oder *Betriebsergebnisrechnung* oder *kurzfristige Erfolgsrechnung*). Die zentrale Frage lautet nun: Für welche Erzeugnisse sind die Kosten angefallen? Zu diesem Zweck werden die vom Unternehmen erzeugten Sach- und Dienstleistungen als Kostenträger definiert. Entsprechend der beiden Ausprägungen werden in der Kalkulation die Kosten für eine einzelne Kostenträgereinheit ermittelt, in der Betriebsergebnisrechnung der sich aus der Gegenüberstellung von Kosten und Leistungen ergebende Erfolg für die Kostenträger einer Periode. Für die *(Kostenträgerrechnung)*

Betriebsergebnisrechnung werden also zusätzlich zu Kosteninformationen auch Leistungsinformationen benötigt.

In einer Vollkostenrechnung erhält die Kalkulation in der Regel ihre zu verrechnenden Kosten aus der Kostenarten- und der Kostenstellenrechnung; die so ermittelten Kosten speisen dann die Ergebnisrechnung (bei Anwendung des Umsatzkostenverfahrens). In einer Teilkostenrechnung ergeben sich durch die Fixkostenproblematik noch ein paar zusätzliche Rechnungsvarianten, auf die wir in Abschnitt 2.1.7 kurz und dann in Kapitel 8 ausführlich eingehen werden. Da die Kostenträgerzeitrechnung das Ergebnis pro Periode ermittelt, ist auch dieses Teilgebiet eine Periodenrechnung (Ergebnis für den Monat x), während allein die Kalkulation eine Stückrechnung sein muss (Kosten pro Erzeugniseinheit).

Die Abbildung 2.5 stellt die Zusammenhänge bildlich dar und ordnet zudem die in Abschnitt 2.1.4 erläuterten Hauptaufgaben den einzelnen Abrechnungsstufen zu (die

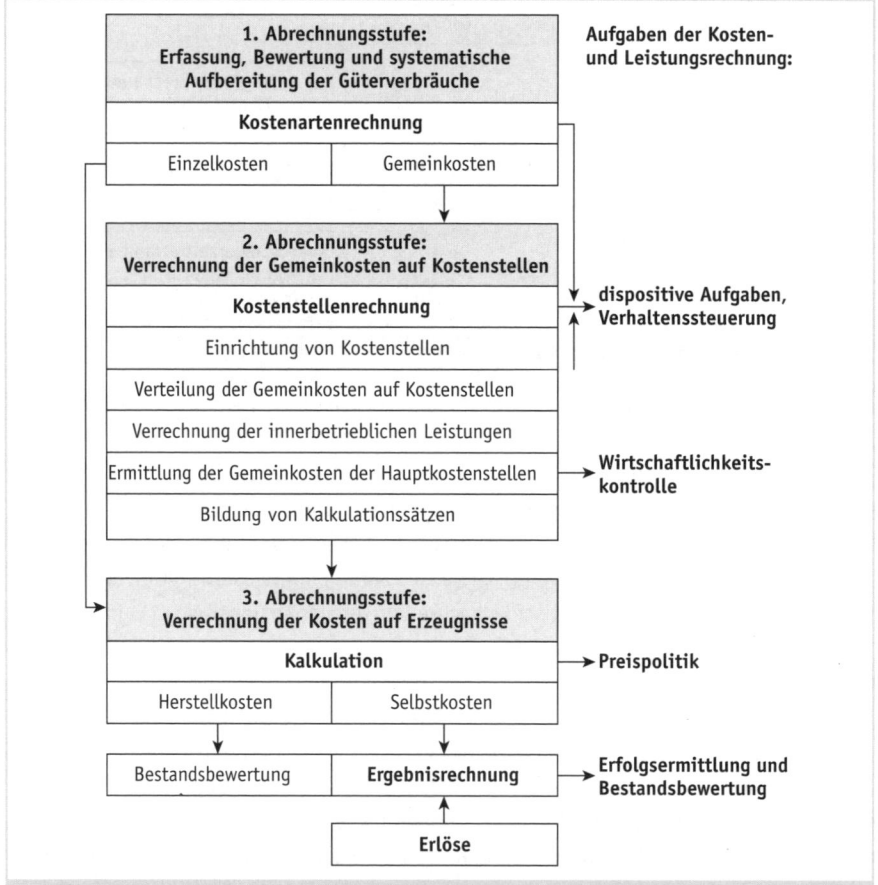

Abb. 2.5: Stufen der Kostenabrechnung am Beispiel der Vollkostenrechnung und Zuordnung der Hauptaufgaben einer Kosten- und Leistungsrechnung

Informationsbereitstellung für Entscheidungsrechnungen wird dort kürzer »dispositive Aufgaben« genannt).

2.1.6 Verrechnungsprinzipien der Kosten- und Leistungsrechnung

Ziel einer Kalkulation ist es, die Kosten eines bestimmten Erzeugnisses zu ermitteln. Das setzt voraus, dass auch alle für dieses Erzeugnis angefallenen Kosten in der Kalkulation Berücksichtigung finden und dass die Kalkulation möglichst präzise ist.

Der oberste Grundsatz der Kosten- und Leistungsrechnung muss deshalb lauten: Jedem Erzeugnis sollen alle diejenigen Kosten zugerechnet werden, die es auch eindeutig verursacht hat. Beim Verursachungsprinzip besteht zwischen Kostenposition und Erzeugnis eine logische Kausalitätsbeziehung.

Verursachungs-
prinzip

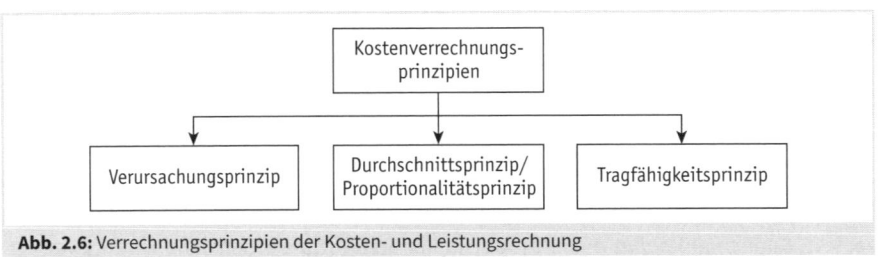

Abb. 2.6: Verrechnungsprinzipien der Kosten- und Leistungsrechnung

Bei Massenfertigung eines Produktes stellt sich die Frage der Kostenverursachung naturgemäß nicht. Alle Kosten fallen für die Erzeugung dieses einen Produktes an. Anders sieht es aus, wenn mehrere ähnliche (homogene) Erzeugnisse produziert werden, jedoch nur die Gesamtkosten undifferenziert bekannt sind. Noch schwieriger wird es, wenn ganz unterschiedliche (heterogene) Produkte gefertigt werden, bestimmte Kosten jedoch für mehrere oder gar alle Produkte anfallen. Und am schwierigsten ist die Situation bei Kuppelfertigung, bei der aus einem einheitlichen Produktionsprozess mehrere Erzeugnisse hervorgehen. Wie hat hier die Kostenzurechnung zu erfolgen?

Wie noch zu zeigen ist, sind es gerade die für mehr als einen Kostenträger anfallenden Gemeinkosten, die sich der Anwendung des Verursachungsprinzips entziehen und daher hinsichtlich ihrer Aufteilung auf die Kostenträger andere Lösungen erfordern. Einige Beispiele für zu lösende Fragen sind:
- Eine Jahresabschreibung soll auf die Monate umgerechnet werden. Ist eine Zwölftelung des Jahresbetrags akzeptabel?
- Forderungsausfälle treten unregelmäßig und im Vorhinein schlecht prognostizierbar ein. Ist es plausibel, die entsprechenden Kosten daher über einen pauschalen Prozentsatz in Abhängigkeit des Umsatzes zu verrechnen?

- In der Kostenstellenrechnung muss teilweise eine Schlüsselung von Kostenarten auf Kostenstellen vorgenommen werden. Welcher Schlüssel ist z. B. der richtige für eine Gebäudeabschreibung, wenn in dem Gebäude mehrere Kostenstellen beheimatet sind?
- Wie sollen innerbetrieblich erbrachte Leistungen verteilt werden, wenn die Empfänger dieser Leistungen nicht erfasst werden konnten?
- Wie sollten die Kosten der Entwicklungsabteilung verteilt werden, in der ja Produkte entwickelt werden, die in der aktuellen Periode noch gar nicht produziert oder abgesetzt wurden?

Für diese und viele weitere Fragen sind von der Kosten- und Leistungsrechnung zufriedenstellende Antworten zu geben. Auch deshalb wurden unterschiedliche Kostenrechnungssysteme entwickelt. Dennoch gibt es kein System, das alle Fragen beantworten kann. Entscheidungsträger müssen das von ihnen befürwortete Grundsystem so ausgestalten, dass es für ihre Zwecke möglichst optimal geeignet ist. Es wird jedoch deutlich, dass das Verursachungsprinzip alleine nicht ausreicht und daher um andere Prinzipien ergänzt werden muss.

Durch-schnittsprinzip/ Kostentrag-fähigkeitsprinzip Bei vielen der oben genannten Fragen muss die Kosten- und Leistungsrechnung das *Durchschnittsprinzip* oder aber das *Kostentragfähigkeitsprinzip* anwenden. Im ersten Fall wird ein bestimmtes Kostenvolumen gleichmäßig durch Division auf die Produkteinheiten verteilt. *Durchschnittsprinzip* und Proportionalitätsprinzip werden synonym verwendet. Es besteht allerdings insofern ein Unterschied, als es sich beim Durchschnittsprinzip lediglich um eine rechnerische Proportionalität handelt, während beim *Proportionalitätsprinzip* von einer tatsächlichen Proportionalität ausgegangen wird. Im zweiten Fall werden die Kosten nach einem Schlüssel verteilt, der bestimmte Erzeugnisse mehr oder weniger Kosten tragen lässt. Seinen Ausdruck findet dieses Prinzip beispielsweise in der Zurechnung von Verwaltungskosten. Da diese in Abhängigkeit von den Herstellkosten gesehen werden, bekommt ein Erzeugnis mit hohen Herstellkosten relativ mehr Verwaltungskosten angelastet als ein Erzeugnis mit vergleichsweise niedrigen Herstellkosten. Auch bei der Kalkulation von Kuppelprodukten finden (allerdings zwangsläufig) diese beiden Prinzipien Verwendung (siehe Abschnitt 5.2.3.4).

Durchschnitts- und Kostentragfähigkeitsprinzip können bei geeigneter Anwendung zwar zu einer verursachungsnahen Kostenverrechnung führen. Vorzuziehen ist jedoch wo immer möglich die Kostenverrechnung nach dem Verursachungsprinzip (siehe Abbildung 2.6).

! Unter der Lupe

Die drei soeben erläuterten Prinzipien der Verursachung, des Durchschnitts und der Tragfähigkeit sind universell gültige Möglichkeiten, Gesamtkosten auf eine hiervon betroffene Gruppe zu verteilen. Dies sei am Beispiel der Kosten des Gesundheitswesens gezeigt:

- Kostenverrechnung nach dem Verursachungsprinzip bedeutet im Gesundheitswesen, dass jeder Bürger diejenigen Kosten zu tragen hat, die er durch Vorsorge, Therapie und Nachsorge selbst verursacht.
- Kostenverrechnung nach dem Durchschnittsprinzip bedeutet im Gesundheitswesen, dass jeder Bürger denselben Anteil der gesamten Gesundheitskosten zu tragen hat, unabhängig davon, wie viele Leistungen er selbst in Anspruch genommen hat.
- Kostenverrechnung nach dem Tragfähigkeitsprinzip bedeutet im Gesundheitswesen, dass jeder Bürger z. B. in Abhängigkeit seines Einkommens einen unterschiedlich hohen Anteil der gesamten Gesundheitskosten zu tragen hat – wiederum unabhängig davon, wie viele Leistungen er selbst in Anspruch genommen hat.

2.1.7 Grundtypen von Kostenrechnungssystemen

Zur Systematisierung und damit für das Verständnis sind nunmehr die Grundtypen der verschiedenen Kostenrechnungssysteme kurz aufzuzeigen. Die Kosten- und Leistungsrechnung hat als Informationsinstrument der Unternehmensführung – wie oben bereits dargestellt – verschiedenen Zwecken zu dienen. Zur Erfüllung dieser Aufgaben wurden entsprechende Ausgestaltungsformen entwickelt.

Für eine Einteilung haben sich zwei Dimensionen herausgebildet:
- Zeitbezug der verrechneten Kosten und
- Ausmaß der verrechneten Kosten.

Nach dem *Zeitbezug der verrechneten Kosten* unterscheidet man

Zeitbezug der verrechneten Kosten

- Istkostenrechnungen,
- Normalkostenrechnungen und
- Plankostenrechnungen.

Die Unterscheidung hebt darauf ab, ob die tatsächlich angefallenen Kosten (Istkosten), die in der Vergangenheit durchschnittlich angefallenen (Ist-)Kosten (Normalkosten) oder die für die Zukunft geplanten Kosten (Plankosten) verrechnet werden.

Unterteilt man nach dem Kriterium *Ausmaß der verrechneten Kosten*, so spricht man von

Ausmaß der verrechneten Kosten

- Vollkostenrechnungen und
- Teilkostenrechnungen.

Im Mittelpunkt stehen in *Vollkostenrechnungen* die in die Kalkulation einfließenden vollen Kosten. In *Teilkostenrechnungen* fließen nur die variablen Kosten (oder auch nur die Einzelkosten) in die Kalkulation ein. Wichtig ist festzuhalten, dass in allen Systemen dennoch sämtliche Kosten erfasst werden. Spätestens in der Betriebsergebnisrechnung sind alle Kosten enthalten, d.h. nur für Kalkulationszwecke werden entweder die Voll- oder die Teilkosten berücksichtigt.

Durch Kombination der beiden Dimensionen mit ihren jeweiligen Ausprägungen sind demnach sechs *Grundtypen* von *Kostenrechnungssystemen* unterscheidbar (Abbildung 2.7).

Zeitbezug der Kosten → Ausmaß der Kosten-verrechnung ↓	Vergangenheitsorientiert		Zukunftsorientiert
	Istkosten (tatsächlich angefallen)	Normalkosten (durchschnittlich angefallen)	Plankosten
Verrechnung der vollen Kosten auf die Kostenträger	Vollkostenrechnung auf Istkostenbasis	Vollkostenrechnung auf Normalkostenbasis	Plankostenrechnung auf Vollkostenbasis (starr/flexibel)
Verrechnung nur eines Teils der Kosten auf die Kostenträger	Teilkostenrechnung auf Istkostenbasis	Teilkostenrechnung auf Normalkostenbasis	Plankostenrechnung auf Teilkostenbasis (Grenz-plankostenrechnung)

Abb. 2.7: Kostenrechnungssysteme (Grundtypen)

Mischformen — Da diese sechs Kostenrechnungssysteme Grundtypen darstellen, sind Mischformen selbstverständlich möglich und auch notwendig. Es besteht in der Kosten- und Leistungsrechnung schließlich Gestaltungsfreiheit. So können z. B. die Kosten als Produkt von Istpreisen und normalen Verbrauchsmengen ermittelt werden. Ferner können die Einzelkosten als Istkosten und die Gemeinkosten als Normalkosten oder die Einzelkosten als geplante und die Gemeinkosten als normalisierte Kosten verrechnet werden. Denkbar ist weiterhin, als Teilkosten nur die Einzelkosten oder die Einzelkosten einschließlich der variablen Gemeinkosten zu berücksichtigen.

Istkosten-rechnung — Die *Istkostenrechnung* auf Vollkostenbasis stellt die traditionelle Form der Kosten- und Leistungsrechnung dar. Im Mittelpunkt steht die *Nachkalkulation*.

Normalkosten-rechnung — Aus Gründen einer einfacheren Betriebsabrechnung und der (allerdings nur bedingten) Kostenkontrolle wurde die *Normalkostenrechnung* auf Vollkostenbasis entwickelt.

Plankosten-rechnung — Für eine effizientere Kostenkontrolle entstanden die Plankostenrechnungssysteme, die – abgesehen von der *starren Plankostenrechnung* – nunmehr in der Lage waren, unplanmäßig aufgetretene Kostenbestimmungsfaktoren zu identifizieren und zu quantifizieren. Die drei Systeme werden wir in Abschnitt 7.1 ausführlich gegenüberstellen.

Teilkosten-rechnung — Insbesondere wegen der bestehenden Fixkostenproblematik in Vollkostenrechnungssystemen (es werden Fixkosten proportionalisiert) entstanden die Systeme der *Deckungsbeitragsrechnungen* (oder Teilkostenrechnungssysteme). Je nach Behandlung der fixen Kosten in der Betriebsergebnisrechnung kann in das *Direct Costing* (Einstellung der Fixkosten en bloc) oder in die *stufenweise Fixkostendeckungsrechnung* (differenzierte Einstellung der Fixkosten) weiter unterschieden werden. Daneben gibt es mit der *Deckungsbeitrags-*

rechnung auf Basis relativer Einzelkosten auch ein Teilkostenrechnungssystem, welches auf der Unterscheidung von Einzel- und Gemeinkosten beruht (siehe Abbildung 2.8).

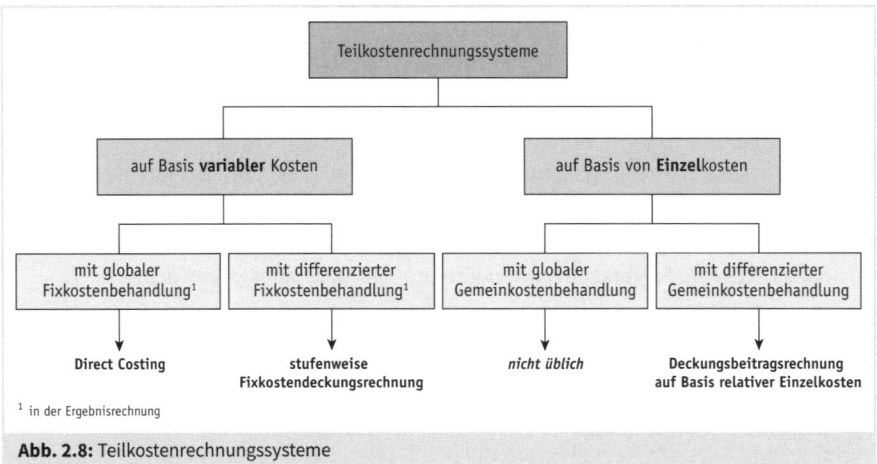

Abb. 2.8: Teilkostenrechnungssysteme

Für ein weiteres systematisches Vorgehen bietet es sich nun an, auf das traditionelle Kostenrechnungssystem, die Istkostenrechnung auf Vollkostenbasis, zurückzugreifen. Diese werden wir in den Kapitel 3.5 ausführlich behandeln und hierbei auch die Vollkostenrechnung auf Normalkostenbasis ansprechen. Die zur Vollkostenrechnung passende Variante der Plankostenrechnung behandeln wir dann in Kapitel 7. Auf die verschiedenen Varianten der Teilkostenrechnung auf Istkostenbasis sowie auf Plankostenbasis gehen wir schließlich in Kapitel 8 ein.

Aus der Praxis   **!**

Beim WHU Controller Panel wurden die Teilnehmer in den Jahren 2012 und 2015 jeweils gefragt, welche Grundtypen von Kostenrechnungssystemen in ihren Organisationen wie intensiv genutzt werden. Auch hier waren die Ergebnisse über die Zeit konstant. Auf einer Skala zwischen 1 (keine Nutzung) und 5 (intensive Nutzung) gaben die Teilnehmer im Durchschnitt an,

- die Teilkostenrechnung (auf Ist-/Normalkostenbasis) mit einer Intensität von 4,1 zu nutzen,
- die Vollkostenrechnung (auf Ist-/Normalkostenbasis) mit einer Intensität von 3,7 zu nutzen,
- die verschiedenen Varianten der Plankostenrechnung mit einer Intensität von 3,3 zu nutzen.

Alle drei Grundtypen sind daher von großer bis sehr großer praktischer Relevanz.

2.2   Abgrenzung der Rechengrößen des Rechnungswesens

2.2.1   Überblick über die Stromgrößen des Rechnungswesens

Unterschiedliche Rechnungen verlangen aufgrund ihrer divergierenden Zwecksetzungen und Merkmale nach unterschiedlichen Recheneingangsgrößen. So arbeiten z. B. statische

Investitionsrechnungen mit Kosten und Leistungen, dynamische Investitionsrechnungen hingegen mit Auszahlungen und Einzahlungen. Die Gewinn- und Verlustrechnung als Erfolgsrechnung des externen Rechnungswesens arbeitet mit Aufwendungen und Erträgen, die Kosten- und Leistungsrechnung wiederum mit Kosten und Leistungen. Langfristige Finanzrechnungen arbeiten mit Ausgaben und Einnahmen, kurzfristige Finanzrechnungen hingegen mit Auszahlungen und Einzahlungen. Diese Stromgrößen sind nicht in allen Fällen identisch und verändern unterschiedliche Bestandsgrößen. Für das Verständnis ist es deshalb unerlässlich, diese Stromgrößen voneinander abzugrenzen. Es sind deren Gemeinsamkeiten und Unterschiede mit dem Ziel festzustellen, ob und wenn ja in welcher Höhe Geschäftsvorfälle als Kosten und Leistungen die Kosten- und Leistungsrechnung berühren. Folgende Begriffspaare sind deshalb näher zu betrachten.

- Auszahlung | Einzahlung
- Ausgabe | Einnahme
- Aufwand | Ertrag
- Kosten | Leistung

Externes Rechnungswesen Das externe Rechnungswesen kennt die Stromgrößen *Auszahlung/Einzahlung, Ausgabe/Einnahme* sowie *Aufwand/Ertrag,* nicht jedoch *Kosten/Leistung.* Auch wenn an vielen Stellen im HGB von Anschaffungs- und Herstellungskosten die Rede ist, so ist damit streng genommen eigentlich Anschaffungsaufwand bzw. Herstellungsaufwand gemeint. Damit nachvollzogen werden kann, warum bestimmte Geschäftsvorfälle wann und in welcher Höhe erfolgswirksam sind oder aber das Ergebnis der Gewinn- und Verlustrechnung nicht beeinflussen, ist es notwendig, im externen Rechnungswesen sehr genau zwischen den Finanzgrößen Ausgaben/Einnahmen und Auszahlungen/Einzahlungen und den Erfolgsgrößen Aufwendungen/Erträgen zu unterscheiden.

Internes Rechnungswesen Das interne Rechnungswesen und damit die *Kosten- und Leistungsrechnung* arbeitet mit dem Begriffspaar *Kosten/Leistungen.* Hierbei handelt es sich um Erfolgsgrößen. Daher sind hier insbesondere die Kenntnisse über die Gemeinsamkeiten und Unterschiede mit bzw. gegenüber dem Begriffspaar Aufwand und Ertrag wichtig, den Erfolgsgrößen des externen Rechnungswesens. Die unterschiedlichen Zwecksetzungen des externen und internen Rechnungswesens führen dazu, dass beispielsweise die bilanziellen Abschreibungen keineswegs unverändert aus der Finanzbuchhaltung in die Kosten- und Leistungsrechnung übernommen werden dürfen oder umgekehrt (siehe Abschnitt 3.3.3.1). Es wird sich zeigen, dass dadurch die Gewinn- und Verlustrechnung und die Betriebsergebnisrechnung nicht zu demselben Ergebnis kommen können.

Abgrenzungsproblematik Unsaubere terminologische Abgrenzungen führen zwangsläufig zu Missverständnissen, denn die Kosten im Sinne der Kostenlehre sind nicht gleichbedeutend mit den Kosten im Sinne des allgemeinen Sprachgebrauchs. Nicht alle Güter, die etwas »gekostet« haben, stellen auch Kosten im Sinne des internen Rechnungswesens dar. Und Güter, die etwas »gekostet« haben und verbraucht werden, finden keineswegs immer mit ihren Ausgabenbeträgen in der Kosten- und Leistungsrechnung Berücksichtigung. Hinzu kommt, dass aus zeitlicher Sicht ein Gut von der Kosten- und Leistungsrechnung erst dann erfasst wird, wenn es im betrieblichen Leistungserstellungsprozess eingesetzt wird, und nicht in dem Augenblick, in dem es gekauft wurde und eine Ausgabe verursachte. Der Gebrauch oder Verbrauch des Gutes, nicht das Geldausgeben ist für die Kosten- und Leistungsrechnung entscheidend. Da im allgemeinen Sprachgebrauch Kosten an die Tatsache des Geldausgebens anknüpfen, können sich – bei entsprechender Übertragung – Fehler in der Kostenartenrechnung einschleichen. Es stimmen dann die zu erfassenden Kosten und damit die Auswertungsrechnungen nicht. Eine saubere terminologische Abgrenzung vermeidet auch die Verwendung von Begriffen wie »Unkosten« oder »Kostenaufwand«. Zunächst wenden wir uns den vier »negativen« Rechengrößen zu.

Aus der Definition der beiden Begriffe Auszahlung und Ausgabe wird deutlich, dass der Begriff Ausgabe weiter gefasst ist als der Begriff Auszahlung.

Merke   **!**

- Auszahlung = Abgang von Bargeld oder Buchgeld
- Ausgabe = Auszahlung + Schuldenzugang + Forderungsabgang

Der Begriff Ausgabe umfasst über die reinen Zahlungsvorgänge hinaus auch Kreditierungsvorgänge, die zu einer Erhöhung der Schulden und/oder zu einer Reduzierung von bestehenden Forderungen der Unternehmung führen. Damit stellt eine Auszahlung immer gleichzeitig eine Ausgabe, eine Ausgabe hingegen nicht immer gleichzeitig eine Auszahlung dar (bezogen auf definierte Abrechnungsperioden).

Weder bei einer Auszahlung noch bei einer Ausgabe liegt zunächst Erfolgswirksamkeit vor. Bei einem Barkauf liegt ein erfolgsunwirksamer Tausch vor (Aktivtausch), hier werden Bar- oder Buchgeld in Vorräte umgewandelt. Bei einem Zielkauf nehmen Vorräte und Verbindlichkeiten aus Lieferung und Leistung zu (Bilanzverlängerung), zum Zeitpunkt der späteren Zahlung verringern sich die Verbindlichkeiten aus Lieferung und Leistung ebenso wie der Bar- oder Buchgeldbestand (Bilanzverkürzung). Selbst im Falle einer Aufrechnung bestehender Forderungen der Unternehmung gegenüber dem Lieferanten beim Kauf von Vorräten ist keine Erfolgswirksamkeit gegeben, es handelt sich wiederum um einen Aktivtausch.

Erfolgswirksame Geschäftsvorfälle werden im externen Rechnungswesen als Aufwendungen bezeichnet.

Merke   **!**

Aufwand = zu Anschaffungsausgaben bewerteter Güterverbrauch

Güterverbrauch

Das Entstehen von Aufwand setzt hierbei den anteiligen oder gesamthaften Verzehr eines Gutes voraus. Damit ist jedoch nicht ein Verzehr in dem Sinne gemeint, dass das Gut als Zahlungsmitteläquivalent eingesetzt wird, bei dem unmittelbar und in einem Vorgang auch ein Güterzufluss enthalten ist. Dieser Fall stellt einen Tauschvorgang dar, der wiederum ein erfolgsunwirksamer Aktivtausch wäre.

> **! Unter der Lupe**
>
> Gemäß den Definitionen von Auszahlung und Ausgabe ist jede Auszahlung auch gleichzeitig eine Ausgabe. Wenn Ende März ein Material beschafft wird, jedoch aufgrund des Zahlungsziels die Rechnung erst Mitte April gezahlt wird, so findet im März lediglich eine Ausgabe statt (Schuldenzugang). Die Auszahlung findet dann im April statt – ist dies dann zum zweiten Mal eine Ausgabe in gleicher Höhe?
> Der Definition gemäß ja, allerdings ist zu beachten, dass im Moment des Begleichens der Rechnung auch ein Schuldenabgang stattfindet – dies erfüllt die weiter untenstehende Definition der Einnahme. Im April finden somit in gleicher Höhe sowohl Ausgabe als auch Einnahme statt, d. h. beide egalisieren sich.

Einem Verbrauch können die in Abbildung 2.9 gezeigten Güterarten unterliegen.

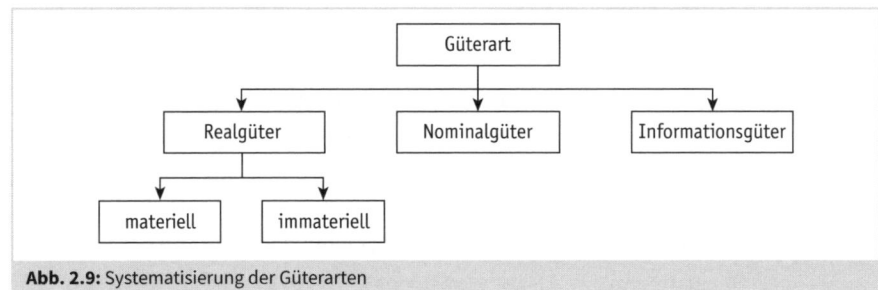

Abb. 2.9: Systematisierung der Güterarten

Materielle und immaterielle Güter

Zu den *materiellen Realgütern* gehören die Gebäude, die Maschinen, die Werkstoffe usw., zu den *immateriellen Realgütern* die Arbeitsleistungen der Mitarbeiter und bezogene Dienstleistungen, die Nutzung von Mieträumen, Versicherungsschutz, Transportleistungen von Speditionen usw.

Nominalgüter

Nominalgüter umfassen Geld, Ansprüche auf Geld (Forderungen) und Ansprüche auf Realgüter.

Informationsgüter

Da Informationen eine besondere Bedeutung für die Arbeits- und Entscheidungsprozesse haben, werden Erfindungen und sonstige geistige Schöpfungen aller Art (Marktstudien, Software usw.) als eigene Güterart *(Informationsgüter)* aufgeführt.

Diese verschiedenen Güterarten können unterschiedlichen Verbrauchsarten unterliegen, die mengenmäßig zu erfassen und dann zu bewerten sind, um im externen Rechnungswesen als Aufwand berücksichtigt werden zu können.

Folgende Verbrauchsarten lassen sich unterscheiden (siehe Abbildung 2.10).

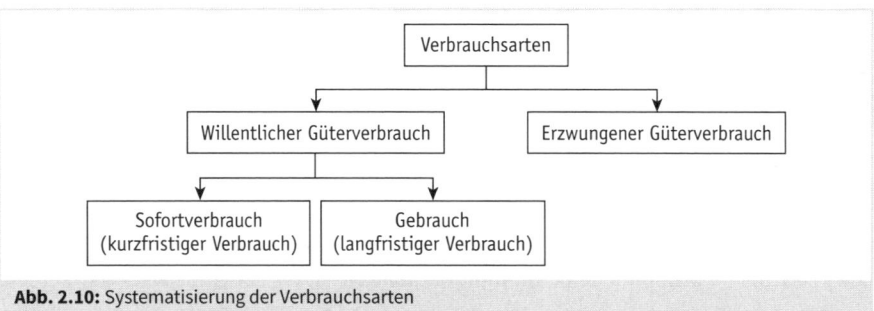

Abb. 2.10: Systematisierung der Verbrauchsarten

Der bewusst gewollte oder *willentliche Güterverbrauch* unterscheidet zum einen den Sofortverbrauch, bei dem ein Gut vollständig und auf einmal für die entsprechenden Zwecke eingesetzt und damit verbraucht wird. Derartiges spiegelt sich beispielsweise im Einsatz von Materialien wider.

Willentlicher Güterverbrauch

Gewisse Güterarten werden hingegen nicht einmalig gesamthaft, sondern sukzessive oder allmählich anteilig verbraucht. Dieser Verbrauch zieht sich über mehrere Perioden hin, ist deshalb als Gebrauch zu umschreiben und findet seine Quantifizierung beispielsweise bei der Mengenkomponente der planmäßigen Abschreibung von Maschinen.

Im Gegensatz zum willentlichen Güterverbrauch, bei dem die eigentlichen Ursachen und die damit verbundenen Zielsetzungen in der Unternehmung selbst zu suchen sind, ist das Gegenstück der *erzwungene Güterverbrauch*. Er ist von der Unternehmung nicht oder nur mit einem unangemessenen hohen Aufwand zu beeinflussen. Hierzu zählen Diebstahl, Katastrophenverschleiß, wirtschaftliche Entwertung usw.

Erzwungener Güterverbrauch

Da im externen Rechnungswesen das *Prinzip der nominellen Kapitalerhaltung* vom Gesetzgeber gewünscht ist, sind die unterschiedlichen mengenmäßigen Verbräuche der verschiedenen Güterarten mit maximal den Anschaffungs- oder Herstellungskosten (eigentlich: Anschaffungs- oder Herstellungsaufwand) zu bewerten.

Wertkomponente des Aufwands

Die Definition von Kosten weicht von der Definition des Aufwands ab.

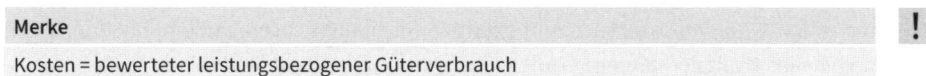

Merke   !

Kosten = bewerteter leistungsbezogener Güterverbrauch

Dieser am weitesten verbreitete Kostenbegriff setzt sich aus drei Komponenten zusammen, die immer erfüllt sein müssen, damit ein Sachverhalt als Kosten in der Kosten- und Leistungsrechnung Berücksichtigung finden kann:

Kostenkomponenten

• mengenmäßiger Güterverbrauch,

- Leistungsbezug des Güterverbrauchs und
- Bewertung der leistungsbezogenen Verbrauchsmengen.

Güterverbrauch Wenngleich bei der Verbuchung von Aufwand wie auch bei der Verrechnung von Kosten ein Güterverbrauch vorliegen muss, so bezieht die Kosten- und Leistungsrechnung allerdings nur jenen Güterverbrauch ein, der im Rahmen eines festgelegten und erklärten, somit betriebstypischen Leistungserstellungsprogramms anfällt. Das bedeutet, dass all diejenigen Güterverbräuche Kosten verursachen, die für die Erstellung der für den Absatzmarkt bestimmten Leistungen und für alle Arten von hierfür notwendigen innerbetrieblichen Leistungen bestimmt sind. Entsteht beispielsweise für ein Industrieunternehmen, zu dessen erklärtem Leistungserstellungsprogramm die Herstellung von industriellen Produkten gehört, ein Verlust durch die Spekulation mit Wertpapieren, so berührt dieser Vorgang nicht die Kosten- und Leistungsrechnung, sondern allein die Finanzbuchhaltung. Entstehen derartige Verluste hingegen für eine Bank, so wären sie sehr wohl als Kosten anzusetzen. Der Leistungsbezug ist somit eine entscheidende Komponente für die Berücksichtigung von Kosten.

Beispiel: Speedy GmbH

Unternehmenszweck
Übertragen auf das zu Grunde liegende Musterunternehmen, die Speedy GmbH, heißt das: Sie definiert sich als ein international tätiger Hersteller und Anbieter von Automobilen. Eines der Kernprodukte ist ein familienfreundlicher Personenkraftwagen auf neuestem technischen Stand, der mit einer Brennstoffzelle betrieben und in verschiedenen Produktvarianten angeboten wird. Es wird auch eine langfristige Wachstumsstrategie verfolgt, die das Ziel hat, dem Kerngeschäft nahestehende Geschäftsfelder zu erschließen. Dieses definierte Leistungserstellungsprogramm sollte bei sämtlichen Überlegungen als Grundlage dienen, inwieweit bei Güterverbräuchen und Güterentstehungen Kosten- bzw. Leistungscharakter vorliegt.

Wert- Wie im externen Rechnungswesen der Aufwand müssen auch die Kosten in der Kosten-
komponente und Leistungsrechnung ein *Wertgerüst* haben, damit der nur in unterschiedlichen Dimen-
der Kosten sionen darstellbare mengenmäßige Verbrauch verschiedenartiger Güter vergleichbar und rechenbar wird. Im Gegensatz zum externen Rechnungswesen, in dem das Prinzip der nominellen Kapitalerhaltung verfolgt wird (werden muss), gilt für das interne Rechnungswesen das *Prinzip der substanziellen Kapitalerhaltung*. Da die Erhaltung der betrieblichen Substanz im Vordergrund zu stehen hat, wird man bei der Bewertung des leistungsbezogenen Güterverbrauchs i.d.R. nicht die historischen Anschaffungswerte, sondern die aktuellen oder zukünftige Wiederbeschaffungswerte zugrunde legen müssen.

Auch wenn es für die Erhaltung der betrieblichen Substanz unumgänglich ist, dass ausreichende Erlöse erzielt werden müssen, so kann die Kosten- und Leistungsrechnung letztlich nur die notwendigen Preisuntergrenzen mit Wiederbeschaffungswerten bei einem gegebenen Marktpreis kalkulieren *(Preisbeurteilungsfunktion)*. Der tatsächliche Gewinn oder Verlust stellt sich letztlich in der Betriebsergebnisrechnung (Kostenträgerzeitrechnung) dar.

Die in der Abbildung 2.11 dargestellten Wertansätze kommen je nach Zwecksetzung der Kosten- und Leistungsrechnung grundsätzlich infrage.

Da die Ausgestaltung eines Kostenrechnungssystems letztlich von der individuellen Zwecksetzung und nicht von gesetzlichen Vorschriften (abgesehen von den Vorschriften bei öffentlichen Aufträgen) abhängt, muss es dem einzelnen Entscheidungsträger überlassen bleiben, welchen Wertansatz er auswählt. Seine Auswahl sollte jedoch das Verursachungsprinzip (beispielsweise bei der Anwendung eines Verbrauchsfolgeverfahrens) anstreben und dem Substanzerhaltungsprinzip entsprechen.

Da in der Regel der (teilweise geschätzte) Wiederbeschaffungswert zum Tragen kommt, wird deutlich, dass Aufwand und Kosten der Höhe nach nicht nur aufgrund eines anderen Mengengerüstes, sondern auch aufgrund unterschiedlicher Wertansätze differieren.

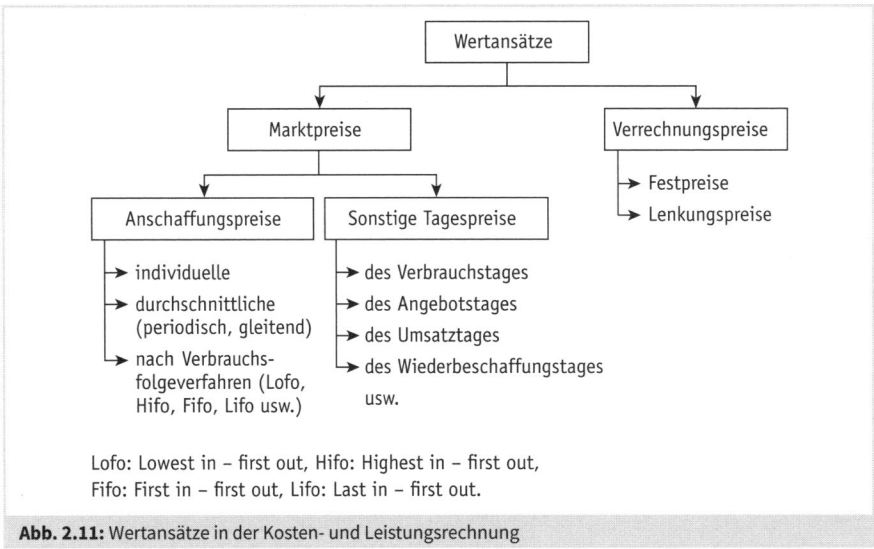

Abb. 2.11: Wertansätze in der Kosten- und Leistungsrechnung

Wenden wir uns nun den vier »positiven« Rechengrößen zu. Analoge Beziehungen wie innerhalb der Begriffsgruppe Auszahlung, Ausgabe, Aufwand und Kosten gibt es auch innerhalb der Begriffsgruppe Einzahlung, Einnahme, Ertrag und Leistung. Nicht jede Einnahme hängt mit einer Leistung zusammen; umgekehrt ist nicht jede Leistung mit einer Einnahme innerhalb einer Abrechnungsperiode verknüpft. Sofern einer Leistung eine Einnahme gegenübersteht, können beide Größen zeitlich auseinanderfallen. Und schließlich können Leistung und Einnahme wertverschieden sein. Diese und andere wesentliche Zusammenhänge müssen im Folgenden geklärt werden.

> **! Merke**
>
> Einzahlung = Zugang von Bargeld oder Buchgeld
>
> Einnahme = Einzahlung + Forderungszugang + Schuldenabgang

Bei der Definition der beiden Begriffe Einzahlung und Einnahme verhält es sich wie bei den Begriffen Auszahlung und Ausgabe: Die Einnahme ist begrifflich weiter gefasst als die Einzahlung. Eine Einzahlung stellt gleichzeitig immer eine Einnahme dar, eine Einnahme hingegen nicht immer gleichzeitig eine Einzahlung.

Weder die Einzahlung noch die Einnahme wirken sich auf das Ergebnis der Gewinn- und Verlustrechnung aus und sind damit erfolgsunwirksam.

> **! Merke**
>
> Ertrag = Bewertete Güterentstehung aller Art

Güterentstehung (Entstehung von Real, Nominal- und Informationsgütern) im weitesten Sinne ist somit kennzeichnend für Ertrag. Für seine Bewertung kommen folgende Wertansätze infrage: In der Regel werden es die im Rahmen des Absatzprozesses (d. h. aller Aktivitäten auf Märkten, auf denen die verschiedenen Güterarten absetzbar sind) erzielten Einnahmen (Umsatzerlöse) sein, so dass Ertrag auch als für Zwecke der *Jahresabschlussrechnung periodisierte Einnahmen* umschrieben werden kann. Sofern es sich um entstandene Güter handelt, für die noch keine Einnahmen erzielbar sind (z. B. Fertigerzeugnisse auf Lager), hat die Bewertung in der Finanzbuchhaltung zu *Herstellungs*kosten – vgl. hierzu im Abschnitt 5.2.2.2 die Unterschiede zwischen den Herstellkosten und den Herstellungskosten – zu erfolgen.

Die von der Kosten- und Leistungsrechnung als Leistungen erfasste Güterentstehung beschränkt sich wiederum auf jene, die sich aus dem erklärten Leistungserstellungsprogramm ergibt.

> **! Merke**
>
> Leistung = bewertete Güterentstehung im Rahmen der betriebstypischen Tätigkeit

Grundsätzlich können hierbei zwei Arten von Leistungen unterschieden werden: die innerbetriebliche Leistung und die Marktleistung (siehe Abbildung 2.12).

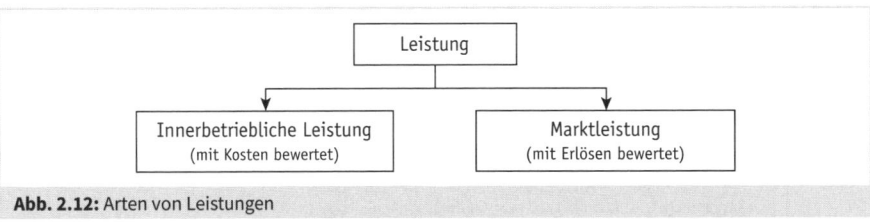

Abb. 2.12: Arten von Leistungen

Die *innerbetriebliche Leistung* stellt eine Leistung dar, die vom Betrieb erzeugt wird, marktfähig ist, aber wieder vom Betrieb selbst verbraucht wird. Sie ist mit (Herstell-)Kosten zu bewerten.

Die *Marktleistung* wird im Gegensatz dazu vom Betrieb erzeugt und ist – wie es der Name schon sagt – für den Absatzmarkt bestimmt. Ihre Bewertung erfolgt grundsätzlich in Höhe der Umsatzerlöse. Da sich der Verkaufspreis in der Regel durch Angebot und Nachfrage auf ein bestimmtes Niveau einspielt, das über oder unter den Selbstkosten liegen kann, kommt der Kostenrechnung hinsichtlich ihrer Preisbeurteilungsfunktion eine besondere Bedeutung zu. Gehen die Marktleistungen jedoch zunächst in ein Fertigwarenlager, sind sie in der Kosten- und Leistungsrechnung bis dato noch mit Herstellkosten zu bewerten.

Innerbetriebliche Leistung

Marktleistung

2.2.2 Abgrenzung von Auszahlung, Ausgabe, Aufwand und Kosten

Basierend auf den Begriffsdefinitionen im vorangegangenen Abschnitt werden im Folgenden zunächst die Grundbegriffe *Auszahlung, Ausgabe, Aufwand und Kosten*, anschließend die Grundbegriffe *Einzahlung, Einnahme, Ertrag und Leistung* systematisch mit Beispielen erläutert.

Abbildung 2.13 visualisiert, dass Auszahlung, Ausgabe, Aufwand und Kosten deckungsgleich sein können, in vielen Fällen jedoch voneinander abweichen und sich teilweise sogar ausschließen. Gemeinsamkeiten und Unterschiede finden ihren Niederschlag in den eingetragenen Unterbegriffen. Damit zeigt sich die Notwendigkeit einer sauberen Begriffsabgrenzung. Da mit den Begrifflichkeiten die Grundlagen der beabsichtigten Rechnungen und Auswertungen gelegt werden, verlieren durch eine falsche Zuordnung von Geschäftsvorfällen beispielsweise das Ergebnis der Gewinn- und Verlustrechnung, das Betriebsergebnis oder die Kalkulationsergebnisse erheblich an Aussagekraft.

Begriffs-abgrenzung

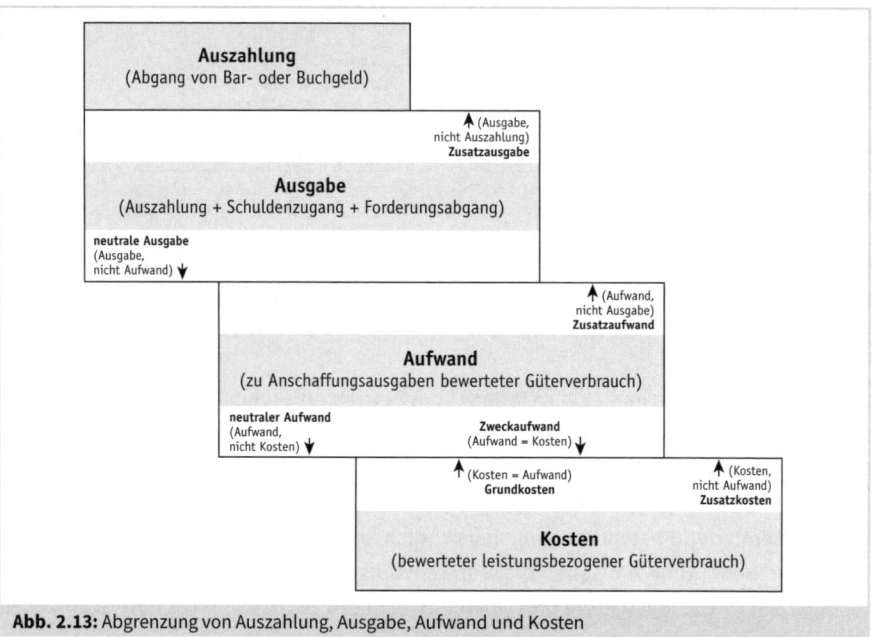

Abb. 2.13: Abgrenzung von Auszahlung, Ausgabe, Aufwand und Kosten

Beispiel: Speedy GmbH

Auszahlung, Ausgabe, Aufwand, Kosten

Die Speedy GmbH kauft Ende März für 10.000 EUR Material ein und bezahlt bar oder überweist den Betrag sofort.

In diesem Fall liegt eine Auszahlung vor. Da die Auszahlung (Abgang von Bargeld oder Buchgeld) auch Definitionsbestandteil der Ausgabe ist, kann der Geschäftsvorfall auch den Ausgaben zugeordnet werden. Dieser Geschäftsvorfall ist hingegen erfolgsunwirksam, da es noch zu keinem Güterverbrauch kam: Die Materialvorräte nehmen zu, der Kassenbestand oder das Bankguthaben nimmt ab, so dass bilanztechnisch ein Aktivtausch vorliegt.

Von diesem eingekauften Material werden Anfang April 6.000 EUR aus dem Lager entnommen und in der Produktion eingesetzt.

Erst jetzt im April findet ein zu Anschaffungsausgaben bewerteter Güterverbrauch statt, so dass nunmehr auch von Aufwand gesprochen werden kann. Dieser Vorgang ist ergebniswirksam; er fließt i. H. v. 6.000 EUR als Aufwand in die Gewinn- und Verlustrechnung ein.

Da dieses Material in die laufende Pkw-Serie eingeht, ist auch das Kriterium der Leistungsbezogenheit erfüllt. Damit wird auch die Kosten- und Leistungsrechnung ebenfalls mit 6.000 EUR Kosten berührt.

Auszahlung vs. Ausgabe

Grenzt man Auszahlung und Ausgabe voneinander ab, wird erkennbar, dass der Unter- | Zusatzausgabe
schied in einer *Zusatzausgabe* liegen kann. Sie stellt eine *Ausgabe* dar, der in der betrachteten Periode keine konkrete Auszahlung gegenübersteht. Dies ist der Fall, wenn ein Schuldenzugang und/oder ein Forderungsabgang stattfindet. Von diesen Fällen abgesehen decken sich der Auszahlungs- und der Ausgabebegriff.

Beispiel: Speedy GmbH

Zusatzausgabe

Die Speedy GmbH bezahlt den oben genannten Materialeinkauf i. H. v. 10.000 EUR Ende März nicht bar, sondern nimmt das vom Lieferanten eingeräumte Zahlungsziel von 14 Tagen in Anspruch.

Damit findet im März keine Auszahlung statt, sondern die Schulden nehmen zu (und der Forderungsbestand bleibt unverändert): Es liegt im März eine Zusatzausgabe vor. Bei Bezahlung 14 Tage später (Mitte April) findet eine Auszahlung statt.

Variante 1: Die Speedy GmbH nimmt nicht das Zahlungsziel in Anspruch, sondern begleicht die Rechnung sofort durch Weitergabe eines Besitzwechsels i. H. v. 10.000 EUR an den Lieferanten.

Nunmehr beträgt die Auszahlung Null, da weder Bargeld noch Buchgeld fließen. Es findet auch kein Schuldenzugang statt, jedoch nehmen bestehende Forderungen der Speedy GmbH ab, da ein Wechsel *i. H. v. 10.000 EUR an den* Lieferanten weitergegeben wird: Es liegt wiederum eine Zusatzausgabe vor.

Variante 2: Die Speedy GmbH bezahlt für das eingekaufte Material 3.000 EUR in bar, nimmt das Zahlungsziel von 14 Tagen für 5.000 EUR in Anspruch und gibt einen Besitzwechsel i. H. v. 2.000 EUR ab.

Nun beträgt im März die Auszahlung 3.000 EUR, die Zusatzausgabe 7.000 EUR (5.000 EUR Schuldenzugang und 2.000 EUR Forderungsabgang). Im April entsteht eine weitere Auszahlung von 5.000 EUR.

Es bleibt festzuhalten: Keine der aufgeführten Beispielvarianten wirkt sich auf den Erfolg der Speedy GmbH in der Gewinn- und Verlustrechnung bzw. in der Kosten- und Leistungsrechnung aus, allein in einzelnen Bilanzpositionen erfolgen Veränderungen durch Aktivtausch, Bilanzverlängerung oder Bilanzverkürzung.

Ausgabe vs. Aufwand

Grenzt man die Ausgabe vom Aufwand ab, kann es Fälle geben, bei denen zwar eine *Aus-* | Neutrale
gabe vorliegt, aber in der betrachteten Abrechnungsperiode das Verbrauchskriterium | Ausgabe

nicht erfüllt wird, und somit *kein Aufwand* entsteht. Hier spricht man von einer neutralen Ausgabe.

Andererseits kann ein Verbrauch und damit *Aufwand* vorliegen, dem jedoch in der betrachteten Periode *keine Ausgabe* gegenübersteht. Dies wird begrifflich als Zusatzaufwand bezeichnet. In der Regel liegt dem Aufwand jedoch zu irgendeinem Zeitpunkt eine Ausgabe zu Grunde, denn die Finanzbuchhaltung ist ja – wie schon früher angesprochen – eine pagatorische Rechnung (siehe Abschnitt 2.1.3).

Zusatzaufwand

Beispiel: Neutrale Ausgabe, Zusatzaufwand

Material-Bareinkauf (10.000 EUR) Ende März, davon Materialverbrauch (6.000 EUR) Anfang April.

Im März liegt eine neutrale Ausgabe (10.000 EUR) vor, da ein Verbrauch erst im Folgemonat April erfolgt. Der Materialverbrauch von 6.000 EUR stellt im April dann Aufwand dar. Da im April aber keine Ausgabe mehr anfällt, handelt es sich konkret um Zusatzaufwand.

Aufwand vs. Kosten

Die Gegenüberstellung von Aufwand und Kosten (und damit der Rechen- oder Stromgrößen der Gewinn- und Verlustrechnung der Finanzbuchhaltung und der Kosten- und Leistungsrechnung) zeigt, dass drei Unterfälle auftreten können:
- Zweckaufwand/Grundkosten,
- neutraler Aufwand oder
- Zusatzkosten.

Zweckaufwand/ Grundkosten

Stehen dem Aufwand *Kosten in gleicher Höhe* gegenüber, bezeichnet man dies als Zweckaufwand (kostengleicher Aufwand) aus Sicht der Finanzbuchhaltung und als Grundkosten (aufwandsgleiche Kosten) aus Sicht der Kosten- und Leistungsrechnung. Der entsprechende Geschäftsvorfall fließt wertgleich in beide Rechnungen ein.

Beispiel: Speedy GmbH

Zweckaufwand, Grundkosten
Materialverbrauch Anfang April i. H. v. 6.000 EUR für die laufende Pkw-Serie der Speedy GmbH.

Aufgrund der erfüllten Kriterien Güterverbrauch und Leistungsbezogenheit wird dieser Wertansatz aus Sicht der Finanzbuchhaltung als Zweckaufwand, aus Sicht der

Kosten- und Leistungsrechnung als Grundkosten bezeichnet. Beide Rechnungen werden in gleicher Höhe (6.000 EUR) berührt.

Allerdings kann auch ein Verbrauch stattfinden und damit Aufwand entstehen, dem das Kriterium der Leistungsbezogenheit grundsätzlich oder zum Zeitpunkt der Betrachtung fehlt, und damit *keine Kosten* anfallen. Dieser Verbrauch fließt als *neutraler Aufwand* in die Finanzbuchhaltung ein, berührt jedoch nicht die Kosten- und Leistungsrechnung.

Neutraler Aufwand

Beispiel: Speedy GmbH

Neutraler Aufwand, Zweckaufwand, Grundkosten
Die Speedy GmbH verbraucht im April Material i. H. v. 6.000 EUR, davon gehen 4.000 EUR in die laufende Pkw-Serie ein und 2.000 EUR werden der Gemeinde als Spende zur Verfügung gestellt.

Da bei der Spende ein betriebsfremder (betriebsuntypischer) Güterverbrauch über 2.000 EUR vorliegt, ist in dieser Höhe ein neutraler Aufwand zu erfassen. Diesem Aufwand stehen wegen des fehlenden Leistungsbezugs keine Kosten gegenüber. Allein 4.000 EUR fließen in die Kosten- und Leistungsrechnung ein (Grundkosten = Zweckaufwand); 6.000 EUR hingegen in die Finanzbuchhaltung (= Aufwand, davon 2.000 EUR neutraler Aufwand und 4.000 EUR Zweckaufwand).

Werden Kosten verrechnet, denen kein Aufwand gegenübersteht, führt dies begrifflich zu *Zusatzkosten*. Entweder fällt gar kein Aufwand an oder es liegt Aufwand in geringerer Höhe vor. Im ersteren Fall fallen Zusatzkosten in voller Höhe an, und zwar immer dann, wenn in der Finanzbuchhaltung für eine Kostenposition kein Aufwand gebildet werden darf (z. B. bei kalkulatorischen Eigenkapitalzinsen). Im letzteren Fall fallen Zusatzkosten in Höhe der Differenz zwischen Kostenwert und Aufwandswert an – dies entsteht dadurch, dass eine ungleiche periodische Erfassung der Mengenkomponente von Aufwand und Kosten erfolgt oder die Bewertung des leistungsbezogenen Güterverbrauchs über den Anschaffungswerten liegt.

Zusatzkosten

Beispiel: Speedy GmbH

Zweckaufwand, Grundkosten, Zusatzkosten
Die Speedy GmbH muss zum Zeitpunkt des Verbrauchs feststellen, dass der Lieferant zukünftig das Material zu 5 Prozent über dem heutigen Preisniveau (4.000 EUR) bereitstellen wird.

Da die Kosten- und Leistungsrechnung das Substanzerhaltungsprinzip verfolgt, sind die gestiegenen Wiederbeschaffungswerte anzusetzen. Somit verbucht die Finanzbuchhaltung einen Materialverbrauch von 4.000 EUR, die Kosten- und Leistungsrechnung verrechnet hingegen 4.200 EUR (4.000 EUR · 1,05). Der den Aufwand übersteigende Betrag (200 EUR) stellt Zusatzkosten dar; 4.000 EUR hingegen sind aufwandsgleiche Kosten oder kostengleicher Aufwand (Zweckaufwand/Grundkosten).

Die bisherigen Erläuterungen bezogen sich auf das Abgrenzungsschema der Abbildung 2.13. Da uns insbesondere die Abgrenzung von Aufwand und Kosten interessiert, wollen wir an dieser Stelle noch stärker ins Detail gehen (siehe Abbildung 2.14).

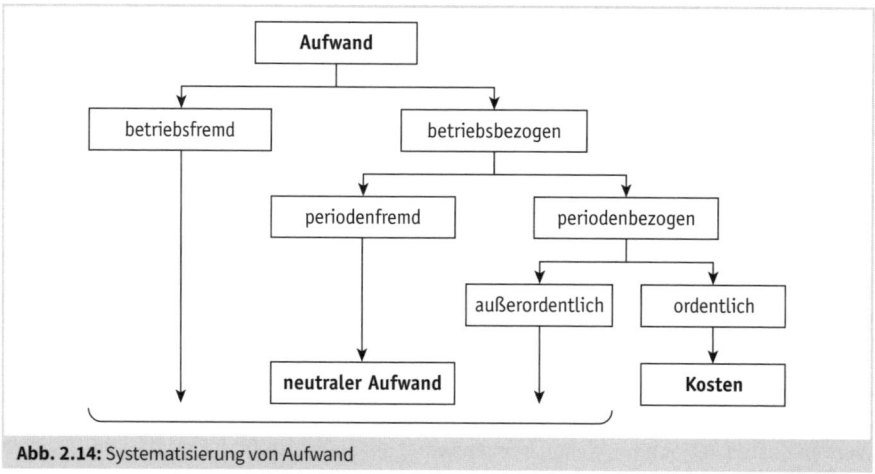

Abb. 2.14: Systematisierung von Aufwand

Neutraler Aufwand

Nach dieser Darstellung führen

- betriebsfremder Aufwand (z. B. Spende),
- betriebsbezogener, aber periodenfremder Aufwand (z. B. Steuernachzahlung) wie auch
- betriebsbezogener und periodenbezogener, aber außerordentlicher Aufwand (z. B. Materialvernichtung aufgrund eines Feuers durch Blitzeinschlag im Lager)

zu neutralem Aufwand. Oder anders gesagt: Nur diejenigen Aufwandspositionen, die gleichzeitig als betriebsbezogen, periodenbezogen und ordentlich bezeichnet werden können, werden auch als Kosten in die Kosten- und Leistungsrechnung übernommen. Der sich durch Bewertungsunterschiede (Bewertung der Aufwandsposition übersteigt die Bewertung der Kostenposition) ergebende neutrale Aufwand ist in dieser Darstellung nicht enthalten.

Es ist jedoch zu beachten, dass der außerordentliche Aufwand, der aus den betrieblichen Risiken resultieren kann, nur dann neutraler Aufwand in voller Höhe darstellt, wenn keine kalkulatorischen Wagniskosten in der Kosten- und Leistungsrechnung verrechnet werden (siehe Abschnitt 3.3.6).

Abgrenzungen in dieser detaillierten begrifflichen Form erscheinen zunächst möglicherweise als unnötig oder nur als eine rein theoretische Übung. Zudem arbeiten das externe und das interne Rechnungswesen in ihren Darstellungen nur mit den Oberbegriffen Auszahlung, Ausgabe, Aufwand und Kosten. Dennoch sind derartige differenzierte Überlegungen für das Verständnis wichtig, denn

Ziel der Abgrenzungen

- das externe Rechnungswesen hat jeder Abrechnungsperiode die Aufwendungen und Erträge zuzurechnen, in der sie auch entstanden sind, auch wenn die entsprechenden Zahlungsvorgänge in früheren oder späteren Abrechnungsperioden liegen (Grundsatz der Periodisierung).
- die Kosten- und Leistungsrechnung verfolgt andere Zwecksetzungen als die Finanzbuchhaltung und muss damit auf der einen Seite einen Teil der Aufwendungen außen vor lassen (neutraler Aufwand), auf der anderen Seite jedoch Zusatzkosten erfassen.

Zum Abschluss der Abgrenzungsüberlegungen sei ein zusammenfassendes Beispiel aufgeführt.

Zusammenfassendes Abgrenzungsbeispiel

Beispiel: Speedy GmbH

Zusammenfassendes Beispiel zur Abgrenzung von Auszahlung, Ausgabe, Aufwand und Kosten
Die Speedy GmbH kauft Ende März Material i. H. v. 10.000 EUR (Barzahlung 3.000 EUR, Zielkauf 7.000 EUR); 6.000 EUR davon werden Anfang April aus dem Lager entnommen und verbraucht (4.000 EUR für die laufende PKW-Serie, 2.000 EUR als Spende an die Gemeinde). Die Wiederbeschaffungswerte liegen im Moment des Verbrauchs 5 Prozent über den Anschaffungswerten.

Abgrenzungen im März:

AUSZAHLUNG	
3.000 EUR	
AUSGABE	*Zusatzausgabe*
10.000 EUR	7.000 EUR
Neutrale Ausgabe	
10.000 EUR	

Abgrenzungen im April:

AUSZAHLUNG 7.000 EUR		
AUSGABE 7.000 EUR[1] *neutrale Ausgabe* 0 EUR	*Zusatzausgabe* 0 EUR	
	AUFWAND 6.000 EUR *neutraler Aufwand* 2.000 EUR	*Zusatzaufwand* 6.000 EUR *Zweckaufwand* 4.000 EUR
		Grundkosten 4.000 EUR *Zusatzkosten* 200 EUR KOSTEN 4.200 EUR

[1] Gleichzeitig Einnahme 7.000 EUR, bei saldierter Betrachtung also 0 EUR

Es zeigt sich, dass im Monat März der oben beschriebene Geschäftsvorfall noch nicht erfolgswirksam ist, die Ausgabe ist in voller Höhe neutral. Da der (teilweise) Güterverbrauch im April stattfindet, darf er wegen des Prinzips der Periodisierung erst in diesem Monat als Aufwand erfasst und damit erfolgswirksam werden.

Auch wird nochmals deutlich, dass die Gewinn- und Verlustrechnung und die Kosten- und Leistungsrechnung aufgrund ihrer unterschiedlichen Zielsetzungen (nominelle vs. substanzielle Kapitalerhaltung) zu unterschiedlichen Bewertungen kommen (müssen).

! **Unter der Lupe**

Anderskosten

In dem eben dargestellten Beispiel stehen den 4.000 EUR Aufwand 4.200 EUR Kosten gegenüber, d. h. Kostenposition und Aufwandsposition entsprechen sich sachlich, weichen jedoch der Höhe nach voneinander ab. Nach unserer Terminologie liegen daher 4.000 EUR Zweckaufwand/ Grundkosten vor und 200 EUR Zusatzkosten. Wäre der Aufwandsbetrag 4.500 EUR und der Kostenbetrag 4.200 EUR, so lägen 4.200 EUR Zweckaufwand/Grundkosten und 300 EUR neutraler Aufwand vor.

Die in die Kosten- und Leistungsrechnung eingehenden Kostenbeträge können bei sachlicher Entsprechung somit größer oder kleiner als die entsprechenden Aufwandsbeträge sein, d. h. einen anderen Wert annehmen. Manche Autoren sprechen in diesem Zusammenhang daher bei der gesamten Kostenposition von »Anderskosten«. Doch damit wird aus unserer Sicht nur ein weiterer und letztlich unnötiger Begriff eingeführt, da er auf die im oben beschriebenen Abgrenzungsschema dargestellten Begriffe zurückgeführt werden kann.

Beispiel: Grundkosten, Zusatzkosten, Anderskosten

Die kalkulatorische Abschreibung einer Universaldrehmaschine in der Kostenstelle 4711 beträgt 10.000 EUR, die bilanzielle Abschreibung 8.000 EUR (11.000 EUR).

Die Anderskosten von 10.000 EUR setzen sich aus 8.000 EUR Grundkosten und 2.000 EUR Zusatzkosten zusammen. Beträgt die bilanzielle Abschreibung hingegen 11.000 EUR, so sind die Anderskosten von 10.000 EUR identisch mit den Grundkosten und es liegt neutraler Aufwand in Höhe von 1.000 EUR vor.

In Abbildung 2.15 werden Begriffe wie kalkulatorischer Unternehmerlohn, kalkulatorische Miete usw. aufgeführt. Grundsätzlich ist festzuhalten, dass eigentlich alle Kosten kalkulatorische Größen sind, so dass dieses Adjektiv entfallen könnte. Jedoch ist es aus sprachlichen Überlegungen heraus sinnvoll, dennoch einen Sachverhalt mit kalkulatorisch zu umschreiben, wenn es um verwechselbare Positionen geht (bilanzielle vs. kalkulatorische Abschreibungen; GmbH-Geschäftsführergehalt vs. kalkulatorischer Unternehmerlohn;

Kalkulatorische Kosten

Abgrenzungsbegriffe	Beispiele
Neutraler Aufwand	• Spenden für wohltätige Zwecke (betriebsfremd) • Differenz zwischen höherer bilanzieller und niedrigerer kalkulatorischer Abschreibung • Reparaturen an nicht betriebsnotwendigen Gebäuden (betriebsfremd) • Verlust beim Verkauf alter Produktionsanlagen (außerordentlich) • Spekulationsverluste mit Wertpapieren (betriebsfremd) • Differenz zwischen tatsächlichem Brandschaden und den für dieses Risiko niedriger verrechneten kalkulatorischen Wagniskosten • Steuernachzahlung (periodenfremd)
Zweckaufwand = Grundkosten	• Versicherungsprämien • Sofortverbrauch von Fertigungsmaterial (bei Just-in-time-Anlieferung) • Energiekosten • Akkordlöhne • Meistergehalt • Grundsteuer für Werksgelände
Zusatzkosten	• kalkulatorischer Unternehmerlohn • kalkulatorische Eigenkapitalzinsen • Differenz zwischen höherer kalkulatorischer und niedrigerer bilanzieller Abschreibung • kalkulatorische Miete • kalkulatorische Wagniskosten für Garantieleistungen, ohne dass diese Garantieleistungen vom Kunden in Anspruch genommen werden

Abb. 2.15: Beispiele für die Abgrenzung von Aufwand und Kosten

Fremdkapitalzinsen vs. kalkulatorische Zinsen; Mietzahlungen vs. kalkulatorische Miete usw.). Alle diese kalkulatorischen Positionen werden im Kapitel 3 Kostenartenrechnung ausführlich erläutert.

Vergleich Aufwand – Kosten
Die Abgrenzungsüberlegungen in diesem Abschnitt haben gezeigt, dass der Kostenbegriff einerseits enger, andererseits aber auch weiter als der Aufwandsbegriff ist. Grundsätzlich können folgende Ursachen für Abweichungen zwischen beiden Begriffen festgehalten werden:

- Die Güterverbräuche müssen bei den Kosten das Kriterium der Leistungsbezogenheit erfüllen (nicht aber beim Aufwand).
- Kosten müssen periodenbezogen und ordentlich sein.
- Den Kosten müssen nicht grundsätzlich Ausgaben zugrunde liegen (den pagatorischen Aufwendungen aber schon).
- Das Mengengerüst von Aufwand und Kosten kann voneinander abweichen.
- Der Bewertungsmaßstab kann sich unterscheiden.

Damit können aus Sicht der Finanzbuchhaltung dem Aufwand
- keine Kosten (neutraler Aufwand),
- Kosten in gleicher Höhe (Zweckaufwand = Grundkosten) oder
- Kosten in anderer Höhe (Zweckaufwand mit zusätzlicher Komponente des neutralen Aufwands oder der Zusatzkosten),

gegenüberstehen, aus Sicht der Kosten- und Leistungsrechnung können den Kosten
- kein Aufwand (Zusatzkosten),
- Aufwand in gleicher Höhe (Grundkosten = Zweckaufwand) oder
- Aufwand in anderer Höhe (Grundkosten mit zusätzlicher Komponente des neutralen Aufwands oder der Zusatzkosten) gegenüberstehen.

2.2.3   Abgrenzung von Einzahlung, Einnahme, Ertrag und Leistung

Die bisherige Abgrenzungsmethodik kann auch auf die Begriffsgruppe *Einzahlung, Einnahme, Ertrag und Leistung* angewendet werden:

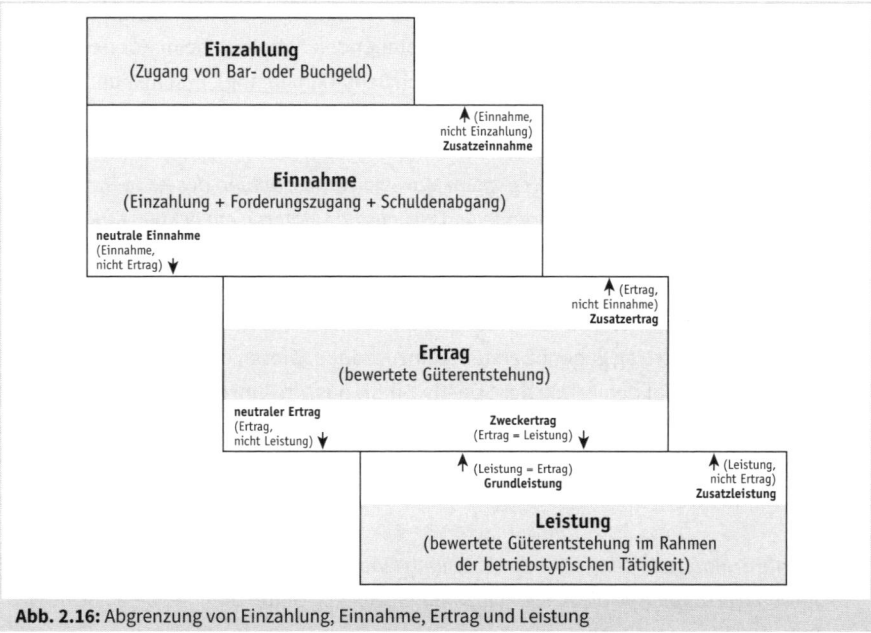

Abb. 2.16: Abgrenzung von Einzahlung, Einnahme, Ertrag und Leistung

Beispiel: Speedy GmbH

Einzahlung, Einnahme, Ertrag und Leistung
Im Mai produziert und verkauft die Speedy GmbH im Rahmen eines Kooperationsvertrages für 120.000 EUR Motoren (Fertigerzeugnisse). Der Zahlungseingang erfolgt im selben Monat.

Es liegt eine Einzahlung und eine Einnahme jeweils i. H. v. 120.000 EUR vor. Da Güterentstehung im Rahmen des erklärten Leistungserstellungsprogramms vorliegt, ist dieser Geschäftsvorfall zudem als Ertrag (Güterentstehung) und als Leistung (betriebstypische Güterentstehung) einzuordnen, jeweils wiederum i. H. v. 120.000 EUR.

Das Beispiel stellt begrifflich Zweckertrag (aus Sicht der Finanzbuchhaltung) und Grundleistung (aus Sicht der Kosten- und Leistungsrechnung) dar. Neben der Herstellung von Personenkraftwagen gehören bei der Speedy GmbH auch Aktivitäten in Geschäftsfeldern, die dem Kerngeschäft nahestehen, zum erklärten Leistungserstellungsprogramm – so z. B der Verkauf von Motoren.

*Zweckertrag/
Grundleistung*

Variante 1: Die Speedy GmbH räumt dem Käufer für die Ende Mai gelieferten Motoren (120.000 EUR) ein Zahlungsziel von 14 Tagen ein.
Im Mai liegt eine Einnahme in Form des Forderungszugangs über 120.000 EUR vor, nicht jedoch eine Einzahlung. Begrifflich ist dies als Zusatzeinnahme (Einnahme,

Zusatzeinnahme

nicht Einzahlung) einzuordnen (eine Zusatzeinnahme läge auch dann vor, wenn die Speedy GmbH die Motorenlieferung mit bestehenden Schulden beim Kooperations-partner verrechnen würde – Einnahme durch Schuldenabgang). Erst im Juni entsteht dann die Einzahlung i. H. v. 120.000 EUR.

Variante 2: Bei der Speedy GmbH geht im Mai eine Vorauszahlung des Kooperations-partners über noch zu produzierende und zu liefernde Motoren ein (90.000 EUR). Im Juni werden die vorausbezahlten Motoren dann produziert und geliefert.

Neutrale Einnahme/ Zusatzertrag

Damit liegt im Mai eine Einzahlung = Einnahme von 90.000 EUR vor. Da jedoch noch keine Güter entstanden sind, ist diese Einnahme im Mai als neutrale Einnahme (Ein-nahme, der kein Ertrag gegenübersteht) einzuordnen. Diese Vorauszahlung wirkt sich damit nicht auf den Erfolg der Speedy GmbH aus. Im Juni entstehen dann die Güter (Motoren), die Einnahme lag jedoch bereits im Mai vor, so dass für den Juni ein Zusatzertrag (Ertrag, dem keine Einnahme gegenübersteht) gegeben ist. Nun wird dieser Vorgang erfolgswirksam.

Variante 3: Manfred Kolb, Leiter der Abteilung Finanzen, konnte im Juni durch den Ver-kauf von Wertpapieren, die er spekulativ für die Speedy GmbH anlegte, einen Gewinn von 10.000 EUR realisieren.

Neutraler Ertrag

Diese betriebsuntypische Nominalgüterentstehung stellt einen Ertrag dar, dem jedoch keine Leistung gegenüberstehen darf (neutraler Ertrag). Die 10.000 EUR flie-ßen in die Gewinn- und Verlustrechnung ein, in die Kosten- und Leistungsrechnung hingegen nicht.

Variante 4: Die Speedy GmbH produziert im Juni zusätzliche Motoren auf Bestand. In der Finanzbuchhaltung werden diese mit 15.000 EUR aktiviert, in der Kosten- und Leistungs-rechnung dagegen mit 18.000 EUR bewertet.

Zusatzleistung

Der Grund für die unterschiedlich hohen Wertansätze ist darin zu suchen, dass in der Finanzbuchhaltung die Herstellungskosten (eigentlich Herstellungsaufwand), in der Kosten- und Leistungsrechnung die Herstellkosten der Bewertung zu Grunde zu legen sind. Die Differenz von 3.000 EUR ist als Zusatzleistung einzuordnen (Leistung, nicht Ertrag). Der Leistung von 18.000 EUR steht nur ein Ertrag i. H. v. 15.000 EUR gegenüber. Die 15.000 EUR stellen eine ertragsgleiche Leistung (Grundleistung) und einen leistungsgleichen Ertrag (Zweckertrag) dar.

Die bisherigen Erläuterungen bezogen sich auf das Abgrenzungsschema der Abbil-dung 2.16. Da uns wiederum im Besonderen die Abgrenzung zwischen Ertrag und Leistung interessiert, geht Abbildung 2.17 im Detail auf deren Unterschiede ein.

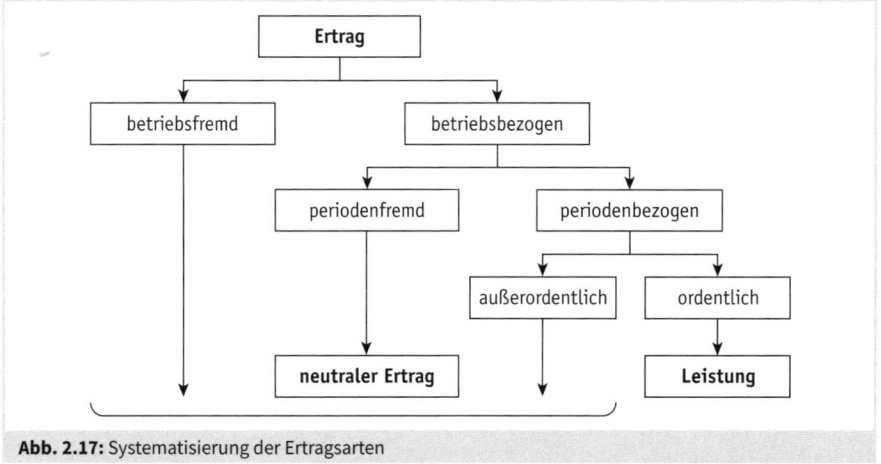

Abb. 2.17: Systematisierung der Ertragsarten

Gemäß dieser Darstellung führt

- betriebsfremder Ertrag (z. B. erhaltene Spende),
- betriebsbezogener, aber periodenfremder Ertrag (z. B. Steuererstattung) und
- betriebsbezogener und periodenbezogener, aber außerordentlicher Ertrag (z. B. Erträge aus dem Verkauf von Anlagegütern über Buchwert)

zu neutralem Ertrag und wird entsprechend nicht in der Kosten- und Leistungsrechnung erfasst. Oder in anderen Worten: Nur gleichzeitig betriebsbezogene, periodenbezogene und ordentliche Ertragspositionen werden als Leistungen in die Kosten- und Leistungsrechnung übernommen. Der sich durch Bewertungsunterschiede zwischen Ertrag und Leistung (Bewertung der Ertragsposition übersteigt die Bewertung der Leistungsposition) ergebende neutrale Ertrag ist dieser Darstellung nicht enthalten.

Beispiel: Speedy GmbH

Zusammenfassendes Beispiel zur Abgrenzung von Einzahlung, Einnahme, Ertrag und Leistung

Die Speedy GmbH erhält im Mai eine Anzahlung des Kooperationspartners über noch zu produzierende und zu liefernde Motoren i. H. v. 90.000 EUR. Im Juni werden die Motoren dann produziert (120.000 EUR). Der Kooperationspartner besteht inzwischen jedoch nur auf einer Lieferung von Motoren i. H. v. 100.000 EUR. Die restliche Zahlung von 10.000 EUR erfolgt im Monat Juli. Die Speedy GmbH bewertet die zu viel produzierten und damit auf Lager gehenden Motoren wegen zu erwartender höherer Materialpreise mit 21.000 EUR.

Abgrenzungen im Mai:

EINZAHLUNG
90.000 EUR

EINNAHME 90.000 EUR	*Zusatzeinnahme 0 EUR*
neutrale Einnahme	
90.000 EUR	

Abgrenzungen im Juni:

EINZAHLUNG 0 EUR

EINNAHME	*Zusatzeinnahme*
10.000 EUR	*10.000 EUR*
neutrale Einnahme	
0 EUR	

ERTRAG 120.000 EUR	*Zusatzertrag*
	110.000 EUR
neutraler Ertrag 0 EUR	*Zweckertrag*
	120.000 EUR

Grundleistung	*Zusatzleistung*
120.000 EUR	*1.000 EUR*
LEISTUNG 121.000 EUR	

Abgrenzungen im Juli:

EINZAHLUNG
10.000 EUR

EINNAHME 10.000 EUR[1]	*Zusatzeinnahme 0 EUR*
neutrale Einnahme	
0 EUR	

[1] Gleichzeitig Ausgabe 10.000 EUR, bei saldierter Betrachtung also 0 EUR.

Da im Mai eine Anzahlung des Kooperationspartners erfolgt, aber noch keine Güterentstehung stattgefunden hat, liegt Einzahlung = Einnahme i. H. v. 90.000 EUR vor. Dies ist eine neutrale Einnahme (Einnahme, nicht Ertrag), da noch nichts produziert wurde und somit noch keine erfolgswirksame Güterentstehung stattgefunden hat. Im Juni liegt als Differenz zwischen bereits geleisteter Anzahlung und Wert der bestellten Motoren i. H. v. 10.000 EUR eine weitere Einnahme vor (Forderungszugang), wobei es sich um eine Zusatzeinnahme handelt. Insgesamt hat jedoch eine betriebs-

typische Güterentstehung i. H. v. 120.000 EUR (Zweckertrag = Grundleistung) stattgefunden; davon waren 100.000 EUR für den Kooperationspartner bestimmt, 20.000
EUR gingen auf Lager. Bei 110.000 EUR davon handelt es sich um Zusatzertrag. Da die
auf Lager gegangenen Motoren in der Kosten- und Leistungsrechnung um 1.000 EUR
höher bewertet wurden (= Unterschied zwischen Herstellkosten und Herstellungskosten), sind diese als Zusatzleistung einzuordnen (Leistung, der kein Ertrag gegenübersteht). Damit wird die Gewinn- und Verlustrechnung mit Erträgen i. H. v. 120.000
EUR, die Kosten- und Leistungsrechnung dagegen mit Leistungen i. H. v. 121.000 EUR
berührt.
Im Juli erfolgt dann die Restzahlung i. H. v. 10.000 EUR für die bereits im Juni gelieferten Motoren (Einzahlung).

Unter der Lupe   !

In dem eben dargestellten Beispiel wurde die Bestandserhöhung in der Kosten- und Leistungs-
rechnung anders (hier um 1.000 EUR höher) bewertet als in der Finanzbuchhaltung. In diesem
Zusammenhang kann man den Begriff »Andersleistung« lesen. In Analogie zum Begriff der
Anderskosten (siehe Abschnitt 2.2.2) sind wir jedoch auch hier der Meinung, dass die Begriffe
Neutraler Ertrag, Zweckertrag/Grundleistung und Zusatzleistung ausreichend sind: Soweit
Ertrag und Leistung betragsmäßig übereinstimmen, liegen Zweckertrag und Grundleistung vor.
Differieren beide Beträge, handelt es sich entweder um neutralen Ertrag und Zweckertrag (Er-
tragswert übersteigt Leistungswert) oder aber um Grundleistung und Zusatzleistung (Leistungs-
wert übersteigt Ertragswert).

Beispiel: Grundleistung, Zusatzleistung, Andersleistung   Andersleistung

Fertigerzeugnisse werden in der Finanzbuchhaltung mit Herstellungskosten von 20.000
EUR, in der Kosten- und Leistungsrechnung dagegen mit Herstellkosten von 21.000 EUR
(18.000 EUR) bewertet.
Bei der Andersleistung von 21.000 EUR betragen die Grundleistung (= Zweckertrag)
20.000 EUR und die Zusatzleistung 1.000 EUR. Beträgt die Andersleistung hingegen
18.000 EUR, so setzt sich diese aus 18.000 EUR Grundleistung (= Zweckertrag) und
2.000 EUR neutralem Ertrag zusammen.

Abbildung 2.18 gibt einige Beispiele für neutrale Erträge, Zweckerträge/Grundleistungen
und Zusatzleistungen.

Abgrenzungsbegriffe	Beispiele
Neutraler Ertrag	• Verkauf einer Anlage über Buchwert (Differenz zum Buchwert – außerordentlich) • Mieterträge aus nicht betriebsnotwendigen Gebäuden (betriebsfremd) • erhaltene Schenkungen (betriebsfremd) • Subventionen (betriebsfremd) • Steuererstattung (periodenfremd)
Zweckertrag = Grundleistung	• Verkauf von Fertigerzeugnissen, Handelswaren oder Dienstleistungen • Bestandserhöhungen an fertigen oder unfertigen Erzeugnissen
Zusatzleistung	• Differenz zwischen höherer kalkulatorischer und niedrigerer bilanzieller Bewertung von Beständen an fertigen oder unfertigen Erzeugnissen • unentgeltlich abgegebene Fertigerzeugnisse

Abb. 2.18: Beispiele für die Abgrenzung von Ertrag und Leistung

Analog zur Abgrenzung von Aufwand und Kosten ist also festzuhalten:

Dem Ertrag kann aus Sicht der Finanzbuchhaltung
- keine Leistung (neutraler Ertrag),
- Leistung in gleicher Höhe (Zweckertrag = Grundleistung) oder aber
- Leistung in anderer Höhe (Zweckertrag mit zusätzlicher Komponente des neutralen Ertrags oder der Zusatzleistung)

gegenüberstehen.

Der Leistung kann aus Sicht der Kosten- und Leistungsrechnung
- kein Ertrag (Zusatzleistung),
- Ertrag in gleicher Höhe (Grundleistung = Zweckertrag) oder
- Ertrag in anderer Höhe (Grundleistung mit zusätzlicher Komponente des neutralen Ertrags oder der Zusatzleistung)

gegenüberstehen.

Aufgaben Kapitel 2
1. Wie lässt sich das Rechnungswesen eines Unternehmens gliedern?
2. Welche Aufgaben soll eine Kosten- und Leistungsrechnung erfüllen?
3. In welche Teilgebiete sollte eine Kosten- und Leistungsrechnung untergliedert werden?
4. Ordnen Sie die speziellen Aufgaben den Teilgebieten der Kosten- und Leistungsrechnung zu.
5. Welche Kostenverrechnungsprinzipien kennen Sie und was sagen sie aus?

6. Aus welchen Gründen wurde neben der Finanzbuchhaltung mit der Kosten- und Leistungsrechnung die Entwicklung eines weiteren Informationsinstrumentes des Unternehmens notwendig?

7. Vergleichen Sie stellvertretend für das interne und das externe Rechnungswesen die Kostenträgerzeitrechnung und die Gewinn- und Verlustrechnung miteinander.

8. Wie ist die Bedeutung der Kosten- und Leistungsrechnung bei der Bestimmung des Verkaufspreises einzuschätzen?

9. Welche gesetzlichen Vorschriften müssen in der Kosten- und Leistungsrechnung beachtet werden?

10. Wovon ist abhängig, wie eine Kosten- und Leistungsrechnung in einem Unternehmen ausgestaltet ist?

11. Nennen Sie Beispiele für Entscheidungssituationen, die mit Hilfe der Kosten- und Leistungsrechnung vorbereitet werden können.

12. Welche Vergleichsmaßstäbe können bei der Wirtschaftlichkeitskontrolle unterschieden werden?

13. Wird in einer Teilkostenrechnung nur ein Teil der Kosten berücksichtigt?

14. Durch welche Stromgrößen und Abgrenzungsbegriffe sind die nachfolgenden Geschäftsvorfälle gekennzeichnet? (Geben Sie auch immer den jeweiligen Betrag an.)

   a) Für die regelmäßige Wartung einer Maschine wurden 400 EUR, für die Reparatur eines Schadens, der durch einen Brand in der Werkshalle an der Maschine entstanden ist, 800 EUR berechnet. 500 EUR wurden bar bezahlt, für den Rest wurde ein Zahlungsziel eingeräumt. In der Kostenrechnung wurden im laufenden Monat 600 EUR Wagniskosten für Betriebsmittelrisiken verrechnet.

   b) Für die Gebäude betrugen die bilanziellen Abschreibungen 20.000 EUR, und die kalkulatorischen Abschreibungen ebenfalls 20.000 EUR. Gebäudeteile im Wert von 10 Prozent des Gesamtwertes aller Gebäude wurden allerdings zu betriebsfremden Zwecken genutzt.

   c) Aus dem Wertpapiervermögen des Unternehmens wurden in der laufenden Abrechnungsperiode Aktien verkauft: historischer Anschaffungswert 10.000 EUR, Buchwert am Periodenanfang 8.000 EUR, Verkaufserlös 5.000 EUR.

   d) Auf dem Weltmarkt ist der Preis für einen Rohstoff um 10 Prozent gefallen. Der bisherige Vorrat von 10.000 EUR wird nun entsprechend niedriger bewertet.

   e) Im laufenden Monat wurden Urlaubslöhne i. H. v. 500 EUR gezahlt. In der Kostenrechnung werden die gesamten (geschätzten) Jahresurlaubslöhne i. H. v. 24.000 EUR gleichmäßig auf zwölf Monate verteilt.

   f) Aufgrund von Garantieverpflichtungen aus dem vergangenen Jahr musste die Unternehmung 2.000 EUR in bar auszahlen; sie hat in der vergangenen Abrechnungsperiode jedoch nur Rückstellungen für Garantieleistungen i. H. v. 1.000 EUR gebildet.

   g) An Personalkosten sind (einschließlich eines kalkulatorischen Unternehmerlohns von 5.000 EUR) 80.000 EUR angefallen. Löhne und Gehälter i. H. v. 40.000 EUR werden bar ausgezahlt, der Rest (Versicherungszahlungen) wird erst im Folgemonat fällig.

h)   Ein Betriebsangehöriger zahlt ein ihm gewährtes Darlehen von 3.000 EUR an das Unternehmen zurück und entrichtet zugleich Zinsen für den laufenden Monat i. H. v. 10 EUR.

i)   Ein Kunde zahlt die von ihm im vergangenen Monat (1.800 EUR) und im laufenden Monat (2.300 EUR) gekauften Waren und leistet zugleich eine Vorauszahlung für weitere Lieferungen (1.000 EUR) per Banküberweisung.

Die Lösungen zu den Aufgaben finden Sie im Online-Bereich des Schäffer-Poeschel-Verlags: www.sp-mybook.de

Literatur Kapitel 2

Becker, W./Baltzer, B.: Die Struktur des betrieblichen Rechnungswesens unter Berücksichtigung aktueller Entwicklungen (Teil 1 und 2), in: Wirtschaftswissenschaftliches Studium, 38. Jg., 2009, S. 173–179 und S. 226–231.

Becker, W./Baltzer, B./Ulrich, P.: Kosten-, Erlös- und Ergebnisrechnung, in: Schmeisser, W. u. a. (Hrsg.): Neue Betriebswirtschaft, München 2018, S. 177-206.

Cassel, G.: Grundsätze für die Bildung der Personentarife auf den Eisenbahnen, in: Archiv für Eisenbahnwesen, 23. Jg., 1900, S. 116–146 und 402–424.

Coenenberg, A. G./Fischer, T. M./Günther, T.: Kostenrechnung und Kostenanalyse, 9. Auflage, Stuttgart 2016.

Coenenberg, A. G./Haller, A./Mattner, G./Schultze, W.: Einführung in das Rechnungswesen, 7. Auflage, Stuttgart 2018.

Däumler, K.-D./Grabe, J.: Kostenrechnung 1 – Grundlagen, 11. Auflage, Herne/Berlin 2013.

Haberstock, L.: Kostenrechnung I – Einführung, 13. Auflage, Berlin 2008.

Hummel, S./Männel, W.: Kostenrechnung 1, 4. Auflage, Wiesbaden 1986.

Jórasz, W.: Vollkostenrechnungen versus Teilkostenrechnungen, in: Manufacturing Management, 1995, S. 20–25.

Koch, H.: Zur Diskussion über den Kostenbegriff, in: ZfhF, 1958, S. 355–399.

Olfert, K.: Kostenrechnung, 17. Auflage, Ludwigshafen 2013.

Pfaff, D./Weber, J.: Zweck der Kostenrechnung, in: Die Betriebswirtschaft, 58. Jg. (1998), S. 151-165.

Plinke, W./Rese, M./Utzig, P: Industrielle Kostenrechnung, 8. Auflage, Berlin 2015.

Schildbach, Th./Homburg, C.: Kosten- und Leistungsrechnung, 10. Auflage, Stuttgart 2008.

Schäffer, U./Weber, J./Fourné, S.: Benchmarks in Incentivierung und Kostenrechnung – Eine Studie des WHU Controller Panels, Vallendar 2015.

Schmidt, A.: Kostenrechnung, 8. Auflage, Stuttgart 2017.

3 Kostenartenrechnung

LEITFRAGEN

Was ist für den Aufbau einer Kostenrechnung bei der Kostenartenrechnung als erster Abrechnungsstufe zu beachten?

- Welche Aufgaben hat die Kostenartenrechnung zu erfüllen?
- Wie sind die Kostenarten in Abhängigkeit von einem Kostenrechnungssystem sinnvollerweise zu strukturieren?
- Was versteht man unter Einzel- und Gemeinkosten?
- Was versteht man unter fixen und variablen Kosten?
- Welcher Zusammenhang besteht zwischen Einzel- und Gemeinkosten einerseits und fixen und variablen Kosten andererseits?

Welche Erfassungsprobleme sind bei einzelnen Kostenarten(-gruppen) zu lösen?

- Wie werden die einzelnen Personalkostenarten verrechnet?
- Mit welchen Verfahren können die Materialmengen erfasst werden?
- Wie sind die Materialmengen zu bewerten?
- Welche Abschreibungsverfahren werden in der Kostenrechnung eingesetzt?
- Was unterscheidet die kalkulatorischen von den bilanziellen Abschreibungen?
- Wie werden die Kapitalkosten ermittelt?
- Was versteht man unter Fremdleistungskosten?
- Warum und wie setzt man in der Kostenrechnung Wagniskosten an?
- Welche Steuern sind in der Kostenrechnung zu verrechnen?

Beispiel: Speedy GmbH

Wie ist ein Kostenartenplan aufgebaut? Manfred Kolb, unser Leiter Finanzen und zuständig für das Rechnungswesen bei der Speedy GmbH, hat sich nunmehr entschlossen, zunächst eine Vollkostenrechnung auf Istkostenbasis einzuführen, die dann im Zeitablauf sukzessive ausgebaut und ergänzt werden soll. Nachdem er sich über die Unterschiede zwischen externem und internem Rechnungswesens im Klaren ist, insbesondere hinsichtlich der jeweiligen Zielsetzungen, Gestaltungsmöglichkeiten und verwendeten Rechengrößen, kann sich Manfred Kolb an den zweckmäßigen Aufbau des ersten Teilgebietes der Kosten- und Leistungsrechnung, der Kostenartenrechnung, machen. Dazu muss er die oben gestellten Leitfragen für die Speedy GmbH beantworten. Als problemlos betrachtet Manfred Kolb z. B. die Erfassung der Personalkosten, da er auf die bereits vorhandenen Daten der Lohn- und Gehaltsabrechnung zurückgreifen kann. Doch wie sind z. B. die verschiedenen Verfahren der Materialkostenermittlung zu würdigen? Er fragt sich auch, warum er nicht einfach die bilanziellen

Abschreibungen aus der Finanzbuchhaltung in die Kosten- und Leistungsrechnung übernehmen kann. Das gleiche gilt für die gezahlten und in der Finanzbuchhaltung erfassten Fremdkapitalzinsen zur Abbildung der Kapitalkosten. Kopfzerbrechen bereiten ihm weiterhin die Wagniskosten: Warum soll er nicht die der Speedy GmbH entstehenden Belastungen aufgrund von eingetretenen Risiken als Kosten unverändert übernehmen? Auf diese und weitere Fragen wird er in diesem Kapitel Antworten finden. Gleichzeitig ist die Höhe der einzelnen Kosten zu quantifizieren.

3.1 Aufgaben und Überblick

Die Kostenartenrechnung stellt abrechnungstechnisch das erste von den drei üblicherweise unterschiedenen Teilgebieten/Abrechnungsstufen (siehe Abschnitt 2.1.5) eines Kostenrechnungssystems dar. Diese zeitraumbezogene Rechnung bildet die Grundlage und den Ausgangspunkt des gesamten Systems.

Aufgaben | Ihre Aufgaben bestehen in
- der vollständigen Erfassung der Kosten,
- der Gliederung der Kostenarten und
- der Weiterverrechnung der Kostendaten an die nachfolgende, je nach Rechnungszweck bestehende Abrechnungsstufe.

Kostenerfassung | Für die Erfassung der Kosten greift die Kostenartenrechnung zunächst auf die bereits vorhandenen Daten der Finanzbuchhaltung zu, einschließlich ihrer Nebenbücher wie der Lohn- und Gehaltsbuchhaltung, der Materialbuchhaltung und der Anlagenbuchhaltung. Da jedoch Unterschiede zwischen den in der Finanzbuchhaltung berücksichtigten Aufwendungen (und Erträgen) und den in der Kosten- und Leistungsrechnung verrechneten Kosten (und Leistungen) bestehen, kommt der Erfassungsaufgabe eine besondere Bedeutung zu. Erfassungs- und Abgrenzungsfehler verfälschen zwangsläufig die Ergebnisse einer Kosten- und Leistungsrechnung. Wird an dieser Stelle unsauber gearbeitet, so fließen Kostendaten möglicherweise mehrfach, überhöht oder unvollständig ein. Diese Fehler wirken sich entsprechend z. B. auf die Kalkulationsergebnisse (Herstellkosten und Selbstkosten), die Betriebsergebnisrechnung, die Daten der Kostenkontrolle oder die gewünschten Daten für Sonderrechnungen aus. Dadurch geht naturgemäß die Aussagekraft aller ermittelten Ergebnisse verloren.

Für die Kostenerfassung sind deshalb die aus dem externen Rechnungswesen verwendeten Daten daraufhin zu untersuchen, ob sie
- neutralen Aufwand darstellen und sich damit für die Kosten- und Leistungsrechnung ausschließen (z. B. Spende),
- als Zweckaufwand = Grundkosten übernommen werden können und damit in gleicher Höhe in die Kosten- und Leistungsrechnung einfließen (z. B. Fertigungslöhne),

- zwar sachlich übernommen werden, aber anders zu bewerten sind (z. B. kalkulatorische Abschreibungen), was zur Kombination von neutralem Aufwand und Grundkosten oder aber von Grundkosten und Zusatzkosten führen kann. Zudem sind
- reine Zusatzkosten zu ermitteln, also Kosten, die nicht im externen Rechnungswesen als Aufwand erfasst werden dürfen (z. B. kalkulatorischer Unternehmerlohn), aber in der Kosten- und Leistungsrechnung erfasst werden sollen.

Aus der Tatsache heraus, dass es in Abhängigkeit von den unterschiedlichen Zwecksetzungen der Entscheidungsträger verschiedene Ausgestaltungsmöglichkeiten eines Kostenrechnungssystems gibt, müssen die erfassten Kosten entsprechend aufbereitet werden. Wie noch zu zeigen sein wird, sind die Kostenarten auch daraufhin zu untersuchen, ob sie Einzel- oder Gemeinkosten darstellen, und – je nach Kostenrechngssystem – ob sie in voller Höhe fix, teilweise fix und teilweise variabel oder in voller Höhe variabel sind.

Kostengliederung

Sind die Kosten erfasst und für die Verrechnung entsprechend aufbereitet, können sie in die nachfolgenden Abrechnungsstufen des Kostenrechnungssystems einfließen. Welche Stufe davon betroffen ist, hängt letztlich vom Rechnungszweck und der Art der Fertigung ab. Will man beispielsweise die langfristige Preisuntergrenze in einem Einprodukt-Unternehmen ermitteln, muss keine Verrechnung der Kosten über die Kostenstellenrechnung vorgenommen werden. Die Daten können direkt in die Kostenträgerstückrechnung einfließen. Wird jedoch bei einer derartigen Fertigung auch eine Kostenkontrolle gewünscht oder handelt es sich um eine Einzelfertigung, ist wiederum auch eine Kostenstellenrechnung notwendig.

Kostenweiterverrechnung

Unter der Lupe

Häufig wird der Kostenartenrechnung auch eine Kontrollfunktion zugesprochen. Da jedoch nur Informationen über die Anteile bestimmter Kostenarten an den Gesamtkosten, das Verhältnis einzelner Kostenarten untereinander, die Entwicklung der Höhe einzelner Kostenarten im Zeitablauf und Ähnliches feststellbar sind, ist die Aussagekraft der Kostenkontrolle in der Kostenartenrechnung begrenzt. Entsprechend sollte man dieser Aufgabe nicht zu viel Gewicht beimessen.

Kostenkontrolle

3.2   Gliederung der Kostenarten

Je nach Rechnungszweck lassen sich die innerhalb eines Rechnungszeitraums anfallenden Kosten nach verschiedenen Kriterien gliedern. In Betracht können insbesondere die folgenden Kriterien kommen:
- Herkunft der Kostengüter,
- Art der verbrauchten originären Kostengüter,
- Art der Zurechnung,
- Abhängigkeit vom Beschäftigungsgrad,
- Ort der Kostenentstehung sowie
- Betrieblicher Funktionsbereich.

Herkunft der Kostengüter

Grundsätzlich unterscheidet man zwei Arten von Leistungen (siehe nochmals Abbildung 2.12):

- innerbetriebliche Leistungen und
- Marktleistungen.

Primäre und sekundäre Kosten

Die für die Erstellung der betriebstypischen Leistungen notwendigen Güter werden vom Unternehmen von außen bezogen. Diese Güter stellen originäre Produktionsfaktoren dar. Den bewerteten Verzehr jener Güter bezeichnet man als *primäre Kosten*. Hierzu gehören bspw. Löhne, Materialkosten, Steuern, kalkulatorische Abschreibungen für Maschinen. Primäre Kosten fallen sowohl für Marktleistungen als auch für innerbetriebliche Leistungen an. Wenn nun für innerbetriebliche Leistungen vom Leistungserbringer an den Leistungsempfänger *sekundäre Kosten* verrechnet werden (z. B. Kosten für eigenerzeugte Energie: EUR/kWh, Kosten für innerbetriebliche Transportleistungen: EUR/km, Kosten der eigenen Instandhaltungsabteilung: EUR/Reparaturstunde), so liegen diesen sekundären Kosten dennoch primäre Kosten zu Grunde. Das bedeutet, dass sich sekundäre Kosten in primäre Kosten auflösen lassen: Der Verrechnungssatz pro gefahrenem Kilometer für innerbetriebliche Transportleistungen setzt sich originär z. B. aus anteiligen Lohnkosten, Materialkosten, kalkulatorischen Abschreibungen, kalkulatorischen Zinsen, Steuern usw. zusammen.

Für die Kostenartenrechnung genügt es deshalb, nur die primären Kosten zu erfassen, unabhängig von einer Verrechnung sekundärer Kosten in der Kostenstellenrechnung (siehe Abschnitt 4.3.3). Dadurch werden auch die potenzielle Gefahr einer Doppelerfassung und damit die Entstehung von unsauberen Kostenarten vermieden.

Beispiel: Unsauberer Kostenartenplan

Im verkürzten linken Teil des Kostenartenplans (Abbildung 3.1) stellen die Kosten des innerbetrieblichen Transports und die Kosten für eigenerzeugten Strom unsaubere Kostenarten dar. Diese sekundären Kostenarten werden neben den primären Kostenarten *Personalkosten* und *Materialkosten* geführt. Es besteht daher die Gefahr, dass z. B. der in den Kosten des innerbetrieblichen Transports enthaltene *Fahrerlohn* sowohl bei der primären Kostenart *Personalkosten* als auch bei der sekundären Kostenart *Kosten des innerbetrieblichen Transports* erfasst wird. Auch bei den Treibstoffkosten besteht die Gefahr, dass sie ein zweites Mal in den Materialkosten enthalten sind. Ähnlich verhält es sich mit den kalkulatorischen Abschreibungen oder kalkulatorischen Zinsen. Das Beispiel lässt sich entsprechend auf die sekundäre Kostenart *Kosten für eigenerzeugten Strom* übertragen. Auch hier besteht die Gefahr der Doppelerfassung von Kosten. Aus diesem Grund sollte der Kostenartenplan nur aus primären Kostenarten bestehen (siehe rechte Spalte in der Abbildung 3.1).

Kostenartenplan mit unsauberen Kostenarten	Bereinigter Kostenartenplan
Personalkosten Löhne und Gehälter Sozialkosten	**Personalkosten** Löhne und Gehälter Fuhrpark Löhne und Gehälter Stromerzeugung Sonstige Löhne und Gehälter Sozialkosten Fuhrpark Sozialkosten Stromerzeugung Sonstige Sozialkosten
Materialkosten Rohstoffkosten Hilfsstoffkosten Betriebsstoffkosten	**Materialkosten** Rohstoffkosten Stromerzeugung Sonstige Rohstoffkosten Hilfsstoffkosten Betriebsstoffkosten Fuhrpark Sonstige Betriebsstoffkosten
Kalkulatorische Abschreibungen	**Kalkulatorische Abschreibungen** Kalkulatorische Abschreibungen Fuhrpark Kalkulatorische Abschreibungen Strom- erzeugungsstelle Sonstige kalkulatorische Abschreibungen
Kosten des innerbetrieblichen Transports	
Kosten für eigenerzeugten Strom	

Abb. 3.1: Auflösung unsauberer Kostenarten im Kostenartenplan

Art der verbrauchten originären Kostengüter

Diese Differenzierung sollte zweckmäßigerweise das Grundgerüst und den Ausgangspunkt der Kostenerfassung darstellen. Demnach unterscheidet man üblicherweise die folgenden sieben Kostenartengruppen:

- Personalkosten,
- Materialkosten,
- Kalkulatorische Abschreibungen (Betriebsmittelkosten),
- Kalkulatorische Zinsen (Kapitalkosten),
- Fremdleistungskosten,
- Wagniskosten und
- Steuern.

Primäre Kosten-
artengruppen

Man kann erkennen, dass sich diese Einteilung weitgehend an den betriebswirtschaftlichen Produktionsfaktoren orientiert. Diese Kostenartengruppen können mehr oder weniger stark weiter differenziert werden. Der Differenzierungsgrad sollte sich jedoch für das Unternehmen in einem angemessenen Rahmen bewegen. Zu viele Kostenarten werden unübersichtlich, führen somit möglicherweise zu fehlerhaften Erfassungen und erschweren die Verrechnung und Auswertungen. Zu wenige Kostenarten führen hingegen zu ungenauen Verrechnungen oder lassen keine zufriedenstellenden Auswertungen zu. Hier gilt somit das Gebot der Wirtschaftlichkeit. Wir werden dieses Thema in Abschnitt 3.4 fortführen.

Art der Zurechnung

Werden Kostenarten danach unterschieden, inwieweit sie den Kostenträgern (Kalkulationsobjekten) zugerechnet werden können, spricht man von Einzelkosten oder Gemeinkosten (siehe Abbildung 3.2).

Einzelkosten *Einzelkosten* lassen sich direkt den einzelnen Kostenträgern zurechnen. Das bedeutet, dass die Einzelkosten verrechnungstechnisch nicht die Kostenstellenrechnung durchlaufen müssen, sondern direkt von der Kostenartenrechnung in die Kostenträgerrechnung übernommen werden können. Damit kann eine verursachungsgerechte Verrechnung derartiger Kostenarten (z. B. Fertigungslöhne, Rohstoffkosten) unterstellt werden. Deswegen sollten – wo angezeigt – möglichst viele Kostenarten als Einzelkosten, und nicht aus Vereinfachungsgründen ggfs. als (unechte) Gemeinkosten behandelt werden. Da Einzelkosten verrechnungstechnisch problemlos sind, könnten sie allerdings auch über die Kostenstellenrechnung abgerechnet werden. So ist es z. B. nicht unüblich, die Fertigungslöhne in die Verrechnungssätze der Fertigungskostenstellen (z. B. Maschinenstundensätze) mit einzubeziehen.

! Unter der Lupe

Der Begriff Kostenträger wird hier im weitesten Sinne verstanden. Diese Sichtweise schließt auch die Kalkulationsobjekte in einer Deckungsbeitragsrechnung mit relativen Einzelkosten ein. Dort können nicht nur bestimmte Erzeugniseinheiten, sondern auch z. B. Erzeugnisgruppen, Kostenstellen oder bestimmte Abrechnungsperioden Kalkulationsobjekte sein.

Die Einzelkosten sind in einem derartigen Kostenrechnungssystem deshalb relativ, weil sie einem bestimmten Kalkulationsobjekt direkt, einem anderen Kalkulationsobjekt hingegen nicht direkt zugerechnet werden können.

Gemeinkosten *Gemeinkosten* können dagegen nur indirekt auf die Kostenträger verrechnet werden. Dazu muss vor der Kalkulation die Kostenstellenrechnung als zweite Abrechnungsstufe zwischengeschaltet werden. Gemeinkosten werden von mehreren Kostenträgern zusammen verursacht und sind deshalb mithilfe der Kostenstellenrechnung zu verteilen. Dies gilt bspw. für Grundsteuer, Gebäudeabschreibungen, Hilfslöhne usw. Die Verteilung geschieht mithilfe von Schlüsselgrößen. Damit ist bereits erkennbar, dass bei der Verrechnung der Gemeinkosten das Verursachungsprinzip schwer oder gar nicht eingehalten werden kann. Das Verursachungsprinzip relativiert sich hier auch umso mehr, je nachlässiger man Verteilungsschlüssel verwendet, die den Gedanken der Proportionalität zwischen zu verteilenden Gemeinkosten und Verteilungsbasis in den Hintergrund stellen.

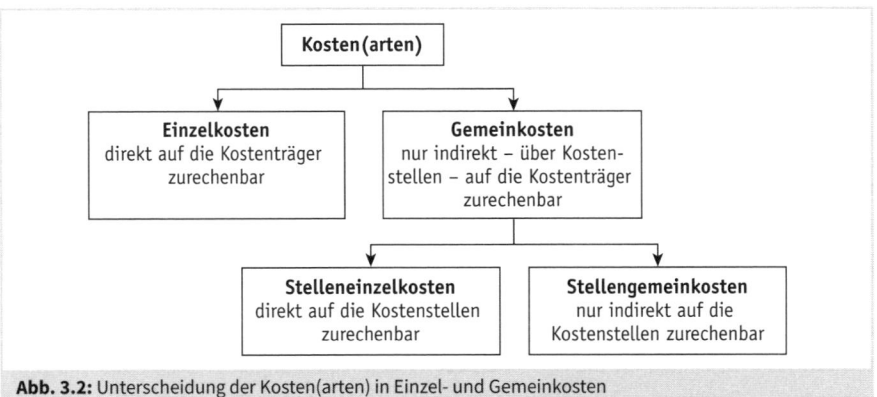

Abb. 3.2: Unterscheidung der Kosten(arten) in Einzel- und Gemeinkosten

Innerhalb der Gemeinkosten kann weiter in Stelleneinzel- und Stellengemeinkosten unterschieden werden. *Stelleneinzelkosten* sind keine Einzelkosten, sondern Gemeinkosten, die allerdings den Kostenstellen direkt zugerechnet werden können (z. B. kalkulatorische Abschreibungen von Maschinen, die sich in einer bestimmten Kostenstelle befinden, Gehalt des für eine Kostenstelle verantwortlichen Kostenstellenleiters). Daneben gibt es auch Gemeinkosten, die mithilfe von Verteilungsschlüsseln auf Kostenstellen umgelegt werden müssen (*Stellengemein*kosten). Deren Zurechnung erfolgt damit indirekt (z. B. Grundsteuer, Feuerversicherungsprämie, kalkulatorischer Unternehmerlohn). Wir werden diese Unterscheidung in Abschnitt 4.3.2 vertiefen.

Stelleneinzel-/ Stellengemein-kosten

»Einzel« steht somit in den verwendeten Begriffen immer für eine direkte, »gemein« für eine indirekte Zurechnung: Im Falle der Unterscheidung in Einzel- und Gemeinkosten ist die direkte bzw. indirekte Zurechnung auf Kostenträger gemeint, im Falle der Unterscheidung in Stelleneinzel- und -gemeinkosten ist die direkte bzw. indirekte Zurechnung auf Kostenstellen gemeint.

In manchen Fällen lohnt sich eine gesonderte Erfassung und Zurechnung von bestimmten Einzelkosten auf Kostenträger nicht, da die zugrunde liegenden Werte sehr gering sind. Aus Wirtschaftlichkeits- und Vereinfachungsgründen werden solche Einzelkosten wie Gemeinkosten behandelt (z. B. Hilfsstoffkosten für Nägel, Schrauben, Nieten usw.). Um diesen Sachverhalt sprachlich kenntlich zu machen, nennt man diese Positionen *unechte Gemeinkosten*.

Unechte Gemeinkosten

Abhängigkeit vom Beschäftigungsgrad
Eine Unterscheidung der Kosten(arten) nach ihrem Verhalten bei Beschäftigungsänderungen führt zu einer Unterteilung in fixe und variable Kosten.

Fixe Kosten sind solche, die unabhängig von der Beschäftigung (Input) oder Ausbringung (Output) in konstanter Höhe anfallen und lediglich kapazitätsabhängig oder zeitproportional sind. Sie dienen der Aufrechterhaltung der Betriebs- und Leistungsbereitschaft.

Fixkosten

Sprungfixe
Kosten

Bleiben jedoch innerhalb bestimmter Beschäftigungsintervalle die Fixkosten gleich und verändern sich erst an der Grenze dieser Intervalle auf ein höheres oder niedrigeres Niveau, so spricht man von *sprungfixen Kosten* (auch: intervallfixe Kosten).

Allerdings bauen sich Fixkosten nicht immer in dem Maße ab, wie sie sich aufbauen (= Kostenremanenz). Die Ursache liegt darin, dass bestimmte Einsatzgüter nicht beliebig teilbar sind (z. B. Maschinen) und nicht zu beliebigen Zeitpunkten abgebaut werden können (z. B. halbjährliche Kündigungsfrist für Mietvertrag der Lagerhalle).

Der fixe Charakter von Kosten hängt vom Betrachtungszeitraum (Fristigkeit) ab. So könnten selbst Fertigungslöhne als typische beschäftigungsabhängige Kosten aufgrund tarifvertraglicher Regelungen (Kündigungsfristen) Fixkosten darstellen, wenn beispielsweise ein Zweiwochenzeitraum betrachtet wird. Langfristig betrachtet (auf die gesamte Lebensdauer des Unternehmens bezogen) sind alle Kosten variabel.

Variable Kosten

Variable Kosten sind grundsätzlich abhängig von der Beschäftigung. Grad und Art der Abhängigkeit variieren jedoch, so dass innerhalb der variablen Kosten proportionale, unterproportionale (degressive) und überproportionale (progressive) Kosten unterschieden werden können. In der Regel werden die Kostenabhängigkeiten in der industriellen Fertigung durch proportionale Kostenverläufe allerdings ausreichend gut gekennzeichnet.

Gesamtkosten-
Verläufe

Auf Basis dieser Ausführungen kann man die in Abbildung 3.3 dargestellten Möglichkeiten des Kostenverlaufs (K) in Abhängigkeit von der Beschäftigung oder Ausbringung (x) unterscheiden.

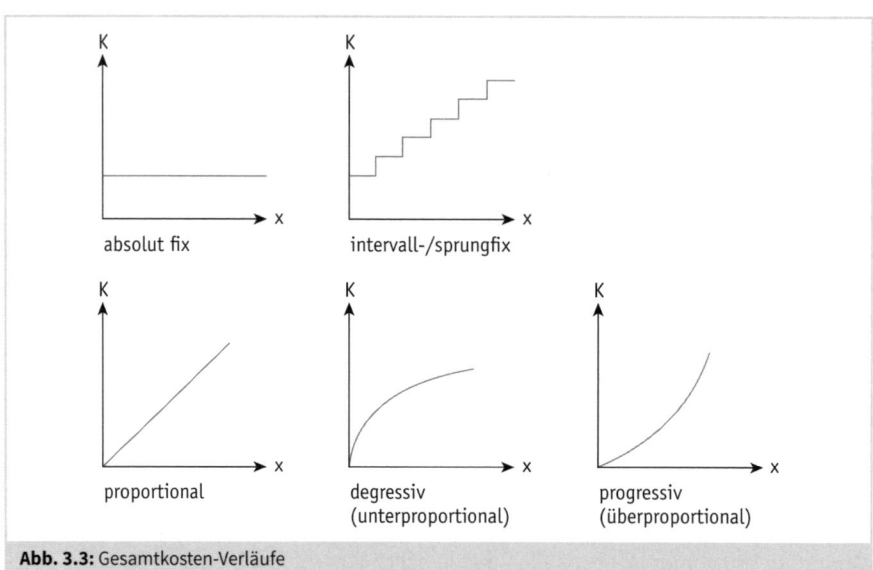

Abb. 3.3: Gesamtkosten-Verläufe

(Absolut) fixe Kosten sind beispielsweise kalkulatorische Abschreibungen auf Gebäude, intervallfixe Kosten Maschinenabschreibungen, proportionale Kosten Akkordlöhne, degressive Kosten Materialkosten bei gestaffelten Mengenrabatten, progressive Kosten Energiekosten bei steigender Intensität.

An dieser Stelle sollen keine kostentheoretischen Überlegungen angestellt werden, sondern es bleibt hinsichtlich der Kostenverläufe festzuhalten, dass man in der Betriebswirtschaftslehre dazu neigt, lineare Gesamtkosten-Verläufe für die industrielle Produktion anzunehmen. Bedeutsam für die Teilkostenrechnungssysteme und für die flexible Plankostenrechnung auf Vollkostenbasis (hier für Zwecke der Kostenkontrolle) ist nun, welche Kostenarten fix, welche variabel oder welche zum Teil fix und zum Teil variabel sind. Dazu wurden für die *Kostenauflösung* Auswertungsmethoden entwickelt. Zu nennen sind beispielsweise das Streupunktdiagramm, das Hoch-Tiefpunkt-Verfahren oder die Methode der kleinsten Quadrate. Es sei darauf hingewiesen, dass eine bestimmte Kostenart für eine Kostenstelle variabel und für die andere Kostenstelle fix sein kann. Die Kostenauflösung muss also innerhalb der Kostenstellenrechnung für jede Kostenstelle gesondert vorgenommen werden. Auf die Verfahren der Kostenauflösung gehen wir in Detail im Abschnitt 7.3 ein.

Kostenauflösung

Zwischen den beiden Begriffspaaren »Einzel- und Gemeinkosten« und »fixe und variable Kosten« besteht der in Abbildung 3.4 gezeigte grundsätzliche Zusammenhang.

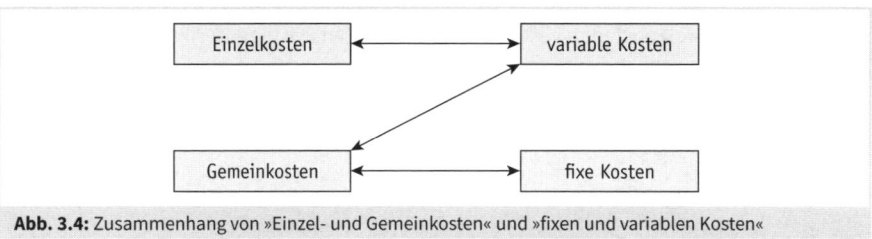

Abb. 3.4: Zusammenhang von »Einzel- und Gemeinkosten« und »fixen und variablen Kosten«

Einzelkosten sind demnach i. d. R. als variabel zu klassifizieren, Gemeinkosten können dagegen fix oder variabel sein. Aus der Sicht des Begriffspaares »fixe/variable Kosten« bedeutet dies: Fixkosten sind i. d. R. Gemeinkosten, variable Kosten können sowohl Einzel- als auch Gemeinkosten sein.

Unter der Lupe   !

Keine Regel ohne Ausnahmen: In seltenen Fällen können auch Einzelkosten fix sein. Trifft ein Unternehmen z. B. die Entscheidung, nur ein bestimmtes Produkt im Rahmen einer Werbekampagne intensiv zu bewerben, so hat die Höhe der Werbungskosten fixen Charakter, kann aber diesem einen Produkt als Einzelkosten zugerechnet werden.

Ort der Kostenentstehung

Kostenstellen   Eine weitere Möglichkeit, eine Einteilung der Kosten in der Kostenartenrechnung vorzunehmen, wäre eine Gliederung nach den betrieblichen Orten, an denen die Kosten entstehen (Kostenstellen). Zwar könnte dadurch die sich an die Kostenartenrechnung anschließende Kostenstellenrechnung schneller und genauer durchgeführt werden, doch spricht dagegen, dass sich nicht alle Kostenarten einzelnen Kostenstellen verursachungsgerecht zurechnen lassen. Die Erfassung der Kosten nach dem Ort der Kostenentstehung sollte also der Kostenstellenrechnung überlassen werden und nicht bereits in der Kostenartenrechnung erfolgen.

Betrieblicher Funktionsbereich

Funktionsbereiche   Als kostenstellenübergreifendes Kriterium könnten auch betriebliche Funktionsbereiche herangezogen werden. Dann würde z. B. in Beschaffungs- und Lagerhaltungs-, Forschungs- und Entwicklungs-, Fertigungs-, Verwaltungs- und Vertriebskosten unterschieden werden. Zu diesem Zweck müsste man die Kostenstellen jeweils ganz oder anteilig diesen Funktionsbereichen zuordnen. Auch hier gilt aber, dass eine solche Gliederung nicht in der Kostenartenrechnung erfolgen sollte. Vielmehr finden die betrieblichen Funktionsbereiche in der Betriebsergebnisrechnung nach dem Umsatzkostenverfahren (siehe Abschnitt 5.4.2) Verwendung.

Empfehlung   Nach Diskussion der Möglichkeiten lässt sich nun folgendes Resümee ziehen: Für die Zwecke der Vollkostenrechnung hat es sich als zweckmäßig erwiesen, in der Kostenartenrechnung die Kostenarten nach den verbrauchten originären Kostengütern (*primäre Kostenarten*) zu differenzieren und für die *Verrechnung* jede primäre Kostenart als Einzelkostenart oder als Gemeinkostenart zu bestimmen. Die Unterscheidung in fixe und variable Kosten ist für die Vollkostenrechnung noch nicht relevant, wir werden diese Einteilung jedoch bei der Entscheidungsorientierten Kosten- und Leistungsrechnung in Kapitel 8 wieder aufgreifen.

3.3   Erfassung der primären Kostenarten

Im Folgenden sind neben einer Erläuterung der primären Kostenartengruppen
- Personalkosten,
- Materialkosten,
- kalkulatorische Abschreibungen (Betriebsmittelkosten),
- kalkulatorische Zinsen (Kapitalkosten),
- Fremdleistungskosten,
- Wagniskosten und
- Steuern

die spezifischen Erfassungsprobleme darzustellen, die sich von Kostenartengruppe zu Kostenartengruppe erheblich unterscheiden.

3.3.1   Personalkosten

Die Personalkosten entstehen durch den Einsatz des Produktionsfaktors Arbeit. Hierunter sind sowohl die ausführenden Mitarbeiter (Produktionsfaktor objektbezogene Arbeitsleistung) als auch die Manager (Produktionsfaktor dispositiver Faktor) zu zählen.

Die Personalkosten setzen sich grundsätzlich aus dem Bruttoarbeitsentgelt, den vom Arbeitgeber zu tragenden gesetzlichen, tariflichen und freiwilligen Personalzusatzkosten, etwaigen sonstigen Personalkosten und gegebenenfalls dem kalkulatorischen Unternehmerlohn zusammen.   Zusammensetzung

Die Erfassung der Personalkosten setzt an den Aufzeichnungen der Lohn- und Gehaltsbuchhaltung als Nebenbuch der Finanzbuchhaltung an. Hinsichtlich der Überprüfung, ob es sich im Einzelnen um Kosten handelt, ergeben sich bei dieser Kostenkategorie relativ wenige Probleme. Vor dem Hintergrund, dass bei Kosten die Komponenten Bewertung, Leistungsbezogenheit und Güterverbrauch erfüllt sein müssen, sind in der Regel keine Abgrenzungen gegenüber dem externen Rechnungswesen vorzunehmen. Die Bewertung liegt aufgrund der üblicherweise monatlichen Lohn- und Gehaltszahlungen aktuell vor, der Leistungsbezug ist problemlos feststellbar und i. d. R. gegeben, und der mengenmäßige Güterverbrauch (zeitlicher Einsatz des Mitarbeiters) ist ebenfalls i. d. R. gut nachvollziehbar.   Kostencharakter

Festlegungen sind jedoch zu treffen bezüglich des Einzel- und Gemeinkostencharakters der einzelnen Personalkostenbestandteile sowie bezüglich der Verrechnung bestimmter Personalzusatzkosten.

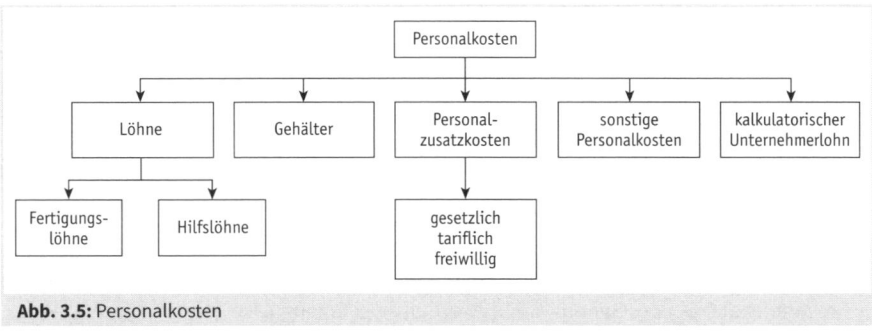

Abb. 3.5: Personalkosten

Fertigungslöhne entstehen für Arbeiten, die zu einem unmittelbaren Fortschritt am Enderzeugnis führen. Hier kommen Akkordlöhne, Zeitlöhne und Prämienlöhne (als Mischform) infrage.   Fertigungslöhne

Da beim *Akkordlohn* die direkte Zurechenbarkeit auf die Erzeugnisse gegeben ist, ist seine Verrechnung als Einzelkosten durchzuführen:

> **!** **Merke**
>
> **Stückzeitakkord**
>
> | | |
> |---|---|
> | Stundenverdienst | = Gefertigte Stückzahl der Stunde |
> | | · Vorgabezeit je Stück (Minuten) |
> | | · Geldfaktor je Minute |
>
> **Geldakkord**
>
> | | |
> |---|---|
> | Stundenverdienst | = Gefertigte Stückzahl der Stunde · Stücklohn |

Beim Geldakkord wird gegenüber dem Stückzeitakkord der Stücklohn gebildet, indem die Vorgabezeit und der Geldfaktor zusammengefasst werden. Der Stückzeitakkord hat den Vorteil, dass bei Tariflohnänderungen lediglich der Geldfaktor angepasst werden muss und nicht die Stücklöhne für alle Erzeugnisse.

Wird der Fertigungslohn als *Zeitlohn* bezahlt, könnte aufgrund des Zeitlohncharakters die Möglichkeit einer direkten Zurechnung auf die Kostenträger abgelehnt werden. Sofern jedoch die Zeitlohnempfänger nur an bestimmten Erzeugnissen direkt arbeiten, ist auch hier eine Einzelkostenverrechnung zu bejahen. Ist dies hingegen nicht möglich, so sollte eine entsprechende Verrechnung als Gemeinkosten erfolgen.

Wenn ein *Prämienlohn* zur Anwendung kommen sollte, so dürfte trotz der vielfältigen Prämienarten (Quantitäts-, Qualitäts-, Ersparnis-, Nutzungsprämien usw.) im Fertigungslohnbereich eine direkte Zurechnung auf Kostenträger und somit eine Einzelkostenverrechnung, durchführbar sein. In manchen Fällen ist jedoch eine Verrechnung als Gemeinkosten vorzunehmen (z. B. Treueprämie).

Beispiel: Speedy GmbH

Daten der Fallstudie

Manfred Kolb ließ sich von der Abteilung Lohn- und Gehaltsabrechnung die Information geben, dass im vergangenen Monat insgesamt 100.000 EUR Fertigungslöhne (= Einzelkosten) anfielen. Dieses Kostenvolumen nimmt er zunächst in die Kostenartenrechnung auf. Bei der Speedy GmbH werden zwei Erzeugnisse gefertigt: der Speedster S1 (100 Stück im vergangenen Monat) und der Speedster S2 (668 Stück im vergangenen Monat). Der Stücklohn für den Speedster S1 beträgt 500 EUR, für den Speedster S2 74,85 EUR. Multipliziert man das jeweilige Mengen- mit dem Wertgerüst, erhält man in Summe die 100.000 EUR Fertigungslöhne. Für die spätere Verrechnung werden die Stücklöhne in die Kalkulation eingestellt (siehe Abschnitt 5.2.2). Gleichzeitig fließt das gesamte Fertigungslohnvolumen in die Kostenstellenrechnung ein. Dort wird es aufgrund seines Einzelkostencharakters zwar nicht selbst verrechnet, dient aber zur Verrechnung der Gemeinkosten im Fertigungsbereich (siehe Abschnitt 4.3). Zurzeit genügt Manfred Kolb allerdings die Information, dass 100.000 EUR Fertigungslöhne im letzten Monat anfielen, da er nach der Kostenerfassung in der Kostenartenrechnung zunächst die (noch festzustellenden) Fertigungsgemeinkosten in der Kostenstellenrechnung zu verrechnen hat.

Hilfslöhne werden für Arbeiten bezahlt, die den Erzeugnissen nicht unmittelbar zugerechnet werden können. Sie stehen nur in einem indirekten Zusammenhang zum Endprodukt. Ein Instandhalter repariert nicht das Fertigerzeugnis selbst, sondern die Maschine, auf der das Fertigerzeugnis bearbeitet wird. Hier kommt üblicherweise ein Zeitlohn zur Anwendung, denkbar sind aber auch leistungsbezogene Hilfslöhne. Doch aufgrund ihres Charakters stellen Hilfslöhne (z. B. Reinigungslöhne, Botenlöhne, Löhne für Betriebselektriker usw.) immer Gemeinkosten dar.

Hilfslöhne

Beispiel: Speedy GmbH

Daten der Fallstudie
Die Kostenerfassung ergab weiterhin, dass insgesamt 39.000 EUR Hilfslöhne (= Gemeinkosten) anfielen. Eine Zuordnung auf die Kostenstellen kann der Abbildung 4.4 im Abschnitt 4.3.2 entnommen werden.

Gehälter sind in der Regel *Gemeinkosten*. Sie werden zwar mit gewissen Leistungserwartungen an die Angestellten gezahlt, doch ohne direkten Bezug zu den Kostenträgern. Sind im Einzelfall Angestellte direkt an der Produktion beteiligt, so kann unter Umständen eine Einzelkostenverrechnung erfolgen.

Gehälter

Beispiel: Speedy GmbH

Daten der Fallstudie
An Gehältern (= Gemeinkosten) – als weitere beispielhaft bei der Speedy GmbH verwendete Kostenart – fielen insgesamt 75.000 EUR an. Deren Zuordnung auf Kostenstellen ist ebenfalls aus der Abbildung 4.4 in Abschnitt 4.3.2 ersichtlich.

Personal-
zusatzkosten

Innerhalb der *Personalzusatzkosten* (auch: Personalnebenkosten, Sozialkosten) unterscheidet man in solche, die sich aufgrund gesetzlicher Vorgaben ergeben, in solche, die
aufgrund tarifvertraglicher Regelungen zu zahlen sind, und in solche, die vom Unternehmen freiwillig geleistet werden.

> **!   Aus der Praxis**
>
> Das Deutsche Statistische Bundesamt (www.destatis.de) veröffentlicht jährlich einen Vergleich
> der Personalzusatzkosten auf europäischer Ebene.
> Im Jahr 2017 betrugen die Lohnnebenkosten im Verhältnis zu den Bruttoverdiensten im Bereich
> Produzierendes Gewerbe und wirtschaftliche Dienstleistungen in Deutschland etwa 28 %. Damit
> liegt Deutschland unterhalb des Durchschnitts sowohl der Europäischen Union (31 %) als auch
> der Eurozone (34 %). Die Bandbreite der Personalzusatzkosten innerhalb der Europäischen
> Union reicht hierbei von 49 % in Schweden bis hin zu 9 % auf Malta.

Zu den *gesetzlichen Sozialkosten* zählen die Arbeitgeberanteile zur Sozialversicherung
einschließlich der Unfallversicherung sowie Feiertags- und Krankheitslöhne. *Tarifliche
Sozialkosten* sind Arbeitgeberleistungen, die über die gesetzliche Verpflichtung hinaus
aufgrund der zwischen Arbeitgeberverbänden und Gewerkschaften ausgehandelten
Tarifverträge anfallen. *Freiwillige Sozialkosten* wiederum gehen nochmals über die gesetzlichen und tariflichen Verpflichtungen hinaus. Dazu zählen z. B. freiwillige Pensionszusa-
gen oder Beihilfen.

Verrechnung
der Sozialkosten

Für die *Verrechnung der Sozialkosten* ist nun denkbar, die Personalzusatzkosten wie die
ihnen zu Grunde liegenden Löhne und Gehälter zu behandeln. Doch in der Praxis ist eine
Verrechnung mit prozentualen Kostenzuschlägen in der Kostenstellenrechnung (und
damit als primäre *Gemeinkosten*) vorzufinden. Kosten hingegen für die Werkskantine, für
die betriebseigene Sportanlage oder für die Werksbücherei und Ähnliches, also Kosten,
die dem Arbeitnehmer indirekt zugutekommen, werden in der Kostenstellenrechnung als
sekundäre Gemeinkosten verrechnet. D. h. diese Kosten werden zunächst auf eigens
dafür eingerichteten Kostenstellen erfasst und dann im Rahmen der innerbetrieblichen
Leistungsverrechnung (siehe Abschnitt 4.3.3) verrechnet.

Beispiel: Speedy GmbH

Daten der Fallstudie
Für die Speedy GmbH ergaben sich im vergangenen Jahr für Löhne und Gehälter folgende Sozialkostenverrechnungssätze:

Sozialkostenverrechnungssätze			
1. **Lohnsummenbasis**	1.668.000 EUR		
Gesetzliche Sozialkosten	600.480 EUR	=	36,0 %
Tarifliche und freiwillige Sozialkosten	733.920 EUR	=	44,0 %
Summe Sozialkosten	1.334.400 EUR	=	80,0 %
2. **Gehaltsummenbasis**	900.000 EUR		
Gesetzliche Sozialkosten	180.000 EUR	=	20,0 %
Tarifliche und freiwillige Sozialkosten	270.000 EUR	=	30,0 %
Summe Sozialkosten	450.000 EUR	=	50,0 %
3. **Lohn- und Gehaltsummenbasis (aus 1. und 2.):**	2.568.000 EUR		
Lohn- und gehaltsbezogene Sozialkosten	51.360 EUR	=	2,0 %
4. **Ergebnis:**			
Verrechnungssatz auf Lohn	80 % + 2 %	=	82 %
Verrechnungssatz auf Gehalt	50 % + 2 %	=	52 %

Mithilfe dieser prozentualen Ermittlung der Sozialkosten werden in der noch darzustellenden Kostenstellenrechnung für jeden EUR angefallenen Lohn 0,82 EUR Sozialkosten, für jeden EUR anfallendes Gehalt 0,52 EUR Sozialkosten verrechnet (vgl. Abbildung 4.4 im Abschnitt 4.3.2).

Bei aperiodisch anfallenden *Urlaubs- und Krankheitslöhnen* sollte eine gleichmäßige Belastung der Erzeugnisse angestrebt werden, um Verzerrungen in der Kostenstruktur zu vermeiden. Zu Jahresbeginn ist der Betrag durch Schätzung zu ermitteln und gleichmäßig auf die einzelnen Monate zu verteilen. Diese Vorgehensweise rechtfertigt sich auch durch die Überlegung, dass der Anspruch auf Urlaubs- und Krankheitslöhne und damit deren wirtschaftliche Verursachung durch die vom Arbeitnehmer während bestimmter Zeiträume regelmäßig geleistete Arbeit entsteht. Damit sind die Urlaubs- und Krankheitslöhne gleichmäßig den Perioden ihrer wirtschaftlichen Verursachung als Kosten zu belasten. Bei z. B. 30 Tagen Urlaub: 2,5 Tage Anspruch auf Urlaub pro Monat bedeutet für die Monatsverrechnung 1/12 der Jahresurlaubskosten.

Urlaubs- und Krankheitslöhne

Sonstige Personalkosten entstehen insbesondere bei Personalveränderungen als Inserats-, Vorstellungskosten, Umzugskostenbeihilfen und Ähnlichem. Sie stellen Gemeinkosten dar.

Sonstige Personalkosten

Während bei Kapitalgesellschaften ein angestellter Vorstand oder Geschäftsführer das Unternehmen leitet und damit Personalkosten anfallen, darf in Personengesellschaften und Einzelunternehmen die Arbeitsleistung der Inhaber nicht durch ein Gehalt vergütet werden. Sie ist aus dem Gewinn zu decken. Damit fällt im externen Rechnungswesen bei Kapitalgesellschaften für die dispositive Arbeitsleistung der Geschäftsleitung Aufwand an, bei Personen- und Einzelunternehmen hingegen nicht. In beiden Fällen findet jedoch derselbe Verbrauch des Produktionsfaktors dispositiver Faktor statt. Für die Speedy GmbH als Kapitalgesellschaft in der Rechtsform der Gesellschaft mit beschränkter Haftung fallen für die Leitung des Unternehmens Personalkosten an. Wäre sie z.B. eine Personalgesellschaft in der Rechtsform der Offenen Handelsgesellschaft (OHG) und würde man die handels- und steuerrechtlichen Vorgaben auf die Kosten- und Leistungsrechnung übertragen, dann dürften keine diesbezüglichen Personalkosten verrechnet werden.

Kalkulatorischer Unternehmerlohn

Aus Vergleichbarkeitsgründen und um die Zufälligkeit der Rechtsform auszuschließen, hält man es jedoch für angebracht, bei Personen- und Einzelunternehmen einen *kalkulatorischen Unternehmerlohn* anzusetzen. Die Höhe richtet sich nach dem durchschnittlichen Gehalt von Führungskräften mit vergleichbarer Tätigkeit in Kapitalgesellschaften gleicher Struktur, gleicher Branche und gleicher Größe. Festzuhalten bleibt jedoch, dass in unserem Fallbeispiel kein kalkulatorischer Unternehmerlohn anfällt, da es sich bei der Speedy GmbH um eine Kapitalgesellschaft handelt. Kalkulatorischer Unternehmerlohn stellt stets Gemeinkosten dar.

> **! Unter der Lupe**
>
> In der seifenverarbeitenden Industrie wurde in den 1940er Jahren der Vorschlag entwickelt, den kalkulatorischen Unternehmerlohn pro Periode aus 18 Mal der Wurzel des Periodenumsatzes zu errechnen (»Seifenformel«). Solche Formeln sind jedoch rein willkürlich und deshalb abzulehnen.

3.3.2 Materialkosten

Für die Verrechnung von Materialkosten sollte zunächst folgende Frage geklärt werden: Welche Materialarten kommen im Unternehmen zum Einsatz?

Hinsichtlich der Kostenkomponenten muss dann geklärt werden:
- Wie viel Material wurde verbraucht?
- Wie sind diese Verbrauchsmengen zu bewerten?

3.3.2.1   Materialarten

Üblicherweise werden folgende *Materialarten* unterschieden (vgl. Abbildung 3.6).

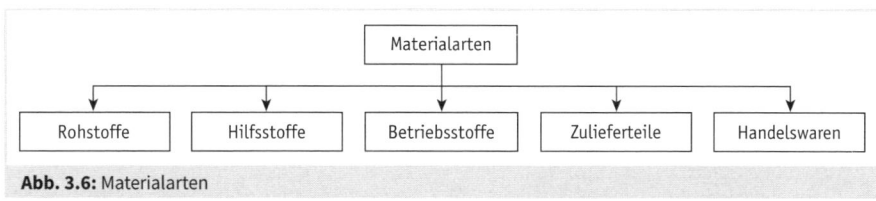

Abb. 3.6: Materialarten

Rohstoffe stellen Einsatzgüter dar, die im Rahmen der Produktionsprozesse zu einem   Rohstoffe
Hauptbestandteil der Erzeugnisse werden. Beispiele wären das Blech bei Autos, das Holz
bei Möbeln, das Papier bei Zeitungen usw. Sie sind den Erzeugnissen direkt zurechenbar
und somit als Einzelkosten einzuordnen.

Hilfsstoffe gehen ebenfalls in das zu fertigende Erzeugnis ein, stellen jedoch im Gegensatz   Hilfsstoffe
zu den Rohstoffen nur Nebenbestandteile dar. Beispielsweise sind Schrauben, Nägel,
Dübel, Nieten, Leim und Ähnliches als Hilfsstoffe anzusehen. Sie können den Erzeugnissen ebenfalls direkt zugerechnet werden. Eine Verrechnung als Einzelkosten wird jedoch
dann aus Gründen der Wirtschaftlichkeit nicht vorgenommen, wenn die Kosten der
genauen Erfassung des Verbrauchs höher sind als der Wert der verbrauchten Hilfsstoffe.
In diesem Fall kann eine Verrechnung als Gemeinkosten (unechte Gemeinkosten) durchaus in Kauf genommen werden.

Betriebsstoffe gehen im Gegensatz zu den Roh- und Hilfsstoffen nicht körperlich in die   Betriebsstoffe
Erzeugnisse ein. Dennoch werden sie für den Leistungserstellungsprozess benötigt.
Hierzu zählen z. B. Kraft- und Schmierstoffe für die Maschinen, Kühlmittel, Büromaterial
und Ähnliches. Sie können den Erzeugnissen nicht direkt zugerechnet werden, müssen
somit über die Kostenstellenrechnung und damit als Gemeinkosten abgerechnet werden.

In vielen Unternehmen werden zur Herstellung der Erzeugnisse zunehmend *fremdbezo-*   Zulieferteile
gene Teile benötigt, die ohne weitere Be- und Verarbeitung in das zu fertigende Produkt
eingehen (z. B. bei Autos Windschutzscheiben, Reifen, Lichtmaschinen). Sie sind den
Erzeugnissen direkt zurechenbar und werden in der Regel verrechnungstechnisch wie die
Rohstoffkosten (*Einzelkosten*) behandelt. Haben die *Zulieferteile* Hilfsstoffcharakter, wäre
eine entsprechende Verrechnung (Gemeinkosten) vorzunehmen.

Ferner gibt es noch *Handelswaren*. Sie dienen der Ergänzung des Angebots und werden   Handelswaren
ohne Be- und Verarbeitung weiterverkauft. Es sind im Wesentlichen sortimentserwei-
ternde Produkte oder Zubehörteile, bei deren Kalkulation Besonderheiten zu beachten
sind (siehe Abschnitt 5.2.2.2).

3.3.2.2 Ermittlung der Verbrauchsmengen

Zur Erfassung des Materialverbrauchs haben sich vier Verfahren herausgebildet, die für die Zwecke der Kosten- und Leistungsrechnung allerdings unterschiedlich zu beurteilen sind (vgl. Abbildung 3.7).

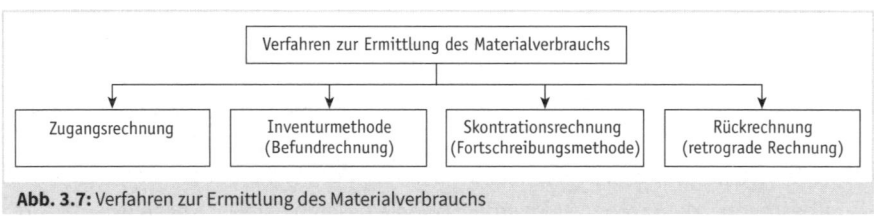

Abb. 3.7: Verfahren zur Ermittlung des Materialverbrauchs

Da in der Kosten- und Leistungsrechnung eine möglichst verursachungsgerechte Verrechnung erfolgen sollte, ist bei der Darstellung der Verfahren auch darauf einzugehen, inwieweit sie in der Lage sind, den außerordentlichen Materialverbrauch vom ordentlichen Materialverbrauch zu trennen. Der außerordentliche Materialverbrauch (Diebstahl, Schwund, Ausschuss und Ähnliches) sollte möglichst nicht bei den Materialkosten, sondern bei der Kostenkategorie Wagniskosten berücksichtigt werden. Grundsätzlich ist zu empfehlen, dass ein außerordentlicher Verbrauch (auch in anderen Kostenkategorien wie z. B. den kalkulatorischen Abschreibungen) aus Gründen der Transparenz grundsätzlich in einer eigenen Kostenartengruppe (= Wagniskosten) zusammengefasst werden sollte (siehe Abschnitt 3.3.6).

Zugangs-
rechnung Die *Zugangsrechnung* stellt die abrechnungstechnisch einfachste Methode dar. Bei ihr entstehen definitionsgemäß keine Bestände, denn sie unterstellt:

! **Merke**

Verbrauch = Zugänge laut Lieferscheine

Demnach stimmt der Materialverbrauch mit der Summe der Zugänge während der Abrechnungsperiode überein. Der außerordentliche Verbrauch kann bei diesem Verfahren nicht ermittelt werden. Für die Kosten- und Leistungsrechnung sollte dieses Verfahren deshalb nur dann zur Anwendung kommen,

- wenn es sich tatsächlich um nicht lagerfähige Einsatzstoffe (z. B. Obst, Gemüse) handelt,
- wenn geringwertige lagerfähige Stoffe zum Einsatz kommen, bei denen die Kosten der exakten Erfassung des ordentlichen Verbrauchs den Wert der zusätzlich gewonnenen Informationen übersteigen, oder
- wenn es sich zwar um lagerfähige Einsatzstoffe handelt, aufgrund der Logistikprozesses allerdings tatsächlich keine Lagerung erfolgt (Just in time-Konzept).

Da die bei der Zugangsrechnung gemachte Unterstellung nur für wenige Materialien zutrifft, bietet es sich an, die gesetzlich vorgeschriebene Inventur in die Verbrauchsmengenermittlung der Materialien einzubeziehen.

Die *Inventurmethode* errechnet den gesamten Verbrauch am Ende der Abrechnungsperiode, indem die Differenz zwischen Anfangsbestand zu Periodenbeginn und Zugängen während der Periode einerseits und Endbestand zum Periodenende andererseits gebildet wird.

Inventurmethode

> **Merke** !
>
> Verbrauch = Anfangsbestand + Zugänge – Endbestand

Anfangs- und Endbestand werden durch Inventuren ermittelt, die Zugänge anhand von Lieferscheinen.

Zwar hat die Methode den Vorteil, dass sie die gesetzlich vorgeschriebene Inventur für ihre Zwecke nutzt, doch weist sie den Nachteil auf, dass sie den Verbrauch nur summarisch ermittelt. Damit kann dieser nicht den einzelnen Kostenstellen oder Kostenträgern zugeordnet werden. Weiterhin ist auch hier der außerordentliche Verbrauch nicht ermittelbar. Zudem decken sich die Zeiträume zwischen den Inventuren der Finanzbuchhaltung nicht mit den Abrechnungsperioden der Kosten- und Leistungsrechnung.

Die Nachteile bei der Inventurmethode haben zur Entwicklung der *Skontrationsrechnung* geführt. Bei dieser Methode werden die jeweiligen Materialbestände in einer Lagerbuchhaltung fortgeschrieben. Die Zugänge sind mithilfe der Lieferscheine zu erfassen und die Abgänge mit der nunmehr neu einzuführenden Belegart »Materialentnahmeschein« festzuhalten (siehe Abbildung 3.8).

Materialentnahmeschein Nr. 12391/19			Auftrags-Nr. 7610/19	
Pos.	Teile-Nr.	Bezeichnung	Mengeneinheit	Anzahl
1	66743	Zugfedern	20 Stück	50
2	66815	Dichtungen	100 Stück	10
3				
4				
5				
Abgebende Stelle 2711 02.05.2019 Maier Datum/Unterschrift		Empfangende Stelle 4400 02.05.2019 Huber Datum/Unterschrift	Erfassung Lagerbuchhaltung 03.05.2019 Müller Datum/Unterschrift	

Abb. 3.8: Beispiel eines Materialentnahmescheins

> **! Merke**
>
> Verbrauch = Addition der auf Materialentnahmescheinen festgehaltenen Mengen

Damit besitzt die Skontrationsmethode den Vorteil, dass der ordentliche Verbrauch exakt ermittelbar ist und die Weiterverrechnung zweckmäßig, nämlich verursachungsgerecht, in der Kosten- und Leistungsverrechnung erfolgen kann.

In Verbindung mit der gesetzlich vorgeschriebenen Inventur ergibt sich der *außerordentliche Verbrauch* aus der Differenz zwischen *Sollendbestand* und *Istendbestand*:

```
    Istanfangsbestand (lt. Inventur)
+   Istzugänge (lt. Lieferscheine)
–   Istverbrauch (lt. Materialentnahmescheine)
=   Sollendbestand
–   Istendbestand (lt. Inventur)
=   außerordentlicher Materialverbrauch
```

Zwar könnte als Nachteil angeführt werden, dass der außerordentliche Verbrauch erst nach Kenntnis der Inventurbestände zu ermitteln ist, allerdings kann dies als ausreichend für die Zwecke der Kosten- und Leistungsrechnung angesehen werden.

Rückrechnung Die *Rückrechnung* ermittelt erst nach Fertigstellung des Erzeugnisses den Materialverbrauch für das Erzeugnis. Sie greift dabei auf Stücklisten oder Rezepturen zurück. Durch Multiplikation mit der Zahl der hergestellten Kostenträger ergeben sich die jeweiligen gesamten Materialverbrauchsmengen. Hierbei sind auch unvermeidbare Abfälle bei der Bearbeitung zu berücksichtigen.

> **! Merke**
>
> Verbrauch = Anzahl hergestellter Erzeugnisse · Materialbedarf gemäß Stückliste / Rezeptur

Letztlich erhält man *Soll*verbrauchsmengen. Sonstige Bestandsminderung an Materialien müssen durch zusätzliche Kontrollen ermittelt werden, d. h. ein Abgleich mit den Istverbrauchsmengen ist in gewissen Zeitabständen notwendig.

Beispiel: Verbrauchsmengenermittlung

Zur Erläuterung der vier Verfahren seien folgende Daten für einen Rohstoff in einem Abrechnungsquartal angenommen:

Datum	Transaktion	Menge (Stück)
01.04.	Anfangsbestand lt. Inventur	300
15.04.	Zugang	160
28.04.	Abgang	200
04.05.	Abgang	20
16.05.	Zugang	130
17.06.	Abgang	240
30.06.	Endbestand lt. Inventur	100

Im gleichen Zeitraum wurden insgesamt 100 Erzeugnisse fertiggestellt. In jedes Erzeugnis gingen 4 Stück des Rohstoffes ein.

Die vier erläuterten Verfahren ermitteln nun die folgenden Verbrauchsmengen:

Zugangsrechnung:	Verbrauch	=	160 + 130	=	290 Stück
Inventurmethode:	Verbrauch	=	300 + 160 + 130 – 100	=	490 Stück
Skontrationsrechnung:	Verbrauch	=	200 + 20 + 240	=	460 Stück
Rückrechnung:	Verbrauch	=	100 · 4	=	400 Stück

Aus Sicht der Skontrationsrechnung sind die Unterschiede so zu interpretieren, dass die gegenüber der Inventurmethode fehlenden 30 Stück des Rohstoffes außerordentlichen Verbrauch darstellen:

300 + 160 + 130 – 200 – 20 – 240 = 130 (Sollendbestand

130 (Sollendbestand) – 100 (Istendbestand) = 30 (außerordentlicher Verbrauch)

Der gegenüber der Rückrechnung höhere Verbrauch von 60 Stück ist entweder auf sich noch in der Produktion befindliche Halbfabrikate zurückzuführen oder aber auf einen überhöhten Produktionsausschuss.

Das Beispiel zeigt auch die Unzulänglichkeiten der Zugangsrechnung: Diese unterschätzt den Verbrauch deutlich, da es im Abrechnungsquartal zu einem erheblichen Abbau des Lagerbestands beim Rohstoff kam.

3.3.2.3 Bewertung

Zur Bewertung des Materialverbrauchs ist ein zweckadäquater Wertansatz zu wählen. Die grundsätzlichen Wertansätze können Abbildung 2.11 entnommen werden, die für die

Bewertung der Materialverbrauchsmengen relevantesten Wertansätze werden im Folgenden erläutert.

Durch-schnittliche Anschaffungs-preise

Werden die Materialien zu unterschiedlichen Zeitpunkten und Preisen eingekauft und ist eine individuelle Bewertung (individuelle Anschaffungspreise) nicht möglich, so könnte man die Bewertung zu durchschnittlichen Anschaffungspreisen durchführen. Methodisch kann hier mit *periodischen* oder mit *gleitenden Durchschnittspreisen* gearbeitet werden: Beim periodischen Durchschnittspreis wird dieser einmal zum Periodenende ermittelt und auf die gesamte Verbrauchsmenge der Periode angewendet. Bei gleitenden Durchschnittspreisen werden diese kontinuierlich während der Periode aktualisiert und jede einzelne Verbrauchsmenge der Periode wird mit dem jeweils aktuellen Durchschnittspreis bewertet.

Anschaffungs-preise nach Verbrauchs-folgeverfahren

Bei Schüttgütern (z. B. Sand) kann zum Zeitpunkt des Verbrauchs nicht mehr nachvollzogen werden, welche Anschaffungspreise pro Mengeneinheit anzusetzen sind. Hier haben sich daher bestimmte Verbrauchsfolgeverfahren entwickelt, die die nachstehenden Annahmen treffen:

- *Fifo:* Nach dem Grundsatz »*first in – first out*« wird unterstellt, dass die zuerst beschafften Materialien auch zuerst verbraucht werden.
- *Lifo:* Durch die Verbrauchsfolge »*last in – first out*« geht man davon aus, dass die zuletzt bereitgestellten Materialien zuerst verbraucht werden.

Die beiden soeben genannten Verfahren stellen somit den zeitlichen Aspekt in den Vordergrund. Die beiden nachstehenden Verfahren sind dagegen *wertorientiert*:

- *Hifo:* Hier wird unterstellt, dass diejenigen Materialien zuerst verbraucht werden, für die bei der Beschaffung die höchsten Preise entrichtet wurden (»*highest in – first out*«).
- *Lofo:* Nach dem Grundsatz »*lowest in – first out*« geht man davon aus, dass diejenigen Materialien zuerst im Produktionsprozess eingesetzt werden, die die niedrigsten Beschaffungspreise hatten.

Sollten diese Verbrauchsfolgeverfahren in der Kosten- und Leistungsrechnung (gegebenenfalls nicht nur bei Schüttgütern) zur Anwendung kommen, sollte nur das Verfahren zugrunde gelegt werden, welches der Realität am nächsten kommt. Einschränkungen, wie sie der Gesetzgeber im externen Rechnungswesen vorsieht, interessieren die Kosten- und Leistungsrechnung nicht. Für das interne Rechnungswesen steht die möglichst verursachungsgerechte Verrechnung der Kosten im Vordergrund.

Wieder-beschaffungs-preise

Strebt das Unternehmen die Anpassung der Bewertung von Vorratsmaterialverbräuchen an die aktuelle Preisentwicklung an, so bieten sich die zukünftigen *Wiederbeschaffungspreise* an. Bei starken Preisschwankungen würde diese Vorgehensweise jedoch die laufende Kosten- und Leistungsrechnung aufgrund des hohen Rechen- und Arbeitsaufwands belasten.

Soll in einer Kosten- und Leistungsrechnung insbesondere die Kostenkontrolle im Vorder-   Festpreise
grund stehen, so stehen die (bewerteten) Mengenabweichungen in den einzelnen Kostenstellen im Mittelpunkt. Hier bietet es sich an, mit *Festpreisen* zu arbeiten, um nicht durch
zusätzliche Preisabweichungen die Kostenkontrolle unnötig zu belasten. Man muss sich
allerdings darüber im Klaren sein, dass sich im Zeitablauf Differenzen zwischen den
schwankenden Istpreisen und den festen Verrechnungspreisen ergeben. Festpreise eignen sich auch für Vorkalkulationen. Festpreise können als Durchschnittspreis der Vergangenheit (Normalwert) oder als zukunftsbezogener geplanter Wert gebildet werden.
Dadurch stehen für einen gewissen Zeitraum »konstante« Kalkulationen zur Verfügung.

Beispiel: Bewertungsverfahren des Materialverbrauchs

Auch hier sollen die soeben dargestellten Verfahren mit einem Zahlenbeispiel erläutert werden. Die Verbrauchsmenge des Abrechnungsquartals wurde mittels der
Skontrationsmethode in Höhe von 520 Stück ermittelt.

Datum	Transaktion	Menge (Stück)	Preis (EUR/Stück)
01.04.	Anfangsbestand	100	4,00
12.04.	Zugang	180	4,20
17.04.	Abgang	150	
15.05.	Zugang	80	4,60
21.05.	Abgang	170	
14.06.	Zugang	300	4,10
29.06.	Abgang	200	
30.06.	Endbestand	140	

1. Bewertung des Materialverbrauchs mit dem periodischen Durchschnittspreis:

Anfangsbestand	100 Stück	4,00 EUR/Stück	=	400,00 EUR
Zugang 12.04.	180 Stück	4,20 EUR/Stück	=	756,00 EUR
Zugang 15.05.	80 Stück	4,60 EUR/Stück	=	368,00 EUR
Zugang 14.06.	300 Stück	4,10 EUR/Stück	=	1.230,00 EUR
	660 Stück			2.754,00 EUR = 4,1727 EUR/Stück

Materialkosten der Periode:
520 Stück (17.04., 21.05., 29.06.) · 4,1727 EUR/Stück = 2169,82 EUR.
Wert des Endbestands:
140 Stück · 4,1727 EUR/Stück = 584,18 EUR.

2. Bewertung des Materialverbrauchs mit gleitenden Durchschnittspreisen:

Anfangsbestand	100 Stück	4,00 EUR/Stück	=	400,00 EUR
Zugang 12.04.	180 Stück	4,20 EUR/Stück	=	756,00 EUR
	280 Stück			1156,00 EUR = 4,1286 EUR/Stück

Verbrauch: 150 Stück (17.04.) · 4,1286 EUR/Stück = 619,29 EUR

Restbestand 17.04.	130 Stück	4,1286 EUR/Stück	=	536,72 EUR
Zugang 15.05.	80 Stück	4,60 EUR/Stück	=	368,00 EUR
	210 Stück			904,72 EUR = 4,3082 EUR/Stück

Verbrauch: 170 Stück (21.05.) · 4,3082 EUR/Stück = 732,39 EUR

Restbestand 21.05.	40 Stück	4,3082 EUR/Stück	=	172,33 EUR
Zugang 14.06.	300 Stück	4,10 EUR/Stück	=	1.230,00 EUR
	340 Stück			1402,33 EUR = 4,1245 EUR /Stück

Verbrauch: 200 Stück (29.06.) · 4,1245 EUR/Stück = 824,90 EUR
Materialkosten der Periode:
619,29 EUR + 732,39 EUR + 824,90 EUR = 2.176,58 EUR.
Wert des Endbestands:
140 Stück · 4,1245 EUR/Stück = 577,43 EUR.

3. Bewertung des Materialverbrauchs auf Basis der Verbrauchsfolgeverfahren (periodische Betrachtung):

Verbrauchsfolgeverfahren (periodische Betrachtung)	Verbrauch (520 Stück)	Endbestand (140 Stück)
Fifo	100 Stück · 4,00 EUR/Stück 180 Stück · 4,20 EUR/Stück 80 Stück · 4,60 EUR/Stück 160 Stück · 4,10 EUR/Stück = 2.180,00 EUR	140 Stück · 4,10 EUR/Stück = 574,00 EUR
Lifo	300 Stück · 4,10 EUR/Stück 80 Stück · 4,60 EUR/Stück 140 Stück · 4,20 EUR/Stück = 2.186,00 EUR	40 Stück · 4,20 EUR/Stück 100 Stück · 4,00 EUR/Stück = 568,00 EUR
Hifo	80 Stück · 4,60 EUR/Stück 180 Stück · 4,20 EUR/Stück 260 Stück · 4,10 EUR/Stück = 2.190,00 EUR	
Lofo	100 Stück · 4,00 EUR/Stück 300 Stück · 4,10 EUR/Stück 120 Stück · 4,20 EUR/Stück = 2.134,00 EUR	60 Stück · 4,20 EUR/Stück 80 Stück · 4,60 EUR/Stück = 620,00 EUR

Es zeigt sich, dass auf Basis der gegebenen Zahlen alle Verfahren unterschiedliche Ergebnisse für die Materialkosten der Periode und für den Wert des Lagerbestands am Periodenende ermitteln. Die Summe aus Materialkosten und Lagerbestandswert muss jedoch für alle Verfahren stets identisch sein (hier 2.754,00 EUR).

Beispiel: Speedy GmbH

Daten der Fallstudie
Für die spätere Kostenverrechnung wurden bei der Speedy GmbH die folgenden Materialkosten erfasst: Für die beiden bei der Speedy GmbH hergestellten Erzeugnisse (Speedster S1 und Speedster S2) kann das Einzelkostenmaterial aus den jeweiligen Stücklisten entnommen werden. Demnach fallen für den Speedster S1 630 EUR und für den Speedster S2 250 EUR an Stückmaterialeinzelkosten an. Bezogen auf die gefertigte Menge (100 bzw. 668 Stück) ergeben sich insgesamt 230.000 EUR Materialeinzelkosten.
Bei der Speedy GmbH wurde im letzten Monat zudem 6.000 EUR Gemeinkostenmaterial (Hilfs- und Betriebsstoffe) verbraucht. Für die Darstellung der Verrechnung von Gemeinkosten in der späteren Kostenstellenrechnung sei diese weitere primäre Gemeinkostenart angenommen. Der bewertete Verbrauch in den einzelnen Kostenstellen wird in Abbildung 4.4 im Abschnitt 4.3.2 dargestellt.

3.3.3 Kalkulatorische Abschreibungen

3.3.3.1 Abgrenzung von bilanziellen und kalkulatorischen Abschreibungen

Betriebsmittel wie Gebäude, Maschinen, maschinelle Anlagen, Fahrzeuge usw. sind langfristig (über mehrere Perioden) nutzbare Produktionsfaktoren. Sie besitzen ein Gesamtnutzungspotenzial, das sich durch den Einsatz im Produktionsprozess um die in der Abrechnungsperiode abgegebenen Potenzialeinheiten vermindert. Da die Betriebsmittel dem Unternehmen mehrere Jahre zur Verfügung stehen und von ihm genutzt werden, kann ihr Verzehr auch nicht in nur einem Geschäftsjahr verrechnet werden. Im Rahmen einer planmäßigen Rechnung ist der Werteverzehr am Anlagevermögen (außer bei Grundstücken, die im Allgemeinen nicht abnutzbar sind) für die zugrunde zu legenden Abrechnungsperioden zu erfassen und als Aufwand im externen Rechnungswesen oder als Kosten in der Kosten- und Leistungsrechnung zu berücksichtigen.

In der handelsrechtlichen Gewinn- und Verlustrechnung werden bilanzielle Abschreibungen angesetzt. Als Aufwand mindern sie den Jahresüberschuss. Steuerliche Abschreibungen reduzieren die Steuerbemessungsgrundlage und werden als Absetzung für Abnutzung (AfA) bezeichnet. Im externen Rechnungswesen gibt es einerseits spezifische Vorgaben für

Bilanzielle
Abschreibungen

den Wertansatz bilanzieller Abschreibungen, andererseits lässt der Gesetzgeber Spielräume zu, die es dem Unternehmen gestatten, Einfluss auf die Höhe des Jahresüberschusses und der Steuerbemessungsgrundlage zu nehmen. Damit wird der Wertansatz *bilanzieller Abschreibungen* primär durch handels- und steuerrechtliche Vorschriften bestimmt. Im Externen Rechnungswesen dürfen maximal die *Anschaffungs- oder Herstellungskosten* der Gegenstände des Anlagevermögens über die Jahre der Nutzung abgeschrieben werden. Die bilanzielle Abschreibung ist beendet, wenn die geschätzte Nutzungsdauer abgelaufen ist. Als Folge der Abschreibung tritt eine Umschichtung in den Vermögenspositionen des Unternehmens ein: Das Anlagevermögen reduziert sich um die bilanziellen Abschreibungen und das Umlaufvermögen erhöht sich um den Betrag der über die Umsatzerlöse im Idealfall wieder zugeflossenen Abschreibungen in Form von liquiden Mitteln. Wie im Rahmen der Abgrenzung zwischen dem externen und dem internen Rechnungswesen (siehe Abschnitt 2.1.3) bereits dargestellt, gilt in der Jahresabschlussrechnung das Prinzip der *nominellen Kapitalerhaltung*.

Kalkulatorische Abschreibungen

Die *kalkulatorischen Abschreibungen* hingegen verfolgen das Ziel der *Substanzerhaltung und basieren daher i. d. R. auf Wiederbeschaffungskosten oder Wiederherstellkosten.* Sie sollen die tatsächliche Wertminderung des langlebigen Wirtschaftsgutes erfassen. Die kalkulatorischen Abschreibungen werden in der Kosten- und Leistungsrechnung so lange angesetzt, wie das Wirtschaftsgut dem betrieblichen Leistungserstellungsprozess dient. Mit ihnen wird nur der *ordentliche* Werteverzehr erfasst. Soweit die nachstehend aufgeführten Abschreibungsursachen außerordentlichen Charakter haben (z. B. Katastrophenverschleiß, plötzliche Nachfrageverschiebungen), wird der auf diese Ursachen zurückzuführende Werteverzehr in der Kosten- und Leistungsrechnung durch den Ansatz von Wagniskosten berücksichtigt (siehe Abschnitt 3.3.6). Kalkulatorische Abschreibungen sind in der Kosten- und Leistungsrechnung über die Kostenstellenrechnung und damit als *Gemeinkosten* zu verrechnen. Mit zunehmender Mechanisierung und Automatisierung stellen die kalkulatorischen Abschreibungen neben den kalkulatorischen Zinsen für das gebundene Kapital, den Instandhaltungskosten und den Anlageversicherungsprämien den größten Teil der Anlagekosten dar.

Bilanzielle und kalkulatorische Abschreibungen werden aus diesen Gründen in den seltensten Fällen identisch sein. Basiert der kostenrechnerische Ansatz von Abschreibungen allein auf der Übernahme der bilanziellen Abschreibungen aus der Finanzbuchhaltung im Sinne von Zweckaufwand/Grundkosten, so wäre das falsch. Abbildung 3.9 fasst die Unterschiede zwischen den Abschreibungen des Internen Rechnungswesens und des Externen Rechnungswesens zusammen.

Kriterium	Externes Rechnungswesen		Internes Rechnungswesen
	Bilanzielle Abschreibung	Steuerliche Abschreibung	Kalkulatorische Abschreibung
Ziel	Bilanzpolitische Ziele (Einflussnahme auf die Ergebnis- und Vermögenssituation)	Beeinflussung des zu versteuernden Gewinns	Erfassung des tatsächlichen Werteverzehrs
Gesetzliche Regelungen	HGB	EStG	Keine (Ausnahme: öffentliche Aufträge)
Abschreibungs-ausgangswert	Anschaffungs- oder Herstellungskosten		Wiederbeschaffungs- oder Wiederherstellkosten
Nutzungsdauer	Festlegung nach bi-lanzpolitischen Zielen (im Rahmen der GOB)	Richtet sich nach den offiziellen AfA-Tabellen	Realistische Schätzung
Abschreibungs-verfahren	Muss den GOB entsprechen: Vorsichtsprinzip, planmäßig	Regelung im Steuergesetz	Empfehlung: lineare Abschreibung; aber alle Verfahren anwendbar sofern sachgerecht
Außerplanmäßige Abschreibung	Nach HGB erlaubt	Bei linearer Abschrei-bung erlaubt, sonst Teilwertabschreibung möglich	Außerordentlicher Werte-verzehr ist als kalkulato-rische Wagniskosten zu verrechnen
Tatsächliche Nutzungsdauer > geschätzte Nutzungsdauer	Verteilungsbasis: maximal Anschaffungs- oder Herstellungs-kosten; Restbuchwert 1 EUR; keine weitere Abschreibung möglich		Verrechnung des Kosten-betrages, der sich bei richtiger Schätzung ergeben hätte
Kapitalerhaltungs-ziel	nominelle Kapitalerhaltung		Substanzerhaltung

Abb. 3.9: Vergleich der Abschreibungen im internen und externen Rechnungswesen

3.3.3.2   Abschreibungsursachen

Die *Abschreibungsursachen* sind vielfältiger Natur. Sie können beispielsweise wie folgt strukturiert werden:

Abschreibungs-ursachen

*   Technisch bedingte Abschreibung
    *   Verschleiß durch Gebrauch,
    *   Ruheverschleiß,
    *   Substanzverringerung durch Abbau und
    *   Katastrophenverschleiß.

- Wirtschaftlich bedingte Abschreibung
  - Wertminderung infolge technischen Fortschritts,
  - Nachfrageverschiebungen nach den mit der Anlage gefertigten Erzeugnissen,
  - Sinken der Wiederbeschaffungskosten,
  - Sinken der Absatzpreise der mit der Anlage gefertigten Erzeugnisse,
  - Fehlinvestitionen.
- Rechtlich bedingte Abschreibung
  - Nutzungseinschränkung durch Gesetze
  - zeitlicher Ablauf von Nutzungsrechten aufgrund von Mietverträgen, Pachtverträgen, Franchising-Verträgen, Leasing-Verträgen
  - zeitlicher Ablauf von Schutzrechten (Patente, Gebrauchsmuster, Geschmacksmuster, Lizenzen, Konzessionen)

In der ersten Gruppe reduziert sich der Nutzungsvorrat mengenmäßig und in der zweiten Gruppe wertmäßig. In der dritten Gruppe beschränkt sich die Nutzung auf spezifische, rechtlich vorgegebene Zeiträume.

Es ist auch erkennbar, dass ein Teil des Werteverzehrs auf den Gebrauch des Betriebsmittels zurückzuführen ist (Gebrauchsverschleiß), ein anderer Teil auch dann entsteht, wenn das Betriebsmittel nicht genutzt wird (Zeitverschleiß). Diese Differenzierung führt insbesondere in Teilkostenrechnungssystemen zur Auflösung der kalkulatorischen Abschreibung in variable und fixe Bestandteile.

Es muss an dieser Stelle aber eingestanden werden, dass die *Quantifizierung* der Ursachen des Werteverzehrs in der Betriebswirtschaftslehre noch immer nicht befriedigend gelöst ist, obgleich die Ursachen selbst für den Werteverzehr genau feststellbar sind. Dies mag auch mit der Grund sein, warum in der Praxis aus Vereinfachungsgründen die lineare Abschreibungsmethode in der Kostenrechnung vorherrscht und die anderen Verfahren relativ bedeutungslos sind.

! **Unter der Lupe**

In der Plankostenrechnung auf Vollkostenbasis (siehe Kapitel 7) ist zwar grundsätzlich eine Kostenauflösung für Zwecke der Kostenkontrolle notwendig, doch werden die kalkulatorischen Abschreibungen in vielen Fällen aus der Kostenkontrolle herausgenommen, da sie in der Regel nicht in der Verantwortung des Kostenstellenverantwortlichen liegen. In solchen Fällen erscheinen sie gar nicht in einem Soll-Ist-Vergleich, in anderen Fällen werden die kalkulatorischen Abschreibungen Soll = Ist gesetzt, sodass rechnerisch gar keine Abweichungen entstehen können.

3.3.3.3   Ermittlung von Abschreibungssumme und Nutzungsdauer

Für die Ermittlung der Abschreibungsbeträge sind folgende Festlegungen zu treffen:
* Schätzung des Wiederbeschaffungswertes,
* Schätzung des Restwertes,
* Schätzung der Nutzungsdauer und
* Wahl der Abschreibungsmethode (siehe Abschnitt 3.3.3.4).

Der *Wiederbeschaffungswert* eines Wirtschaftsgutes ist vor allem bei langlebigen Gütern schwer zu ermitteln. Dennoch muss er zum Zeitpunkt des Einsatzbeginns des Betriebsmittels festgelegt werden, denn er soll in den Umsatzerlösen über die kalkulierten Abschreibungen am Ende der Nutzungsdauer für die Ersatzbeschaffung des Betriebsmittels wieder zur Verfügung stehen. Hilfsweise sind zumindest aus Verbandstabellen oder aus den Jahrbüchern des Statistischen Bundesamtes abgeleitete durchschnittliche Preissteigerungsraten auf die Anschaffungskosten bzw. Herstellkosten zu rechnen. Sind weitere Einflussgrößen quantifizierbar (z. B. Technologiefortschritt), so sollten sie ebenfalls berücksichtigt werden, auch wenn man während der Nutzungsdauer feststellt, dass ein anderer Wertansatz zu wählen gewesen wäre. Sobald entsprechende Erkenntnisse vorliegen, müssen die kalkulatorischen Abschreibungen aktualisiert werden (siehe Abschnitt 3.3.3.5).

Wiederbeschaffungswert

Auch die Schätzung eines gegebenenfalls zu berücksichtigenden *Restwertes* (Veräußerungs- oder Liquidationserlös) gestaltet sich schwierig. Dennoch sollte man versuchen, eine Quantifizierung vorzunehmen, sofern er im Verhältnis zum Wiederbeschaffungswert bedeutsam und damit zu berücksichtigen ist. Die Vernachlässigung eines ins Gewicht fallenden Restwertes kann zu einer zu hohen Kostenbelastung der einzelnen Abrechnungsperioden führen. Der Restwert muss bei der Ermittlung der Abschreibungssumme vom Wiederbeschaffungswert in Abzug gebracht werden.

Restwert

Wie oben bereits angesprochen, sind so lange kalkulatorische Abschreibungen anzusetzen, wie die Betriebsmittel im Leistungserstellungsprozess eingesetzt werden. Dabei sollten die vom Bundesfinanzministerium als Grundlage der steuerlichen Abschreibungen herausgegebenen sogenannten AfA-Tabellen nur dann zugrunde gelegt werden, wenn die darin ausgewiesenen *Nutzungsdauern* mit den tatsächlichen Nutzungsdauern im Unternehmen übereinstimmen. Grundsätzlich ist für jedes Betriebsmittel eine individuelle Schätzung der Nutzungsdauer vorzunehmen, wobei häufig auf Erfahrungswerte im Unternehmen, Erfahrungswerte anderer Unternehmen oder Herstellerangaben zurückgegriffen wird. Auch hier gilt, dass bei Feststellung einer anderen als der ursprünglich geschätzten *Nutzungsdauer* eine Aktualisierung der kalkulatorischen Abschreibungen vorzunehmen ist (siehe Abschnitt 3.3.3.5).

Nutzungsdauer

!   **Unter der Lupe**

Selbst dann, wenn ein Vermögensgegenstand im Unternehmen langfristig genutzt wird, wird sein Verbrauch in manchen Fällen bereits vollständig in der Periode der Anschaffung als Abschreibung erfasst (Sofortabschreibung). Eine solche Vorgehensweise wird man aus Wirtschaftlichkeitsaspekten immer dann wählen, wenn der Wert des langfristig zur Verfügung stehenden Vermögensgegenstands kleiner ist als der Aufwand einer Verteilung dieses Werts über die Nutzungsdauer. Häufig legen Unternehmen zu diesem Zweck Wertgrenzen fest, z. B. alle langfristig nutzbaren Vermögensgegenstände mit Anschaffungs- bzw. Herstellkosten kleiner 1.000 EUR werden sofort abgeschrieben.

3.3.3.4   Abschreibungsverfahren

Abschreibungs-
verfahren

Wurden der Wiederbeschaffungswert, der Restwert und die Nutzungsdauer festgelegt (besser: geschätzt), stellt sich abschließend die Frage nach der Art der Verteilung der Abschreibungssumme auf die einzelnen Perioden der Nutzungsdauer (*Abschreibungsverlauf*). Hierbei sind die oben genannten Abschreibungsursachen in die Überlegungen mit einzubeziehen und auf die zur Verfügung stehenden Abschreibungsmethoden anzuwenden. Methodisch können nachfolgende Verfahren zugrunde gelegt werden (siehe Abbildung 3.10).

Lineare
Abschreibung

Bei der *linearen Abschreibung* wird die Abschreibungssumme gleichmäßig auf die Abrechnungsperioden verteilt, in denen das Betriebsmittel voraussichtlich genutzt wird.

Bezeichnet man mit

WBW   =   den Wiederbeschaffungswert
RW   =   den gegebenenfalls anzusetzenden Restwert
n   =   die Nutzungsdauer in Jahren
a_t =   den jährlichen kalkulatorischen Abschreibungsbetrag

so erhält man

$$a_t = \frac{WBW - RW}{n}$$

Liegt kein oder kein bedeutsamer Restwert vor, so entfällt RW in der Formel. Zur Ermittlung monatlicher Abschreibungen ist der so ermittelte jährliche Abschreibungsbetrag noch durch zwölf zu teilen.

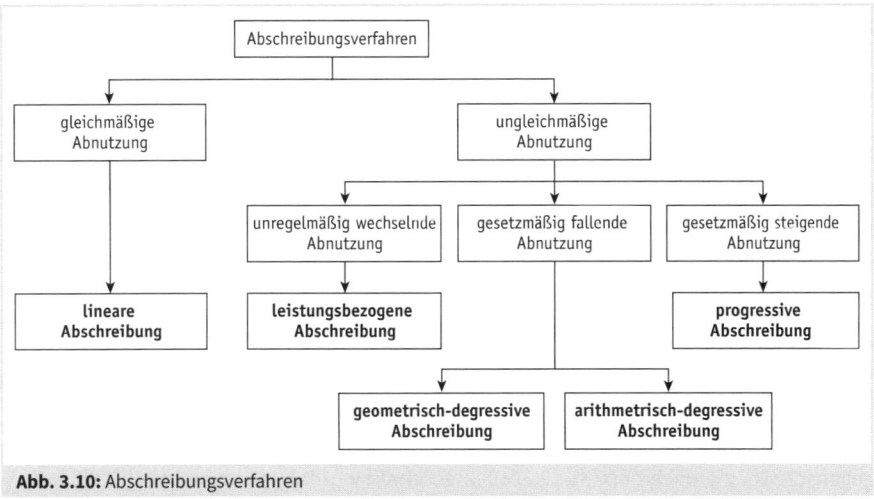

Abb. 3.10: Abschreibungsverfahren

Die lineare Abschreibung hat den Vorteil der einfachen Berechnung der Abschreibungsbe-träge. Die Abschreibungen, die bei einem mindestens kostendeckenden Marktpreis wie-der als liquide Mittel über den Verkaufserlös in den Betrieb gelangen, sind in jedem Jahr der Nutzung gleich. Diese Vorgehensweise leitet sich aus dem für die Kostenrechnung durchaus in vielen Fällen sinnvollen Bestreben zur Normalisierung ab, nämlich jede Zeit-einheit anteilig mit demselben Betrag zu belasten. Die lineare Abschreibung macht sich von der Vorstellung frei, dass der Abschreibungsbetrag den effektiven Verschleiß treffen müsse. Sie unterstellt eine konstante Gebrauchsfähigkeit während der Nutzungsdauer, was wiederum aus betriebswirtschaftlicher Sicht als Nachteil zu werten ist. In den Ab-schreibungsbeträgen finden die Wertminderungen, die durch den technischen und wirt-schaftlichen Fortschritt eintreten können, keine Berücksichtigung.

Die *degressive Abschreibung* unterstellt einen im Laufe der Nutzungsdauer abnehmenden Werteverzehr, wobei methodisch zwei Vorgehensweisen existieren: geometrisch-degres-siv oder arithmetisch-degressiv. Die degressive Abschreibung kommt dem in der Regel besonders starken Abfall des Restwertes von Anlagen während der ersten Phasen der Nutzungsdauer näher. Hier werden die anfänglichen Jahre der voraussichtlichen Nut-zungsdauer stärker belastet als die späteren. Einer schwankenden Beschäftigung wird die degressive – wie auch die lineare – Abschreibung allerdings nicht gerecht. Eine verursa-chungsgerechte Erfassung des Gebrauchsverschleißes kann daher mit ihr ebenso nicht erreicht werden.

Degressive
Abschreibung

Der jährliche Abschreibungsbetrag bei der *geometrisch-degressiven Abschreibung* wird als fester Prozentsatz vom jeweiligen Restbuchwert ermittelt. Mathematisch kann dieses Verfahren zwar zu einem angenommenen Restwert > 0 führen, jedoch nicht zu einem Restwert = 0. Mit welchen Hilfsmethoden dennoch auf 0 abgeschrieben werden kann, wird in Abschnitt 3.3.3.5 gezeigt.

Geometrisch-
degressive
Abschreibung

Bezeichnet man mit

S = die Abschreibungssumme (wobei gilt: S = WBW – RW)

P = den konstanten Abschreibungsprozentsatz

so ergibt sich folgende Formel:

$$P = 100\left(1 - \sqrt[n]{\frac{RW}{S+RW}}\right)$$

Es sei an dieser Stelle darauf hingewiesen, dass der Kostenrechner keine Bilanzierungs-rücksichten zu nehmen hat. Für ihn kommt es allein auf den verursachungsgerechten Werteverzehr in der jeweiligen Abrechnungsperiode an. So ist die geometrisch-degres-sive Abschreibung als Grundlage für steuerliche Abschreibungen beweglicher Vermögens-gegenstände, die nach dem 31.12.2010 angeschafft wurden, nicht mehr zulässig. Sofern sich ein (hier: geometrisch-) degressiver Werteverzehr als verursachungsgerecht dar-stellt, ist dieses Abschreibungsverfahren allerdings weiterhin für die Kosten- und Leis-tungsrechnung zu wählen.

Arithmetisch-degressive Abschreibung

Bei der *arithmetisch-degressiven* oder *digitalen Abschreibung* fallen die Abschreibungsbe-träge in jeder Periode um den gleichen absoluten Betrag. Zu diesem Zweck werden die Jahresziffern der geschätzten Nutzungsdauer addiert (1 + 2 + 3 usw.) und die Abschrei-bungssumme durch die Summe der Jahresziffern dividiert. Das Ergebnis der Division ist dann der *konstante Degressionsbetrag*, der mit den Jahresziffern in fallender Reihe multi-pliziert werden muss, um den jährlichen Abschreibungsbetrag zu erhalten.

Bezeichnet man mit

d = den Degressionsbetrag

so sind folgende Formeln anzuwenden:

$$d = \frac{S}{1+2+3+\ldots+n}$$

$$a_t = d(n - t + 1) \quad \text{für} \quad t = 1,2,\ldots,n$$

Leistungs-bezogene Abschreibung

Bei der *leistungsbezogenen Abschreibung* richtet sich der Abschreibungsbetrag nach dem Ausmaß der Beanspruchung oder den erzeugten Produktionseinheiten einer Abrech-nungsperiode. Hier ändert sich der Abschreibungsbetrag proportional mit der in einer Abrechnungsperiode erbrachten Leistung des Betriebsmittels und wird daher i.d.R. in jeder Abrechnungsperiode einen anderen Wert annehmen.

Bezeichnet man mit

PK   =   die Periodenkapazität
TK   =   die Totalkapazität

so errechnet sich der Abschreibungsbetrag einer Periode wie folgt:

$$a_t = \frac{S}{TK} \cdot PK$$

In ihrer reinen Form berücksichtigt die leistungsbezogene Abschreibung nicht die Zeit-komponente, die zu Wertminderungen infolge natürlichen Verschleißes und technischen Fortschritts führen kann.

Es wird gelegentlich vorgeschlagen, die leistungsbezogene Abschreibung mit der linearen Abschreibung zu kombinieren (gebrochene Abschreibung). Die lineare Abschreibung steht hierbei für den *Zeitverschleiß*, die leistungsbezogene Abschreibung für den *Gebrauchs-verschleiß*. Abbildung 3.11 zeigt, dass bei einer Beschäftigung bis zur kritischen Beschäfti-gung B^K der Zeitverschleiß dominiert. Ab dieser kritischen Beschäftigung steht allerdings der Gebrauchsverschleiß im Vordergrund.

Gebrochene
Abschreibung

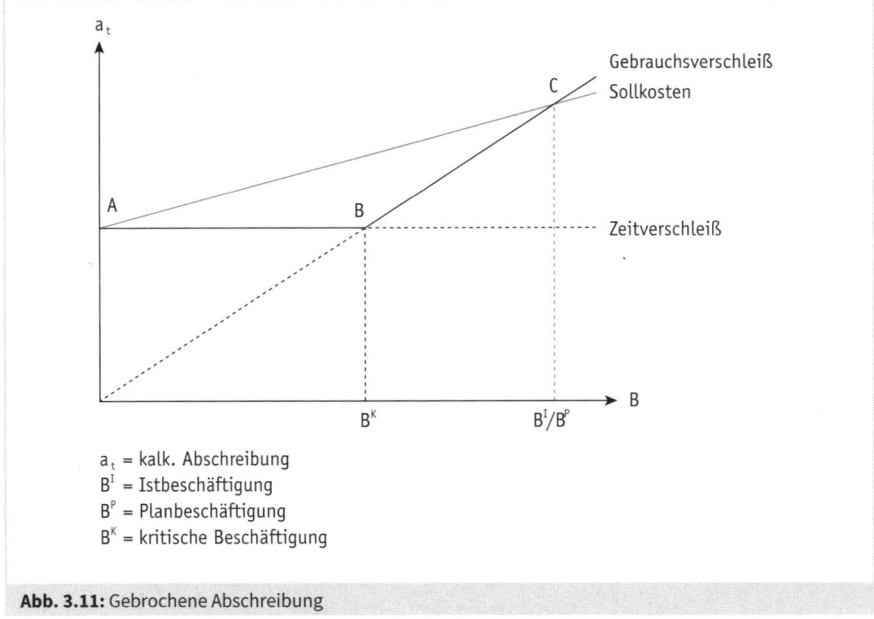

a_t = kalk. Abschreibung
B^I = Istbeschäftigung
B^P = Planbeschäftigung
B^K = kritische Beschäftigung

Abb. 3.11: Gebrochene Abschreibung

Zur Vermeidung des sich aus den beschriebenen Überlegungen heraus ergebenden ge-knickten Linienzuges ABC wird stattdessen der Linienzug AC vorgeschlagen. Er stellt eine Näherungslösung dar und hat den Nachteil, dass bei einer Istbeschäftigung (B^i), die unter der Planbeschäftigung (B^p) liegt, zu viel, im umgekehrten Fall zu wenig abgeschrieben wird.

Progressive
Abschreibung
Der *progressiven Abschreibung* kommt in der Praxis eine sehr geringe Bedeutung zu, da sie einen während der Nutzungsdauer steigenden Verschleiß eines Betriebsmittels unter-stellt. Dies ist jedoch nur für sehr wenige Betriebsmittel erfüllt, so z. B. bei Obstbäumen in der Landwirtschaft.

Beispiel: Methodik der Abschreibungsverfahren

Die einzelnen Abschreibungsverfahren sollen anhand von Zahlenbeispielen erläutert werden.

1. Ein Lastkraftwagen aus dem Fuhrpark hat einen Anschaffungswert von 160.000 EUR, die geschätzten Wiederbeschaffungskosten sollen 210.000 EUR und der Schrottwert (Resterlös) soll 10.000 EUR betragen. Es wird ein Gesamtnutzungs-potenzial von 200.000 km angenommen. In der laufenden Abrechnungsperiode beträgt die Fahrleistung des Lkw 5.000 km. Wie hoch ist der Abschreibungsbetrag bei Anwendung der leistungsbezogenen Abschreibung?
    a_t = [(210.000 EUR – 10.000 EUR) / 200.000 km] · 5.000 km = 5.000 EUR
2. Für eine Universalmaschine, die in der Fertigung eingesetzt wird, gelten folgende Daten:

Wiederbeschaffungswert (WBW):	40.000 EUR
Erwarteter Restwert (RW):	9.604 EUR
Erwartete Nutzungsdauer (n):	4 Jahre

Es ist der Abschreibungsverlauf nach der *linearen, der arithmetisch-degressiven* und der *geometrisch-degressiven* Abschreibung darzustellen.

Abrech-nungs-periode	Lineare Abschrei-bung (EUR)		Arithmetisch-degressive Abschreibung (EUR)		Geometrisch-degressive Abschreibung (EUR)	
	a_t	RW	a_t	RW	a_t	RW
1. Jahr	7.599,00	32.401,00	4 · 3.039,60 = 12.158,40	27.841,60	40.000,00 · 0,3 = 12.000,00	28.000,00
2. Jahr	7.599,00	24.802,00	3 · 3.039,60 = 9.118,80	18.722,80	28.000,00 · 0,3 = 8.400,00	19.600,00
3. Jahr	7.599,00	17.203,00	2 · 3.039,60 = 6.079,20	12.643,60	19.600,00 · 0,3 = 5.880,00	13.720,00
4. Jahr	7.599,00	9.604,00	1 · 3.039,60 = 3.039,60	9.604,00	13.720,00 · 0,3 = 4 116,00	9.604,00
Σ	30.396,00		30.396,00		30.396,00	

Lineare Abschreibung:

$$a_t = \frac{30.396,00}{4} = 7.599,00 \quad \text{(konstant)}$$

Arithmetisch-degressive Abschreibung:

$$d = \frac{30.396,00}{1+2+3+4} = \frac{30.396,00}{10} = 3.039,60 \text{ (konstant)}$$

Geometrisch-degressive Abschreibung:

$$P = 100\left(1 - \sqrt[4]{\frac{9.604,00}{40.000,00}}\right) = 100\left(1 - \sqrt[4]{0,2401}\right) = 100(1 - 0,7) = 30\% \quad \text{(konstant)}$$

Für die Ermittlung der monatlichen Abschreibungsbeträge wären die Ergebnisse jeweils noch durch zwölf zu teilen.

Beispiel: Speedy GmbH

Daten der Fallstudie
Bei der Speedy GmbH wurden für das sich jeweils in den Kostenstellen befindliche Anlagevermögen auf Basis der Wiederbeschaffungswerte, der tatsächlichen Nutzungsdauern und teilweise zu erwartender Restwerte unter Zugrundelegung der linearen Abschreibung insgesamt monatlich 27.000 EUR an kalkulatorischen Abschreibungen für die weitere Kostenverrechnung in der Kostenstellenrechnung ermittelt. Die sich ergebenden kalkulatorischen Abschreibungen pro Kostenstelle können der Abbildung 4.4 im Abschnitt 4.3.2 entnommen werden.

3.3.3.5 Sonderfragen

Abschreibung auf Null bei der geometrisch-degressiven Abschreibung
Die geometrisch-degressive Abschreibung führt mathematisch niemals zu einem Restwert von 0 (unendliche geometrische Reihe). Ein Abschreibungsprozentsatz P ist ohne Angabe eines Restwertes > 0 daher nicht ermittelbar. Es muss für die Ermittlung des Abschreibungsverlaufs deshalb immer ein Restwert eingestellt werden. Will man dennoch auf 0 abschreiben, so bieten sich folgende vier Vorgehensweisen an: *(Abschreibung auf 0 bei geometrisch-degressiver Abschreibung)*

1. Ein fiktiv angenommener Restwert wird gleichmäßig verteilt auf die vorher ermittelten Abschreibungsbeträge zugeschlagen. Dieser Restwert kann in beliebiger Höhe angenommen werden, da er für sich genommen keine Bedeutung hat. *(Vorschlag 1)*

   Im obigen Beispiel zur geometrisch-degressiven Abschreibung könnte z. B. der Restwert von 9.604 EUR gleichmäßig (9.604 EUR : 4 = 2.401 EUR) auf die berechneten jährlichen Abschreibungsbeträge aufgeschlagen werden.

Vorschlag 2   2.   Ein sich rechnerisch gebildeter Restwert wird den Abschreibungsbeträgen pro Jahr prozentual zugeschlagen.

Da im obigen Beispiel ein Abschreibungsprozentsatz von 30% verwendet wurde, ergab sich ein rechnerischer Restwert von 9.604 EUR. 9.604 EUR im Verhältnis zur Summe der Abschreibungsbeträge (30.396 EUR) sind 31,60%. Die Abschreibungsbeträge jedes Jahres sind jeweils um diesen Prozentsatz zu erhöhen.

Vorschlag 3   3.   Unabhängig vom Nutzungsverlauf ist ein Übergang auf die lineare Abschreibung möglich.

Im obigen Beispiel könnte dieser Wechsel z. B. nach dem 2. Jahr erfolgen. Im 3. und 4. Jahr wären dann jeweils 9.800 EUR abzuschreiben, da der Restwert am Ende des 2. Jahres 19.600 EUR beträgt.

Vorschlag 4   4.   Es wird ein theoretischer Restwert angenommen, um den die Abschreibungssumme erhöht wird.

$$P = 100\left(1 - \sqrt[n]{\frac{\text{theoretischer RW}}{\text{S + theoretischer RW}}}\right)$$

tatsächlicher RW = 0

Bezogen auf das bisherige Beispiel bedeutet dies:

$$P = 100\left(1 - \sqrt[4]{\frac{9.604,00}{40.000,00 + 9.604,00}}\right)$$

$$P = 100\left(1 - \sqrt[4]{0,1936134\ldots}\right) = 100\left(1 - 0,66\ldots\right) = 33,666\,\%$$

Beispiel: Abschreibung auf 0 bei der geometrisch-degressiven Abschreibung

Die obige Universalmaschine, die in der Fertigung eingesetzt wird, ist nunmehr trotz eines geometrisch-degressiven Abschreibungsverlaufs auf null EUR abzuschreiben. Weil der tatsächliche Restwert nunmehr 0 ist, beträgt die Abschreibungssumme 40.000 EUR. Deshalb ist für S in der Formel – im Gegensatz zum Ausgangsbeispiel – dieser Betrag einzustellen. Der hier angenommene theoretische Restwert (9.604 EUR) stimmt nur zufällig mit dem im Ausgangsbeispiel zugrunde gelegten tatsächlichen Restwert überein. Es wird angenommen, dass grundsätzlich der auf dem Markt erzielbare durchschnittliche Restwert 9.604 EUR beträgt, aber für das Unternehmen wegen der wesentlich intensiveren Nutzung voraussichtlich nicht erzielbar ist. Allerdings könnte auch ein anderer Wert eingestellt werden. Dies hätte entsprechend Auswirkungen auf den Abschreibungsprozentsatz und damit auf den Abschreibungsverlauf. Der Abschreibungsverlauf sieht nun folgendermaßen aus.

Abrechnungs-periode	a_t (EUR)	Theoretischer RW (EUR)	Tatsächlicher RW (EUR)
1. Jahr	49.604 · 0,33666 = 16.700	(32.904)	23.300
2. Jahr	32.904 · 0,33666 = 11.077	(21.827)	12.223
3. Jahr	21.827 · 0,33666 = 7.348	(14.479)	4.875
4. Jahr	14.479 · 0,33666 = 4.875	(9.604)	0
Σ	40.000		

Fehleinschätzung der Nutzungsdauer

In der Kosten- und Leistungsrechnung darf niemals ein Fehler in der Vergangenheit durch einen Fehler in der Zukunft kompensiert werden. Für kalkulatorische Abschreibungen bedeutet dies, dass nicht die über die gesamte Nutzungsdauer sich ergebende Abschreibungssumme im Vordergrund steht, sondern der jeweils in der Abrechnungsperiode realistische Abschreibungsbetrag. Die Abschreibungssumme ist nur für das externe Rechnungswesen wegen der dort vorgegebenen Obergrenze (Anschaffungs- oder Herstellungskosten) bedeutsam.

Bei falscher ursprünglicher Einschätzung der Nutzungsdauer (zu kurz oder zu lang) sollen anhand des folgenden Beispiels drei Möglichkeiten diskutiert werden, wie mit dieser Fehleinschätzung umzugehen ist, sobald sie bekannt wird. Eine analoge Vorgehensweise würde man wählen, falls sich die Fehleinschätzung auf den Restwert statt auf die Nutzungsdauer bezieht.

Fehleinschätzung der Nutzungsdauer

Beispiel: Fehleinschätzung der Nutzungsdauer

Eine Transferstraße hat einen Wiederbeschaffungswert von 60.000 EUR und einen Restwert von 10.000 EUR. Die geschätzte Nutzungsdauer beträgt fünf Jahre. Zu Beginn des 4. Jahres stellt man fest, dass die Maschine tatsächlich acht Jahre genutzt werden kann (bei angenommenem unverändertem Restwert). Es wird die lineare Abschreibungsmethode angewendet. Es eröffnen sich nun die folgenden Möglichkeiten:

1. Es wird weiter mit dem bisherigen Betrag abgeschrieben:

    a_{1-3} = 10.000 EUR/Jahr [(60.000 EUR – 10.000 EUR) / 5 Jahre]

    a_{4-8} = 10.000 EUR/Jahr

    S = 3 · 10.000 EUR + 5 · 10.000 EUR = 80.000 EUR

2. Es wird der verbleibende Restwert auf die aktualisierte Restnutzungsdauer verteilt:

a_{1-3} = 10.000 EUR/Jahr, d. h. der Restwert beträgt 20.000 EUR

a_{4-8} = 20.000 EUR : 5 Jahre = 4.000 EUR/Jahr

$S = 3 \cdot 10.000$ EUR $+ 5 \cdot 4.000$ EUR $= 50.000$ EUR

3. Es wird in der verbleibenden Nutzungsdauer jährlich mit demjenigen Betrag abgeschrieben, der sich bei ursprünglich richtiger Schätzung der Nutzungsdauer ergeben hätte:

a_{4-8} = 50.000 EUR : 8 Jahre = 6.250 EUR/Jahr

$S = 3 \cdot 10.000$ EUR $+ 5 \cdot 6.250$ EUR $= 61.250$ EUR

Allein die dritte Lösung darf in der Kosten- und Leistungsrechnung zugrunde gelegt werden. Priorität hat die richtige *Kostenverrechnung* in der jeweils aktuellen Abrechnungsperiode, und die beträgt in a_{4-8}: 6.250 EUR. Dass in den ersten drei Jahren zu hohe kalkulatorische Abschreibungen angesetzt wurden, ist unerheblich und im Nachhinein nicht mehr änderbar. Aufgrund der in den ersten drei Jahren geltenden Annahmen waren die damals verrechneten kalkulatorischen Abschreibungen auch richtig. Entscheidend ist der sachgerechte Kostenansatz in der jeweils aktuellen Abrechnungsperiode. Auch ist es nicht von Bedeutung, dass die sich daraus ergebende *Abschreibungssumme* auf 61.250 EUR beläuft. Würde man nämlich das Hauptaugenmerk darauf richten, dann hieße das, die Vorgaben für das externe Rechnungswesen (Obergrenze: maximal Anschaffungs- oder Herstellungskosten) auf die Kosten- und Leistungsrechnung zu übertragen und die Zielsetzungen des internen Rechnungswesens außer Acht zu lassen. Das externe Rechnungswesen würde daher folgerichtig die zweite Lösung anwenden. Die erste Lösung ist im externen Rechnungswesen nicht zulässig, da gegen das Anschaffungskostenprinzip verstoßen werden würde. Für das interne Rechnungswesen ist die erste Lösung nicht geeignet, da der Fehler der Vergangenheit unkorrigiert in die Zukunft fortgeführt werden würde.

!   **Unter der Lupe**

In der Kosten- und Leistungsrechnung findet sich öfters der Begriff »Abschreibung über Null« (auch Überabschreibung oder Abschreibung unter Null). Die letzten Ausführungen zur Korrektur von Fehleinschätzungen machen deutlich, was hiermit gemeint ist. Während im externen Rechnungswesen die Abschreibungssumme niemals über den historischen Anschaffungs- oder Herstellungskosten liegen darf, kann dies in der Kostenrechnung selbst dann passieren, wenn der Wiederbeschaffungswert mit den historischen Anschaffungs- oder Herstellkosten identisch ist. Nämlich z. B. dann, wenn der Vermögensgegenstand länger als ursprünglich geplant im Unternehmen genutzt wird und die ursprüngliche Fehleinschätzung während der Nutzungsdauer korrigiert wird.

3.3.4 Kalkulatorische Zinsen

3.3.4.1 Kostencharakter von Fremd- und Eigenkapitalzinsen

Zinsen sind das Entgelt für das dem Unternehmen überlassene Kapital und somit Kapital-kosten. Fremdkapitalzinsen stellen das Entgelt für das dem Unternehmen überlassene Fremdkapital dar und werden in der Finanzbuchhaltung erfasst. Zinsen für das dem Unternehmen überlassene Eigenkapital dürfen dagegen in der Finanzbuchhaltung nicht erfasst werden, da die Eigenkapitalgeber stattdessen einen Anspruch auf Beteiligung am Unternehmensgewinn haben.

Da auch diese Kostenart in der Praxis gelegentlich nicht sachgerecht behandelt wird, soll an dieser Stelle kurz die Diskussion wiedergegeben werden, um für den speziellen Ansatz von Zinskosten in der Kosten- und Leistungsrechnung zu sensibilisieren.

Bezüglich des Ansatzes kalkulatorischer Zinsen sind drei Meinungen erkennbar:
- Meinung 1: Zinsen werden gar nicht als Kosten angesehen.
- Meinung 2: Nur Fremdkapitalzinsen werden als Kosten angesehen.
- Meinung 3: Zinsen auf das gesamte betriebsnotwendige Kapital werden als Kosten angesehen.

Meinungen

Zu Meinung 1: Der Kostencharakter von Zinsen wird durch die Überlegung bestritten, dass bei einem Ansatz als Kosten zweifach Kosten verrechnet würden: Kapital stellt nur den abstrakten Gegenwert (Mittelherkunft) für die Nutzung der betriebsnotwendigen Vermö-gensgüter (Mittelverwendung) dar. Durch den Ansatz anderer primärer Kostenarten würde in der Kosten- und Leistungsrechnung bereits ein Verbrauch berücksichtigt (z. B. kalkula-torische Abschreibungen für die Nutzung von Maschinen, Materialkosten für den Ver-brauch von Rohstoffen). Hierbei wird allerdings übersehen, dass jeweils unterschiedliche Sachverhalte vorliegen: kalkulatorische Abschreibungen werden für den Werteverzehr der Maschine und Materialkosten für den Rohstoffverbrauch verrechnet, kalkulatorische Zin-sen hingegen auf das in der Maschine bzw. in den Lagerbeständen gebundene Kapital. Es besteht die Gefahr eines Substanzverlustes, wenn keine Zinsen in die Selbstkosten der Erzeugnisse eingerechnet werden und das Unternehmen ein ausgeglichenes Ergebnis erwirtschaftet. Die Kostenrechnung verfolgt jedoch das Ziel der Substanzerhaltung.

Kein Ansatz von kalkulatorischen Zinsen

Zu Meinung 2: Diejenigen, welche sich der Meinung anschließen, dass nur die Fremdkapi-talzinsen als Kosten anzusetzen sind, befürworten die Zugrundelegung des pagatori-schen Kostenbegriffs. Hier würden die in der Finanzbuchhaltung erfassten Fremdkapital-zinsen unverändert in die Kostenrechnung übernommen werden. Doch damit werden maßgeblich Finanzierungseinflüsse in die Kosten- und Leistungsrechnung getragen: Die Kosten eines rein fremdfinanzierten Unternehmens wären dann (ceteris paribus) höher als die Kosten eines rein eigenfinanzierten Unternehmens. Nicht die effektive Zahlung von

Fremdkapital-zinsen als kalkulatorische Zinsen

Zinsen, sondern die Kapitalnutzung sollte das Kriterium für die Kosteneigenschaft darstellen. Zudem wäre die Vergleichbarkeit unterschiedlich finanzierter Unternehmen in diesem Fall sehr erschwert oder gar ausgeschlossen.

Zinsen auf das betriebsnotwendige Kapital

Zu Meinung 3: Aus den verschiedenen Argumenten heraus, hat sich letztlich folgende, überwiegend befürwortete Ansicht zum Ansatz von kalkulatorischen Zinsen gebildet: Durch die Bindung von Kapital im Unternehmen findet insofern ein Werteverzehr statt, als dass dadurch das Kapital einer anderweitigen Nutzung entzogen wird (Nutzenentgang). Durch diesen Entzug gehen Zinserträge verloren. Diese entgangenen Zinsen stellen Opportunitätskosten dar, denn der Kapitalvorrat im Unternehmen verliert im Zeitablauf an Wert (*zeitlicher Vorrätigkeitsverbrauch*). Deshalb müssen kalkulatorische Zinsen in der Kosten- und Leistungsrechnung auf das *gesamte betriebsnotwendige Kapital*, also auch auf das Eigenkapital verrechnet werden. Der Investor verzichtet durch die Eigenkapitalbindung in einem bestimmten Unternehmen auf die Renditen aus anderen möglichen Investitionsobjekten. Vor diesem Hintergrund ist es letztlich unerheblich, ob das betriebsnotwendige Vermögen eigen- oder fremdfinanziert wird. Die Finanzierungsart spielt zunächst keine Rolle, da auch für das eingesetzte Eigenkapital kalkulatorische Zinsen zu verrechnen sind.

Damit wird deutlich, dass die Ergebnisse der Finanzbuchhaltung und der Kosten- und Leistungsrechnung durch den unterschiedlichen Ansatz von Zinsen voneinander abweichen (müssen).

3.3.4.2 Ermittlung

Schließt man sich dieser zuletzt geäußerten Meinung an, so stellt das *gesamte betriebsnotwendige Kapital* die Ausgangsbasis für die Ermittlung der kalkulatorischen Zinsen dar:

! **Merke**

Betriebsnotwendiges Anlagevermögen (nicht abnutzbares und abnutzbares)

+ Betriebsnotwendiges Umlaufvermögen

= Betriebsnotwendiges Vermögen

− Abzugskapital

= Betriebsnotwendiges Kapital

· Zinssatz

= Kalkulatorische Zinsen

Durch Multiplikation des betriebsnotwendigen Kapitals mit einem festzulegenden Zinssatz erhält man die kalkulatorischen Zinsen. Die in der Finanzbuchhaltung verrechneten Zinsen für überlassenes Fremdkapital bleiben dann außer Betracht.

Für die Ermittlung der kalkulatorischen Zinsen sind daher drei Fragen zu beantworten:
- Wie hoch ist das betriebsnotwendige Vermögen?
- Wie hoch ist das Abzugskapital und wie hoch ist folglich das betriebsnotwendige Kapital?
- Welcher Zinssatz soll angewendet werden?

Zur Bestimmung des *betriebsnotwendigen* (des zur Erfüllung des Betriebszwecks dienenden) *Vermögens* sind zunächst die betriebsfremd genutzten Vermögensgegenstände aus dem Gesamtvermögen herauszurechnen, denn der zu Grunde liegende Kostenbegriff unterstellt den Leistungsbezug. Man wird zunächst auf die bilanzielle Aufstellung zurückgreifen und auf dieser Basis Bereinigungen durchführen. Dazu gehören z. B. die Eliminierung nicht betriebsnotwendiger Beteiligungen und Wertpapiere, ungenutzter und fremdgenutzter Grundstücke und Bauten, stillgelegte Anlagen und Ähnliches. Betriebsnotwendige Vermögenswerte, die nicht der Bilanz zu entnehmen sind (z. B. geringwertige Wirtschaftsgüter), sind dagegen hinzu zu rechnen.

Betriebs- notwendiges Vermögen

Im nächsten Schritt hat die Bewertung der Vermögensteile zu erfolgen.

Bewertung der Vermögensteile

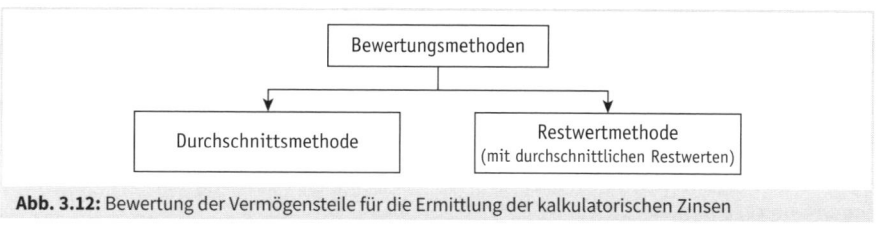

Abb. 3.12: Bewertung der Vermögensteile für die Ermittlung der kalkulatorischen Zinsen

Grundsätzlich bieten sich zwei Methoden an (vgl. Abbildung 3.12).
- Die *Durchschnittsmethode* greift auf den durchschnittlich gebundenen Vermögensbestand während der Nutzungszeit und
- die *Restwertmethode mit durchschnittlichen Restwerten* auf den in der Abrechnungsperiode durchschnittlich gebundenen Restvermögenswert zurück.

Bei der Wertermittlung des Anlagevermögens nach beiden Methoden sind allerdings zwei Meinungen vorzufinden, die auf die Höhe des betriebsnotwendigen Anlagevermögens Einfluss haben. Beide Meinungen sind sich zunächst über die Verwendung des Anschaffungswertes als Ausgangsgröße einig. Die Meinungen gehen allerdings hinsichtlich der Verwendung eines etwaigen Restwertes am Ende der Nutzungsdauer auseinander:

- Meinung 1:
Unabhängig davon, ob tatsächlich ein Restwert angenommen wird, sollte für die Zwecke der Ermittlung der kalkulatorischen Zinsen stets ein Restwert = 0 Verwendung finden. Begründung: Es ist am Ende der Nutzungsdauer kein Kapital mehr gebunden. Und sollte das Wirtschaftsgut noch einen Restwert haben, aber nicht mehr genutzt werden, so fehlt der Leistungsbezug für den Ansatz von Kosten.
- Meinung 2:
Genauso wie bei der Bemessung der kalkulatorischen Abschreibungen sollte der tatsächlich angenommene Restwert auch für die Zwecke der Ermittlung der kalkulatorischen Zinsen Verwendung finden. Begründung: Bis zum letzten Moment der Nutzungsdauer stellt dieser Restwert gebundenes Kapital dar und ist in entsprechender Höhe zu verzinsen.

Wir werden die wertmäßigen Auswirkungen der beiden Meinungen in den untenstehenden Beispielen aufzeigen.

Der Wert des Anlagevermögens nach der Durchschnittsmethode ermittelt sich in Abhängigkeit der beiden Meinungen wie folgt:

Merke

Meinung 1: durchschnittlich gebundenes Anlagevermögen pro Jahr = ½ Anschaffungswert
Meinung 2: durchschnittlich gebundenes Anlagevermögen pro Jahr = ½ (Anschaffungswert + Restwert)

Zu Beginn der Nutzungsdauer stellt der Anschaffungswert die Kapitalbindung dar. Am Ende der Nutzungsdauer ist bei Meinung 1) kein Kapital mehr gebunden und bei Meinung 2) noch der tatsächliche Restwert als Kapital gebunden. Hieraus ist jeweils der einfache Durchschnitt zu bilden.

Anlagevermögen nach der Restwertmethode mit durchschnittlichen Restwerten

Bei der Restwertmethode mit durchschnittlichen Restwerten sind die jährlichen Restvermögenswerte zu Beginn und am Ende der Abrechnungsperiode zu ermitteln und dann jeweils daraus der Durchschnitt aufgrund der Nutzung der Anlagegegenstände im Laufe des Jahres zu bilden. In die Restvermögenswerte zu Periodenbeginn und am Periodenende fließt bei Meinung 1 kein Restwert ein, bei Meinung 2 hingegen der angenommene Restwert am Ende der Nutzungsdauer.

Merke

Durchschnittlich gebundenes Anlagevermögen der Abrechnungsperiode = ½ (Restvermögenswert zu Periodenbeginn + Restvermögenswert am Periodenende)

Die Restwerte ergeben sich allerdings abweichend von denen nach der bilanziellen und der kalkulatorischen Abschreibung (siehe Abbildung 3.13).

Bilanzielle Abschreibung (Finanzbuchhaltung)	Kalkulatorische Abschreibung (Kostenrechnung)	Kapitalkostenermittlung (Kostenrechnung)
Anschaffungswert minus Restwert	Wiederbeschaffungswert minus Restwert	Anschaffungswert (bei Meinung 2: plus Restwert)
Nutzungsdauer lt. AfA-Tabellen	Realistische Nutzungsdauer	Realistische Nutzungsdauer
Abschreibungsverfahren gem. Gesetzgebung	i. d. R. lineare Abschreibung	i. d. R. lineare Abschreibung

Abb. 3.13: Ausgangsdaten der Restwertermittlung langlebiger Wirtschaftsgüter

Beispiel: Durchschnittsmethode und Restwertmethode …

… bei einem Restwertansatz von Null (Meinung 1)

Beträgt der Maschinenbestand zu Anschaffungskosten bewertet 1.000.000 EUR und die geschätzte Nutzungsdauer fünf Jahre, so ergeben sich bei linearer Abschreibung die nachstehenden Wertansätze in Abhängigkeit von den genannten Methoden:

Jahr	Wertansatz (EUR) des Maschinenbestandes nach der	
	Durchschnittsmethode	Restwertmethode mit durchschnittlichen Restwerten
1	500.000	900.000[1]
2	500.000	700.000
3	500.000	500.000
4	500.000	300.000
5	500.000	100.000

[1] Abschreibungsbetrag pro Jahr = 1.000.000 EUR : 5 Jahre = 200.000 EUR
Anfangsbestand im 1. Jahr = 1.000.000 EUR
Restwert am Ende des 1. Jahres = 800.000 EUR
Durchschnittlicher Restwert im 1. Jahr = ½ (1.000.000 EUR + 800.000 EUR) = 900.000 EUR

Auf diese jeweiligen Werte ist ein kalkulatorischer Zinssatz zu beziehen. Hierbei wird deutlich, dass bei der Restwertmethode mit durchschnittlichen Restwerten durch den abnehmenden Verlauf der Wertansätze die kalkulatorischen Zinsen im Zeitablauf sinken, während sie sich bei der Durchschnittsmethode durch den konstanten Wertansatz über die gesamte Nutzungsdauer hinweg nicht verändern (siehe Abbildung 3.14).

Bei beiden Methoden ergeben sich bei einem angenommenen kalkulatorischen Zinssatz von 10 % über 5 Jahre 250.000 EUR Kapitalkosten:

Durchschnittsmethode: 5 Jahre · 10 % · 500.000 EUR = 250.000 EUR

Restwertmethode: 10 % · 900.000 EUR + 10 % · 700.000 EUR + 10 % · 500.000 EUR + 10 % · 300.000 EUR + 10 % · 100.000 EUR = 250.000 EUR

... bei einem Restwertansatz größer Null (Meinung 2)

Nun wird für den Maschinenbestand zusätzlich ein Restwert von 100.000 EUR zum Ende der 5 Jahre Nutzungsdauer angenommen. Es ergeben sich die nachstehenden Wertansätze in Abhängigkeit von den genannten Methoden:

Jahr	Wertansatz (EUR) des Maschinenbestandes nach der	
	Durchschnittsmethode	Restwertmethode mit durchschnittlichen Restwerten
1	550.000[1]	910.000[2]
2	550.000	730.000
3	550.000	550.000
4	550.000	370.000
5	550.000	190.000

[1] ½ (Anschaffungswert + Restwert) = ½ (1.000 000 + 100 000) = 550.000 EUR
[2] Abschreibungsbetrag pro Jahr = (1.000.000 EUR – 100.000 EUR) : 5 Jahre = 180.000 EUR
Anfangsbestand im 1. Jahr = 1.000.000 EUR,
Restwert am Ende des 1. Jahres = 820.000 EUR
Durchschnittlicher Restwert im 1. Jahr = ½ (1.000.000 EUR + 820.000 EUR) = 910.000 EUR

Bei beiden Methoden ergeben sich bei einem angenommenen kalkulatorischen Zinssatz von 10 % über 5 Jahre 275.000 EUR Kapitalkosten:

Durchschnittsmethode: 5 Jahre · 10 % · 550.000 EUR = 275.000 EUR

Restwertmethode mit durchschnittlichen Restwerten: 10 % · 910.000 EUR + 10 % · 730.000 EUR + 10 % · 550.000 EUR + 10 % · 370.000 EUR + 10 % · 190.000 EUR = 275.000 EUR

Sowohl bei Meinung 1 als auch bei Meinung 2 führen also die Durchschnittsmethode und die Restwertmethode jeweils zu einer identischen Summe an verrechneten kalkulatorischen Zinsen über die gesamte Nutzungsdauer. Die Werte bei Meinung 2 sind allerdings um 25.000 EUR höher als bei Meinung 1, da hier über die gesamte Nutzungsdauer ein kapitalbindender Resterlös von 100.000 EUR angenommen wird. Um die weiteren Darstellungen nicht zu verkomplizieren, werden wir die kalkulatorischen Zinsen im Folgenden gemäß Meinung 1 ermitteln.

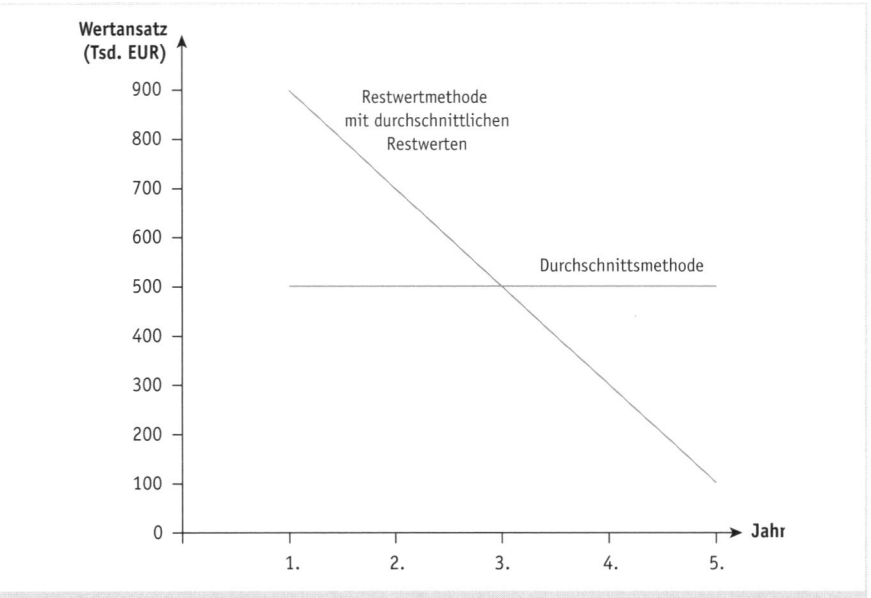

Abb. 3.14: Entwicklung des Vermögenswertansatzes in Abhängigkeit von der Restwert- und der Durchschnittsmethode (bei Meinung 1)

Abgesehen von den Grundstücken, die keiner Abnutzung unterliegen, sind beide Methoden auf die abnutzbaren Teile des *betriebsnotwendigen Anlagevermögens* anwendbar. Legt man die *Durchschnittsmethode* zugrunde, spricht für sie die relativ einfache Berechnung und die konstante Zinsbelastung in jeder Periode. Ein großer Nachteil besteht jedoch darin, dass die Zinsberechnung nicht einmal annähernd mit der wirklichen Kapitalbindung beim abnutzbaren Anlagevermögen übereinstimmt. Die *Restwertmethode* erfordert einen deutlich höheren Rechenaufwand, zumal die Werte auf Basis der Anschaffungs- oder Herstellungskosten (= gebundenes Kapital) errechnet werden müssen. Gegen die Restwertmethode könnte angeführt werden, dass die kalkulatorischen Zinsen mit zunehmendem Alter der in einer Kostenstelle installierten Betriebsmittel sinken und in Kostenstellen mit neueren Betriebsmitteln hingegen noch relativ hoch sind. Dies wirkt sich auf die Kalkulationssätze einzelner Kostenstellen oder Maschinenplätze aus. Die Restwertmethode hat aber den Vorteil, dass sie der effektiven Kapitalbindung des betriebsnotwendigen (abnutzbaren) Anlagevermögens weitgehend entspricht. Sie ist deshalb für die Ermittlung der kalkulatorischen Zinsen, die sich auf das (abnutzbare) Anlagevermögen beziehen, zu empfehlen.

Da in der Regel das betriebsnotwendige *Umlaufvermögen* innerhalb einer Abrechnungsperiode ständigen Schwankungen unterworfen ist, sollte man einen *durchschnittlichen Bestand* festlegen und diesen als Wertansatz der kalkulatorischen Zinsermittlung zugrunde legen (hier gibt es weder unterschiedliche Methoden noch unterschiedliche Meinungen).

Beurteilung der Methoden beim Anlagevermögen

Umlaufvermögen

117

Abzugskapital   *Abzugskapital* stellt das dem Unternehmen zinsfrei zur Verfügung stehende Kapital dar. Handelt es sich um tatsächliche zinsfreie Kredite, so ist ein Ansatz von Abzugskapital jedoch abzulehnen, da sonst Finanzierungseinflüsse in die Kosten- und Leistungsrechnung hereingetragen werden. Sind jedoch mit Kundenanzahlungen und Lieferantenkrediten Erlösschmälerungen durch gewährte Preisnachlässe für vorausbezahlte Leistungen bzw. Mehrpreise bei den Materialien wegen des Nichtausnutzens von Lieferantenskonti verbunden, so sollten solche Positionen als Abzugskapital angesetzt werden. Würde man dies nicht tun, so käme es zu einer *Doppelerfassung* von Zinsen, da es sich nur um scheinbar zinslose Kredite handelt, für die bereits in anderer Form zinsähnliche Entgelte zu zahlen sind.

Zinssatz   Schließlich ist für die Berechnung der kalkulatorischen Zinsen noch ein *Zinssatz* festzulegen. Da sich das Unternehmen jedoch nicht nur aus einer Quelle finanziert, es bei der Fremdfinanzierung verschiedene Wege einschlägt und zudem Eigen- und Fremdkapital nebeneinander zur Verfügung hat, ist die Festlegung eines Zinssatzes kein einfaches Unterfangen. Denkbar sind folgende Ansätze:

- Der durchschnittliche Fremdkapitalzinssatz: Da Eigenkapital gegenüber Fremdkapital jedoch risikotragend und somit teurer ist, würde dieser Ansatz die kalkulatorischen Zinsen tendenziell unterbewerten.
- Der teuerste tatsächlich gezahlte Fremdkapitalzinssatz: Dies kommt der Zinserwartung an das Eigenkapital zwar näher, kann jedoch einem zufälligen Einfluss unterliegen.
- Der durchschnittliche Kapitalmarktzins für langfristige risikofreie Anlagen plus einem Risikoaufschlag. Die Schwierigkeit liegt in der Festlegung eines geeigneten Risikoaufschlags.
- Der kapitalgewichtete Mischzinssatz: Hier wird der durchschnittlich gezahlte Fremdkapitalzinssatz mit dem Anteil des Fremdkapitals am Gesamtkapital gewichtet. Hierzu wird die durchschnittlich erwartete Verzinsung des Eigenkapitals addiert, ihrerseits gewichtet mit dem Anteil des Eigenkapitals am Gesamtkapital. Die Schwierigkeit bei diesem Ansatz liegt darin, die durchschnittlich erwartete Verzinsung des Eigenkapitals zu bestimmen.

!   **Unter der Lupe**

Der kapitalgewichtete Mischzinssatz heißt auf Englisch Weighted Average Cost of Capital, abgekürzt WACC. Er spielt in der Finanzwirtschaft und der Investitionsrechnung eine große Rolle, bspw. bei der Investitionsbeurteilung mittels der Kapitalwertmethode. Bei präziser Berechnung des WACC ist noch der Steuervorteil des Fremdkapitals (das sog. tax shield) zu berücksichtigen.

Während früher häufig die Empfehlung ausgesprochen wurde, den durchschnittlichen Kapitalmarktzins für langfristige risikofreie Anlagen plus Risikoaufschlag zu verwenden, wird heutzutage häufig der kapitalgewichtete Mischzinssatz verwendet.

Unabhängig vom Ansatz zur Festlegung des Zinssatzes wird empfohlen, einen einmal gewählten Zinssatz aus Gründen der Vergleichbarkeit längerfristig unverändert zu halten.

Hinsichtlich der Zurechnung auf die Kostenträger stellen die kalkulatorischen Zinsen   Gemeinkosten
Gemeinkosten dar.

Beispiel: Ermittlung kalkulatorische Zinsen

Dem Kostenrechner stehen folgende Bilanzdaten zur Verfügung:

Aktiva		Bilanz zum … (TEUR)		Passiva
I.	Anlagevermögen		I. Eigenkapital	1.050
	Grundstücke	300		
	Gebäude	500		
	Maschinen	650		
	Geschäftsausstattung	220		
II.	Umlaufvermögen		II. Fremdkapital	
	Vorräte	320	Verbindlichkeiten gegen-über Banken	1.100
	Forderungen	240	Verbindlichkeiten aus Lie-ferungen und Leistungen	
	Zahlungsmittel	60		140
		2.290		2.290

Der kalkulatorische Zinssatz wird mit 9 Prozent angenommen. Die effektiven Zins-zahlungen der Finanzbuchhaltung belaufen sich auf 119.000 EUR. Darüber hinaus sind dem Kostenrechner noch folgende Informationen bekannt:

(Beträge in TEUR)	Anschaffungs-werte	Kalkulatorischer Restwert[1]	Bemerkungen
Grundstücke	siehe Bilanz		80 % werden betrieblich genutzt
Gebäude	900	670	10 % werden betriebsfremd genutzt
Maschinen	1.250	880	ausschließlich betriebliche Nutzung
Geschäftsausstattung	420	290	ausschließlich betriebliche Nutzung
Vorräte			∅ Jahresbestand: 300
Forderungen			entspricht dem ∅ Jahresbestand
Zahlungsmittel			∅ Jahresbestand: 100

[1] Der kalkulatorische Restwert basiert auf dem *Anschaffungswert*, der *tatsächlichen* Nutzungs-dauer und der *tatsächlichen* Abnutzung.

Ermittlung der kalkulatorischen Zinsen (in TEUR):

Komponenten	Restwertmethode	Durchschnittsmethode
Anlagevermögen:		
Grundstücke	240	240
Gebäude	670 [1]	405 [2]
Maschinen	880	625
Geschäftsausstattung	290	210
+ Umlaufvermögen:		
Vorräte	300	300
Forderungen	240	240
Zahlungsmittel	100	100
= Betriebsnotwendiges Vermögen	*2.720*	*2.120*
– Abzugskapital	140	140
= Betriebsnotwendiges Kapital	2.580	1.980
Kalkulatorische Zinsen	232,2	178,2

[1] Durch die Bezeichnung kalkulatorischer Restwert wird unterstellt, dass die 670 TEUR um die betriebsfremde Nutzung bereits bereinigt wurden.   [2] 90 % von ½ 900 TEUR.

Vergleich mit Fremd- kapitalzinsen

Abschließend sei zusammenfassend darauf hingewiesen, dass die in der Kosten- und Leistungsrechnung verrechneten kalkulatorischen Zinsen weder inhaltlich noch der Höhe nach mit den tatsächlich gezahlten Fremdkapitalzinsen der Finanzbuchhaltung identisch sein können. Das liegt insbesondere an

- der Eingrenzung auf das betriebsnotwendige Vermögen,
- der Berücksichtigung des sowohl fremd- wie auch eigenfinanzierten betriebsnotwendigen Vermögens und
- der Festlegung eines individuellen Zinssatzes für das eingesetzte betriebsnotwendige Kapital.

Beispiel: Speedy GmbH

Daten der Fallstudie

Basierend auf einem durchschnittlich gebundenen betriebsnotwendigen Kapital i. H. v. 900.000 EUR und einem Kalkulationszinssatz von 8 % ergeben sich bei der Speedy GmbH kalkulatorische Zinsen von 6.000 EUR pro Monat (= 900.000 EUR · 0,08 / 12 Monate). Eine differenziertere Darstellung, die das durchschnittlich gebundene Kapital pro Kostenstelle enthält und die kalkulatorischen Zinsen pro Kostenstelle aufführt, kann dem Text vor der Abbildung 4.4 im Abschnitt 4.3.2 entnommen werden.

> **Aus der Praxis** !
>
> Die Höhe des verwendeten kalkulatorischen Zinssatzes ist von jedem Unternehmen gemäß seiner individuellen Situation festzulegen. In den Jahren 2012 und 2015 wurden die Teilnehmer des WHU Controller Panels gefragt, in welcher Höhe der kalkulatorische Zinssatz in ihrer Organisation festgelegt wurde. Der Median der Antworten lag im Jahr 2012 bei 6,0 % und senkte sich im Jahr 2015 auf 5,5 %. Die Bandbreite der Antworten (2.-9. Dezil) lag im Jahr 2015 jedoch zwischen 3,0 % und 8,0 %.

3.3.5   Fremdleistungskosten

Fremdleistungskosten stellen eine gegenüber anderen Kostenarten vergleichsweise unproblematische primäre Kostenartengruppe dar. Sie entstehen durch die leistungsbezogene Inanspruchnahme von *Dienstleistungen Externer*. Zu diesen Dienstleistungen gehören z. B. die von Dritten erbrachten Reparatur-, Reise-, Rechtsberatungs-, Prüfungs-, Transport-, Versicherungs-, Forschungs- und Entwicklungsleistungen oder die Bereitstellung von Räumen (Miete) und Anlagen (Leasing). Weiterhin gehören hierzu auch öffentliche Leistungen, soweit sie in unmittelbarem Zusammenhang mit der betrieblichen Leistungserstellung in Anspruch genommen werden und mit Gebühren oder Beiträgen entgolten werden. Für jede dieser in Anspruch genommenen Leistungen liegt ein Fremdbeleg vor, wobei gegebenenfalls eine zeitliche Abgrenzung vorzunehmen ist. Fremdleistungskosten haben in aller Regel Gemeinkostencharakter.

Dienstleistungen Externer

Die Kosten für fremdbezogene Energie (Gas, Strom usw.) sollten wegen ihres – im strengen Sinne – Betriebsstoffcharakters als Materialkosten und nicht als Fremdleistungskosten erfasst werden.

Energiekosten

Stellen Einzelunternehmer oder Personengesellschafter dem Unternehmen Privaträume für betriebliche Zwecke zur Verfügung, so sind *kalkulatorische Mietkosten* anzusetzen. Sie können in dieser primären Kostenartengruppe Fremdleistungskosten geführt werden. Der Grundgedanke für die Berücksichtigung von kalkulatorischen Mietkosten liegt darin, dass es für die Zwecke der Kosten- und Leistungsrechnung völlig gleichgültig ist, ob die betrieblichen Leistungen in einem eigenen Gebäude oder in angemieteten Räumen erbracht werden. Zur betrieblichen Leistungserstellung sind Räume erforderlich und damit Raumkosten verbunden. Die Höhe der kalkulatorischen Mietkosten sollte sich an den ortsüblichen oder branchenüblichen Mietsätzen für vergleichbare Objekte orientieren. Kalkulatorische Mieten für betrieblich genutzte Räume dürfen aber nur dann angesetzt werden, wenn diese Räume nicht in das betriebsnotwendige Vermögen aufgenommen sind und darauf keine kalkulatorischen Abschreibungen, kalkulatorischen Zinsen, Reparaturkosten, Gebäudeversicherungen, Steuern usw. verrechnet werden.

Kalkulatorische Miete

> **Beispiel: Speedy GmbH (Daten der Fallstudie)**
>
> Für die Speedy GmbH werden als Fremdleistungskosten primäre Gemeinkosten in Form von Versicherungskosten i. H. v. 2.000 EUR sowie von Kosten für Fremdreinigung i. H. v. 800 EUR angenommen. Deren Umlage auf die Kostenstellen wird im Abschnitt 4.3.2 zur Abbildung 4.4 erläutert.

3.3.6   Wagniskosten

Außerordentlicher Verbrauch

Eigentlich stellen Wagniskosten bei einer Untergliederung der Kosten nach der Art der verbrauchten originären Kostengüter keine eigene primäre Kostenartengruppe dar. Verlieren z. B. Betriebsmittel aufgrund *außergewöhnlicher Umstände* (beispielsweise Katastrophenverschleiß) an Wert, so wäre es durchaus denkbar, diesen Werteverzehr als (außerordentliche) kalkulatorische Abschreibung zu erfassen. Genauso denkbar wäre es, Diebstahl von Material als (außerordentliche) Materialkosten zu erfassen. Diese Vorgehensweise ist jedoch unzweckmäßig und trägt nicht zur Transparenz der in der Kostenrechnung zu berücksichtigenden Kosten bei. Es hat sich vielmehr als vorteilhaft erwiesen, den ordentlichen und den außerordentlichen Verbrauch von Kostengütern zu trennen, und den außerordentlichen Verbrauch gesamthaft für alle Kostengüter in der eigenen Kostenartengruppe Wagniskosten zu erfassen.

Dabei geht man von folgender Überlegung aus: In jedem Unternehmen treten bestimmte Risiken in unterschiedlicher Höhe auf. Sie bedrohen das eingesetzte Kapital. Grundsätzlich sind jedoch das allgemeine Unternehmerrisiko und betriebliche Einzelrisiken zu unterscheiden.

Allgemeines Unternehmerrisiko

Das *allgemeine Unternehmerrisiko* betrifft das Unternehmen als Ganzes. Rückschläge in der gesamtwirtschaftlichen Entwicklung, plötzliche Nachfrageverschiebungen, technische Fortschritte und Ähnliches wirken sich einerseits in den tatsächlich anfallenden Erlösen, andererseits in den effektiven Kosten und somit in beiden Fällen im Betriebsergebnis aus. Da hier alle nicht präzise erfassbaren Risiken gemeint sind, ist das allgemeine Unternehmerrisiko nicht kalkulierbar und eine Verrechnung von Wagniskosten nicht möglich. Stattdessen ist dieses Risiko durch den Gewinn eines Unternehmens abzugelten. Angebotskalkulationen für öffentliche Aufträge gestatten allerdings, das allgemeine Unternehmerrisiko als Teil des kalkulatorischen Gewinns zu berücksichtigen.

Betriebliche Einzelrisiken

Zu den möglichen betrieblichen *Einzelrisiken* zählen z. B.:

- *Anlagenrisiko:* Verluste an Anlagegütern infolge von außergewöhnlichen Schäden (Betriebs- und Verkehrsunglücke, unsachgemäße Behandlung von Betriebsmitteln usw.),
- *Lagerhaltungsrisiko:* Verluste an Roh, Hilfs- und Betriebsstoffen, Fertig- und Halbfabrikaten durch Schwund, Veralterung, Diebstahl, Qualitätsminderung,

- *Forschungs- und Entwicklungsrisiko:* Verluste aus fehlgeschlagenen Versuchs- und Entwicklungsarbeiten,
- *Herstellungsrisiko:* Mehrkosten aufgrund von Arbeits, Material- und Konstruktionsfehlern (hierzu zählen auch Kosten für Gewährleistungen),
- *Transportrisiko:* Verluste aus Transportschäden,
- *Finanzrisiko:* Verluste aus Forderungsausfall, Wechselkursänderungen usw. sowie
- *Sonstige Risiken* wie Schiffs- und Flugzeugverluste, Verluste bei Montage- oder Abbrucharbeiten und andere spezifische Betriebs- oder Branchenrisiken.

Zwar besteht jeweils das Risiko an sich, aber die genaue Höhe und der exakte Zeitpunkt des Eintritts sind in der Regel nicht vorhersehbar. Je nachdem, wie ein Unternehmen mit Risiken dieser Art umgeht, geht auch die Kosten- und Leistungsrechnung mit leistungsbezogenen Güterverbräuchen dieser Art auf zwei Arten um (siehe Abbildung 3.15).

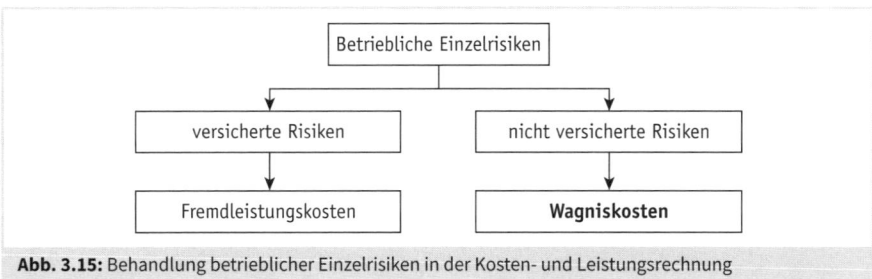

Abb. 3.15: Behandlung betrieblicher Einzelrisiken in der Kosten- und Leistungsrechnung

Vor dem Hintergrund, dass man das Risiko versichern kann oder nicht, wäre die Schlussfolgerung nicht sachgerecht, dass im ersten Fall Kosten entstehen und im zweiten Fall nicht.

Versicherte
Risiken

Da bei versicherten Risiken Dienstleistungen der Versicherungsgesellschaft in Anspruch genommen werden, stellen die dadurch anfallenden Versicherungsprämien *Fremdleistungskosten* dar. Hier sind also keine Wagniskosten zu erfassen, da die Versicherungsprämien bereits als Grundkosten bei den Fremdleistungskosten erfasst wurden.

Nicht versicherte
Risiken

Als *Wagniskosten* werden demnach nur solche Risiken verrechnet, die nicht durch Fremdversicherungen abgedeckt sind, weil hierfür z. B. keine Versicherung existiert oder sich das Unternehmen gegen den Abschluss einer möglichen Versicherung entschieden hat. Der Ansatz von Wagniskosten stellt somit eine Art Eigenversicherung dar. Durch die Hereinnahme in die Selbstkostenkalkulationen werden die Verluste auf das eingesetzte Kapital gedeckt, sofern natürlich zumindest kostendeckende Preise erzielbar sind. Diese Einschränkung macht deutlich, dass Unternehmen nicht Wagniskosten für alle theoretisch denkbaren Risiken ansetzen sollten, sondern nur für solche Risiken, die realistischerweise und in signifikanter Höhe eintreten werden. Zwar wären Unternehmen bei einem umfassenden Ansatz von Wagniskosten scheinbar auf der sicheren Seite, würden aber gleichzeitig die Selbstkosten ihrer Erzeugnisse in die Höhe treiben.

Normalisierung   Um die Kosten- und Leistungsrechnung von Zufallsschwankungen freizustellen, die sich aus dem unregelmäßigen Eintreten der Schadensfälle ergeben, werden die Wagniskosten normalisiert, d. h. es werden nach einer der drei unten beschriebenen Möglichkeiten Wagniskosten für ein Jahr ermittelt und auf einen Monat umgerechnet. Dadurch werden sie in gleichmäßiger Höhe als Kosten verrechnet. Die tatsächlichen Schadensaufwendungen sind dann nicht als Kosten, sondern als Aufwand von der Finanzbuchhaltung aufzunehmen. Treten unterjährig keinerlei Schäden auf, so stellen die Wagniskosten in voller Höhe Zusatzkosten dar. Treten Schäden ein, so hängt es von deren Höhe ab, ob »Zweckaufwand/Grundkosten«, »Grundkosten/Zweckaufwand und Zusatzkosten« oder aber »Neutraler Aufwand und Zweckaufwand/Grundkosten« entstehen. Bei sachgerechter Ermittlung von Wagniskosten sollten sich idealerweise die Höhe der tatsächlichen Schäden und der Wagniskosten im Zeitablauf entsprechen.

Beispiel: Wagniskosten vs. tatsächlicher Schaden

Das nachstehende Beispiel stellt zunächst die monatlich verrechneten Wagniskosten und die tatsächlich eingetretenen Schäden dar. Dadurch ergeben sich unterjährig die ausgewiesenen Abgrenzungen (in EUR):

Monat	Kosten- und Leistungsrechnung	Finanz- buchhaltung	Abgrenzung		
	Wagniskosten für das Risiko ... (= Kosten)	Eingetrete- ner Schaden (= Aufwand)	Neutraler Aufwand	Zweckaufwand/ Grundkosten	Zusatzkosten
Januar	200	200	–	200	–
Februar	200		–	–	200
März	200		–	–	200
April	200		–	–	200
Mai	200	2.050	1.850	200	–
Juni	200		–	–	200
Juli	200		–	–	200
August	200	150	–	150	50
September	200		–	–	200
Oktober	200		–	–	200
November	200		–	–	200
Dezember	200		–	–	200
	∑ 2.400	∑ 2.400	∑ Aufwand: 2.400		
				∑ Kosten: 2.400	

Für die Höhe der anzusetzenden Wagniskosten berücksichtigt man entweder

- den Durchschnitt der in der Vergangenheit eingetretenen absoluten Schadensaufwendungen,
- die im Falle eines Abschlusses zu bezahlenden Versicherungsprämien, korrigiert um betriebsindividuelle Gegebenheiten, oder
- einen Wagnissatz, der sich als Verhältnis der in der Vergangenheit eingetretenen Wagnisverluste zu einer Bezugsgröße ergibt, die in Beziehung zu diesen Wagnisverlusten steht. Die Multiplikation des Wagnissatzes mit dem Wert der Bezugsgröße in der Abrechnungsperiode ergibt dann die anzusetzenden Wagniskosten.

Als Bezugsgrößen für die Ermittlung des Wagnissatzes und damit der Wagniskosten wären denkbar:

- der Wert des Anlagevermögens für das Anlagerisiko,
- der Wert des Lagerbestandes für das Lagerhaltungsrisiko,
- die Fertigungskosten für das Ausschussrisiko,
- die Herstell- oder Selbstkosten der mit Garantie gelieferten Erzeugnisse für das Gewährleistungsrisiko,
- der Umsatz für das Forderungsausfallrisiko usw.

Beispiel: Speedy GmbH

Daten der Fallstudie
Für die Speedy GmbH ergab sich für das Risiko eines Forderungsausfalls ein Wagnissatz von 0,0593 %:

Umsatzerlöse der vergangenen 5 Jahre	40 500.000 EUR
Forderungsausfälle in den vergangenen 5 Jahren	24.000 EUR

Wagnissatz: (24.000 EUR : 40 500.000 EUR) · 100 = 0,0593 %
Bezogen auf die Umsatzerlöse des Abrechnungsmonats (hier: 675.000 EUR – siehe Abschnitt 4.3) betragen die durchschnittlich erwartbaren Wagniskosten für das Risiko Forderungsausfall also 400 EUR (= 675.000 EUR · 0,000593). Trotz der vergleichsweise geringen Höhe entschließt sich Manfred Kolb, diese Wagniskosten in der Kostenrechnung anzusetzen. Die Wagniskosten sind nun in der Kostenstellenrechnung weiter zu verrechnen (siehe Abbildung 4.4 im Abschnitt 4.3.2).

In der Regel sind Wagniskosten (z. B. für das Risiko Forderungsausfall, Diebstahl) über die Kostenstellenrechnung und somit als Gemeinkosten zu verrechnen, es sei denn, es ist eine direkte Zurechnung auf die Kostenträger möglich (z. B. Wagniskosten für das Risiko Garantieverpflichtungen).

3.3.7 Steuern

Abgaben an die öffentliche Hand entstehen in Form von Steuern und steuerähnlichen Abgaben.

Im Mittelpunkt der im Folgenden zu besprechenden Kostenartengruppe stehen die Steuern. Die kostenrechnerische Behandlung der Gebühren und Beiträge erfolgte bereits unter den Fremdleistungskosten (siehe Abschnitt 3.3.5).

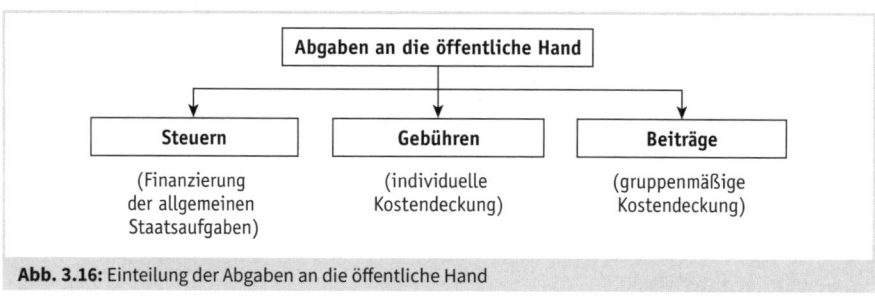

Abb. 3.16: Einteilung der Abgaben an die öffentliche Hand

Steuerbegriff   Nach der Abgabenordnung (§ 3 Abs. 1 AO) sind Steuern »… Geldleistungen, die nicht eine Gegenleistung für eine besondere Leistung darstellen und von einem öffentlich-rechtlichen Gemeinwesen zur Erzielung von Einnahmen allen auferlegt werden, bei denen der Tatbestand zutrifft, an den das Gesetz die Leistungspflicht knüpft; die Erzielung von Einnahmen kann Nebenzweck sein.« Diese Abgaben unterscheiden sich somit von den Gebühren (Zahlungen für die tatsächliche Inanspruchnahme bestimmter öffentlicher Leistungen, z. B. Müllabfuhrgebühr) und von den Beiträgen (Zahlungen für das Vorhandensein öffentlicher Einrichtungen, die unabhängig von der tatsächlichen Inanspruchnahme zu entrichten sind, z. B. IHK). Steuern stellen keine Gegenleistung für eine besondere Leistung der öffentlichen Hand dar, sondern dienen vielmehr der Finanzierung der allgemeinen Staatsaufgaben.

Die über 30 einzelnen Steuerarten des Steuerrechts lassen sich für einen Überblick wie in Abbildung 3.17 dargestellt einteilen.

! **Aus der Praxis**

Nicht alle Steuerarten haben dieselbe Bedeutung. Stellt man auf die vom Statistischen Bundesamt regelmäßig veröffentlichten Steuereinnahmen ab, so machen einige wenige Steuerarten den Großteil der Steuereinnahmen aus (Zahlen für 2017):
- Lohnsteuer und Einkommensteuer (ca. 38 %),
- Umsatzsteuer und Einfuhrumsatzsteuer (ca. 31 %),
- Gewerbesteuer (ca. 7 %),
- Energiesteuer (ca. 6 %),
- Körperschaftsteuer (ca. 4 %),
- Solidaritätszuschlag (ca. 2 %),

- Tabaksteuer (ca. 2 %),
- Grundsteuer (ca. 2 %),
- Versicherungssteuer (ca. 2 %).

Diese Steuerarten machen somit zusammen bereits ca. 94 % der gesamten Steuereinnahmen aus.

Für die Bestimmung des Kostencharakters der einzelnen Steuerarten ist zu prüfen, ob die einzelnen Kriterien des Kostenbegriffs (Bewertung, Leistungsbezogenheit, Güterverbrauch) erfüllt sind. Der *Güterverbrauch* durch Steuern findet stets durch den Verzehr des Nominalgutes Geld statt. Damit ist auch gleichzeitig die Bewertung in Geldeinheiten gegeben. Fraglich ist daher lediglich das Kriterium der *Leistungsbezogenheit*. Ausgehend von dem in der Kosten- und Leistungsrechnung zu verfolgenden Zweck der Substanzerhaltung ist auch für diese primäre Kostenartengruppe – wie auch für die bisher behandelten primären Kostenartengruppen – zu argumentieren, dass der Leistungsbezug dann gegeben ist, wenn die *Nicht*kalkulation einer Steuerart auf Dauer zu einer Einstellung des Leistungserstellungsprozesses führen müsste. Der Kostencharakter liegt somit dann vor, wenn eine Steuerart in die Selbstkosten der Kostenträger und damit in die (langfristige) Preisuntergrenze einkalkuliert werden muss, damit die Ersatzbeschaffung der verbrauchten Kostengüter gewährleistet ist.

Kostencharakter

Daraufhin ist jede einzelne Steuerart zu prüfen. Diese Prüfung ist in der Regel bei den meisten Steuerarten unproblematisch. So herrscht im Allgemeinen Einigkeit darüber, ob die zu

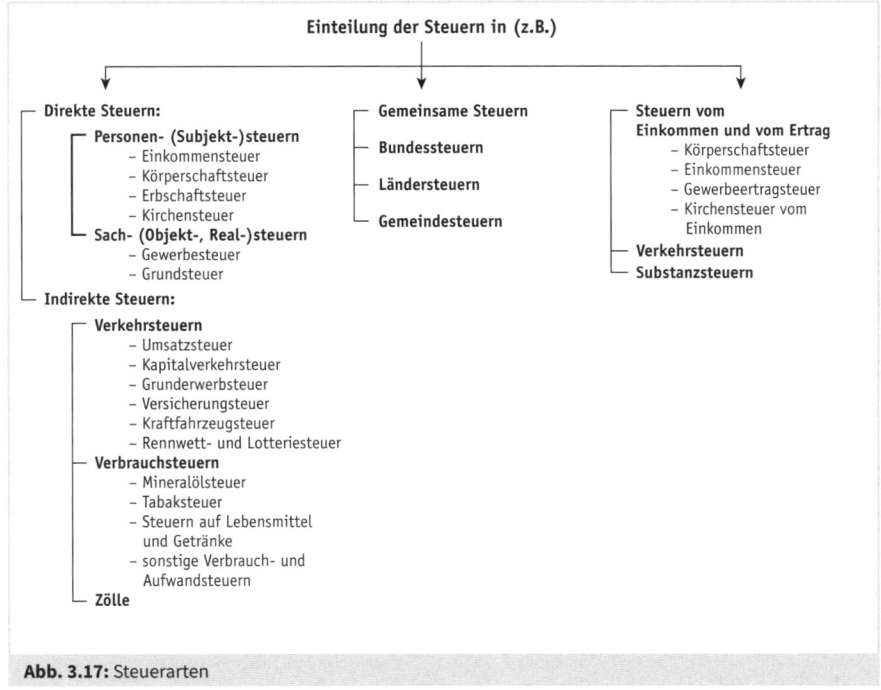

Abb. 3.17: Steuerarten

prüfenden indirekten Steuern Kosten darstellen (z. B. Kraftfahrzeugsteuer für den zur Betriebs- und Geschäftsausstattung gehörenden Pkw) oder nicht (Kraftfahrzeugsteuer für den ausschließlich privat genutzten Pkw eines Personengesellschafters). Ebenso liegt bei der Grundsteuer als direkter Steuer Kostencharakter im Falle von betrieblich genutzten Grundstücken vor, nicht jedoch im Falle von nicht betriebsnotwendigen Grundstücken.

Für die oben genannten wichtigsten Steuerarten fällt die Beurteilung hinsichtlich ihres Kostencharakters i. d. R. wie folgt aus:
- Lohnsteuer und Einkommensteuer: keine Kosten,
- Umsatzsteuer und Einfuhrumsatzsteuer: keine Kosten (da durchlaufender Posten),
- Gewerbesteuer: Kosten (obwohl Ertragsteuer),
- Energiesteuer: Kosten sofern leistungsbezogen,
- Körperschaftsteuer: keine Kosten,
- Solidaritätszuschlag: keine Kosten,
- Tabaksteuer: i. d. R. keine Relevanz für Unternehmen,
- Grundsteuer: Kosten sofern leistungsbezogen,
- Versicherungssteuer: Kosten sofern leistungsbezogen.

Beispiel: Speedy GmbH

Daten der Fallstudie

Als weitere ausgewählte primäre Gemeinkostenart wird für die Speedy GmbH angenommen, dass für die betrachtete Abrechnungsperiode 1.000 EUR an Grundsteuer zu verrechnen sind. Der weitere Rechenschritt, der in der Kostenstellenrechnung zu erfolgen hat, wird in Abbildung 4.4 im Abschnitt 4.3.2 dargestellt.

Exkurs zum Kostencharakter von Gewinnsteuern

Kostencharakter von Gewinnsteuern

Uneinigkeit herrscht hingegen insbesondere bei den *Gewinnsteuern* (außer der Kirchensteuer, die Kirchensteuerpflicht ergibt sich nicht aus dem betrieblichen Leistungserstellungsprozess).

Einerseits wird argumentiert: Die Einkommensteuer besteuert natürliche Personen als Eigentümer des Betriebes, nicht den Betrieb selbst. Da die private und nicht die betriebliche Sphäre betroffen ist, wird der Kostencharakter der Einkommensteuer bestritten. Diese Betrachtungsweise hat ihren Niederschlag im Handels- und Steuerrecht gefunden, nachdem die Einkommensteuer, sofern sie durch den Betrieb gezahlt wird, als Privatentnahme zu buchen ist. Die Körperschaftsteuer hingegen wird für *juristische* Personen (Kapitalgesellschaften) erhoben. Steuersubjekt ist das Unternehmen. Da durch die Besteuerung ein unmittelbarer Gutsverbrauch *im* Betrieb erfolgt, liegen *Aufwand und Kosten* vor. Im Handelsrecht wird diese Sichtweise durch die Tatsache ersichtlich, dass die Körperschaftsteuer als Aufwand zu verbuchen ist.

Andererseits ist hierzu folgendes anzuführen: Die Kosteneigenschaft der Gewinnbesteuerung hängt damit allein von der Rechtsform des Unternehmens ab. Je nach Wahl der Rechtsform erhält der Betrieb einmal eine eigene Rechtspersönlichkeit, ein andermal nicht. Der gleiche Tatbestand, nämlich die Besteuerung des zu versteuernden Gewinns, wird in einem Fall als Aufwand und Kosten, im anderen Fall als Privatentnahme angesehen. Damit ergibt sich bei der kostenrechnerischen Einordnung eine Ungleichbehandlung der Betriebe. Entsprechendes wurde oben bereits im Zusammenhang mit dem Ansatz von kalkulatorischem Unternehmerlohn argumentiert. Eine Auflösung dieser Ungleichbehandlung kann nur dadurch erfolgen, dass man den Kostencharakter von Gewinnsteuern nicht am Steuersubjekt, sondern am *Steuerobjekt* (die Einkünfte aus Gewerbebetrieb, die sich als steuerlicher Gewinn darstellen) feststellt.

Ungleich-
behandlung

Folgt man dieser Sichtweise, bedeutet dies noch nicht, dass die gesamte Einkommen- oder Körperschaftsteuer Kostencharakter hat. Zur Quantifizierung des Kostenanteils ist an das der Kosten- und Leistungsrechnung zu Grunde liegende Substanzerhaltungsprinzip anzuknüpfen. Steuern (hier Gewinnsteuern) haben nur – wie oben bereits grundsätzlich ausgeführt – insoweit Kostencharakter, als durch die Nichtkalkulation einer Steuerart Substanzauszehrung erfolgt! Substanzauszehrung liegt dann vor, wenn der *Scheingewinn* besteuert wird. Hier sind somit echte Gewinne (Verluste) von Scheingewinnen (-verlusten) zu trennen. Die positive Differenz zwischen dem Verkaufspreis und den Wiederbeschaffungskosten am Verkaufstag stellt echten Gewinn dar, die positive Differenz zwischen Wiederbeschaffungskosten und Anschaffungskosten hingegen Scheingewinn. Da diese letztgenannte, im finanzbuchhalterischen Gewinn enthaltene Differenz in Wirklichkeit zur Ersatzbeschaffung der verbrauchten Güter notwendig ist, spricht man von *Schein*gewinn. Bei inflationärer Wirtschaftslage tritt die Möglichkeit eines Scheinverlustes in den Hintergrund. Im Falle eines Scheinverlustes haben die Gewinnsteuern keinen Kostencharakter, da die zu zahlende Steuer sogar zu niedrig ausfällt. Der reale Zuwachs wäre dann größer als der nominell ausgewiesene.

Scheingewinn-
besteuerung

Beispiel: Substanzauszehrung

Externes Rechnungswesen		Kosten- und Leistungsrechnung	
Umsatzerlöse	110.000 EUR	Umsatzerlöse	110.000 EUR
– Betriebsausgaben	100.000 EUR	– Wiederbeschaffungskosten	110.000 EUR
= Gewinn vor Steuern	10.000 EUR	= Betriebsergebnis ohne Steuern	0 EUR
– 20 % Einkommensteuer[1]	2.000 EUR	– Einkommensteuer	2.000 EUR
= Gewinn nach Steuern	+8.000 EUR	= Betriebsergebnis	– 2.000 EUR
[1] Aus Darstellungsgründen werden vereinfacht 20 % unterstellt.			

Die Gegenüberstellung einer vereinfachten Ergebnisrechnung aus Sicht der Finanz-buchhaltung und der Kosten- und Leistungsrechnung zeigt, dass – obgleich ein finanzbuchhalterischer Gewinn von 8.000 EUR vorliegt – das Unternehmen einer Sub-stanzauszehrung von 2.000 EUR unterliegt. D.h. der (finanzbuchhalterische) Gewinn nach Steuern reicht für die Ersatzbeschaffung nicht aus: Die Wiederbeschaffungskos-ten betragen 110.000 EUR. 108.000 EUR (100.000 EUR Aufwand und 8.000 EUR Gewinn nach Steuern) stehen jedoch nur zur Verfügung. Der steuerlich ausgewiesene Gewinn i. H. v. 10.000 EUR entspricht der Differenz zwischen Wiederbeschaffungskos-ten und Betriebsausgaben und stellt damit Scheingewinn dar. Durch die Besteuerung entsteht Substanzauszehrung mit der Folge, dass die Gewinnsteuer i. H. v. 2.000 EUR *Kostencharakter* hat.

Vermeidung der Scheingewinn-besteuerung Da in der Finanzbuchhaltung die Betriebsausgaben nicht zu Wiederbeschaffungskosten bewertet werden dürfen, müssen zur Vermeidung der Substanzauszehrung die Umsatzer-löse für die bestehende Absatzmenge um einen Faktor c erhöht werden. Dies muss soweit geschehen, bis der Gewinn nach Steuern dem Scheingewinn entspricht: Dann reicht der Gewinn nach Steuern zur Ersatzbeschaffung aus.

> **!** **Merke**
>
> Gewinn nach Steuern = Scheingewinn
> $(c \cdot E - A) \cdot (1 - s) = (1 + b) \cdot A - A$
>
> c = gesuchter Faktor
> E = Umsatzerlöse
> S = Steuersatz
> B = Preissteigerungsrate
> A = steuerlich zulässiger Aufwand
>
> Die Mindesterlöse zur Vermeidung der Scheingewinnbesteuerung betragen dann:
> Mindesterlöse = c $\cdot$ E

Beispiel: Mindesterlöse für den Scheingewinn

Auf das verwendete Beispiel bezogen, müssen die Umsatzerlöse mindestens 112.500 EUR betragen, damit der Gewinn *nach* Steuern 10.000 EUR ergibt, und das Unterneh-men die Ersatzbeschaffung von 110.000 EUR tätigen kann:

(c $\cdot$ 110.000 EUR – 100.000 EUR) $\cdot$ (1 – 0,2)	=	1,1 $\cdot$ 100.000 EUR – 100.000 EUR
88.000 EUR $\cdot$ c – 80.000 EUR	=	10.000 EUR
c	=	1,0227272
c $\cdot$ E = 1,0227272 $\cdot$ 110.000 EUR	=	*112.500* EUR

Externes Rechnungswesen		Kosten- und Leistungsrechnung	
Umsatzerlöse	112.500 EUR	Umsatzerlöse	112 500 EUR
– Betriebsausgaben	100.000 EUR	– Wiederbeschaffungskosten	110 000 EUR
= Gewinn vor Steuern	12.500 EUR	= Betriebsergebnis ohne Steuern	2.500 EUR
– 20 % Einkommensteuer[1]	2.500 EUR	– Einkommensteuer	2.500 EUR
= Gewinn nach Steuern	+ 10.000 EUR	= Betriebsergebnis	0 EUR
[1] Aus Darstellungsgründen werden unverändert 20 Prozent unterstellt.			

Gewinnsteuern haben so lange Kostencharakter, bis der Gewinn nach Steuern die Substanzerhaltung gewährleistet.

Der Einwand, dass die nunmehr erhöhten Umsatzerlöse auch auf dem Markt realisierbar sein müssen, würde jenen entgegenkommen, die behaupten, dass die Kosten- und Leistungsrechnung die Marktpreise zu kalkulieren hat. Wie jedoch bereits ausgeführt, ist es Aufgabe der Kosten- und Leistungsrechnung, die Preisuntergrenze zu ermitteln, damit die auf dem Markt erzielbaren Preise beurteilt werden können.

Es bleibt noch darauf hinzuweisen, dass der im zu versteuernden Gewinn enthaltene *neutrale Gewinn* in die Ermittlung der Gewinnsteuern mit Kostencharakter nicht einfließen darf. Liegen aus kostenrechnerischer Sicht *Zusatzleistungen* vor, verbessern sie lediglich das Ergebnis der Kosten- und Leistungsrechnung. Auch wird sich bei entsprechenden Größenordnungen der Steuersatz verändern, wenn bei einer Scheingewinnbesteuerung die Umsatzerlöse erhöht werden und sich der »neue« zu versteuernde Gewinn errechnet.

Bereinigungen

Damit wird auch schon angedeutet, dass eine Berücksichtigung der Scheingewinnbesteuerung nur im Rahmen einer Plankostenrechnung möglich ist. Dennoch wird dieses Problem wegen seiner grundsätzlichen Bedeutung bereits an dieser Stelle angesprochen, um deutlich werden zu lassen, dass auch Gewinnsteuern unter bestimmten Voraussetzungen Kostencharakter haben. Die Höhe des Kostenanteils hängt davon ab, in welcher Höhe Scheingewinne besteuert werden. Entsprechend wäre dieser Lösungsansatz auch auf die *Gewerbesteuer* zu übertragen. Doch darauf wird an dieser Stelle verzichtet.

3.4 Kostenartenplan

Die von einem Unternehmen als am zweckmäßigsten erachtete Gliederung der Kostenarten ist in einem Kostenartenplan festzuhalten. Er stellt somit einen unternehmensspezifischen, strukturierten Katalog aller auftretenden Kostenarten dar. Bei der Aufstellung eines Kostenartenplans sollte man sich von den nachfolgenden Grundsätzen leiten lassen.

Vollständigkeit Zunächst muss der Kostenartenplan eine vollständige Erfassung der entstehenden Kosten erlauben. Es darf nicht der Fall eintreten, dass für einen betriebstypischen Geschäftsvorfall keine geeignete Kostenart identifiziert werden kann.

Eindeutigkeit Die einzelnen Kostenarten sind *eindeutig und überschneidungsfrei* zu definieren. Für den Inhalt einer Kostenart sollte auch nur eine Kostengüterart bestimmt sein. Dazu muss man sich bei der Gliederung für eine der in Abschnitt 3.2 dargestellten Gliederungskriterien entscheiden. Es hat sich für die Kostenerfassung als zweckmäßig erwiesen, sich hierbei nach dem Kriterium »Verbrauch von originären Kostengütern« zu richten. Das führt zu *primären Kostenarten*. Wird dieser Grundsatz nicht konsequent eingehalten, dann fließen unsaubere Kostenarten (primäre und sekundäre Kosten nebeneinander) in den Kostenartenplan ein, was unter Umständen zu Mehrfachverrechnungen führen kann. Für jede Kostenart sollte im Kostenartenplan eine genaue Beschreibung der jeweils hierunter zu erfassenden Geschäftsvorfälle erstellt werden.

Flexibilität Auch sollte der Kostenartenplan so *flexibel* gestaltet sein, dass er an organisatorische und verfahrenstechnische Veränderungen angepasst werden kann, oder den unterschiedlichen Informationsbedürfnissen der Beteiligten (z. B. reine Ermittlungsfunktion, Kontrollfunktion oder Aufbereitung für Entscheidungsrechnungen) Rechnung tragen kann. Gleichzeitig sollte der Kostenartenplan allerdings so *stetig* wie möglich beibehalten werden, da ansonsten z. B. Auswertungen der Entwicklung einzelner Kostenarten im Zeitverlauf erschwert werden.

Wirtschaft- lichkeit Die Systematisierung der Kostenarten unterliegt – wie alle anderen betrieblichen Prozesse auch – dem Prinzip der *Wirtschaftlichkeit*. Eine Grobgliederung der Kosten ist in aller Regel höchstens für kleine Unternehmen angebracht. Eine zu tiefe Gliederung wiederum birgt die Gefahr in sich, dass der sich aus einer Feingliederung ergebende Nutzen in einem nicht zu rechtfertigenden Verhältnis zum dahinterstehenden Aufwand steht. Es gilt daher: So detailliert wie nötig, so aggregiert wie möglich.

Eine Reihe von Unternehmen gliedert ihre Kostenarten in Anlehnung an die Kontenklasse 4 des *Gemeinschaftskontenrahmens der Industrie (GKR)*. Der Kostenartenplan könnte demnach (verkürzt) wie in der Abbildung 3.18 aussehen. Eine Orientierung der Kostenartengliederung an den Empfehlungen des Bundesverbandes der Deutschen Industrie zum *Gemeinschaftskontenrahmen der Industrie* führt jedoch dazu, dass mehrere Gliederungskriterien auf einer Stufe mit den oben beschriebenen Nachteilen verwendet werden. So finden sich darin primäre Kostenarten (z. B. 40. Einzelkostenmaterial), sekundäre Kosten (z. B. 49. Kosten innerbetrieblicher Leistungen) oder Kostenarten nach dem Ort des Kostenanfalls (z. B. 45. Entwicklungskosten, 47. Bürokosten).

40 – 42 Materialkosten	*46 Steuern, Gebühren, Beiträge, Versicherungsprämien und dergl.*
40 Einzelkostenmaterial	46. Steuern
40. Einsatzstoffe	46. Abgaben und Gebühren
40. Fertigungsstoffe	46. Beiträge
40. Klein- und Normteile	46. Versicherungsprämien
40. Fremdmaterial	*47 Mieten, Verkehrs-, Büro-, Werbekosten und dergl.*
41 Gemeinkostenmaterial	47. Raum-, Maschinenmieten
41. Hilfsstoffe	47. Verkehrskosten wie Transport, Versand, Reisekosten
41. Betriebsstoffe	47. Bürokosten
41. Werkzeuge	*48 Kalkulatorische Kosten*
42 Brennstoffe, Energie und dergl.	48. Verbrauchsbedingte Abschreibungen
43 – 44 Personalkosten	48. Betriebsbedingte Zinsen
43 Löhne und Gehälter	48. Kalkulatorischer Unternehmerlohn
43. Fertigungslöhne	*49 Innerbetriebliche Kosten- und Leistungsverrechnung, Sondereinzelkosten und Sammelverrechnungen*
43. Hilfslöhne	
43. Gehälter	49. Sondereinzelkosten
44 Sozialkosten und andere Personalkosten	49. Innerbetriebliche Kostenverrechnung
44. Gesetzliche Sozialkosten	49. Sammelkonto, zeitliche Abgrenzung
44. Freiwillige Sozialkosten	49. Sammelkonto Kostenarten
44. Andere Personalkosten	
45 Instandhaltung, verschiedene Leistungen und dergl.	
45. Instandhaltung	
45. Allgemeine Dienstleistungen	
45. Entwicklungs-, Versuchs- und Konstruktionskosten	

Abb. 3.18: Kostenartenplan auf Basis des Gemeinschaftskontenrahmens der Industrie (GKR)

Demgegenüber will der vom Bundesverband der Deutschen Industrie herausgegebene *Industriekontenrahmen (IKR)* den Unternehmen eine individuelle Ausgestaltung der Kosten- und Leistungsrechnung ermöglichen. Dabei gibt der IKR nicht wie der GKR eine Gliederungssystematik vor, sondern strukturiert sich lediglich aufgrund allgemein gehaltener Empfehlungen. Damit kann das Prinzip realisiert werden, möglichst nur ein Kriterium pro Gliederungsstufe zu verwenden. Wir werden den IKR im Detail in Kapitel 6 besprechen.

Der in Abbildung 3.19 mit primären Kosten dargestellte Kostenartenplan orientiert sich streng an den sieben primären Kostenartengruppen. Innerhalb jeder Gruppe sind die inhaltlich dazugehörigen Kostenarten unabhängig von ihrem Einzel- oder Gemeinkostencharakter aufgeführt worden.

Kontierung/ausgewählte Kostenarten	Kontierung/ausgewählte Kostenarten (Fortsetzung)
Personalkosten	*Materialkosten*
Fertigungslöhne	Einzelkostenmaterial
Zeitlöhne	:
Akkordlöhne	Gemeinkostenmaterial
Zusatzlöhne	Verbrauchstoffe
:	Putz- und Reinigungsmitte
Hilfslöhne	Öle, Fette
Prüferlöhne	Material für Nacharbeiten
:	Büromaterial
Gehälter	:
:	*Kalkulatorische Abschreibungen*
Personalzusatzkosten	Kalkulatorische Abschreibungen für Gebäude
Gesetzliche soziale Abgaben für Arbeiter	Kalkulatorische Abschreibungen für Maschinen
Gesetzliche soziale Abgaben für Angestellte	:
Berufsgenossenschaftsbeiträge	*Kalkulatorische Zinsen*
Urlaubsvergütung	auf das Anlagevermögen
Weihnachtsgeld	auf das Umlaufvermögen
Zusatzvergütung für Schicht- und Samstagsarbeit	:
Fahrtkosten	*Fremdleistungskosten*
:	Miete, Pacht
Sonstige Personalkosten	Unternehmensberatung
:	Gerichts- und Anwaltskosten
Kalk. Unternehmerlohn	Frachten
:	Versicherungsprämien
	:
	Wagniskosten
	wegen Garantieverpflichtungen
	wegen Forderungsausfall
	:
	Steuern und steuerähnliche Abgaben
	Grundsteuer
	Kraftfahrzeugsteuer
	Einfuhrzölle

Abb. 3.19: Kostenartenplan mit primären Kosten

Beispiel: Speedy GmbH

Zusammenfassung der primären Kostenarten für die Fallstudie
Ausgangsdaten der Kostenartenrechnung für das Beispielunternehmen Speedy GmbH

Damit liegen Manfred Kolb für die vergangene Abrechnungsperiode nunmehr alle erfassten Kosten vor.

Der vereinfachte, aber für unsere Zwecke ausreichende Kostenartenplan mit dem dazugehörigen Kostenvolumen für die vergangene Abrechnungsperiode hat zusammengefasst folgendes Aussehen (hierbei wurde bereits eine Einteilung in Einzelkostenarten und Gemeinkostenarten vorgenommen):

Einzelkosten

Materialeinzelkosten	230.000 EUR
Fertigungseinzelkosten	100.000 EUR

Gemeinkosten

Hilfslöhne	39.000 EUR
Gehälter	75.000 EUR
Kalkulatorische Abschreibungen	27.000 EUR
Gemeinkostenmaterial	6.000 EUR
Sozialkosten	152.980 EUR
Kalkulatorische Zinsen	6.000 EUR
Versicherungsprämien	2.000 EUR
Grundsteuer	1.000 EUR
Fremdreinigung	800 EUR
Wagniskosten	400 EUR

Gesamtkosten:	640.180 EUR

Diese Kostensummen wurden bereits – neben weiteren Beispielen, die der allgemeinen Erläuterung dienten – bei der Darstellung der einzelnen primären Kostenarten in Abschnitt 3.3 aufgeführt. Sie stellen für die weitere Verrechnung die Ausgangsdaten dar, auf die immer wieder zurückgegriffen wird. Aus didaktischen Gründen wurde das jeweilige Kostenvolumen bewusst vergleichsweise niedrig gewählt, um die einzelnen Schritte leichter nachvollziehen zu können.

Auf Basis dieser Gesamtkosten müssen nun die Stückkosten für den Speedster S1 und die Stückkosten für den Speedster S2 ermittelt werden.

Im nächsten Abrechnungsschritt sind die Gemeinkosten in der Kostenstellenrechnung zu verrechnen. Allein die Einzelkosten können bereits jetzt den beiden Kostenträgern zugewiesen werden. Das ist bei den Gemeinkosten noch nicht möglich. Da wir uns derzeit den Aufbau einer Vollkostenrechnung mit Istkosten ansehen, müssen auch die vollen Gemeinkosten so verrechnet werden, dass sie auf die Produkte aufteilbar sind und pro Stück ausgedrückt werden können.

> **! Aus der Praxis**
>
> Wie viele Kostenarten finden in Unternehmen Verwendung? Diese Frage ist nicht leicht zu beantworten, da hier eine große Bandbreite anzutreffen ist, die u. a. von der Unternehmensgröße abhängt. Beim WHU Controller Panel wurden die Teilnehmer im Jahr 2015 gefragt, wie viele Kostenarten in ihren Organisationen verwendet werden. Der Median der Antworten bewegte sich über die drei abgefragten Unternehmensgrößen hinweg zwischen 100 und 150 Kostenarten.

Aufgaben Kapitel 3

1. Aus welchem Grund wird die Kostenartenrechnung auch als Abgrenzungsrechnung bezeichnet?
2. Ist eine Kostenkontrolle in der Kostenartenrechnung möglich?
3. Nach welchen Kriterien lassen sich die Kosten gliedern?
4. Welche Kategorien kennt das Kriterium »Art der verbrauchten originären Kostengüter«? Wie werden diese Kostenarten üblicherweise bezeichnet?
5. Was sind sekundäre Kosten? Erläutern Sie dies an einem Beispiel.
6. Was versteht man unter unechten Gemeinkosten, was unter unsauberen Kostenarten?
7. Kann in der Kostenartenrechnung eine Auflösung der Kostenarten in fixe und variable Bestandteile vorgenommen werden?
8. Welche Verfahren können zur Ermittlung des Materialmengenverbrauchs herangezogen werden? Nach welchem Kriterium ist deren Brauchbarkeit für die Kosten- und Leistungsrechnung zu beurteilen?
9. Was bedeuten das Lifo, das Fifo, das Hifo- und das Lofo-Verfahren?
10. Die Abrechnung eines Rohstoffes ergab folgende Daten:

Anfangsbestand (lt. Inventur)	1000 kg	à	10 EUR
03.04.2019 Zugang (Bareinkauf)	300 kg	à	12 EUR
05.04.2019 Zugang (Kauf auf Ziel)	100 kg	à	8 EUR
08.04.2019 Verbrauch	400 kg		
Endbestand (lt. Inventur)	800 kg		

    Die tatsächliche Verbrauchsfolge entspricht dem *Hifo*-Verfahren. Zu bewerten ist der Verbrauch und der Endbestand.
11. Welche Bewertungsansätze sind für die Materialverbrauchsmengen denkbar? Wie sind die Verbrauchsfolgeverfahren einzuordnen? Welche Bewertungsmethode ist für die Kosten- und Leistungsrechnung am besten geeignet?
12. Nennen Sie Beispiele für Hilfslöhne.
13. Wie werden Gehälter kostenrechnerisch behandelt?

14. Wie erfolgt die Behandlung des kalkulatorischen Unternehmerlohns und des allgemeinen Unternehmerrisikos in der Kosten- und Leistungsrechnung?

15. Stellen Sie anhand eines Beispiels die Verrechnung von Urlaubs- und Krankheitslöhnen in der Kosten- und Leistungsrechnung dar.

16. Ein Arbeiter fertigt in einer Stunde 50 ME. Seine Entlohnung erfolgt nach dem (Stück-) Zeitakkord zu folgenden Bedingungen:
Vorgabezeit: 5 Minuten/ME; Geldfaktor: 0,08 EUR /Minute.
   – Wie viel verdient er in dieser Stunde?
   – Wie hoch muss der Stücklohn bei der Umstellung auf Geldakkord sein, damit der Arbeiter bei gleicher Leistung gleich viel verdient?

17. Nennen Sie die Ursachen für den Werteverzehr von Potenzialfaktoren.

18. Ein Lastkraftwagen mit einem Wiederbeschaffungswert von 200.000 EUR soll vier Jahre lang in einem Unternehmen genutzt werden. Nach dem 4. Jahr ist sein Verkauf geplant, es wird hierbei mit einem Wiederveräußerungswert in Höhe von 48.020 EUR gerechnet.
   a) Ermitteln Sie die Abschreibungsbeträge pro Jahr der Nutzungsdauer nach der
   – linearen,
   – arithmetisch-degressiven,
   – geometrisch-degressiven Abschreibungsmethode.
   b) Ermitteln Sie die Abschreibungsbeträge pro Jahr der Nutzungsdauer mit dem Verfahren der geometrisch-degressiven Abschreibung für den Fall, dass der Restwert des Lkw nach vier Jahren gleich null ist.
   – Unterstellen Sie einen Abschreibungsprozentsatz von 30 Prozent und verteilen Sie den Abschreibungssummenrest auf die Abschreibungsperioden.
   – Unterstellen Sie einen *theoretischen* Restwert von 48.020 EUR.
   – Gehen Sie nach dem 2. Jahr auf die lineare Abschreibungsmethode über.

19. Worauf kann sich die Schätzung der Nutzungsdauer einer Anlage beziehen?

20. Wie werden außerordentliche Betriebsmittelverbräuche in der Kosten- und Leistungsrechnung behandelt?

21. Nach welchem Schema sind kalkulatorische Zinsen zu ermitteln und welchem Zweck dienen sie?

22. Welche Probleme treten bei der Ermittlung kalkulatorischer Zinsen auf?

23. Nennen Sie Beispiele für Fremdleistungskosten.

24. Welche Einzelwagnisse kann man unterscheiden?

25. Die Finanzbuchhaltung eines Unternehmens weist einen Umsatz von 13 Mio. EUR aus. Dem Umsatzerlös steht steuerlich abziehbarer Aufwand i. H. v. 11 Mio. EUR gegenüber. Unternehmensgewinne sind einheitlich mit 56 Prozent zu versteuern. Weitere Gewinnsteuern sollen nicht anfallen. Dem steuerlich abziehbaren Aufwand entsprechen Kosten auf Basis von Wiederbeschaffungswerten i. H. v. 11,55 Mio. EUR. Ferner sind Kosten (ebenfalls auf Basis von Wiederbeschaffungswerten) i. H. v. 0,45 Mio. EUR aufgrund leistungsbezogener Güterverbräuche angesetzt worden, für die keinerlei Aufwand steuerlich abziehbar ist. Eine Gewinnausschüttung findet nicht statt.

a) Beziffern Sie die Höhe der Substanzauszehrung, die das Unternehmen erleidet.

b) Bestimmen Sie das kalkulatorische Ergebnis.

c) Bestimmen Sie die Höhe des Umsatzerlöses, den das Unternehmen hätte erzielen müssen, um eine Substanzauszehrung bei gegebener Datenkonstellation zu vermeiden.

d) In der folgenden Abrechnungsperiode gelingt es dem Unternehmen bei sonst gleicher Datenkonstellation 14 Mio. EUR zu erlösen. In welcher Höhe fällt jetzt Gewinnsteuer an und in welcher Höhe hat sie Kostencharakter?

Die Lösungen zu den Aufgaben finden Sie im Online-Bereich des Schäffer-Poeschel-Verlags: www.sp-mybook.de

Literatur Kapitel 3

Becker, W./Baltzer, B./Ulrich, P.: Kosten-, Erlös- und Ergebnisrechnung, in: Schmeisser, W. u. a. (Hrsg.): Neue Betriebswirtschaft, München 2018, S. 177-206.

Coenenberg, A. G./Fischer, T. M./Günther, T.: Kostenrechnung und Kostenanalyse, 9. Auflage, Stuttgart 2016.

Däumler, K.-D./Grabe, J.: Kostenrechnung 1 – Grundlagen, 11. Auflage, Herne/Berlin 2013.

Haberstock, L.: Kostenrechnung I – Einführung, 13. Auflage, Berlin 2008.

Hummel, S./Männel, W.: Kostenrechnung 1, 4. Auflage, Wiesbaden 1986.

Jórasz, W.: Kosten- und Erfolgscontrolling, in: Carl, N. u. a.: BWL kompakt und verständlich, 4. Auflage, Wiesbaden 2017.

Mellerowicz, K.: Kosten und Kostenrechnung – Band 1, 5. Auflage, Berlin/New York 1973.

Olfert, K.: Kostenrechnung, 17. Auflage, Ludwigshafen 2013.

Plinke, W./Rese, M./Utzig, P.: Industrielle Kostenrechnung, 8. Auflage, Berlin 2015.

Schäffer, U./Weber, J./Fourné, S.: Benchmarks in Incentivierung und Kostenrechnung – Eine Studie des WHU Controller Panels, Vallendar 2015.

Schildbach, Th./Homburg, C.: Kosten- und Leistungsrechnung, 10. Auflage, Stuttgart 2008.

Schmidt, A.: Kostenrechnung, 8. Auflage, Stuttgart 2017.

Seischab, H.: Demontage des Gewinns durch unzulässige Ausweitung des Kostenbegriffs, in: ZfB, 1952, S. 19 ff.

Vahs, D./Schäfer-Kunz, J.: Einführung in die Betriebswirtschaftslehre, 7. Auflage, Stuttgart 2015.

4 Kostenstellenrechnung

LEITFRAGEN

Was ist das Ziel der Kostenstellenrechnung?
- Nach welchen Kriterien werden Kostenstellen gebildet?
- Warum benötigt man Kostenstellen?
- Welche Arten von Kostenstellen dienen welchem Zweck?

Wie werden die Gemeinkosten für Kalkulationszwecke im Betriebsabrechnungsbogen verrechnet?
- Welche Möglichkeiten bestehen, die primären Gemeinkosten den Kostenstellen verursachungsgerecht zuzuordnen?
- Wozu dient die innerbetriebliche Leistungsverrechnung und welche Verfahren gibt es hierfür?
- Wie bildet man die Gemeinkostenzuschlagsätze?

Warum erfolgt eine Kostenkontrolle in der Kostenstellenrechnung?
- Welche Arten von Kostenkontrollen unterscheidet man?
- Wie wird ein Normal-Ist-Vergleich durchgeführt?

Beispiel: Speedy GmbH

Manfred Kolb, der Leiter Finanzen der Speedy GmbH, kennt nunmehr das Kostenvolumen – differenziert nach Kostenarten. Eine Verrechnung auf die beiden Kostenträger Speedster S1 und Speedster S2 ist allerdings noch nicht vollständig möglich: Während dies für die Einzelkosten bereits machbar ist, fehlt diese Möglichkeit für die Gemeinkosten aufgrund ihres Charakters. Um dem Ziel näher zu kommen, auch die Gemeinkosten anteilig auf die beiden Kostenträger zu verteilen, muss die zweite Abrechnungsstufe der Kosten- und Leistungsrechnung, die Kostenstellenrechnung, aufgebaut werden. Mit ihrer Hilfe wird es möglich sein, insbesondere die Gemeinkosten (gelegentlich werden für bestimmte Zwecksetzungen auch die Fertigungseinzelkosten in der Kostenstellenrechnung verrechnet) in einem akzeptablen Maße, d. h. möglichst verursachungsgerecht, den Kostenträgern zurechnen zu können. Das zentrale Instrument stellt hierbei der Betriebsabrechnungsbogen dar. Mit seiner Hilfe wird es gelingen, die 310.180 EUR Gemeinkosten, die Manfred Kolb bisher nur nach Kostenarten differenzieren kann, auf die beiden Produkte zu verrechnen. Letztlich wird er feststellen können, wie viel von den Gemeinkosten insgesamt und pro Stück auf den Speedster S1 und wie viel auf den Speedster S2 entfallen.

Manfred Kolb stellt sich zudem zu Recht auch die Frage, ob im Leistungserstellungsprozess Unwirtschaftlichkeiten aufgetreten sind. Natürlich möchte er diese aufdecken. Doch wie? Eine erste und vergleichsweise einfache Möglichkeit stellt der Normal-Ist-Vergleich dar. Den wesentlich aufwendigeren, gleichzeitig aber auch deutlich aussagekräftigeren Soll-Ist-Vergleich wird er allerdings erst später nach der vollständigen Implementierung der Istkostenrechnung auf Vollkostenbasis prüfen.

4.1 Aufgaben und Überblick

Die bisher besprochene Kosten*arten*rechnung kann als vorbereitende Rechnung für die nachfolgenden Abrechnungsstufen angesehen werden. Sie weist die erfassten Gesamtkosten differenziert nach Kostenarten aus. Da die Kosten- und Leistungsrechnung unter anderem die Zwecke der Kalkulation und der Kostenkontrolle (als Teil der Wirtschaftlichkeitskontrolle) verfolgt (siehe Abschnitt 2.1.4), benötigt man die *Kostenstellenrechnung*. Die Kostenstellenrechnung, die verrechnungstechnisch zwischen der Kostenartenrechnung und der Kostenträgerrechnung steht (siehe Abbildung 4.1), hat insbesondere zwei Aufgaben zu erfüllen:

1. die verursachungsgerechte Zurechnung der Gemeinkosten auf die Kostenträger und
2. die Kostenkontrolle.

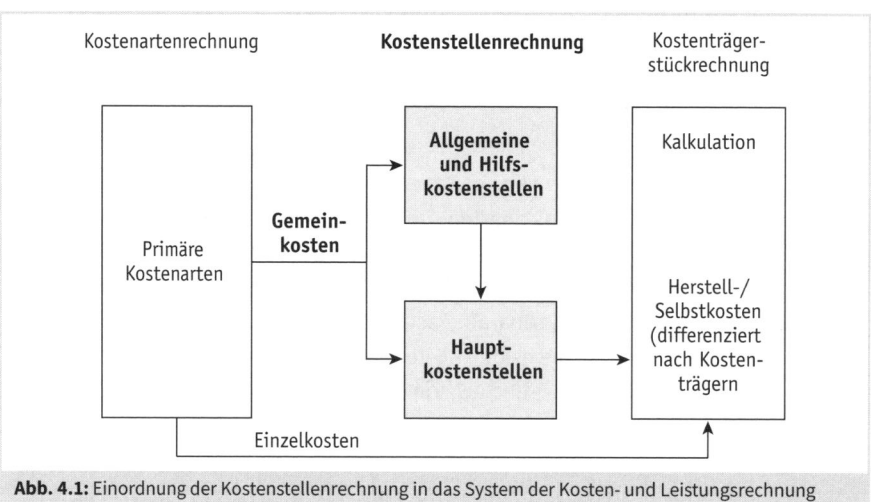

Abb. 4.1: Einordnung der Kostenstellenrechnung in das System der Kosten- und Leistungsrechnung

Verrechnung der Gemein- kosten

1. Mithilfe der Kostenartenrechnung sind die primären Kostenarten und davon die primären Gemeinkosten identifiziert worden, denen allen der Charakter einer gemeinschaftlichen Verursachung durch mehrere Kostenträger zu Eigen ist. Nun ergibt sich zwangsläufig die Notwendigkeit einer Erarbeitung von Lösungswegen, die eine genaue (verursachungsgerechte) Aufteilung der Gemeinkosten auf die Kostenträger ermöglichen. Bei einem differenzierten Fertigungsprogramm mit vielen unterschiedlichen Kostenträgern wäre es nicht sachgerecht, wenn man die Zurechnung der Gemeinkosten mit einem einzigen Gesamtzuschlagsatz auf die Einzelkosten vornähme. Das hieße nämlich, dass die Gemeinkosten auf alle Kostenträger im gleichen

relativen Verhältnis verrechnet würden, nämlich als prozentualer Zuschlag auf die Einzelkosten dieser Kostenträger. Bei einem differenzierten Fertigungsprogramm entspräche dies kaum den tatsächlichen Verhältnissen, denn die verschiedenartigen (heterogenen) Erzeugnisse beanspruchen während ihrer Herstellung die verschiedenen Funktionsbereiche i. d. R. unterschiedlich stark. Demzufolge wäre ein einheitlicher Gemeinkostenzuschlagsatz zu ungenau. Anders sieht es naturgemäß bei einer Einproduktfertigung aus, bei der logischerweise sämtliche Kosten durch das (eine) zu fertigende Produkt entstehen. Die Frage der Zurechnung der Gemeinkosten auf die Kostenträger stellt sich hier nur sehr eingeschränkt (siehe Abschnitt 5.2.3.2).

Beispiel: Speedy GmbH

Hinweis zur Gemeinkostenverrechnung

Produkt	Gemeinkosten	Einzelkosten
Speedster S1	?	113.000 EUR
Speedster S2	?	217.000 EUR
Σ	310.180 EUR	330.000 EUR

Ein einheitlicher Zuschlagsatz (hier: 94 Prozent = 310.180 EUR : 330.000 EUR) hieße, dass alle Produkte in allen Funktionsbereichen im gleichen relativen Maße Gemeinkosten in Anspruch nähmen, d. h. im Verhältnis ihrer Einzelkosten (S1: 0,94 · 113.000 EUR = 106.213 EUR, S2: 0,94 · 217.000 EUR = 203.967 EUR). Dies ist bereits dann unrealistisch, wenn eine unterschiedliche Einzelkostenstruktur (unterschiedlich hohe anteilige Material- und Fertigungseinzelkosten) bei den zwei Produkten besteht. Hiervon kann auch bei der Speedy GmbH nicht ausgegangen werden. Sie produziert die beiden Produkte Speedster S1 und Speedster S2. Die einzelnen Produktvarianten (z. B. Stufenheck- und Kombiversion mit Vier- und Sechszylindermotoren) beanspruchen z. B. die Fertigungsbereiche in unterschiedlich hohem Maße und verursachen damit unterschiedlich hohe Fertigungsgemeinkosten. Noch deutlicher wird dies, wenn die Produktpalette der Speedy GmbH zusätzlich z. B. noch Industriemotoren enthielte.

Da die *Einzelkosten* den Erzeugnissen direkt zugerechnet werden können, ist ihre Übernahme in die und ihre Verrechnung in der Kostenstellenrechnung nicht erforderlich. Gelegentlich erfolgt allerdings dennoch eine Verrechnung der *Fertigungslöhne* über die Kostenstellen-Verrechnungssätze.

Verrechnung der Einzelkosten

Mit der Verrechnung der Gemeinkosten innerhalb der Kostenstellenrechnung werden wir uns im Abschnitt 4.3 beschäftigen.

Kostenkontrolle 2. Eine effiziente und effektive Kostenkontrolle ist nur dann realisierbar, wenn sie dort durchgeführt wird, wo die Kosten entstehen und damit auch zu verantworten und zu beeinflussen sind. Sofern allerdings nur eine Istkostenrechnung existiert, ist die Aussagekraft einer dann nur im Rahmen eines Zeitvergleichs durchführbaren Kostenkontrolle relativ gering. Für aussagekräftigere Analysen müssen die in den einzelnen Kostenstellen anfallenden Ist-Gemeinkosten an einem Maßstab gemessen werden. Hierfür gibt es zwei Möglichkeiten: Zum einen den Durchschnitt aus vergangenen Istkosten (= Normalkosten) und zum anderen geplante Kosten, die in Form der Sollkosten den Istkosten gegenübergestellt werden. Im ersten Fall spricht man von einem Normal-Ist-Vergleich, im zweiten Fall von einem Soll-Ist-Vergleich. Während wir den Normal-Ist-Vergleich in Abschnitt 4.4 behandeln, widmen wir uns dem Soll-Ist-Vergleich erst im separaten Abschnitt 7.5.1.

Zunächst müssen wir jedoch der Frage nachgehen, was Kostenstellen sind und nach welchen Kriterien sie gebildet werden können.

4.2 Kostenstellenbildung

Die Durchführung der Kostenstellenrechnung setzt voraus, dass das gesamte Unternehmen in geeignete *Abrechnungseinheiten* untergliedert wird. Diese Abrechnungseinheiten werden Kostenstellen genannt und sind die Orte der Kostenentstehung.

Kostenstelle Die Bildung von Kostenstellen ist dann notwendig, wenn verschiedenartige Erzeugnisse einen Betrieb ungleichmäßig in Anspruch nehmen, und wenn – auch bei Einproduktfertigung – eine Kostenkontrolle durchgeführt werden soll.

Kostenstellen lassen sich nach verschiedenen Gesichtspunkten bilden:

Betriebliche 1. Häufig ist eine Einteilung der Kostenstellen nach *betrieblichen Funktionsbereichen*
Funktions- vorzufinden. Dieser Einteilung liegt der Gedanke zugrunde, möglichst gleiche oder
bereiche zumindest ähnliche Verrichtungen zusammenzufassen. Demnach unterscheidet man
i. d. R.
   - Materialstellen (z. B. Einkauf, Rechnungsprüfung, Materialprüfung, Materiallager),
   - Fertigungsstellen (z. B. Arbeitsvorbereitung, Zerspanung, Dreherei, Montage, Lackiererei, Prüfstände),
   - Verwaltungsstellen (z. B. Buchhaltung, Kalkulation, Poststelle, Personal),
   - Vertriebsstellen (z. B. Fertigwarenlager, Versand, Verkauf, Werbung),
   - Forschungs- und Entwicklungsstellen (z. B. Versuchslabor, Konstruktion) sowie
   - allgemeine Kostenstellen (z. B. Werksarzt, Kantine, Bücherei, Versorgungsanlagen, Druckerei, Instandhaltung).

Diese Kostenstellenbildung gewährleistet am ehesten eine verursachungsgerechte Kostenzurechnung, da gleiche oder zumindest ähnliche Verrichtungen auch in gleichem oder ähnlichem Maße Gemeinkosten verursachen.

Da die Organisationslehre ein ähnliches Bestreben hat, gibt es in der Praxis häufig eine relativ große Übereinstimmung zwischen der Kostenstellenbildung und der organisatorischen Abteilungsbildung. Folgende Fälle sind hierbei grundsätzlich denkbar:

- Abteilung und Kostenstelle entsprechen sich,
- mehrere Abteilungen werden zu einer Kostenstelle zusammengefasst, und/oder
- eine Abteilung wird in mehrere Kostenstellen unterteilt.

2. Eine Einteilung der Kostenstellen nach *Verantwortungsbereichen* bietet sich in den Fällen an, in denen die Kostenkontrolle im Mittelpunkt steht.

   Verantwortungs-
   bereiche

3. Eine Abgrenzung der Kostenstellen nach *räumlichen Gesichtspunkten* birgt die Gefahr in sich, dass innerhalb der gebildeten Kostenstellen sehr unterschiedliche Tätigkeiten durchgeführt werden oder mehrere Verantwortliche existieren. Grundsätzlich sollte gelten: Jede Kostenstelle hat einen Kostenstellenleiter (wobei eine Person auch mehrere Kostenstellen leiten kann). Sollten diese Probleme nicht relevant sein, so kann eine Ergänzung der Kostenstellengliederung nach räumlichen Gesichtspunkten durchaus sinnvoll sein.

   Räumliche
   Gesichtspunkte

4. Für die Gemeinkostenverrechnung können Kostenstellen durchaus auch nach rein *abrechnungstechnischen Gesichtspunkten* gebildet werden. So sind z. B. spezielle Gebäudekostenstellen denkbar, auf denen für bestimmte Gebäudekategorien sämtliche Gebäudekosten wie kalkulatorische Abschreibungen, kalkulatorische Zinsen, Instandhaltungskosten usw. zunächst gesammelt und im Zuge der Verrechnung auf die sich in der jeweiligen Gebäudekategorie befindlichen Kostenstellen umgelegt werden. Solche Kostenstellen bezeichnet man daher auch als Verrechnungskostenstellen.

   Abrechnungs-
   technische
   Gesichtspunkte

Welches Kriterium letztlich (vorrangig) zum Tragen kommt, hängt von den betriebsindividuellen Zwecksetzungen ab. Liegt der Schwerpunkt mehr auf der Weiterverrechnung der Kosten, so sollte insbesondere eine funktionale Gliederung zugrunde gelegt werden. Steht die Kostenkontrolle im Vordergrund, macht eine Einteilung nach Verantwortungsbereichen Sinn, wobei eine klare Abgrenzung der Verantwortungsbereiche vorhanden sein muss.

Die *Tiefe* der Kostenstellengliederung hängt u. a. von der Betriebsgröße, der Eigenart des Wirtschaftszweiges, vom Fertigungsprogramm, von der Abgrenzung der Verantwortungsbereiche, von der angestrebten Genauigkeit der Kostenverrechnung usw. ab. Es ist nicht angebracht, mit hohem Aufwand eine große Tiefengliederung herbeizuführen, wenn der dadurch erreichbare Nutzen unverhältnismäßig ist. Auch bei der Kostenstellengliederung sollte daher wie bei der Kostenartengliederung die Wirtschaftlichkeit bedacht werden.

Gliederungstiefe

Je gröber eine Kostenstelleneinteilung ist, desto ungenauer stellen sich die Kalkulation und auch die Kostenkontrolle dar. Je feiner Kostenstellen gebildet werden, desto mehr

Kostenstellen	Kostenstellen	Kostenstellen	Kostenstellen
0 *Materialbereich*	208 Motorenmontage	*4 Verwaltungsbereich*	7 *Allgemeiner*
001 Leitung	Baureihe ...	400 Geschäftsleitung	*Kostenbereich II*
002 Materialeinkauf	209 Motorenprüfstände	401 Controlling	700 Grundstücks-
003 Materialdisposition	Baureihe ...	402 Rechtsabteilung	einrichtungen
004 Ein- und Verkaufs-	210 Motorhaube	403 Buchhaltung	Fahrrad-, Pkw-,
abrechnung	211 Teile-Zuschnitt	404 Kalkulation	Motorrad-Parkplatz
005 Wareneingang	Leder	405 Postbüro	701 Grundstücks-
006 Prüfstelle	212 Türen Mittelklasse	406 Personalbüro	einrichtungen
007 Fertigungsmate-	213 Montage Innen-	:	Gleisanlagen
riallager Bau 1	einbau		702 Werkswohnungen
008 Außenlager	214 Montage Fahrwerk	*5 Vertriebsbereich*	703 Gebäudekosten-
009 Lacklager	215 Montage Sonder-	500 Leitung	stellen allg.
010 Tanklager	wünsche	501 Fahrzeuge Selbst-	704 Bau 2
:	216 Fertigungsinsel 1	abholung	705 Bau ...
	217 Fertigungsinsel 2	502 Kundenrestaurant	:
1/2 Fertigungsbereich	218 Finish Baureihe ...	503 Kundenbetreuung	
1 *Fertigungshilfs-*	219 Wagenfertig-	504 Bereitstellung/	8 *Allgemeiner*
stellen	stellung Bau 4	Verladung	*Kostenbereich III*
100 Montagesteuerung	220 Waschanlage	505 Versand Ersatzteile	800 Fort- und Weiter-
Ostwerk	:	506 Packmittel	bildung
101 Hausteilesteue-		507 Boutique/	801 Kantine
rung Nordwerk	3 *Konstruktions- und*	Zubehör	802 Betriebliches
102 Produktions-	*Entwicklungs-*	508 Werkzollstelle	Vorschlagswesen
freigabe	*bereich*	:	803 Technische
103 Maschinen- und	300 Leitung		Berufsausbildung
Hallenplanung	301 Planung und	6 *Allgemeiner*	804 Kaufmännische
104 Betriebsmittelkon-	Konstruktion CAD/	*Kostenbereich I*	Berufsausbildung
struktion	CAM	600 Leitung Instand-	805 Werksbücherei
105 Arbeitswirtschaft	302 Planung und	haltung	806 Werksärztlicher
106 Produktions-	Konstruktion	601 Schlosserei	Dienst
ablaufplanung	konventionell	602 Tischlerei	807 Werkschutz
:	303 Normung/Zeich-	603 Elektrowerkstatt	808 Betriebsrat
	nungsverwaltung	604 Leitung Transport	809 Werksfeuerwehr
2 *Fertigungs-*	304 Konstruktion ...	605 Fuhrpark Lkw	810 Fotostelle
hauptstellen	305 Versuchswerkstatt	606 Fuhrpark Pkw	
200 Leitung	306 Modelltechnik	607 Fuhrpark Stapler-	
201 Automaten-	307 Nullserien-	fahrzeuge	
dreherei	werkstatt	608 Leitung ...	
203 Zerspanung	:	609 Wasserversor-	
Motorenkleinteile		gungsanlagen	
204 Zerspanung ...		610 Trafostationen	
205 Kurbelwelle ...		611 Druckluft-	
206 Nockenwelle ...		erzeugung	
207 Ölwanne Alu		612 Zentrale	
Baureihe		Schaltwarte	

Abb. 4.2: Ein Kostenstellenplan aus der Praxis

erhöhen sich der Genauigkeitsgrad der Kalkulation und die Auswertungsmöglichkeiten der Kostenkontrolle. Gleichzeitig steigen hierbei jedoch auch die Kosten der Erfassung und Abrechnung.

Anzahl und Aufteilung der Kostenstellen werden in einem Kostenstellenplan festgelegt. Kostenstellenpläne sind immer sehr genau auf die betrieblichen Verhältnisse auszurichten und somit notwendigerweise betriebsspezifisch. Der in Abbildung 4.2 gezeigte Kostenstellenplan eines Automobilherstellers aus der Praxis kann deshalb nur als eine beispielhafte Möglichkeit angesehen werden. Allgemein üblich ist jedoch, jeder Kostenstelle eine Nummer zuzuweisen.

Kostenstellenplan

Aus der Praxis   !

Wie viele Kostenstellen werden in Unternehmen gebildet? Auch diese Frage wurde von den Teilnehmern des WHU Controller Panel im Jahr 2015 beantwortet. Da wie bereits erwähnt, die Unternehmensgröße einen großen Einfluss auf die Anzahl der Kostenstellen hat (tendenziell gilt: je größer das Unternehmen, desto mehr Kostenstellen) wurden die Ergebnisse (gemessen als Median) in drei Größenklassen dargestellt, wobei hier die Summe aus Vor-, End- und Verrechnungskostenstellen genannt wird:

- Umsatz bis 50 Mio. EUR: 21 Kostenstellen
- Umsatz zwischen 50 Mio. EUR und 1 Mrd. EUR: 150 Kostenstellen
- Umsatz über 1 Mrd. EUR: 155 Kostenstellen.

Auch hier muss erwähnt werden, dass es eine große Bandbreite innerhalb der Antworten gab, wobei die Bandbreite mit der Unternehmensgröße zunahm.

4.3   Betriebsabrechnungsbogen

Zur Durchführung der Kostenstellenrechnung bedient man sich des *Betriebsabrechnungsbogens* (BAB). Er stellt das zentrale Verrechnungsinstrument der Gemeinkosten dar.

Die im BAB zu verrechnenden Gemeinkosten stellen Kosten dar, die den Kostenträgern per Definition nicht direkt zugerechnet werden können, da sie von mehreren Kostenträgern gemeinsam verursacht werden. Eine Verteilung auf die Kostenträger erscheint zunächst unmöglich oder zumindest willkürlich. Dennoch müssen auch die Gemeinkosten (möglichst verursachungsgerecht) auf die Kostenträger verteilt werden, will man im Rahmen der Kalkulation deren Preisuntergrenzen ermitteln. Die Herausforderung besteht also darin, wie eine Beziehung zwischen den anfallenden Gemeinkosten und den Kostenträgern hergestellt werden kann.

Problematik

Dieses Problem kann dadurch gelöst werden, indem man die nach den oben aufgeführten Kriterien gebildeten Kostenstellen daraufhin untersucht, ob sie unmittelbare oder mittelbare Kostenträgerleistungen erbringen. Gelingt es, die Gemeinkosten auf die Kostenstel-

Lösungsweg

len zu verrechnen, die überwiegend oder nur Leistungen für die abzusetzenden Erzeugnisse erbringen, so wird auch bei den Gemeinkosten ein angemessener Zusammenhang zu den Kostenträgern hergestellt.

4.3.1 Aufbau des Betriebsabrechnungsbogens

Der strukturelle Aufbau des BAB wird wesentlich von den unterschiedlichen Arten von Kostenstellen beeinflusst. Hinsichtlich der Kostenstellenleistungen kann man drei, verrechnungstechnisch gesehen zwei Arten von Kostenstellen unterscheiden:

Kostenstellen-arten

1. Hauptkostenstellen (auch Endkostenstellen genannt),
2. Hilfskostenstellen (auch Nebenkostenstellen genannt) sowie
3. Allgemeine Kostenstellen (auch Vorkostenstellen genannt).

Hauptkostenstellen

Hauptkostenstellen erbringen ausschließlich oder zumindest überwiegend Leistungen für die für den Absatzmarkt bestimmten Erzeugnisse (Marktleistungen oder Endleistungen genannt, siehe Abschnitt 2.2.1). Allerdings können Hauptkostenstellen auch innerbetriebliche Leistungen abgeben, dies geschieht jedoch im Vergleich zu den Marktleistungen in einem deutlich geringen Maße.

Die Zielsetzung der Kostenstellenrechnung besteht nun darin, sämtliche Gemeinkosten auf die Hauptkostenstellen zu verteilen. Da dies nicht in einem einzigen Schritt möglich ist, werden die unten beschriebenen Schritte vollzogen. Von den Hauptkostenstellen werden die Gemeinkosten dann in der Kostenträgerrechnung auf die Kostenträger verteilt.

Die Hauptkostenstellen werden weiter nach betrieblichen Funktionsbereichen unterschieden, wobei in jedem Funktionsbereich eine oder mehrere Hauptkostenstellen gebildet werden können.

Fertigungs-hauptkosten-stellen

Bei den Hauptkostenstellen des Fertigungsbereichs ist die Beziehung zwischen Kostenträger und Kosten noch am ehesten gegeben. Zu einer *Fertigungshaupt(kosten)stelle* werden Verrichtungen zusammengefasst, die der unmittelbaren Bearbeitung der Erzeugnisse dienen (z. B. Dreherei, Fräserei, Schweißerei, Montage, Lackiererei).

Materialhaupt-kostenstellen

Im Materialbereich befassen sich die *Materialhauptkostenstellen* mit der Beschaffung, Lagerung und Bereitstellung von Material für die Marktleistungen. Hierzu zählen z. B. Einkauf, Materialannahme, Wareneingangsprüfung, Lager). Es können aber auch Materialhilfskostenstellen eingerichtet werden, sofern es sich um die Bereitstellung von Werkstoffen für die Produktion innerbetrieblicher Leistungen handelt.

Bei den ebenfalls als Hauptkostenstellen abgerechneten Verwaltungs- und Vertriebskostenstellen ist die Kostenverursachung durch bestimmte Erzeugnisse nicht immer eindeutig feststellbar. Obgleich die Verwaltungsleistungen (z. B. Geschäftsführung, Rechnungswesen, Personalabteilung usw.) nicht unmittelbar an die Erzeugnisse abgegeben werden, erfolgt dennoch eine Abrechnung als Hauptkostenstelle. Hauptaufgaben im Vertriebsbereich sind Lagerung, Werbung, Verkauf und Versand der fertiggestellten, für den Absatzmarkt bestimmten Leistungen.

Verwaltungs- und Vertriebshauptkostenstellen

Die *Forschungs- und Entwicklungskostenstelle* kann als Haupt- oder Hilfskostenstelle geführt werden. Sie als Hauptkostenstelle zu führen, ist dann sinnvoll, wenn die anfallenden Kosten ihrer Bedeutung nach als eine eigene Kalkulationsposition in der differenzierten Zuschlagskalkulation in Erscheinung treten sollen (siehe Abschnitt 5.2.2.2).

Forschungs- und Entwicklungskostenstelle

Hilfskostenstellen und *Allgemeine Kostenstellen* sind verrechnungstechnisch gleich zu behandeln. Ihre Unterscheidung erfolgt danach, an wen diese Kostenstellen ihre Leistungen abgeben und wer die jeweiligen Leistungsempfänger sind.

Hilfskostenstellen

Hilfskostenstellen erbringen im Gegensatz zu Hauptkostenstellen nur *innerbetriebliche Leistungen*. Diese Leistungen sind zudem ganz bestimmten Hauptkostenstellen zuzuordnen. Sie stellen deshalb eine Hilfskostenstelle einer bestimmten Hauptkostenstelle dar. Ein häufiger anzutreffender Fall von Hilfskostenstellen sind Fertigungshilfskostenstellen, die nur mittelbar an der Produktion mitwirken (z. B. Maschinen- und Hallenplanung, Arbeitsvorbereitung).

Allgemeine Kostenstellen

Allgemeine Kostenstellen *(z. B. die Instandhaltungskostenstelle, das Heizkraftwerk)* geben ihre innerbetrieblichen Leistungen nicht nur an ganz bestimmte Hauptkostenstellen, sondern an alle oder fast alle übrigen Kostenstellen ab. Auch hier wirken diese Stellen nur mittelbar an der Erbringung von Absatzleistungen mit.

Aus der Unterscheidung in Hauptkostenstellen einerseits und Hilfskostenstellen und Allgemeine Kostenstellen andererseits folgt, dass die Allgemeinen Kostenstellen und Hilfskostenstellen mit *Verrechnungssätzen* für innerbetriebliche Leistungen und die Hauptkostenstellen mit *Kalkulationssätzen* für Absatzleistungen abrechnen.

Da die Kalkulationssätze nicht in einem einzigen Schritt gebildet werden können, erklärt sich der formale Aufbau des Betriebsabrechnungsbogens (siehe Abbildung 4.3) aus den einzelnen vorzunehmenden Verrechnungsschritten.

Aufbau des BAB   Im Betriebsabrechnungsbogen werden die zeilenweise aufgelisteten Kostenarten den spaltenweise eingetragenen Kostenstellen belastet. Zunächst werden die Allgemeinen Kostenstellen aufgeführt, dann die Hilfskostenstellen und schließlich die Hauptkostenstellen. Die Hauptkostenstellen werden üblicherweise dem Schema der differenzierten Zuschlagskalkulation entsprechend aufgeführt (siehe Abschnitt 5.2.2.2). Aus Gründen der Übersichtlichkeit werden meist sogenannte Kostenstellen-Grundblätter geführt, in denen die Kostenarten und Kostenstellen weiter untergliedert und dann zusammengefasst in den BAB übernommen werden.

Der BAB ermöglicht eine formale Kontrolle derart, dass die Summe aller in der Kostenartenrechnung erfassten primären Gemeinkosten (PSK) der Summe aller auf die Endkostenstellen verrechneten Gemeinkosten *(Ist-ESK)* entsprechen muss. Das im BAB verrechnete Gemeinkostenvolumen verändert sich somit der Höhe nach nicht, es wird lediglich umverteilt.

Gelegentlich werden die Fertigungseinzelkosten entweder im BAB zusätzlich ausgewiesen oder gar in die Verrechnungssätze der Fertigungshauptstellen eingerechnet.

Abrechnungs-   Die Verrechnung der Gemeinkosten erfolgt in folgenden Schritten, wodurch auch die
stufen   Zeilenstruktur des BAB determiniert ist:
- Teil I: Verteilung der primären Gemeinkosten auf die Kostenstellen (siehe Abschnitt 4.3.2)
- Teil II: Verrechnung der sekundären Gemeinkosten für innerbetriebliche Leistungen (siehe Abschnitt 4.3.3)
- Teil III: Ermittlung der Kalkulationssätze (siehe Abschnitt 4.3.4)

Kostenkontrolle   Soll auch eine *Kostenkontrolle* durchgeführt werden, schließt sich diese als *Teil IV* durch Gegenüberstellung der (Ist-) Endstellenkosten und der Vergleichsgröße (hier: Normal-Endstellenkosten, ansonsten Sollkosten) an.

Diese einzelnen Rechenschritte sind im Folgenden zu besprechen. Zum besseren Verständnis wird hierzu für die Speedy GmbH sukzessive ein Betriebsabrechnungsbogen aufgebaut.

4.3.2   Verteilung der primären Gemeinkosten

Im Teil I des BAB erfolgt zunächst die Verteilung der primären Gemeinkosten auf die definierten Allgemeinen, Hilfs- und Hauptkostenstellen. Die Summe des zu verteilenden Kostenvolumens muss der Summe des in der Kostenartenrechnung identifizierten Gemeinkostenvolumens entsprechen.

Kostenstellen / Kostenarten	Allgemeine Kostenstellen und Hilfskostenstellen					Hauptkostenstellen				
	1	2	3	4	5	Material-bereich	Fertigungs-bereich	ggf. F&E-Bereich	Verwal-tungs-bereich	Vertriebs-bereich
(Ggf. Einzelkostenausweis, i. d. R. bei Fertigungslöhnen)										
Primäre Gemeinkosten: Stelleneinzelkosten + Stellengemeinkosten						**Teil I:** Verursachungsgerechte Verteilung der primären Gemeinkosten auf die Kostenstellen				
= Primäre Stellenkosten (PSK)										
Sekundäre Gemeinkosten: − Entlastung mit Sekundären Stellenkosten + Belastung mit Sekundären Stellenkosten						**Teil II:** Verrechnung innerbetrieblicher Leistungen durch Entlastung der abgebenden Stellen mit sekundären Stellenkosten und Belastung der empfangenden Stellen mit sekundären Stellenkosten				
= Ist-Endstellenkosten (Ist-ESK)						**Teil III:** Ermittlung der Gemeinkostenzuschlagsätze für die Hauptkostenstellen				
Zuschlagbasis										
Ist-Zuschlagsatz $= \dfrac{\text{Ist-ESK} \times 100}{\text{Zuschlagsbasis}}$										
Normal-Zuschlagsatz								**Teil IV:** Ermittlung der Kostenstellenabweichungen (z. B. Über- und Unterdeckungen bei einem Normal-Ist-Vergleich)		
Normal-Endstellenkosten (Normal-ESK)										
Kostenstellenabweichungen (Normal-ESK − Ist-ESK)										

Abb. 4.3: Formaler Aufbau eines Betriebsabrechnungsbogens

Die Verteilung der Gemeinkosten sollte möglichst verursachungsgerecht erfolgen. Dazu ist die bereits in Abschnitt 3.2 angesprochene Unterscheidung von Stelleneinzelkosten und Stellengemeinkosten hilfreich.

Stellen-
einzelkosten
Stelleneinzelkosten oder *direkte Stellenkosten* können den einzelnen *Kostenstellen* eindeutig zugerechnet werden, d. h. ihr Entstehungsort ist eindeutig identifizierbar. Hierunter fallen beispielsweise

- die kalkulatorischen Abschreibungen auf Maschinen, da jede Maschine üblicherweise in einer bestimmten Kostenstelle im Einsatz ist,
- die Hilfslöhne und Gehälter von Arbeitskräften, die ständig in ein und derselben Kostenstelle tätig sind,
- die Mietkosten für eine als Kostenstelle geführte Lagerhalle,
- die Stromkosten, wenn jede Kostenstelle über einen eigenen Zähler verfügt,
- die mit Materialentnahmescheinen festgehaltenen Hilfs- und Betriebsstoffe, da auf den Materialentnahmescheinen die anfordernde Kostenstelle ersichtlich ist (siehe Abbildung 3.8),
- die Fremdleistungskosten für erbrachte Dienstleistungen in einer konkreten Kostenstelle (z. B. Fremdreparatur),
- die Reisekostenabrechnungen, da jeder Mitarbeiter eindeutig einer Kostenstelle zugeordnet ist, usw.

Stellengemein-
kosten
Demgegenüber fallen auch Gemeinkosten an, die anteilig mehreren Kostenstellen oder gar nur dem gesamten Unternehmen zugeordnet werden können. Hier sind die *Stellengemeinkosten* nicht (echte Stellengemeinkosten) oder nur mit einem unverhältnismäßig hohen Aufwand (unechte Stellengemeinkosten) den Kostenstellen unmittelbar zuzuordnen. Sie sind deshalb indirekt zuzurechnen und werden deshalb auch als *indirekte Stellenkosten* bezeichnet. Indirekt bedeutet, dass eine Schlüsselung zu erfolgen hat. Hierunter können beispielsweise folgende primäre Gemeinkostenarten fallen:

- Stromkosten bei nicht pro Kostenstelle vorhandenen Stromzählern,
- Grundsteuer,
- Versicherungsprämien,
- Mietkosten, wenn sich in dem Gebäude mehrere Kostenstellen befinden,
- kalkulatorische Zinsen,
- Wagniskosten,
- die Fremdleistungskosten für erbrachte Dienstleistungen in mehreren Kostenstellen (z. B. Fremdreinigung),
- kalkulatorischer Unternehmerlohn usw.

Schlüsselung
Für die indirekte Verteilung der Stellengemeinkosten ist jeweils ein Schlüssel zu wählen, der einen möglichst linearen funktionalen Zusammenhang zwischen dem Kostenanfall und der Anzahl der Schlüsseleinheiten herstellt, damit mit der durchzuführenden Umlage dem Verursachungsprinzip genüge getan werden kann. Dabei sollte jedoch trotz der für das Verursachungsprinzip hohen Bedeutung der Schlüsselgrößen auch das Prinzip der Wirtschaftlichkeit bedacht werden, da jeder Schlüssel auch pro betroffener Kostenstelle erhoben werden muss.

Man unterscheidet hierbei zwischen Mengenschlüsseln und Wertschlüsseln: Schlüsselarten

- *Mengenschlüssel:* Fertigungsstunden, Maschinenstunden, kg, t, m^2, m^3, Schichtzeiten, Zahl der Mitarbeiter, Stück, kWh usw.
- *Wertschlüssel:* Kostenarten wie Lohn oder Fertigungsmaterial, Herstell- oder Selbstkosten, Umsatzwerte, betriebsnotwendiges Vermögen, Bestandswerte usw.

In Einzelfällen werden auch mehrere Schlüsselarten kombiniert.

Beispiel: Speedy GmbH

Daten der Fallstudie: Kostenstellenplan und Verteilung der primären Gemeinkosten auf die Kostenstellen

Zur Darstellung der Verrechnungstechnik im BAB (zunächst Teil I) seien für die Speedy GmbH folgende ausgewählte *Kostenstellen* gegeben

A_1	Allgemeine Kostenstelle »Instandhaltung«
A_2	Allgemeine Kostenstelle »Innerbetrieblicher Transport«
A_3	Allgemeine Kostenstelle »Energie«
A_4	Fertigungshilfskostenstelle »Arbeitsvorbereitung«
H_5	»Materialhauptkostenstelle«
H_6	»Fertigungshauptkostenstelle I«
H_7	»Fertigungshauptkostenstelle II«
H_8	»Forschungs- und Entwicklungshauptkostenstelle«
H_9	»Verwaltungshauptkostenstelle«
H_{10}	»Vertriebshauptkostenstelle«

Die nachstehenden primären Gemeinkosten der Speedy GmbH wurden dem Abschnitt 3.4 entnommen und können wie folgt in Stelleneinzelkosten und Stellengemeinkosten unterteilt werden:

Primäre Stelleneinzelkosten:		Primäre Stellengemeinkosten:		
Kostenarten	**EUR**	**Kostenarten**	**EUR**	**Verteilungsschlüssel**
Hilfslöhne	39.000	Sozialkosten	152.980	Lohnsumme/Gehaltssumme
Gehälter	75.000			durchschnittlich gebunde-
Kalkulatorische		Kalkulatorische		nes, betriebsnotwendiges
Abschreibungen	27.000	Zinsen	6.000	Vermögen
Gemeinkosten-				betriebsnotwendiges
material	6.000	Versicherungen	2.000	Vermögen
		Grundsteuer	1.000	m^2
		Fremdreinigung	800	m^2
		Wagniskosten	400	individuelle Schlüssel
Summe	147.000		163.180	

Diese Werte stellen die Ausgangsdaten für die Erläuterung des Aufbaus des Betriebs-abrechnungsbogens der Speedy GmbH dar. Es sind somit insgesamt *310.180 EUR* Gemeinkosten auf die Erzeugnisse zu verrechnen. Weiterhin wurden Abschnitt 3.4 Fertigungslöhne in Höhe von *100.000 EUR* festgestellt.

Stelleneinzelkosten können grundsätzlich den Kostenstellen direkt zugeordnet wer-den. Die Aufteilung der 147.000 EUR wurde deshalb im BAB (Abbildung 4.4) bereits vorgenommen.

Die Zuordnung der *Stellengemeinkosten* in Höhe von 163.180 EUR auf die Kostenstel-len soll nach den oben vorgeschlagenen Verteilungsschlüsseln erfolgen. Dies wird beispielhaft an den Sozialkosten (Wertschlüssel Lohnsumme/Gehaltssumme), den kalkulatorischen Zinsen (Wertschlüssel durchschnittlich gebundenes, betriebsnot-wendiges Vermögen) und der Fremdreinigung (Mengenschlüssel Quadratmeter) dar-gestellt.

Sozialkosten

Es wird mit einem Werksdurchschnitt von 82 %/52 % bezogen auf die jeweils angefal-lene Lohnsumme/Gehaltssumme gerechnet (siehe zur Ermittlung dieser Sozialkos-tenverrechnungssätze Abschnitt 3.3.1).

A_1	3.000 EUR Hilfslöhne · 0,82 =	2.460 EUR
A_2	5.000 EUR Hilfslöhne · 0,82 =	4.100 EUR
A_3	2.000 EUR Hilfslöhne · 0,82 =	1.640 EUR
A_4	4.000 EUR Hilfslöhne · 0,82 =	3.280 EUR
H_5	3.000 EUR Hilfslöhne · 0,82 + 8.000 EUR Gehälter · 0,52 =	6.620 EUR
H_6	(40.000 EUR Fertigungslohn + 9.000 EUR Hilfslöhne) · 0,82 + 3.000 EUR Gehälter · 0,52 =	41.740 EUR
H_7	(60.000 EUR Fertigungslohn + 10.000 EUR Hilfslöhne) · 0,82 + 4.000 EUR Gehälter · 0,52 =	59.480 EUR
H_8	700 EUR Hilfslöhne · 0,82 + 20.000 EUR Gehälter · 0,52 =	10.974 EUR
H_9	1.300 EUR Hilfslöhne · 0,82 + 30.000 EUR Gehälter · 0,52 =	16.666 EUR
H_{10}	1 000 EUR Hilfslöhne · 0,82 + 10.000 EUR Gehälter · 0,52 =	6.020 EUR
Summe		152.980 EUR

Kalkulatorische Zinsen

Es wird mit einem Kalkulationszinssatz von 8 Prozent auf das durchschnittlich gebundene Kapital von 900.000 EUR gerechnet (siehe Abschnitt 3.3.4). Die sich daraus ergebenden 6.000 EUR kalkulatorische Zinsen für den laufenden Abrechnungsmonat verteilen sich wie folgt auf die Kostenstellen:

Durchschnittlich gebundenes, betriebsnotwendiges Vermögen

A_1	15.000 EUR	$\cdot$ 0,08 : 12 =	100 EUR
A_2	60.000 EUR	$\cdot$ 0,08 : 12 =	400 EUR
A_3	30.000 EUR	$\cdot$ 0,08 : 12 =	200 EUR
A_4	7.500 EUR	$\cdot$ 0,08 : 12 =	50 EUR
H_5	50.000 EUR	$\cdot$ 0,08 : 12 =	1.000 EUR
H_6	135.000 EUR	$\cdot$ 0,08 : 12 =	900 EUR
H_7	157.500 EUR	$\cdot$ 0,08 : 12 =	1.050 EUR
H_8	90.000 EUR	$\cdot$ 0,08 : 12 =	600 EUR
H_9	75.000 EUR	$\cdot$ 0,08 : 12 =	500 EUR
H_{10}	180.000 EUR	$\cdot$ 0,08 : 12 =	1.200 EUR
	900.000 EUR		6.000 EUR

Fremdreinigung

Die gesamten Fremdreinigungskosten von 800 EUR für den laufenden Abrechnungsmonat werden entsprechend der Fläche verteilt, den jede Kostenstelle benötigt:

A_1	500 m^2 =	5%	5%	$\cdot$ 800 EUR =	40 EUR
A_2	600 m^2 =	6%	6%	$\cdot$ 800 EUR =	48 EUR
A_3	400 m^2 =	4%	4%	$\cdot$ 800 EUR =	32 EUR
A_4	200 m^2 =	2%	2%	$\cdot$ 800 EUR =	16 EUR
H_5	1.200 m^2 =	12%	12%	$\cdot$ 800 EUR =	96 EUR
H_6	2.600 m^2 =	26%	26%	$\cdot$ 800 EUR =	208 EUR
H_7	2.400 m^2 =	24%	24%	$\cdot$ 800 EUR =	192 EUR
H_8	1.000 m^2 =	10%	10%	$\cdot$ 800 EUR =	80 EUR
H_9	600 m^2 =	6%	6%	$\cdot$ 800 EUR =	48 EUR
H_{10}	500 m^2 =	5%	5%	$\cdot$ 800 EUR =	40 EUR
	10.000 m^2 =	100%			800 EUR

Abbildung 4.4 zeigt die vollständige Aufteilung der Stelleneinzelkosten (vorgegeben) und der Stellengemeinkosten (von denen die Sozialkosten, kalk. Zinsen und Fremdreinigungskosten nachvollzogen werden können) auf die Kostenstellen der Speedy GmbH. Die gesamten 310.180 EUR Gemeinkosten wurden damit vollständig den Kostenstellen A_1 bis H_{10} zugeordnet.

Zeile	Kostenstellen	Gesamt	Allgemeine Kostenstellen und Fertigungshilfskostenstelle				Hauptkostenstellen					
	Kostenarten		A_1	A_2	A_3	A_4	H_5	H_6	H_7	H_8	H_9	H_{10}
1	(Fertigungslohn)	(100.000)						(40.000)	(60.000)			
	Stelleneinzelkosten											
2	Hilfslöhne	39.000	3.000	5.000	2.000	4.000	3.000	9.000	10.000	700	1.300	1.000
3	Gehälter	75.000					8.000	3.000	4.000	20.000	30.000	10.000
4	Kalkulatorische Abschreibungen	27.000	500	3.000	1.500	200	1.000	10.000	7.000	1.000	1.500	1.300
5	Gemeinkosten-material	6.000	100	400	900		200	1.200	1.100	500	1.000	600
	Stellengemeinkosten											
6	Sozialkosten	152.980	2.460	4.100	1.640	3.280	6.620	41.740	59.480	10.974	16.666	6.020
7	Kalkulatorische Zinsen	6.000	100	400	200	50	1.000	900	1.050	600	500	1.200
8	Versicherungen	2.000	40	100	70	10	500	300	500	200	50	230
9	Grundsteuer	1.000	50	60	40	20	120	260	240	100	60	50
10	Fremdreinigung	800	40	48	32	16	96	208	192	80	48	40
11	Wagniskosten	400		50			100	40	60	150		
12	Primäre Stellen-kosten (PSK)	310.180	6.290	13.158	6.382	7.576	20.636	66.648	83.622	34.304	51.124	20.440

Betriebsabrechnungsbogen der Speedy GmbH für Monat ... (EUR)

Abb. 4.4: Verteilung der primären Gemeinkosten im BAB (Teil I)

4.3.3   Verrechnung der sekundären Gemeinkosten

4.3.3.1   Problematik und Verfahrensüberblick

Während in der Kostenartenrechnung die primären Gemeinkosten nur in Summe pro Kostenart erfasst wurden, ist man mithilfe des BAB nunmehr in der Lage, die primären Gemeinkosten nach Kostenstellen differenziert darzustellen. Nach Durchführung des ersten Teils des BAB stellt man jedoch fest, dass auch Gemeinkostenleistungen von i. d. R. Allgemeinen Kostenstellen und Hilfskostenstellen erbracht worden sind.

Innerbetriebliche Leistungen

Die Gemeinkostenleistungen dieser Kostenstellenkategorien stellen *innerbetriebliche Leistungen* dar. Es sei nochmals darauf hingewiesen, dass auch Hauptkostenstellen (in untergeordnetem Maße) innerbetriebliche Leistungen erbringen können. Die innerbetrieblichen Leistungen sind notwendig, damit letztlich die Marktleistungen (Endleistungen) als eigentlicher Betriebszweck erbracht werden können. Typisch für innerbetriebliche Leistungen ist, dass sie vom Betrieb selbst erzeugt werden und grundsätzlich marktfähig sind, aber vom Betrieb selbst wieder verbraucht werden. Sie grenzen sich gegenüber den Fremdleistungen und den Marktleistungen wie in Abbildung 4.5 gezeigt ab.

Fremdleistungen	Innerbetriebliche Leistungen (Eigenleistungen)	Marktleistungen (Endleistungen)
• werden nicht vom Betrieb erzeugt • führen zu primären Kosten • werden vom Markt bezogen • werden vom Betrieb verbraucht	• werden vom Betrieb erzeugt • werden mit sekundären Kosten verrechnet • sind marktfähig • werden vom Betrieb wieder verbraucht	• werden vom Betrieb erzeugt • ihre Selbstkosten werden kalkuliert • werden für den Markt erzeugt • werden nicht vom Betrieb verbraucht

Abb. 4.5: Abgrenzung: Fremdleistungen – Innerbetriebliche Leistungen – Marktleistungen

Man unterscheidet zwei Arten von innerbetrieblichen Leistungen:
1. zum einen die aktivierbaren innerbetrieblichen Leistungen,
2. zum anderen die zum Sofortverbrauch bestimmten Eigenleistungen.

Werden innerbetriebliche Leistungen erbracht, die über mehrere Abrechnungsperioden genutzt werden können (z. B. selbst erstellte Gebäude oder Maschinen), so werden sie als Kostenträger kalkuliert und über die Jahre ihrer Nutzung wie fremdbezogene Produktionsfaktoren behandelt: Sie werden abgeschrieben, gehen in die kalkulatorische Zinsermittlung ein, werden instand gesetzt usw.

Aktivierbare innerbetriebliche Leistungen

Anders sieht es mit jenen innerbetrieblichen Leistungen aus, die zum *Sofortverbrauch* bestimmt sind. Da für die Verrechnung von Kosten der Zeitpunkt des Verbrauchs eine wichtige Komponente darstellt, sind diese Eigenleistungen auch sofort und in voller Höhe zu verrechnen. Beispiele hierfür sind: Selbst erzeugter Strom, innerbetrieblicher Transport, eigene Instandhaltungsleistungen u. Ä. Die Verrechnung hat zwischen den beteiligten Kostenstellen stattzufinden. Da Allgemeine Kostenstellen und Hilfskostenstellen ausschließlich innerbetriebliche Leistungen abgeben, sind die dafür entstandenen Kosten denjenigen Kostenstellen weiterzugeben, die diese Leistungen in Anspruch genommen haben. Da die *Gesamtleistungsmenge* einer Allgemeinen Kostenstelle oder einer Hilfskostenstelle nur aus innerbetrieblichen Leistungen besteht, erhalten diese Leistung abgebenden Kostenstellen Gutschriften in der Höhe, wie ihnen Kosten entstanden sind. Verrechnungstechnisch bedeutet dies, dass die diesen Kostenstellenkategorien angelasteten Gemeinkosten in voller Höhe weiter zu verrechnen sind. *Nach* Durchführung der innerbetrieblichen Leistungsverrechnung im Teil II des BAB betragen folglich die Gemeinkosten

Zum Sofortverbrauch bestimmte Eigenleistungen

auf den Allgemeinen Kostenstellen und auf den Hilfskostenstellen *Null*. Es werden alle angefallenen Gemeinkosten an die Leistungsempfänger weiterverrechnet.

Sekundäre Gemeinkosten

Die Verrechnung selbst erfolgt in Form von *sekundären Gemeinkosten*, d. h. die Summe der primären Gemeinkosten einschließlich etwaiger empfangener Belastungen für in Anspruch genommenen innerbetrieblichen Leistungen ist auf eine Einheit der Gesamtleistungsmenge der betrachteten Kostenstelle zu beziehen. Man könnte die sekundären Gemeinkosten wieder in primäre Gemeinkostenanteile auflösen.

Beispiel: Speedy GmbH

Primäre und sekundäre Stellenkosten
Im BAB der Speedy GmbH – Teil I (siehe Abbildung 4.4) ist z. B. die Instandhaltungskostenstelle (A_1) aufgeführt. Die im BAB ausgewiesenen primären Gemeinkosten i. H. v. 6.290 EUR sind auf die Summe der geleisteten Instandhaltungsstunden (z. B. 100 Stunden) zu beziehen (falls keine innerbetrieblichen Leistungen von anderen Kostenstellen in Anspruch genommen worden sind). Der sich ergebende Verrechnungssatz von 62,90 EUR pro Instandhaltungsstunde könnte nun wieder aufgelöst werden in die primären Gemeinkostenarten:

30,00 EUR/IH-Std.	anteilige Hilfslohnkosten (= 3.000 EUR Hilfslöhne : 100 Stunden)
5,00 EUR/IH-Std.	anteilige kalkulatorische Abschreibungen
1,00 EUR/IH-Std.	anteiliges Gemeinkostenmaterial
24,60 EUR/IH-Std.	anteilige Sozialkosten
1,00 EUR/IH-Std.	anteilige kalkulatorische Zinsen
1,30 EUR/IH-Std.	anteilige sonstige primäre Gemeinkosten (Versicherungen, Grundsteuer, Fremdreinigung)

62,90 EUR/Instandhaltungsstunde

Nahm in der vergangenen Abrechnungsperiode z. B. A_2 10 Instandhaltungsstunden in Anspruch, so ist diese Kostenstelle mit sekundären Gemeinkosten (hier: Instandhaltungskosten) i. H. v. 629 EUR zu belasten und A_1 um eben diesen Wert zu entlasten.

Diese Auflösung der sekundären Gemeinkosten in primäre Gemeinkostenanteile wird allerdings in der Regel nicht oder nur zu speziellen Analysezwecken vorgenommen. Stattdessen wird für jede innerbetriebliche Leistung eine sekundäre Kostenart definiert, mit der die Verrechnung erfolgt. Diese sekundären Kostenarten ergänzen die primären Kostenarten im Kostenartenplan (siehe Abschnitte 3.3 und 3.4).

Gäbe es nur Hilfskostenstellen, die ihre innerbetrieblichen Leistungen allein an ganz bestimmte Hauptkostenstellen abgeben würden, so könnten die Verrechnungssätze wie im letztgenannten Beispiel gebildet werden. Da jedoch auch Allgemeine Kostenstellen existieren, die ihrem Wesen nach ihre Leistungen an mehrere Kostenstellen abgeben, nehmen Hilfskostenstellen sowie Allgemeine Kostenstellen selbst ebenfalls innerbetriebliche Leistungen in Anspruch. Darüber hinaus ist ebenso denkbar, dass auch die Gesamtleistung von Hauptkostenstellen teilweise aus innerbetrieblichen Leistungen bestehen kann. Die Leistungsbeziehungen können daher unterschiedliche Komplexitätsgrade aufweisen. Man unterscheidet zwei Arten von Leistungsbeziehungen: *Leistungsverflechtungen*

1. Einseitige Leistungsbeziehungen (siehe Abbildung 4.6 – A steht hierbei wiederum für Allgemeine Kostenstellen oder Hilfskostenstellen, H steht für Hauptkostenstellen).

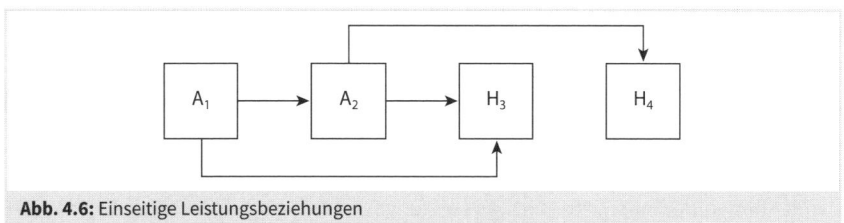

Abb. 4.6: Einseitige Leistungsbeziehungen

2. Gegenseitiger Leistungsaustausch (siehe Abbildung 4.7).

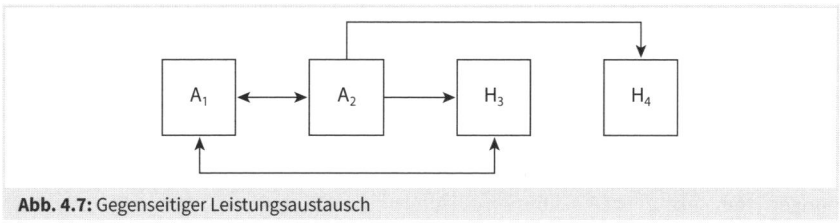

Abb. 4.7: Gegenseitiger Leistungsaustausch

Abbildung 4.6 verdeutlicht, dass bei *einseitigen* Leistungsbeziehungen die aufgeführten Kostenstellen nur Leistungen für eine oder mehrere Kostenstelle(n) erbringen. Sie selbst empfangen keine Leistungen von den Kostenstellen, die sie beliefern. Der Leistungsstrom fließt ausschließlich (unmittelbar oder mittelbar) an eine oder mehrere *nachgelagerte* Kostenstelle(n). Abrechnungstechnisch können bei derartigen Leistungsbeziehungen die Kostenstellen in eine eindeutige Abrechnungsreihenfolge gebracht und gemäß dieser nacheinander abgerechnet werden. *Einseitige Leistungsbeziehungen*

In Abbildung 4.7 sind dagegen *gegenseitige* (unmittelbare oder mittelbare) Leistungsbeziehungen dargestellt. Einzelne Kostenstellen geben nicht nur innerbetriebliche Leistungen ab, sondern empfangen auch innerbetriebliche Leistungen von denjenigen Kostenstellen, welche sie beliefern. *Gegenseitiger Leistungsaustausch*

Die besondere Problematik liegt abrechnungstechnisch nun darin, dass bei gegenseitigen Leistungsverflechtungen die *eine* (= abgebende) Kostenstelle erst abgerechnet werden kann, wenn die *andere* (= empfangende) Kostenstelle abgerechnet worden ist. Da die *andere* (= empfangende) Kostenstelle wiederum auch eine innerbetriebliche Leistungen abgebende Kostenstelle ist, kann sie jedoch selbst erst dann abgerechnet werden, wenn die *eine* (= abgebende) Kostenstelle abrechnungsmäßig bereits abgewickelt worden ist. Es liegt also ein klassisches Zirkelschlussproblem vor.

Die Abrechnung von innerbetrieblichen Leistungen gestaltet sich daher umso komplizierter, je mehr innerbetriebliche Leistungen im Allgemeinen erbracht werden und je komplexer im Speziellen der gegenseitige Leistungsaustausch ist. Das Ausmaß dieser Leistungsverflechtungen wird mit zunehmender Unternehmensgröße steigen. Deshalb ist ein *exaktes Erfassen* und *Verrechnen* der dahinterstehenden Kosten unabdingbar. Durch die Verrechnung der innerbetrieblichen Leistungen kommt in den Kalkulationssätzen der Hauptkostenstellen auch deren Inanspruchnahme von Leistungen Allgemeiner Kostenstellen und Hilfskostenstellen zum Ausdruck.

Damit können der innerbetrieblichen Leistungsverrechnung als zweitem Teil des BAB im Grunde zwei Aufgaben zugeschrieben werden:

Wirtschaftlich-keitskontrolle
1. Kontrolle der Wirtschaftlichkeit

Durch die Ermittlung der Verrechnungssätze für aktuell innerbetrieblich erbrachte Leistungen ist das Unternehmen in der Lage, jederzeit Wirtschaftlichkeitsüberlegungen dahingehend anzustellen, ob die erzeugte *Eigenleistung* mit niedrigeren oder höheren Kosten als eine vergleichbare *Fremdleistung* erbracht wird. Durch Kostenvergleichsrechnungen (siehe Abschnitt 8.4) können die Alternativen Eigenfertigung und Fremdbezug einander gegenübergestellt werden.

Verursachungs-gerechte Kalkulation
2. Verursachungsgerechte Kalkulation

Ohne die Durchführung der innerbetrieblichen Leistungsverrechnung ist eine verursachungsgerechte Kalkulation der Kostenträger nicht möglich.

Zur Verrechnung der innerbetrieblichen Leistungen haben sich verschiedene Verfahren herausgebildet (siehe Abbildung 4.8).

Periodenweise Verrechnung
Für homogene (= einheitliche und sich nicht dauernd unterscheidende) bzw. aus wirtschaftlichen Überlegungen heraus als homogen betrachtete Kostenstellenleistungen genügt eine periodenweise Verrechnung. Hierzu findet eine laufende Erfassung der innerbetrieblichen Leistungen statt, die dann zu jedem Periodenende abgerechnet werden. Der *relative Anteil* der weiter zu verrechnenden Gemeinkosten kann in der Regel leicht

festgestellt werden, sei es durch konkrete Messungen (z. B. Stromverbrauch) oder Aufzeichnungen (z. B. zeitliche Inanspruchnahme von Reparaturleistungen) u. Ä. Die Verfahren sind in zwei Kategorien einteilbar: Bestehen nur *einseitige* Leistungsbeziehungen, kann die Abrechnung durch Festlegung einer Kostenstellenreihenfolge nacheinander erfolgen (*sukzessive Verfahren, siehe Abschnitt* 4.3.3.2). Zu den sukzessiven Verfahren gehören insbesondere das Anbauverfahren und das Treppenverfahren. Bestehen hingegen *gegenseitige* Leistungsbeziehungen zwischen den Kostenstellen, so sind simultane Verfahren anzuwenden. Hierzu zählt das *simultane Gleichungsverfahren* sowie die Varianten des *iterativen Verfahrens*.

Problematischer gestaltet sich die Verrechnung von innerbetrieblichen Leistungen, wenn eine Kostenstelle unterschiedliche (heterogene) Leistungen erbringt und diese gegebenenfalls zwischengelagert werden müssen oder wenn aktivierbare Eigenleistungen erstellt werden. Bei derartigen Rahmenbedingungen sind eigenständige Kostenträger zu bilden und gesonderte Kalkulationen durchzuführen. Die innerbetrieblichen Leistungen werden dann *einzeln abgerechnet*. In diesem Zusammenhang haben sich insbesondere das *Kostenartenverfahren,* das *Kostenstellenausgleichsverfahren* und das *Kostenträgerverfahren* herausgebildet.

Einzelleistungsverrechnung

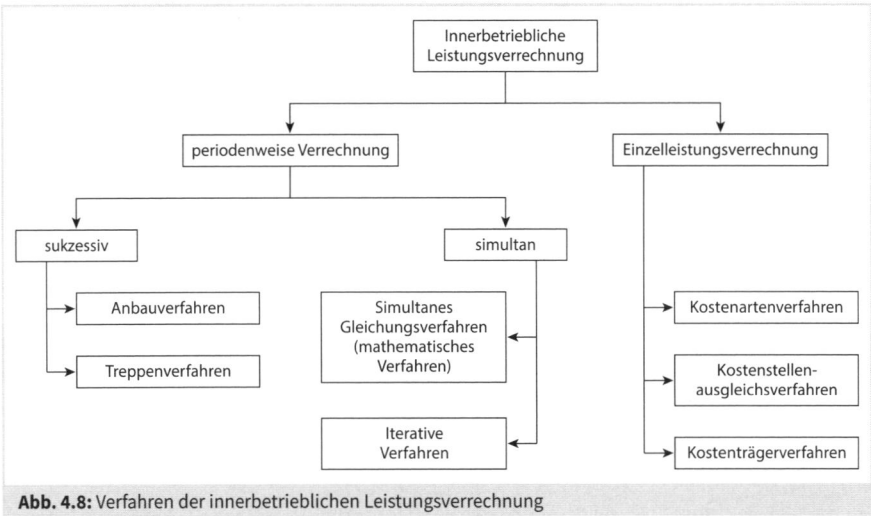

Abb. 4.8: Verfahren der innerbetrieblichen Leistungsverrechnung

4.3.3.2 Sukzessive Verfahren

Anbauverfahren

Beim Anbauverfahren rechnen sich die eingerichteten Allgemeinen Kostenstellen und Hilfskostenstellen ausschließlich an Hauptkostenstellen ab. Alle anderen innerbetrieblichen Leistungsbeziehungen, die gegebenenfalls bestehen, werden für die Abrechnung

Anbauverfahren

vernachlässigt. Dazu gehören Leistungen zwischen Allgemeinen Kostenstellen (sowie ggf. zwischen Hilfskostenstellen), zwischen Allgemeinen Kostenstellen und Hilfskostenstellen sowie von Hauptkostenstellen an Allgemeine Kostenstellen oder Hilfskostenstellen.

Beispiel: Speedy GmbH

Teil II BAB: Anbauverfahren – Fortsetzung der Fallstudie

Nachdem Manfred Kolb die primären Gemeinkosten nicht nur insgesamt, sondern auch pro Kostenstelle kennt (= Ergebnis des Teil I im BAB, Zeile 12 in Abbildung 4.4), benötigt er für den Teil II des BAB Informationen darüber, welche innerbetrieblichen Leistungen von welcher Kostenstelle für welche Kostenstelle bei der Speedy GmbH im letzten Monat erbracht worden sind. Die stattgefundenen Leistungsbeziehungen sind in der nachstehenden Tabelle enthalten, die üblicherweise als *Leistungsaustauschmatrix* bezeichnet wird. Für die innerbetrieblichen Leistungsarten sind die Verrechnungssätze zu ermitteln und für alle Leistungsbeziehungen die entsprechenden sekundären Kosten zu verrechnen. Danach ist die Kostenstelle, die eine bestimmte Leistung in Anspruch genommen hat, zu belasten. Die Kostenstelle, welche die Leistung erbracht hat, erhält eine Entlastung (oder Gutschrift) in gleicher Höhe. Die Belastung wirkt beim Empfänger kostenerhöhend, die Entlastung beim Sender kostenreduzierend.

Leistungsaustauschmatrix der Speedy GmbH (gültig auch für alle folgenden periodenweisen Verfahren):

nach → von ↓	Gesamtleistung	A_1	A_2	A_3	A_4	H_5	H_6	H_7	H_8	H_9	H_{10}
A_1	100 Stunden		5	15		5	40	30		5	
A_2	10.000 km	500		1.000		1.500	4.000	2.000		1.000	
A_3	12.000 kWh	1.000	900		100		5.000	4.000	500	300	200
A_4	80 Stunden						80				

Basierend auf den Daten dieser Leistungsaustauschmatrix werden nunmehr für Manfred Kolb die verschiedenen einsetzbaren Verfahren der periodenweisen Verrechnung (siehe Abbildung 4.8) dargestellt. Obgleich hier zwischen verschiedenen Kostenstellen auch ein gegenseitiger Austausch stattgefunden hat und deshalb für die Ermittlung der exakten Endstellenkosten (ESK) ein Simultanverfahren zur Anwendung kommen sollte, können diese Leistungsbeziehungen dennoch auch für die Erläuterung der sukzessiven Verfahren herangezogen werden. Die Ergebnisse der innerbetrieblichen Leistungsverrechnung werden dann zwar aufgrund der verfahrenseigenen Prämissen ungenau, das Grundprinzip der sukzessiven Methoden kann dennoch erläutert werden.

Beginnen wir zunächst mit dem einfachsten Verfahren, dem Anbauverfahren.

Schritt 1: Ermittlung der Verrechnungssätze

Instandhaltung A_1: (6.290 EUR : 80 Stunden[1])   = 78,625 EUR/Stunde
Innerbetrieblicher Transport A_2: (13.158 EUR : 8.500 km[1])   = 1,548 EUR/km
Energie A_3: (6.382 EUR : 10.000 kWh[1])   = 0,6382 EUR/kWh

[1] Summe der erbrachten Leistungen für Hauptkostenstellen

Für A_4 (Arbeitsvorbereitung) erübrigt sich die Ermittlung eines Verrechnungssatzes, da es sich um eine Hilfskostenstelle handelt, die nur der Fertigungshauptkostenstelle I (H_6) zuarbeitet. A_4 gibt ihre gesamte Leistung und damit ihre gesamten Gemeinkosten an H_6 ab. Würde A_4 sowohl für H_6 *als auch* für H_7 arbeiten, so müssten die PSK über die relativen Anteile der 80 Stunden aufgeteilt werden.

2. Schritt: Verrechnung der innerbetrieblichen Leistungen

Es erfolgt die Bewertung der in der Leistungsaustauschmatrix angegebenen Mengenleistungen an die Hauptkostenstellen mit den im 1. Schritt ermittelten Verrechnungssätzen (siehe Abbildung 4.9).

Betriebsabrechnungsbogen der Speedy GmbH für Monat … (EUR)													
Zeile	Kostenstellen	gesamt	Allgemeine Kostenstellen und Fertigungshilfskostenstelle				Hauptkostenstellen						
	Kostenarten		A_1	A_2	A_3	A_4	H_5	H_6	H_7	H_8	H_9	H_{10}	
	Zeilen 1–11: siehe Abbildung 4.4												
12	Primäre Stellenkosten (PSK)	310.180	6.290	13.158	6.382	7.576	20.636	66.648	83.622	34.304	51.124	20.440	
	Innerbetriebliche Leistungsverrechnung (Anbauverfahren):												
13	Umlage A1		−6.290				393	3.145	2.359		393		
14	Umlage A2			−13.158			2.322	6.192	3.096		1.548		
15	Umlage A3				−6.382			3.191	2.553	319	191	128	
16	Umlage A4					−7.576		7.576					
17	Ist-Endstellenkosten (ESK)	310.180	0	0	0	0	23.351	86.752	91.630	34.623	53.256	20.568	

Abb. 4.9: Innerbetriebliche Leistungsverrechnung im BAB – Teil II – mit dem Anbauverfahren

Man sieht, dass mithilfe des Anbauverfahrens die Allgemeinen Kostenstellen und die Fertigungshilfskostenstelle in voller Höhe durch die Weiterverrechnung auf die Hauptkostenstellen entlastet werden.

Würdigung Da dieses Verfahren keine Verrechnung zwischen den Kostenstellen gleicher Kategorie zulässt, die Leistungsaustauschmatrix aber Leistungsbeziehungen auch zwischen den Kostenstellen A_1, A_2 und A_3 ausweist, ergeben sich zwei Fehler:

Zum einen treten *Kostenverzerrungen* bei den *Endstellenkosten* (Gemeinkosten auf den Hauptkostenstellen) auf, da der Verrechnungssatz der Allgemeinen Kostenstellen nur auf Basis der Leistungsmenge gebildet wird, die an die *Haupt*kostenstellen abgegeben werden. Obgleich beispielsweise die Kostenstelle A_2 nur deshalb eine Gesamtleistung von 10.000 km erbringen konnte, weil durch die Lieferung von 900 kWh unter anderem die elektrisch betriebenen Gabelstapler einsatzfähig waren, wird dieser Tatbestand kostenrechnerisch nicht berücksichtigt.

Zum anderen ergeben sich *Kostenverzerrungen* bei den *Verrechnungssätzen* der Allgemeinen Kostenstellen. So entstehen beispielsweise dort zu niedrige Sätze, wo relativ viel innerbetriebliche Leistungen empfangen werden. Dieser Fehler setzt sich bis in die Kalkulation der Kostenträger fort.

Aus den genannten Gründen ist dieses Verfahren für den betrieblichen Einsatz nur dann empfehlenswert, wenn ausschließlich Leistungsströme von Allgemeinen Kostenstellen und Hilfskostenstellen an Hauptkostenstellen fließen, was in der Praxis allerdings selten der Fall ist.

Treppenverfahren (oder Stufenleiterverfahren)

Im Gegensatz zum Anbauverfahren berücksichtigt das Treppenverfahren (auch Stufenleiterverfahren genannt) teilweise auch Leistungsbeziehungen zwischen Kostenstellen gleicher Kategorie. Dennoch werden die einzelnen Kostenstellen innerhalb jeder Kostenstellenkategorie nacheinander abgerechnet. Man beginnt mit den Allgemeinen Kostenstellen, daran schließen sich die Hilfskostenstellen an und schließlich die Hauptkostenstellen, sofern diese auch innerbetriebliche Leistungen erbringen. Nacheinander abgerechnet bedeutet, dass eine bereits abgerechnete Kostenstelle verrechnungstechnisch nicht wieder in die Verrechnung aufgenommen werden kann. Oder anders ausgedrückt: Besteht zwischen zwei Kostenstellen ein gegenseitiger Leistungsaustausch, so kann eine dieser beiden Leistungsströme in Abhängigkeit von der Anordnung der Kostenstellen nicht berücksichtigt werden. Aus diesem Grund ist die Festlegung der Abrechnungsreihenfolge beim Treppenverfahren von großer Bedeutung.

Um möglichst viele innerbetriebliche Leistungsbeziehungen zu erfassen, sollte man bei der Bildung einer Kostenstellenreihenfolge mit derjenigen Kostenstelle beginnen, die die meisten Leistungen abgibt, und mit der enden, die die wenigsten Leistungen abgibt bzw. anders ausgedrückt die meisten Leistungen empfängt.

Kostenstellen-reihenfolge

Beispiel: Speedy GmbH

Teil II BAB: Treppenverfahren – Fortsetzung der Fallstudie
Wendet man nun das Treppenverfahren auf die in der Leistungsaustauschmatrix festgestellten Leistungsbeziehungen der Speedy GmbH an, so muss zunächst die Kostenstellenreihenfolge gebildet werden. Dann sind die Verrechnungssätze für die innerbetrieblichen Leistungen zu bilden. Danach kann die innerbetriebliche Leistungsverrechnung im BAB durchgeführt werden.

Schritt 1: Festlegung der Kostenstellenreihenfolge
Für das Treppenverfahren ist nun zunächst die Reihenfolge für die Allgemeinen Kostenstellen, dann die der Hilfskostenstellen (es existiert jedoch in der Speedy GmbH nur eine: die *Fertigungshilfskosten*stelle A_4), und danach die der Hauptkostenstellen (die bei der Speedy GmbH jedoch keine innerbetrieblichen Leistungen erbringen) zu bestimmen. Das besondere Problem bei diesen innerbetrieblichen Leistungen stellt die Vielzahl der gegenseitigen Leistungsbeziehungen dar:

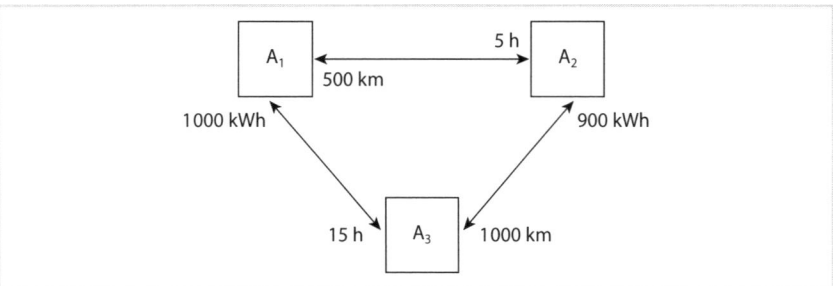

Da hier die Fertigungshilfskostenstelle A_4 und die Hauptkostenstellen (H_5–H_{10}) bei der Bildung der Abrechnungsreihenfolge keine Rolle spielen, liegt der Schwerpunkt der Betrachtung auf den Beziehungen *zwischen A_1, A_2 und A_3*.
Eine praktikable Vorgehensweise zur Festlegung der Abrechnungsreihenfolge ist die folgende: Man analysiert pro relevanter Kostenstelle, welcher prozentuale *Anteil* von der Gesamtleistungsmenge an andere Kostenstellen derselben Kategorie zu verrechnen ist. Dieser Prozentsatz wird dann mit den PSK der jeweiligen Kostenstelle multipliziert. Die Abrechnungsreihenfolge ergibt sich dann entsprechend der Ergebnisse in fallender Abfolge. Die Begründung dieser Vorgehensweise ist die folgende: Für den Fall, dass beim Treppenverfahren wegen wechselseitigem Leistungsaustausch nicht

alle Leistungsströme berücksichtigt werden können, so soll zumindest der Wert der berücksichtigten Leistungsströme maximiert werden. Die soeben beschriebene Vorgehensweise ist eine akzeptable Näherungslösung für dieses Ziel.

Für die Speedy GmbH bedeutet dies:

A_1: 20 Std. : 100 Std. = 20 %, 20 % von 6.290 EUR = 1.258 EUR
A_2: 1.500 km : 10.000 km = 15 %, 15 % von 13.158 EUR = 1.973,70 EUR
A_3: 2.000 kWh : 12.000 kWh = 16,7 %, 16,7 % von 6.382 EUR = 1.063,67 EUR

Daraus ergibt sich die Reihenfolge: $A_2 - A_1 - A_3$.

Nicht alle Leistungsströme können beim Treppenverfahren abgerechnet werden, insofern eignet sich das Treppenverfahren für den vorliegenden Fall eigentlich nicht. Dennoch dürfen diese wegfallenden innerbetrieblichen Leistungsströme nicht gänzlich unberücksichtigt bleiben. Dadurch, dass die weiterzugebenden Kosten einer Kostenstelle durch die noch abrechenbare Leistungsmenge geteilt werden, ergibt sich ein erhöhter Verrechnungssatz, der implizit die unberücksichtigten Leistungsströme enthält.

2. Schritt: Ermittlung der Verrechnungssätze

Die an erster Stelle abzurechnende Kostenstelle Innerbetrieblicher Transport A_2:

13.158 EUR : 10.000 km   = 1,3158 EUR/km

Die an zweiter Stelle abzurechnende Kostenstelle Instandhaltung A_1:
(6.290 EUR + (500 km · 1,3158 EUR/km) [1]) : 95 h [2]   = 73,14 EUR/h

Die an dritter Stelle abzurechnende Kostenstelle Energie A_3:
(6.382 EUR + (1.000 km · 1,3158 EUR/km) +
(15 h · 73,14 EUR/h)) [1] : 10.100 kWh [2]   = 0,87 EUR/kWh

[1] Die PSK sind um etwaige sekundäre Kostenbelastungen von zuvor abgerechneten Kostenstellen zu erhöhen
[2] = Summe der noch an nachfolgenden Kostenstellen abrechenbaren Leistungsmenge

3. Schritt: Verrechnung der innerbetrieblichen Leistungen

Wie beim Anbauverfahren werden nunmehr die Leistungsmengen gemäß Leistungsaustauschmatrix auf Basis der festgelegten Kostenstellenreihenfolge mit den ermittelten Verrechnungssätzen bewertet (siehe Abbildung 4.10).

Zeile	Kostenstellen / Kostenarten	gesamt	Allgemeine Kostenstellen und Fertigungshilfskostenstelle				Hauptkostenstellen					
			A_2 !	A_1 !	A_3	A_4	H_5	H_6	H_7	H_8	H_9	H_{10}
	Zeilen 1–11: siehe Abbildung 4.4											
12	Primäre Stellenkosten (PSK)	310.180	13.158	6.290	6.382	7.576	20.636	66.648	83.622	34.304	51.124	20.440
	Innerbetriebliche Leistungsverrechnung (Treppenverfahren):											
13	Umlage A2		–13.158	658 / 6.948	1.316		1.974	5.263	2.632		1.316	
14	Umlage A1			–6.948	1.097 / 8.795		366	2.926	2.194		366	
15	Umlage A3				–8.795	87 / 7.663		4.350	3.480	435	261	174
16	Umlage A4					–7.663		7.663				
17	Ist-Endstellenkosten (ESK)	310.180	0	0	0	0	22.976	86.850	91.928	34.739	53.067	20.614

Table title: **Betriebsabrechnungsbogen der Speedy GmbH für Monat ... (EUR)**

Abb. 4.10: Innerbetriebliche Leistungsverrechnung im BAB – Teil II – mit dem Treppenverfahren

Das Treppenverfahren führt eigentlich nur dann zu einem dem Verursachungsprinzip entsprechenden Ergebnis, wenn kein gegenseitiger Leistungsaustausch besteht. Werden dennoch von nachfolgenden Kostenstellen Leistungen an die abzurechnende Kostenstelle erbracht, kann kein genauer Verrechnungssatz ermittelt werden. Dadurch werden – wie das Beispiel bei A_3 und A_2 zeigt – die Hauptkostenstellen nicht verursachungsgerecht belastet. Das hat wiederum zur Folge, dass die Kalkulation der Selbstkosten ungenau wird und die Kostenkontrolle der Kostenstellen an Aussagekraft verliert.

Würdigung

Empfängt keine Allgemeine Kostenstelle oder Hilfskostenstelle von nachfolgenden Kostenstellen innerbetriebliche Leistungen, so entsprechen sich die Ergebnisse des Treppenverfahrens und des (exakten) simultanen Gleichungsverfahrens. Da der Rechenaufwand allerdings beim Treppenverfahren vergleichsweise gering gegenüber dem Simultanverfahren ist, wird dieses Verfahren in der Praxis gerne angewandt.

4.3.3.3   Simultane Verfahren

Für die sukzessiven Verfahren kann grundsätzlich festgestellt werden, dass sie nur dann zu einer verursachungsgerechten Verrechnung der innerbetrieblichen Leistungen führen, wenn aufgrund der ihnen eigenen Rechensystematik ausschließlich einseitige Leistungsbeziehungen bestehen. Bei einem gegenseitigen Leistungsaustausch errechnen sich ungenaue Verrechnungssätze mit der Folge ungenauer Belastungen der Hauptkostenstellen mit den Gemeinkosten der innerbetrieblichen Leistungen und damit ungenauer Kalkulationssätze für die Kostenträgerstückrechnung. Bei Vorliegen von gegenseitigem Leistungsaustausch sollten daher simultane Verfahren zur Anwendung kommen.

Simultanes Gleichungsverfahren

Vorgehensweise   Ein solches Simultanverfahren ist das *simultane Gleichungsverfahren (mathematisches Verfahren)*. Wie oben bereits geschildert, können die Verrechnungssätze zweier sich gegenseitig beliefernder Kostenstellen erst dann gebildet werden, wenn jede jeweils – unter Berücksichtigung der Zulieferung der anderen Kostenstelle – abgerechnet worden ist. Dies ist nur dann möglich, wenn die Verrechnungssätze simultan (d. h. gleichzeitig oder in einem Schritt) ermittelt werden. Die Reihenfolge der Anordnung der Kostenstellen ist damit ohne Bedeutung. Der Leistungsaustausch zwischen den Kostenstellen wird durch ein lineares Gleichungssystem ausgedrückt. Dazu müssen so viele Gleichungen gebildet werden, wie unbekannte Verrechnungssätze vorliegen. »Lineares« Gleichungssystem bedeutet hierbei, dass lediglich einfache multiplikative und additive Beziehungen vorkommen.

Beispiel: Speedy GmbH (Fortsetzung der Fallstudie)

Teil II BAB: Simultanes Gleichungsverfahren
Da sich bei der Speedy GmbH die Kostenstellen zum Teil mit innerbetrieblichen Leistungen gegenseitig beliefern, möchte Manfred Kolb die *exakten* Verrechnungssätze der Kostenstellen A_1 bis A_4 ermitteln.

1. Schritt: Erstellung des Gleichungssystems
Im ersten Schritt ist das Gleichungssystem zu erstellen. Da jede Allgemeine Kostenstelle A_1 bis A_3 sowie die Fertigungshilfskostenstelle A_4 jeweils eine innerbetriebliche Leistungsart erbringen, sind insgesamt vier Gleichungen aufzustellen – für jede Kostenstelle eine. Jede Gleichung ist hierbei in allgemeiner Form gleich aufgebaut:

!   **Merke**

Gemeinkostenwert der Gesamtleistungsmenge (L)
= Primäre Stellenkosten (PSK) + Gemeinkostenbelastungen für empfangene innerbetriebliche Leistungen (B)

Während L und PSK jeweils ein Term sind, setzt sich B aus so vielen Termen zusammen, wie innerbetriebliche Leistungen empfangen wurden.

Bezogen auf die Leistungsaustauschmatrix der Speedy GmbH stellt sich das Gleichungssystem wie folgt dar:

Instandhaltung A_1	$100\,p_1$	=	$6.290 + 500\,p_2 + 1.000\,p_3$	$\|: 100$
	L_1	=	$PSK_1 + B_{2\to1} + B_{3\to1}$	
Innerbetrieblicher Transport A_2	$10.000\,p_2$	=	$13.158 + 5\,p_1 + 900\,p_3$	$\|: 10.000$
	L_2	=	$PSK_2 + B_{1\to2} + B_{3\to2}$	
Energie A_3	$12.000\,p_3$	=	$6.382 + 15\,p_1 + 1.000\,p_2$	$\|: 12.000$
	L_3	=	$PSK_3 + B_{1\to3} + B_{2\to3}$	
Arbeitsvorbereitung A_4	$80\,p_4$	=	$7.576 + 100\,p_3$	$\|: 80$
	L_4	=	$PSK_4 + B_{3\to4}$	

Dabei gilt:

p_1 = Verrechnungspreis für eine Instandhaltungsstunde der Allgemeinen Kostenstelle A_1 (EUR/h)

p_2 = Verrechnungspreis pro gefahrenen Kilometer der Allgemeinen Kostenstelle A_2 (EUR/km)

p_3 = Verrechnungspreis pro kWh Strom der Allgemeinen Kostenstelle A_3 (EUR/kWh)

p_4 = Verrechnungspreis für eine Arbeitsstunde der Fertigungshilfskostenstelle A_4 (EUR/h)

2. Schritt: Ermittlung der Verrechnungssätze

Zur Ermittlung der Verrechnungssätze (Verrechnungspreise) ist das lineare Gleichungssystem schrittweise aufzulösen, indem die noch unbekannten Verrechnungspreise nacheinander separiert werden. Hierfür gibt es verschiedene Lösungswege, so dass der unten dargestellte Weg nur einer von vielen ist.

Der erste Lösungsschritt ist bereits oben rechts neben den Gleichungen markiert: Bei jeder Gleichung wird der Verrechnungspreise der Kostenstelle durch Division der Gleichung mit der jeweiligen Gesamtleistungsmenge der Kostenstelle separiert. Hierdurch ergeben sich die folgenden umgeformten Gleichungen:

1. p_1 $= 62,9 + 5\,p_2 + 10\,p_3$
2. p_2 $= 1,3158 + 0,0005\,p_1 + 0,09\,p_3$
3. p_3 $\approx 0,5318 + 0,00125\,p_1 + 0,0833\,p_2$
4. p_4 $= 94,7 + 1,25\,p_3$

2. in 1.:

p_1 $= 62,9 + 5\,(1,3158 + 0,0005\,p_1 + 0,09\,p_3) + 10\,p_3$

p_1 $= 62,9 + 6,579 + 0,0025\,p_1 + 0,45\,p_3 + 10\,p_3$

p_1 $= 69,479 + 0,0025\,p_1 + 10,45\,p_3$

$0,9975\,p_1$ $= 69,479 + 10,45\,p_3$

5. p_1 $\approx 69,653 + 10,476\,p_3$

5. in 2.:

$$p_2 \approx 1{,}3158 + 0{,}0005\,(69{,}653 + 10{,}476\,p_3) + 0{,}09\,p_3$$

$$p_2 \approx 1{,}3158 + 0{,}0348 + 0{,}0052\,p_3 + 0{,}09\,p_3$$

6. $\quad p_2 \approx 1{,}351 + 0{,}095$

5. und 6. in 3.:

$$p_3 \approx 0{,}5318 + 0{,}00125\,(69{,}653 + 10{,}476\,p_3) \ + 0{,}0833\,(1{,}351 + 0{,}095\,p_3)$$

$$p_3 \approx 0{,}5318 + 0{,}087 + 0{,}0131\,p_3 + 0{,}1125 + 0{,}0079\,p_3$$

$$p_3 \approx 0{,}7314 + 0{,}021\,p_3$$

$$0{,}979\,p_3 \approx 0{,}7314$$

$$\mathbf{p_3} \approx 0{,}747\ \text{EUR/kWh}$$

p_3 in 6.:

$$p_2 \approx 1{,}351 + 0{,}095 \times 0{,}747$$

$$\mathbf{p_2} \approx 1{,}4219\ \text{EUR/km}$$

p_3 in 5.:

$$p_1 \approx 69{,}653 + 10{,}476 \times 0{,}747$$

$$\mathbf{p_1} \approx 77{,}48\ \text{EUR/h}$$

p_3 in 4.:

$$p_4 \approx 94{,}7 + 1{,}25 \times 0{,}747$$

$$\mathbf{p_4} \approx 95{,}634\ \text{EUR/h}$$

3. Schritt: Verrechnung der innerbetrieblichen Leistungen

Es werden nun die Leistungsmengen gemäß Leistungsaustauschmatrix mit den soeben errechneten Verrechnungspreisen bewertet (siehe Abbildung 4.11).

	Betriebsabrechnungsbogen der Speedy GmbH für Monat … (EUR)												
Zeile	Kostenstellen	gesamt	Allgemeine Kostenstellen und Fertigungshilfskostenstelle				Hauptkostenstellen						
	Kostenarten		A_1	A_2	A_3	A_4	H_5	H_6	H_7	H_8	H_9	H_{10}	
	Zeilen 1–11: siehe Abbildung 4.4												
12	Primäre Stellen-kosten (PSK)	310.180	6.290	13.158	6.382	7.576	20.636	66.648	83.622	34.304	51.124	20.440	
	Innerbetriebliche Leistungsverrechnung (Simultanes Gleichungsverfahren):												
13	Umlage A_1		−7.748	387	1.162		387	3.099	2.324		388		
14	Umlage A_2		711	−14.219	1.422		2.133	5.688	2.844		1.422		
15	Umlage A_3		747	672	−8.966	75		3.735	2.988	374	224	150	
16	Umlage A_4					−7.651		7.651					
17	Ist-Endstellen-kosten (ESK)	310.180	0	0	0	0	23.156	86.820	91.778	34.678	53.158	20.590	

Abb. 4.11: Innerbetriebliche Leistungsverrechnung im BAB – Teil II – mit dem simultanen Gleichungsverfahren

Mithilfe der innerbetrieblichen Leistungsverrechnung wurden die gesamten Gemeinkosten der Allgemeinen Kostenstellen und der Fertigungshilfskostenstelle unter Berücksichtigung der gegenseitigen Lieferungen vollständig auf die Hauptkostenstellen verrechnet:

	$\sum$ PSK der Allgemeinen Kostenstelle und der Hilfskostenstelle	$\sum$ der verrechneten Gemeinkostenwerte auf die Hauptkostenstellen
A_1	6.290 EUR	6.198 EUR[1]
A_2	13.158 EUR	12.086 EUR[1]
A_3	6.382 EUR	7.471 EUR[1]
A_4	7.576 EUR	7.651 EUR[1]
Summe	33.406 EUR	33.406 EUR

[1] = Quersumme der Umlagen $A_{1/2/3/4}$ auf $H_5 - H_{10}$ in Abbildung 4.11

Mit dem simultanen Gleichungsverfahren kann eine verursachungsgerechte Verteilung der Kosten des innerbetrieblichen Leistungsaustausches auch bei gegenseitigen Lieferungen erfolgen. Der Rechenaufwand ist allerdings bei mehr als in unserem Beispiel angenommenen Allgemeinen Kostenstellen und Hilfskostenstellen (und damit zu lösenden Gleichungen) ohne IT-Unterstützung nicht mehr zu bewältigen. Da dieses Verfahren jedoch die genauesten Ergebnisse erbringt, werden wir im weiteren Verlauf der Fallstudie mit den soeben gemäß simultanem Gleichungsverfahren ermittelten Werten weiterarbeiten. **Würdigung**

Beispiel: Speedy GmbH

Vergleich der Ergebnisse der sukzessiven Verfahren mit dem simultanen Gleichungsverfahren
Ein Vergleich der bisher ermittelten Verrechnungssätze zeigt zum Teil deutliche Unterschiede zwischen den Verfahren.

Verfahren der innerbetrieblichen Leistungsverrechnung	Verrechnungssätze für Kostenstelle			
	A_1 (Instandhaltung)	A_2 (Innerbetrieblicher Transport)	A_3 (Energie)	A_4 (Arbeitsvorbereitung)
Anbauverfahren	78,63 EUR/h	1,55 EUR/km	0,64 EUR/kWh	94,70 EUR/h
Treppenverfahren	73,14 EUR/h	1,32 EUR/km	0,87 EUR/kWh	95,79 EUR/h
Gleichungsverfahren	77,48 EUR/h	1,42 EUR/km	0,75 EUR/kWh	95,63 EUR/h

Aus Sicht des (eigentlich für dieses Beispiel anzuwendenden) simultanen Gleichungsverfahrens ergeben sich bei den Verrechnungssätzen der innerbetrieblichen Leistungen Abweichungen beispielsweise von rund 15 % beim Stromkostensatz gegenüber dem niedrigsten Verrechnungswert. Derartige Abweichungen können eine Entscheidung *Eigenfertigung oder Fremdbezug* maßgeblich beeinflussen (wobei allerdings in einer derartigen Entscheidungsrechnung die Vergleichsgröße gegenüber dem Fremdpreis die in dem oben ausgewiesenen Vollkostensatz enthaltenen variablen Kosten darstellen).

Eigenverbrauch Es kommt vor, dass einzelne Kostenstellen *Eigenverbräuche* haben, d. h. sie beliefern sich teilweise selbst mit der von ihnen erzeugten Leistung und verbrauchen diese damit selbst. Die betroffenen Kostenstellen sind somit abgebende und empfangende Kostenstellen in einem. Angenommen die Allgemeine Kostenstelle A_1 (Instandhaltung) der Speedy GmbH erbringt für sich selbst Instandhaltungsleistungen. Dieser Eigenverbrauch wirkt sich rechentechnisch jedoch nicht auf die Höhe der weiter zu verrechnenden Gemeinkosten auf die anderen Kostenstellen aus, denn die den Eigenverbrauch in Anspruch nehmende Kostenstelle wird in einem Rechenschritt mit den dahinterstehenden Gemeinkosten in derselben Höhe be- und entlastet. Damit kann die Berücksichtigung von Eigenverbrauch im Hinblick auf die *Ermittlung der Endstellenkosten* (ESK) entfallen, hinsichtlich der wertmäßigen Feststellung des Eigenverbrauchs selbst – falls gewünscht – hingegen nicht.

Beispiel: Speedy GmbH

Innerbetriebliche Leistungsverrechnung mit und ohne Eigenverbrauch
Dies sei anhand des simultanen Gleichungsverfahrens mit den bisherigen, aus Übersichtlichkeitsgründen aber reduzierten Anzahl an Kostenstellen (nur A_1, A_2, H_6 und H_7) und einer entsprechend vereinfachten Leistungsaustauschmatrix sowie bei A_2 angepassten primären Gemeinkosten erläutert:
Die primären Gemeinkosten sollen betragen:
A_1: 6.290 EUR, A_2: 9.100 EUR, H_6: 66.648 EUR, H_7: 83.622 EUR
Die verkürzte Leistungsaustauschmatrix sieht so aus:

nach → von ↓	Gesamtleistung	A_1	A_2	H_6	H_7
A_1	80^1 / 75^2 Stunden	5^3	5	40	30
A_2	6.500 km	500		4.000	2.000

[1] Inklusive Eigenverbrauch / [2] Exklusive Eigenverbrauch
[3] Bei A_1 soll ein Eigenverbrauch i. H. v. 5 Instandhaltungsstunden vorliegen.

Berechnung der Verrechnungssätze mit und ohne Berücksichtigung des Eigenverbrauchs von A_1:

mit Eigenverbrauch	
$80\,p_1$	$= 6.290 + 5\,p_1 + 500\,p_2$
$6.500\,p_2$	$= 9.100 + 5\,p_1 \qquad |: 6.500$
p_2	$= 1,4 + 0,0007692\,p_1$
$80\,p_1$	$= 6.290 + 5\,p_1 + 500$ $(1,4 + 0,0007692\,p_1)$
$80\,p_1$	$= 6.290 + 5\,p_1 + 700 + 0,3846\,p_1$
$75\,p_1$	$= 6.990 + 0,3846\,p_1$
$74,6154\,p_1$	$= 6.990$
p_1	$= 93,68$ EUR/h
p_2	$= 1,4 + 0,0007692 \times 93,68$
p_2	$= 1,472$ EUR/km

ohne Eigenverbrauch	
$75\,p_1$	$= 6.290 + 500\,p_2$
$6.500\,p_2$	$= 9.100 + 5\,p_1 \qquad |: 6.500$
p_2	$= 1,4 + 0,0007692\,p_1$
$75\,p_1$	$= 6.290 + 500\,(1,4 + 0,0007692\,p_1)$
$75\,p_1$	$= 6.290 + 700 + 0,3846\,p_1$
$75\,p_1$	$= 6.990 + 0,3846\,p_1$
$74,6154\,p_1$	$= 6.990$
p_1	$= 93,68$ EUR/h
p_2	$= 1,4 + 0,0007692 \times 93,68$
p_2	$= 1,472$ EUR/km

Es wird ersichtlich, dass sich identische Verrechnungssätze p_1 und p_2 ermitteln, unabhängig davon ob der Eigenverbrauch bei A_1 berücksichtigt wird oder nicht.

Iterative Verfahren
Mathematisch weniger anspruchsvoll, jedoch mit höherem Rechenaufwand verbunden als das simultane Gleichungsverfahren, ist die *iterative (stufenweise)* Annäherung an die gesuchten Verrechnungssätze. In den einzelnen Stufen *(Iterationen)* wird jeweils eine vollständige innerbetriebliche Leistungsverrechnung vorgenommen, bis sich in der letzten Stufe die endgültigen Verrechnungspreise ergeben, die dann mit denjenigen des simultanen Gleichungsverfahrens identisch sind.

Bei den iterativen Verfahren sind folgende Varianten denkbar: Verfahrens-varianten
- die Methode des unbeirrten Drauflosrechnens,
- das Gesamtschrittverfahren oder
- das Einzelschrittverfahren.

Die schrittweise Annäherung an die endgültigen Verrechnungspreise sei zunächst an der   Methode des unbeirrten Drauflos-rechnens
Methode des unbeirrten Drauflosrechnens gezeigt.

Beispiel: Speedy GmbH

Teil II BAB: Methode des unbeirrten Drauflosrechnens

Die in der Leistungsaustauschmatrix der Speedy GmbH dargestellten absoluten Leistungsmengen drücken sich relativ (d. h. in Prozent) wie folgt aus.

nach → von ↓	Gesamtleistung	A_1	A_2	A_3	A_4	$H_5 - H_{10}$
A_1	100 %		5 %	15 %		80 %
A_2	100 %	5 %		10 %		85 %
A_3	100 %	8,3 %	7,5 %		0,8 %	83,4 %
A_4	100 %					100 %

Für die Ermittlung der Verrechnungspreise sind in der ersten Stufe die primären Gemeinkosten der Allgemeinen Stellen $A_1 - A_3$ inklusive der erhaltenen Umlagen anhand der oben genannten Prozentsätze zu verteilen. Die zweite Stufe legt dann die sich aus der ersten Stufe ergebenden Gemeinkostenbelastungen auf den Allgemeinen Kostenstellen mit denselben Prozentsätzen weiter um. Dies geschieht so lange, bis die zu verteilenden Restbeträge so klein geworden sind, dass die Iteration abgebrochen werden kann. Hierzu sind geeignete Schwellenwerte festzulegen.

	Methode des unbeirrten Drauflosrechnens			
Kostenstellen → Kostenarten ↓	A_1	A_2	A_3	A_4
1. Stufe:				
PSK	6.290	13.158	6.382	7.576
– Umlage A_1	–6.290	315 (5 %)	944 (15 %)	
		13.473		
– Umlage A_2	674 (5 %)	–13.473	1.347 (10 %)	
			8.673	
– Umlage A_3	720 (8,3 %)	650 (7,5 %)	–8.673	69 (0,8 %)
2. Stufe:				
Rest	1.394	650	0	7.645
	(674 + 720)			(7.576 + 69)
– Umlage A_1	–1.394	70 (5 %)	209 (15 %)	
		720		
– Umlage A_2	36 (5 %)	–720	72 (10 %)	
			281	
– Umlage A_3	23 (8,3 %)	21 (7,5 %)	–281	2 (0,8 %)

3. Stufe:				
Rest	59	21	0	7.647
	(36 + 23)			(7.645 + 2)
– Umlage A$_1$	–59	3 (5%)	9 (15%)	
		24		
– Umlage A$_2$	*1* (5%)	–24	2 (10%)	
			11	
– Umlage A$_3$	*1* (8,3%)	*1* (7,5%)	–11	*0* (0,8%)
4. Stufe:				
Rest → Abbruch	2	1	0	7 647
Verrechnete primäre und sekundäre Gemeinkosten	*7.745*	*14.216*	*8.965*	*7.647*
Gesamtleistung	100 h	10.000 km	12.000 kWh	80 h
Verrechnungssatz	*77,45* EUR/h	*1,42* EUR/km	*0,75* EUR/kWh	*95,59* EUR/h

Die auf diese Weise ermittelten Verrechnungssätze entsprechen denen des simultanen Gleichungsverfahrens (die leichten Abweichungen begründen sich durch den Abbruch nach der 3. Iterationsstufe).

Das *Gesamtschrittverfahren* ermittelt zunächst in der ersten Stufe das jeweils zu verrechnende gesamte Gemeinkostenvolumen der Allgemeinen und Hilfskostenstellen (primäre Gemeinkosten + sekundäre Gemeinkostenbelastungen auf Basis primärer Gemeinkosten). In den nächsten Stufen werden die sekundären Gemeinkostenbelastungen jeweils auf Basis der korrigierten Werte der Vorstufen eingestellt. Dies geschieht so lange, bis sich die Kostenvolumina gegenüber der Vorstufe kaum mehr verändern. Auf das bisherige Beispiel bezogen bedeutet das. Gesamtschrittverfahren

Beispiel: Speedy GmbH (Fortsetzung der Fallstudie)

Teil II BAB: Gesamtschrittverfahren
Es gelten weiterhin die Leistungsaustauschmatrix (hier: obige prozentuale Darstellung) und die primären Gemeinkosten aus dem BAB.

1. Stufe:

A$_1$: 6.290 + 5% · 13.158 + 8,3% · 6.382 = *7.478*
A$_2$: 13.158 + 5% · 6.290 + 7,5% · 6.382 = *13.952*
A$_3$: 6.382 + 15% · 6.290 + 10% · 13.158 = *8.642*
A$_4$: 7.576 + 0,8% · 6.382 = *7.627*

2. Stufe:

A_1: $6.290 + 5\% \cdot 13.952 + 8,3\% \cdot 8.642$ $\quad$ = $\quad$ 7.705
A_2: $13.158 + 5\% \cdot 7.478 + 7,5\% \cdot 8.642$ $\quad$ = $\quad$ 14.180
A_3: $6.382 + 15\% \cdot 7.478 + 10\% \cdot 13.952$ $\quad$ = $\quad$ 8.899
A_4: $7.576 + 0,8\% \cdot 8.642$ $\quad$ = $\quad$ 7.645

3. Stufe:

A_1: $6.290 + 5\% \cdot 14.180 + 8,3\% \cdot 8.899$ $\quad$ = $\quad$ 7.738
A_2: $13.158 + 5\% \cdot 7.705 + 7,5\% \cdot 8.899$ $\quad$ = $\quad$ 14.210
A_3: $6.382 + 15\% \cdot 7.705 + 10\% \cdot 14.180$ $\quad$ = $\quad$ 8.956
A_4: $7.576 + 0,8\% \cdot 8.899$ $\quad$ = $\quad$ 7.647

4. Stufe:

A_1: $6.290 + 5\% \cdot 14.210 + 8,3\% \cdot 8.956$ $\quad$ = $\quad$ 7.743
A_2: $13.158 + 5\% \cdot 7.738 + 7,5\% \cdot 8.956$ $\quad$ = $\quad$ 14.217
A_3: $6.382 + 15\% \cdot 7.738 + 10\% \cdot 14.210$ $\quad$ = $\quad$ 8.964
A_4: $7.576 + 0,8\% \cdot 8.956$ $\quad$ = $\quad$ 7.648

Man sieht, dass sich die Gemeinkostenwerte von Stufe zu Stufe immer weniger verändern. Da die Änderungen von der 3. Stufe zur 4. Stufe bereits sehr gering waren, kann an dieser Stelle abgebrochen werden.

Ermittlung der Verrechnungssätze:

A_1 $\quad$ 7.743 EUR : $\quad$ 100 h = $\quad$ 77,43 EUR/h
A_2 $\quad$ 14.217 EUR : $\quad$ 10.000 km = $\quad$ 1,42 EUR/km
A_3 $\quad$ 8.964 EUR : $\quad$ 12.000 kWh = $\quad$ 0,75 EUR/kWh
A_4 $\quad$ 7.648 EUR : $\quad$ 80 h = $\quad$ 95,60 EUR/h

Es liegen wieder die gleichen Werte wie beim simultanen Gleichungsverfahren vor (die leichten Abweichungen sind wiederum im Abbruch nach der 4. Stufe begründet).

Einzelschritt-verfahren Das *Einzelschrittverfahren* läuft schneller ab als das Gesamtschrittverfahren. Das liegt daran, dass innerhalb jeder Stufe sofort (bei jedem einzelnen Rechenschritt) der aktuellste Gemeinkostenwert berücksichtigt wird. Beim Gesamtschrittverfahren wird erst in der Folgestufe korrigiert, so dass man sich beim Einzelschrittverfahren den gesuchten Werten schneller nähert.

Beispiel: Speedy GmbH (Fortsetzung der Fallstudie)

Teil II BAB: Einzelschrittverfahren

1. Stufe:

A_1: 6.290 + 5 % · 13.158 + 8,3 % · 6.382 $\quad$ = $\quad$ 7.478

A_2: 13.158 + 5 % · 7.478 + 7,5 % · 6.382 $\quad$ = $\quad$ 14.011

A_3: 6.382 + 15 % · 7.478 + 10 % · 14.011 $\quad$ = $\quad$ 8.905

A_4: 7.576 + 0,8 % · 8.905 $\quad$ = $\quad$ 7.647

2. Stufe:

A_1: 6.290 + 5 % · 14.011 + 8,3 % · 8.905 $\quad$ = $\quad$ 7.730

A_2: 13.158 + 5 % · 7.730 + 7,5 % · 8.905 $\quad$ = $\quad$ 14.213

A_3: 6.382 + 15 % · 7.730 + 10 % · 14.213 $\quad$ = $\quad$ 8.963

A_4: 7.576 + 0,008 · 8.963 $\quad$ = $\quad$ 7.648

3. Stufe:

A_1: 6.290 + 5 % · 14.213 + 8,3 % · 8.963 $\quad$ = $\quad$ 7.745

A_2: 13.158 + 5 % · 7.745 + 7,5 % · 8.963 $\quad$ = $\quad$ 14.217

A_3: 6.382 + 15 % · 7.745 + 10 % · 14.217 $\quad$ = $\quad$ 8.966

A_4: 7.576 + 0,8 % · 8.966 $\quad$ = $\quad$ 7.648

Bereits nach drei Iterationen sind in etwa dieselben Gemeinkostenwerte erreicht wie nach der vierten Iteration beim Gesamtschrittverfahren. In der Konsequenz ergeben sich wiederum die gleichen Verrechnungssätze wie beim simultanen Gleichungsverfahren. Leichte Abweichungen sind erneut durch den Abbruch hier nach der 3. Stufe begründet. (Es galten weiterhin die Leistungsaustauschmatrix mit der obigen prozentualen Darstellung und die primären Gemeinkosten aus dem BAB.)

Da in der Praxis selbst bereits in mittelgroßen Unternehmen häufig komplexe wechselseitige Leistungsbeziehungen vorliegen, basieren die meisten IT-Lösungen zur Kostenrechnung auf dem iterativen Verfahren. Wie aufgezeigt ergeben sich hierbei jedoch – eine geeignete Festlegung der Schwellenwerte zum Iterationsabbruch vorausgesetzt – nur geringfügige Abweichungen zum genauesten simultanen Gleichungsverfahren.

Würdigung

4.3.3.4   Verfahren zur Verrechnung von Einzelleistungen

Die bisher besprochenen Verfahren zur periodenweisen Verrechnung von innerbetrieblichen Leistungen unterstellen, dass die von einer Kostenstelle erbrachten innerbetrieblichen Leistungen homogen sind. D.h. dass z. B. die Instandhaltungskostenstelle dauerhaft lediglich eine Art von Instandhaltungsleistung (gemessen in Stunden) erbringt. Ist dies der Fall, so ist eine periodenweise Verrechnung von sekundären Kosten berechtigt.

Anwendungsbereich

Doch diese Art der Verrechnung stößt dann an ihre Grenzen, wenn
* *heterogene* (verschiedenartige) Leistungen von einer Kostenstelle erstellt werden (die als Hauptkostenstelle geführte Schlosserei führt z. B. auch einen Reparaturauftrag in einer anderen Hauptkostenstelle aus),
* zu aktivierende Eigenleistungen (z. B. selbst erstellte Maschinen) erbracht werden, oder
* innerbetriebliche Leistungen nicht sofort verbraucht werden, sondern vorübergehend gelagert werden (z. B. wird das selbst erstellte Ersatzteil für den späteren Einbau in eine Maschine momentan eingelagert).

Liegen derartige Fälle vor, so sind die einzelnen innerbetrieblichen Leistungen als *eigenständige Kostenträger* zu behandeln und deren Kosten gesondert zu verrechnen. Hierfür können insbesondere die folgenden Verfahren zur Anwendung kommen:
* das Kostenartenverfahren,
* das Kostenstellenausgleichsverfahren oder
* das Kostenträgerverfahren.

Kostenartenverfahren
Beim *Kostenartenverfahren* werden für die Verrechnung von (heterogenen) innerbetrieblichen Leistungen keine Allgemeinen Kostenstellen und Hilfskostenstellen eingerichtet, d. h. die Leistungen werden von Hauptkostenstellen erbracht. Die primären Kosten, die diesen innerbetrieblichen Leistungen direkt zugerechnet werden können (*Einzelkosten*), werden der empfangenden Hauptkostenstelle entweder direkt zugerechnet (z. B. per Materialentnahmescheine, Lohnaufschreibungen) oder werden von der leistenden auf die empfangende Hauptkostenstelle weiterverrechnet (falls der Fertigungslohn Bestandteil der Fertigungskosten und damit der Kalkulationssätze sein soll). Die *Gemeinkosten* hingegen verbleiben auf der leistenden Hauptkostenstelle.

Beispiel: Speedy GmbH

Innerbetriebliche Leistungsverrechnung: Kostenartenverfahren

Der BAB der Speedy GmbH weist bekanntermaßen für die Fertigungshauptkostenstelle I (H_6) 66.648 EUR und für die Fertigungshauptkostenstelle II (H_7) 83.622 EUR primäre Gemeinkosten bei angefallenen Fertigungslöhnen von 40.000 EUR bzw. 60.000 EUR aus. Es sei nun angenommen, dass H_6 eine innerbetriebliche Leistung für H_7 erbringt, für die 5.000 EUR Fertigungslohn anfallen:

Kostenstellen → Kostenarten ↓	H_6 (Fertigungs- hauptkostenstelle I)	H_7 (Fertigungs- hauptkostenstelle II)
Fertigungslohn davon für innerbetriebliche Leistungen	40.000 5.000	60.000
Primäre Stellengemeinkosten (PSK)	66.648	83.622
Innerbetriebliche Leistungsverrechnung	–5.000	+5.000
Endstellenkosten (ESK)	66.648	88.622

Durch das Kostenartenverfahren wird der Wert der innerbetrieblichen Leistung zu niedrig angesetzt. Die Empfängerkostenstelle hat zu wenige Kosten (nur die Einzelkosten der innerbetrieblichen Leistungen), die leistende Kostenstelle zu hohe Kosten (die Gemeinkosten der innerbetrieblichen Leistungen) zu tragen. Dies widerspricht dem Verursachungsprinzip. Das Kostenartenverfahren sollte deshalb nur dann angewendet werden, wenn Hauptkostenstellen nur in *Ausnahmefällen* innerbetriebliche Leistungen erbringen.

Würdigung

Kostenstellenausgleichsverfahren

Das *Kostenstellenausgleichsverfahren* verrechnet zusätzlich zu den Einzelkosten innerbetrieblicher Leistungen auch *anteilige Gemeinkosten*. Auch bei diesem Verfahren werden keine Allgemeinen Kostenstellen oder Hilfskostenstellen eingerichtet. Ziel ist die Gleichbehandlung von Marktleistungen und Eigenleistungen, wenn bestimmte Hauptkostenstellen beide Leistungsarten erbringen. Dazu werden den innerbetrieblichen Leistungen die gleichen Gemeinkosten prozentual zugeschlagen wie den für den Absatz bestimmten Leistungen.

Beispiel: Speedy GmbH

Innerbetriebliche Leistungsverrechnung: Kostenstellenausgleichsverfahren
Der beim Kostenartenverfahren dargestellte Auszug aus dem BAB der Speedy GmbH
stellt sich beim Kostenstellenausgleichsverfahren wie folgt dar:

Kostenstellen → Kostenarten ↓	H_6 (Fertigungs- hauptkostenstelle I)	H_7 (Fertigungs- hauptkostenstelle II)
Fertigungslohn davon für innerbetriebliche Leistungen	40.000 5.000	60.000
Primäre Stellengemeinkosten (PSK)	66.648	83.622
Innerbetriebliche Leistungsverrechnung: – Fertigungslohn – anteilige Gemeinkosten[1]	–5.000 –8.350	+5.000 +8.350
Endstellenkosten (ESK)	58.298	96.972

[1] Die anteiligen Gemeinkosten ergeben sich, indem die PSK von Kostenstelle H_6 zu den dort
anfallenden Fertigungslöhnen in Beziehung gesetzt werden:
66.648 EUR : 40.000 EUR = 167 %
Dieser Gemeinkostenzuschlagssatz wird dann auf die weiterzugebenden Fertigungseinzelkosten angewendet: 5.000 EUR · 167 % = 8.350 EUR. Siehe zur Ermittlung der Gemeinkostenzuschlagssätze Abschnitt 4.3.4.

Würdigung   Der Nachteil des Kostenartenverfahrens, dass die leistende Hauptkostenstelle keine
anteiligen Gemeinkosten an den Empfänger der von ihr erbrachten innerbetrieblichen
Leistung weiter geben kann, wird durch das Kostenstellenausgleichsverfahren beseitigt.
Nichtsdestotrotz sollte auch das Kostenstellenausgleichsverfahren nur dann angewendet werden, wenn Hauptkostenstellen in *Ausnahmefällen* innerbetriebliche Leistungen
erbringen.

Kostenträgerverfahren

Insbesondere aktivierungspflichtige Eigenleistungen, aber auch innerbetriebliche Leistungen, die über mehr als eine Abrechnungsperiode erstellt werden, können wie Marktleistungen als *Kostenträger* aufgefasst und entsprechend abgerechnet werden. Die Abrechnung gestaltet sich dann allerdings aufwändiger als beim Kostenartenverfahren und
beim Kostenstellenausgleichsverfahren. Da diese Kostenträger zu Herstellkosten zu
bewerten sind, wird in der Regel die Zuschlagskalkulation (siehe Abschnitt 5.2.2) zugrunde
zu legen sein. An der Erstellung aufwändiger innerbetrieblichen Leistungen wie z.B.
eigenerstellter Maschinen können durchaus alle Arten von Kostenstellen beteiligt sein.
Soweit Allgemeine Kostenstellen und Hilfskostenstellen an der Erzeugung teilnehmen,
sind deren Kosten in den Endstellenkosten der Hauptkostenstellen enthalten. Für die

Durchführung des Verfahrens sind die anfallenden Kosten auf besonderen Kostenträger-konten zu erfassen und dann auf Bestandskonten zu übertragen. In der Abrechnungsperi-ode, in der diese Eigenleistungen wieder verbraucht werden, erfolgt eine Belastung der leistungsverbrauchenden Kostenstelle. Wird z. B. eine selbst erstellte Maschine in einer bestimmten Abrechnungsperiode fertiggestellt und im Leistungserstellungsprozess ein-gesetzt, wird deren Verbrauch der nutzenden Kostenstelle in Form von kalkulatorischen Abschreibungen angelastet. Da für ein Beispiel Wissen über die Zuschlagskalkulation benötigt wird, wird an dieser Stelle auf ein Beispiel verzichtet.

Das Kostenträgerverfahren behandelt die innerbetrieblichen Leistungen wie »normale« Kostenträger (Marktleistungen) und nutzt daher die hierfür übliche Zuschlagskalkulation. Aufgrund des Aufwands ist das Kostenträgerverfahren deswegen nur für wertmäßig bedeutsame aktivierte Eigenleistungen zu empfehlen. *Würdigung*

4.3.4   Ermittlung der Kalkulationssätze

Nach Durchführung der innerbetrieblichen Leistungsverrechnung im Teil II des BAB sind nun in einer Vollkostenrechnung sämtliche Gemeinkosten den Hauptkostenstellen zuge-rechnet worden, die Allgemeinen Kostenstellen und die Hilfskostenstellen haben sich vollständig entlastet. Da in den Hauptkostenstellen die für den Markt bestimmten End-leistungen erbracht werden, ist mithilfe des BAB ein Zusammenhang zwischen Gemein-kosten und Kostenträgern hergestellt worden. Dies war in der Kostenartenrechnung (noch) nicht möglich. Diese Gemeinkosten bezeichnet man nun als *Endstellenkosten* (ESK). *Endstellenkosten* Der dem weiteren Verlauf der Fallstudie zu Grunde gelegte BAB gemäß simultanem Glei-chungsverfahren (siehe Abbildung 4.11) weist diese Endstellenkosten in Zeile 17 aus (bspw. 86.820 EUR in der Fertigungshauptkostenstelle I (H_6)).

Doch dieses Gemeinkostenvolumen steht für die insgesamt erbrachten Endleistungen dieser Kostenstellen. Für die Zwecke der Kalkulation gilt es nun, diese in Summe angefal-lenen Gemeinkosten so auszudrücken, dass sie auf eine Einheit der erbrachten Endleis-tungen bezogen werden können.

Dies ist in jenen Fällen unproblematisch, in denen nur eine Art von Endleistung vorliegt. *Aufteilung der* Dann könnten diese 86.820 EUR z. B. durch eine gefertigte Stückzahl dividiert werden. *Endstellenkosten* Oder man bezieht die Endstellenkosten auf das in der Kostenstelle angefallene Minuten-(oder Stunden-)volumen und multipliziert in der Kalkulation diesen Wert mit der diesem einen Kostenträger zuzurechnenden Fertigungszeit.

In jenen Fällen allerdings, in denen mehrere verschiedenartige Kostenträger die Hauptkostenstellen durchlaufen, ist eine gemeinsame Maßgröße zu finden, die eine Aufteilung der angefallenen Endstellenkosten auf diese Kostenträger ermöglicht. Das Ziel der Aufteilung der Endstellenkosten muss dabei sein: Wenn alle Kostenträger, die in einer Periode produziert wurden, auch verkauft worden sind, muss die Summe der auf die Kostenträger verrechneten Gemeinkosten der Summe der im BAB ermittelten Gemeinkosten entsprechen.

Bezugsgröße/ Zuschlagsbasis
Es gilt nun pro Kostenstelle eine gemeinsame Verteilungsbasis für die Gemeinkosten zu finden, die eine Aufteilung auf die Kostenträger erlaubt. Diese Basis sollte auf alle betroffenen Kostenträger in dieser Kostenstelle anwendbar sein und in einem direkten Zusammenhang zu den angefallenen Gemeinkosten stehen. Man nennt diese Basis *Bezugsgröße*, in einer Istkostenrechnung auch *Zuschlagsbasis*.

Um dem Verursachungsprinzip in der Kosten- und Leistungsrechnung möglichst gerecht werden zu können, hat die zu verwendende Bezugsgröße verschiedene Anforderungen zu erfüllen:
- Sie sollte der Maßstab der Kostenstellenleistung und der Kostenverursachung in dieser Kostenstelle sein.
- Sie sollte in einem direkten Bezug zu dem (zu den) Kostenträger(n) stehen (für Zwecke der verursachungsgerechten Kalkulation).
- Sie sollte für die laufende Abrechnung schnell und einfach messbar sein, insb. muss sie für jeden betroffenen Kostenträger verfügbar sein.
- Sie sollte klar, eindeutig und leicht verständlich sein.

Doch Bezugsgrößen, die allen Anforderungen genügen, sind leider nicht für jeden Kostenstellenbereich zu finden. Bezugsgrößen für Hauptkostenstellen im Fertigungsbereich können sowohl für die Leistungsmessung und Kostenkontrolle als auch für die verursachungsgerechte Kalkulation verwendet werden. Für andere Kostenstellenbereiche, die nur mittelbar zur Erstellung der Endleistungen beitragen (z. B. Materialhauptkostenstellen, Verwaltungshauptkostenstellen) ist eher typisch, dass sie zwar für die Leistungsmessung und Kostenkontrolle, aber nicht für eine verursachungsgerechte Kalkulation herangezogen werden können. Die Zurechnung auf die Kostenträger erfolgt dann nach dem Durchschnittsprinzip oder dem Tragfähigkeitsprinzip. Ähnlich wie bei der Verteilung der primären Gemeinkosten im Teil I des BAB sollte man auch im Teil III des BAB versuchen, durch eine geeignete Auswahl von Bezugsgrößen das Verursachungsprinzip soweit möglich einzuhalten.

Als Bezugsgrößen kommen wiederum
- Wertgrößen (z. B. Fertigungslohn, Fertigungsmaterial) oder
- Mengengrößen (z. B. Stückzahl, Stückgewichte, Fertigungsstunden, Maschinenstunden) infrage.

Bezieht man nun die Gemeinkosten der Hauptkostenstellen (= Endstellenkosten) auf die jeweils ausgewählte Bezugsgröße, so erhält man für jede Hauptkostenstelle den *Kalkulationssatz*:

Kalkulations-
satz/
Zuschlagssatz

> **Merke** !
>
> $$\text{Kalkulationssatz} = \frac{\text{Endstellenkosten (ESK)}}{\text{Bezugsgröße der Hauptkostenstelle}}$$

Dieser sich ergebende *Kalkulationssatz* kann auch durch Multiplikation mit 100 als *Zuschlagsatz* in Prozent ausgedrückt werden.

Es haben sich die nachstehend erläuterten Zuschlagsätze für die einzelnen betrieblichen Funktionsbereiche als allgemein üblich herausgebildet: Im *Materialbereich* wird eine Abhängigkeit der Materialgemeinkosten vom Einzelkostenmaterial unterstellt. Dieser Zusammenhang entspricht allerdings dem Verursachungsprinzip nur unzureichend, bessere Alternativen sind jedoch nicht vorhanden. Für diese Zuschlagbasis spricht, dass sie wertmäßig relativ groß und damit die Auswirkungen auf den Zuschlagsatz bei Änderung der Basis gering sind. Die Materialgemeinkosten bei der Speedy GmbH sind entsprechend die Endstellenkosten der Kostenstelle H_5.

Zuschlagsätze
der Funktions-
bereiche

> **Merke** !
>
> $$\text{Materialgemeinkostenzuschlagsatz} = \frac{\text{Materialgemeinkosten}}{\text{Materialeinzelkosten}} \cdot 100$$

Im *Fertigungsbereich* hingegen ist eine verursachungsgerechte Relation zwischen Fertigungsgemeinkosten und den Fertigungseinzelkosten gut herstellbar, zumindest bei lohnintensiver Fertigung. Es können aber auch andere Bezugsgrößen infrage kommen: Arbeitsstunden, Maschinenstunden, Fertigungsgewicht, Stückzahl usw. Lohnintensive Fertigungshauptkostenstellen wählen in der Regel den Fertigungslohn als Bezugsbasis, kapitalintensive Fertigungshauptkostenstellen die Maschinenstunden aus. Bei der Speedy GmbH werden die beiden Fertigungshauptkostenstellen H_6 und H_7 ihre ESK zu den jeweils zuordenbaren Fertigungslöhnen in Beziehung setzen.

> **Merke** !
>
> $$\text{Fertigungsgemeinkostenzuschlagsatz} = \frac{\text{Fertigungsgemeinkosten}}{\text{Fertigungseinzelkosten}} \cdot 100$$

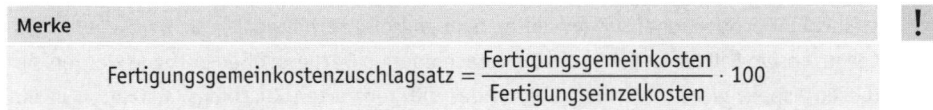

Im *Vertriebsbereich* werden gewöhnlich die Herstellkosten der abgesetzten Erzeugnisse als Bezugsbasis zugrunde gelegt. Diese Relation bringt allerdings das Verursachungsprinzip nur unzureichend zum Ausdruck. Da jedoch Zuschlagsätze Allgemeingültigkeit für alle damit kalkulierten Leistungen haben müssen, scheiden die nicht bei allen Erzeugnissen auftretenden Sondereinzelkosten des Vertriebs (siehe Abschnitt 5.2.2.2) als Bezugsgröße aus. Die Vertriebsgemeinkosten bei der Speedy GmbH sind die Endstellenkosten der Kostenstelle H_{10}. Zur Berechnung der Herstellkosten siehe Abbildung 4.12 sowie Abschnitt 5.2.2.2.

! Merke

$$\text{Vertriebsgemeinkostenzuschlagsatz} = \frac{\text{Vertriebsgemeinkosten}}{\text{Herstellkosten}} \cdot 100$$

Im *Verwaltungsbereich* ist kaum noch eine verursachungsgerechte Beziehung zwischen den Kostenträgern und den Verwaltungs(gemein)kosten festzustellen (bei der Speedy GmbH die ESK der Kostenstelle H_9). Hier werden als Bezugsbasis ersatzweise und aus Vereinfachungsgründen ebenfalls die Herstellkosten der abgesetzten Erzeugnisse herangezogen:

! Merke

$$\text{Verwaltungs(gemein)kostenzuschlagsatz} = \frac{\text{Verwaltungskosten}}{\text{Herstellkosten}} \cdot 100$$

Wird eine Forschungs- und Entwicklungs*haupt*kostenstelle geführt, so bezieht man auch hier mangels einer besseren Alternative die anfallenden Gemeinkosten auf die Herstellkosten der produzierten oder abgesetzten Erzeugnisse (siehe hierzu Abschnitt 5.2.2). Da die Speedy GmbH mit der Kostenstelle H_8 eine solche Forschungs- und Entwicklungs*haupt*kostenstelle eingerichtet hat, werden deren ESK als Forschungs- und Entwicklungsgemeinkosten verwendet.

! Merke

$$\text{Forschungs- und Entwicklungs-} \atop \text{gemeinkostenzuschlagsatz} = \frac{\text{Forschungs- und Entwicklungsgemeinkosten}}{\text{Herstellkosten}} \cdot 100$$

Mehrere Bezugsgrößen

Es kann aber auch durchaus erforderlich sein, für eine Kostenstelle mehrere Bezugsgrößen heranzuziehen. Es ergeben sich dadurch mehrere Kalkulationssätze pro Kostenstelle. Das wird dann notwendig werden, wenn sich die gesamten Gemeinkosten einer Kostenstelle nicht proportional zur gewählten Bezugsgröße verhalten. Die Gemeinkosten müssen in diesem Fall differenziert auf die verschiedenen Bezugsgrößen bezogen werden. Auf diesen Aspekt werden wir im Rahmen der differenzierten Zuschlagskalkulation in Abschnitt 5.2.2.2 eingehen.

Beispiel: Speedy GmbH (Fortsetzung der Fallstudie)

Teil III BAB: Gemeinkostenzuschlagssätze

In Fortführung des bisher zugrunde gelegten BAB der Speedy GmbH wird von den bisher dargestellten Varianten – bedingt durch die verschiedenen Möglichkeiten der innerbetrieblichen Leistungsverrechnung – diejenige ausgewählt, nach der die End-stellenkosten verursachungsgerecht ermittelt werden. Wir bauen somit auf den End-stellenkosten (ESK) auf, die mithilfe des simultanen Gleichungsverfahrens ermittelt wurden (vgl. Abbildung 4.11).

Die Zuschlagsätze werden wie soeben erläutert und damit wie folgt ermittelt:

- die Materialgemeinkosten in Prozent der Materialeinzelkosten,
- die Fertigungsgemeinkosten in Prozent der jeweils angefallenen Fertigungslöhne,
- die Forschungs- und Entwicklungsgemeinkosten in Prozent der Herstellkosten 1,
- die Verwaltungs(gemein)kosten in Prozent der Herstellkosten 2, und
- die Vertriebsgemeinkosten in Prozent der Herstellkosten 2.

	Betriebsabrechnungsbogen der Speedy GmbH für Monat ... (EUR)												
Zeile	Kostenstellen	gesamt	Allgemeine Kostenstellen und Fertigungshilfs-kostenstelle				Hauptkostenstellen						
	Kostenarten		A_1	A_2	A_3	A_4	H_5	H_6	H_7	H_8	H_9	H_{10}	
1	Fertigungs-material/ Fertigungslohn	330.000					230.000	40.000	60.000				
Zeile 2–12: siehe Abbildung 4.4													
Zeile 13–16: siehe Abbildung 4.11													
17	Σ Ist-Endstellen-kosten (ESK)	310.180	0	0	0	0	23.156	86.820	91.778	34.678	53.158	20.590	
18	Zuschlagbasis						Material-einzel-kosten	Ferti-gungs-lohn	Ferti-gungs-lohn	Herstell-kosten 1[1]	Herstell-kosten 2[1]	Herstell-kosten 2[1]	
19	Ist-Zuschlagsatz						10,068%	217,05%	152,963%	6,521%	9,385%	3,635%	

[1] Materialeinzelkosten: 230.000 EUR
+ Materialgemeinkosten: (ESK H_5) 23.156 EUR
+ Fertigungseinzelkosten I 40.000 EUR
+ Fertigungsgemeinkosten I (ESK H_6) 86.820 EUR
+ Fertigungseinzelkosten II 60.000 EUR
+ Fertigungsgemeinkosten II (ESK H_7) 91.778 EUR
= Herstellkosten 1: 531.754 EUR
+ Forschungs- und Entwicklungsgemeinkosten (ESK H_8) 34.678 EUR
= Herstellkosten 2: 566.432 EUR

Abb. 4.12: Ermittlung der Ist-Zuschlagsätze im BAB – Teil III

Die berechneten Zuschlagsätze sind wie folgt zu interpretieren:

- Jeder Euro Materialeinzelkosten, der anfällt, verursacht rund 0,10 EUR Materialgemeinkosten.
- Jeder Euro Fertigungslohn zieht in Fertigungshauptkostenstelle I (II) 2,17 EUR
  (1,53 EUR) Fertigungsgemeinkosten nach sich.
- Jeder Euro Herstellkosten 1 bedingt rund 0,07 EUR Forschungs- und Entwicklungsgemeinkosten.
- Jeder Euro Herstellkosten 2 bedingt rund 0,09 EUR Verwaltungsgemeinkosten
  und rund 0,04 EUR Vertriebsgemeinkosten.

Damit ist die Schnittstelle zur Kalkulation hergestellt worden. Ziel war es,

- zum einen den direkten Zusammenhang zwischen den Gemeinkosten in den Kostenstellen und den Kostenträgern herzustellen, und
- zum anderen eine Größe zu finden, die einerseits für eine Stückrechnung verwendet
  werden kann und andererseits eine Aufteilung der Gemeinkosten auf die verschiedenen Produkte ermöglicht.

Den direkten Zusammenhang konnten wir in der Kostenartenrechnung noch nicht herstellen. Dadurch aber, dass nun bei der Zuschlagsatzbildung in den Hauptkostenstellen
sowohl im Zähler wie auch im Nenner alle Produkte enthalten sind, die die jeweilige Kostenstelle durchlaufen, gilt die Aussage »Jeder Euro ...« damit für alle Produkte in den
jeweiligen Kostenstellen. D. h. der Zuschlagsatz pro Kostenstelle stellt einen gemeinsamen Zuschlagsatz (eine relative Größe) für alle Produkte dar. Damit wird eine proportionale Abhängigkeit der Gemeinkosten von der gewählten Bezugsbasis unterstellt. Kritiker
einer Vollkostenrechnung bemängeln hier zu Recht die darin enthaltenen und wie proportionale Kosten behandelten Fixkosten, d. h. es werden alle Gemeinkosten wie variable
Kosten behandelt (siehe zu dieser Kritik Abschnitt 8.2).

Nun muss man in der Kostenträgerstückrechnung (Kalkulation) nur noch wissen, wie viel
EUR Basis pro Stück anfallen (z. B. Stückmaterialeinzelkosten oder Stücklohn) und kann
über den Zuschlagsatz die daraus resultierenden Stückgemeinkosten ermitteln.

Beispiel: Speedy GmbH (Fortsetzung der Fallstudie)

Teil III BAB: Verprobung mit Gesamtsummen

Der Zuschlagsatz in der Fertigungshauptkostenstelle I beträgt z. B. 217,05 Prozent. Er
ergab sich durch die Gemeinkosten, die man im BAB dieser Kostenstelle nunmehr den
beiden Produkten Speedster S1 und Speedster S2 als Fertigungsgemeinkosten I zugerechnet hat. Der Fertigungslohn (40.000 EUR) beinhaltete ebenfalls das Mengengerüst
für beide Produkte. Die 40.000 EUR Fertigungslohn in dieser Kostenstelle ergaben sich

aus der Summe (Menge von Speedster S1 · Stücklohn Speedster S1) + (Menge von Speedster S2 · Stücklohn Speedster S2). Somit gilt der Zuschlagsatz für beide Produkte. Da wir zudem den in der Regel unterschiedlich hohen Stücklohn pro Produkt in dieser Kostenstelle kennen, können wir nun die unterschiedlich hohen absoluten Stückgemeinkosten für beide Produkte ermitteln. Bei dem Stückfertigungslohn in H_6 von 249,70 EUR für den Speedster S1 ergeben sich 541,97 EUR Fertigungsgemeinkosten, bei dem Stückfertigungslohn von 22,50 EUR für den Speedster S2 erhalten wir 48,85 EUR Fertigungsgemeinkosten (vgl. auch Abschnitt 5.2.2.2). Multipliziert man nun die 542,10 EUR mit der Produktionsmenge des Speedsters S1 (= 100 Stück) und die 48,84 EUR mit der Produktionsmenge des Speedsters S2 (= 668 Stück), so erhält man wieder die gesamten 86.820 EUR Endstellenkosten der Kostenstelle H_6 im BAB. Die Multiplikation der Stückfertigungsgemeinkosten mit den angegebenen Stückzahlen ergibt 86.822 EUR. Die Abweichung von 2 EUR gegenüber den ESK im BAB ist rundungsbedingt.

4.4   Wirtschaftlichkeitskontrolle auf Basis von Normalkosten

Will man eine Wirtschaftlichkeitskontrolle auf Ebene der Hauptkostenstellen durchführen, so benötigt man für die bisher im BAB ermittelten Ist-Gemeinkosten Maßstäbe, an denen diese Ist-Endstellenkosten gemessen werden können. Solange eine Kostenkontrolle mithilfe eines Soll-Ist-Vergleichs noch nicht möglich ist, bei dem die auf eine Istbeschäftigung umgerechneten Plankosten (= Sollkosten) den Istkosten gegenübergestellt werden und damit zusätzlich eine Plankostenrechnung (siehe Kapitel 7) notwendig wird, kann man sich vorläufig auch mit einer einfacheren Lösung behelfen.

Grundsätzlich bedeutet Normalisierung die Bildung eines Durchschnitts. Normalkosten sind demnach vergangene durchschnittliche Istkosten. Normalkosten können für Einzelkosten genauso wie für Gemeinkosten berechnet werden. Da wir uns im Kapitel zur Kostenstellenrechnung befinden, betrachten wir im Folgenden Normal-Gemeinkosten. Wir benötigen also die Normal-Gemeinkosten (= normalisierte Endstellenkosten) der einzelnen Hauptkostenstellen. Sie bilden den Maßstab in einem Normal-Ist-Vergleich.

Normalisierung

Ein intuitiver erster Gedanke könnte sein, die Ist-Endstellenkosten der vergangenen zwölf (oder mehr) Monate zu addieren und durch zwölf (bzw. die entsprechende Anzahl an Monaten) zu teilen. Würde man allerdings die so gebildeten Normal-Gemeinkosten als Maßstab für die Ist-Gemeinkosten einer bestimmten Periode verwenden, würde man »Äpfel mit Birnen« vergleichen. Die Normal-Gemeinkosten basieren auf einer durchschnittlichen Zuschlagsbasis, die Ist-Gemeinkosten auf der Ist-Zuschlagsbasis. Es wäre Zufall, wenn beide übereinstimmten. Aus Gründen der Vergleichbarkeit müssen sich deshalb die Normal-Gemeinkosten ebenfalls auf die Ist-Zuschlagsbasis der zu kontrollierenden Ist-Gemeinkosten beziehen.

Beispiel: Speedy GmbH

Vergleichbarkeit von Normalkosten und Istkosten

Es wird angenommen, dass in der Kostenstelle H_6 der Speedy GmbH die Ist-Gemeinkosten und der Fertigungslohn (Zuschlagsbasis) im vergangenen Jahr die folgenden Werte ergaben (Angaben in EUR):

Monat	Ist-Gemeinkosten (ESK H6)	Ist-Zuschlagsbasis (hier: Fertigungslohn)
Januar	96.000	40.000
Februar	105.000	55.000
März	89.000	38.000
...	...	...
Dezember	102.000	48.000
$\sum$ (Annahme)	1.053.000	540.000
Ø pro Monat	87.750	45.000
	→ Ø Zuschlagssatz 195 %	

Die durchschnittlichen Ist-Gemeinkosten i. H. v. 87.750 EUR sind nicht vergleichbar mit den aktuellen Ist-Gemeinkosten i. H. v. 86.820 EUR (siehe Abbildung 4.11):

87.750 EUR	durchschnittliche Ist-Gemeinkosten beziehen sich auf 45.000 EUR durchschnittlichen Fertigungslohn
86.820 EUR	Ist-Gemeinkosten der aktuellen Periode beziehen sich auf 40 000 EUR (siehe Abbildung 4.4) aktuellen Fertigungslohn
Δ 930 EUR	Die Überdeckung von 930 EUR (= 87.750 EUR – 86.820 EUR) hat daher keine Aussagekraft!

Die 87.750 EUR müssen vielmehr aus Vergleichbarkeitsgründen auf die aktuelle Basis (aktueller Fertigungslohn) umgerechnet werden. Dazu werden die durchschnittlichen Gemeinkosten zum durchschnittlichen Fertigungslohn ins Verhältnis gesetzt. Es ergeben sich: 87.750 EUR : 45.000 EUR = 195 %. Diese 195 % sind nun auf den aktuellen Fertigungslohn (die aktuelle Zuschlagsbasis) zu beziehen. Damit ist die Vergleichbarkeit hergestellt und es ergeben sich 195 % · 40.000 EUR = 78.000 EUR vergleichbare Normal-Gemeinkosten.

78.000 EUR	Normal-Gemeinkosten beziehen sich auf 40.000 EUR aktuellen Fertigungslohn
86.820 EUR	Ist-Gemeinkosten beziehen sich auf 40.000 EUR aktuellen Fertigungslohn
Δ – 8.820 EUR	Die Unterdeckung von -8.820 EUR (= 78.000 EUR – 86.820 EUR) ist aussagekräftig, da sich beide Werte auf eine einheitliche Bezugsbasis beziehen.

Die *Normalisierung* für die Ermittlung eines Maßstabs für die Kontrolle der Istkosten hat zwar den Nachteil, dass sie auf vergangenen Istwerten basiert, in denen Unwirtschaftlichkeiten enthalten sein können. Doch zumindest sind Normalkosten relativ einfach und schnell ermittelbare Beurteilungsmaßstäbe für die anfallenden Istkosten einer laufenden Abrechnungsperiode. Bei der Analyse feststellbarer Differenzen muss man sich über diese Einschränkung – im Vergleich zum besseren Maßstab der Sollkosten – allerdings im Klaren sein.

Durch den Vergleich der Normal-Gemeinkosten mit den Ist-Gemeinkosten sind Differenzen feststellbar, die man *Überdeckungen bzw. Unterdeckungen* nennt: Überdeckung/
Unterdeckung

- Normalkosten > Istkosten → Überdeckung (positiv zu interpretieren, da die aktuellen Istkosten unter vergleichbaren durchschnittlichen Vergangenheitswerten lagen
- Normalkosten < Istkosten → Unterdeckung (negativ zu interpretieren, da die aktuellen Kosten über vergleichbaren durchschnittlichen Vergangenheitswerten lagen).

Der Begriff Abweichungen ist in diesem Zusammenhang für die ermittelten Differenzen nicht üblich, da er den Differenzen in einem Soll-Ist-Vergleich vorbehalten bleiben soll. Dort sind Preisabweichungen, Verbrauchsabweichungen (mit ihren Spezialabweichungen) und – je nach Plankostenrechnungssystem – auch gegebenenfalls Beschäftigungsabweichungen feststellbar (siehe hierzu ausführlich Kapitel 7).

1. Schritt: Ermittlung des Normal-Zuschlagsatzes für die zu analysierende(n) Kostenstelle(n) – Vorgehensweise wie im obenstehenden Beispiel Schritte
beim Normal-Ist-
Vergleich
2. Schritt: Ermittlung der Normal-Gemeinkosten

Merke   !

$$\text{Normal-Gemeinkosten} = \frac{\text{Normal-Zuschlagsatz} \cdot \text{Basis}}{100}$$

Die Basis in der Formel stellen im Material- und Fertigungsbereich die aktuellen Zuschlagsbasen (Fertigungsmaterial bzw. Fertigungslöhne) dar. An dieser Stelle ist darauf hinzuweisen, dass zur Normal-Gemeinkostenbildung in den Kostenstellen, in denen Herstellkosten die Zuschlagsbasis bilden (in der Regel Forschung & Entwicklung, Verwaltung, Vertrieb), auch eine Anpassung der Herstellkosten vorzunehmen ist. Die Ist-Gemeinkosten in den Herstellkosten sind dabei durch die Normal-Gemeinkosten im Material- und Fertigungsbereich zu ersetzen. Dadurch ergeben sich in diesen Kostenstellen für den Normal-Ist-Vergleich zwei Zuschlagsbasen: Ist-Herstellkosten und Normal-Herstellkosten (siehe Abbildung 4.13). Die Ist-Herstellkosten dienen der Ermittlung von Ist-Zuschlagsätzen, die normalisierten Herstellkosten werden für die Errechnung der Normal-Endstellenkosten benötigt.

3. Schritt: Ermittlung der Über- oder Unterdeckung

			Betriebsabrechnungsbogen der Speedy GmbH für Monat … (EUR)										
Zeile	Kostenstellen	gesamt	Allgemeine Kostenstellen und Fertigungshilfs- kostenstelle				Hauptkostenstellen						
	Kostenarten		A_1	A_2	A_3	A_4	H_5	H_6	H_7	H_8	H_9	H_{10}
1	Fertigungs- material/ Fertigungslohn	330.000					230.000	40.000	60.000			
	Zeile 2–12: siehe Abbildung 4.4 Zeile 13–16: siehe Abbildung 4.11											
17	Σ Ist-Endstellen- kosten (ESK)	310.180	0	0	0	0	23.156	86.820	91.778	34.678	53.158	20.590
18	Zuschlagsbasis						Material- einzel- kosten	Ferti- gungs- lohn	Ferti- gungs- lohn	Herstell- kosten 1[1]	Herstell- kosten 2[1]	Herstell- kosten 2[1]
19	Ist-Zuschlagsatz						10,068 %	217,05 %	152,963 %	6,521 %	9,385 %	3,635 %
20	Angenomme- ner Normal- Zuschlagsatz (= ∅ Ist- Zuschlagssatz)						10 %	195 %	160 %	7 %	9 %	4 %
21	Normal-End- stellenkosten (= Normal- Zuschlagsatz · Zuschlagsbasis)	307.196					23.000	78.000	96.000	36.890	50.750	22.556
22	Überdeckung (+)/Unter<- deckung (–) (Normal-ESK Ist-ESK)	–2.984					– 156	– 8.820	+ 4.222	+ 2.212	– 2.408	+ 1.966

[1] Materialeinzelkosten 230.000 EUR
+ Normal-Materialgemeinkosten: 23.000 EUR
+ Fertigungseinzelkosten I: 40.000 EUR
+ Normal-Fertigungsgemeinkosten I: 78.000 EUR
+ Fertigungseinzelkosten II: 60.000 EUR
+ Normal-Fertigungsgemeinkosten II: 96.000 EUR

= Normal-Herstellkosten 1: 527.000 EUR: (in Abbildung 4.12 hingegen Ist-Herstellkosten 1: 531.754 EUR)
+ Normal-Forschungs- und Entwicklungsgemeinkosten: 36.890 EUR

= Normal-Herstellkosten 2: 563.890 EUR (in Abbildung 4.12 hingegen Ist-Herstellkosten 2: 566.432 EUR)

Abb. 4.13: Kostenkontrolle im BAB – Teil IV

Im dritten Schritt kann nunmehr die Über- oder Unterdeckung für die Kostenstelle durch die Gegenüberstellung von Normal-Gemeinkosten und Ist-Gemeinkosten gebildet werden, weil bei Verwendung von Normal-Kalkulationswerten im betrachteten Abrechnungszeitraum *zu* wenig Gemeinkosten gegenüber der Istsituation verrechnet/kalkuliert werden.

In Abschnitt 5.2.2.2 werden wir Normal-Gemeinkostenzuschlagssätze auch in der differenzierten Zuschlagskalkulation verwenden. Abbildung 4.13 weist hierfür die angenommenen Normal-Gemeinkostenzuschlagssätze aller Hauptkostenstellen sowie die daraus resultierenden Überdeckungen bzw. und Unterdeckungen aus.
Mit dieser Auswertung im BAB ist man nun in der Lage, differenziert nach Kostenstellen Über- und Unterdeckungen festzustellen, und kann den Ursachen in weiteren Gesprächen mit den Kostenstellen-Verantwortlichen nachgehen. Würde diese differenzierte Auswertung im BAB nicht vorgenommen werden, hätte Manfred Kolb nur die Information aus der Kalkulation, dass eine gesamthafte Unterdeckung von – 2.984 EUR vorliegt. Diese Gesamtabweichung ist – wie wir noch in der Kalkulation sehen werden – durch die Gegenüberstellung von den gesamten verrechneten Normal-Selbstkosten (= 637.196 EUR) und den gesamten Ist-Selbstkosten (= 640.180 EUR) feststellbar:

	Normal	**Ist**
Herstellkosten 2	563.890	566.432
Verwaltungskosten	50.750	53.158
Vertriebskosten	22.556	20.590
Selbstkosten	637.196	640.180

Der Vorteil einer mit Normalzuschlagsätzen arbeitenden Kosten- und Leistungsrechnung liegt insbesondere darin, dass man schon während des aktuellen Abrechnungszeitraums Kalkulationen und Verrechnungen auf die Kostenträger durchführen kann. Diese auf Basis von Normal-Gemeinkosten durchgeführten Verrechnungen unterscheiden sich naturgemäß gegenüber einer Ist-Situation. Ohne Kostenkontrolle in der Kostenstellenrechnung erhält man als Information lediglich die Gesamtdifferenz von – 2.984 EUR. Bezogen auf das zugrunde gelegte Gesamtkostenvolumen stellt dies gerade Mal knapp ein halbes Prozent der Normal-Selbstkosten dar und erscheint somit unbedeutend. Löst man diese Gesamtdifferenz allerdings in die Über- und Unterdeckungen der einzelnen Kostenstellen auf, so ergibt sich ein anderes Bild. Die Unterdeckung auf der Fertigungshauptkostenstelle H_6 (– 8.820 EUR) beträgt immerhin über 11 %, bezogen auf das Normal-Gemeinkostenvolumen dieser Kostenstelle. In der Verwaltungskostenstelle sind es fast 5 %, wobei hier allerdings auch Basiseffekte hineinspielen: Eine Unter- oder Überdeckung entsteht auch dann, wenn der Ist- und Normalzuschlagsatz im Verwaltungs- und Vertriebsbereich gleich hoch ist, da sich die Zuschlagsätze auf unterschiedliche Basen (Ist- und Normalherstellkosten) beziehen.

Durch diese kostenstellenweise Kostenkontrolle kann man Transparenz in die Kosten-strukturen bringen. Diese Möglichkeit sollten auch solche Unternehmen nutzen, die sich mit vereinfachten Kalkulationsverfahren die Kostenstellenrechnung ersparen könnten (z. B. bei Einproduktfertigung, Sortenfertigung).

Aufgaben Kapitel 4

1. Welche Hauptaufgaben hat die Kostenstellenrechnung?
2. Wie ist die Notwendigkeit einer Kostenstellenrechnung in einem Einprodukt-Unter-nehmen zu beurteilen?
3. Nach welchem Kriterium hat die Kostenstellenbildung zu erfolgen, wenn eine mög-lichst verursachungsgerechte Kostenverteilung erreicht werden soll?
4. Wann ist eine Kostenstellenbildung nach Verantwortungsbereichen sinnvoll?
5. Welche Arten von Kostenstellen lassen sich unterscheiden?
6. Stellen Sie Aufbau und Aufgaben des Betriebsabrechnungsbogens dar.
7. Wie werden primäre Gemeinkosten auf die Kostenstellen verteilt?
8. Auf welche Weise lassen sich die folgenden Kostenträgergemeinkosten auf die Kos-tenstellen verteilen?
   a) Prämien für die Feuerversicherung
   b) Kalkulatorische Abschreibungen auf Maschinen
   c) Kalkulatorische Abschreibungen auf Gebäude
   d) Grundsteuer
   e) Reparaturkosten
   f) Kalkulatorischer Unternehmerlohn
   g) Gehälter der technischen Betriebsleitung
   h) Kalkulatorische Wagniskosten – Anlagenrisiko
   i) Hilfsstoffe
   j) Betriebsstoffe
9. In einer Abrechnungsperiode sind an primären Gemeinkosten folgende Beträge ange-fallen:
   - Putzfrauenlöhne 12.000 EUR und Gebäudeabschreibungen 40.000 EUR (die Umlage erfolgt jeweils nach Fläche).
   - Feuerversicherungsprämie 15.000 EUR und Kosten für Wachdienst 6.000 EUR (die Umlage erfolgt jeweils nach dem Anteil einer Kostenstelle am betriebsnotwendi-gen Vermögen).
   - Kosten aus der Benutzung des städtischen Hallenbades durch Firmenmitarbeiter 2.000 EUR (die Umlage erfolgt nach der Anzahl der Beschäftigten pro Kostenstelle). Ermitteln Sie die primären Gemeinkosten pro Kostenstelle!

Kostenstellen	Fläche (m²)	betriebsnotwendiges Vermögen (EUR)	Beschäftigte
Allgemeine Kostenstelle	10.000	600.000	25
Fertigungshilfskostenstelle	4.000	300.000	75
Fertigungshauptkostenstelle	40.000	1.200.000	300
Materialkostenstelle	30.000	600.000	50
Verwaltung und Vertrieb	20.000	450.000	50

10. Aus welchem Grund ist eine innerbetriebliche Leistungsverrechnung notwendig?
11. Welches Hauptproblem entsteht bei der Verrechnung innerbetrieblicher Leistungen?
12. Der Kostenstellenplan eines Betriebes weist zwei allgemeine Hilfskostenstellen (A_1 und A_2) sowie zwei Hauptkostenstellen (H_3 und H_4) aus.
Die primären Gemeinkosten pro Kostenstelle betragen:

PSK_1 = 328 EUR PSK_3 = 200 EUR
PSK_2 = 160 EUR PSK_4 = 530 EUR.

Der Austausch innerbetrieblicher Leistungen wird durch die folgende Leistungsaustauschmatrix dargestellt.
(dabei bedeutet $\alpha_{jk} \cdot L_j$ = prozentualer Anteil des Gemeinkostenwertes der Gesamtleistungsmenge L der Kostenstelle j, der der empfangenden Kostenstelle k zu belasten und der abgebenden Kostenstelle j gutzuschreiben ist).
Leistungsaustauschmatrix:

Leistende Stellen: \ Empfangende Stellen:	A_1	A_2	H_3	H_4	$\sum_{k=1}^{4} \alpha_{jk} \cdot L_j$
A_1		$0,2\,L_1$	$0,5\,L_1$	$0,3\,L_1$	L_1
A_2	$0,3\,L_2$		$0,1\,L_2$	$0,6\,L_2$	L_2
H_3				$0,2\,L_3$	$0,2\,L_3$
H_4					

Bestimmen Sie die Endstellenkosten (ESK_{1-4}) pro Kostenstelle unter Berücksichtigung sämtlicher Leistungsströme.

13. In einer Abrechnungsperiode werden in der Allgemeinen Kostenstelle 1 (Fuhrpark) an primären Gemeinkosten 8.200 EUR und eine Leistung von insgesamt 20.000 km verzeichnet, in der Allgemeinen Kostenstelle 2 (Reparatur) bei primären Gemeinkosten von 22.000 EUR insgesamt 500 Stunden geleistet.

Der Fuhrpark verzeichnet 1.000 km für die Reparaturstelle und verbraucht 40 Repara-
turstunden. Die übrigen Leistungen werden an Hauptkostenstellen abgegeben.
a) Wie hoch sind die Verrechnungspreise p_1 (EUR/km) und p_2 (EUR/Std.)?
b) Wieviel Gemeinkosten werden von den beiden Allgemeinen Kostenstellen an die
    Hauptkostenstellen weiterverrechnet?

14. Ein Industriebetrieb ist abrechnungstechnisch in drei Hilfskostenstellen (A_1, A_2, A_3)
    und drei Hauptkostenstellen (H_4, H_5, H_6) unterteilt, wobei jede Kostenstelle nur eine
    homogene Leistungsart erzeugt, die zudem mengenmäßig erfassbar ist.
    Die Erzeugnis-Gemeinkosten werden als primäre Stellenkosten (PSK) den Kostenstel-
    len wie folgt belastet:

$$PSK_1 = 275\ EUR \qquad PSK_2 = 300\ EUR \qquad PSK_3 = 275\ EUR$$
$$PSK_4 = 300\ EUR \qquad PSK_5 = 450\ EUR \qquad PSK_6 = 750\ EUR$$

Folgende innerbetrieblichen Leistungsströme m_{jk} (j = abgebende Stelle, k = empfangende Stelle) liegen vor; diese werden in Leistungseinheiten der jeweiligen Kostenstelle gemessen:

$$m_{13} = 10 \qquad m_{15} = 30 \qquad m_{21} = 25 \qquad m_{22} = 5 \qquad m_{23} = 25$$
$$m_{24} = 10 \qquad m_{34} = 10 \qquad m_{36} = 10 \qquad m_{64} = 40$$

Die Endleistungen der Hauptkostenstellen betragen (in Einheiten):
$$e_4 = 80 \qquad e_5 = 50 \qquad e_6 = 160$$

Bestimmen Sie die Endstellenkosten (ESK) der Hauptkostenstellen und die Gemeinkostenwerte (q_j) der Endleistungen pro Leistungseinheit (Kalkulationssätze).
Legen Sie dabei der innerbetrieblichen Leistungsverrechnung das Treppenverfahren
zugrunde. Die Kostenstellen sind so zu gruppieren, dass möglichst sämtliche Leistungsströme erfasst werden.

15. Der Kostenstellenplan eines Betriebes weist zwei allgemeine Kostenstellen (A_1 und A_2)
    sowie drei Hauptkostenstellen (H_3, H_4 und H_5) aus. Als Ergebnis der Verteilung der pri-
    mären Erzeugnis-Gemeinkosten auf die Kostenstellen ergeben sich folgende primä-
    ren Stellenkosten je Kostenstelle:

$$PSK_1 = 450\ EUR \qquad PSK_2 = 757\ EUR \qquad PSK_3 = 1.197\ EUR$$
$$PSK_4 = 1.750\ EUR \qquad PSK_5 = 915\ EUR$$

Der Austausch innerbetrieblicher Leistungen wird durch die folgende Leistungsaustauschmatrix dargestellt[1]:

von \ nach	A_1	A_2	H_3	H_4	H_5	$\sum\limits_{k=1}^{5}\alpha_{jk}\cdot L_j$
A_1		$0{,}15\,L_1$	$0{,}4\,L_1$		$0{,}45\,L_1$	L_1
A_2	$0{,}2\,L_2$		$0{,}3\,L_2$	$0{,}2\,L_2$	$0{,}3\,L_2$	L_2
H_3					$0{,}1\,L_3$	$0{,}1\,L_3$
H_4					$0{,}05\,L_4$	$0{,}05\,L_4$
H_5			$0{,}2\,L_5$			$0{,}2\,L_5$

[1] Dabei verwendete Symbolik

$a_{jk}\cdot L_j$ = Anteil des Gemeinkostenwertes der Gesamtleistungsmenge der Kostenstelle j, der der empfangenden Kostenstelle k zu belasten und der abgebenden Kostenstelle j gutzuschreiben ist.

Zu ermitteln sind die Endstellenkosten (ESK) je Kostenstelle, wobei alle innerbetrieblichen Leistungsbeziehungen verursachungsgerecht zu berücksichtigen sind.

16. Der Kostenstellenplan einer GmbH weist die beiden Allgemeinen Kostenstellen A_1 und A_2 sowie die beiden Hauptkostenstellen H_3 und H_4 aus. Die primären Stellenkosten (PSK) der vier Kostenstellen betragen:

PSK_1 = 140 EUR PSK_2 = 200 EUR
PSK_3 = 500 EUR PSK_4 = 460 EUR

Der Austausch innerbetrieblicher Leistungen zwischen den Kostenstellen wird durch folgende Leistungsaustauschmatrix dargestellt, wobei die innerbetrieblichen Leistungsströme in absoluten Leistungseinheiten ausgedrückt sind:

Leistende Stellen: \ Empfangende Stellen:	A_1	A_2	H_3	H_4
A_1		20	60	120
A_2	10	50	20	20
H_3				
H_4			50	

Die Endleistungen der Kostenstelle H_4 betragen 200 Einheiten.

Bestimmen Sie die Endstellenkosten der vier Kostenstellen unter Verwendung des Treppenverfahrens. Stellen Sie hierbei sicher, dass möglichst alle innerbetrieblich erbrachten Leistungen bei der Abrechnung berücksichtigt werden können!

17. Vervollständigen Sie den nachstehenden BAB-Auszug:

	Fertigungshaupt-kostenstelle	Materialhaupt-kostenstelle	Verwaltungs-hauptkosten-stelle	Vertriebshaupt-kostenstelle
Ist-Gemeinkosten (ESK)	210.000 EUR	7.000 EUR	23.940 EUR	43.890 EUR
Zuschlagbasis	Fertigungslohn 42.000 EUR	Material-einzelkosten 140.000 EUR	Herstellkosten	Herstellkosten
Ist-Zuschlagssatz				
Normal-Zuschlagsatz	400 %	4 %	6 %	12 %
Normal-gemeinkosten				
Über-/Unter-deckung				

Die Lösungen zu den Aufgaben finden Sie im Online-Bereich des Schäffer-Poeschel-Verlags: www.sp-mybook.de

Literatur Kapitel 4

Becker, W./Baltzer, B./Ulrich, P.: Kosten-, Erlös- und Ergebnisrechnung, in: Schmeisser, W. u. a. (Hrsg.): Neue Betriebswirtschaft, München 2018, S. 177-206.

Coenenberg, A. G./Fischer, T. M./Günther, T.: Kostenrechnung und Kostenanalyse, 9. Auflage, Stuttgart 2016.

Däumler, K.-D./Grabe, J.: Kostenrechnung 1 – Grundlagen, 11. Auflage, Herne/Berlin 2013.

Haberstock, L.: Kostenrechnung I. Einführung, 13. Auflage, Berlin 2008.

Hummel, S./Männel, W.: Kostenrechnung 1, 4. Auflage, Wiesbaden 1986.

Jórasz, W.: Kosten- und Erfolgscontrolling, in: Carl, N. u. a.: BWL kompakt und verständlich, 4. Auflage, Wiesbaden 2017.

Olfert, K.: Kostenrechnung, 17. Auflage, Ludwigshafen 2013.

Plinke, W./Rese, M./Utzig, P.: Industrielle Kostenrechnung, 8. Auflage, Berlin 2015.

Schäffer, U./Weber, J./Fourné, S.: Benchmarks in Incentivierung und Kostenrechnung – Eine Studie des WHU Controller Panels, Vallendar 2015.

Schildbach, Th./Homburg, C.: Kosten- und Leistungsrechnung, 10. Auflage, Stuttgart 2008.

Schmidt, A.: Kostenrechnung, 8. Auflage, Stuttgart 2017.

Vahs, D./Schäfer-Kunz, J.: Einführung in die Betriebswirtschaftslehre, 7. Auflage, Stuttgart 2015.

5   Kostenträgerrechnung

LEITFRAGEN

Wie werden die Stückkosten ermittelt?
- Welches ist das richtige Kalkulationsverfahren?
- Wie ist die Zuschlagskalkulation aufgebaut?
- Wie funktioniert die Divisionskalkulation?
- Was unterscheidet die Äquivalenzziffernkalkulation von der reinen Divisionskalkulation?
- Kann man bei Kuppelproduktion verursachungsgerecht kalkulieren?
- Wie kann man die Stückkostenkalkulation zur Angebotspreiskalkulation weiterführen?
- Wie erfolgt die Kalkulation von Handelswaren?

Wie erfolgt die Erfassung der Leistungen?
- Gibt es bei der Leistungsrechnung vergleichbare Teilgebiete wie bei der Kostenrechnung?

Wie ist die Betriebsergebnisrechnung aufgebaut?
- Wie unterscheidet sich das Umsatzkostenverfahren vom Gesamtkostenverfahren?

Beispiel: Speedy GmbH

Nachdem Manfred Kolb, der Leiter Finanzen und zuständig für das Rechnungswesen bei der Speedy GmbH, für den Aufbau der Vollkostenrechnung sowohl die Kostenarten- als auch die Kostenstellenrechnung eingeführt hat, und damit für diese beiden Teilgebiete die Kosten erfassbar und verrechenbar sind, hat er nun vor, die Kostenträgerrechnung als drittes Teilgebiet zu implementieren. Er möchte hierbei zwei Dinge wissen: Wie hoch sind erstens die Stückkosten für den Speedster S1 und für den Speedster S2? Und zweitens welches Ergebnis wurde mit diesen beiden Erzeugnissen in der vergangenen Abrechnungsperiode insgesamt erwirtschaftet und wie teilt sich das Gesamtergebnis auf den Speedster S1 und S2 auf? Für die Beantwortung der zweiten Frage ist es notwendig, zuvor die Umsatzerlöse für beide Erzeugnisse getrennt zu erfassen, d. h. eine Leistungsrechnung zu etablieren.
Da es sich beim Speedster S1 und S2 um zwei unterschiedliche Erzeugnisse handelt, möchte Manfred Kolb bei der Speedy GmbH die Zuschlagskalkulation einführen. Allerdings interessiert er sich grundsätzlich auch für die Methodik weiterer Kalkulationsverfahren, obgleich sie für die Speedy GmbH derzeit nicht infrage kommen. Gespannt ist Manfred auch auf das erwirtschaftete Ergebnis für den vergangenen Abrechnungsmonat. Da er nicht nur den Gesamterfolg bezogen auf den Leistungserstellungsprozess bei der Speedy GmbH wissen will, sondern auch in welcher Höhe der

Speedster S1 und der Speedster S2 zum Gesamterfolg beigetragen haben, möchte er die Varianten Gesamtkostenverfahren und Umsatzkostenverfahren näher betrachten.

5.1 Aufgaben und Überblick

Die Kostenträgerrechnung erfüllt eine Vielzahl von Aufgaben.

Ermittlung von Preis-untergrenzen
Sie bestehen zum ersten darin, die *Herstell- und Selbstkosten* zu ermitteln
- für die Bereitstellung von Kosteninformationen für Entscheidungsrechnungen wie die Ermittlung der langfristigen oder kurzfristigen Preisuntergrenzen. Durch die Kenntnis der Herstell- und Selbstkosten auf Basis von Voll- oder Teilkosten kann z. B. beurteilt werden,
  - ob mit den bestehenden Marktpreisen Vollkostendeckung erzielt werden kann,
  - ob sich die Annahme eines bestimmten Auftrages lohnt,
  - bis zu welchen Kosten die Eigenfertigung günstiger ist als der Fremdbezug,
  - ob das derzeitige Fertigungsprogramm gewinnmaximal oder kostenoptimal ausgelegt ist,
  - welche von mehreren Investitionsalternativen aus Kostensicht am vorteilhaftesten ist usw.

Bestands-bewertung
- für die *Bewertung der Bestände* von Halb- und Fertigerzeugnissen. Diese Kosteninformationen können dann dem externen Rechnungswesen für die Ermittlung der dort benötigten Herstellungskosten zur Verfügung gestellt werden.

Bewertung von Eigenleistungen
- für die Bewertung von *innerbetrieblichen Leistungen*, die zu aktivieren sind oder zwischengelagert werden müssen.

Transfer-preisermittlung
- für die Festlegung von *Transferpreisen* zur dezentralen Lenkung von Unternehmensbereichen, Werken oder Abteilungen (siehe Abschnitt 10.2).

Kurzfristige Erfolgsrechnung
Zum zweiten kann mit der Kostenträgerrechnung eine *kurzfristige Erfolgsrechnung* erstellt und damit ein Betriebsergebnis ermittelt werden.

Die Kostenträgerrechnung zeigt auf, *wofür* (für welche Leistungs- oder Produktarten) die Kosten eines Unternehmens angefallen sind. Als Kostenträger kommen insbesondere die in Abbildung 5.1 aufgeführten Leistungen infrage.

Kostenträger
Ein Kostenträger stellt allgemein gesprochen diejenige betriebliche Leistung dar, die die verursachten Kosten tragen muss. Als Kostenträger sind sowohl die für den Absatz bestimmten Leistungen als auch die innerbetrieblichen Leistungen anzusehen. *Marktleistungen* können wiederum einerseits aufgrund eines konkreten Kundenauftrages, andererseits auch für den anonymen Markt erstellt werden. Erfolgt die Fertigung in mehreren Produktionsstufen, entstehen in der Regel Zwischenerzeugnisse, die ebenfalls Kostenträger darstellen. Bei den *Eigenleistungen* ist – wie im Rahmen der Kostenstellenrechnung

bereits besprochen – zu unterscheiden, ob es sich um zu aktivierende oder um sofort verbrauchte Eigenleistungen handelt.

Unter der Lupe !

Neben diesen klassischen Kalkulationsobjekten kommen auch andere Objekte als – teilweise nur temporäre – Träger der verursachten Kosten in Frage, so z. B.

- Kundenaufträge (die aus mehreren Erzeugnissen bestehen – siehe hierzu Abschnitt 5.3),
- im Unternehmen ablaufende Prozesse – siehe hierzu Abschnitt 9.2),
- unternehmensinterne Projekte oder Kundenprojekte.

Zwei Erscheinungsformen (oder Unterteilgebiete, siehe Abbildung 2.4) der Kostenträgerrechnung haben sich herausgebildet:

Erscheinungsformen der Kostenträgerrechnung

- die Kostenträgerstückrechnung sowie
- die Kostenträgerzeitrechnung

Die Kostenträgerstückrechnung (Kalkulation) ermittelt die Herstell- und Selbstkosten pro einzelner Einheit eines Kostenträgers. Legt man der Kalkulation die während einer Abrechnungsperiode bereits angefallenen Istkosten zugrunde, handelt es sich um eine *Nachkalkulation*. Arbeitet man mit vorausberechneten Einzel- und Gemeinkosten, handelt es sich um eine *Vorkalkulation*. Darüber hinaus existiert insbesondere bei längerfristigen Projekten eine *Mitkalkulation*, bei der die vorausberechneten Kosten nach und nach durch die tatsächlich eingetretenen Istkosten ersetzt werden. Berücksichtigt man sämtliche Kosten, handelt es sich um eine Vollkostenkalkulation. Fließen hingegen nur die entscheidungsrelevanten Kosten (in der Regel die variablen Kosten) in die Kalkulation ein, wird eine Teilkostenkalkulation durchgeführt. Für die Kalkulation gibt es mehrere Verfahren, die sich insbesondere bei unterschiedlichen Fertigungstypen eignen. Die Kostenträgerstückrechnung behandeln wir im Abschnitt 5.2.

Kostenträgerstückrechnung

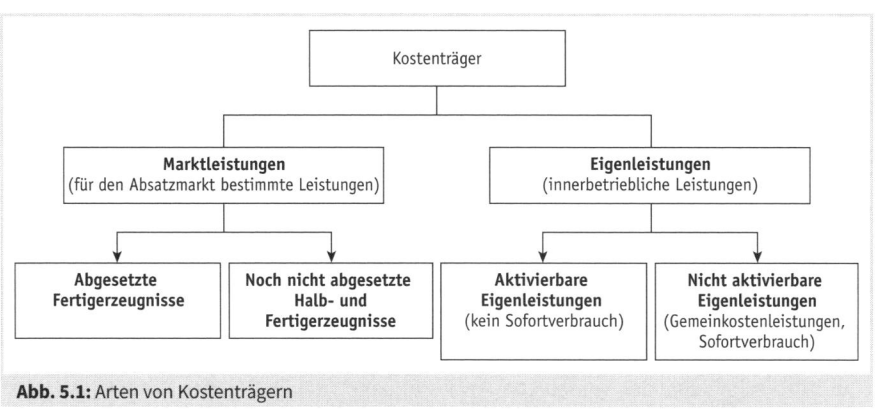

Abb. 5.1: Arten von Kostenträgern

**Kostenträger-
zeitrechnung**

Die Kostenträgerzeitrechnung (Betriebsergebnisrechnung) ist eine Periodenrechnung, in der die in der Abrechnungsperiode insgesamt angefallenen Kosten den Leistungen gegenübergestellt werden. Der sich so errechnende Erfolg kann nach zwei unterschiedlichen Verfahren (Gesamtkostenverfahren oder Umsatzkostenverfahrens) ermittelt werden. Da die Kostenträgerzeitrechnung unterjährig, i. d. R. monatlich erstellt wird, spricht man auch von der kurzfristigen Erfolgsrechnung. Hierauf gehen wir in Abschnitt 5.4 ein.

**Leistungs-
rechnung**

Da die Kostenträgerzeitrechnung eine Erfassung der Leistungen (Erlöse) voraussetzt, ist in diesem Zusammenhang auch die Leistungsrechnung zu besprechen (siehe Abschnitt 5.3). In Analogie zur Kostenrechnung ist hierbei auf Leistungsarten, Leistungsstellen und Leistungsträger einzugehen, wenn auch in deutlich kürzerer Form.

!   **Aus der Praxis**

Ebenso wie die Anzahl an Kostenarten und an Kostenstellen ist auch die Anzahl an Kostenträgern unternehmensspezifisch festzulegen und von einer Vielzahl an Einflussfaktoren abhängig. Beim WHU Controller Panel wurden die Teilnehmer in den Jahren 2008, 2012 und 2015 gefragt, wie viele Kostenträger in ihren Organisationen kalkuliert werden. Die über die drei Zeitpunkte gemittelten Ergebnisse zeigen folgendes Bild:
- Etwa 30 % der antwortenden Unternehmen haben bis zu 25 Kostenträger festgelegt.
- Etwa 20 % der antwortenden Unternehmen haben zwischen 26 und 100 Kostenträger festgelegt.
- Etwa 8 % der antwortenden Unternehmen haben zwischen 101 und 200 Kostenträger festgelegt.
- Etwa 10 % der antwortenden Unternehmen haben zwischen 201 und 500 Kostenträger festgelegt.
- Etwa 7 % der antwortenden Unternehmen haben zwischen 501 und 1 000 Kostenträger festgelegt.
- Etwa 16 % der antwortenden Unternehmen haben mehr als 1 000 Kostenträger festgelegt.

Die verbleibenden Prozentpunkte sind Unternehmen, die das Teilgebiet Kostenträgerrechnung nicht implementiert haben.

5.2   Kalkulation

5.2.1   Systematik und Verfahrensüberblick

Die Anwendung der verschiedenen Kalkulationsverfahren ist insbesondere in Abhängigkeit existierender Prozesstypen der Produktion zu sehen.

**Prozesstypen
der Produktion**

Eine Unterscheidung der verschiedenen Fertigungstypen unter den Gesichtspunkten Häufigkeit eines Vorgangs und Übereinstimmung der gefertigten Produkte untereinander führen zur Einteilung in
- Einzelproduktion,

- Serienproduktion,
- Sortenproduktion und
- Massenproduktion.

Kennzeichnend für die *Einzelproduktion (Auftragsproduktion)* ist die unmittelbare kunden- oder auftragsbezogene Abwicklung mit einem hohen Planungsanteil. Ein Unternehmen mit Einzelfertigung stellt somit verschiedene Produkte in meist unterschiedlichen Arbeitsabläufen her. Unter Kalkulationsaspekten macht dieser Fertigungstyp eine differenzierte Zurechnung der Kosten auf die einzelnen Leistungen erforderlich, will man das Verursachungsprinzip einhalten. Deshalb wurde hierfür die *(differenzierte) Zuschlagskalkulation* entwickelt.

Einzelproduktion

Bei *Serienfertigung* wird von einer einheitlichen Produktart eine begrenzte Anzahl neben- oder hintereinander gefertigt (z. B. Automobile). Allerdings besteht zwischen den Produkten der verschiedenen Serien keine oder nur geringe Übereinstimmung. Je nach Auflagenhöhe unterscheidet man in *Groß- und Kleinserienfertigung*. Die Abgrenzung der Großserien- von der Massenfertigung einerseits und der Kleinserien- von der Sortenfertigung andererseits ist allerdings fließend. Meistens wird bei der Serienfertigung für eine verursachungsgerechte Zurechnung der Kosten die *Zuschlagskalkulation* notwendig werden. Je nach Übergang zur Massen- oder Sortenfertigung wird im Einzelfall auch eine *Divisionskalkulation* Anwendung finden können.

Serien- produktion

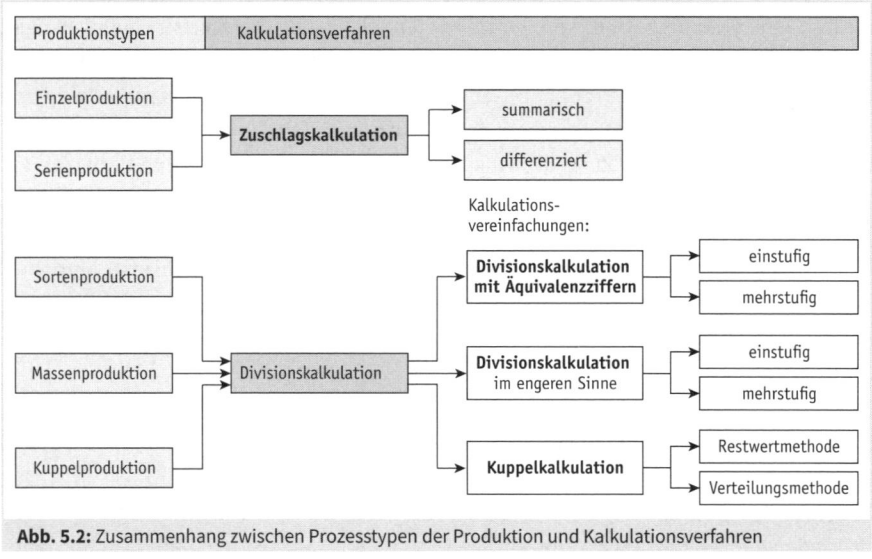

Abb. 5.2: Zusammenhang zwischen Prozesstypen der Produktion und Kalkulationsverfahren

Sortenfertigung zeichnet sich dadurch aus, dass zwar mehrere, aber relativ ähnliche Produkte gefertigt werden (z. B. Bier, Schrauben, Nudel-, Blechsorten). Die homogenen Sortenprodukte weisen nur geringfügige Unterschiede hinsichtlich ihrer Abmessungen,

Sorten- produktion

Gestalt, Qualität oder ihres Formats auf. Für die Kalkulation kann in diesem Fall auf vereinfachte Kalkulationsverfahren zurückgegriffen werden. Mithilfe der *Äquivalenzziffernkalkulation* als einer Ausprägung der Divisionskalkulation wird dem Verursachungsprinzip in
einem akzeptablen Maße Rechnung getragen.

Massen-
produktion

Bei der Herstellung in der Regel *eines* Produktes in großen Mengen spricht man von *Massenfertigung*. Dieser Fertigungstyp erlaubt eine vereinfachte Kalkulation des Produktes.
Durch die einfache *Division* der Kosten durch ein Mengengerüst sind die Stückkosten
ermittelbar.

Kuppel-
produktion

Liegt eine Verbundproduktion vor, bei der verschiedene Produktarten gleichzeitig und
zwangsläufig in einem Produktionsprozess entstehen, spricht man von einer *Kuppelproduktion* (z. B. Raffinerie, Schlachterei, Kokerei). Hier sind die Kosten den Produkten nicht
mehr nach dem Verursachungsprinzip zurechenbar, so dass Hilfsverfahren entwickelt
wurden (*Restwertmethode und Verteilungsmethode*), denen das Tragfähigkeitsprinzip
bzw. das Durchschnittsprinzip zugrunde liegt. Sowohl die Restwertmethode als auch die
Verteilungsmethode sind wiederum Ausprägungen der Divisionskalkulation.

5.2.2 Zuschlagskalkulation

Für Unternehmen mit Einzel(auftrags)produktion oder Serienproduktion (wobei letzteres
für die Speedy GmbH zutrifft) können die Kosten mittels Durchschnittsrechnungen nicht
in befriedigender Weise verursachungsgerecht auf die Erzeugnisse verteilt werden. In der
Regel finden mehrstufige Produktionsabläufe bei heterogener Kostenverursachung und
laufenden Bestandsveränderungen von Halb- und Fertigfabrikaten statt. In solchen Fällen bedient man sich der Zuschlagskalkulation. Die Zuschlagskalkulation basiert ihrem
Wesen nach auf der Trennung der Gesamtkosten in Einzelkosten und Gemeinkosten.

Grundsätzlich können zwei Varianten der Zuschlagskalkulation unterschieden werden:

Varianten
• die summarische Zuschlagskalkulation und
• die differenzierte Zuschlagskalkulation.

5.2.2.1 Summarische Zuschlagskalkulation

Vorgehensweise

Die summarische Zuschlagskalkulation stellt ein sehr grobes Kalkulationsverfahren dar,
da sie den ganzen Betrieb als eine einzige Kostenstelle auffasst und damit (zu Kalkulati-
onszwecken) keine Kostenstellenrechnung erfordert. Die gesamten Gemeinkosten werden mit einem einzigen Zuschlagsatz auf die Kostenträger verrechnet. Zuschlagsbasis
können hierbei die Material- und/oder die Fertigungseinzelkosten darstellen.

Beispiel: Speedy GmbH (Fortsetzung der Fallstudie)

Summarische Zuschlagskalkulation

Die bisher der Speedy GmbH zugrunde liegenden Daten seien nochmals in Erinnerung gerufen:

Gesamte Materialeinzelkosten	230.000 EUR
Gesamte Fertigungseinzelkosten	100.000 EUR
Gesamte Gemeinkosten	310.180 EUR

Hieraus ergibt sich ein summarischer Zuschlagssatz von:

- bei Zuschlagsbasis Materialeinzelkosten: 134,86 %
- bei Zuschlagsbasis Fertigungseinzelkosten: 310,18 %
- bei Zuschlagsbasis gesamte Einzelkosten: 94,0 %

Betragen nun die

- Stückmaterialeinzelkosten des Speedster S1: 630,00 EUR und des Speedster S2: 250,00 EUR
- Stückfertigungseinzelkosten des Speedster S1: 500,00 EUR und des Speedster S2: 74,85 EUR
- die produzierten (= abgesetzten) Mengen des Speedster S1: 100 Stück und des Speedster S2: 668 Stück,

so ergeben sich mit der summarischen Zuschlagskalkulation die nachfolgenden Kalkulationsergebnisse:

Kalkulations-positionen – in EUR –	Kalkulations-variante I: Zuschlagsbasis: Material-einzelkosten		Kalkulations-variante II: Zuschlagsbasis: Fertigungs-einzelkosten		Kalkulations-variante III: Zuschlagsbasis: Material- und Fertigungseinzelkosten	
	Speedster S1	Speedster S2	Speedster S1	Speedster S2	Speedster S1	Speedster S2
Stückmaterial-einzelkosten	630,00	250,00	630,00	250,00	630,00	250,00
Stückfertigungs-einzelkosten	500,00	74,85	500,00	74,85	500,00	74,85
Stück-Gemeinkosten	849,62[1]	337,15	1 550,90[2]	232,17	1 062,20[3]	305,33
Stückkosten	1.979,62	662,00	2.680,90	557,02	2.192,20	630,18

[1] 134,86 % von 630 EUR
[2] 310,18 % von 500 EUR
[3] 94 % von (630 EUR + 500 EUR)

– in EUR –	Verteilung der Gesamtkosten (Einzel- und Gemeinkosten) i. H. v. 640.180 EUR (davon gesamte Gemeinkosten i. H. v. 310.180 EUR)					
	Kalkula-tions-variante I: Speedster S1	Kalkula-tions-variante I: Speedster S2	Kalkula-tions-variante II: Speedster S1	Kalkula-tions-variante II: Speedster S2	Kalkula-tions-variante III: Speedster S1	Kalkula-tions-variante III: Speedster S2
Gesamtkosten	197.962 = rd. 31 %	442.216 = rd. 69 %	268.090 = rd. 42 %	372.089 = rd. 58 %	219.220 = rd. 34 %	420.960 = rd. 66 %
davon Gemeinkosten	84.962 = rd. 27 %	225.216 = rd. 73 %	155.090 = 50 %	155.090 = 50 %	106.220 = rd. 34 %	203.960 = rd. 66 %

Würdigung

Das Beispiel verdeutlicht Folgendes:

- Es bedarf bei der summarischen Zuschlagskalkulation keiner Kostenstellenrech-nung, da die gesamten primären Gemeinkosten über einen Zuschlagsatz auf die Kostenträger verteilt werden. Es findet keine Unterscheidung nach Material, Fer-tigungs- Verwaltung-, Vertriebs-, Forschungs- und Entwicklungsgemeinkosten statt.

- Dadurch wird unterstellt, dass alle Erzeugnisse im gleichen relativen Maße alle Gemeinkosten verursachen, was kaum realistisch sein dürfte.

- Die drei Kalkulationsvarianten zeigen, welche Auswirkungen sich durch die sum-marische Vorgehensweise auf die Kostenstruktur ergeben: Der lohnintensivere Speedster S1 muss bei Zugrundelegung der Fertigungseinzelkosten als Zuschlagsbasis 50 Prozent der gesamten Gemeinkosten tragen, gegenüber 27 Prozent, die sich bei den Materialeinzelkosten als Zuschlagsbasis ergeben. Ein entsprechend gegenläufiger Effekt stellt sich beim Speedster S2 dar. Die Stück-kosten weichen beim Speedster S1 maximal bis rund 700 EUR voneinander ab.

- Wegen des Verzichts auf eine nach Kostenstellen differenzierte Gemeinkostenzu-rechnung ist die summarische Zuschlagskalkulation als grob und ungenau einzu-stufen. Die summarische Zuschlagskalkulation dürfte insbesondere in einfach strukturierten Kleinbetrieben ihre Berechtigung haben. Daneben werden wir in Abschnitt 10.1 wieder auf die summarische Zuschlagskalkulation treffen.

5.2.2.2   Differenzierte Zuschlagskalkulation

Da bei der Speedy GmbH eine derart einfache Struktur nicht realisiert ist, muss für eine verursachungsgerechte Kalkulation die differenzierte Zuschlagskalkulation angewendet werden.

In diesem Abschnitt wird zunächst

Abschnitts-
überblick

1. der grundlegende *Aufbau der differenzierten Zuschlagskalkulation* mit der Fortführung des Fallbeispiels »Speedy GmbH« erläutert,

2. dann eine Rechnungsvariante dargestellt und

3. anschließend die *Normalkostenkalkulation* gewürdigt.
   Nach diesen Erläuterungen können

4. die Unterschiede zwischen *Herstellkosten und Herstellungskosten* aufgezeigt werden.
   Es schließt sich die Vorstellung eines Verfahrens an, mit dem es gelingt, insbesondere in anlagenintensiven Betrieben

5. eine *nachträgliche differenzierte Bezugsgrößenkalkulation* vorzunehmen.
   Zudem soll

6. die Integration der *Maschinenstundensatzrechnung* in die differenzierte Zuschlagskalkulation dargestellt werden.
   Schließlich muss

7. bei Handelswaren die differenzierte Zuschlagskalkulation modifiziert werden, um dem Verursachungsprinzip gerecht zu werden.

Aufbau der differenzierten Zuschlagskalkulation

Kostenträger können Kostenstellen in unterschiedlichem Maß beanspruchen, sei es, dass sie nur vereinzelte Kostenstellen durchlaufen, sei es, dass Dauer und Intensität der Bearbeitung je Leistungseinheit in den einzelnen Kostenstellen unterschiedlich ausfallen. Im Sinne des Verursachungsprinzips dürfen Leistungen nur mit Gemeinkosten derjenigen Kostenstellen belastet werden, die sie auch beansprucht haben, und auch nur in einem Maße, das dieser Beanspruchung entspricht.

Vorgehensweise

Um nun eine genauere und damit verursachungsgerechtere Zurechnung der Gemeinkosten auf die Kostenträger zu erreichen, werden die Gemeinkosten nicht summarisch, sondern differenziert nach Funktionsbereichen, nach Kostenstellen oder gar nach Kostenplätzen als Zuschlagssatz auf unterschiedliche Bezugsgrößen verrechnet. Somit müssen – wie bereits im Rahmen der Kostenstellenrechnung im Teil III des BAB dargestellt (siehe Abschnitt 4.3.4) – kostenstellenbezogene Gemeinkostenzuschläge ermittelt werden. Ein höherer Genauigkeitsgrad der Zuschlagskalkulation kann dadurch erreicht werden, dass man die einzelnen Funktionsbereiche, insbesondere den Fertigungsbereich, möglichst in mehrere Kostenstellen untergliedert. Dies kann bis zu einer Untergliederung der Kostenstellen auf Maschinenebene geschehen, die dann als Maschinenkostenplätze bezeichnet werden. Abgesehen von wirtschaftlichen Überlegungen, ob der dahinterstehende Aufwand die zusätzlich gewonnenen Informationen rechtfertigt, hat der Feinheitsgrad dort seine Grenzen, wo Teile der Gemeinkosten wiederum den einzelnen Kostenstellen bzw. Kostenplätzen zugeschlüsselt werden müssen, weil eine direkte Zurechnung nicht mehr möglich ist.

Kalkulations-
schema

Das in Abbildung 5.3 dargestellte Kalkulationsschema erfüllt die Mindestanforderungen, die an die differenzierte Zuschlagskalkulation gestellt werden. Es unterscheidet in die Kosten der einzelnen betrieblichen Funktionsbereiche. Doch ist es jederzeit auf die betrieblichen Verhältnisse anpassbar. Je nach Kostenstellenbildung kann es insbesondere bei den Fertigungskosten verfeinert werden.

Materialeinzelkosten Materialgemeinkosten	Materialkosten	Herstellkosten	Selbstkosten
Fertigungseinzelkosten Fertigungsgemeinkosten Sondereinzelkosten der Fertigung	Fertigungskosten		
Forschungs- und Entwicklungsgemeinkosten Verwaltungs(gemein)kosten Vertriebsgemeinkosten Sondereinzelkosten des Vertriebs			

Abb. 5.3: Grundschema der differenzierten Zuschlagskalkulation

Kalkulations-
positionen

Bei den *Materialeinzelkosten* handelt es sich um den den Kostenträgern direkt zugerechneten Materialverbrauch (Rohstoffkosten inkl. Fremdmaterial).

Die *Materialgemeinkosten* stellen die Endstellenkosten der Hauptkostenstelle(n) des Materialbereichs dar. Sie werden auf Basis der Materialeinzelkosten auf die Kostenträger verteilt. Materialeinzelkosten und Materialgemeinkosten bilden zusammen die Materialkosten.

Die *Fertigungseinzelkosten* sind die den Kostenträgern direkt zurechenbaren Personalkosten, in der Regel die Fertigungslöhne.

Bei den *Fertigungsgemeinkosten* handelt es sich um die Endstellenkosten der Hauptkostenstelle(n) des Fertigungsbereichs.

Zu den *Sondereinzelkosten* der Fertigung gehören beispielsweise die Kosten für spezielle Modelle, Schablonen, Sonderanfertigungen. Aus Gründen der Transparenz ist es sinnvoll, dafür eine eigenständige Kalkulationsposition auszuweisen und diese Einzelkosten nicht in die Position Fertigungseinzelkosten einfließen zu lassen. Im Gegensatz zu Fertigungseinzelkosten treten Sondereinzelkosten der Fertigung nicht bei jedem Erzeugnis auf. Sondereinzelkosten der Fertigung werden herkömmlicherweise nicht mit Fertigungsgemeinkosten beaufschlagt.

Wird eine spezielle Hauptkostenstelle im Fertigungsbereich geführt, die Fertigungsgemeinkosten »sammelt«, die von den üblichen Fertigungsgemeinkosten getrennt ausgewiesen werden sollen, wäre auch eine Kalkulationsposition *Sondergemeinkosten der Fertigung* denkbar.

Fertigungseinzelkosten, Fertigungsgemeinkosten, Sondereinzelkosten der Fertigung bilden zusammen die Fertigungskosten. Materialkosten und Fertigungskosten ergeben zusammen die *Herstellkosten*.

Wird eine Hauptkostenstelle für *Forschungs- und Entwicklungsgemeinkosten* geführt (siehe hierzu Abschnitt 4.3.1), so wird im Kalkulationsschema eine entsprechende eigenständige Kalkulationsposition ausgewiesen. Diese Forschungs- und Entwicklungsgemeinkosten werden üblicherweise auf Basis der Herstellkosten der abgesetzten Erzeugnisse auf die Kostenträger verteilt.

Verwaltungs(gemein)kosten wiederum stellen die Endstellenkosten der Hauptkostenstelle(n) des Verwaltungsbereichs dar, *Vertriebsgemeinkosten* die Endstellenkosten der Hauptkostenstelle(n) des Vertriebsbereichs. Beide Kalkulationspositionen sind über die Herstellkosten als Zuschlagbasis zu verrechnen. Dabei kann die Basis Herstellkosten – wie im nachfolgenden Beispiel dargestellt – Forschungs- und Entwicklungskosten beinhalten (dann werden im Kalkulationsschema zwei Herstellkostengrößen ausgewiesen), oder man bezieht die Forschungs- und Entwicklungskosten, die Verwaltungs(gemein)kosten und die Vertriebsgemeinkosten auf dieselbe Basis. Zur Ermittlung des Zuschlagsatzes für die Vertriebsgemeinkosten werden die Herstellkosten der *abgesetzten* Erzeugnisse herangezogen. Da die Verwaltungs(gemein)kosten kaum auf die Herstellkosten der produzierten Mengen und auf die Herstellkosten der abgesetzten Mengen aufteilbar sind, werden sie für die Zuschlagsatzermittlung aus Vereinfachungsgründen ebenfalls auf die Herstellkosten der abgesetzten Erzeugnisse bezogen.

Verpackungsmaterial-, Provisions-, Frachtkosten und Ähnliches, somit die den Kostenträgern direkt zurechenbaren Kosten aus dem Vertriebsbereich, werden üblicherweise als Sondereinzelkosten des Vertriebs ausgewiesen. Im Gegensatz zu Vertriebsgemeinkosten treten Sondereinzelkosten des Vertriebs nicht bei jedem Erzeugnis auf. Ähnlich wie bei den Sondereinzelkosten der Fertigung werden auch die Sondereinzelkosten des Vertriebs herkömmlicherweise nicht mit Vertriebsgemeinkosten beaufschlagt.

Die Summe aus allen Kalkulationspositionen (außer den Zwischensummen) ergibt schließlich die *Selbstkosten*.

Beispiel: Speedy GmbH (Fortsetzung der Fallstudie)

Differenzierte Zuschlagskalkulation

Die folgende Übersicht fasst die bisher errechneten Ist-Zuschlagsätze (siehe Abbildung 4.12) und die eingeführten Normal-Zuschlagsätze (siehe Abbildung 4.13) zusammen. Ferner werden die bereits in Abschnitt 5.2.2.1 bei der summarischen Zuschlagskalkulation genannten Stückmaterialeinzelkosten aufgeführt.

Neu sind nunmehr die Angaben zum Stückfertigungslohn. Er wird nicht nur nach den beiden Erzeugnissen, sondern weiter nach den beiden Fertigungskostenstellen I (H_6) und II (H_7) differenziert:

	Ist	Normal	Basis
Materialgemeinkosten	10,068 %	10,0 %	Materialeinzelkosten
Fertigungsgemeinkosten I	217,05 %	195,0 %	Fertigungslöhne
Fertigungsgemeinkosten II	152,963 %	160,0 %	Fertigungslöhne
Forschungs- und Entwicklungsgemeinkosten	6,521 %	7,0 %	Herstellkosten 1
Verwaltungs(gemein)kosten	9,385 %	9,0 %	Herstellkosten 2
Vertriebsgemeinkosten	3,635 %	4,0 %	Herstellkosten 2

	Stückmaterial-einzelkosten:	Stück-fertigungs-löhne:	davon Fertigungs-hauptkostenstelle I:	davon Fertigungs-hauptkostenstelle II:
Speedster S1:	630,00 EUR	500,00 EUR	249,70 EUR	250,30 EUR
Speedster S2:	250,00 EUR	74,85 EUR	22,50 EUR	52,35 EUR

Probe:
Fertigungsstelle I: (100 Stück · 249,70 EUR/Stück) + (668 Stück · 22,50 EUR/Stück)
= 40.000 EUR gesamter Fertigungslohn.
Fertigungsstelle II: (100 Stück · 250,30 EUR/Stück) + (668 Stück · 52,35 EUR/Stück)
= 60.000 EUR gesamter Fertigungslohn.

Es ist ersichtlich, dass beide Fertigungshauptkostenstellen Leistungen für beide Erzeugnisse erbringen.

Es bleibt aus didaktischen Gründen zudem weiter bei der vereinfachenden Unterstellung: Produktion = Absatz
(Speedster S1: 100 Stück, Speedster S2: 668 Stück).

Nun können die beiden Erzeugnisse Speedster S1 und Speedster S2 kalkuliert werden:

Kalkulationspositionen (in EUR)	auf Istkostenbasis		auf Normalkostenbasis	
	Speedster S1	Speedster S2	Speedster S1	Speedster S2
Stückmaterialeinzelkosten	630,00	250,00	630,00	250,00
+ Stückmaterialgemeinkosten (10,068/10,0 %)	63,43	25,17	63,00	25,00
+ Stückfertigungslohn I	249,70	22,50	249,70	22,50
+ Stückfertigungsgemeinkosten I (217,05/195,0 %)	541,97	48,84	486,92	43,88
+ Stückfertigungslohn II	250,30	52,35	250,30	52,35
+ Stückfertigungsgemeinkosten II (152,963/160,0 %)	382,87	80,08	400,48	83,76
= Stückherstellkosten 1	2.118,27	478,94	2.080,40	477,49
+ Forschungs- und Entwicklungs-gemeinkosten pro Stück (6,521/7,0 %)	138,13	31,23	145,63	33,42
= Stückherstellkosten 2	2.256,40	510,17	2.226,03	510,91
+ Stückverwaltungs(gemein) kosten (9,385/9,0 %)	211,76	47,88	200,34	45,98
+ Stückvertriebsgemeinkosten (3,635/4,0 %)	82,02	18,54	89,04	20,44
= Stückselbstkosten	2.550,18	576,59	2.515,41	577,33

Probe:

Multipliziert man die jeweiligen errechneten Stückgemeinkosten mit dem zugrunde gelegten Mengengerüst, so wird erkennbar, dass sich wieder die im BAB ausgewiesenen Gemeinkosten auf den Hauptkostenstellen (= ESK) ergeben.

Z. B. Hauptkostenstelle Material:

Stückmaterialgemeinkosten Speedster S1:   =   6.343 EUR
63,43 EUR · 100 Stück
Stückmaterialgemeinkosten Speedster S2:   =   16.814 EUR
25,17 EUR · 668 Stück
                                              _____
                                              23.157 EUR

Die im BAB (siehe Abbildung 4.12) ausgewiesenen Ist-Endstellenkosten der Kostenstelle H_5 (Materialbereich) betragen 23.156 EUR. Die Differenz von einem Euro ist rundungsbedingt.

Mit der differenzierten Zuschlagskalkulation konnten die Selbstkosten nun verursachungsgerechter als mit der summarischen Verfahren kalkuliert werden. Multipliziert man die Stückselbstkosten mit den zu Grunde liegenden produzierten = abgesetzten Stückzahlen, so wird ersichtlich, dass der Speedster S1 rund 40 % (255.018 EUR), der Speedster S2 rund 60 % (385.162 EUR) der gesamten angefallenen Kosten trägt. Die feststellbare Abweichung von einem EUR gegenüber der Gesamtsumme (640.180 Euro) ist rundungsbedingt.

Vergleicht man die Ist-Stückkosten der summarischen mit der differenzierten Zuschlagskalkulation, so wird erkennbar, dass das Ergebnis der nicht verursachungsgerechten summarischen Vorgehensweise beim Speedster S1 bis zu rund 22 Prozent (Stückselbstkosten: 1.979,62 EUR gegenüber 2.550,18 EUR), beim Speedster S2 bis zu rund 15 Prozent (662,00 EUR gegenüber 576,59 EUR) abweicht.

Rechnungsvariante

Beispiel: Speedy GmbH (Fortsetzung der Fallstudie)

Variante zur Verrechnung von F & E-, Verwaltungs- und Vertriebsgemeinkosten
Bisher wurden die Forschungs- und Entwicklungsgemeinkosten auf die Herstellkostenbasis 1 und die Verwaltungs(gemein)kosten und die Vertriebsgemeinkosten auf die Herstellkostenbasis 2 (die die Forschungs- und Entwicklungsgemeinkosten beinhalten) bezogen. Ein Ausweis der Verwaltungskosten, der Vertriebsgemeinkosten und der Forschungs- und Entwicklungsgemeinkosten kann auch in der Form geschehen, dass diese Endstellenkostengruppen auf *dieselbe* Herstellkostenbasis bezogen werden. Es wird somit nicht in unterschiedliche Herstellkostenbasen I und II differenziert.

Gemäß Abbildung 4.13 beträgt die Zuschlagbasis dann für alle drei Endstellenkosten 531.754 EUR (= Ist-Herstellkosten) oder 527.000 EUR (= Normal-Herstellkosten). Damit ergeben sich veränderte, d. h. wegen der nun kleineren Basis erhöhte Zuschlagsätze für Verwaltungsgemeinkosten und Vertriebsgemeinkosten (der Zuschlagssatz für F&E-Gemeinkosten bleibt unverändert).

	Ist	Normal
Verwaltungskostenzuschlagsatz	bisher 9,385 %	bisher 9,0 %
	jetzt 9,997 %	jetzt 9,63 %
Vertriebsgemeinkostenzuschlagsatz	bisher 3,635 %	bisher 4,0 %
	jetzt 3,872 %	jetzt 4,28 %

Gemäß Abbildung 4.13 betragen die Ist-Herstellkosten 1 (Normal-Herstellkosten 1) 531.754 EUR (527.000 EUR).

Es ergibt sich ein Ist-Zuschlagssatz (Normal-Zuschlagssatz) für den Verwaltungsbereich:
53.158 EUR (50.750 EUR): 531.754 EUR (527.000 EUR) · 100 = 9,997 % (9,63 %).

Der Ist-Zuschlagssatz (Normal-Zuschlagsatz) für den Vertriebsbereich beträgt nunmehr: 20.590 EUR (22.556 EUR): 531.754 EUR (527.000 EUR) · 100 = 3,872 % (4,28 %).

Durch die niedrigere Basis ergeben sich mathematisch höhere Zuschlagssätze. Dennoch verändern sich die Stückverwaltung- und –vertriebsgemeinkosten, und damit die Stückselbstkosten nicht, da sich bei der Kalkulation die niedrigere Basis und die höheren Zuschlagssätze wieder ausgleichen.

Vergleicht man die in der nachstehenden Tabelle ausgewiesenen absoluten Kalkulationswerte (Stückverwaltungs- und vertriebsgemeinkosten) mit denen, die oben über die Herstellkosten1 und 2 errechnet wurden, so ergaben sich identische absolute Werte!

Kalkulationspositionen: (in EUR)	auf Istkostenbasis		auf Normalkostenbasis	
	Speedster S1	Speedster S2	Speedster S1	Speedster S2
..	...	...	...	...
Stückherstellkosten	2.118,27	478,94	2.080,40	477,49
+ Forschungs- und Entwicklungsgemeinkosten pro Stück (6,521/7,0 %)	138,13	31,23	145,63	33,42
+ Stückverwaltungs(gemein)kosten (9,997/9,63 %)	211,76	47,88	200,34	45,98
+ Stückvertriebsgemeinkosten (3,872/4,28 %)	82,02	18,54	89,04	20,44
= Stückselbstkosten	2.550,18	576,59	2.515,41	577,33

Die Rechnungsvariante scheint somit auf den ersten Blick keinerlei Auswirkungen zu haben und lediglich der Transparenz zu dienen, ob die Herstellkosten die Forschungs- und Entwicklungsgemeinkosten beinhalten sollen oder nicht. Dies liegt allerdings daran, dass wir momentan die vereinfachende Annahme produzierte Menge = abgesetzte Menge gewählt haben. Hebt man diese Annahme auf und die produzierte Menge weicht (nach oben oder unten) von der abgesetzten Menge ab, so ergeben sich folgende Unterschiede:

* Bei der ursprünglichen Rechnung beziehen sich Forschungs- und Entwicklungsgemeinkosten auf die Herstellkosten I der produzierten Menge, die Verwaltungs- und Vertriebsgemeinkosten hingegen auf die Herstellkosten II der abgesetzten Menge.

* Bei dieser Rechnungsvariante beziehen sich hingegen sowohl Forschungs- und Entwicklungsgemeinkosten als auch Verwaltungs- und Vertriebsgemeinkosten einheitlich auf die Herstellkosten der abgesetzten Menge.

Weicht man also von der vereinfachenden Annahme produzierte Menge = abgesetzte Menge ab, so führt die Rechnungsvariante auch zu veränderten Selbstkosten der Produkte.

Kalkulation auf Normalkostenbasis

In den Beispielen unter (1) und (2) haben wir neben einer Kalkulation auf Istkostenbasis auch jeweils eine Kalkulation auf Normalkostenbasis dargestellt. Ein BAB auf Istkostenbasis kann die Daten erst zeitversetzt bereitstellen, denn die tatsächlichen Kosten stehen ja erst fest, wenn die Abrechnungsperiode bereits abgelaufen ist. Oftmals müssen aber bereits während des Abrechnungszeitraums (z. B. Angebots-) Kalkulationen durchgeführt und Abrechnungen auf Kostenträger vorgenommen werden. Dies ist machbar, wenn z. B. auf Normalkosten als durchschnittliche Kosten zurückliegender Perioden zurückgegriffen wird (siehe Abschnitt 4.4). Aus den Normalkosten können *Normal-Zuschlagssätze* gebildet und für die Kalkulationen während der laufenden Abrechnungsperiode verwendet werden. Diese über einen bestimmten Zeitraum beibehaltenen Zuschlagssätze sollten allerdings spätestens nach einem Jahr aktualisiert werden. Die mittels dieser Normal-Zuschlagssätze auf die Kostenträger verrechneten Kosten sind die *Normal-Gemeinkosten*. Die Einzelkosten bleiben üblicherweise Istwerte, da auf sie in der Regel jederzeit zugegriffen werden kann.

Vorteile der
Normalkosten-
kalkulation

Neben dem Nutzen für die Wirtschaftlichkeitskontrolle (siehe Abschnitt 4.4) liegen die Vorteile einer Normalkostenrechnung somit in der Vereinfachung der Kalkulation und in der damit verbundenen Zeitersparnis. Die laufende Abrechnungsperiode muss nicht erst abgeschlossen und die Ist-Zuschlagssätze ermittelt werden. Zudem unterliegen die Istwerte entsprechenden Schwankungen, die durch eine Normalkostenkalkulation ausgeglichen werden können.

Unterschied zwischen Herstell- und Herstellungskosten

Eine Aufgabe der Kostenträgerrechnung ist die Ermittlung des Wertansatzes für die Bewertung der Bestände. Die hierfür relevante Größe sind die Herstellkosten. Sie werden dem externen Rechnungswesen für die Bilanzierung der Vermögensgegenstände zur Verfügung gestellt. Doch können diese Zahlen nicht ohne weiteres vom internen in das externe Rechnungswesen übernommen werden, da das Handelsrecht und das Steuerrecht bestimmte Vorschriften für die Herstellungskosten beinhalten.

Herstellungs-
kosten

Der Gesetzgeber hat mit dem Gesetz zur Modernisierung des Besteuerungsverfahrens vom 18.07.2016 die steuerlichen Herstellungskosten in § 6 Abs. 1 Nr. 1b EStG neu geregelt. Seitdem stimmen die handelsrechtliche und die steuerrechtliche Bewertung der Herstellungskosten im Gegensatz zur Vergangenheit überein. Dadurch, dass der Gesetzgeber Pflicht- und Wahlbestandteile beim Ansatz von Herstellungskosten zulässt, ist jedoch eine handels- und steuerrechtliche Untergrenze und Obergrenze möglich (siehe Abbildung 5.4). Die Wahlbestandteile müssen jedoch in Handelsbilanz und Steuerbilanz einheitlich ausgeübt werden.

Unterschiede

Herstellkosten und Herstellungskosten können nicht identisch sein, da die Kosten- und Leistungsrechnung eine kalkulatorische, die Finanzbuchhaltung hingegen eine pagato-

Bestandteile der Herstellungskosten	Handelsbilanz (§ 255 Absatz 2 HGB) – seit 2010 Steuerbilanz (§ 6 Abs. 1 Nr. 1b EStG) – seit 2016		
Materialeinzelkosten		Pflicht	
Fertigungseinzelkosten		Pflicht	
Sonderkosten der Fertigung	Wert-untergrenze	Pflicht	
Materialgemeinkosten		Pflicht	
Fertigungsgemeinkosten		Pflicht	
Werteverzehr des Anlagevermögens		Pflicht	Wert-obergrenze
Kosten der Allgemeinen Verwaltung		Wahlrecht	
Aufwendungen für soziale Einrichtungen		Wahlrecht	
Aufwendungen für freiwillige soziale Leistungen		Wahlrecht	
Aufwendungen für betriebliche Altersversorgung		Wahlrecht	
Fremdkapitalzinsen		Wahlrecht	
Forschungskosten		Verbot	
Vertriebskosten		Verbot	

Abb. 5.4: Handels- und steuerrechtliche Bestandteile der Herstellungskosten

rische Rechnung ist. Für bilanzbuchhalterische Zwecke sind die Herstellkosten deshalb umzuwerten. Dies kann beispielsweise aufgrund der folgenden Positionen notwendig sein:

- Enthalten die Herstellkosten Zusatzkosten wie kalkulatorischen Unternehmerlohn oder kalkulatorische Eigenkapitalzinsen, so sind diese wegen des pagatorischen Charakters der Herstellungskosten herauszurechnen.
- Liegen den in den Herstellkosten enthaltenen bewerteten Güterverbräuchen Wiederbeschaffungswerte zugrunde (was in der Regel der Fall ist), so ist das Anschaffungswertprinzip für die Herstellungskosten zu beachten.
- Kosten und Aufwand werden sich auch deshalb oftmals nicht decken, weil den kalkulatorischen Abschreibungen andere Nutzungsdauern und / oder andere Abschreibungsverfahren als den bilanziellen Abschreibungen zu Grunde gelegt werden.
- Sollen allgemeine Verwaltungskosten in den Herstellungskosten enthalten sein (Wahlrecht), so müssten sie noch aufgenommen werden, da Verwaltungskosten in der Kosten- und Leistungsrechnung nicht Bestandteil der Herstellkosten sind.

Nachträgliche differenzierte Bezugsgrößenkalkulation in der Fertigung

In den bisherigen Ausführungen wurde für jede Kostenstelle jeweils eine Zuschlagbasis angenommen, zu der sich die anfallenden Gemeinkosten proportional verhalten (sollen). Für eine verursachungsgerechte Gemeinkostenverrechnung kann es jedoch durchaus notwendig werden, auch innerhalb einer Kostenstelle mit mehreren Bezugsgrößen arbeiten zu müssen, um das Kostenverhalten richtig wiedergeben zu können. Gerade im *Fertigungsbereich* müssen die Fertigungslöhne nicht immer die alleinige Maßgröße darstellen.

Homogene und heterogene Kostenverursachung

Ausschlaggebend für die Verwendung von mehreren Bezugsgrößen innerhalb einer Kostenstelle ist die Kostenstellenbildung. Wenn aus Zweckmäßigkeitsgründen oder anderen Überlegungen heraus Kriterien bei der Kostenstellenbildung zu Grunde gelegt wurden (z. B. räumliche Gesichtspunkte), die nicht zu einer homogenen Kostenverursachung innerhalb der Kostenstellen führen, sondern eine heterogene Kostenverursachung bewirken, so kann *Homogenität* im Sinne eines Zurückführens der Kostenverursachung auf eine Bezugsgröße dadurch erreicht werden, indem entweder die Kostenstelle weiter in Kostenplätze untergliedert wird oder aber in der Kostenstelle mit mehreren Bezugsgrößen gearbeitet wird. Stehen einer weiteren Untergliederung beispielsweise wirtschaftliche Überlegungen entgegen, können Verfahren hilfreich sein, die – ohne die bestehende Kostenerfassung zu ändern – dennoch eine differenzierte Bezugsgrößenkalkulation innerhalb einer Kostenstelle erlauben.

Aufteilung der Fertigungsgemeinkosten

Ein solches Verfahren wollen wir für den Fertigungsbereich vorstellen. Gerade im Fertigungsbereich können sich die Hauptkostenstellen in ihrer Lohn- und Anlagenintensität unterscheiden. Lohnintensive Hauptkostenstellen rechtfertigen die Verwendung der Bezugsgröße Fertigungslohn, anlagenintensive Hauptkostenstellen hingegen sollten die Gemeinkosten über die Bezugsgröße Maschinenzeit auf die Kostenträger verteilen. Ein Verfahren zur *nachträglichen Aufteilung* bereits erfasster Fertigungsgemeinkosten (FGK) einer Fertigungshauptkostenstelle auf die beiden Bezugsgrößen Fertigungslohn und Maschinenzeit funktioniert wie nachfolgend dargestellt.

Ein Maß für die Anlagenintensität einer Kostenstelle ist die Höhe der kalkulatorischen Abschreibungen der Maschinen und die mit ihnen zusammenhängenden Ver- und Entsorgungseinrichtungen, Werkzeuge, Förder- und Transporteinrichtungen usw. Die Lohnintensität kommt durch die Höhe des Fertigungslohns zum Ausdruck. Setzt man beide Größen zueinander in Beziehung und logarithmiert diesen Quotienten, ergibt sich eine Kennziffer:

! Merke

$$\text{Kennziffer} = \ln \frac{\text{Kalkulatorische Abschreibungen der Kostenstelle}}{\text{Fertigungslohn der Kostenstelle}}$$

Diese Kennziffer ist dann in die drei nachstehenden Gleichungen einzusetzen:

! Merke

% FGK mit Bezugsgröße Maschinenzeit	=	$51{,}207 + 13{,}396 \cdot \text{Kennziffer}$
% FGK mit Bezugsgröße Fertigungslohn	=	$43{,}798 - 13{,}032 \cdot \text{Kennziffer}$
% Rest-FGK	=	$4{,}993 - 0{,}363 \cdot \text{Kennziffer}$

Man erhält daraus die prozentuale Aufteilung der Fertigungsgemeinkosten auf die Bezugsgrößen Maschinenzeit und Fertigungslohn und einen zunächst nicht aufteilbaren kleinen

Rest. Dieser Rest wird in einem Folgeschritt im Verhältnis der maschinenabhängigen und lohnabhängigen Fertigungsgemeinkosten aufgeteilt.

Beispiel: Speedy GmbH

Exkurs: Nachträgliche Aufteilung der Fertigungsgemeinkosten auf die Bezugsgrößen Fertigungslohn und Maschinenzeit

Es sei angenommen, dass die im BAB der Speedy GmbH ausgewiesenen 10.000 EUR kalkulatorische Abschreibungen in der Fertigungshauptkostenstelle I (H_6) die Anlagenintensität der Kostenstelle wiedergeben (vgl. Abbildung 4.4 – BAB Teil I). Der Fertigungslohn beträgt 40.000 EUR, die Fertigungsgemeinkosten betragen 86.820 EUR (siehe Abbildung 4.11, ESK H_6).

1. Schritt: Ermittlung der Kennziffer

$$\text{Kennziffer} = \ln \frac{10\,000}{40\,000} = \ln 0{,}25 = -1{,}3863$$

2. Schritt: Ermittlung der prozentualen Aufteilung der FGK auf die beiden Bezugsgrößen Maschinenzeit und Fertigungslohn mit Rest

1	$51{,}207 + 13{,}396 \cdot (-1{,}3863)$	=	32,6 %
2	$43{,}798 - 13{,}032 \cdot (-1{,}3863)$	=	61,9 %
3	$4{,}993 - 0{,}363 \cdot (-1{,}3863)$	=	5,5 %
			100,0 %

3. Schritt: Ermittlung der absoluten Aufteilung der FGK

86.820 EUR · 0,326 = 28.303 EUR	=	Fertigungsgemeinkosten bezogen auf die Maschinenzeit
86.820 EUR · 0,619 = 53.742 EUR	=	Fertigungsgemeinkosten bezogen auf den Fertigungslohn
86.820 EUR · 0,055 = 4.775 EUR	=	Restfertigungsgemeinkosten

4. Schritt: Aufteilung der Rest-FGK

28.303 EUR + 1.647 EUR[1]	=	29.950 EUR
53.742 EUR + 3.128 EUR[2]	=	56.870 EUR
4.775 EUR	86.820 EUR	

[1] 4.775 EUR · 28.303 EUR : (28.303 EUR + 53.742 EUR) = 1.647 EUR
[2] 4.775 EUR · 53.742 EUR : (28.303 EUR + 53.742 EUR) = 3.128 EUR

5. Schritt: Ermittlung eines anteiligen Maschinenstundensatzes und eines anteiligen FGK-Zuschlagsatzes

Annahme: 2.800 Maschinenstunden in H_6 im Abrechnungszeitraum

29.950 EUR : 2.800 Maschinenstunden	= 10,70 EUR/Maschinenstunde
56.870 EUR : 40.000 EUR x 100	= 142,2 %

Damit reduziert sich der bisher zugrunde gelegte Fertigungsgemeinkostenzuschlagsatz der Kostenstelle H_6 von 217,05 % auf 142,2 % (Basis: Fertigungslohn), daneben werden jedoch nun zusätzlich die herausgerechneten Fertigungsgemeinkosten bezogen auf die Maschinenzeit über einen Maschinenstundensatz auf die Erzeugnisse verrechnet.

Die Summe der auf die beiden Erzeugnisse Speedster S1 und S2 zu verteilenden Fertigungsgemeinkosten ändert sich hierdurch natürlich nicht. Allerdings wird sich die Zurechnung auf S1 und S2 in Abhängigkeit von der jeweils beanspruchten Maschinenzeit und dem zugrunde zu legenden Stückfertigungslohn je Erzeugnis ändern, so dass eine noch genauere Kalkulation möglich wird.

Würdigung Dieses Verfahren hat den Vorteil, dass sich an der bestehenden Kostenerfassung nichts ändern muss. Es wird unterstellt, dass die Maschinenzeiten für jedes diese Kostenstelle durchlaufende Erzeugnis bekannt sind. Der Genauigkeitsgrad der Kalkulationsergebnisse hängt mit von den zur Verfügung stehenden Ausgangsdaten zur Ermittlung der Kennziffer ab.

Maschinenstundensatzrechnung

Die im Abschnitt »Nachträgliche differenzierte Bezugsgrößenkalkulation in der Fertigung« beschriebene differenzierte Kalkulation der Gemeinkosten auf Basis von Fertigungslöhnen und Maschinenzeiten innerhalb einer Kostenstelle im Fertigungsbereich stellt bereits eine Verfeinerung und damit eine verbesserte Berücksichtigung des Verursachungsprinzips gegenüber der im Abschnitt »Aufbau der differenzierten Zuschlagskalkulation« ausgeführten traditionellen Lohnzuschlagskalkulation im Fertigungsbereich dar. Beiden Vorgehensweisen ist jedoch zu Eigen, dass sie letztlich die gesamten Gemeinkosten einer Fertigungshauptkostenstelle noch immer recht pauschal den Kostenträgern zurechnen. Der im Abschnitt »Nachträgliche differenzierte Bezugsgrößenkalkulation in der Fertigung« ermittelte Maschinenstundensatz stellt einen Durchschnittssatz für alle sich in der Fertigungshauptkostenstelle befindlichen Maschinen dar. Es wird noch nicht berücksichtigt, dass

• verschiedene Leistungen in einer Fertigungshauptstelle erbracht werden (z. B. Drehen, Schweißen usw.) und/oder

- diese Leistungen auf unterschiedlichen Maschinentypen (z. B. »konventionelle« Drehmaschine, NC- oder CNC-Maschinen oder Bearbeitungszentrum) ausgeführt werden können.

Befinden sich in maschinenintensiven Fertigungshauptkostenstellen Anlagen, die einerseits unterschiedliche Kosten verursachen und andererseits von den Kostenträgern in unterschiedlichem Maße beansprucht werden, so sollte die Kosten- und Leistungsrechnung bemüht sein, dies in der Kostenverrechnung noch genauer als bisher beschrieben abzubilden. Diese Möglichkeit bietet die *Maschinenstundensatzrechnung*. Hierbei wird für jede Anlage oder für jeden Anlagentyp ein Maschinenkostenplatz innerhalb der Fertigungshauptkostenstelle gebildet.
Verbesserung des Verursachungsprinzips

Es werden die Kosten einer Fertigungshauptkostenstelle in zwei Schritten auf die Kostenträger verrechnet:
Stufen der Maschinenstundensatzrechnung

1. Schritt: Bildung der Maschinenstundensätze, indem die maschinenabhängigen Kosten für den spezifischen *Kostenplatz* auf die Maschinenlaufzeit bezogen werden, um eine weitere Verrechnung auf den Kostenträger zu ermöglichen.
2. Schritt: Anteilige Verrechnung der *Restfertigungsgemeinkosten* wie bisher über die Fertigungseinzelkosten (Fertigungslöhne) dieser Kostenstelle, wobei die Restfertigungsgemeinkosten dieser Kostenstelle diejenigen Gemeinkosten darstellen, die den einzelnen Kostenplätzen nicht verursachungsgerecht zugeordnet werden können.

Berechnung des Maschinenstundensatzes:

> **Merke**   !
>
> $$\text{Maschinenstundensatz} = \frac{\text{Gemeinkosten pro Maschine und Periode}}{\text{Nutzungszeit pro Periode}}$$

Die wichtigsten maschinenabhängigen Gemeinkosten sind die
Maschinenabhängige Gemeinkosten

- kalkulatorischen Abschreibungen,
- kalkulatorischen Zinsen,
- Reparaturkosten,
- Wartungs- und Reinigungskosten,
- Energiekosten,
- Raumkosten,
- Werkzeugkosten,
- Hilfs- und Betriebsstoffkosten sowie
- Programmierkosten.

Sofern weitere Kostenarten ebenfalls eindeutig maschinenabhängig sind, müssen auch sie in den Maschinenstundensatz einbezogen werden.

Nutzungszeit Bei der Ermittlung der Nutzungszeit geht man zunächst von der maximalen Laufzeit der Anlage aus und reduziert diese dann um Ausfall- oder Stillstandszeiten, die durch Feier- und Urlaubstage, Wartung und Reparaturen, Reinigung und Programmierung etc. bedingt sind.

Standardisierung Eine reine Istkostenrechnung müsste wegen der schwankenden Maschinenauslastung und dem teilweise unregelmäßig vorliegenden Kostenanfall die Maschinenstundensätze in recht kurzen Abständen immer wieder aktualisieren. Es ist deshalb sinnvoll, den Gemeinkosten einen gewissen Plancharakter zu verleihen, indem zu erwartende Werte zugrunde gelegt werden und die verfügbare Fertigungskapazität als Nutzungszeit angenommen wird. Damit kann eine *Standardisierung* erreicht werden.

Beispiel: Speedy GmbH (Fortsetzung der Fallstudie)

Maschinenstundensatzrechnung

Es sei angenommen, dass die Fertigungshauptkostenstelle H_6 der Speedy GmbH mit (der Vereinfachung halber nur) einer Maschine ausgestattet ist, auf der die Erzeugnisse Speedster S1 und Speedster S2 bearbeitet werden. Die Bearbeitungszeit beträgt 4,7 Minuten pro Exemplar Speedster S1 bzw. 10,0 Minuten pro Exemplar Speedster S2. Die Normal-Gemeinkosten von H_6 werden unverändert mit 78.000 EUR beibehalten (siehe Abbildung 4.13).

Zu kalkulieren sind die Stückselbstkosten von S1 und S2 mit integrierter Maschinenstundensatzrechnung. Folgende ergänzende Informationen sind vorhanden:

Anschaffungswert der Maschine	160.000,00 EUR
Wiederbeschaffungswert (WBW) der Maschine	220.000,00 EUR
Erwarteter Restwert am Ende der Nutzungsdauer	20.000,00 EUR
Lineare Abschreibungsdauer	10 Jahre
Kalkulatorischer Zinssatz auf das durchschnittlich gebundene Kapital	8,00 %
Erwartete Ø jährliche Reparaturkosten (in Prozent vom WBW)	3 %
maximale Energieabnahme 10 kWh, durchschnittliche Leistungsausnutzung 60 %; Stromkostensatz	0,20 EUR/kWh
Ø Wartungs- und Reinigungskosten pro Jahr	5.500,00 EUR
Ø Betriebsstoffkosten pro Jahr	416,00 EUR
Raumkosten pro Jahr	300,00 EUR/m²
Flächenbedarf	20 m²
Ø Werkzeugkosten pro Jahr	3.418,00 EUR

1. Ermittlung des Maschinenstundensatzes
Jährliche Nutzungszeit

52 Wochen à 40 Stunden (Einschichtbetrieb)	2.080 Stunden
11 Feiertage à 8 Stunden	88 Stunden
Ausfallzeit wegen Krankheit des Bedienungspersonals (kein Ersatz) 20 Tage à 8 Stunden	160 Stunden
Ausfallzeit wegen Betriebsferien 30 Tage à 8 Stunden	240 Stunden
Reinigungs- und Reparaturzeiten	150 Stunden
Sonstige Ausfallzeiten	12 Stunden
	1.430 Stunden

Verprobung mit gegebenen monatlichen Stückzahlen und Bearbeitungszeit:
1.430 Stunden/Jahr = 119,17 Stunden/Monat

4,7 Min./Stück (= Bearbeitungszeit Speedster S1) · 100 Stück	=	470 Min.
10,0 Min./Stück (= Bearbeitungszeit Speedster S2) · 668 Stück	=	6.680 Min.
		7.150 Min.
7.150 Min./Monat = 119,17 Stunden/Monat		

Maschinenabhängige Gemeinkosten

Kalkulatorische Abschreibung	(220.000 – 20.000) : 10	=	20.000	EUR/Jahr
Kalkulatorische Zinsen[1]	160.000 : 2 · 0,08	=	6.400	EUR/Jahr
Instandsetzungskosten	220.000 · 0,03	=	6.600	EUR/Jahr
Energiekosten	1.430 · 10 · 0,6 · 0,2	=	1.716	EUR/Jahr
Wartungs- und Reinigungskosten		=	5.500	EUR/Jahr
Betriebsstoffkosten		=	416	EUR/Jahr
Raumkosten	20 · 300	=	6.000	EUR/Jahr
Werkzeugkosten		=	3.418	EUR/Jahr
		=	50.050	EUR/Jahr
		=	4.171	(EUR/Monat)
[1] Basierend auf Meinung 1 (siehe Abschnitt 3.3.4.2).				

Maschinenstundensatz: 50.050 EUR : 1.430 Stunden = 35,00 EUR/Stunde
Es verbleiben Restfertigungsgemeinkosten von (78.000 EUR – 4.171 EUR =)
73 829 EUR. Sie sind somit über den Fertigungslohn zu verrechnen:
(73.829 EUR : 40.000 EUR) · 100 = 184,57 %.

3. Kalkulation (hier auf Normalkostenbasis)

Kalkulationspositionen (EUR)	Speedster S1	Speedster S2
Stückmaterialeinzelkosten	630,00	250,00
+ Stückmaterialgemeinkosten (10%)	63,00	25,00
+ Stückfertigungslohn I	249,70	22,50
+ Stückfertigungsgemeinkosten I: Maschinenabhängig: (4,7 bzw. 10 Minuten/Stück · 35,00 EUR/Stunde : 60 Minuten) Lohnabhängig: 184,57% · 249,701 bzw. 22,50 EUR[1]	2,74 460,87	5,83 41,53
+ Stückfertigungslohn II	250,30	52,35
+ Stückfertigungsgemeinkosten II (160%)	400,48	83,76
= Stückherstellkosten 1	2.057,09	480,97
+ Forschungs- und Entwicklungsgemeinkosten pro Stück (7%[2])	144,00	33,67
= Stückherstellkosten 2	2.201,09	514,64
+ Stückverwaltungsgemeinkosten (9%[2])	198,10	46,32
+ Stückvertriebsgemeinkosten (4%[2])	88,04	20,59
= Stückselbstkosten	2.487,23	581,55

[1] Bisheriger Stücklohn.
[2] Da sich die gesamte Herstellkostensumme – und damit die Zuschlagsbasis – nicht ändert, können diese Zuschlagsätze übernommen werden, obgleich die *Stückherstellkosten* von der bisherigen Normalkostenkalkulation abweichen.

Probe:
Multipliziert man die (Normal-)Stückselbstkosten des Speedsters S1 und des Speedsters S2 mit den bisher angenommenen Stückzahlen, erhält man wieder die gesamten Selbstkosten (mit normalisierten Gemeinkosten):
(2.487,23 EUR/Stück · 100 Stück) + (581,55 EUR/Stück · 668 Stück) = 637.198 EUR
230.000 EUR (MEK) + 100.000 EUR (FL) + 307.196 EUR (Normal-GK gemäß Abbildung 4.13) = 637.196 EUR.

Damit ergibt sich folgende Verschiebung in der Fertigungsgemeinkostenstruktur zwischen dem Speedster S1 und dem Speedster S2:

(EUR)	Speedster S1		Speedster S2		Summe
	pro Stück	gesamt	pro Stück	gesamt	
FGK mit Maschinen-stundensatzrechnung	463,61	46.361	47,36	31.636	77.997[2]
FGK ohne Maschinen-stundensatzrechnung	486,92	48.692	43,88	29.312	78.004[2]
Differenz	−23,31	−2.331[1]	+3,48	+2.324[1]	−7[1]

[1] Die Abweichung von 7 EUR ist rundungsbedingt.
[2] Die Normal-Gemeinkosten betragen lt. BAB 78.000 EUR. Abweichungen sind hier ebenfalls rundungsbedingt.

Die zusätzlichen Verschiebungen bei den Forschungs- und Entwicklungsgemeinkosten, den Verwaltungsgemeinkosten und den Vertriebsgemeinkosten sind methodisch bedingt, da sich die Zuschlagsätze selbst durch die Maschinenstundensatzrechnung zwar nicht ändern, sich die jeweilige absolute Stückbasis (Stückherstellkosten 1 und 2) jedoch verändert.

Die Maschinenstundensatzrechnung kann auch dahingehend variiert werden, dass in den Maschinenstundensatz personalabhängige Kosten aufgenommen werden. Doch das setzt voraus, dass zwischen der Nutzungszeit der Maschine und dem Fertigungslohn Proportionalität besteht. Dies würde das Erstellen von Angeboten vereinfachen. Das Kalkulationsschema wäre entsprechend anzupassen.

Fertigungslohn im Maschinenstundensatz

Werden beispielsweise zwei Schichten gefahren, ist der Maschinenstundensatz entweder vollständig neu zu berechnen oder der Einfachheit halber umzurechnen. Dazu benötigt man allerdings die fixen und variablen Bestandteile der in den Stundensatz einfließenden Kostenarten. Eine Umrechnung von einer auf zwei Schichten ist im nachfolgenden Beispiel vorgenommen worden.

Umrechnung auf zwei Schichten

Beispiel: Exkurs: Umrechnung des Maschinenstundensatzes auf zweischichtige Arbeitsweise

Kostenarten	(1) Stundensatz (ein- schichtig)	(2) Fixer Anteil [2] (EUR/ Stunde)	(3) Variabler Anteil[2] (EUR/ Stunde)	Stundensatz (zwei- schichtig) $0{,}5 \cdot (2) + (3)$
Kalkulatorische Abschreibung	13,99 [1]	13,99	–	7,00
Kalkulatorische Zinsen	4,48	4,48	–	2,24
Instandsetzungskosten	4,61	–	4,61	4,61
Energiekosten	1,20	0,12	1,08	1,14
Wartungs- und Reinigungskosten	3,85	3,00	0,85	2,35
Betriebsstoffkosten	0,29	0,03	0,26	0,28
Raumkosten	4,19	4,19	–	2,10
Werkzeugkosten	2,39	0,48	1,91	2,15
	35,00			21,87

[1] 20.000 EUR / 1.430 Stunden
[2] Die Aufteilung in fixe und variable Anteile ist hier vorgegeben.

Die Umrechnung des Maschinenstundensatzes von Einschichtbetrieb auf Zweischichtbetrieb zeigt den Degressionseffekt bei den Fixkosten auf: Bei zweischichtiger
Arbeitsweise sinkt der Stundensatz von 35,00 EUR auf 21,87 EUR.

Umrechnung auf
drei Schichten

Eine entsprechende Umrechnung des Maschinenstundensatzes auf eine dreischichtige
Arbeitsweise sollte jedoch nicht ungeprüft vorgenommen werden, hier ist eine Neube-
rechnung vorzuziehen. Zweifellos setzt sich der beschriebene *Degressionseffekt* der Fixkosten fort, doch es gibt auch gegenläufige Effekte: Die intensivere Nutzung der Maschinen
kann einerseits zu einem höheren Anteil an Ausfallzeiten führen (erhöhte Reparaturzeiten,
erhöhtes Unfallgeschehen usw.), was den Nenner des Quotienten zur Errechnung des Stun-
densatzes verändert, andererseits zu überproportionalen Steigerungen bei einzelnen Kostenarten (z. B. Instandsetzung, kalkulatorische Abschreibung), was wiederum den Zähler
des Quotienten berührt. Der sich mathematisch durch das Auseinanderstreben von Zähler
und Nenner ergebende Effekt wirkt gegenläufig zur Fixkostendegression.

Zuschlagskalkulation bei Handelswaren
Wie in Abschnitt 3.3.2.1 erläutert dienen Handelswaren der Abrundung des eigenen
Erzeugnisspektrums. Sie werden beschafft und im eigenen Unternehmen ohne weitere

Be- oder Verarbeitung weiterverkauft. Es wäre jedoch nicht sachgemäß, die Handelswaren lediglich mit einem Gewinnzuschlag auf den eigenen Einstandspreis weiterzuverkaufen. Vielmehr verursachen auch Handelswaren an vielen Stellen im eigenen Unternehmen Handlungsaufwand und damit Kosten über den reinen Einstandspreis hinaus. Wenn Handelswaren also als Kostenträger behandelt und somit kalkuliert werden, dann macht es das Gebot der Verursachungsgerechtigkeit erforderlich, das Kalkulationsschema der differenzierten Zuschlagskalkulation auf Anpassungsbedarf hin zu überprüfen.

Bei Handelswaren findet im eigenen Unternehmen kein Fertigungsprozess statt. Da somit weder Fertigungslöhne noch Maschinenstunden anfallen, werden automatisch auch keine Fertigungsgemeinkosten verrechnet.

Anpassung des Kalkulationsschemas

Darüber hinaus ist offensichtlich, dass für Handelswaren keine Forschungs- und Entwicklungsgemeinkosten verrechnet werden dürfen, da Forschung und Entwicklung ja wiederum beim Hersteller der Handelsware und nicht im eigenen Unternehmen erfolgen.

Materialgemeinkosten für Beschaffung und Lagerung, Verwaltungsgemeinkosten und Vertriebsgemeinkosten werden hingegen in der einen oder anderen Form auch für Handelswaren anfallen. Normalerweise werden Handelswaren in diesen Funktionsbereichen jedoch weniger Leistungen in Anspruch nehmen als die eigenen Erzeugnisse. Es gilt daher zu überprüfen, ob für Handelswaren reduzierte Material-, Verwaltungs- und Vertriebsgemeinkostenzuschlagssätze zur Anwendung kommen sollten. Wenn für Handelswaren kein eigener Unternehmensbereich eingerichtet wird (der eine separate summarische Zuschlagskalkulation ermöglichen würde) und auch keine eigenen Hauptkostenstellen in den genannten Funktionsbereichen eingerichtet werden (die separate Zuschlagssätze ermöglichen würden), so verbleibt als Lösungsmöglichkeit wiederum die Verwendung differenzierter Bezugsgrößen in den entsprechenden Hauptkostenstellen.

Beispiel: Exkurs: Differenzierte Bezugsgrößen im Materialbereich für Handelswaren und eigene Erzeugnisse

Der in der Materialhauptkostenstelle H_5 ermittelte Ist-Materialgemeinkostenzuschlagssatz beträgt bislang einheitlich 10,068 %, bei Ist-Endstellenkosten von 23.156 EUR und Materialeinzelkosten von 230.000 EUR (siehe Abbildung 4.12). Wir wollen für diesen Exkurs annehmen, dass sich die Materialgemeinkosten und die Materialeinzelkosten wie folgt auf eigene Erzeugnisse beziehungsweise Handelswaren verteilen:

Kalkulationspositionen (Ist-Werte in EUR)	gesamt	davon entfallend auf eigene Erzeugnisse	davon entfallend auf Handelswaren
Materialeinzelkosten	230.000	212.000	18.000
Materialgemeinkosten	23.156	21.996	1.160
Materialgemeinkosten-zuschlagssatz	10,068%	10,375%	6,4%

Die Aufteilung der Materialeinzelkosten in solche für eigene Erzeugnisse und solche für Handelswaren sollte keine Probleme bereiten. Der auf Handelswaren entfallende Teil der Materialgemeinkosten wird hingegen nur teilweise eindeutig identifizierbar sein (bspw. das Gehalt eines Mitarbeiters, der ausschließlich mit der Beschaffung von Handelswaren befasst ist). Ein Teil der Materialgemeinkosten (z. B. Kosten des Lagers) muss hingegen über Wertschlüssel (durchschnittlicher Lagerwert) oder Mengenschlüssel (durchschnittlich beanspruchte Lagerfläche) auf eigene Erzeugnisse und Handelswaren aufgeteilt werden.

Im Ergebnis zeigt sich, dass der Materialgemeinkostenzuschlagssatz für Handelswaren mit 6,4% deutlich niedriger ausfällt als derjenige für eigene Erzeugnisse. Wegen des insgesamt geringen Wertanteils der Handelswaren fällt der Materialgemeinkostenzuschlagssatz für eigene Erzeugnisse jedoch nur geringfügig von 10,068% auf 10,375% ab.

5.2.3   Divisionskalkulation

5.2.3.1   Variantenüberblick

Die Verrechnung der Gemeinkosten über die Kostenstellenrechnung soll helfen, dass die Kostenträger nur diejenigen Gemeinkosten tragen, die sie auch verursacht haben.

Kalkulations-vereinfachungen Auf diese Vorgehensweise kann jedoch verzichtet werden, wenn der betriebliche Leistungserstellungsprozess eine *homogene Leistung* oder mehrere vergleichbare Leistungen hervorbringt. Wie in Abschnitt 5.2.1 aufgezeigt, trifft dies insbesondere bei Massenfertigung und Sortenfertigung zu. Hier kann das Verursachungsprinzip auf einfachere Weise angestrebt werden, d. h. es muss keine Verrechnung von Gemeinkosten in einer Kostenstellenrechnung erfolgen. Grundsätzlich wird in solchen Fällen eine Verrechnung in Form einer *Division* der angefallenen Kosten durch das Mengengerüst der produzierten und/oder abgesetzten Kostenträger vorgenommen, daher der Name Divisionskalkulation.

Die Varianten der Divisionskalkulation hängen insbesondere ab von (siehe Abbildung 5.5)
*   der Art des Produktionsprogramms und
*   der Anzahl der Produktionsstufen.

Art des Produktionsprogramms

Von einer einfachen Divisionskalkulation spricht man dann, wenn sie bei Massenfertigung von nur einem Erzeugnis, von einer mehrfachen Divisionskalkulation, wenn sie bei Massenfertigung von mehreren homogenen, aber voneinander unabhängig gefertigten Erzeugnissen angewendet wird. Im letzten Fall können die Kosten dieser (getrennten) Fertigungsprozesse für jedes Produkt gesondert in jeweils einer einfachen Divisionskalkulation abgerechnet werden.

Divisions-kalkulation

Ist die Homogenitätsbedingung nur bedingt erfüllt, werden also mehrere, aber ähnliche Produkte erzeugt, kann eine Divisionskalkulation mit Äquivalenzziffern durchgeführt werden.

Äquivalenz-ziffernrechnung

Art des Produktions-gramms → Anzahl der Produktionsstufen ↓	Massenfertigung (ein homogenes Gut)	Massenfertigung (mehrere homogene Güter)	Sortenfertigung (mehrere ähnliche Güter)
eine Stufe	Einfache Einstufige Divisionskalkulation	Mehrfache Einstufige Divisionskalkulation	Einstufige Äquivalenzziffern-rechnung
mehrere Stufen	Einfache Mehrstufige Divisionskalkulation	Mehrfache Mehrstufige Divisionskalkulation	Mehrstufige Äquivalenzziffern-rechnung

Abb. 5.5: Varianten der Divisionskalkulation

Anzahl der Produktionsstufen

Je nach Anzahl der zu berücksichtigenden Fertigungsstufen unterscheidet man die einstufige und die mehrstufige Divisionskalkulation. Während bei einer einstufigen Fertigung der Fertigungsprozess keine Unterbrechungspunkte hat, ist die mehrstufige Fertigung unterbrochen. Hierbei kommt es zu Lagervorgängen und die Mengengerüste der einzelnen Fertigungsstufen können voneinander abweichen.

Einen Sonderfall stellt die Kuppelfertigung dar. Mathematisch gesehen liegt hier bei beiden Kalkulationsvarianten (Restwertmethode und Verteilungsmethode) eine Divisionskalkulation vor. Die Kalkulation von Kuppelprodukten kann jedoch – wie in Abschnitt 5.2.3.4 noch zu zeigen sein wird – das Verursachungsprinzip nicht einhalten.

Sonderfall

Hinweis: Da die Speedy GmbH heterogene Leistungen hervorbringt, sind die folgenden Beispiele zur Divisionskalkulation nicht mehr auf die Speedy GmbH zugeschnitten und somit kein Bestandteil der Fallstudie.

5.2.3.2 Ein- und mehrstufige Divisionskalkulation

Einstufige Divisionskalkulation
Die einfachste Form der Divisionskalkulation und damit der Kalkulationsverfahren im Allgemeinen kann dann durchgeführt werden, wenn drei Bedingungen erfüllt sind:
* Homogenitätsbedingung,
* Absatzbedingung und,
* Mengenkontinuitätsbedingung.

Homogenitäts-
bedingung
Von einer homogenen Fertigung spricht man gewöhnlichlicherweise dann, wenn alle Leistungsarten völlig gleichartig sind. Dies ist naturgemäß in Einproduktbetrieben der Fall. Hier wird auf längere Sicht in gleichbleibender und einheitlicher Massenfertigung nur eine einzige Erzeugnisart hergestellt.

Absatz-
bedingung
Die Absatzbedingung ist dann erfüllt, wenn die produzierte Menge mit der abgesetzten Menge übereinstimmt. Im engen Sinne existiert kein Fertigwarenlager, zumindest aber finden keine Bestandsveränderungen bei den Fertigerzeugnissen statt.

Mengen-
kontinuitäts-
bedingung
Treten auch keine Bestandsveränderungen bei den unfertigen Erzeugnissen auf, ist auch die Mengenkontinuitätsbedingung erfüllt.

Sofern diese drei Bedingungen erfüllt sind, verhalten sich die Kosten proportional zur produzierten Stückzahl. Damit können die Gesamtkosten der Abrechnungsperiode durch die in dieser Periode produzierte (und auch abgesetzte) Menge dividiert werden:

! **Merke**

$$\text{Selbstkosten pro Stück} = \frac{\text{Gesamtkosten der Periode}}{\text{produzierte (= abgesetzte) Menge}}$$

Das Verursachungsprinzip wird damit eingehalten und eine Kostenstellenrechnung erübrigt sich für Zwecke der Kalkulation. Für Zwecke der Kostenkontrolle hingegen wird man nicht auf eine Kostenstellenrechnung verzichten (können).

Die genannten drei Bedingungen sind jedoch für die wenigsten Unternehmen erfüllt. Die Bedingungen treffen beispielsweise auf die Energieerzeugung zu.

Mehrstufige Divisionskalkulation
Sobald die *Absatzbedingung nicht* erfüllt ist, wenn also gilt:
produzierte Menge ≠ abgesetzte Menge,

hat eine zweistufige Abrechnung zu erfolgen: Die gesamten Kosten sind in denjenigen Teil aufzuteilen, der auf die produzierte Menge, und in denjenigen Teil, der auf die abgesetzte Menge zu beziehen ist.

Die zwei Kostenblöcke stellen hier zum einen die Herstellkosten (zu beziehen auf die produzierte Menge), zum anderen die Verwaltungs- und Vertriebskosten (zu beziehen auf die abgesetzte Menge) dar. Wie bei der Zuschlagskalkulation bereits ausgeführt, ist dabei eine Aufteilung der Verwaltungskosten in solche des Produktions- und solche des Absatzbereichs kaum möglich, so dass auch hier aus Vereinfachungsgründen eine Verrechnung auf Basis der abgesetzten Mengen erfolgt.

Zweistufige Divisions-kalkulation

Merke   **!**

$$\text{Selbstkosten pro Stück} = \frac{\text{Herstellkosten}}{\text{produzierte Menge}} + \frac{\text{Verwaltungs- und Vertriebskosten}}{\text{abgesetzte Menge}}$$

Beispiel: Zweistufige Divisionskalkulation

Lagerbestand am 01.05.	4.000 Stück
Produktionsmenge im Mai	10.000 Stück
Lagerbestand am 31.05.	2.000 Stück (Variante: 6.000 Stück)
Herstellkosten der Periode	80.000 EUR
Verwaltungs- und Vertriebskosten der Periode	24.000 EUR

$$\text{Stückselbstkosten} = \frac{80\,000 \text{ EUR}}{10\,000 \text{ Stück}} + \frac{24\,000 \text{ EUR}}{12\,000 \text{ Stück}}$$

Stückselbstkosten (k_s) = 8,00 EUR/Stück + 2,00 EUR/Stück = 10,00 EUR/Stück

Variante:
$$k_s = 8,00 \text{ EUR/Stück} + \frac{24\,000 \text{ EUR}}{8\,000 \text{ Stück}} = 11,00 \text{ EUR/Stück}$$

Hierbei wird jeweils unterstellt, dass die aus der Vorperiode stammenden 2.000 Stück ebenfalls Herstellkosten von 8,00 EUR/Stück verursacht haben.

Wird das Enderzeugnis in einem mehrstufigen Produktionsprozess in der Art und Weise gefertigt, dass mehr oder weniger Teilleistungen von der jeweils vorgelagerten Stufe ausgebracht als in der jeweils nachgelagerten Stufe eingesetzt werden, so ist auch die *Mengenkontinuitätsbedingung* aufgehoben. Dann entstehen Bestandsveränderungen in den einzelnen Zwischenlägern zwischen den Produktionsstufen. Für die Kalkulation muss eine Bestandsführung diese Bestandsveränderungen festhalten, denn eine Division der gesamten Herstellkosten durch die gesamte produzierte Menge würde in diesem Fall nicht zu einem korrekten Ergebnis führen. Dies macht eine Untergliederung des Fertigungsbereichs in die zu berücksichtigenden Fertigungsstufen notwendig.

Mehrstufige Divisions-kalkulation

Die Stückkosten können auf zwei Wegen ermittelt werden, wobei sich lediglich der Rechenweg, nicht aber die Ergebnisse unterscheiden:
- durch stufenweise Ermittlung oder
- durch simultane Ermittlung.

Stufenweise Ermittlung
Bei der stufenweisen Ermittlung werden in der ersten Stufe die Kosten durch die Produktionsmenge dieser Stufe geteilt.

In die zweite Stufe gehen die mit den Kostensätzen der ersten Stufe weiterzuverarbeitenden unfertigen Erzeugnisse ein. Addiert man dazu die zusätzlichen Kosten der Weiterverarbeitung der Stufe zwei und dividiert die sich ergebenden Gesamtkosten durch die Ausbringungsmenge der zweiten Stufe, so erhält man die bis einschließlich der Stufe zwei angefallenen Stückherstellkosten.

Diese Methodik behält man *bis* einschließlich der letzten Fertigungsstufe bei. Auf diese Weise werden die Kosten von Stufe zu Stufe weitergewälzt. Man spricht bei dieser stufenweisen Rechnung deshalb auch von der *Durchwälzmethode*.

Hat man die für den gesamten Fertigungsprozess angefallenen Stückherstellkosten ermittelt, sind noch die Stückverwaltungs- und Stückvertriebskosten (bezogen auf eine gegebenenfalls abweichende Absatzmenge) zu addieren.

Beispiel: Mehrstufige Divisionskalkulation

Aufgabenstellung
Ein Erzeugnis wird in vier Fertigungsstufen hergestellt:

1. Stufe:	Materialkosten	30.000	EUR
	Bearbeitungskosten	20.000	EUR
	Ausbringungsmenge	5.000	kg
2. Stufe:	Bearbeitungskosten	28.400	EUR
	Einsatzmenge	4.000	kg
	Ausbringungsmenge	3.800	kg[1]
3. Stufe:	Material- und Bearbeitungskosten	47.025	EUR
	Einsatzmenge	5.700	kg
	Ausbringungsmenge	5.985	kg[2]
4. Stufe:	Bearbeitungskosten	16.836	EUR
	Einsatzmenge	6.900	kg
	Ausbringungsmenge	6.762	kg

[1] Geringerer gewichtsmäßiger Output durch (z. B.) Verdunstung von Flüssigkeit.
[2] Höherer Output durch (z. B.) zusätzliches Fremdmaterial, dessen Kosten in den 47.025 EUR enthalten sind.

Die Absatzmenge beträgt 6.500 kg, die Verwaltungs- und Vertriebsgemeinkosten belaufen sich auf 9.750 EUR, die Sondereinzelkosten des Vertriebs auf 0,50 EUR/kg. Zu ermitteln sind die mengen- und wertmäßigen Bestandsveränderungen in den Lagern, die Stückherstellkosten und die Stückselbstkosten.

Lösung

Lagerbewegungen

Zwischenlager 1:	Bestandserhöhung	+ 1.000 kg
Zwischenlager 2:	Bestandsminderung	– 1.900 kg[3]
Zwischenlager 3:	Bestandsminderung	– 915 kg[3]
Fertigwarenlager:	Bestandserhöhung	+ 262 kg

[3] Die Stückherstellkosten für die aus der Vorperiode stammenden unfertigen Erzeugnisse sollen denen der laufenden Abrechnungsperiode entsprechen.

Stückherstellkosten

Stufe 1: $\quad$ (50.000 EUR : 5.000 kg) $\qquad$ = 10 EUR/kg

Stufe 2: $\quad \dfrac{4.000 \text{ kg à } 10 \text{ EUR/kg} + 28.000 \text{ EUR}}{3.800 \text{ kg}} \quad$ = 18 EUR/kg

Stufe 3: $\quad \dfrac{5.700 \text{ kg à } 18 \text{ EUR/kg} + 47.025 \text{ EUR}}{5.985 \text{ kg}} \quad$ = 25 EUR/kg

Stufe 4: $\quad \dfrac{6.900 \text{ kg à } 25 \text{ EUR/kg} + 16.836 \text{ EUR}}{6.762 \text{ kg}} \quad$ = 28 EUR/kg

Die *Stückherstellkosten* des Erzeugnisses betragen 28 EUR/kg.

Stückselbstkosten

	Stückherstellkosten	28,00 EUR/kg
+	Verwaltungs- und Vertriebsgemeinkosten/Stück (9.750 EUR : 6.500 kg)	1,50 EUR/kg
+	Sondereinzelkosten des Vertriebs	0,50 EUR/kg
=	Stückselbstkosten	30,00 EUR/kg

Wert der Bestandsveränderungen

Zwischenlager 1:	1.000 kg à 10 EUR/kg	=	10.000 EUR
Zwischenlager 2:	– 1.900 kg à 18 EUR/kg	=	– 34.200 EUR
Zwischenlager 3:	– 915 kg à 25 EUR/kg	=	– 22.875 EUR
Fertigwarenlager:	262 kg à 28 EUR/kg	=	7.336 EUR

Simultane Ermittlung

Im Gegensatz zur Stufenlösung, bei der sich die Stückherstellkosten des Enderzeugnisses Stufe für Stufe »hochrechnen«, können die Stückkosten auch mithilfe des *Simultanansatzes* ermittelt werden.

Hierzu werden die Stückherstellkosten der einzelnen Stufen (ohne die jeweiligen Vorstufen) mit den Input-Output-Koeffizienten der jeweiligen Folgestufen multipliziert. Die eben dargestellte stufenweise Lösung soll nunmehr simultan ermittelt werden:

Stückherstellkosten

$$= \frac{50.000 \text{ EUR}}{5.000 \text{ kg}} \cdot \frac{4.000 \text{ kg}}{3.800 \text{ kg}} \cdot \frac{5.700 \text{ kg}}{5.985 \text{ kg}} \cdot \frac{6.900 \text{ kg}}{6.762 \text{ kg}}$$

$$+ \frac{28.400 \text{ EUR}}{3.800 \text{ kg}} \cdot \frac{5.700 \text{ kg}}{5.985 \text{ kg}} \cdot \frac{6.900 \text{ kg}}{6.762 \text{ kg}}$$

$$+ \frac{47.025 \text{ EUR}}{5.985 \text{ kg}} \cdot \frac{6.900 \text{ kg}}{6.762 \text{ kg}}$$

$$+ \frac{16.836 \text{ EUR}}{6.762 \text{ kg}}$$

$$= 10{,}00 \text{ EUR/kg} \cdot 1{,}053 \cdot 0{,}952 \cdot 1{,}02$$

$$+ 7{,}4737 \text{ EUR/kg} \cdot 0{,}952 \cdot 1{,}02$$

$$+ 7{,}8571 \text{ EUR/kg} \cdot 1{,}02$$

$$+ 2{,}4898 \text{ EUR/kg}$$

$$= 10{,}23 \text{ EUR/kg} + 7{,}26 \text{ EUR/kg} + 8{,}01 \text{ EUR/kg}$$

$$+ 2{,}49 \text{ EUR/kg}$$

$$= 28 \text{ EUR/kg}$$

Das Beispiel unterstellt bereits den Fall, dass in den einzelnen Produktionsstufen Mengengewinne und verluste entstehen, d. h. die Einsatzmenge (Input in kg) entspricht in Stufe 2 bis 4 nicht der Ausbringungsmenge (Output in kg) und drückt sich in den ausgewiesenen Input-Output-Koeffizienten aus (> oder < 1). Differiert hingegen die Einsatz- und Ausbringungsmenge pro Fertigungsstufe nicht (die Input-Output-

Koeffizient betragen jeweils 1,0), so genügt die Addition der Stückherstellkosten einer jeden Fertigungsstufe ohne Multiplikation mit den Input-Output-Koeffizienten (im Beispiel: 10,00 EUR/kg + 7,47 EUR/kg + 7,86 EUR/kg + 2,49 EUR/kg = 27,82 EUR/kg).

Werden in einem Betrieb mehrere homogene Güter, jedoch in getrennten Fertigungen völlig unabhängig voneinander hergestellt, so können die Stückkosten auch durch separate Divisionskalkulationen durchgeführt werden. Da mehrere einfache Divisionskalkulationen nebeneinander zur Anwendung kommen, spricht man auch von mehrfacher Divisionskalkulation. Probleme entstehen hier allerdings dann, wenn bestimmte Kosten (wie z. B. die Verwaltungskosten oder die Vertriebskosten) für alle Güter gemeinsam anfallen und somit eine Aufteilung erfolgen muss. Denkbar wäre dann eine prozentuale Verteilung auf Basis der jeweiligen Herstellkosten oder Einzelkosten der Güter.

Mehrfache Divisionskalkulation

5.2.3.3   Divisionskalkulation mit Äquivalenzziffern

Die Äquivalenzziffernrechnung stellt eine Verfeinerung der Divisionskalkulation dar und gilt für den Fall der Sortenfertigung. Hier werden zwar mehrere Erzeugnisse gefertigt, doch ähneln sich diese, weil die einzelnen Sorten von demselben Basisprodukt stammen und durch verschiedene Ausprägungen wie unterschiedliche Abmessungen, unterschiedliche Materialzusammensetzung, unterschiedliche Qualitätsmerkmale usw. differieren. Durch diese Beziehungen zueinander besitzen die einzelnen Sorten eine ähnliche *Fertigungsstruktur*, aus der sich eine ähnliche *Kostenstruktur* ableiten lässt. Dies lässt sich beispielsweise bei Brauereien, Ziegeleien, Zigarettenfabriken, Blechwalzwerken, Zement- oder Nudelfabriken vorfinden.

Grundgedanke

Durch die Ähnlichkeit entstehen zwar für die einzelnen Sorten unterschiedlich hohe Kosten, doch lassen sich diese Unterschiede in der Kostenverursachung durch einen Gewichtungsfaktor (Umrechnungsfaktor) ausdrücken. Dies geschieht anhand der Äquivalenzziffern, die die relative Kostenverursachung verschiedener Sorten zueinander zum Ausdruck bringen. Empirische Untersuchungen stellen die Basis für die Ermittlung der Äquivalenzziffern dar. Die Äquivalenzziffern werden einmalig ermittelt und in den Folgeperioden immer wieder zugrunde gelegt, bis neue Einflussgrößen ihre Aktualisierung notwendig macht.

Bedeutung der Äquivalenzziffern

Bei der Bestimmung der Äquivalenzziffern müssen Bezugsgrößen gefunden werden, zu denen sich die zu verteilenden Kosten der Produkte proportional verhalten. Bezugsgrößen können beispielsweise Fertigungszeiten, Materialverbrauch, Produktabmessungen (Länge, Dicke, Breite), Gewichte der Produkte oder der eingesetzten Rohstoffe, Heizwerte, Energieverbrauch usw. sein. Mit Hilfe der Äquivalenzziffern werden die verschiedenen Sorten vergleichbar gemacht. Die Qualität der Äquivalenzziffernrechnung steht und fällt

Bestimmung der Äquivalenzziffern

daher mit der Güte der festgelegten Äquivalenzziffern. Deren Ermittlung ist nicht immer unproblematisch. Unterscheiden sich die Produkte beispielsweise nur hinsichtlich ihres Mengeneinsatzes an Material, lassen sich die Gewichtungsfaktoren derart bilden, dass der unterschiedliche Materialbedarf der Produkte zueinander ins Verhältnis gesetzt wird. Kommen jedoch z. B. noch qualitative Merkmale hinzu, sollten sich diese Unterschiede ebenfalls in der Äquivalenzziffer niederschlagen.

Man unterscheidet zwei Formen der Äquivalenzziffernrechnung:
- Einstufige Äquivalenzziffernrechnung und
- Mehrstufige Äquivalenzziffernrechnung.

Einstufige Äquivalenzziffernrechnung

Charakteri-
sierung

Typisch für die einstufige Äquivalenzziffernrechnung ist, dass die Absatz- und die Mengenkontinuitätsbedingung erfüllt sind. Der Leistungserstellungs- und -verwertungsprozess wird somit nicht untergliedert.

Vorgehensweise

Die Kalkulation wird in folgenden Schritten durchgeführt:
- Festlegung der Einheitssorte,
- Ermittlung der Äquivalenzziffern,
- Multiplikation der hergestellten Mengeneinheiten der einzelnen Sorten mit den jeweiligen Äquivalenzziffern (= Recheneinheiten),
- Division der zu verteilenden Gesamtkosten durch die Summe der Recheneinheiten (= Stückkosten der Einheitssorte) und
- Multiplikation der Stückkosten der Einheitssorte mit den Äquivalenzziffern der einzelnen Sorten (= Stückkosten je Sorte).

Die Wahl der Einheitssorte führt hierbei zu unterschiedlichen Äquivalenzziffernrelationen, hat jedoch keinen Einfluss auf die Endergebnisse. Üblicherweise wird jedoch das wichtigste Produkt (hinsichtlich Produktionsmenge o. ä.) als Einheitssorte festgelegt.

Beispiel: Einstufige Äquivalenzziffernkalkulation

Aufgabenstellung
Für eine Ziegelei, in der Ziegelsteine mit gleicher Beschaffenheit in unterschiedlichen Größen gefertigt werden, liegen folgende Daten vor:
Gesamtkosten der Abrechnungsperiode: 426.750 EUR

Zu ermitteln sind die Stückkosten der einzelnen Sorten. Es ist davon auszugehen, dass das Rohstoffgewicht der Sorten ein guter Indikator für den Kostenanfall ist.

Sorte	Rohstoffgewicht (kg/Stück)	Produzierte Mengen (Stück)
1	2	200.000
2	3,5	380.000
3	6	500.000
4	8	120.000

Lösung

Festlegung der Äquivalenzziffern nach Rohstoffgewicht mit Sorte 1 als Einheitssorte (RE/Stück):

Sorte 1 : 2 : 3 : 4 = 1 : 1,75 : 3 : 4

Summe der Recheneinheiten (RE):

200.000 Stück · 1,00   =   200.000 RE
380.000 Stück · 1,75   =   665.000 RE
500.000 Stück · 3,00   =   1.500.000 RE
120.000 Stück · 4,00   =   480.000 RE
Summe   2 845.000 RE

Kosten pro Recheneinheit (EUR/RE):
426.750 EUR : 2.845.000 RE = 0,15 EUR/RE

Stückkosten der einzelnen Sorten (EUR/Stück)
Sorte 1:   0,15 EUR/RE · 1 RE/Stück   =   0,15 EUR/Stück
Sorte 2:   0,15 EUR/RE · 1,75 RE/Stück   =   0,2625 EUR/Stück
Sorte 3:   0,15 EUR/RE · 3 RE/Stück   =   0,45 EUR/Stück
Sorte 4:   0,15 EUR/RE · 4 RE/Stück   =   0,60 EUR/Stück

(Wäre mit der einfachen Divisionskalkulation gerechnet worden, hätten sich 426.750 EUR : 1.200.000 Stück = 0,3556 EUR/Stück ergeben.)

Die Gesamtkosten verteilen sich damit auf die einzelnen Sorten wie folgt:
Sorte 1:   200 000 Stück · 0,15 EUR/Stück   =   30.000 EUR
Sorte 2:   380 000 Stück · 0,2625 EUR/Stück =   99.750 EUR
Sorte 3:   500 000 Stück · 0,45 EUR/Stück   =   225.000 EUR
Sorte 4:   120 000 Stück · 0,60 EUR/Stück   =   72.000 EUR
Gesamtkosten   426.750 EUR

Mehrstufige Äquivalenzziffernrechnung

Ursachen   Lassen sich Kostenunterschiede der einzelnen Sorten nicht mehr mithilfe einer Äquivalenzziffernreihe erfassen, weil etwa ein unterschiedlicher Material- und Arbeitseinsatz, unterschiedliche Mengenabfälle, Abweichungen im Fertigungsverfahren und Ähnliches festzustellen sind, so sind mehrere Äquivalenzziffernreihen zu bilden und Teile des Gesamtkostenblocks diesen jeweiligen Reihen zuzuordnen. Dadurch werden die Kosten stufenbezogen mittels verschiedener Äquivalenzziffernreihen verteilt.

Beispiel: Mehrstufige Äquivalenzziffernkalkulation

Aufgabenstellung

Zur Erläuterung der Methodik seien die Zahlen des eben verwendeten Beispiels wie folgt abgewandelt:

Kostenarten	EUR	Äquivalenzziffern			
		Sorte 1	Sorte 2	Sorte 3	Sorte 4
Materialkosten	227.600	1	1,75	3	4
Fertigungskosten	170.700	0,8	1	4,1	2,125
Verwaltungs- und Vertriebskosten	28.450	1	1	1	1
Σ	426.750				

Es wurden also zwei separate Äquivalenzziffernreihen zur Verteilung der Materialkosten und der Fertigungskosten gebildet. Die beiden Äquivalenzziffernreihen drücken den jeweiligen Kostenanfall durch die vier Sorten aus, es besteht zwischen ihnen kein Zusammenhang. Die Verwaltungs- und Vertriebskosten sind mit einem Durchschnittssatz auf die abgesetzten Mengen zu verteilen (Absatzmengen Sorte 1: 200.000 Stück, Sorte 2: 300.000 Stück, Sorte 3: 400.000 Stück, Sorte 4: 100.000 Stück).

Lösung

Ermittlung der Stückmaterialkosten

Sorte	Produzierte Mengen (Stück)	Recheneinheiten (RE)	Stückmaterialkosten (EUR/Stück)
1	200.000	200.000[1]	$0{,}08^{2} \cdot 1 = 0{,}08$
2	380.000	665.000[1]	$0{,}08^{2} \cdot 1{,}75 = 0{,}14$
3	500.000	1.500.000[1]	$0{,}08^{2} \cdot 3 = 0{,}24$
4	120.000	480.000[1]	$0{,}08^{2} \cdot 4 = 0{,}32$
		2.845.000	

[1] 200.000 · 1; 380.000 · 1,75; 500.000 · 3; 120.000 · 4
[2] Materialkosten pro RE: (227.600 EUR : 2.845.000 RE) = 0,08 EUR/RE

Ermittlung der Stückfertigungskosten

Sorte	Produzierte Mengen (Stück)	Recheneinheiten (RE)	Stückfertigungskosten (EUR/Stück)
1	200.000	160.000[1]	$0{,}06^{2} \cdot 0{,}8 = 0{,}0480$
2	380.000	380.000[1]	$0{,}06^{2} \cdot 1 = 0{,}0600$
3	500.000	2.050.000[1]	$0{,}06^{2} \cdot 4{,}1 = 0{,}2460$
4	120.000	255.000[1]	$0{,}06^{2} \cdot 2{,}125 = 0{,}1275$
		2.845.000[3]	

[1] 200.000 · 0,8; 380.000 · 1; 500.000 · 4,1; 120.000 · 2,125
[2] Fertigungseinzelkosten pro RE: (170.700 EUR : 2.845.000 RE) = 0,06 EUR/RE
[3] Die Summe der RE ist nur zufällig so hoch wie bei der Ermittlung der Stückmaterialkosten.

Ermittlung der Stückverwaltungs- und vertriebskosten
28.450 EUR : 1.000.000 Stück[1] = 0,02845 EUR/Stück
[1] $\sum$ Absatzmengen der Sorten 1–4

Ermittlung der Stückkosten pro Sorte

Sorte	Stückmaterial-kosten (EUR/Stück)	Stückfertigungs-kosten (EUR/Stück)	Stückverwaltungs-und -vertriebskosten (EUR/Stück)	Stückkosten pro Sorte (EUR/Stück)
1	0,08	0,0480	0,02845	0,15645
2	0,14	0,0600	0,02845	0,22845
3	0,24	0,2460	0,02845	0,51445
4	0,32	0,1275	0,02845	0,47595

Demnach verteilen sich die Gesamtkosten auf die einzelnen Sorten wie folgt:

Sorte 1:	(0,08 + 0,048) EUR/Stück · 200.000 Stück + 0,02845 EUR/Stück · 200.000 Stück	=	31.290 EUR
Sorte 2:	(0,14 + 0,06) EUR/Stück · 380.000 Stück + 0,02845 EUR/Stück · 300.000 Stück	=	84.535 EUR
Sorte 3:	(0,24 + 0,246) EUR/Stück · 500.000 Stück + 0,02845 EUR/Stück · 400.000 Stück	=	254.380 EUR
Sorte 4:	(0,32 + 0,1275) EUR/Stück · 120.000 Stück + 0,02845 EUR/Stück · 100.000 Stück	=	56.545 EUR
			426.750 EUR

Eine Verteilung der Verwaltungs- und Vertriebsgemeinkosten mit Äquivalenzziffern ist natürlich grundsätzlich ebenfalls denkbar, sofern auch hier eine Bezugsgröße herangezogen werden kann, die das Kostenverhältnis der einzelnen Sorten zueinander zum Ausdruck bringt.

Methodisch zeigt sich, dass die ein- und mehrstufigen Divisionskalkulationen implizit Gewichtungsfaktoren von 1 zugrunde legen, d. h. dass alle Kostenträger die gleiche Äquivalenzziffer tragen. Damit stellt die Äquivalenzziffernkalkulation eine Verfeinerung der Divisionskalkulation dar.

5.2.3.4 Divisionskalkulation bei Kuppelproduktion

Kuppel-produktion Während bisher Kalkulationsverfahren beschrieben wurden, die auf Fertigungen anzuwenden sind, in denen Erzeugnisse unabhängig voneinander hergestellt werden (unverbundene Produktion), handelt es sich bei der Kuppelkalkulation um eine Stückrechnung, die für Produktionsprozesse zugrunde zu legen ist, in denen aus technischen Gründen heraus zwangsläufig verschiedene Produkte entstehen (verbundene Produktion). Bei einem einheitlichen Fertigungsvorgang fallen mehrere Produkte (*Kuppelprodukte*) an, z. B. in Raffinerien (Öle, Benzine, Gase), in Hochöfen (Roheisen, Gichtgas, Schlacke) oder in Kokereien (Gas, Koks, Teer usw.). Meist liegen sogar starre Mengenverhältnisse vor. Fasst man den Begriff Kuppelprozess noch weiter, wäre auch dann davon zu sprechen, wenn verwertbare Abfälle anfallen (z. B. Sägespäne in einem Sägewerk).

Das Problem, welches bei der Kuppelproduktion für die Kosten- und Leistungsrechnung entsteht, liegt in der fehlenden Zuordenbarkeit der Kosten auf die einzelnen Kuppelprodukte. Dadurch, dass die verschiedenen Produkte (zumindest teilweise) einen gemeinsamen Produktionsprozess durchlaufen und der Anteil der einzelnen Produkte an den Kosten der gemeinsamen Produktion nicht erfassbar ist, kann keine verursachungsgerechte Verrechnung der Fertigungskosten auf die Kuppelprodukte erfolgen. Allein die im Anschluss an den Kuppelprozess für die Weiterverarbeitung und Veräußerung einzelner Produkte zusätzlich anfallenden Kosten können den einzelnen Kostenträgern zugerechnet werden. Dennoch müssen die gesamten Kosten beispielsweise für Zwecke der Angebotskalkulation oder Bestandsbewertung in eine Stückrechnung einfließen. `Kosten-zurechnungs-problem`

Dazu orientiert man sich mangels Einhaltung des Verursachungsprinzips aus Zweckmäßigkeitsüberlegungen heraus am Kostentragfähigkeitsprinzip oder am Durchschnittsprinzip und hat hierzu zwei Verfahren entwickelt: `Verfahren`
- Restwert- oder Subtraktionsmethode sowie
- Verteilungs- oder Schlüsselungsmethode.

Methodisch können diese Verfahren der Divisionskalkulation zugeordnet werden. Sie unterscheiden sich jedoch insbesondere dadurch, dass sie Näherungslösungen darstellen, weil sie das Verursachungsprinzip nicht einhalten können.

Restwertmethode

Können in einem Kuppelproduktionsprozess Haupt- und Nebenprodukte klassifiziert werden, so kommt die *Restwertmethode (Subtraktionsmethode)* zur Anwendung. Sie ist dadurch charakterisiert, dass von den Gesamtkosten des Kuppelproduktionsprozesses die Differenz aus den Erlösen und den direkt zurechenbaren Kosten der Nebenprodukte subtrahiert wird. Dieser Restwert stellt dann die noch von dem einen Hauptprodukt zu deckenden Kosten dar. Die Stückherstellkosten wiederum erhält man aus der Division des Restwerts durch die Mengeneinheiten des Hauptproduktes. Diese Restwertmethode ist umso mehr geeignet, je unbedeutender die Nebenerzeugnisse sind. `Vorgehensweise`

Beispiel: Kuppelkalkulation: Restwertmethode

Aufgabenstellung

Von vier Produkten, die in Kuppelproduktion hergestellt werden (Gesamtkosten des Kuppelproduktionsprozesses: 162.750 EUR), stellt Produkt 1 das Hauptprodukt und die Produkte 2, 3 und 4 Nebenprodukte dar. Folgende Daten der Abrechnungsperiode sind bekannt:

Produkt	Menge (kg)	Aufbereitungs-/Vernichtungskosten (EUR/kg)	Erlöse (EUR/kg)
1	900	0	
2	200	20	34
3	100	24	0
4	50	12	19

Lösung

Gesamtkosten des Kuppelprozesses			162.750 EUR
−	Erlöse Nebenprodukt 2	6.800 EUR	
	− Aufbereitungskosten	4.000 EUR	
	= Deckungsbeitrag	+ 2.800 EUR	− 2.800 EUR
−	Erlöse Nebenprodukt 3	−	
	− Vernichtungskosten	2.400 EUR	
	= Deckungsbeitrag	− 2 400 EUR	+ 2.400 EUR
−	Erlöse Nebenprodukt 4	950 EUR	
	− Aufbereitungskosten	600 EUR	
	= Deckungsbeitrag	+ 350 EUR	− 350 EUR
Vom Hauptprodukt zu tragender Restwert			162.000 EUR
Stückkosten des Hauptproduktes (162.000 EUR : 900 kg)			180 EUR/kg

Würdigung Das Beispiel verdeutlicht, dass nach der Restwertmethode die vom Hauptprodukt zu tragenden Kosten auch von den Erlösen und den direkt zurechenbaren Kosten der Nebenprodukte abhängen. Schwanken insbesondere die Erlöse der Nebenprodukte, lässt sich der Restwert nicht eindeutig bestimmen. Für die Bewertung der Bestände der Neben- oder Abfallprodukte vermag die Restwertmethode wegen ihres retrograden Ansatzes keine Herstellkosten anzugeben. Ändern sich im Zeitablauf die Produktkategorien, indem sich beispielsweise ein Nebenprodukt zu einem Hauptprodukt entwickelt, so ist die Restwertberechnung neu auszurichten. Ist eine eindeutige Einteilung in ein Haupt- und in Nebenprodukte nicht möglich, sollte die Verteilungsmethode oder eine Kombination aus beiden Verfahren zur Anwendung kommen.

Verteilungsmethode

Sind Haupt- und Nebenprodukte nicht eindeutig feststellbar, kann die *Verteilungsmethode*   Vorgehensweise
(Schlüsselungsmethode) zur Anwendung kommen. Damit liegen mindestens zwei Hauptprodukte vor. Im Verhältnis bestimmter Schlüsselgrößen werden die für den Kuppelproduktionsprozess angefallenen Kosten auf die einzelnen Produkte verteilt. Rechnerisch gesehen
ist das Verfahren das gleiche wie die Äquivalenzziffernkalkulation. Die Schlüsselgrößen
können sich an unterschiedlichen Merkmalen der zu kalkulierenden Produkte ausrichten:
Gewichts-, Volumen-, Heizwertschlüsseln oder anderen technischen Größen. Häufig werden auch die Marktpreise der einzelnen Produkte für die Bildung der Verteilungsschlüssel-
reihen herangezogen. Damit werden die Kosten nach dem Tragfähigkeitsprinzip verteilt,
d. h. Kuppelprodukte, für die ein relativ hoher Erlös erzielbar ist, haben auch einen relativ
hohen Anteil an den Gesamtkosten des Kuppelproduktionsprozesses zu tragen.

Beispiel: Kuppelkalkulation: Verteilungsmethode

Aufgabenstellung

Für die vier aus einem Kuppelprozess (Gesamtkosten: 202.500 EUR) hervorgehenden
Produkte gelten folgende Daten:

Hauptprodukt	Mengen (kg)	Marktpreise (EUR/kg)
1	900	80
2	800	60
3	600	50
4	750	100

Die Verteilung der Kosten des Kuppelproduktionsprozesses soll auf Basis der Marktpreise erfolgen.

Lösung

Produkt	Mengen (kg)	Markt-preise (EUR/kg)	Vertei-lungs-schlüssel	Rechen-einheiten (RE)	Stück-kosten[1] (EUR/kg)	Aufteilung der Gesamtkosten (EUR)
1	900	80	0,8	720	72	64.800
2	800	60	0,6	480	54	43.200
3	600	50	0,5	300	45	27.000
4	750	100	1	750	90	67.500
Σ				2.250		202.500
[1] 202.500 EUR (Gesamtkosten) : 2.250 RE (Σ RE) = 90 EUR/RE						

Würdigung   Auch bei der Verteilungsmethode kann das Verursachungsprinzip nicht eingehalten werden. Die Kostenverteilung orientiert sich in dem Beispiel allein an den Marktpreisen. Der Kostenaufteilung haftet damit eine gewisse Willkür an (selbst wenn eine andere Verteilungsbasis zugrunde gelegt würde).

Abgrenzung zur Äquivalenz- ziffern- kalkulation   Obgleich bei der Verteilungsmethode die rechnerische Vorgehensweise der Äquivalenz- ziffernrechnung Anwendung findet, ist lediglich die formale Vorgehensweise die gleiche. Während die bei der Äquivalenzziffernrechnung verwendeten Gewichtungsfaktoren Kostenunterschiede und damit -relationen der einzelnen Sorten zum Ausdruck bringen sollen (Prinzip der Kostenverursachung), spiegelt sich in den bei der Kuppelkalkulation verwendeten Verteilungsschlüsseln die Kostentragfähigkeit der einzelnen Kuppelprodukte wider.

Kombination von Restwert- und Verteilungs- methode   Liegen mehrere Haupt- und Nebenprodukte vor (d. h. mindestens zwei Haupt- und mindestens ein Nebenprodukt), kann man beide Formen der Kuppelkalkulation kombinieren. Die von den Hauptprodukten zu tragenden Kosten werden mit dem Restwertverfahren ermittelt, die Aufteilung des Restwertes auf die Hauptprodukte wiederum erfolgt dann nach der Verteilungsmethode.

Beispiel: Kombinierte Restwert- und Verteilungsmethode

Aufgabenstellung
Aus einem Kuppelprozess (Gesamtkosten: 525.000 EUR) gehen vier Produkte (= zwei Haupt- und zwei Nebenprodukte) hervor. Es gelten folgende Daten:

Produkt	Menge (kg)	Aufbereitungs-/ Vernichtungskosten (EUR/kg)	Marktpreise/ Erlöse (EUR/kg)
(Haupt-)Produkt 1	800	–	1.000
(Haupt-)Produkt 2	600	–	750
(Neben-)Produkt 3	300	50	200
(Neben-)Produkt 4	200	100	0

Lösung

1. Schritt: Ermittlung des von den beiden Hauptprodukten zu tragenden Restwerts

Gesamtkosten des Kuppelprozesses	525.000 EUR
abzuziehender positiver Deckungsbeitrag von Nebenprodukt 3	– 45.000 EUR
zu addierender negativer Deckungsbeitrag von Nebenprodukt 4	+ 20.000 EUR
Restwert für Hauptprodukt 1 und 2	500.000 EUR

2. Schritt: Verteilung des Restwertes (hier auf Basis der Marktpreise) auf die beiden Hauptprodukte

Produkt	Menge (kg)	Markt- preise (EUR/kg)	Vertei- lungs- schlüssel	Rechen- Einheiten (EUR)	Stück- kosten[1] (EUR/kg)	Aufteilung der Gesamtkosten (EUR)
1	800	1.000	1	800	400	320.000
2	600	750	0,75	450	300	180.000
Σ				1.250		500.000

[1] 500.000 EUR (gesamte Restkosten) : 1.250 RE (∑ RE) = 400 EUR/RE

5.3   Leistungsrechnung

Bevor das zweite Teilgebiet der Kostenträgerrechnung, die Kostenträgerzeitrechnung (Betriebsergebnisrechnung), behandelt werden kann, ist zunächst auf die Leistungsrechnung einzugehen. Bestimmung, Erfassung und Ausweis der Leistungen (Erlöse) stellt die Voraussetzung dafür dar, dass der Erfolg als Differenz von Leistungen und Kosten ermittelt werden kann.

Der Fokus liegt in diesem Abschnitt auf bereits abgesetzten Marktleistungen. Die unterschiedlichen Kostenträger oder Leistungsträger (siehe Abbildung 5.1) werden dabei wie folgt bewertet:

- Bereits abgesetzte Marktleistungen werden mit Umsatzerlösen bewertet.
- Bereits fertig produzierte, aber noch nicht abgesetzte und damit lagerbestandserhöhende Marktleistungen werden mit Herstellkosten bewertet.
- Noch nicht fertig produzierte Marktleistungen werden mit den Herstellkosten bewertet, die ihrem Fertigstellungsstand entsprechen.
- Aktivierte Eigenleistungen werden mit ihren Herstellkosten bewertet.
- Die Bewertung und Verrechnung sofort verbrauchter Eigenleistungen im Rahmen der innerbetrieblichen Leistungsverrechnung erfolgt mit anteiligen primären und empfangenen sekundären Gemeinkosten der leistungserbringenden Kostenstelle (siehe innerbetriebliche Leistungsverrechnung in den Abschnitten 4.3.3.2 und 4.3.3.3).

Bewertung von Leistungen

Die Leistungsrechnung besteht dabei grundsätzlich aus denselben Teilgebieten wie die Kostenrechnung: Artenrechnung, Stellenrechnung und Träger(stück)rechnung. Zwar besteht zwischen diesen Teilgebieten in der Leistungsrechnung nicht dieselbe Abrechnungsreihenfolge wie in der Kostenrechnung. Wir stellen die Teilgebiete aber dennoch in der bekannten Abfolge vor. *Erlösquelle* ist dabei stets der einzelne Kundenauftrag mit seinen gegebenenfalls mehreren Auftragspositionen, aus denen die Informationen zu Leistungsarten, Leistungsstellen und Leistungsträgern abzuleiten sind.

Teilgebiete der Leistungsrechnung

Zunächst ist jedoch auf die Kalkulation des Angebotspreises einzugehen. Die Kalkulation des Angebotspreises stellt die Brücke zwischen der Kostenrechnung und der Leistungsrechnung dar, denn der vom Unternehmen realisierte Verkaufspreis ist Bewertungsansatz für die Marktleistungen (siehe Abbildung 2.12).

5.3.1   Kalkulation des Angebotspreises

Eine wesentliche Aufgabe der Kalkulation (siehe Abschnitt 5.1) besteht darin, die Herstellkosten und die Selbstkosten der Erzeugnisse für verschiedene Zwecke zu ermitteln. Hierzu haben wir in den vorangegangenen Abschnitten verschiedene Kalkulationsverfahren kennengelernt. Darüber hinaus kann die (Kosten-)Kalkulation zu einer *Angebotspreiskalkulation* weitergeführt werden. Die Kalkulation des Angebotspreises ist hierbei von dem für die Kostenkalkulation eingesetzten Verfahren unabhängig. Ausgangspunkt sind die Selbstkosten des Kostenträgers, unabhängig davon, mit welchem Verfahren sie ermittelt wurden.

Die Kalkulation des Angebotspreises dient dem Rechenzweck der Preisbeurteilung (siehe Abschnitt 2.1.4). Für den Fall, dass z. B. bei kundenindividueller Fertigung keine vergleichbaren Produkte und damit auch kein Marktpreis existieren, dient die Angebotskalkulation zudem der Preisfindung.

Kalkulations-
positionen
Eine Vollkostendeckung alleine kann langfristig den Unternehmensbestand nicht sicherstellen. Zwar wurden alle relevanten Wertverzehre einschließlich kalkulatorischer Zinsen und kalkulatorischer Wagnisse als Kostenarten berücksichtigt, aber das allgemeine Unternehmerrisiko (siehe Abschnitt 3.3.6) ist noch nicht abgegolten. Dieses ist durch die Kalkulationsposition Gewinn abzudecken. Der Gewinn kann dabei als Absolutbetrag, als prozentualer Zuschlag (vom Hundert der Selbstkosten) oder als prozentuale Marge (im Hundert des Barverkaufspreises) Berücksichtigung finden.

> **!   Unter der Lupe**
>
> Bei der Rechnung »vom Hundert« wird der Gewinn auf die Selbstkosten aufgeschlagen:
> Selbstkosten 200 EUR, Gewinnzuschlag 15 %
> → Barverkaufspreis = 200 + 200 · 0,15 = 230 EUR
> Die prozentuale Marge ist dann jedoch kleiner als 15 %:
> Absolute Marge = 230 EUR – 200 EUR = 30 EUR
> Prozentuale Marge = 30 EUR : 230 EUR = 13 %

Bei der Rechnung »im Hundert« wird dagegen die prozentuale Marge bezogen auf den Barver-
kaufspreis angegeben:
Selbstkosten 200 EUR, Gewinnmarge 15 %
→ Barverkaufspreis = 200 / (1 – 0,15) = 235,29 EUR
Absolute Marge = 235,29 EUR – 200 EUR = 35,29 EUR
Prozentuale Marge = 35,29 EUR / 235,29 EUR = 0,15
Dies entspricht einem Gewinnzuschlag von 17,645 % (= 235,29 EUR / 200 EUR – 1)

Darüber hinaus sind in der Angebotspreiskalkulation auch zu erwartende Preisnachlässe
zu berücksichtigen, insbesondere Skonto, Rabatt und Bonus. Würde man auf deren vor-
ausschauende Einberechnung verzichten, der Kunde sie im Rahmen der Preisverhandlungen jedoch einfordert, so würde sich der angestrebte Gewinn verringern oder möglicherweise sogar die Deckung der Vollkosten riskiert werden. Zu erwartende Preisnachlässe
werden stets im Hundert kalkuliert.

Unter der Lupe   **!**

Bei Skonto, Rabatt und Bonus handelt es sich um wichtige Arten von Preisnachlässen. Die Begriffe sind keine Synonyme, sondern stehen jeweils für bestimmte Sachverhalte:

Skonto: Ein i. d. R. prozentualer Preisnachlass, den der Kunde bei Bezahlung der Rechnung ver-
einbarungsgemäß in Abzug bringen darf, wenn die Bezahlung innerhalb der Skontofrist erfolgt.
Die Skontofrist ist dabei deutlich kürzer als das eingeräumte Zahlungsziel und soll den Kunden
somit zu schneller Zahlung motivieren.

Rabatt: Ein prozentualer (oder absoluter) Preisnachlass, der bereits im Rahmen der Ermitt-
lung des Rechnungsbetrages berücksichtigt wird. Der Kreativität sind bei der Bezeichnung von
Rabatten keine Grenzen gesetzt, typische Fälle sind jedoch Mengenrabatte, Jubiläumsrabatte,
Treuerabatte etc.

Bonus: Ein gesamthafter Preisnachlass, der nachträglich zum Periodenende gewährt wird.
Häufig werden mit (Groß-)Kunden zu Beginn eines Geschäftsjahres Bonusstaffeln vereinbart. Der
Kunde zahlt zunächst reguläre Preise, bekommt jedoch bei Überschreiten bestimmter Umsatzwerte am Ende des Geschäftsjahres einen bestimmten Prozentsatz des Umsatzes als Bonus
zurückerstattet. Eine Bonusstaffel könnte z. B. lauten: kein Bonus bei Umsatz < 2.000.000 EUR,
2 % Bonus bei Umsatz ≥ 2.000.000 EUR, 3 % Bonus bei Umsatz ≥ 4.000.000 EUR.

Schließlich ist auch die Umsatzsteuer zu berücksichtigen, die stets vom Hundert aufzu-
schlagen ist. Gemäß deutschem Umsatzsteuergesetz (Stand 2019) beträgt der Regel-
Steuersatz 19 %, wobei einige Güter nur mit einem ermäßigten Steuersatz von 7 % belastet werden (z. B. Nahrungsmittel, Bücher) und wieder andere Leistungen ganz von der
Umsatzsteuer befreit sind (z. B. medizinische Leistungen).

Beispiel: Kalkulation des Angebotspreises

Basierend auf den berechneten Stückselbstkosten soll nun der Angebotspreis (Listenpreis) für den Speedster S1 berechnet werden. Hierfür liegen folgende Informationen vor:

Angestrebter Gewinnzuschlag: 30 %
Den Kunden eingeräumter Skonto bei Zahlung innerhalb von 7 Tagen: 3 %. Die Erfahrung hat jedoch gezeigt, dass nur in etwa die Hälfte der Kunden diese Möglichkeit auch tatsächlich ausschöpft.
Durchschnittlich erwarteter, den Kunden im Rahmen der Preisverhandlungen einzuräumender Rabatt: 16 %

Kalkulationspositionen (EUR)	Bezugsbasis	Speedster S1
Stückselbstkosten		2.550,18
+ Gewinn (30 %)	gemäß Angabe: vom Hundert der Stückselbstkosten	765,05
= Barverkaufspreis		3.315,23
+ Skonto (0,5 · 3 % = 1,5 %)	im Hundert des Zielverkaufspreises	50,49
= Zielverkaufspreis		3.365,72
+ Rabatt (16 %)	im Hundert des Nettoangebotspreises	641,09
= Nettoangebotspreis		4.006,81
+ Umsatzsteuer (19 %)	vom Hundert des Nettoangebotspreises	761,29
= Bruttoangebotspreis		4.768,10

Da für Geschäftskunden die Umsatzsteuer einen durchlaufenden Posten darstellt, wird hier in der Regel der Nettoangebotspreis kommuniziert. Bei Privatkunden, die die Umsatzsteuer tragen müssen, wird hingegen zumeist der Bruttoangebotspreis kommuniziert. In beiden Fällen würde man sicherlich unter Marketingaspekten die soeben berechneten »krummen« Preise auf geeignete Beträge auf- oder abrunden, hier z. B. auf 4.000 EUR Nettoangebotspreis bzw. auf 4.770 EUR Bruttoangebotspreis.

5.3.2 Leistungsartenrechnung

Mittels der Leistungsartenrechnung soll die Frage beantwortet werden, welche Arten von Leistungen verkauft wurden. Die Definition unterschiedlicher Leistungarten ist insbesondere dann sinnvoll, wenn dasselbe Erzeugnis auf unterschiedliche Art und Weise vertrieben werden kann und hierüber Transparenz geschaffen werden soll. Diesbezügliche Beispiele sind:

- Der Verkauf und die Vermietung einer Maschine.
- Der Verkauf einer Tageszeitung im Abonnement und im Einzelverkauf.
- Die Erbringung einer Reparaturleistung für eine Maschine im Rahmen eines Servicevertrages oder als separater Einzelauftrag.
- Die Bereitstellung eines Speichervolumenkontingents und die separate Verrechnung eines darüber hinaus in Anspruch genommenen Speichervolumens.

Im vorangegangenen Abschnitt haben wir die Kalkulation des Angebotspreises kennengelernt. Unter Rückgriff auf die dort erläuterten Kalkulationspositionen hat die Leistungsartenrechnung zudem die Aufgabe, etwaige Abweichungen zwischen dem Listenpreis (Nettoangebotspreis) im Sinne eines Bruttoerlöses und dem tatsächlich beim Kunden realisierten Erlös im Sinne eines Nettoerlöses transparent zu machen. Hierbei gilt:

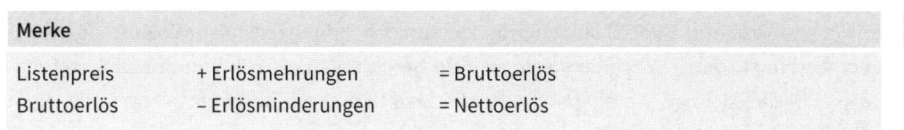

Merke !

| Listenpreis | + Erlösmehrungen | = Bruttoerlös |
| Bruttoerlös | – Erlösminderungen | = Nettoerlös |

Da es sich bei der Umsatzsteuer aus Unternehmenssicht um einen durchlaufenden Posten handelt, wird in der Leistungsrechnung in aller Regel nur mit Nettowerten gearbeitet. **Behandlung der Umsatzsteuer**

Erlösmehrungen (Erlöszuschläge) sind solche Erlöspositionen, die für zusätzliche erbrachte Leistungen in Rechnung gestellt werden und daher zum Listenpreis hinzukommen. Beispiele hierfür sind die Erfüllung besonderer Kundenwünsche hinsichtlich Verpackung, Versand, Versicherung der Lieferung etc., die jeweils über die standardmäßig angebotene Leistung hinausgeht. **Erlösmehrungen**

Erlösminderungen (Erlösschmälerungen, Erlöskorrekturen, Erlösberichtigungen) reduzieren den Bruttoerlös. Wichtige Arten von Erlösminderungen sind: **Erlösminderungen**

- Skonto bei Zahlung innerhalb der Skontofrist.
- Rabatt für Großmengen, Selbstabholung etc.
- Bonus bei Überschreitung eines vereinbarten Umsatzziels.
- Wechselkursänderung zwischen Rechnungsstellung und Zahlungseingang. Dies ist nur dann relevant, wenn die Rechnung nicht in der Landeswährung des Unternehmens gestellt wird. Dies ist zudem die einzige Erlösminderung, die entgegen dem Wortlaut auch einen erlössteigernden Effekt haben kann.
- Preisminderung wegen Mängelrüge.
- Gutschrift für (teilweise) Warenrücksendung.

Grundproblem der Leistungsrechnung

Es fällt nicht nur die Vielzahl möglicher Erlösminderungen auf, sondern mit Ausnahme der bereits bei Rechnungsstellung erfassten Rabatte zeigt sich bei allen übrigen Arten ein besonderes Problem: Es ist im Moment der Rechnungsstellung noch nicht klar, welche dieser Erlösminderungen überhaupt, wann und in welcher Höhe eintreten werden. Damit wird das Grundproblem der Leistungsrechnung offenbar: Die bei Rechnungsstellung erfassten Erlöse für eine Verkaufstransaktion können sich zu einem (oder mehreren) späteren Zeitpunkt(en) noch in unbekannter Höhe reduzieren. Bei der Kostenrechnung tritt ein vergleichbares Problem kaum in Erscheinung. Hier mag es Schwierigkeiten geben, die richtige zu erfassende Kostenhöhe zu ermitteln. Ein einmal erfasster Kostenbetrag muss allerdings i. d. R. nicht mehr nachträglich korrigiert werden.

Normalleistungsrechnung

Unternehmen gehen mit dieser Problematik auf der Leistungsseite oftmals derart um, dass standardisierte Werte für relevante Erlösminderungen bereits im Moment der Rechnungsstellung angenommen werden. Bei diesen standardisierten Werten handelt es sich üblicherweise um Erfahrungswerte der Vergangenheit und damit um normalisierte Werte. Somit wird in Analogie zur Verrechnung von Normalgemeinkosten in der Kostenkalkulation (siehe Abschnitt 5.2.2.2) auch bei der Leistungsrechnung teilweise mit Normalleistungen gerechnet. Diese Vorgehensweise wurde bereits bei der Kalkulation des Angebotspreises berücksichtigt, wo durchschnittliche Skontoabzüge und Rabatte zugrunde lagen (siehe Abschnitt 5.3.1).

Abgrenzung von Erlösminderungen und Kosten

Auf den ersten Blick mag die Abgrenzung von Erlösminderungen und Kosten nicht sofort offensichtlich sein. Sollte die Provision für einen Makler, ohne dessen Vermittlung ein Geschäft mit einem ausländischen Kunden nicht zustande gekommen wäre, als Kosten oder doch als Erlösschmälerung erfasst werden? Zur zweifelsfreien Abgrenzung von Erlösminderungen und Kosten sind die folgenden beiden Fragen hilfreich:

- Handelt es sich um einen betriebsbedingten Wertverzehr? Nur wenn ein betriebsbedingter Wertverzehr vorliegt, darf von Kosten gesprochen werden.
- Ist das direkte Verhältnis zwischen dem Unternehmen und seinem Kunden betroffen? Nur wenn dies der Fall ist, kann eine Erlösminderung vorliegen.

5.3.3   Leistungsstellenrechnung

Die Leistungsstellenrechnung beantwortet die Frage, wo im Unternehmen Leistungen verkauft wurden. Während Kostenstellen oftmals noch einen konkreten örtlichen Bezug haben, sind Leistungsstellen eher abstrakter Natur und sollten nicht als Ort im engeren Sinne gedacht werden. Bei Leistungsstellen handelt es sich vielmehr um vom Unternehmen definierte Kategorien zur Untergliederung des Gesamtmarkts, auf dem das Unternehmen tätig ist.

Wird ein bestimmtes Erzeugnis ausschließlich von einem Geschäftsbereich in einer Ver- **Arten von**
triebsregion über einen Vertriebsweg an eine Kundengruppe verkauft, so können alle rele- **Leistungsstellen**
vanten Informationen bereits aus dem Verkauf des Erzeugnisses selbst abgeleitet wer-
den. Das beschriebene Beispiel stellt allerdings nur einen theoretischen Ausnahmefall
dar. Üblich ist vielmehr, dass dasselbe Produkt weltweit über verschiedene Vertriebswege
an unterschiedliche Kundengruppen verkauft wird. Will das Unternehmen nun analysieren, welche Umsatzerlöse in der abgelaufenen Abrechnungsperiode mit diesem Erzeugnis
z. B. in einer bestimmten Vertriebsregion erzielt wurden, dann muss diese Information
zuvor im Rahmen der Verkaufstransaktionen erfasst worden sein und nun ausgewertet
werden. Aus dieser Erläuterung lassen sich die wichtigsten Arten von Leistungsstellen
ableiten:

- Vertriebsregionen (z. B. Kontinente, Länder, Bundesländer, Landkreise oder aber
  unternehmensindividuell definierte Vertriebsregionen).
- Kundengruppen (z. B. Geschäftskunden oder Privatkunden).
- Vertriebswege (z. B. Werksverkauf, Einzelhandel, Großhandel, eigene Vertriebsmitar-
  beiter, Handelsvertreter).
- Geschäftsbereiche (z. B. Produktgeschäft, Lösungsgeschäft).

Unter der Lupe   **!**

Viele Unternehmen bieten neben ihrem Produktgeschäft heute auch ein sog. Lösungsgeschäft
an. Hierunter versteht man komplexe Projekte, bei denen in enger Zusammenarbeit mit dem
Kunden ein kundenspezifisches Angebot erarbeitet wird. Aufgrund der Komplexität des Projekts
umfasst eine solche kundenspezifische Lösung nicht nur eine Vielzahl von Produkten des eigenen Unternehmens, sondern in vielen Fällen auch Produkte und/oder Dienstleistungen dritter
Anbieter.

In aller Regel wird im Einklang mit der Organisationsstruktur eine der genannten Katego- **Profit Center**
rien in einem Unternehmen im Vordergrund stehen, d. h. die Erlöse werden primär nach
dieser Kategorie geplant, berichtet und analysiert. Für diese führende Kategorie von Leistungsstellen hat sich der englische Begriff Profit Center eingebürgert.

5.3.4   Leistungsträgerrechnung

Die zentrale Fragestellung der Leistungsträger(stück)rechnung ist die Definition der Leistungsträger (Erlösträger). Da in der Vollkostenrechnung die Kostenträger mit ihren Einzelkosten und anteiligen Gemeinkosten belastet wurden, sind Kostenträger und Erlösträger
idealerweise identisch, um auf Erzeugnisebene einen Stückerfolg ausweisen zu können.
In vielen Fällen ist diese Identität zwischen Kostenträger und Erlösträger auch gegeben,
d. h. Erlöse können einem Kostenträger = Erlösträger direkt und verursachungsgerecht als
Einzelerlöse zugerechnet werden.

Gemeinerlöse   Insbesondere unter Vermarktungsgesichtspunkten werden aber manchmal mehrere Erzeugnisse gebündelt angeboten und verkauft. Im Falle einer solchen Absatzverbundenheit lässt sich der Bündelpreis nicht verursachungsgerecht auf die einzelnen Erzeugnisse aufteilen, es handelt sich daher um Gemeinerlöse. Kostenträger (die einzelnen Erzeugnisse) und Erlösträger (das Angebotsbündel) fallen also auseinander. Da in aller Regel trotzdem eine Gegenüberstellung von Kosten und Erlösen auf Erzeugnisebene gewünscht wird, müssen die Gemeinerlöse auf die einzelnen Erzeugnisse geschlüsselt werden. Hierfür bieten sich folgende Möglichkeiten an:

- Schlüsselung auf Basis der Selbstkosten der im Bündel enthaltenen Kostenträger.
- Schlüsselung auf Basis der üblichen Verkaufspreise der im Bündel enthaltenen Erzeugnisse bei Einzelverkauf.
- Eine im Einzelfall entschiedene anderweitige Verteilung. So ist es z. B. möglich, dass eines oder mehrere Erzeugnisse des Bündels eher den Charakter von Dreingabe haben und daher nur einen geringen Anteil der Erlöse zugeschlüsselt bekommen.

Beispiel: Schlüsselung von Gemeinerlösen

Es soll angenommen werden, dass der Speedster S1 als zeitlich befristete Sonderedition »Stauraum« mit Dachgepäckträgern und Anhängerkupplung verkauft wird. Sowohl bei der Anhängerkupplung als auch bei den Dachgepäckträgern handelt es sich um Handelswaren, die von den Kunden im Normalfall separat und optional zum Speedster S1 erworben werden können. Die Selbstkosten und üblichen Einzelverkaufspreise der drei Paketbestandteile lauten wie folgt:

Paketbestandteil	Stück-Selbstkosten	Durchschnittlicher Einzelverkaufspreis pro Stück
Speedster S1	2.550,18	4.000,00
Dachgepäckträger	300,20	450,00
Anhängerkupplung	150,10	220,00

Der Paketpreis der Sonderedition beträgt 4.200 EUR und soll einerseits auf Basis der Selbstkosten und andererseits auf Basis der Einzelverkaufspreise auf die drei Paketbestandteile geschlüsselt werden.

Schlüsselung auf Basis der Selbstkosten:

Paketbestandteil	Selbst-kosten	Prozentualer Anteil	Gemein-erlösanteil	Gewinn-marge[1]	Preis-nachlass[2]
Speedster S1	2.550,18	85,0 %	3.570,00	28,6 %	10,8 %
Dachgepäckträger	300,20	10,0 %	420,00	28,6 %	6,7 %
Anhängerkupplung	150,10	5,0 %	210,00	28,6 %	4,5 %
Paket	3.000,48	100,0 %	4.200,00	28,6 %	10,1 %
[1] (Gemeinerlösanteil – Selbstkosten) / Gemeinerlösanteil [2] (Einzelverkaufspreis – Gemeinerlösanteil) / Einzelverkaufspreis					

Schlüsselung auf Basis der Einzelverkaufspreise:

Paketbestandteil	Einzelver-kaufspreise	Prozentualer Anteil	Gemein-erlösanteil	Gewinn-marge	Preis-nachlass
Speedster S1	4.000,00	85,7 %	3.599,40	29,1 %	10,1 %
Dachgepäckträger	450,00	9,6 %	403,20	25,5 %	10,1 %
Anhängerkupplung	220,00	4,7 %	197,40	24,0 %	10,1 %
Paket	4.670,00	100,0 %	4.200,00	28,6 %	10,1 %

Es zeigt sich, dass die Schlüsselung auf Basis der Selbstkosten zu einer einheitlichen prozentualen Gewinnmarge aller Paketbestandteile führt, während die Schlüsselung auf Basis der Einzelverkaufspreise einen einheitlichen prozentualen Preisnachlass aller Paketbestandteile impliziert.

5.4 Betriebsergebnisrechnung

Da bei der Speedy GmbH mit dem Ausbau der Kostenrechnung bis hin zur Kalkulation nunmehr stückbezogene Kostenaussagen möglich sind und zudem eine Leistungsrechnung zur Erfassung der Erlöse beider Erzeugnisse eingeführt wurde, möchte Manfred Kolb für das Unternehmen auch zeitraumbezogene Darstellungen und Auswertungen über den Erfolg vorantreiben. Von besonders großem Interesse ist für ihn letztlich die Auskunft, in welchem Maße der Speedster S1 und der Speedster S2 zum Gesamterfolg beigetragen haben.

Da der Erfolg in der Regel monatlich ermittelt werden sollte, nennt man die Betriebsergebnisrechnung auch kurzfristige Erfolgsrechnung. Bei einem entsprechenden Ausbau kann dann ein wesentliches Ziel, nämlich die Analyse der Erfolgsquellen, erreicht werden. Die Unterschiede gegenüber der Gewinn- und Verlustrechnung liegen insbesondere im

Varianten der Erfolgsrechnung

kürzeren Abrechnungszeitraum, in der Beschränkung auf den betrieblichen Leistungserstellungsprozess und in der Abweichung von den pagatorischen Größen des externen
Rechnungswesens. Grundsätzlich können bei der Betriebsergebnisrechnung zwei Verfahren unterschieden werden:

- das Gesamtkostenverfahren und
- das Umsatzkostenverfahren.

Beide Verfahren müssen zu dem gleichen Ergebnis führen, da bei einem definierten Kos-
tengerüst und definierten erzielten Erlösen sich nur ein Erfolg ergeben kann. Pflicht- und
Wahlbestandteile bei den Kosten, wie man sie bei den Herstellungskosten im externen
Rechnungswesen kennt, würden den Zielsetzungen von Kosten- und Leistungsrechnun-
gen zuwiderlaufen. Gesamtkostenverfahren und Umsatzkostenverfahren unterscheiden
sich also nicht im Ergebnis, aber in der Art der Ermittlung und den ableitbaren Erkenntnis-
sen hinsichtlich der Erfolgsquellen.

Für die Darstellung der kurzfristigen Erfolgsrechnung bei der Speedy GmbH werden nachstehend in der ersten Übersicht diejenigen Daten aufgelistet, die bisher errechnet wurden
und nun wieder benötigt werden (»Bisher ermittelte Ist-Daten«). Um beide Verfahren in
allen Ergebnispositionen erläutern zu können, werden in der zweiten Übersicht zudem
einige notwendige »neue Daten« eingeführt.

Beispiel: Speedy GmbH (Fortsetzung der Fallstudie)

Daten der kurzfristigen Erfolgsrechnung
Für den Aufbau einer kurzfristigen Erfolgsrechnung benötigt Manfred Kolb die nach-
stehenden Informationen.
Bisher ermittelte Ist-Daten:

Erzeugnis	k_{h2}	$k_{vw/vtr}$	k_s	$x_p (= x_a)$	HK 2	Vw/Vtr.GK	SK
	EUR/ Stück	EUR/ Stück	EUR/ Stück	Stück	EUR	EUR	EUR
	(1)	(2)	(3) = (1) + (2)	(4)	(5) = (1) · (4)	(6) = (2) · (4)	(7) = (5) + (6)
Speedster S1	2.256,40	293,78	2.550,18	100	225.640	29.378	255.018
Speedster S2	510,17	66,42	576,59	668	340.794	44.369	385.163
Summe					566.434	73.748	640.181
zur Ver-probung siehe	Abschnitt 5.2.2.2				Abbildung 4.12	Abbildung 4.12 $\sum$ ESK H_9 u. H_{10}	Abschnitt 3.4: Gesamtkosten der Speedy GmbH

Neue Daten:

Erzeugnis	e	x_a	$k_{h2\text{ Vorperiode}}$	Vw/Vtr.GK
	EUR/Stück	Stück	EUR/Stück	EUR
Speedster S1	4.000	90	(wird nicht benötigt)	für S1 und S2 weiterhin: 73.748
Speedster S2	450	700	480	

Legende:

k_{h2}	= Stückherstellkosten 2
$k_{vw/vtr}$	= Stückverwaltungs- und -vertriebskosten
k_s	= Stückselbstkosten
x_p/x_a	= produzierte Menge/abgesetzte Menge
HK 2	= gesamte Herstellkosten 2
Vw/Vtr.GK	= gesamte Verwaltungs- und Vertriebsgemeinkosten
SK	= gesamte Selbstkosten
e	= Stückerlöse

Für die Erstellung der kurzfristigen Erfolgsrechnung werden nunmehr die Stückerlöse für den Speedster S1 und S2 eingeführt. Beim Speedster S1 entsprechen die Stückerlöse dem in Abschnitt 5.3.1 kalkulierten Angebotspreis, d.h. die dort getroffenen Annahmen hinsichtlich durchschnittlichem Skonto und Rabatt sind eingetroffen. Bislang galt in der Fallstudie die vereinfachende Annahme, dass die produzierten Mengen bei beiden Erzeugnissen den abgesetzten Mengen entsprechen. Um beim Gesamtkostenverfahren die Bestandsveränderungen darstellen zu können, weichen nun die abgesetzten Mengen von den produzierten Mengen ab. Beim Speedster S1 liegt eine Bestandserhöhung von 10 Stück vor (100 Stück produziert und nur 90 verkauft), beim Speedster S2 eine Bestandsminderung von 32 Stück (668 produziert und 700 verkauft).

Deswegen benötigen wir für den Speedster S2 auch die Stückherstellkosten der Vorperiode (480 EUR/Stück), da die 32 Stück mit diesem Wert auf Lager lagen. (Auch wenn derzeit bei der Speedy GmbH erst eine Kosten- und Leistungsrechnung eingeführt wird, so unterstellen wir, dass in der Vorperiode bereits eine existierte, um einen Zahlenwert zu haben und die Verrechnung eines Bestandsabbaus mit den hier unterschiedlich hohen (Ist-)Stückherstellkosten aufzeigen zu können.)

Die bisherigen Verwaltungs- und Vertriebsgemeinkosten i. H. v. 73.748 EUR bezogen sich auf die abgesetzten (= produzierten) Mengen von 100 Stück Speedster S1 und 668 Stück Speedster S2. Jetzt werden jedoch als abgesetzte Menge 90 bzw. 700 Stück angenommen. Demnach müsste sich das Kostenvolumen eigentlich verändern, da insbesondere in den Vertriebsgemeinkosten variable Anteile enthalten sind. Diese kann jedoch ein Vollkostenrechner nicht heraus rechnen, da er nur nach Einzel- und Gemeinkosten unterscheidet. Er müsste das neue Kostenvolumen mithilfe der Kostenerfassung quantifizieren. Wir unterstellen deshalb vereinfacht, dass trotz der nunmehr veränderten Absatzmengen die Verwaltungs- und Vertriebsgemeinkosten gleich bleiben. Dies könnte so argumentiert werden, dass sich die Auswirkungen auf die gesamten (für den Vollkostenrechner unbekannten) variablen Vertriebsgemeinkosten durch den Bestandsabbau beim Speedster S2 und den Bestandsaufbau beim Speedster S1 kompensieren. (Im Kapitel 12 wird anhand der Velo GmbH in einer einfacher gehaltenen Fallstudie dieses Thema wieder aufgegriffen. Dort liegen bei veränderten Absatzmengen auch veränderte Verwaltungs- und Vertriebsgemeinkosten vor. Dieses geschlossene Fallbeispiel zeigt die Zusammenhänge zwischen verschiedenen Kostenrechnungssystemen auf: Bei der Velo GmbH wird mit den gleichen Ausgangsdaten eine Voll- und eine Teilkostenrechnung dargestellt. So kann dort z. B. rechnerisch nachvollzogen werden, wie stark sich die variablen Vertriebsgemeinkosten bei gegenüber den Produktionsmengen abweichenden Absatzmengen bei einer gegebenen Kostenstruktur (Anteil an fixen und variablen Kosten) verändern.)

In den beiden nächsten Abschnitten wird zunächst jeweils die Theorie zum Gesamt- und zum Umsatzkostenverfahren erläutert. Zur Veranschaulichung übertragen wir beim jeweiligen Verfahren die Theorie auf die Speedy GmbH unter Zuhilfenahme der obigen Grunddaten.

5.4.1 Gesamtkostenverfahren

Vorgehensweise Das Gesamtkostenverfahren stellt den gesamten Erlösen einer Abrechnungsperiode die gesamten Kosten der Abrechnungsperiode gegenüber, wobei die Kosten nach primären Kostenarten (Personal-, Materialkosten, kalkulatorische Abschreibungen usw.) oder nach Funktionskostenblöcken (Herstell- und Verwaltungs-/Vertriebskosten) gegliedert einfließen. In Anlehnung an das externe Rechnungswesen ist die Gliederung der Kosten nach primären Kostenarten üblicher.

Bestands- Bei nicht absatzsynchroner Fertigung (produzierte Menge ≠ abgesetzte Menge) basieren
veränderungen die einzelnen Komponenten zur Ergebnisermittlung allerdings nicht auf dem gleichen Mengengerüst. Die in den Gesamtkosten enthaltenen Herstellkosten beziehen sich auf die produzierten Mengen, die Verwaltungs- und Vertriebskosten sowie die Umsatzerlöse auf die abgesetzten Mengen. Nur wenn Produktions- und Absatzmengen übereinstimmen, können die gesamten Kosten den gesamten Erlösen ohne weiteres gegenübergestellt werden. Da dies aber nur in Ausnahmefällen sowie grundsätzlich bei nicht lagerfähigen Gütern (z. B. Strom oder Dienstleistungen) der Fall ist, müssen die Bestandsveränderungen berücksichtigt werden.

Werden in einer Abrechnungsperiode mehr unfertige und/oder fertige Leistungen herge- Bestands-
erhöhung
stellt als abgesetzt (Marktleistungen) oder verbraucht (aktivierbare Eigenleistungen), so
kommt es zu Bestandserhöhungen. Diese Bestandserhöhungen stellen *Leistungen* dar
(Güterentstehung) und müssen – zu Herstellkosten bewertet – den (Umsatz-) Erlösen
zugeschlagen werden. Damit wird auf der Leistungsseite der gleiche Mengenbezug hergestellt wie auf der Kostenseite und beide Seiten sind nun vergleichbar.

	(Umsatz-) Erlöse der Periode
+	Bestandserhöhungen an fertigen und unfertigen Leistungen (bewertet zu Herstellkosten)
–	Bestandsminderungen an fertigen und unfertigen Leistungen (bewertet zu Herstellkosten)
–	Gesamtkosten der Periode gegliedert nach Kostenarten
=	Betriebsergebnis

Abb. 5.6: Grundstruktur des Gesamtkostenverfahrens

Im umgekehrten Fall (abgesetzte Mengen > produzierte Mengen an unfertigen und/oder Bestands-
minderung
fertigen Leistungen) werden Lagerbestände abgebaut, die in vorangegangenen Perioden
Kosten verursacht haben. Den Umsatzerlösen würden ohne deren Berücksichtigung zu
geringe Herstellkosten gegenüberstehen. Damit wiederum ein vergleichbares Mengengerüst zugrunde liegt, sind die Bestandsminderungen – zu Herstellkosten bewertet – den
gesamten Kosten der laufenden Abrechnungsperiode zuzuschlagen.

Beispiel: Speedy GmbH (Fortsetzung der Fallstudie)

Gesamtkostenverfahren
Wenden wir nun die oben dargestellten Daten der Speedy GmbH auf das *Gesamtkostenverfahren* an:

	Erlöse Speedster S1 und Speedster S2	675.000 EUR[1]
+	Bestandszunahme Speedster S1	+ 22.564 EUR[2]
–	Bestandsabnahme Speedster S2	– 15.360 EUR[3]
–	gesamte Kosten der Periode	– 640.180 EUR
	Betriebsergebnis	+ 42.024 EUR

[1] (90 Stück · 4.000 EUR/Stück) + (700 Stück · 450 EUR/Stück)
[2] 10 Stück · 2.256,40 EUR/Stück
[3] 32 Stück · 480 EUR/Stück (Herstellkosten 2 der Vorperiode)

Die Speedy GmbH hat somit im vergangenen Monat ein Betriebsergebnis von
42.024 EUR erzielt.

Würdigung   Das Gesamtkostenverfahren zeichnet sich durch seine Einfachheit aus, da die Kosten direkt aus der Kostenartenrechnung in die Kostenträgerzeitrechnung übernommen werden können. Allerdings sind Nebenrechnungen erforderlich, um die Stückherstellkosten zu ermitteln. Insofern ist doch eine Kostenträgerstückrechnung (und damit eine Kostenstellenrechnung) erforderlich.

Ein großer Nachteil des Gesamtkostenverfahrens besteht insbesondere darin, dass man für die Erfolgsanalyse der Erzeugnisarten keine Informationen erhält. Die Kosten werden nicht nach Erzeugnisarten differenziert ausgewiesen, sodass man nicht erkennen kann, welche Produkte in welchem Umfang zum Gesamterfolg beitragen.

5.4.2   Umsatzkostenverfahren

Vorgehensweise   Beim Umsatzkostenverfahren werden den nach Erzeugnisarten gegliederten Umsatzerlösen die jeweiligen Selbstkosten auf Basis der abgesetzten Mengen (= Umsatzkosten) gegenübergestellt. Diesen Umsatzkosten verdankt das Umsatzkostenverfahren seinen Namen. Die Umsatzkosten werden zudem nach Funktionskostenblöcken (Herstellkosten, Vertriebskosten, Verwaltungskosten, ggf. Forschungs- und Entwicklungskosten) gegliedert ausgewiesen.

	Umsatzerlöse der in der Periode abgesetzten Erzeugnisse, gegliedert nach Erzeugnisarten
−	Selbstkosten der in der Periode abgesetzten Erzeugnisse (= Umsatzkosten), gegliedert nach Erzeugnisarten und Funktionskostenblöcken
=	Betriebsergebnis

Abb. 5.7: Grundstruktur des Umsatzkostenverfahrens

Bestands-   Damit basiert sowohl die Erlös- wie auch die Kostenseite auf dem Mengengerüst des
veränderungen   Absatzes. Eine Berücksichtigung von Bestandsveränderungen an unfertigen und/oder fertigen Leistungen ist somit nicht notwendig. Beim Umsatzkostenverfahren ist eine Kostenträgerstückrechnung Voraussetzung, da die Selbstkosten zu ermitteln sind. Übersteigt die produzierte Menge die abgesetzte Menge (Bestandserhöhung), wird nur derjenige Teil der Herstellkosten berücksichtigt, der auf den Umsatz entfällt. Auch bei einem Bestandsaufbau von selbst erstellten Anlagen sind die darauf entfallenden Herstellkosten nicht zu berücksichtigen, da sie nicht Bestandteil des Umsatzprozesses sind. Im Fall von Lagerabgängen für den Umsatzprozess erhöht der darauf entfallende Herstellkostenanteil früherer Abrechnungsperioden die Herstellkosten der laufenden Periode.

Beispiel: Speedy GmbH (Fortsetzung der Fallstudie)

Umsatzkostenverfahren

Wenden wir nun die oben dargestellten Daten der Speedy GmbH zur kurzfristigen Erfolgsrechnung auf das *Umsatzkostenverfahren* an:

	Speedster S1	Speedster S2
Erlöse	360.000 EUR	315.000 EUR
– Herstellkosten der abgesetzten Mengen	– 203.076 EUR [1]	– 356.152 EUR [2]
– Verwaltungs- und Vertriebsgemeinkosten	– 26.780 EUR [3]	– 46.968 EUR [3]
= Betriebsergebnis nach Erzeugnissen	+ 130.144 EUR	– 88.120 EUR
Gesamtergebnis	42.024 EUR	

[1] 2.256,40 EUR/Stück · 90 Stück

[2] 510,17 EUR/Stück · 668 Stück + 480 EUR/Stück · 32 Stück
(Da die verwendeten k_{h2} der lfd. Periode i. H. v. 510,17 EUR einen auf zwei Stellen nach dem Komma gerundeten Wert darstellen, erfolgt hier eine Anpassung um 1,60 EUR.)

[3] An dieser Stelle werden nicht die Werte 29.378 EUR bzw. 44.369 EUR verwendet, da diese auf Basis produzierter (= abgesetzter) Mengen ermittelt wurden. Die gesamten Verwaltungs- und Vertriebsgemeinkosten in Höhe von 73.748 EUR sind allerdings auf Basis der (nun annahmegemäß abweichenden) abgesetzten Mengen zu verteilen. Die gesamten Herstellkosten der abgesetzten Mengen betragen 203.076 EUR + 356.152 EUR = 559.228 EUR. Es ergibt sich somit ein neuer kombinierter Verwaltungs- und Vertriebsgemeinkostenzuschlagssatz von 73.748 EUR / 559.228 EUR = 13,19 %. Dieser angewendet auf die Herstellkosten der beiden Erzeugnisse ergibt:
Speedster S1: 203.076 EUR · 0,1319 = 26.780 EUR
Speedster S1: 356.152 EUR · 0,1319 = 46.968 EUR

Zunächst ist festzustellen, dass das Umsatzkostenverfahren erwartungsgemäß denselben Erfolg ausweist wie das Gesamtkostenverfahren. Darüber hinaus ist erkennbar, dass die Speedster S2-Produktion derzeit ein Verlustgeschäft darstellt. Ca. zwei Drittel des Gewinns beim Speedster S1 werden durch den Verlust beim Speedster S2 wieder aufgezehrt. Diese Erkenntnis konnte durch das Gesamtkostenverfahren nicht gewonnen werden. (Allerdings war dieses Ergebnis bereits ersichtlich durch den Vergleich von Stückerlösen und Stückselbstkosten der beiden Erzeugnisse.)

Unter der Lupe   !

Wir haben darauf hingewiesen, dass Gesamtkostenverfahren und Umsatzkostenverfahren in der Vollkostenrechnung denselben Erfolg ermitteln müssen. Wie aber lässt sich diese Ergebnisidentität rechnerisch nachvollziehen?
Nehmen wir das Beispiel von Bestandserhöhungen bei fertigen Erzeugnissen. Im Gesamtkostenverfahren sind die Herstellkosten dieser Bestandserhöhungen auf der Kostenseite enthalten, da sie ja Teil der Gesamtkosten der Periode waren. Im Umsatzkostenverfahren sind diese Bestand-

serhöhungen weder auf der Kostenseite noch auf der Erlösseite enthalten, da diese fertigen Erzeugnisse ja noch nicht verkauft wurden und somit keine Umsatzerlöse und keine Umsatzkosten angefallen sind. Um nun denselben Erfolg zu ermitteln, muss beim Gesamtkostenverfahren auf der Leistungsseite zu den Erlösen die Bestandszunahme ergänzt werden. Diese Bestandszunahme ist um genau den gleichen Wert zu erhöhen, wie die Kosten des Gesamtkostenverfahrens diejenigen des Umsatzkostenverfahrens übersteigen. Die Lösung liegt also darin, dass die Bestandserhöhungen beim Gesamtkostenverfahren zu ihren Herstellkosten bewertet werden. Damit zeigt sich, dass eine Bestandserhöhung (und umgekehrt auch eine Bestandsminderung) ergebnisneutral ist.

Würdigung Mit dem Umsatzkostenverfahren kann der Erfolgsbeitrag eines jeden Erzeugnisses zum Gesamterfolg festgestellt werden. Es zeigt die Erfolgsquellen auf und ist deshalb erheblich aussagekräftiger als das Gesamtkostenverfahren. Die Anwendung des Umsatzkostenverfahrens empfiehlt sich deshalb für Unternehmen mit differenzierter Fertigung. Für diesen Fall ist eine ausgeprägte Kostenstellen- und Kostenträgerstückrechnung notwendig, damit die Selbstkosten ermittelbar sind.

! **Aus der Praxis**

Aus historischer Sicht war im externen Rechnungswesen das Gesamtkostenverfahren in deutschen Unternehmen deutlich stärker verbreitet als das Umsatzkostenverfahren, für Kapitalgesellschaften ist das Umsatzkostenverfahren sogar erst seit 1986 zulässig. Da international das Umsatzkostenverfahren dominiert, stellten im Laufe der Zeit immer mehr Unternehmen vom Gesamtkostenverfahren auf das Umsatzkostenverfahren um. Eines der ersten Großunternehmen, die diesen Wechsel vornahmen und publik machten, war die Siemens AG. Die Änderung der Ergebnisrechnung im externen Rechnungswesen wurde bei Siemens konsequenterweise auch im internen Rechnungswesen vorgenommen. Die Verbreitung des Umsatzkostenverfahrens nahm weiter zu, seit deutsche Unternehmen ihre Konzernabschlüsse ab Ende der 1990er Jahre freiwillig oder verpflichtend nach US-GAAP oder IFRS aufstellen durften.

Das Umsatzkostenverfahren kann auch wesentlich differenzierter gestaltet werden. Es lässt sich – wie Abbildung 5.8 zeigt – in geeigneter Weise zweckorientiert untergliedern, z. B. nach Produkten, nach Produktgruppen, nach Regionen usw. Das setzt natürlich eine entsprechend differenzierte Erfassung von Kosten und Leistungen voraus.

Eine Erfolgsanalyse für kurzfristige Entscheidungen ist im Falle des Umsatzkostenverfahrens auf Vollkostenbasis allerdings nur bedingt aussagekräftig, da es nicht entscheidungsrelevante Kosten enthält, was sogar zu Fehlentscheidungen führen kann. Darauf wird später im Rahmen der Teilkostenrechnungen noch einzugehen sein.

Bei langfristiger Fertigung (z. B. im Schiffsbau) enthält die Ergebnisrechnung nach dem Umsatzkostenverfahren für einzelne Abrechnungsperioden keine Werte, wenn keine Umsätze getätigt werden und dementsprechend keine ausweisbaren Herstellkosten, die zur Erzielung der Umsatzerlöse angefallen sind.

Umsatzerlöse/Kosten	Kostenträgergruppe 4 (z. B. Industriemotoren)	Kostenträger IM 1			

| Umsatzerlöse/Kosten | Kostenträgergruppe 3 (z. B. Geländewagen) | Kostenträger GW 1 | | Kostenträger GW 2 |

Umsatzerlöse/Kosten	Kostenträgergruppe 2 (z. B. Sportwagen)	Kostenträger SPW 1		Kostenträger SPW 2	
		Ausland	Inland	Ausland	Inland

Umsatzerlöse/Kosten	Kostenträgergruppe 1 (z. B. Mittelklassewagen)	Kostenträger MKW 1				Kostenträger MKW 2			
		Ausland		Inland		Ausland		Inland	
	Summen	Land A	Land B	Region 1	Region 2	Land A	Land B	Region 1	Region 2
Umsatzerlöse									
– Materialeinzelkosten – Materialgemeinkosten – Fertigungseinzelkosten – Fertigungsgemeinkosten – Sondereinzelkosten der Fertigung									
– ∑ Herstellkosten 1 des Umsatzes									
– Forschungs- und Entwicklungskosten									
– ∑ Herstellkosten 2 des Umsatzes									
– Verwaltungskosten – Sondereinzelkosten des Vertriebs – Vertriebsgemeinkosten									
– ∑ Selbstkosten des Umsatzes (Umsatzkosten)									
= Betriebsergebnis									

Abb. 5.8: Schematische Darstellung einer differenzierten Erfolgsrechnung nach dem Umsatzkostenverfahren

Beispiel: Speedy GmbH

Zusammenfassung der Fallstudie

Mit diesem letzten Schritt, auch eine kurzfristige Erfolgsrechnung bei der Speedy GmbH aufzubauen, kann Manfred Kolb, der Leiter Finanzen und zuständig für das Rechnungswesen, nunmehr die Implementierung des ausgewählten Kostenrechnungssystems zum Abschluss bringen. Vor Beginn seiner Aktivitäten standen ihm nur die Daten aus der Finanzbuchhaltung zur Verfügung. Er musste damals feststellen, dass er mit diesen Informationen nicht in der Lage war, insbesondere

- Stückkosten »seiner« Produkte als langfristige Preisuntergrenze zu ermitteln,
- vergleichsweise eindeutige Aussagen zur Ergebnissituation bei der Speedy GmbH zu machen, die frei von unternehmenspolitischen Bewertungsspielräumen sind und
- eine regelmäßige Kontrolle der Kosten durchzuführen.

Um diese Ziele zu erreichen, benötigte er zwei Kostenrechnungssysteme: Eine Istkostenrechnung und eine Normalkostenrechnung – beide auf Vollkostenbasis. Teilkosten- oder auch Planungsüberlegungen stellte er bisher noch nicht an.

Zunächst galt es für ihn, die Kosten und Leistungen zu erfassen. Da sich die Rechengrößen der Finanzbuchhaltung nicht in allen Fällen mit denen der Kosten- und Leistungsrechnung decken, musste er zunächst deren Gemeinsamkeiten und Unterschiede herausfinden.

Für eine zweckmäßige spätere Verrechnung hielt er sich an die allgemeine Empfehlung, die Kosten in Form von primären Kostenarten zu gliedern. Gleichzeitig musste er bei jeder einzelnen Kostenart Einzel- oder Gemeinkosten festlegen. Dann konnte Manfred Kolb sich den Kostenerfassungsproblemen widmen. Je nach Kostenart hatte er für die Speedy GmbH aus mehreren Methoden eine angemessene auszuwählen (z. B. bei der Erfassung des Materialverbrauchs). Sukzessive quantifizierte er die Kostenarten. Diese Aktivitäten waren deshalb von grundlegender Bedeutung, weil hier in der Kostenartenrechnung das gesamte Kostenvolumen festgestellt wird. Diese Gesamtkosten werden in den nachfolgenden Abrechnungsstufen in bestimmter Art und Weise nur noch verrechnet, am Ende (in der Kostenträgerrechnung) handelt es sich aber noch immer um das gleiche Kostenvolumen wie in der Kostenartenrechnung.

Nach der Kostenartenrechnung folgte die Kostenstellenrechnung. Hier waren die beispielhaft ausgewählten Gemeinkosten der Speedy GmbH letztlich auf die Hauptkostenstellen zu verrechnen (Teil I – III des BAB), um auf diese Weise eine direkte Beziehung zwischen Gemeinkosten und Kostenträgern herzustellen. Eine Schwierigkeit bestand im Teil II darin, das richtige Verfahren der innerbetrieblichen Leistungsverrechnung auszuwählen. Letztlich kam für die Leistungsbeziehungen bei der Speedy GmbH nur eine simultane Verrechnung infrage. Im Teil III war es dann das Ziel, die gesamten Gemeinkosten der einzelnen Hauptkostenstellen (= Endstellenkosten) auf die verschiedenartigen Erzeugnisse aufzuteilen und pro Stück auszudrücken – vorbereitend für die Kalkulation. Das geschah mithilfe der Gemeinkostenzuschlagsätze. Nun konnte im Anschluss die Kalkulation (Kostenträgerstückrechnung) durchgeführt werden. Hierzu bot sich für die Speedy GmbH die differenzierte Zuschlagskalkulation an, da die beiden Erzeugnisse Speedster S1 und Speedster S2 die einzelnen Kostenstellenbereiche unterschiedlich stark beanspruchen, aber das Verursachungsprinzip verfolgt werden sollte. Manfred Kolb konnte aufgrund der verrechneten Istkosten eine Nachkalkulation für die letzte Abrechnungsperiode durchführen. Parallel führte er eine Kalkulation mit Normalkosten ein, um durchschnittliche Stückkosten zu erhalten und damit ohne Ist-Schwankungen arbeiten zu können. Nebenbei schaute sich Manfred Kolb auch die anderen Kalkulationsverfahren (reine Divisionskalkulation, Äquivalenzziffernkalkulation und Kuppelkalkulation) an, die allerdings nicht für die Speedy GmbH infrage kamen.

Basierend auf einer Angebotspreiskalkulation wurden die tatsächlich realisierten Umsatzerlöse in der Leistungsrechnung erfasst. Aufgrund der einfachen Produktstruktur besteht bei der Speedy GmbH eine Identität zwischen Kosten- und Erlösträgern. Auch die Definition verschiedener Leistungsarten ist für die Speedy GmbH nicht relevant. Allerdings wurden die Umsatzerlöse auf nach Vertriebsgebieten kategorisierten Leistungsstellen erfasst.

Schließlich folgte die kurzfristige Erfolgsrechnung (Kostenträgerzeitrechnung). Dort konnte Manfred Kolb auf zwei Wegen das Ist-Betriebsergebnis ermitteln, wobei für ihn das Umsatzkostenverfahren von stärkerem Interesse als das Gesamtkostenverfahren sein dürfte, da das Umsatzkostenverfahren in der Lage ist, den Erfolgsbeitrag der Produkte am Gesamterfolg auszuweisen.

Um alle Möglichkeiten eines Kostenrechnungssystems nutzen zu können, implementierte Manfred Kolb auch die Kostenkontrolle im Teil IV des BAB. Dort wurden durchschnittliche Gemeinkosten (Normalkosten) den tatsächlich angefallenen Gemeinkosten als Maßstab gegenübergestellt (Normal-Ist-Vergleich). Die ermittelten Über- und Unterdeckungen gaben an, wie stark die Ist-Gemeinkosten vom Durchschnitt, bezogen auf die gleiche Beschäftigung, abwichen. Einen Soll-Ist-Vergleich konnte Manfred Kolb noch nicht durchführen, da hierfür Plankosten in Form von Sollkosten als Maßstab für die Istkosten heranzuziehen sind. Doch eine aufwendige Kostenplanung war bislang noch nicht realisierbar.

Sobald die aufgebaute Kosten- und Leistungsrechnung reibungslos funktioniert und Manfred Kolb die bisher möglichen Auswertungen routiniert einsetzt, steigen sicherlich seine Anforderungen an das System. So wird er z. B. wissen wollen, wie man eine kurzfristige Preisuntergrenze ermittelt oder wie eine effizientere Kostenkontrolle durchgeführt werden kann. Diesen Fragen werden wir in den Kapiteln 7 und 8 nachgehen.

Aufgaben Kapitel 5

1. Nennen Sie die Aufgaben der Kostenträgerrechnung.
2. Systematisieren Sie die verschiedenen Kostenträgerarten.
3. Welcher Zusammenhang besteht zwischen den Kalkulationsverfahren und den Fertigungstypen?
4. Was versteht man unter Serienfertigung?
5. Würdigen Sie die summarische Zuschlagskalkulation.
6. Unterscheiden Sie Materialgemeinkosten und Gemeinkostenmaterial.
7. Wodurch unterscheiden sich Herstell- und Herstellungskosten?
8. Welche Voraussetzungen gelten für die einstufige Divisionskalkulation?
9. Erläutern Sie die Vorgehensweise der stufenweisen Ermittlung der Stückkosten bei der mehrstufigen Divisionskalkulation.
10. Was versteht man unter Äquivalenzziffern?
11. Nennen Sie die Ursachen für eine mehrstufige Äquivalenzziffernrechnung.
12. Worin liegen die Probleme bei der Kalkulation von Kuppelprodukten?
13. Würdigen Sie die Restwertmethode.
14. Für eine anlagenintensive Fertigungskostenstelle sind folgende Daten gegeben:

Gesamte Fertigungsgemeinkosten	20.000.000 EUR
darin kalkulatorische Abschreibungen der Maschinen (einschl. Abschreibungen auf Ver- und Entsorgungseinrichtungen, Werkzeuge, Förder- und Transportmittel, die jedoch nicht zur Unterstützung menschlicher Tätigkeiten dienen)	1.500.000 EUR
Fertigungslohn	250.000 EUR

Teilen Sie die Fertigungsgemeinkosten mit dem Kennziffernverfahren auf die beiden Bezugsgrößen Maschinenzeit und Fertigungslohn auf.

15. In einer Zweiproduktunternehmung wurden in der laufenden Abrechnungsperiode 100 ME des Erzeugnisses 1 und 200 ME des Erzeugnisses 2 produziert, während 90 ME des Erzeugnisses 1 und 200 ME des Erzeugnisses 2 verkauft wurden. Die jeweiligen Stückeinzelkosten sind wie folgt ermittelt worden:

	Erzeugnis 1	Erzeugnis 2
Stückmaterialeinzelkosten	4.000 EUR	2.500 EUR
Stückfertigungseinzelkosten in der Kostenstelle Fertigung I	1.500 EUR	750 EUR
Stückfertigungseinzelkosten in der Kostenstelle Fertigung II	2.000 EUR	2.000 EUR

Gemäß BAB liegen folgende Angaben vor:

	Fertigungs-kostenstelle I	Fertigungs-kostenstelle II	Material-kostenstelle	Verwaltungs-kostenstelle	Vertriebs-kostenstelle
Ist-Endstellen-kosten	330.000 EUR	564.000 EUR	99.000 EUR	535.660 EUR	267.830 EUR
Normal-Zuschlagsätze	104 %	96 %	10 %	20 %	12 %
Zuschlagbasis	Fertigungs-einzelkosten I	Fertigungs-einzelkosten II	Material-einzelkosten	Herstellkosten der abgesetzten Mengen	

Ermitteln Sie für beide Erzeugnisarten die Stückselbstkosten auf Basis der Istkosten und auf Basis der Normalkosten (Normalkosten nur insoweit, als in den Selbstkosten Gemeinkosten enthalten sind).

16. In einer Ziegelei wurden für eine Rechnungsperiode die folgenden Daten festgestellt:

Vorgänge	Erzeugte Menge in t	Kosten in EUR
Förderung des Rohmaterials	34.650	346.500
Formen der Gesamtmenge	31.500	283.500
Brennen von 30.000 t	20.000	400.000
Innerbetrieblicher Transport von 21.420 t aus der Brennerei ins Fertigproduktelager, wobei 420 t Bruch entstehen		189.000

Abgesetzte Menge: 20.000 t

Verwaltungs- und Vertriebskosten: 210.000 EUR

Ermitteln Sie die Herstellkosten und die Selbstkosten pro Tonne Ziegel.

17. Ein Unternehmen erzeugt fünf in ihrer Kostenstruktur verwandte Produkte. Die Herstellkosten der einzelnen Produktarten verhalten sich proportional zur Fertigungszeit. Die Verwaltungs- und Vertriebsgemeinkosten werden auf der Basis der abgesetzten Mengen verteilt. Es gelten die folgenden Daten:

Produkt	Fertigungszeit je Produkteinheit (Minuten)	Produzierte Menge (Stück)	Abgesetzte Menge (Stück)	Sondereinzelkosten des Vertriebs (EUR/Stück)
1	50	2.000	2.000	–
2	75	3.500	3.000	–
3	60	6.000	6.500	–
4	100	1.500	2.000	5
5	40	4.000	5.000	–
Summe		17.000	18.500	

Die Gesamtkosten der Abrechnungsperiode betragen 515.500 EUR, wovon 102.500 EUR auf den Verwaltungs- und Vertriebsbereich entfallen.

a) Bestimmen Sie die Stückherstellkosten der fünf Produktarten.

b) Führen Sie dazu eine Kontrolle durch.

c) Bestimmen Sie die Stückselbstkosten der fünf Produktarten.

18. In einem Kuppelproduktionsprozess werden ein Hauptprodukt H und drei Nebenprodukte N_1 – N_3 erzeugt. Die gesamten Herstellkosten betragen 89.350 EUR. Vom Hauptprodukt werden 5.500 kg hergestellt. Für die Nebenprodukte gelten folgende Daten:

Produkt	Menge (kg)	Aufbereitungs-/ Vernichtungskosten (EUR/kg)	Sondereinzelkosten des Vertriebs (EUR/kg)	Marktpreis (EUR/kg)
N_1	1.000	0,90	0,50	5,10
N_2	1.200	–	0,20	3,20
N_3	900	0,50	–	–

Aus dem BAB ist zu entnehmen, dass insgesamt 8.250 EUR Verwaltungs- und Vertriebsgemeinkosten für das Hauptprodukt angefallen sind. Außerdem sind 2,30 EUR/kg Verpackungskosten und 2 % Verkaufsprovision auf den Marktpreis für das Hauptprodukt zu verrechnen. Der Marktpreis des Hauptprodukts beträgt 25 EUR/kg.

Bestimmen Sie die gesamten Selbstkosten und die Selbstkosten pro kg des Hauptproduktes nach der Restwertmethode.

19. Warum sollten Handelswaren nicht wie eigene Erzeugnisse kalkuliert werden? Bei welchen Kalkulationspositionen der differenzierten Zuschlagskalkulation besteht Anpassungsbedarf?

20. Warum müssen beim Gesamtkostenverfahren die Bestandsveränderungen berücksichtigt werden?

21. Würdigen Sie das Gesamtkostenverfahren und das Umsatzkostenverfahren.

22. In einer Zweiproduktunternehmung wurden in der abzurechnenden Periode 10.000 ME des Erzeugnisses 1 und 8.000 ME des Erzeugnisses 2 produziert. Vom Erzeugnis 1 wurden 9.000 ME zu einem Stückpreis von 10 EUR und von Erzeugnis 2 wurden 10.000 ME zu einem Stückpreis von 6 EUR abgesetzt.

Die Kostenartenrechnung weist für den Abrechnungszeitraum Kosten von insgesamt 119.000 EUR aus; darin sind 19.000 EUR Verwaltungs- und Vertriebskosten enthalten, die sich gleichmäßig (pro ME) auf die abgesetzten Erzeugnismengen der Produkte 1 und 2 verteilen. Die Herstellkosten verteilen sich auf die Produktion der Erzeugnisse 1 und 2 im Verhältnis 3:2.

Die Stückherstellkosten der in den vorhergehenden Perioden auf Lager produzierten Erzeugnisse sind um 1 EUR niedriger als die Stückherstellkosten in der abzurechnenden Periode.

Für den Abrechnungszeitraum ist das Betriebsergebnis
- nach dem Gesamtkostenverfahren
- nach dem Umsatzkostenverfahren

zu ermitteln.

23. Basierend auf den ermittelten Selbstkosten von 576,59 EUR/Stück soll nun auch für den Speedster S2 eine Kalkulation des Angebotspreises vorgenommen werden. Ermitteln Sie den Bruttoangebotspreis unter Berücksichtigung der folgenden Informationen:
    - absoluter Gewinnzuschlag: 50 EUR/Stück
    - im Durchschnitt erwarteter Skontosatz: 1,5 %
    - im Durchschnitt erwarteter Rabatt: 5 %

24. Unterscheiden Sie die Begriffe Skonto, Bonus und Rabatt.

25. Ist eine Provision für einen Makler, ohne den ein Geschäft mit einem ausländischen Kunden nicht zustande gekommen wäre, als Kosten oder als Erlösminderung zu werten?

26. Worin besteht das Grundproblem der Leistungsrechnung?

27. Welche wichtigen Arten von Erlösminderungen gibt es?

28. Was versteht man unter einem Profit Center? Welche Kategorien von Profit Centern kann man unterscheiden?

29. Ein PC-Shop verkauft IT-Produkte und Dienstleistungen. Zusätzlich zum Einzelverkauf bietet der PC-Shop auch ein Komplettpaket für einen PC-Arbeitsplatz inkl. Einrichtung zu Hause beim Kunden an. Dieses Komplettpaket hat den Preis von 1.200 EUR. Die Bestandteile des Pakets mit ihren üblichen Einzelverkaufspreisen lauten wie folgt:
    - Desktop-Computer (800 EUR)
    - Monitor (300 EUR)
    - Maus und Keyboard (60 EUR)
    - Drucker (150 EUR)
    - WLAN-Router (40 EUR)
    - Einrichtungspauschale (150 EUR)

    In welcher Höhe sind für die einzelnen Paketbestandteile Umsatzerlöse zu erfassen?

Die Lösungen zu den Aufgaben finden Sie im Online-Bereich des Schäffer-Poeschel-Verlags: www.sp-mybook.de

Literatur Kapitel 5

Becker, W./Baltzer, B./Ulrich, P.: Kosten-, Erlös- und Ergebnisrechnung, in: Schmeisser, W. u. a. (Hrsg.): Neue Betriebswirtschaft, München 2018, S. 177-206.

Christmann, A.: Alternativen zur traditionellen Gemeinkostenschlüsselung, in: Controller Magazin, Heft 3/1994, S. 154–161.

Christmann, A./Jórasz, W.: Kalkulation von Fertigungsgemeinkosten bei Verwendung mehrerer Bezugsgrößen, in: Männel, W. (Hrsg.): Handbuch Kostenrechnung, Wiesbaden 1992, S. 563–574.

Coenenberg, A. G./Fischer, T. M./Günther, T.: Kostenrechnung und Kostenanalyse, 9. Auflage, Stuttgart 2016.

Däumler, K.-D./Grabe, J.: Kostenrechnung 1 – Grundlagen, 11. Auflage, Herne/Berlin 2013.

Haberstock, L.: Kostenrechnung I – Einführung, 13. Auflage, Berlin 2008.

Hummel, S./Männel, W.: Kostenrechnung 1, 4. Auflage, Wiesbaden 1986.

Jórasz, W.: Industrielle Schichtarbeit. Eine betriebswirtschaftliche Untersuchung, Pfaffenweiler 1984.

Jórasz, W.: Kosten- und Erfolgscontrolling, in: Carl, N. u. a.: BWL kompakt und verständlich, 4. Auflage, Wiesbaden 2017.

Jórasz, W./Christmann, A.: Anwendung von differenzierten Bezugsgrößenkalkulationen in anlagenintensiven Unternehmen, in: Kostenrechnungspraxis, 1989, S. 101–109.

Männel, W.: Bedeutung der Erlösrechnung für die Ergebnisrechnung, in: Männel, W. (Hrsg.): Handbuch Kostenrechnung, Wiesbaden 1992, S. 631-655.

Olfert, K.: Kostenrechnung, 17. Auflage, Ludwigshafen 2013.

Plinke, W./Rese, M./Utzig, P.: Industrielle Kostenrechnung, 8. Auflage, Berlin 2015.

Schäffer, U./Weber, J./Fourné, S.: Benchmarks in Incentivierung und Kostenrechnung – Eine Studie des WHU Controller Panels, Vallendar 2015.

Schildbach, Th./Homburg, C.: Kosten- und Leistungsrechnung, 10. Auflage, Stuttgart 2008.

Schmidt, A.: Kostenrechnung, 8. Auflage, Stuttgart 2017.

Vahs, D./Schäfer-Kunz, J.: Einführung in die Betriebswirtschaftslehre, 7. Auflage, Stuttgart 2015.

Ziegler, H.: Neuorientierung des internen Rechnungswesens für das Unternehmens-Controlling im Hause Siemens, in: Zeitschrift für betriebswirtschaftliche Forschung, Heft 2/1994, S. 175–188.

6   Die Kosten- und Leistungsrechnung im Industriekontenrahmen (IKR)

LEITFRAGEN

Wie sieht die kontenmäßige Darstellung der Kosten- und Leistungsrechnung in der Kontenklasse 9 des Industriekontenrahmens (IKR) aus?

- Was ist der Industriekontenrahmen IKR?
- Was verbirgt sich inhaltlich hinter den einzelnen Kontengruppen der Kontenklasse 9 des IKR?
- Wie wird die buchhalterische Kostenerfassung und Kostenverrechnung auf Vollkostenbasis durchgeführt?
- Wie kann eine Ist- und eine Normalkostenrechnung parallel durchgeführt werden und wodurch unterscheiden sich in diesem Fall das Betriebsergebnis I und II?
- Wie kann vom Ergebnis der Kosten- und Leistungsrechnung (Betriebsergebnis) zum Ergebnis der Gewinn- und Verlustrechnung (Gesamtergebnis) übergeleitet werden?

Beispiel: Speedy GmbH

Manfred Kolb, Leiter Finanzen und zuständig für das Rechnungswesen der Speedy GmbH, möchte nunmehr speziell über die kontenmäßige Darstellung der Betriebsabrechnung informiert werden, und damit darüber, wie die Kosten- und Leistungsrechnung auch in bestehende Kontenrahmen integriert werden könnte. Dies soll beispielhaft vor dem Hintergrund des bisher Besprochenen erfolgen. Das bedeutet, Manfred Kolb möchte die Vollkostenrechnung mit Istkosten und Normalgemeinkosten wiederfinden und – wegen seiner besonderen Aussagekraft – das Betriebsergebnis nach dem Umsatzkostenverfahren ermittelt wissen. Um zudem vom Betriebsergebnis zum Ergebnis der Gewinn- und Verlustrechnung überzuleiten und damit den Bedürfnissen des externen Rechnungswesens und der Kosten- und Leistungsrechnung Rechnung tragen zu können, bittet er darum, dies am Beispiel des Industriekontenrahmens (IKR) darzustellen.

6.1   Der Industriekontenrahmen

Die Erfassung und übersichtliche Darstellung der internen und externen Wertbewegungen obliegt dem Rechnungswesen des Unternehmens. Hierfür bedarf es eines gewissen Ordnungsschemas. Ein solches Ordnungsschema stellt der Kontenrahmen dar. In Deutschland haben zwei Kontenrahmen Verbreitung gefunden:

Kontenrahmen

1. der Gemeinschaftskontenrahmen der Industrie und
2. der Industriekontenrahmen.

Gemeinschafts-kontenrahmen der Industrie

Der Gemeinschaftskontenrahmen der Industrie (GKR) geht im Prinzip vom Einkreissystem aus, d. h. von der Integration der Kosten- und Leistungsrechnung in die Finanzbuchhaltung. Im GKR stellen die Kontenklassen 4 bis 7 den innerbetrieblichen Leistungserstellungsprozess zahlenmäßig dar. Sie sind Ausdruck des *Prozessgliederungsprinzips*. Die Kontenklasse 2 beinhaltet die Abgrenzungen zur Finanzbuchhaltung.

Industrie-kontenrahmen

Der Industriekontenrahmen (IKR) hingegen geht vom Zweikreissystem aus. Die Kontenklassen 0 bis 8 sind für die Finanzbuchhaltung vorgesehen und nach dem *Abschlussgliederungsprinzip* aufgebaut, d. h. ihr Aufbau wird aus der vorgeschriebenen Gliederung von Bilanz und Gewinn- und Verlustrechnung abgeleitet. Die Kontenklasse 9 ist der Kosten- und Leistungsrechnung vorbehalten und entsprechend dem *Prozessgliederungsprinzip* zu verwirklichen. Einen Überblick über die Kontenklassen des IKR gibt Abbildung 6.1.

Kontenklasse				Bezeichnung
0	Finanz-buch-haltung	Bilanz	Aktiva	Immaterielle Vermögensgegenstände und Sachanlagen
1				Finanzanlagen
2				Umlaufvermögen und aktive Rechnungsabgrenzung
3			Passiva	Eigenkapital und Rückstellungen
4				Verbindlichkeiten und passive Rechnungsabgrenzung
5		Gewinn-und Verlust-rechnung	Erträge	
6			Aufwen-dungen	Betriebliche Aufwendungen
7				Weitere Aufwendungen
8		Ergebnisrechnungen		
9	Kosten- und Leistungsrechnung			

Abb. 6.1: Kontenklassen des IKR

Umsatzkosten-verfahren im IKR

Wie im Rahmen der Kostenträgerzeitrechnung (siehe Abschnitt 5.4) dargestellt wurde, hat das Umsatzkostenverfahren eine wesentlich höhere Aussagekraft als das Gesamtkostenverfahren. Würde man das Umsatzkostenverfahren im Einkreissystem durchführen, kann die Gewinn- und Verlustrechnung nur mithilfe eines zusätzlichen eigenen Abschlusses in die gesetzlich vorgeschriebene Form überführt werden, da die Kosten nach verkauften Erzeugnissen zu gliedern sind. Es liegt deshalb die Empfehlung nahe, denjenigen Kontenrahmen zugrunde zu legen, der bereits eine getrennte Durchführung von Finanzbuchhaltung (mit ihrer Jahresabschlussrechnung) und Kosten- und Leistungsrechnung vorsieht. Deshalb interessiert im Folgenden nur der Industriekontenrahmen (IKR), bei dem die Kosten- und Leistungsrechnung in der Kontenklasse 9 nach dem Umsatzkostenverfahren durchgeführt werden soll.

Aus der Praxis   !

Für Handel, Banken, Versicherungen und weitere Wirtschaftszweige gibt es Standardkontenrahmen (SKR). In der Praxis werden meist die Standardkontenrahmen der DATEV (www.datev.de) eingesetzt. Gängige Standardkontenrahmen sind:
SKR 03: publizitätspflichtige Firmen – Prozessgliederungsprinzip
SKR 04: publizitätspflichtige Firmen – Abschlussgliederungsprinzip

---

6.2   Empfehlungen zur Kontenklasse 9

Durch den freiwilligen Charakter der Kosten- und Leistungsrechnung unterliegt auch die Kontenklasse 9 des IKR keinen rechtlichen Vorschriften. Es ist jedem Unternehmen freigestellt, ob es diese Kontenklasse führt und wie es sie ausgestaltet. Folgende Kontengruppen werden vorgeschlagen:

Kontengruppen der Kontenklasse 9

- Kontengruppe 90: Abgrenzung zur Finanzbuchhaltung
- Kontengruppe 91: Kostenrechnerische Korrekturen
- Kontengruppe 92: Kostenarten und Leistungsarten
- Kontengruppe 93: Kostenstellen
- Kontengruppe 94: Kostenträger
- Kontengruppe 95: Fertige Erzeugnisse
- Kontengruppe 96: Interne Lieferungen und Leistungen sowie deren Kosten
- Kontengruppe 97: Umsatzkosten
- Kontengruppe 98: Umsatzleistungen
- Kontengruppe 99: Ergebnisausweise.

Die *Kosten- und Leistungsrechnung* selbst wird in den Kontengruppen 92 (Verrechnete Leistungen und Kosten) bis 991 (Betriebsergebnis) durchgeführt.

Da in der Kontenklasse 9 jedoch auch das Ergebnis der Gewinn- und Verlustrechnung ermittelt werden kann, sind zusätzlich *Abstimmungskonten* zu führen, mit deren Hilfe das Betriebsergebnis der Kosten- und Leistungsrechnung in das Gesamtergebnis des externen Rechnungswesens übergeführt werden kann. Dies sind die Kontengruppen 90 (Abgrenzung zur Finanzbuchbuchhaltung), 91 (Kostenrechnerische Korrekturen), 992 (Neutrales Ergebnis) und 993 (Gesamtergebnis).

Abbildung 6.2 gibt einen Überblick über den Inhalt der Kontengruppen und wesentliche Zusammenhänge. Die Erläuterungen folgen in den nächsten beiden Abschnitten.

Abstimmung mit der Finanzbuchhaltung:

90 Abgrenzung zur FiBu

in voller Höhe neutrale Erträge (Spekulationsgewinn)	992	in voller Höhe neutrale Aufwendungen (Spende)	992

Abschluss: Saldogegenbuchung in 993

91 Kostenrechnerische Korrekturen

| Teilbeträge von neutralen Erträgen | 992 | Teilbeträge von neutralen Aufwendungen | 992 |
| Zusatzkosten | 992 | Zusatzleistungen | 992 |

Abschluss: Saldogegenbuchung in 993

992 Neutrales Ergebnis

in voller Höhe neutrale Aufwendungen	90	in voller Höhe neutrale Erträge	90
Teilbeträge von neutralen Aufwendungen	91	Teilbeträge von neutralen Erträgen	91
Zusatzleistungen	91	Zusatzkosten	91
neutraler Gewinn	993	neutraler Verlust	993

993 Gesamtergebnis

Betriebsergebnis II	991
Neutrales Ergebnis	992
Gesamtergebnis	

Abschluss: Saldogegenbuchung in 90, 91, 92
(z. B. bei Vorliegen eines Gesamtgewinns: 993 an 90, 91, 92)

Kosten- und Leistungsrechnung:

9 3   K o s t e n s t e l l e n

92 Kostenarten und Leistungsarten

Primäre Kostenarten	98	Umsatzerlöse	
– Herstell-EK	94		
– SEK des Vertriebs	97		
– Gemeinkosten	93		
Bestandsminderungen an UE und u.s.A.	94	Bestandserhöhungen an UE und u.s.A.	
Bestandsminderungen an FE	95	Bestandserhöhungen an FE	
und fertiggest. s.A.	96	und fertiggest. s.A.	

Abschluss: Saldogegenbuchung in 993

930 Allg. Kostenstelle

| Primäre Stellenkosten | 92 | Sekundäre Stellenkostenentlastung | 931 u. 932 |

931 Fertigungs-/Material-Hauptkostenstelle

Primäre Stellenkosten	92	Endstellenkosten (normalisiert)	96
Sekundäre Stellenkostenbelastung	930		
Kalkulatorische Abschreibungen auf selbsterst. Anlagen	96		
		Unterdeckung	991

932 Verw.- und Vertriebs-Hauptkostenstelle

Primäre Stellenkosten	92	Endstellenkosten (normalisiert)	97
Sekundäre Stellenkostenbelastung	930		
		Überdeckung	991

94 Kostenträger

HK der fertiggest. Erzeugnisse	95	HK der fertiggest. Erzeugnisse	95
und selbsterst. Anl.	931	FE	92
Bestandserhöhungen UE und u.s.A.	92	Bestandsminderungen UE und u.s.A.	92

95 Fertige Erzeugnisse

| HK der fertiggest. Erzeugnisse | 94 | HK der abgesetzten Erzeugnisse | 97 |
| Bestandserhöhungen FE | 92 | Bestandsminderungen FE | 92 |

96 Interne Lieferungen und Leistungen sowie deren Kosten

| HK der fertiggest. selbsterst. Anl. | 94 | kalkulatorische Abschreibungen selbsterst. Anl. | 931 |
| Bestandserhöhungen fertiggest. s.A. | 92 | Bestandsminderungen fertiggest. s.A. | 92 |

97 Umsatzkosten

HK der abgesetzten Erzeugnisse	95	Umsatzkosten	990
SEK d. Vertriebs	92		
Verw.- u. Vtr. GK	932		
(Σ = SK der abges. Erz.)			

98 Umsatzleistungen

Bestandsminderungen UE und u.s.A.	92	Umsatzerlöse	92
		Bestandserhöhungen UE und u.s.A.	92
		Umsatzerlöse	990

990 Betriebsergebnis I

| Umsatzkosten (auf Basis von Normalkosten soweit GK) | 97 | Umsatzerlöse | 92 |
| Betriebsgewinn I | 991 | Betriebsverlust I | 991 |

991 Betriebsergebnis II

Betriebsverlust I	990	Betriebsgewinn I	990
Unterdeckung	931	Überdeckung	932
Ist-Betriebsgewinn II	993	Ist-Betriebsverlust II	993

Abb. 6.2: Übersicht über den Inhalt der Kontenklassen 90–99 des Industriekontenrahmens (z. T. nur beispielhaft)

6.2.1   Kosten- und Leistungsrechnung

Annahmen   In Anlehnung an den bisher dargestellten Aufbau der Kosten- und Leistungsrechnung berücksichtigen die nachstehenden Ausführungen folgende Annahmen:

- Es handelt sich um eine Vollkostenrechnung.

- Die Vollkostenrechnung berücksichtigt Istkosten und Normal-Gemeinkosten.
- Es ist das Betriebsergebnis nach dem Umsatzkostenverfahren zu ermitteln.
- Es werden heterogene Leistungen erbracht.
- Die hergestellten Erzeugnisse sind lagerfähig.

Daraus folgt, dass
- eine Bestandsrechnung durchgeführt wird,
- ein Betriebsergebnis auf Normalkostenbasis (hinsichtlich Gemeinkosten) und Istkostenbasis ermittelt wird,
- eine Kostenkontrolle in der Kostenstellenrechnung durch Ermittlung von Über- und Unterdeckungen durchführbar ist,
- eine differenzierte Zuschlagskalkulation erforderlich ist und
- der Erfolgsbeitrag der Erzeugnisse am Gesamterfolg ersichtlich wird.

Im Folgenden werden auf Basis dieser Annahmen die für die Kosten- und Leistungsrechnung relevanten Konten(gruppen) im Detail vorgestellt.

Gruppe 92: Kostenarten und Leistungsarten

Die Kontengruppe 92 nimmt sämtliche *Gegenleistungs- und Gegenkostenbuchungen* auf. Die Bezeichnung weist schon darauf hin, dass es sich um spiegelbildlich geführte Konten handelt. Da im Haben alle Kostenarten erscheinen, spricht man diesen Konten die Funktion der *Kostenartenrechnung* zu. Der Saldo dieser Kontengruppe entspricht dem Betriebsergebnis II, das auf dem Konto 991 das Istergebnis ausweist.

Kontengruppe 92

Gruppe 93: Kostenstellen

Für die Zwecke der Vollkostenrechnung genügt als Unterscheidung der anfallenden Kosten die Einteilung in Einzel- und Gemeinkosten. Eine Differenzierung in fixe und variable Kosten ist nicht notwendig.

Kontenguppe 93

Die Erfassung der Ist-Gemeinkosten erfolgt im Soll der Kontengruppe 93. Diese Gruppe dient somit der Kostenstellenrechnung. Entsprechend ist pro Kostenstelle jeweils ein Konto in dieser Gruppe zu führen. Wie in der Kostenstellenrechnung bereits dargestellt, werden die anfallenden Ist-Gemeinkosten am Ort ihrer Entstehung (und damit auf den jeweiligen Konten) als *primäre Stellenkosten* (PSK) erfasst (= Teil I BAB).

Erfassung

Die Gegenbuchung der PSK findet in der Regel im Haben der Gruppe 92 statt. Handelt es sich bei den PSK jedoch um den der Abrechnungsperiode zurechenbaren Verbrauch von bereits fertiggestellten selbst erstellten Anlagen, so erfolgt die Gegenbuchung hierfür im Haben der Gruppe 96.

Da in der Kontengruppe 93 alle Ist-Gemeinkosten erfasst werden, findet im weiteren Verlauf nur noch eine Verrechnung der Gemeinkosten statt.

Weiter-
verrechnung Vor einer Weiterverrechnung der Gemeinkosten muss zunächst – entsprechend der Inanspruchnahme – die *innerbetriebliche Leistungsverrechnung* (= Teil II BAB) durchgeführt werden. Diejenige Kostenstelle, die eine (zum Sofortverbrauch bestimmte) innerbetriebliche Leistung empfängt, wird im Soll belastet (= sekundäre Stellenkostenbelastung), diejenige, die diese Leistung abgibt, wird im Haben entsprechend entlastet. Nach Durchführung der innerbetrieblichen Leistungsverrechnung müssen alle Ist-Gemeinkosten auf die Hauptkostenstellen weiterverrechnet worden sein und es können die *Ist-Endstellenkosten (Ist-ESK)* gebildet werden.

Wird die Kosten- und Leistungsrechnung als Istkostenrechnung geführt, sind aus dem Haben der Kostenstellenkonten dann – entsprechend der Inanspruchnahme der Kostenstellen durch die Kostenträger – die Gemeinkosten (Ist-ESK) des Material- und Fertigungsbereiches per Zuschlagsatz den Kostenträgerkonten (Gruppe 94) bzw. des Verwaltungs- und Vertriebsbereiches per Zuschlagsatz den Umsatzkostenkonten (Gruppe 97) zuzurechnen.

Da jedoch – gemäß den Vorgaben – zunächst ein Betriebsergebnis auf Normalkostenbasis ermittelt werden soll, das dann in ein Ist-Betriebsergebnis überzuführen ist, wird bis zum Betriebsergebnis I (Konto 990) eine Verrechnung von Gemeinkosten auf Normalkostenbasis durchgeführt. Das bedeutet, dass die Kostenträgerkonten (Gruppe 94) hinsichtlich der Material- und Fertigungsgemeinkosten und die Umsatzkostenkonten (Gruppe 97) hinsichtlich der Verwaltungs- und Vertriebsgemeinkosten mit Normal-Gemeinkosten im Soll belastet werden. Die (Haupt-)Kostenstellenkonten (Gruppe 93) erhalten somit zusätzlich eine Haben-Gegenbuchung in Form von Normal-Endstellenkosten (= Normal-ESK).

Damit befinden sich auf den (Haupt-)Kostenstellenkonten der Gruppe 93 sowohl Ist-ESK (als Ergebnis der erfassten PSK und der durchgeführten innerbetrieblichen Leistungsverrechnung) als auch Normal-ESK. Die Differenz von Normal-ESK und Ist-ESK jeder Hauptkostenstelle ergibt die Über- oder Unterdeckung. Im Vorgriff sei bereits darauf hingewiesen, dass mithilfe dieser Über- oder Unterdeckungen das Normal-Betriebsergebnis zum Ist-Betriebsergebnis im Konto 991 (Betriebsergebnis II) übergeleitet wird.

Gruppe 94: Kostenträger

Konten-
gruppe 94 Da die anfallenden Einzelkosten den Kostenträgern direkt zugerechnet werden können, sind diejenigen, die im Rahmen der Herstellung entstehen, im Soll der verschiedenen Kostenträgerkonten (Gruppe 94) direkt zu erfassen. Dies betrifft die Material- und Fertigungseinzelkosten und die Sondereinzelkosten der Fertigung. (Die Sondereinzelkosten des Ver-

triebs werden, da sie erst bei Vertriebsaktivitäten anfallen, den Umsatzkostenkonten der Gruppe 97 belastet.) Die Gegenkostenbuchung erfolgt in der Gruppe 92.

Da die gesamten Herstellkosten der Abrechnungsperiode in der Gruppe 94 ermittelt werden, sind nunmehr den bisher pro Kostenträger erfassten Einzelkosten die *Gemeinkosten* aus der Kostenstellenrechnung (Gruppe 93) über die Gemeinkostenzuschlagsätze (= anteilige ESK) einzubuchen. Wie oben bereits ausgeführt, handelt es sich um normalisierte Endstellenkosten.

So gelangen die Einzelkosten direkt und die Gemeinkosten indirekt (über die Gruppe 93 = Kostenstellenrechnung) in die Kostenträgerkonten der Gruppe 94. Damit werden die gesamten (normalisierten, soweit es sich um Gemeinkosten handelt) *Herstellkosten* der Abrechnungsperiode erfasst.

Da dieses Kostenvolumen – getrennt nach Kostenträgern – bekannt ist, kann eine Bestandsrechnung durchgeführt werden.

Bucht man nun auf den einzelnen Kostenträgerkonten über die Habenseite diejenigen (normalisierten) Herstellkosten aus, die fertiggestellt wurden (Fertigerzeugnisse und fertiggestellte selbst erstellte Anlagen), und schließt man die einzelnen Kostenträgerkonten der Gruppe 94 ab, ergeben sich als Saldo die *Bestandsveränderungen* an unfertigen Erzeugnissen und unfertigen selbst erstellten Anlagen. Im Soll wird eine Bestandsminderung, im Haben eine Bestandserhöhung ausgewiesen. Die Gegenbuchung dieser Salden erfolgt in der Gruppe 92. Damit ist die Gruppe 94 abgeschlossen.

Gruppe 95: Fertige Erzeugnisse und Gruppe 96: Interne Lieferungen und Leistungen sowie deren Kosten

Die aus der Gruppe 94 (Kostenträger) ausgebuchten (für den Absatzmarkt vorgesehenen) fertiggestellten Erzeugnisse – bewertet zu (normalisierten) Herstellkosten – werden ins Soll der Kontengruppe (Fertig-)Erzeugnisse (Gruppe 95) aufgenommen. Bucht man wiederum die Herstellkosten der *abgesetzten* fertigen Erzeugnisse im Haben aus und überträgt diese in die entsprechenden Umsatzkostenkonten der Gruppe 97, erhält man als Saldo in der Gruppe 95 die *Bestandsveränderungen der Fertigerzeugnisse*. Eine Bestandsminderung entsteht im Soll, eine Bestandserhöhung im Haben. Die entsprechende Gegenbuchung der Salden erfolgt wiederum in der Gruppe 92. Damit ist die Gruppe 95 abgeschlossen.

Für die aus der Gruppe 94 (Kostenträger) ausgebuchten *fertiggestellten selbst erstellten Anlagen* – bewertet zu (normalisierten) Herstellkosten – wird vorgeschlagen, speziell die Kontengruppe 96 zu verwenden, sodass die Einbuchung für diese Leistungen dort im Soll erfolgt. Im Haben wird dagegen, da diese Leistungen nicht für den Absatzmarkt vorgese-

Kontengruppen 95 und 96

hen sind, der Verbrauch erfasst, dessen Gegenbuchung – wie bereits oben beschrieben – als PSK in die entsprechenden Kostenstellenkonten einfließt. Schließt man dann die Gruppe 96 ab, ergeben sich als Saldo die *Bestandsveränderungen an fertiggestellten selbst erstellten Anlagen*, bewertet zu (normalisierten) Herstellkosten. Durch die Gegenbuchung des Saldos in der Gruppe 92 ist auch diese Gruppe 96 abgeschlossen.

Gruppe 97: Umsatzkosten

Konten-gruppe 97

Bisher wurden die (normalisierten) *Herstellkosten* der abgesetzten Erzeugnisse ins Soll auf den einzelnen Umsatzkostenkonten der Gruppe 97 erfasst. Da die Umsatzkosten jedoch die *Selbst*kosten der abgesetzten Erzeugnisse darstellen, müssen noch die fehlenden Kostenbestandteile eingestellt werden: Dazu gehören die *Sondereinzelkosten des Vertriebs*. Sie können wegen ihres Einzelkostencharakters direkt eingebucht werden; die Gegenkostenbuchung erfolgt in der Gruppe 92. Die (normalisierten) *Verwaltungs- und Vertriebsgemeinkosten* werden per Normal-Zuschlagsatz im Soll eingestellt; die Gegenbuchung erfolgt in der Kostenstellenrechnung als Normal-ESK. Die Summe der im Soll der Gruppe 97 pro Erzeugnisart erfassten Kosten stellen jetzt die (normalisierten) Selbstkosten der abgesetzten Erzeugnisse dar.

Sind *Handelswaren* zu berücksichtigen, werden sie direkt im Soll auf den ihnen zugewiesenen Konten der Gruppe 97 eingebucht und im Haben der Gruppe 92 gegengebucht.

Die sich im Haben ergebenden Salden der verschiedenen Umsatzkostenkonten werden im Soll des Betriebsergebniskontos I (Konto 990) eingestellt. Die Gruppe 97 ist damit abgeschlossen.

Gruppe 98: Umsatzleistungen

Konten-gruppe 98

Die *Umsatzerlöse* der verschiedenen Erzeugnisarten werden im Haben der Gruppe 98 verbucht; die Gegenbuchung erfolgt in 92.

Die sich im Soll ergebenden Salden der verschiedenen Umsatzkonten werden im Haben des Betriebsergebniskontos I (Konto 990) eingestellt. Die Gruppe 98 ist damit abgeschlossen.

Konto 990: Betriebsergebnis I

Konto 990

Da über die Gruppen 97 und 98 im Betriebsergebniskonto I nunmehr die (normalisierten) Selbstkosten der abgesetzten Erzeugnisse im Soll und die Umsatzerlöse im Haben jeweils getrennt nach Erzeugnisarten angekommen sind, kann das *Betriebsergebnis I* ermittelt werden. Wegen der bisherigen Behandlung der Umsatzkosten stellt dieser Saldo ein *Betriebsergebnis auf Basis von Normal-(Gemein-)kosten* dar.

Ein sich beispielsweise im Soll ergebender Betriebsgewinn im Konto 990 wird in das Betriebsergebnis II (Konto 991) übertragen.

Konto 991: Betriebsergebnis II

Der bis jetzt im Konto 991 im Haben ausgewiesene Betriebsgewinn (gesamt oder pro Erzeugnisart) stellt einen Ergebnisausweis dar, der sich durch die Verrechnung von Normalgemeinkosten ergeben hat. Um einen Ergebnisausweis auf Istkostenbasis zu erhalten, müssen die Differenzen der Istgemeinkosten gegenüber den Normal-Gemeinkosten in das Konto 991 eingestellt werden.

Konto 991

Soweit also von den Kostenstellen weniger oder mehr als die tatsächlich entstandenen Kosten weiter verrechnet worden sind, wird dies durch direkte Einbuchung der *Kostenstellenunter- bzw. -überdeckung* in das Konto des Betriebsergebnisses II rückgängig gemacht.

In der Gruppe 93 (Kostenstellen) wurden die PSK der einzelnen Kostenstellen erfasst. Nach Durchführung der innerbetrieblichen Leistungsverrechnung erhält man als Zwischensumme die Ist-ESK. Stellt man diese Zwischensumme den weiter verrechneten Normal-ESK gegenüber, erhält man als Saldo auf den Hauptkostenstellen im Soll eine Überdeckung, im Haben eine Unterdeckung. Diese Salden sind in das Konto 991 zu übernehmen; die Konten der Gruppe 93 sind jetzt alle abgeschlossen.

Wird nun der Saldo auf dem Betriebsergebnis-II-Konto gebildet, ergibt sich das Betriebsergebnis auf Istkostenbasis.

Wurde das Normal-Betriebsergebnis auch differenziert nach Erzeugnisarten in das Betriebsergebniskonto II eingestellt, so wären die jetzt noch hinzukommenden Über- und Unterdeckungen anteilig den nach Erzeugnisarten gegliederten Ergebnissen zuzuweisen. Dann könnte der Erfolgsbeitrag eines jeden Erzeugnisses nicht nur auf Normalkostenbasis, sondern auch auf Istkostenbasis ersehen werden.

Im Übrigen muss der Saldo des Kontos 991 (das Betriebsergebnis auf Istkostenbasis) mit dem Saldo der Gruppe 92 übereinstimmen, denn dort wurden alle Umsatzerlöse, alle primären Kostenarten und die Bestandsveränderungen an unfertigen und fertigen Erzeugnissen (jeweils einschließlich der selbst erstellten Anlagen) gegengebucht. Die Gruppe 92 weist – bei spiegelbildlicher Darstellung – das Betriebsergebnis nach dem *Gesamtkostenverfahren* aus. Die Kosten- und Leistungsrechnung selbst ermittelt das Betriebsergebnis nach dem *Umsatzkostenverfahren*.

Durch die Ermittlung der Salden der Gruppe 92 und des Kontos 991 ist der Buchungskreis der Kosten- und Leistungsrechnung geschlossen.

6.2.2   Abstimmung mit der Finanzbuchhaltung

Neben der Ermittlung des Betriebsergebnisses hat die Kontenklasse 9 des IKR auch die Funktion, das Ergebnis der Finanzbuchhaltung (Gesamtergebnis der Gewinn- und Verlustrechnung), auf seine Richtigkeit hin zu überprüfen. Das bedeutet, dass das ermittelte Betriebsergebnis in das Gesamtergebnis übergeleitet werden kann.

Konto 992: Neutrales Ergebnis

Konto 992   Der Überleitung dient das Konto 992 Neutrales Ergebnis. Aus Sicht des Betriebsergebnisses müssen im *Neutralen Ergebnis* im Hinblick auf das Gesamtergebnis
- erstens alle neutralen Aufwendungen (im Soll) und alle neutralen Erträge (im Haben) zusätzlich aufgenommen werden, da sie bisher nicht in das Betriebsergebnis eingeflossen sind, und
- zweitens alle Zusatzkosten (im Haben) und alle Zusatzleistungen (im Soll) storniert werden, da sie nicht im Gesamtergebnis enthalten sein dürfen.

Die Gegenbuchungen zum Neutralen Ergebniskonto finden in den Gruppen 90 und 91 statt. Der Saldo beider Gruppen muss dem Saldo des Neutralen Ergebnisses entsprechen.

Gruppe 90: Abgrenzung zur Finanzbuchhaltung

Konten-gruppe 90   Handelt es sich um Geschäftsvorfälle, die in voller Höhe neutral sind, werden sie in der Gruppe 90 gegengebucht. Deswegen wird diese Kontengruppe spiegelbildlich geführt und die neutralen Aufwendungen erscheinen im Haben, die neutralen Erträge im Soll.

Gruppe 91: Kostenrechnerische Korrekturen

Konten-gruppe 91   Die Gegenbuchungen zum Neutralen Ergebniskonto, die in der Gruppe 91 vorgenommen werden, betreffen
- Geschäftsvorfälle, die nur teilweise neutral sind, da in die Finanzbuchhaltung ein höherer Aufwand (Ertrag) als Kosten (Leistung) in die Kosten- und Leistungsrechnung einging.
- Zusatzkosten und Zusatzleistungen, die dadurch entstanden sind, weil zum einen Zusatzkosten- und Zusatzleistungen in voller Höhe oder zum anderen Zusatzkosten- und Zusatzleistungen aufgrund eines höheren Wertansatzes in der Kosten- und Leistungsrechnung gegenüber der Finanzbuchhaltung vorliegen.

Aufgrund ihres Charakters wird auch diese Gruppe 91 spiegelbildlich geführt. Damit erscheinen die teilweise neutralen Erträge und Zusatzkosten im Soll und die teilweise neutralen Aufwendungen und Zusatzleistungen im Haben.

Konto 993: Gesamtergebnis

Wird das Betriebsergebnis II (Konto 991) und das Neutrale Ergebnis (Konto 992) in das Gesamtergebnis (Konto 993) übernommen, so entspricht der dann dort gebildete Saldo dem Ergebnis der Finanzbuchhaltung.

Konto 993

Da

- der Saldo der Gruppe 92 dem Saldo des Kontos 991 und

der Saldo der Gruppen 90 und 91 dem Saldo des Kontos 992 entspricht, muss

- der Saldo der Gruppen 90, 91 und 92 mit
- dem Saldo des Kontos 993

identisch sein.

6.3   Fallstudie zur Durchführung der Kosten- und Leistungsrechnung

Zur Veranschaulichung und zur Demonstration des Systems der Kosten- und Leistungsrechnung als Ganzes schließt sich ein Beispiel an. Es werden die eingangs zu diesem Kapitel gemachten Annahmen beibehalten. Die nachstehenden Sachverhalte bilden eine in sich geschlossene Fallstudie. Zum besseren Verständnis werden die in den einzelnen Buchungsfällen anzusprechenden Konten jeweils mit allen bis dahin stattgefundenen Buchungen dargestellt. Der aktuelle Buchungssatz ist jeweils kursiv eingestellt.

Beispiel: Geschäftsvorfälle für die Ermittlung des Gesamtergebnisses in der Kontenklasse 9 des IKR

Es sind für die nachfolgenden Geschäftsvorfälle sämtliche Buchungen vorzunehmen, um insbesondere die Betriebsergebnisse I und II, aber auch das Neutrale Ergebnis und das Gesamtergebnis festzustellen.

I. Kontenplan:

90	Abgrenzung zur Finanzbuchhaltung	950	Fertigerzeugnis A
91	Kostenrechnerische Korrekturen	951	Fertigerzeugnis B
92	Kostenarten und Leistungsarten	96	Fertiggestellte selbst erstellte Anlagen (Interne Lieferungen und Leistungen sowie deren Kosten)
930	Allgemeine Kostenstelle 1 (A_1)	970	Umsatzkosten A
931	Allgemeine Kostenstelle 2 (A_2)	971	Umsatzkosten B
932	Fertigungshilfskostenstelle (A_3)	980	Umsatzerlöse A
933	Hauptkostenstelle Fertigung (H_4)	981	Umsatzerlöse B
934	Hauptkostenstelle Material (H_5)	990	Betriebsergebnis I
935	Hauptkostenstelle Verwaltung und Vertrieb (H6)	991	Betriebsergebnis II
940	Kostenträger A	992	Neutrales Ergebnis
941	Kostenträger B	993	Gesamtergebnis
942	Kostenträger selbst erstellte Anlagen		

II. Buchungsfälle (alle Beträge in EUR):

1.	Umsatzerlöse	Erzeugnis A	40.000
		Erzeugnis B	60.000

2.	Zinserträge aus Spekulationsgeschäften	2.500

3.	Aufwendungen für in der Vorperiode unterlassene Instandhaltung; für diese notwendige Instandhaltung wurden in der Vorperiode Kosten verrechnet, denen kein Aufwand gegenüberstand.	5.000

4. Fertigungslöhne:

Kostenträger A	12.000
Kostenträger B	22.500
Kostenträger selbst erstellte Anlagen	6.000

5. *Entnahmen und Verbrauch an Rohstoffen für*

Kostenträger A	*11.500*
Kostenträger B	*16.400*
Kostenträger selbst erstellte Anlagen	*4.400*
den Bau des städtischen Hallenbades (Spende)	*2.000*

6. *Kalkulatorische Abschreibungen:*

Kostenstelle A_1	*500*
Kostenstelle A_2	*1.700*
Kostenstelle A_3	*2.300*
Kostenstelle H_4	*5.600*
Kostenstelle H_5	*3.000*
Kostenstelle H_6	*1.400*

7.

Bilanzielle Abschreibungen (Kostenstelle A_1 bis H_6)	*12.500*

8. *Entnahme und Verbrauch von Hilfs- und Betriebsstoffen für*

Kostenstelle A_1	*750*
Kostenstelle A_2	*800*
Kostenstelle A_3	*1.200*
Kostenstelle H_4	*3.000*
Kostenstelle H_5	*600*
Kostenstelle H_6	*800*

9. *Kalkulatorische Wagniskosten; der Wagnissatz beträgt 5 Prozent der auf eine Kostenstelle entfallenden Abschreibungen.*

10. *Sonstige Gemeinkosten:*

Kostenstelle A_1	*1.085*
Kostenstelle A_2	*1.295*
Kostenstelle A_3	*1.545*
Kostenstelle H_4	*2.300*
Kostenstelle H_5	*2.950*
Kostenstelle H_6	*3.000*

11. *Verbrauch selbst erstellter Anlagen auf der Kostenstelle Fertigung;*

Abschreibungsrate für die Nutzung selbst erstellter Anlagen.	*725*

12. *In der Finanzbuchhaltung wird dieser Verbrauch mit 800 EUR bewertet (entsprechend der höheren Aktivierung der selbst erstellten Anlagen).*
13. *Die Fertigungsgemeinkosten werden den Kostenträgern auf Normalkostenbasis zugeschlagen. Der Zuschlagsatz beträgt 50 Prozent der Fertigungseinzelkosten.*
14. *Die Materialgemeinkosten werden den Kostenträgern ebenfalls auf Normalkostenbasis zugeschlagen. Der Zuschlagsatz beträgt 25 Prozent der Materialeinzelkosten.*
15. *Die innerbetriebliche Leistungsverrechnung ist mittels des Gleichungsverfahrens durchzuführen. Folgende Leistungsaustauschmatrix ist zugrunde zu legen, wobei L_j der Gemeinkostenwert der Gesamtleistungsmenge der Kostenstelle j ist:*

nach von	930 (A_1)	931 (A_2)	932 (A_3)	933 (H_4)	934 (H_5)	935 (H_6)
930 (A_1)	–	$0{,}1\,L_1$	$0{,}05\,L_1$	$0{,}4\,L_1$	$0{,}2\,L_1$	$0{,}25\,L_1$
931 (A_2)	$0{,}2\,L_2$	–	$0{,}1\,L_2$	$0{,}25\,L_2$	$0{,}25\,L_2$	$0{,}2\,L_2$
932 (A_3)	–	–	–	$1\,L_3$	–	–

16. *In der Periode werden 2.000 ME (Mengeneinheiten) des Erzeugnisses A fertiggestellt. Die Stückfertigungseinzelkosten betragen 8 EUR, die Stückmaterialeinzelkosten 4 EUR; diese Werte gelten – wie auch in den folgenden Buchungsfällen – auch für die vergangenen Abrechnungsperioden.*
17. *Vom Erzeugnis B wurden in der Abrechnungsperiode 1.500 ME fertiggestellt. Die Stückfertigungseinzelkosten betragen 14 EUR, die Stückmaterialeinzelkosten 11,20 EUR.*
18. *An selbst erstellten Anlagen wurden in der Abrechnungsperiode 4 ME fertiggestellt zu Stückfertigungseinzelkosten von 1.500 EUR und Stückmaterialeinzelkosten von 1.100 EUR.*

19. *Vom Erzeugnis A wurden 1.800 ME in dieser Abrechnungsperiode abgesetzt, vom Erzeugnis B 1 600 ME.*

20. *Die fertiggestellten selbst erstellten Anlagen werden, soweit sie in dieser Periode nicht wieder verbraucht worden sind (vgl. Geschäftsvorfälle 11 – 12), in der Finanzbuchhaltung am Periodenende mit 15.200 EUR aktiviert.*

21. *Die Verwaltungs- und Vertriebsgemeinkosten sind den abgesetzten Erzeugnissen auf Normalkostenbasis zuzuschlagen. Der Zuschlagsatz beträgt 8 % auf die Herstellkosten der abgesetzten Erzeugnisse.*

III. Abschlussbuchungen:

1. *Abschluss der Umsatzkostenkonten*
2. *Abschluss der Umsatzerlöskonten*
3. *Abschluss des Betriebsergebniskontos I*
4. *Abschluss der Hauptkostenstellenkonten*
5. *Abschluss des Betriebsergebniskontos II*
6. *Abschluss des Neutralen Ergebniskontos*
7. *Schließen des Buchungskreises*

Die Lösungen zu dieser geschlossenen Fallstudie mit detaillierten Erklärungen finden Sie im Online-Bereich des Schäffer-Poeschel-Verlags: www.sp-mybook.de

Aufgabe Kapitel 6

1. Buchen Sie bitte die folgenden Geschäftsvorfälle nach dem Umsatzkostenverfahren unter Verwendung der Kontenklasse 9 des Industriekontenrahmens (IKR) ohne Berücksichtigung der Umsatzsteuer. Fälle, durch die die Klasse 9 nicht betroffen wird, sind zu streichen. Der nachstehende Kontenplan ist nötigenfalls um weitere Stellen zu ergänzen. Zwischen den einzelnen Buchungen besteht kein Zusammenhang.

Kontenplan

90	Abgrenzung zur Finanzbuchhaltung	97	Umsatzkosten
91	Kostenrechnerische Korrekturen	98	Umsatzerlöse
92	Kostenarten und Leistungsarten	990	Betriebsergebnis I
93	Kostenstellen	991	Betriebsergebnis II
94	Kostenträger	992	Neutrales Ergebnis
95	Fertige Erzeugnisse	993	Gesamtergebnis
96	Interne Lieferungen und Leistungen sowie deren Kosten (= Fertiggestellte selbst erstellte Anlagen)		

Geschäftsvorfall	Konto	Soll	Haben
Umsatzerlöse 100 Tsd. EUR			
Fertigungslöhne Kostenträger A 4 Tsd. EUR, Kostenträger D 3 Tsd. EUR			
Rohstoffverbrauch Kostenträger I 2 Tsd. EUR, Kostenträger III 4 Tsd. EUR			
Kalkulatorische Abschreibungen auf Anlagen der Kostenstelle III 4 Tsd. EUR, der Stelle V 6 Tsd. EUR; bilanzmäßig werden diese Anlagen um 9 Tsd. EUR abgeschrieben			
Abschreibungen auf selbst erstellte Anlagen: kalkulatorisch 8 Tsd. EUR, bilanziell 9 Tsd. EUR			
Kalkulatorischer Unternehmerlohn 7 Tsd. EUR			
Kalkulatorische Anlagewagnisse der Kostenstelle III 5 Tsd. EUR			
Entnahme von Gemeinkostenmaterial für die Stellen VI 2 Tsd. EUR und VII 3 Tsd. EUR			
Spende an die FHWS 4 Tsd. EUR			
Zinserträge aus Pfandbriefen 2 Tsd. EUR			
50 Tsd. EUR Gemeinkosten werden den Kostenträgern zugeschlagen			
Die Kostenstelle 933 gibt innerbetriebliche Leistungen im Wert von 2 Tsd. EUR an die Stelle 935 ab			
500 ME des Produktes X, bewertet mit je 12 EUR, werden fertiggestellt			
Die Herstellkosten der verkauften Erzeugnisse betragen 99 Tsd. EUR			
Kauf eines Computers für die Vertriebskostenstelle			
Geben Sie die Buchungssätze für den Abschluss der Konten BE I, BE II und Neutrales Ergebnis an			

Die Lösungen zu den Aufgaben finden Sie im Online-Bereich des Schäffer-Poeschel-Verlags:
www.sp-mybook.de

Literatur Kapitel 6

Hermsen, J.: Rechnungswesen der Industrie – IKR, 18. Auflage, Braunschweig 2018.

Schmolke, M./Deitermann, S.: Industrielles Rechnungswesen – IKR, 46. Auflage, Braunschweig 2017.

Schockenhoff, J.: Kontenpläne und integrierte Rechnungswesensysteme, in: Kostenrechnungspraxis, 1992 (Heft 4), S. 201–204.

7 Plankostenrechnung

Beispiel: Speedy GmbH

Nachdem Manfred Kolb die Ist- und Normalkostenrechnung auf Vollkostenbasis bei der Speedy GmbH vollständig eingeführt hat und damit bereits Fragen zur Ergebnissituation, zu langfristigen Preisuntergrenzen einzelner Produkte oder zur Wirtschaftlichkeit verschiedener Unternehmensbereiche beantworten kann, muss er doch feststellen, dass insbesondere die Steuerungsfunktion der Kosten- und Leistungsrechnung noch verbessert werden kann. Deshalb will er sich einen Überblick darüber verschaffen, welche Aussagen andere Kostenrechnungssysteme liefern können. Manfred Kolb richtet zunächst seinen Fokus auf die Plankostenrechnung. Es interessieren ihn insbesondere die Planung der Kosten, die Kostenkontrolle mit ihrem Soll-Ist-Vergleich sowie die Abweichungsanalyse auf Umsatzseite.

7.1 Abgrenzung zu anderen Kostenrechnungssystemen

Da mit der Plankostenrechnung nun hinsichtlich des Zeitbezugs der Kosten in diesem Kapitel das dritte und letzte Kostenrechnungssystem (siehe Abschnitt 2.1.7) behandelt wird, wollen wir zum Einstieg diese drei Systeme miteinander vergleichen.

In einer *Istkostenrechnung* beinhalten alle Teilbereiche (Abrechnungsstufen) die tatsächlich angefallenen Kosten (Istkosten).

Istkosten-
rechnung

Die Grundform der Istkostenrechnung verfolgt die Absicht, die Kosten lückenlos und verursachungsgerecht auf die Kostenträger zu verrechnen. Es werden die *Istmengen* mit den *Istpreisen* bewertet. Sofern das Mengengerüst nicht feststellbar ist (z. B. bei Gebühren), stellen die in den entsprechenden Belegen ausgewiesenen Werte die Istkosten dar. Die Istkostenrechnung ist nur auf Abrechnung gerichtet und rein vergangenheitsbezogen.

Vorteile der Istkostenrechnung

Die Vorteile der Istkostenrechnung bestehen darin, dass

- mit ihr eine Nachkalkulation auf Basis der tatsächlichen Kosten möglich ist,
- sie sich für die Ermittlung der handels- und steuerrechtlichen Herstellungskosten eignet und
- sich mit ihr eine Kalkulation der Selbstkosten auf Basis der Vorschriften für öffentliche Angebotsabgaben durchführen lässt.

Nachteile der Istkostenrechnung

Der Istkostenrechnung ist hingegen anzulasten, dass

- in jeder Abrechnungsperiode die Kalkulationssätze für alle Leistungen neu gebildet werden müssen,
- die Daten spät vorliegen,
- Planungsaufgaben nicht oder zumindest nicht zufriedenstellend durchführbar sind,
- mit ihr nur eine sehr eingeschränkte Kostenkontrolle möglich ist und
- zufällige Schwankungen der Preise und Mengen sich voll auf die Rechenergebnisse auswirken.

Eine reine Istkostenrechnung gibt es allerdings gar nicht. Jedes Unternehmen verwendet Kostenarten mit Durchschnitts- oder Plancharakter (z. B. Kapitalkosten, kalkulatorische Abschreibungen auf Basis von Wiederbeschaffungswerten, Urlaubs- und Krankheitslöhne usw.).

Normalkosten-
rechnung

Die *Normalkostenrechnung* ist eine Weiterentwicklung der Istkostenrechnung. Normalkosten stellen durchschnittliche Istkosten dar. Die Durchschnittsbildung bezieht sich auf mehrere vergangene Abrechnungsperioden (z. B. die Monate des vergangenen Abrechnungsjahrs). Die ermittelten Normalkosten werden dann im laufenden Abrechnungsjahr verwendet. Je nach Zwecksetzung findet eine Normalisierung für das Mengen- und/oder für das Wertgerüst der Kosten statt. Die Ausgestaltung einer Normalkostenrechnung wurde bereits im Rahmen der Kostenstellenrechnung und Kalkulation beschrieben. Die dort dargestellte Vorgehensweise einer Normalisierung lediglich der Gemeinkosten wird in der Praxis häufig angewendet, allerdings ist grundsätzlich auch eine Normalisierung der Einzelkosten möglich.

Vorteile der
Normalkosten-
rechnung

Die Vorteile der Normalkostenrechnung zeigen sich darin, dass

- die laufende Betriebsabrechnung erheblich vereinfacht wird,
- mit der Durchschnittsbildung Zufälligkeiten gemildert werden,

- Angebotskalkulationen auch bereits während der Abrechnungsperiode erstellt werden können und
- ein erster Schritt auf dem Weg zu einer wirksamen Kostenkontrolle getan wird.

Als Nachteile sind aufzuführen:

- Es findet weiterhin nur eine eingeschränkte Kostenkontrolle statt, da die Istkosten die Grundlage für die Normalkostenbildung darstellen. Damit wird die Kostenkontrolle z. B. durch durchschnittliche Unwirtschaftlichkeiten beeinflusst.
- Eine Nachkalkulation auf Basis von Normalkosten entspricht nicht den tatsächlich angefallenen Kosten.

Nachteile der Normalkostenrechnung

Da mit Normalkosten keine ausreichenden Informationen über Unwirtschaftlichkeiten und ihre Ursachen gewonnen werden können, liegt der Gedanke deshalb nahe, den Istkosten zukünftige, d. h. erwartete und bei normalem, ordnungsgemäßem Betriebsverlauf entstehende Kosten (*Plankosten*) gegenüberzustellen.

Die Planung bezieht sich dabei sowohl auf die Mengen- wie auch auf die Wertkomponente der Kosten. Auch hier ist jedoch wiederum keine ganz klare Abgrenzung möglich, da an einigen Stellen auch in der Plankostenrechnung mangels Prognosefähigkeit oder unter Wirtschaftlichkeitsaspekten normalisierte Ansätze einfließen können. Da »Planung ohne Kontrolle sinnlos« ist, sind zur Plankostenrechnung immer auch der Vergleich von Planwerten (oder Sollwerten) und Istwerten zu zählen sowie die detaillierte Analyse der etwaigen Abweichungen. Auch ohne die Plankostenrechnung bereits vorgestellt zu haben, liegen wesentliche Vor- und Nachteile einer solchen Plankostenrechnung auf der Hand:

Plankostenrechnung

Die Vorteile der Plankostenrechnung sind darin zu sehen, dass

- die Plankostenrechnung zur systematischen Befassung mit der Zukunft zwingt,
- mit den Plankosten (/Sollkosten) nun ein geeigneter Vergleichsmaßstab zur Verfügung steht,
- mit einer differenzierten Abweichungsanalyse konkrete Gründe für Kostenabweichungen ermittelt werden können,
- die Erkenntnisse der Abweichungsanalyse in zukünftige Planungen einfließen können und so ein kontinuierlicher Verbesserungsprozess besteht.

Vorteile der Plankostenrechnung

Als Nachteile sind zu nennen:

- Die Einführung und der laufende Betrieb einer Plankostenrechnung stellen einen nicht unerheblichen zusätzlichen Aufwand über die Istkostenrechnung hinaus dar. Die Plankostenrechnung ersetzt nicht die Istkostenrechnung, sondern ergänzt sie.
- Während die Ist- und die Normalkostenrechnung immer auf tatsächlichen Kosten und damit Fakten beruhen, basiert die Plankostenrechnung auf Annahmen und Prognosen über die Zukunft. Die Güte der Plankostenrechnung steht und fällt damit mit der Güte dieser Annahmen und Prognosen. Oder mit anderen Worten: Die Aussagekraft

Nachteile der Plankostenrechnung

von Abweichungen auf Basis einer nicht sorgfältig durchgeführten Plankostenrechnung ist nicht höher als die Aussagekraft einer sorgfältig durchgeführten Normalkostenrechnung.

7.2 Voraussetzungen der Kostenplanung

Vor Durchführung der Kostenplanung und der nachfolgenden Kostenkontrolle mit Abweichungsanalyse sind verschiedene Voraussetzungen zu erfüllen, die nachfolgend besprochen werden:

- Festlegung der Planungs- und Kontrollperiode,
- Gliederung der Kostenarten,
- Gliederung der Kostenstellen,
- Festlegung der Bezugsgrößen,
- Ermittlung der Planbeschäftigung und
- Gliederung der Kostenträger.

Für die Planung der Kosten und Leistungen wird in der Regel ein Jahr als *Planungsperiode* zugrunde gelegt.

Planungs- und Kontrollperiode

Anpassungen sollten unterjährig wegen des bestehenden Arbeitsaufwands nur vorgenommen werden, wenn in den Kostenstrukturen wesentliche Änderungen absehbar sind. Ansonsten genügt es, die sich aus den absehbaren Änderungen ergebenden Abweichungen in der Abweichungsanalyse festzuhalten und deren Erkenntnisse dann in der folgenden Planungsperiode zu berücksichtigen. Die Kostenkontrolle muss dagegen in kürzeren Zeitabständen stattfinden. Hier hat sich als *Kontrollperiode* ein Monat bewährt. Wenn nicht bereits auf Monatsebene geplant wurde, so setzt dieser Kontrollzyklus voraus, dass die geplanten Jahreswerte auf Monatswerte heruntergebrochen werden, oftmals durch einfache Zwölftelung.

Kostenarten-gliederung

Für die Aufstellung eines *Kostenartenplans* sind in der Plankostenrechnung die gleichen Überlegungen wie in der Istkostenrechnung anzustellen (siehe Abschnitt 3.2). Die Sinnhaftigkeit einer Entsprechung der Kostenarten in beiden Systemen ergibt sich schon aus der Erstellung eines Soll-Ist-Vergleichs. Für die (allerdings erst in Abschnitt 8.3.4 behandelte) Grenzplankostenrechnung muss darüber hinaus pro Kostenart der fixe und variable Anteil ermittelt werden, da dieses System diese Unterscheidung konsequent in allen Teilbereichen benötigt. In der Plankostenrechnung auf Vollkostenbasis genügt hingegen in der Kostenstellenrechnung eine Kostenauflösung speziell für Zwecke der Kostenkontrolle. In der Plankostenrechnung werden oftmals nicht alle Kostenarten einzeln geplant, sondern nur die betragsmäßig wichtigsten, wobei sich dies z. B. von Kostenstelle zu Kostenstelle unterscheiden kann. Die übrigen Kostenarten werden dann summarisch geplant.

Der *Kostenstellengliederung* kommt für die Aussagefähigkeit der Plankostenrechnung eine große Bedeutung zu. Die Kostenstelle ist der Ausgangspunkt nahezu aller Teilrechnungen dieses Systems:

- Die Gemeinkostenplanung erfolgt kostenartenweise pro Kostenstelle.
- Je Kostenstelle wird ein Planverrechnungssatz für die Plankalkulation gebildet.
- Die Kostenkontrolle erfolgt grundsätzlich kostenstellenweise.
- Gelegentlich werden auch die eigentlich pro Kostenträger zu planenden Einzelkosten den Kostenstellen für den Soll-Ist-Vergleich zugeordnet.

Kostenstellen-
gliederung

Da die Kostenkontrolle grundsätzlich kostenstellenweise durchgeführt wird, darf sich die Kostenstellengliederung des Unternehmens zwischen Ist- und Plankostenrechnung nicht unterscheiden und es müssen auch alle Kostenstellen beplant werden.

Zudem müssen in jeder Kostenstelle genaue Maßstäbe der Kostenverursachung (Bezugsgrößen) bestimmbar sein, d.h. die Entscheidung über die Kostenstelleneinteilung geht mit der Wahl der Bezugsgröße einher.

Je feiner die Kostenstellenbildung erfolgt ist, desto leichter lassen sich funktionsgerechte Bezugsgrößen finden. Bezugsgrößen beziehen sich auf

- Leistungseinheiten (z. B. Stück, Meter, Liter, kg usw.),
- Zeiteinheiten (z. B. Maschinen- oder Arbeitsstunden) oder
- Hilfsgrößen (z. B. Materialeinzelkosten, Herstellkosten des Umsatzes).

Bezugsgrößen-
festlegung

Bezugsgrößen sollten idealerweise zwei Hauptaufgaben erfüllen:

- Planungs- und Kontrollfunktion sowie
- Kalkulationsfunktion.

Aufgaben von
Bezugsgrößen

Die *Planungs-* und *Kontrollfunktion* einer Bezugsgröße ist dann erfüllt, wenn die verursachten variablen Kosten einer Kostenstelle ganz oder teilweise in einem proportionalen Verhältnis zu der verwendeten Bezugsgröße stehen. Die *Kalkulationsfunktion* gilt dann als erfüllt, wenn die Bezugsgröße in einer direkten Beziehung zu den in der Kostenstelle bearbeiteten Kostenträgern steht. Damit können die Kosten der Kostenstelle verursachungsgerecht auf die Kostenträger verrechnet werden.

Für die Bezugsgrößenwahl ist es von Bedeutung, ob in der betrachteten Kostenstelle

- homogene oder
- heterogene Kostenverursachung

vorliegt.

Homogene Kostenverursachung

Verhalten sich alle variablen Kosten einer Kostenstelle proportional zu einer Bezugsgröße, besteht *homogene Kostenverursachung*. Erbringt eine Kostenstelle Leistungen nur für eine Produktart, kann die Menge (Stück, kg usw.) als Bezugsgröße verwendet werden. Bei artähnlichen Leistungen können Mengen als Bezugsgröße über die Umrechnung mit Äquivalenzziffern gewählt werden. Verschiedenartige Leistungen einer Kostenstelle setzen voraus, dass sie auf gleichartigen Maschinen (Bezugsgröße: Maschinenstunden) oder personalintensiv (Bezugsgröße: Arbeitsstunden) erbracht werden.

Heterogene Kostenverursachung

Kann das Kostenverhalten nur mit mehreren Bezugsgrößen in einer Kostenstelle verursachungsgerecht wiedergegeben werden, spricht man von *heterogener Kostenverursachung*. Wird in einer Kostenstelle z. B. serienweise gefertigt und fallen beim Serienwechsel Umrüstarbeiten an, sollten »Ausführungszeiten« und »Rüstzeiten« als Bezugsgrößen gewählt werden. Hier fallen bei der Bearbeitung eines Serienstücks andere Kostenarten an als bei den Umrüstarbeiten zwischen zwei Serien.

In der Praxis wird man in der Mehrzahl der Kostenstellen mit einer oder zwei Bezugsgrößen auskommen. Auf jeden Fall sollen nicht mehr Bezugsgrößen verwendet werden, als für eine wirksame Kostenkontrolle und Kalkulation nötig sind (Prinzip der Wirtschaftlichkeit).

Hilfsbezugsgrößen

Bezugsgrößen mit der oben beschriebenen Doppelfunktion (Planungs- und Kontrollfunktion sowie Kalkulationsfunktion) finden sich in den Hauptkostenstellen des Fertigungsbereichs. In Material-, Vertriebs-, Verwaltungs- sowie Forschungs- und Entwicklungskostenstellen hingegen besitzen Bezugsgrößen nur eine einfache Funktion, d. h. ihnen kann nur die *Kontrollfunktion* zugestanden werden. Beispielsweise lässt sich für ein Zentrales Schreibbüro die Bezugsgröße »Anzahl geschriebener DIN-A4-Seiten« heranziehen. Diese Bezugsgröße ist zwar für Kontrollzwecke verwendbar, jedoch nicht für die Verrechnung auf die Kostenträger. In solchen Fällen sind *Hilfsbezugsgrößen* (Materialeinzelkosten, Herstellkosten des Umsatzes oder andere) *für die Kalkulation* zu wählen.

Planbeschäftigung

Nach der Festlegung von Bezugsgrößen ist die *Planbeschäftigung* der jeweiligen Kostenstelle zu bestimmen. Zwei Verfahren sind zu unterscheiden:
- die Kapazitätsplanung und
- die Engpassplanung.

Kapazitätsplanung

Bei der *Kapazitätsplanung* wird die Planbeschäftigung aus den Kapazitäten der Kostenstellen abgeleitet. Dieses Planungsverfahren sollte von der Normalkapazität ausgehen, die sich aus der Maximalkapazität minus Abschlägen für Reparatur, Wartungs, Störungs- und sonstigen Stillstandzeiten einer Anlage ergibt. Für die Kapazitätsplanung spricht, dass sie frei von Beschäftigungsschwankungen ist, welche sich damit wiederum nicht auf die Kalkulationssätze auswirken können. Kritisch ist hingegen einzuwenden, dass die Kapazitätsplanung in Kostenstellen mit heterogener Kostenverursachung insofern Probleme verursacht, als sich aus der Kapazität jeweils nur eine Bezugsgröße ableiten lässt. In Kostenstellen mit Hilfsbezugsgrößen versagt das Verfahren. Problematisch ist auch die Bildung des Vollkostensatzes. Wenn es aufgrund bestehender Engpässe in anderen Kostenstellen oder im Beschaffungs- oder Absatzsektor nicht möglich ist, die bestehende Kapazität voll zu nutzen, wird auf ihrer Basis ein Kalkulationssatz gebildet, der keine Deckung der Vollkosten ermöglicht.

Beispiel: Kapazitätsplanung

In einer Fertigungskostenstelle befinden sich 17 Drehmaschinen. Als Bezugsgröße werden die »Vorgabestunden der Dreher« ausgewählt. Der durchschnittliche Leistungsgrad beträgt 120%, 11% der Schichtzeit fallen für Reparaturen, Reinigungsarbeiten usw. an (= Fertigungszeitgrad 89%). Es wird im Zweischichtbetrieb ohne Samstagsarbeit gearbeitet.

	365	Tage/Jahr
–	52	Sonntage
–	52	Samstage
–	10	Feiertage (Bsp.)
=	251	Tage/Jahr = ∅ 21 Tage/Monat

21 Tage · 2 Schichten/Tag · 8 Stunden/Schicht · 17 · 0,89 · 1,2
= 6.100 Vorgabestunden/Monat.

Die *Engpassplanung* leitet die Planbeschäftigung hingegen aus der gesamtbetrieblichen Jahresplanung ab. Es werden alle Teilpläne auf den Minimumsektor der Planung ausgerichtet. Die weitverbreitete Ableitung der Planbeschäftigung aus erwarteten Absatzmengen ist eine Spezialform der Engpassplanung für den Fall, dass der Absatzplan den Engpass darstellt. Entsprechend kann auch die Kapazitätsplanung als Sonderfall der Engpassplanung aufgefasst werden, wenn die Kapazitätsengpässe der Fertigungsstellen zum Minimumsektor der Planung werden. Da die Engpassplanung meistens den Absatzplan zugrunde legt, ist sie mit den Unsicherheiten der Absatzplanung belastet. Ein entscheidender Vorteil liegt allerdings darin, dass die Engpassplanung voll in die betriebliche Jahresplanung integriert ist, was wiederum der Planungsqualität nur zuträglich sein kann. Sofern eine Kostenstelle nicht gerade den Engpass darstellt, entstehen bei der Engpassplanung allerdings höhere Vollkosten-Verrechnungssätze als bei der Kapazitätsplanung. In diesem Fall werden die Fixkosten auf vergleichsweise weniger Einheiten verteilt. Ein höherer Planverrechnungssatz wiederum führt nach Überschreiten der Planbeschäftigung zu einer Mehrverrechnung von Fixkosten. In einer Grenzplankostenrechnung verliert dieses Problem an Schärfe. Dort ist der (variable) Plankalkulationssatz in seiner Höhe unabhängig vom gewählten Planungsverfahren.

Engpassplanung

Beispiel: Engpassplanung

Es sei angenommen, dass in einer Fertigungskostenstelle, die als Beispiel für die Kapazitätsplanung zugrunde gelegt wurde, nur standardisierte Produkte bearbeitet werden. Die nachstehende Tabelle enthält die durchschnittlichen monatlichen Produktionsmengen dieser Kostenstelle, die Vorgabezeiten und die zu errechnende Planbeschäftigung.

Produktart	Durchschnittliche Produktion	Vorgabezeit	
	Stück/Monat	Minuten/Stück	Minuten/Monat
1	4.050	5,0	20.250
2	3.900	5,9	23.010
3	4.300	7,3	31.390
4	3.750	12,0	45.000
5	2.600	8,5	22.100
6	5.500	10,8	59.400
7	1.200	13,5	16.200
8	3.200	12,1	38.720
9	2.950	8,3	24.485
10	4.350	12,8	55.680
Summe Vorgabeminuten/Monat			336.235
Planbeschäftigung Vorgabestunden/Monat			*5.604*

Im Vergleich zur Kapazitätsplanung entspricht die ermittelte Planbeschäftigung in etwa 92 Prozent der Kapazität beim Zweischichtbetrieb ohne Samstagsarbeit (5.604 : 6.100 = 0,919).

Neben der Festlegung der Planungs- und Kontrollperiode, der Gliederung der Kostenarten und Kostenstellen, der Bezugsgrößenfestlegung pro Kostenstelle und der Ermittlung der Planbeschäftigung je Kostenstelle ist auch die Planung
• der zu erstellenden und abzusetzenden Leistungen sowie
• der zu erstellenden und innerbetrieblich zu verwertenden Leistungen
Voraussetzung für die Kostenplanung.

Abbildung 7.1 zeigt, dass zunächst ein Absatzplan erstellt wird, der die Arten und Mengen der abzusetzenden Leistungen bestimmt. Die Absatzplanung liegt zeitlich vor der Produktionsprogramm- und -ablaufplanung. Die Produktionsplanung berücksichtigt auch die innerbetrieblichen Leistungen. Erst wenn die Absatzleistungen und die innerbetrieblichen Leistungen in der Produktionsprogrammplanung berücksichtigt sind, liegt der für die Kostenplanung maßgebliche *Kostenträgerplan* vor. Der Kostenträgerplan sollte so genau wie möglich sein, da er eine wesentliche Grundlage für die Auslastungs- und Kostenplanung bildet. Formal und in seiner Struktur ist der Kostenträgerplan mit den Kostenträgeraufstellungen der Istkostenrechnung vergleichbar. Allerdings werden in der Praxis – ähnlich wie bei den Kostenarten – unter Wirtschaftlichkeitsgesichtspunkten oftmals mehrere Kostenträger (z. B. im Falle von Produktvarianten) zu Kostenträgergruppen zusammengefasst und nur diese Kostenträgergruppen geplant.

Voraussetzung für die Kostenplanung

Kostenträgergliederung

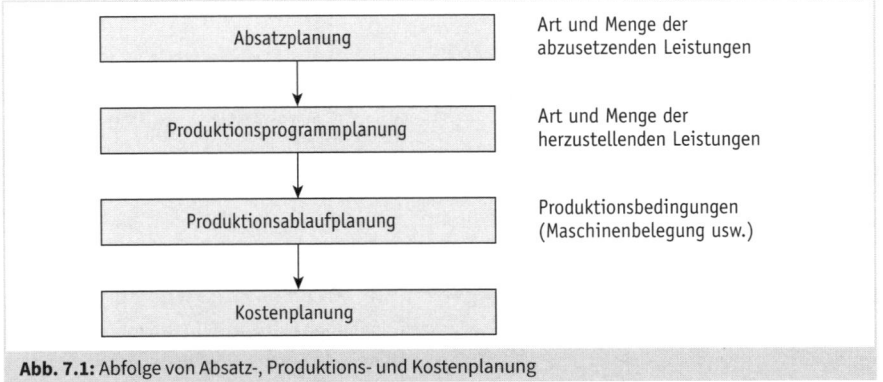

Abb. 7.1: Abfolge von Absatz-, Produktions- und Kostenplanung

7.3 Verfahren der Kostenauflösung

Die Plankostenrechnung muss die fixen und variablen Anteile der Kosten kennen: In der (Flexiblen) Plankostenrechnung auf Vollkostenbasis für Zwecke der Kostenkontrolle, in einer Grenzplankostenrechnung für Zwecke der Kalkulation und Kostenkontrolle. Einzelkosten stellen i. d. R. variable Kosten dar, Gemeinkosten hingegen sind entweder fix, variabel oder zum Teil fix, zum Teil variabel (vgl. auch Abbildung 3.4). Für die Ermittlung der fixen und variablen Anteile der Gemeinkosten wurden die in Abbildung 7.2 aufgeführten verschiedenen Verfahren entwickelt, die nachfolgend erläutert werden.

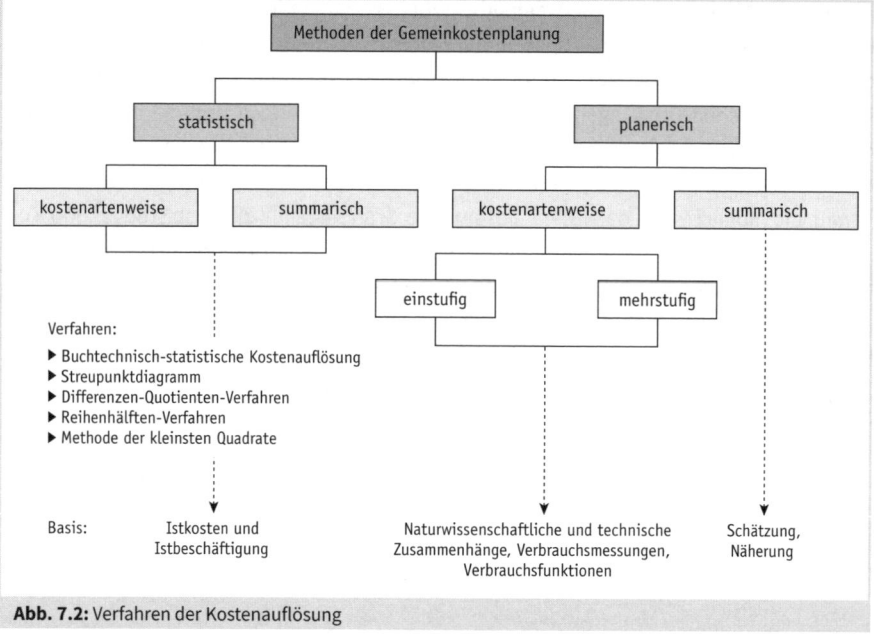

Abb. 7.2: Verfahren der Kostenauflösung

!   **Unter der Lupe**

Die nachfolgend dargestellte Variante der Plankostenrechnung heißt Flexible Plankostenrechnung auf Vollkostenbasis. Sie ist eine Vollkostenrechnung und unterscheidet daher genauso wenig wie die Istkostenrechnung auf Vollkostenbasis zum Zwecke der Kalkulation zwischen fixen und variablen Kosten. Dennoch trägt sie das Präfix »flexibel«, da sie zum Zwecke der Kostenkontrolle auf Kostenstellenebene doch fixe und variable Kosten trennt.

Erst die Grenzplankostenrechnung (Plankostenrechnung auf Teilkostenbasis, siehe Abbildung 2.7) ist eine echte Teilkostenrechnung, bei der konsequent zwischen fixen und variablen Kosten getrennt wird. Wir behandeln sie daher erst im Kapitel 8 bei der entscheidungsorientierten Teilkostenrechnung.

Darüber hinaus existiert mit der Starren Plankostenrechnung (auf Vollkostenbasis) eine weitere Plankostenrechnungsvariante. Die starre Plankostenrechnung ist eine »echte« Vollkostenrechnung, die grundsätzlich nicht zwischen fixen und variablen Kosten unterscheidet. Ihr Nutzen ist damit allerdings gegenüber der Flexiblen Plankostenrechnung auf Vollkostenbasis deutlich eingeschränkt.

Statistische Verfahren

Statistische Verfahren der Gemeinkostenplanung leiten die Sollkosten für den Soll-Ist-Vergleich aus den Istkosten vergangener Perioden ab. Als Ergebnis liegt der Sollkostenverlauf kostenartenweise oder summarisch für eine Kostenstelle vor. Für die spätere Kostenkontrolle sind damit unmittelbar die Sollkosten verfügbar, d. h. *Kostenplanung* und *Kostenauflösung* finden gleichzeitig statt.

Beispiel: Kostenauflösung mit den statistischen Verfahren

Zur Erläuterung der verschiedenen statistischen Verfahren gilt die nachstehende Tabelle als einheitliche Datenbasis. In ihr wurden die Kosten für Hilfslöhne der vergangenen zwölf Monate erfasst sowie die Beschäftigung des jeweiligen Monats. Für die Hilfslöhne ist nunmehr jeweils die Kostenfunktion zu erstellen.

Ausgangsdaten für die statistischen Verfahren

Periode	(Ist-) Beschäftigung (ME/Periode)	(Ist-) Kosten (EUR/Periode)
1	500	15.000
2	600	15.600
3	700	16.000
4	550	15.800
5	400	14.500
6	800	17.500
7	750	16.800
8	450	15.300
9	650	16 600
10	480	15.200
11	540	15.700
12	620	15.400

Bei der buchtechnisch-statistischen Kostenauflösung wird der *Reagibilitätsgrad* der Kosten ermittelt, der die Reaktion der Kosten auf Beschäftigungsveränderungen zum Ausdruck bringt. Der Reagibilitätsgrad (r) ist das Verhältnis von prozentualer Kostenänderung zu prozentualer Beschäftigungsänderung. Er gibt somit an, um wie viel Prozent sich die Kosten ändern, wenn sich die Beschäftigung um ein Prozent ändert.

Buchtechnisch-statistische Kostenauflösung

$$r = \frac{\frac{\Delta K}{K}}{\frac{\Delta B}{B}}$$

$\Delta K / K$ = prozentuale Kostenänderung
$\Delta B / B$ = prozentuale Beschäftigungsänderung
Wenn *r = 0*, so handelt es sich um eine absolut fixe Kostenart. Bei einer 1 %igen Beschäftigungssteigerung (-senkung) steigen (sinken) die Kosten um null Prozent. Wenn *0 < r < 1*, so handelt es sich um eine teilweise fixe und teilweise variable Kostenart. Bei einer 1 %igen Beschäftigungssteigerung (-senkung) steigen (sinken) die Kosten um weniger als ein Prozent.

Wenn $r = 1$, so handelt es sich um eine variable (direkt proportionale) Kostenart. Bei einer 1%igen Beschäftigungssteigerung (-senkung) steigen (sinken) die Kosten um ebenfalls genau ein Prozent.

Wenn $r > 1$, so handelt es sich um eine überproportionale Kostenart. Bei einer 1%igen Beschäftigungssteigerung (-senkung) steigen (sinken) die Kosten um mehr als ein Prozent.

Der Reagibilitätsgrad muss auf Basis eines Wertepaars berechnet werden. Dies stellt gleichzeitig einen wesentlichen Kritikpunkt dieses Verfahrens dar, da sich bei unterschiedlichen Wertepaaren unterschiedliche Reagibilitätsgrade ergeben (können).

Nehmen wir aus der obigen Tabelle beispielsweise die Werte der Perioden 1 und 2:

Prozentuale Kostenänderung = (15.600 – 15.000) : (15.000) = 0,04 → 4%

Prozentuale Beschäftigungsänderung = (600 – 500) : 500 = 0,2 → 20%

r = 4% : 20% = 0,2

Auf Basis dieses Wertepaars sind 20 Prozent der Hilfslöhne variabel und 80 Prozent fix.

Aufspaltung der Hilfslöhne:

Periode	Gesamte Kosten	fix	variabel
1	15.000 EUR	12.000 EUR	3.000 EUR
2	15.600 EUR	12.000 EUR	3.600 EUR[1]

[1] 3.000 EUR : 500 ME · 600 ME

Da in Periode 1 12.000 EUR als fix errechnet wurden, muss die gesamte Kostenänderung in Periode 2 aus der Erhöhung der Beschäftigung um 100 ME resultieren und damit die variablen Kosten betreffen. Die variablen Stückkosten betragen damit 3.000 EUR : 500 ME = 6 EUR/ME (bzw. 3.600 EUR : 600 ME = 6 EUR/ME).

Die Sollkostenfunktion lautet somit: K = 12.000 + 6 x

Streupunkt-
diagramm

Beim *Streupunktdiagramm* (grafische Lösung) wird die Sollkostenfunktion zeichnerisch ermittelt: Zunächst sind die Daten aus der nachstehenden Tabelle in ein Diagramm einzutragen. Dann ist nach Augenmaß eine Ausgleichsgerade in die Punktwolke so einzuzeichnen, dass die Punkte insgesamt den geringsten Abstand zur Geraden haben. Als Drehpunkt kann hier das aus der obenstehenden Tabelle zu berechnende Wertepaar »durchschnittliche Beschäftigung«: »durchschnittliche Kosten« dienen:

durchschnittliche Beschäftigung = Summe Beschäftigung Monate 1-12 : 12
= 587 ME/Periode

durchschnittliche Kosten = Summe Kosten Monate 1-12 : 12 = 15.783 EUR/Periode

Der Abstand auf der Ordinate in Abbildung 7.3 zwischen Koordinatenursprung und dem Schnittpunkt der Ausgleichsgeraden mit der Ordinaten gibt den Anteil der *Fixkosten* an (hier abgelesene 13.400 EUR). Die Höhe der *variablen Stückkosten* wird durch die Steigung der Geraden bestimmt (tan α = z. B. 2.383 : 587 = 4,1).

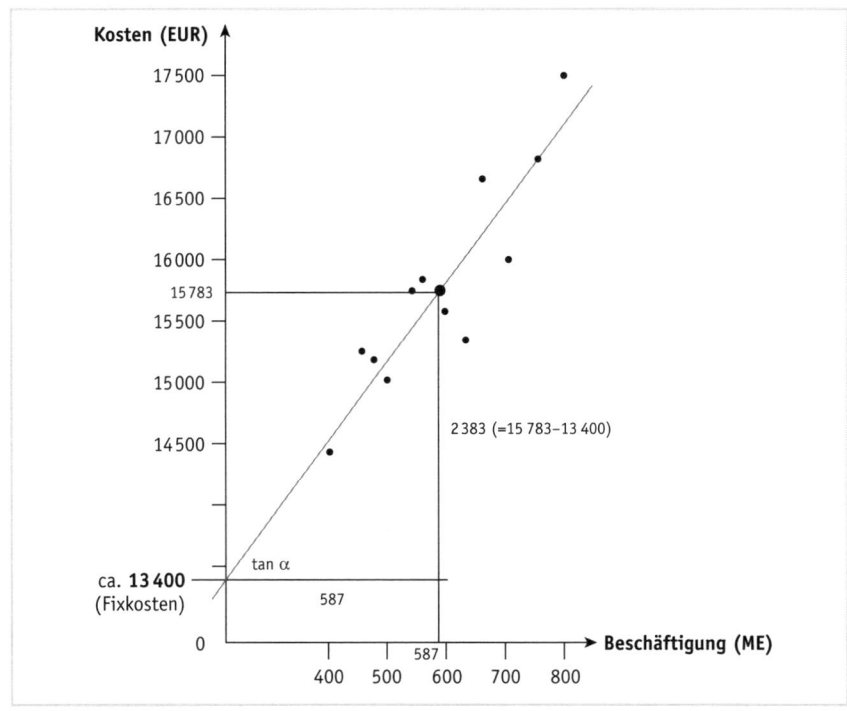

Abb. 7.3: Streupunktdiagramm

Damit lautet die *Sollkostenfunktion: K = 13.400 + 4,1 x*
Da diese Methode subjektiven Einflüssen unterliegt, kann die exakte Lage der Geraden nur bedingt genau ermittelt werden. Die weiter unten dargestellte Methode der kleinsten Quadrate stellt daher eine nach derselben Logik arbeitende rechnerische Vorgehensweise dar.

Das *Differenzen-Quotienten-Verfahren* (*Hoch-Tiefpunkt-Verfahren*) greift aus den Ist-kosten zwei Wertepaare heraus, die einen großen Beschäftigungsabstand haben. Hierzu würden sich z. B. die Perioden 5 und 6 aus der obigen Ursprungstabelle auswählen. Die Wertepaare (W) lauten dann:

Differenzen-
Quotienten-
Verfahren

W_1 = (400 ME; 14.500 EUR)
W_2 = (800 ME; 17.500 EUR)

Schritt 1: Ermittlung der variablen Stückkosten
Zur Ermittlung der variablen Stückkosten dividiert man die Kostendifferenz durch die Beschäftigungsdifferenz (daher der Name des Verfahrens):

$$k_v = \frac{K_2 - K_1}{B_2 - B_1} = \frac{3000 \text{ EUR/Monat}}{400 \text{ ME/Monat}} = 7,5 \text{ EUR/ME}$$

Schritt 2: Ermittlung der Fixkosten

Die Fixkosten ergeben sich, indem die soeben berechneten variablen Kosten von den Gesamtkosten einer der beiden Monate abgezogen werden:

$K_F = K_2 - k_v \cdot B_2 = 17.500$ EUR $- (7,5$ EUR/ME $\cdot 800$ ME$) = 11.500$ EUR oder

$K_F = K_1 - k_v \cdot B_1 = 14.500$ EUR $- (7,5$ EUR/ME $\cdot 400$ ME$) = 11.500$ EUR

Demnach lautet die *Sollkostenfunktion: K = 11.500 + 7,5 x*

Ähnlich wie bei der buchtechnisch-statistischen Methode richtet sich die Kritik an dieser Methode dagegen, dass das Ergebnis von der Auswahl des Wertepaars abhängt. So steigt die Gefahr, einen nicht repräsentativen Kurvenabschnitt zu analysieren, wenn die Wertepaare zu nahe beieinander liegen. Liegen sie zu weit auseinander, steigt hingegen die Gefahr, außergewöhnliche Umstände für die Analyse zu verwenden. Darüber hinaus handelt es sich bei den Fixkosten nicht um *Fix*kosten, sondern um eine rechnerische Restgröße.

Reihenhälften-
Verfahren

Das *Reihenhälften-Verfahren* teilt die Daten hinsichtlich der Beschäftigung aufsteigend in eine untere und eine obere Hälfte und ermittelt für jede getrennt das arithmetische Mittel der Beschäftigung und der Kosten.

Periode	Beschäftigung (ME/Monat)	Rang	Kosten (EUR/Monat)
Obere Hälfte:			
5	400	1	14.500
8	450	2	15.300
10	480	3	15.200
1	500	4	15.000
11	540	5	15.700
4	550	6	15.800
Summe	2.920		91.500
Durchschnitt	487		15.250
Untere Hälfte:			
2	600	7	15.600
12	620	8	15.400
9	650	9	16.600
3	700	10	16.000
7	750	11	16.800
6	800	12	17.500
Summe	4.120		97.900
Durchschnitt	687		16.317

Das Reihenhälften-Verfahren reduziert die zwölf Wertepaare somit auf zwei reprä-
sentative Wertepaare. Für die Ermittlung der variablen Stückkosten wird nun die
jeweilige durchschnittliche Kostendifferenz durch die jeweilige durchschnittliche
Beschäftigungsdifferenz dividiert. Das Reihenhälften-Verfahren ist somit eine Weiterentwicklung des Differenzen-Quotienten-Verfahrens, indem statt zweier konkreter
Ist-Wertepaare zwei durchschnittliche Wertepaare herangezogen werden:

k_v = (16.317 EUR – 15.250 EUR) : (687 ME – 487 ME) = 1.067 EUR : 200 ME

= 5,3 EUR/ME

Die Fixkosten ergeben sich:

K_F = K – k_v · B = 16.317 EUR – (5,3 EUR/ME · 687 ME) = 12.652 EUR oder

K_F = K – k_v · B = 15.250 EUR – (5,3 EUR/ME · 487 ME) = 12.652 EUR

Die *Sollkostenfunktion* lautet dann: *K = 12.652 + 5,3 x.*

Die Methode der kleinsten Quadrate berücksichtigt nun endlich alle Wertepaare in
gleicher Weise. Es wird die lineare Regressionsgerade errechnet, bei der sich die
geringsten (quadrierten) Abweichungen der beobachteten Werte ergeben. Die Lage
der beim Streupunktdiagramm subjektiv ermittelten Ausgleichsgerade wird nun
mathematisch exakt ermittelt. Tabellenkalkulationsprogramme stellen entsprechende Funktionalität bereit. Ansonsten benutzt man zur Ermittlung der Fixkosten
und der variablen Stückkosten die folgenden Gleichungen:

*Methode
der kleinsten
Quadrate*

Merke   !

$$a \cdot \sum_{i=1}^{n} B_i^2 + b \cdot \sum_{i=1}^{n} B_i = \sum_{i=1}^{n} B_i \cdot K_i$$

$$a \cdot \sum_{i=1}^{n} B_i + b \cdot n = \sum_{i=1}^{n} K_i$$

Wobei

a	=	variable Stückkosten
b	=	Fixkosten
n	=	Anzahl der Perioden
B	=	Beschäftigung
K	=	Kosten.

Bezogen auf die bisher verwendeten Daten ergibt sich die Sollkostenfunktion wie folgt:

Periode	Beschäftigung (ME/Monat)	Kosten (EUR/Monat)	Hilfswerte	
			Bi^2	$Bi \cdot Ki$
1	500	15.000	250.000	7.500.000
2	600	15.600	360.000	9.360.000
3	700	16.000	490.000	11.200.000
4	550	15.800	302.500	8.690.000
5	400	14.500	160.000	5.800.000
6	800	17.500	640.000	14.000.000
7	750	16.800	562.500	12.600.000
8	450	15.300	202.500	6.885.000
9	650	16.600	422.500	10.790.000
10	480	15.200	230.400	7.296.000
11	540	15.700	291.600	8.478.000
12	620	15.400	384.400	9.548.000
Summe	7.040	189.400	4.296.400	112.147.000

Gleichungssystem:

(1) $a \cdot 4.296.400 + b \cdot 7.040 = 112.147.000$
(2) $a \cdot 7.040 + b \cdot 12 = 189.400$

aus (2) folgt:

$12\,b = 189.400 - 7.040\,a$

$b = 15.783,3 - 586,7\,a$

b in (1) eingesetzt:

$4.296.400\,a + 7.040 \cdot (15.783,3 - 586,7\,a) = 112.147.000$
$4.296.400\,a + 111.114.666,7 - 4.130.133,3\,a = 112.147.000$

$166.266,7\,a = 103.233,3$
$a = 6,2$

a in (2) eingesetzt:

b   = 15.783,3 − 586,7 · 6,2
b   = 12.146

Die *Sollkostenfunktion* lautet: *K = 12.146 + 6,2 x.*

Die statistischen Verfahren zur Kostenauflösung lassen sich wie folgt beurteilen:

• Die Verfahren kommen trotz gleicher Ausgangsdaten zu jeweils abweichenden Ergebnissen. Die Methode der kleinsten Quadrate ermittelt hierbei das Ergebnis am genauesten und ist daher zu präferieren.
• Alle Daten beruhen auf Vergangenheitswerten.
• Im Falle offensichtlicher Ausreißerwerte sollten diese aus dem Datensatz eliminiert werden, was in der Praxis jedoch nicht einfach ist.
• Die Anwendung der Verfahren ist zwar einfach, beinhaltet aber die Gefahr der Übernahme von Unwirtschaftlichkeiten.

Beurteilung der statistischen Verfahren

Verfahren	Sollkostenfunktion	Fixkosten	Variable Stückkosten
Buchtechnisch-statistische Kostenauflösung	K = 12.000 + 6,0 x	12.000 EUR	6,0 EUR/ME
Streupunktdiagramm	K = 13.400 + 4,1 x	13.400 EUR	4,1 EUR/ME
Differenzen-Quotienten-Verfahren	K = 11.500 + 7,5 x	11.500 EUR	7,5 EUR/ME
Reihenhälften-Verfahren	K = 12.652 + 5,3 x	12.652 EUR	5,3 EUR/ME
Methode der kleinsten Quadrate	K = 12.146 + 6,2 x	12.146 EUR	6,2 EUR/ME

Das eigentliche planerische Verfahren der Gemeinkostenplanung basiert nicht auf Vergangenheitswerten. Es zeichnet sich dadurch aus, dass Verbrauchsanalysen, Messungen und Berechnungen die Grundlage der Kostenplanung bilden. Bei der in der Praxis jedoch wegen des hohen Aufwands selten anzutreffenden mehrstufigen Kostenplanung werden die Plankosten nicht nur für eine Planbeschäftigung, sondern für mehrere Beschäftigungsgrade ermittelt. Im Folgenden interessiert deshalb die einstufige Gemeinkostenplanung, bei der die Plankosten für die Planbeschäftigung ermittelt werden.

Planerisches Verfahren

Da bei diesem Verfahren die Gemeinkostenplanung losgelöst von Istwerten erfolgt, sind die geplanten Kosten weitgehend frei von Unwirtschaftlichkeiten. Das planerische Vorgehen findet in mehreren Schritten statt:

Schritt 1:

Den ersten Schritt bildet die Einteilung des Betriebes in *Kostenstellen*. Sie ist verbunden mit der Festlegung der *Bezugsgrößen* als Maßstab der Beschäftigung der jeweiligen Kostenstelle.

Schritt 2:

Im nächsten Schritt hat die Ermittlung der *Planbeschäftigung* jeder Kostenstelle zu erfolgen.

Schritt 3:

Auf dieser Basis folgt für *jede Kostenart* (notfalls auch summarisch) in den Kostenstellen die eigentliche *Kostenplanung* durch Messungen, Berechnungen, Verbrauchsanalysen, interne und externe Vergleiche usw.

Schritt 4:

Im vierten Schritt findet die *Kostenauflösung* für jede Kostenart in ihre fixen und variablen Bestandteile statt, sofern Kostenarten nicht bereits als voll fix oder variabel eingestuft werden können. Zwei Vorgehensweisen sind möglich:

* die Variatormethode sowie
* die planmäßige Kostenauflösung.

Variatormethode   Der *Variator* ist eine Kennziffer, die angibt, wie hoch der Anteil der variablen Kosten an den Gesamtkosten ist. In der Schreibweise

Merke

$$\text{Variator} = \frac{\text{Variable Plankosten bei Planbeschäftigung}}{\text{Gesamte Plankosten bei Planbeschäftigung}} \cdot 10$$

bewegen sich die ermittelten Variatoren zwischen 0 und 10. Nimmt der Variator den Wert von 0 an, bleiben die Gesamtkosten bei Beschäftigungsänderungen konstant, d. h. die Kosten sind absolut fix. Bei einem Variator von 10 ändern sich die Kosten direkt proportional zur Beschäftigung, d. h. die Kosten sind in voller Höhe variabel. Alle Variatoren zwischen 0 und 10 stellen jene Fälle dar, bei denen die Gesamtkosten fixe und variable Kostenbestandteile enthalten, wobei der Variator den Anteil der variablen Kosten ausdrückt.

Beispiel: Variatorrechnung

Legt man z. B. für eine Kostensumme von 50.000 EUR einen Variator von 6 zugrunde, führt die Kostenauflösung zu 30.000 EUR variablen Kosten (60 % Kostenanteil) und zu 20.000 EUR fixen Kosten (40 % Kostenanteil).

Schon bei der Betrachtung der Formel wird deutlich, dass die Variatorentechnik keine eigenständige Methode der Kostenauflösung darstellt. Es handelt sich vielmehr um eine Kennziffer, die das Ergebnis einer beliebigen Kostenauflösungsmethode abbildet. Variatoren werden eher im Rahmen der Vollkostenrechnung angewendet, da die Kostenauflösung dabei nur zur Ermittlung des Sollkostenverlaufs notwendig ist und fixe und variable Kostenbestandteile nicht getrennt ausgewiesen und weiter verrechnet werden. Wegen der einfachen Vorgehensweise, eine Kostenauflösung mit vorhandenen Variatoren zu betreiben, neigt man leider gerne dazu, einmal gebildete Variatoren über einen (zu) langen Zeitraum unverändert zu belassen und sie nicht regelmäßig zu aktualisieren.

Die *planmäßige Kostenauflösung* ist dadurch gekennzeichnet, dass der Kostenplaner jeden geplanten Kostenbetrag einer Kostenart und Kostenstelle daraufhin untersucht, ob die Entstehung des Kostenbetrages ganz oder zum Teil auch dann gerechtfertigt ist, wenn die Beschäftigung der Kostenstelle gegen Null tendiert, die geplante Betriebsbereitschaft aber unverändert bleiben soll. Der Betrag, der sich nach dieser Überlegung ergibt, wird als absolut fix angesetzt.

Planmäßige
Kostenauflösung

Beispiel: Planerische Methode der Kostenauflösung

Die Kostenplanung in einer Fertigungskostenstelle ergibt, dass bei einer Planbeschäftigung von 1.000 Maschinenstunden 130 Stunden für Hilfslohnarbeiten notwendig sind. Daraus ergeben sich bei einem Lohnsatz von 14 EUR/Stunde *Plankosten* für die Kostenart *Hilfslöhne* von 1.820 EUR. Mithilfe der planmäßigen Kostenauflösung kommt man zu dem Ergebnis, dass die in den 130 Stunden enthaltenen 40 Stunden für Kontrollarbeiten in voller Höhe als proportional anzusehen sind. Von den restlichen 90 Stunden für Wartungs- und Reinigungsarbeiten können lediglich 35 Stunden wegfallen, wenn die Beschäftigung gegen Null tendiert, da für die Anlagen in dieser Kostenstelle regelmäßige Pflegearbeiten im Umfang von 55 Stunden notwendig sind. Damit sind von den 1.820 EUR Hilfslohnkosten 770 EUR (55 Stunden · 14 EUR/Stunde) fix und 1.050 EUR (75 Stunden · 14 EUR/Stunde) variabel.

Schritt 5:

Nach der Kostenauflösung können in den Kostenstellen Sollkostenverläufe und Planverrechnungssätze gebildet werden.

Die Schritte 1 bis 3 und 5 werden im folgenden Abschnitt näher erläutert.

7.4   Durchführung der Kostenplanung

7.4.1   Bildung des Planpreissystems

Preis- und Mengenplanung

Für die Kontrolle der wertmäßigen Wirtschaftlichkeit sind den Istkosten die Sollkosten gegenüberzustellen. Da Kosten grundsätzlich die multiplikative Verknüpfung einer Mengenkomponente mit einer Preiskomponente sind, können Abweichungen zwischen Soll- und Istkosten grundsätzlich aus der einen und/oder der anderen Komponente resultieren. Auch wenn beide Abweichungsarten interessieren, so liegt doch ein besonderer Fokus auf der Mengenabweichung und damit auf der Analyse der mengenmäßigen Wirtschaftlichkeit. Die mengenmäßige Wirtschaftlichkeit soll also nicht von Preiseffekten überlagert werden, d.h. solche Preiseffekte sind zuvor gesondert auszuweisen. Dies ist nur dann möglich, wenn nicht Kosten als solche geplant werden, sondern die beiden Komponenten Mengen und Preise separat geplant werden. Bei den zu bestimmenden Plankosten sind also Planeinsatzmengen mit Planpreisen zu bewerten.

Planpreissystem

Alle von außen bezogenen *Sachgüter* und *Arbeitsleistungen* sind von dem Planpreissystem zu erfassen. Hiervon auszuschließend sind lediglich

- unregelmäßig anfallende Kostenarten, bei denen die beiden Komponenten sehr schlecht prognostizierbar sind,
- Kostenarten von geringer wertmäßiger Bedeutung, bei denen der Aufwand einer separaten Planung beider Komponenten nicht gerechtfertigt ist und
- Kostenarten, deren Mengengerüst nicht eindeutig definierbar ist (z. B. Beratungsleistungen).

Die Höhe der Kosten muss in solchen Fällen unmittelbar bestimmt werden.

Geltungsdauer der Planpreise

Die Bewertung in der Plankostenrechnung ist durch die Verwendung von fixierten Preisen für die Einsatzfaktoren charakterisiert. Man kann die Plankostenrechnung deshalb auch als eine preisfixierte Mengenrechnung bezeichnen. Da für Kontrollzwecke insbesondere Mengenabweichungen interessieren, die nicht durch Preisänderungen verzerrt sind, eignen sich hierfür langfristig konstante Verrechnungspreise. Entscheidungsorientierte Rechnungen hingegen sollten möglichst aktuelle Preise verwenden. Um beiden Zwecksetzungen möglichst gerecht werden zu können, arbeitet man i. d. R. mit für die jährliche

Planungsperiode fixierten Durchschnittspreisen. Damit werden für die Kostenkontrolle die Mindestvoraussetzungen der festen Preise erfüllt und für die Plankalkulation Bewertungsmaßstäbe bereitgestellt, die die Verhältnisse der Planperiode möglichst realitätsnah abbilden. Aktuelle Preise sollten dagegen bei konkreten Entscheidungssituationen verwendet werden, z. B. bei Entscheidungen über Änderungen des Produktionsprogramms, über Eigenfertigung oder Fremdbezug etc.

Für *Sachgüter* können die in Abbildung 7.4 aufgeführten Preisbestandteile infrage kommen. Da die Umsatzsteuer für das Unternehmen einen durchlaufenden Posten darstellt, ist sie in der Abbildung bereits nicht mehr enthalten. Der Brutto-Einkaufspreis stellt somit einen Listenpreis des Anbieters ohne Umsatzsteuer dar.

Planpreise für Sachgüter

Brutto-Einkaufspreis

+	Mindermengenzuschläge
–	Rabatte; Boni, Skonti
=	Netto-Einkaufspreis
+	Externe Bezugsnebenkosten
=	Einstandspreis
+	Interne Kosten des Beschaffungsvorgangs, der Lagerhaltung und des innerbetrieblichen Transports
=	Einsatzpreis (Verbrauchspreis)

Abb. 7.4: Preisbestandteile von Sachgütern

Bei Sachgütern empfiehlt sich die Verwendung des *Einstandspreises* als Planpreis. Diese Größe ist dem Einsatzpreis vorzuziehen, da die internen Beschaffungs-, Lagerhaltungs- und Transportkosten als gesonderte Kostenstellen der Kostenkontrolle unterworfen werden können. Die Analyse der Preisabweichung ist dann frei von innerbetrieblichen Komponenten. Eine besondere Schwierigkeit kann bei Sachgütern z. B. die Preisplanung für Rohstoffe mit stark schwankenden Marktpreisen darstellen.

Für *Arbeitsleistungen* sind entsprechende Überlegungen zur Höhe der Planpreise anzustellen: Auch hier ist der Einstandspreis für die Bewertung der einzelnen Arbeitsstunde maßgeblich. Das ist regelmäßig der Tariflohn oder ein vereinbarter außertariflicher Lohn. Den Kostenstellen werden zudem die Lohnnebenkosten belastet. Eine besondere Schwierigkeit kann bei Arbeitsleistungen z. B. die Prognose der zwischen Arbeitgeberverbänden und Gewerkschaften auszuhandelnden tarifvertraglichen Lohn- und Gehaltssteigerungen darstellen, die in den Planungsperioden wirksam werden.

Planpreise für Arbeitsleistungen

Die *Preisabweichung* für eine Kostenart wird ermittelt, indem die Differenz aus dem Ist-preis und dem Planpreis mit den Istmengen multipliziert wird (siehe Abschnitt 7.5.1).

Preisabweichung

7.4.2   Planung der Einzelkosten

Einzelkosten-
arten

Die nachfolgend besprochenen Arten von Einzelkosten umfassen die

- Materialeinzelkosten,
- Fertigungseinzelkosten,
- Sondereinzelkosten der Fertigung und
- Sondereinzelkosten des Vertriebs.

Einzelkosten werden aufgrund des Verursachungsprinzips in der Regel pro Kostenträger geplant (und nicht wie die Gemeinkosten pro Kostenstelle).

Planung
der Material-
einzelkosten

Als Material können Kostenträgern

- Rohstoffe,
- Zwischenprodukte der eigenen Fertigung und
- fremdbezogene Zulieferteile

direkt zugerechnet werden. Hilfsstoffe werden aus Vereinfachungsgründen oftmals als Gemeinkosten behandelt (siehe Abschnitt 3.3.2.1).

Gemäß Abbildung 7.5 sind zunächst die Materialmengen für die Kostenträger bei planmäßiger Produktgestaltung, planmäßigen Materialeigenschaften und einem planmäßigen Fertigungsablauf zu ermitteln. Die Informationen hierzu sind in technischen Zeichnungen, Stücklisten, Rezepturen oder Materialbedarfsplänen enthalten. Man erhält in diesem ersten Planungsschritt die *Netto-Planverbrauchsmenge*.

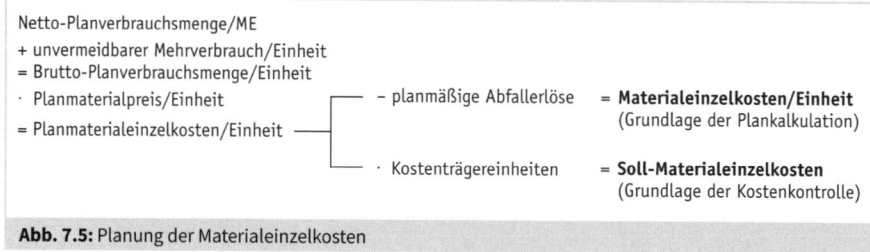

Abb. 7.5: Planung der Materialeinzelkosten

Da in vielen Fällen weitere Materialeinsatzmengen benötigt werden, die zwar nicht in das Produkt eingehen, aber *unvermeidbare Mehrverbräuche* darstellen (Schnittverluste, Abbrand usw.), sollten sie berücksichtigt werden. Dazu sind sorgfältige Abfallanalysen notwendig. Die sich ergebende *Brutto-Planverbrauchsmenge* wird mit dem *Planmaterialpreis* multipliziert und es ergeben sich die Planmaterialeinzelkosten. Die Multiplikation der Planmaterialeinzelkosten pro Kostenträgereinheit mit der produzierten Anzahl von Kostenträgern ergibt schließlich die Soll-Materialeinzelkosten.

Falls durch die Verwertung von unvermeidbaren Mehrverbräuchen Abfallerlöse erzielt werden, so sind diese für Plankalkulationszwecke herauszurechnen (nicht jedoch bei der Kostenkontrolle).

Die Ermittlung der *Planfertigungseinzelkosten* (Fertigungslöhne) vollzieht sich in zwei Schritten:

- Bestimmung der Planarbeitszeit und
- Bewertung der Planarbeitszeit.

Planung der Fertigungseinzelkosten

Von zentraler Bedeutung für die Planung der Arbeitszeiten ist die *Vorgabezeit*. Deren Ermittlung ist aufwendig. Wenn schon für andere Zwecke eine systematische Vorgabezeit bestimmt worden ist, so kann diese übernommen werden. Sie sollten über eine gesicherte Methode (analytisch, wie z. B. das Refa-System oder synthetisch, wie z. B. das MTM-Verfahren) quantifiziert worden sein.

Vorgabezeit

Wird in Fertigungskostenstellen mit dem *Akkordlohnsystem* gearbeitet, so können die Vorgabezeiten für die Kostenplanung herangezogen werden. Allerdings beruhen sie auf normalen Leistungsgraden. Für die Planarbeitszeit müssen sie durch den Planleistungsgrad dividiert werden, denn der tatsächlich erwartete Leistungsgrad der Arbeitskräfte liegt gewöhnlich über dem normalen Leistungsgrad. Diese Umrechnung ist zwar unerheblich für die Höhe der Planfertigungseinzelkosten, da der Arbeitskraft unabhängig von ihrem individuellen Leistungsgrad ein fester Betrag pro Stück gezahlt wird. Plant man jedoch z. B. Gemeinkosten auf Basis der Bezugsgröße »Fertigungszeit«, ist von den tatsächlich erwarteten Planarbeitszeiten auszugehen.

Akkordlohnsystem

Eine Reihe von Arbeiten kann nicht in ein Akkordlohnsystem eingebaut werden, für sie kommt nur ein *Zeitlohnsystem* infrage. Da allerdings Fertigungslöhne als Zeitlöhne nur bedingt dem Verursachungsprinzip entsprechen, werden sie meistens als Gemeinkosten auf Kostenstellen geplant.

Zeitlohnsystem

Die Bewertung der Planarbeitszeit erfolgt durch Multiplikation der Vorgabezeit mit den *Planlohnsätzen*. Die Grundlagen für die Bestimmung des Lohnsatzes bilden die Verfahren der Arbeitsbewertung sowie die jeweiligen Tarifverträge und innerbetrieblichen Vereinbarungen.

Planlohnsätze

Für die Vielzahl der unterschiedlichen *Sondereinzelkostenarten* hat sich die Unterscheidung in Vorleistungskosten und leistungsabhängige Kosten als zweckmäßig erwiesen (siehe Abbildung 7.6).

Sondereinzelkosten der Fertigung und des Vertriebs

	Sondereinzelkosten	
	der Fertigung	**des Vertriebs**
Vorleistungskosten	• Modelle • Entwürfe • Formen • Vorrichtungen Ausbildung • Pauschallizenzen	Werbeaktion • zur Einführung eines Produktes • zur Erreichung eines hohen Bekanntheitsgrades
Leistungsmengen-abhängige Kosten	• Spezialwerkzeuge • Energie • Quotenlizenzen	• Verpackung • Transport • Versicherung • Vertreterprovision

Abb. 7.6: Sondereinzelkosten der Fertigung und des Vertriebs

Vorleistungskosten sind ihrem Wesen nach weder exakt den fixen noch den variablen Kosten zurechenbar und bei Entscheidungen wie produktfixe Kosten zu behandeln. Die Planung dieser Kosten erfolgt mit dem Ziel, ihre Deckung durch abgesetzte Leistungen zu kontrollieren. Fallen Sondereinzelkosten in einer Kostenstelle an, so werden sie von den Gemeinkosten dieser Kostenstelle getrennt geplant, da sie den Kostenträgern direkt zugerechnet werden können. *Leistungsmengenabhängige Sondereinzelkosten* variieren mit der Produktmenge und werden je Kostenträger geplant.

7.4.3   Planungsprobleme bei ausgewählten Gemeinkostenarten

Bei der Gemeinkostenplanung werden die Sollkostenverläufe bestimmt. Sind diese ermittelt, so ist damit auch der fixe und variable Bestandteil der Kosten bekannt. Die besprochenen Verfahren der Kostenauflösung entsprechen somit den Methoden der Gemeinkostenplanung. *Gemeinkostenplanung* und *Kostenauflösung* finden gleichzeitig statt.

Für die praktischen Planungsarbeiten lassen sich aufgrund der Vielzahl der Gemeinkostenarten (und Kostenstellen) keine über die grundsätzlich erörterten Verfahren der Kostenauflösung hinausgehenden allgemeingültigen Regeln aufstellen. Wir wollen daher im Folgenden lediglich auf einige Planungsprobleme bei ausgewählten Kostenarten eingehen.

Kalkulatorische Abschreibungen

Das Problem bei der Planung von *kalkulatorischen Abschreibungen* besteht darin, dass es nach wie vor noch keine Methode gibt, die den Verbrauch von Betriebsmitteln exakt quantifiziert, obwohl man die Abschreibungsursachen kennt und Verfahren zu ihrer Ermittlung entwickelt hat. Konsequenterweise könnte sich der Gedanke anschließen, keine kalkulatorischen Abschreibungen in die Kostenstellenpläne aufzunehmen. Dem stehen jedoch die Überlegungen entgegen, dass erstens der Kostenstellenverantwortliche seine Abschreibungsbelastung für sein Kostenbewusstsein kennen sollte und zweitens eine

Vollkostenrechnung ohne Abschreibungen unvollständig wäre. Da die tatsächliche Wertminderung nicht gemessen werden kann, werden die ermittelten Sollkosten mit den Istkosten gleichgesetzt. Somit treten in der laufenden Kostenkontrolle keine Abweichungen bei kalkulatorischen Abschreibungen auf.

Die grundsätzliche Problematik für den Ansatz von kalkulatorischen Zinsen und deren Ermittlungsmethode unterscheidet sich in der Plankostenrechnung nicht von der Istkostenrechnung (siehe Abschnitt 3.3.4). Auch wenn die insbesondere auf das Anlagevermögen entfallenden kalkulatorischen Zinsen in der Regel von den Kostenstellenverantwortlichen nicht beeinflussbar sind, sollte den Kostenstellenleitern gezeigt werden, welche Kapitalkostenbelastung aus diesen Sachinvestitionen ihrer Kostenstelle resultiert.

Kalkulatorische Zinsen

Für die spätere Kostenkontrolle und für die Ermittlung der variablen Kosten in der Grenzplankostenrechnung ist der beschäftigungsabhängige Anteil festzustellen. Es kann davon ausgegangen werden, dass die auf das Anlagevermögen entfallenden kalkulatorischen Zinsen zu den fixen Kosten gehören. Die Positionen des Umlaufvermögens werden hingegen auch von beschäftigungsabhängigen Faktoren beeinflusst.

Die Arbeitsleistungen von Angestellten entfallen zum überwiegenden Teil auf Verwaltungs, Planungs- und Verkaufsaufgaben. Für sie ist charakteristisch, dass ihnen der unmittelbare Bezug zum planmäßigen Leistungsvolumen fehlt. Es ist deshalb für die Kostenplanung schwierig, den Personalbedarf so vorzugeben, dass er der Planbeschäftigung entspricht. Oft ist er überhöht. Für einen rationelleren Arbeitseinsatz kann deshalb z.B. eine nach prozessorientierten Gesichtspunkten aufgebaute Kostenrechnung hilfreich sein (siehe Abschnitt 9.2).

Gehaltskosten

Kostenstellen, die innerbetriebliche Leistungen in Anspruch nehmen, werden mit sekundären Gemeinkosten belastet. Im Unterschied zu den primären Gemeinkosten kann die *Bewertung* erst nach Abschluss der innerbetrieblichen Leistungsverrechnung vorgenommen werden. Somit müssen zunächst für alle Allgemeinen Kostenstellen und Hilfskostenstellen die primären Gemeinkosten, der Gesamtbedarf an innerbetrieblichen Leistungen und die einseitigen und gegenseitigen Leistungsbeziehungen geplant werden. Erst wenn die Planung der primären Gemeinkosten auf allen Kostenstellen abgeschlossen ist, können in den empfangenden Kostenstellen die Kostenbelastungen durch sekundäre Gemeinkosten ergänzt werden.

Sekundäre Gemeinkosten

7.4.4 Kostenstellenpläne

Das Ergebnis der Kostenplanung je Kostenstelle wird im Kostenstellenplan zusammengefasst. Diese Kostenstellenpläne enthalten vor allem die geplanten Gemeinkostenarten.

Allerdings können moderne Plankostenrechnungen die Fertigungseinzelkosten nicht nur zur Information aufnehmen, sondern auch in die Ermittlung der Plankalkulationssätze.

Ziele   Durch die Angabe von Plankalkulationssätzen (Zuschlagssätze, Maschinenstundensätze) wird eine Hauptaufgabe der Kostenplanung, die Plankalkulation, ermöglicht. Gleichzeitig stellt die Kostenplanung auch die Grundlage für die Kostenkontrolle dar, da nunmehr auf dieser Basis die Sollkosten und die verrechneten Plankosten jeder abweichenden Istbeschäftigung ermittelt werden können.

Abbildung 7.7 zeigt ein Beispiel für einen Kostenstellenplan und das Ergebnis der vorangegangenen Planungsüberlegungen.

Beispiel: Kostenplanung in einer Fertigungskostenstelle

Für eine anlagenintensive Fertigungskostenstelle wurde als Bezugsgröße »Maschinenstunden« ausgewählt und eine *Planbeschäftigung* von *3.600 Maschinenstunden* (nach der Kapazitäts- oder Engpassplanung) ermittelt. Da eine Bedienungsrelation von 3 : 1 besteht, fallen 1.200 *Arbeitsstunden* an, die mit einem durchschnittlichen Planpreis von 20 EUR/Stunde zu bewerten sind. Die Fertigungslöhne gehen zwar selbst nicht in den Planverrechnungssatz der Kostenstelle ein, werden jedoch zur Bestimmung der Zusatzlöhne und Sozialkosten benötigt und daher informationshalber mit aufgeführt. Da regelmäßig Überschreitungen der Vorgabezeit anfallen, die der Arbeiter nicht zu verantworten hat, fallen *Zusatzlöhne* an. Man geht von einem Erfahrungswert von 3 Prozent der Fertigungslöhne aus. Eingeplant werden zudem 400 Stunden Hilfslöhne für *Reinigungsarbeiten und sonstige Hilfstätigkeiten* (Planpreis: 15 EUR/Stunde). Da auch Kosten für Reinigung anfallen, wenn die Beschäftigung auf Null zurückgeht, werden 160 Stunden (= 2.400 EUR) als fix angenommen. Die *Sozialkosten* gehen über den Verrechnungssatz von 0,82 EUR pro EUR Lohnbasis ein. Auf Basis der geplanten Lohnkosten (Fertigungs, Zusatz- und Hilfslöhne) werden somit 82 % · 30.720 EUR = 25.190 EUR Sozialkosten geplant. Der relative fixe Anteil der Basis (Fixkostenanteil 2.400 EUR : 25.190 EUR = 7,8 %) wird auf die Sozialkosten übertragen. Da sowohl für die Aufrechterhaltung der Betriebsbereitschaft als auch für die direkte Leistungserstellung *Betriebsstoffkosten* anfallen, werden für Schmieröl- und Fettkosten in Höhe von 30 EUR als fix und in Höhe von 60 EUR als variabel angesetzt. Verbrauchsanalysen haben ergeben, dass an *Werkzeugkosten* 0,15 EUR pro Maschinenstunde anfallen. Die *Reparatur- und Instandhaltungskosten* setzen sich zusammen aus 600 EUR für Ersatzteile und 2.200 EUR Lohn für eigenes und fremdes Personal. Der ausgewiesene fixe Anteil hat seine Ursache darin, dass Instandhaltungsmaßnahmen auch für die Aufrechterhaltung der Betriebsbereitschaft erfolgen müssen. Die *kalkulatorischen Abschreibungen* (Wiederbeschaffungswert 600.000 EUR, Nutzungsdauer 5 Jahre, lineare Abschreibung) werden als voll fix eingestellt. Den *kalkulatorischen Zinsen* liegt ein Zinssatz von 8 % zugrunde. Für die Höhe des betriebsnotwendigen Kapitals wird die Durchschnittsmethode angewandt (½ *Anschaffungs*wert 400.000 EUR · 0,08 : 12 = 1.333 EUR). An *Stromkosten* sind für den Planungszeitraum 272 EUR eingeplant. Sie setzen sich aus einer Anschlussleistung von 0,7 kWh, einem durchschnittlichen Verbrauchsfaktor von 0,9, der Maschinenlaufzeit von 3.600 Stunden und einem variablen Stromkostensatz von 0,12 EUR/

Kostenstellenplan			
Zeitraum	**Kostenstellen-leiter**	**Kostenstellenbezeichnung**	**Kostenstellen-Nr.**

Planbeschäftigung: 3 600 Maschinenstunden

Ausgewählte Kostenarten	ME	Menge	EUR/ME	Plankosten (EUR)		
				gesamt	variabel	fix
Einzelkosten:						
(Fertigungslöhne)	Std.	1.200	20,00	24.000	24.000	
Primäre Gemeinkosten:						
Zusatzlöhne für Akkordarbeiter	EUR	24.000	0,03	720	720	
Hilfslöhne	Std.	400	15,00	6.000	3.600	2.400
Sozialkosten	EUR	30.720	0,82	25.190	23.222	1.968
Schmieröl- und Fettkosten				90	60	30
Werkzeugkosten	Std.	3.600	0,15	540	540	
Reparatur- und Instandhaltungskosten				2.800	2.490	310
Kalkulatorische Abschreibungen	EUR	600.000		10.000		10.000
Kalkulatorische Zinsen auf das Anlagevermögen	EUR	400.000	0,08	1.333		1.333
Stromkosten	kWh	2.268	0,12	272	272	
Raumkosten	m^2	80	40,00	3.200		3.200
Sekundäre Gemeinkosten:						
Transportkosten	EUR			800	800	
Leitungskosten	EUR			4.000		4.000
Sekundäre Fixkosten	EUR			12.800		12.800
Plankostensummen (ohne Einzelkosten)				67.745	31.704	36.041
Plankalkulationssatz				18,82	8,81	

(Linke Spalte, vertikal: Kontierung)

Abb. 7.7: Beispiel für einen Kostenstellenplan

Stunde zusammen. Für die *Raumkosten* ist von einem Platzbedarf der Anlagen von 80 m² auszugehen. Der Verrechnungssatz beträgt 40 EUR pro m² und Monat. An Transportkosten werden der Kostenstelle 800 EUR der variablen Kosten der Allgemeinen Kostenstelle »Innerbetrieblicher Transport« angelastet. An *Leitungskosten* fallen anteilig 4.000 EUR an. Da bisher für die von Allgemeinen Kostenstellen empfangenen Leistungen nur variable Kosten verrechnet wurden, ist durch den getrennten Ausweis der *Sekundären Fixkostenumlagen* ein variabler Plankalkulationssatz der betrachteten Fertigungskostenstelle ermittelbar.

7.5 Abweichungsanalyse

7.5.1 Kostenabweichungen

Ziel der Kostenkontrolle ist es, die Wirtschaftlichkeit des Betriebsablaufs, aber auch die Kostenplanung zu verbessern.

Starre Plan-
kostenrechnung

Das zuerst entwickelte Plankostenrechnungssystem der *starren Plankostenrechnung* stellte eine echte Vollkostenrechnung dar. Mit der starren Plankostenrechnung war und ist allerdings keine geeignete Kostenkontrolle möglich. Dadurch, dass der Fokus dieses Systems auf der Entwicklung der Kostenplanung lag, standen für die Kostenkontrolle nur zwei Rechengrößen zur Verfügung: Die Plankosten als Maßstab und die effektiven Istkosten. Doch beide beziehen sich auf eine unterschiedliche Basis: Die Plankosten auf die Planbeschäftigung und die Istkosten auf die Istbeschäftigung. Folgerichtig war der nächste Gedanke, die Plankosten aus Vergleichbarkeitsgründen auf die Istbeschäftigung umzurechnen. Die so im Dreisatz umgerechneten Plankosten nennt man verrechnete Plankosten. Zieht man nun die verrechneten Plankosten als Maßstab für den Vergleich der Istkosten heran, so beziehen sich beide zwar auf die Istbeschäftigung, allerdings werden alle umzurechnenden Plankosten als komplett variabel betrachtet – die Existenz von Fixkosten wird ignoriert. Das liegt an dem Vollkostencharakter dieses Systems: Es wird zwar in Einzel- und Gemeinkosten unterschieden, eine zusätzliche Differenzierung der einzelnen Kostenarten auf deren fixen und/oder variablen Charakter erfolgt jedoch nicht.

Flexible Plan-
kostenrechnung

Da somit durch die im Grunde falsche Umrechnung der Plankosten auf die Istbeschäftigung bei der starren Plankostenrechnung kein geeigneter Maßstab für die Istkosten zur Verfügung steht, entwickelte man die flexible Plankostenrechnung. Man erkannte, dass die Plankostenrechnung trotz ihres Vollkostencharakters die Plankosten für den Zweck der Kostenkontrolle in fixe und variable Kosten differenzieren muss. Dadurch können die auf Basis der Planbeschäftigung geplanten Kosten korrekt auf die Istbeschäftigung umgerechnet werden. Sie werden dann Sollkosten genannt. Mit den Sollkosten hat man nun einen geeigneten Maßstab für die Istkosten.

Für die Kostenkontrolle bedient man sich in der Flexiblen Plankostenrechnung also des *Soll-Ist-Vergleichs,* bei dem die effektiven Istkosten mit den vorgegebenen Sollkosten verglichen werden. Da die Plankosten bzw. Sollkosten durch systematische Planungsüberlegungen einschließlich aller relevanten planbaren Kosteneinflussgrößen festgelegt werden (sollten), sind sie grundsätzlich als Maßstab für die Wirtschaftlichkeitsbetrachtungen geeignet. Die nachfolgenden Ausführungen beziehen sich daher auf die Flexible Plankostenrechnung. Treten unplanmäßige Einflussgrößen auf, liegt die Hauptschwierigkeit in der Feststellung und Quantifizierung der wirksamen Einflüsse, die zur Gesamtabweichung geführt haben. Wie die Kostenplanung ist auch die Kostenkontrolle nach Kostenarten je Kostenstelle vorzunehmen. Durch eine detaillierte, möglichst kostenartenweise Kontrolle werden Kompensationseffekte zwischen den verschiedenen Kostenarten vermieden.

Soll-Ist-Vergleich

7.5.1.1 Phasen und Elemente der Analyse

Abbildung 7.8 zeigt die einzelnen Phasen und Elemente einer Kostenabweichungsanalyse.

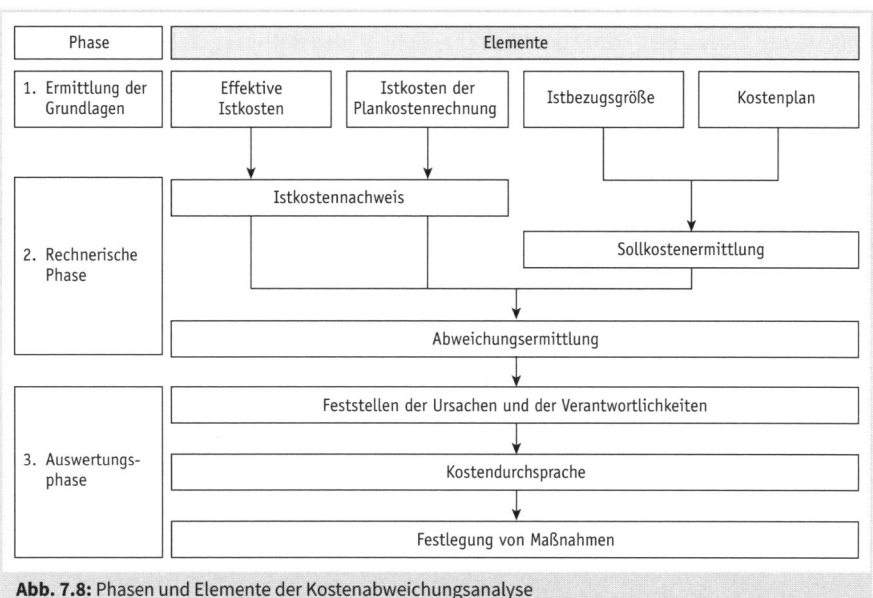

Abb. 7.8: Phasen und Elemente der Kostenabweichungsanalyse

Phase 1: Ermittlung der Grundlagen
Als Basisdaten für den Soll-Ist-Vergleich sind zunächst die Istkosten und die Istbeschäftigung anzusehen. Bei der Ermittlung der Istkosten müssen in der Plankostenrechnung die effektiven Istkosten und die auf Basis der Planpreise ermittelten Istkosten unterschieden werden. Hinsichtlich der Kostenarten und Kontierungsvorschriften für die Zuordnung zu Kostenträgern und Kostenstellen sind für den Vergleich die gleichen Abgrenzungsmerk-

Basisdaten

male zu verwenden, wie sie in der Kostenplanung vorgenommen wurden. Unregelmäßige Kostenarten sind zeitlich abzugrenzen. Dort wo eine exakte Istkostenerfassung nicht möglich ist (z. B. bei kalkulatorischen Abschreibungen), wird Soll = Ist abgerechnet. Die Ermittlung der *Istbezugsgrößen* ist dort unproblematisch, wo als Bezugsgröße Leistungseinheiten der Kostenträger verwendet werden. Weiterhin benötigt man für die Errechnung der Sollkosten die *Kostenpläne*.

Phase 2: Errechnung

Errechnung der Abweichungen

In der zweiten Phase steht das rechnerische Element im Vordergrund. Aus den Ausgangsdaten werden die verschiedenen, weiter unten erläuterten Abweichungen ermittelt.

Phase 3: Auswertung

Auswertung

Nach der rechnerischen Ermittlung der verschiedenen Abweichungsarten sind deren Ursachen und die Verantwortlichkeiten festzustellen. Eine wirksame Kostenkontrolle kann nur stattfinden, wenn über das Ergebnis weitgehende Übereinstimmung erzielt wird. Deshalb sind mit den Verantwortlichen *Kostendurchsprachen* zu führen. Deren Ziel muss es sein, gemeinsam die Abweichungsursachen aufzudecken und zukunftsbezogene *Maßnahmen* zur Verbesserung der Wirtschaftlichkeit des Betriebsgeschehens festzuhalten und zu verfolgen.

7.5.1.2 Abweichungsarten

Überblick

Die Gesamtabweichung setzt sich in der Flexiblen Plankostenrechnung aus verschiedenen Abweichungsarten zusammen (siehe Abbildung 7.9).

Abb. 7.9: Zusammensetzung der Gesamtabweichung

Preisabweichung

In einer Plankostenrechnung werden feste Planpreise verwendet, um

- die Kostenkontrolle von außerbetrieblichen Marktpreisschwankungen frei zu halten,
- die Abrechnung zu erleichtern und
- der Kostenrechnung dispositive Planungsaufgaben zu ermöglichen.

Dennoch ist die Ermittlung von Preisabweichungen (ΔP) zwischen Planpreisen und Istpreisen nicht unwichtig. So zeigen Preisabweichungen eine notwendige Aktualisierung der Planpreise an und lassen eine zumindest beschränkte Kontrolle der Einkaufspolitik zu. Die Preisabweichungen werden wie folgt ermittelt:

> **Merke**   !
>
> ΔP = Istkosten der Istkostenrechnung – Istkosten der Plankostenrechnung
>
>   = (Istverbrauchsmenge · Istpreis) – (Istverbrauchsmenge · Planpreis)
>
>   = Istverbrauchsmenge · (Istpreis – Planpreis)

Die Istkosten der Plankostenrechnung werden auch als Istkosten zu Planpreisen bezeichnet. Die Preisabweichung kann selbstverständlich nur für diejenigen Kostenarten ermittelt werden, für die Planpreise gebildet worden sind. Innerhalb der übrigen Kostenarten schlagen sich Marktpreisschwankungen in der Gesamtabweichung nieder.

Bei der Ursachenfeststellung ist zu unterscheiden, ob sich die Material-Preisabweichungen auf

- beeinflussbare Faktoren oder
- nicht beeinflussbare Faktoren

zurückführen lassen.

Beeinflussbar sind die Beschaffungspreise z. B. durch die Markterkundung und Lieferantenauswahl, durch die Wahl der Bestellmengen und -zeitpunkte, durch die Preisverhandlungen der Disponenten usw. Zu den nicht beeinflussbaren Faktoren zählen z. B. konjunkturelle und saisonale Marktpreisschwankungen oder generelle Veränderungen in der Angebots- und Nachfragestruktur.

Preisabweichungen bei den *Löhnen* werden als Lohnsatzabweichungen oder Tarifabweichungen bezeichnet. Eine besondere Ursachenanalyse der Lohnsatzabweichungen ist nicht erforderlich, da das Unternehmen auf die Tarifverhandlungen gewöhnlich keinen Einfluss hat.

(Randbegriffe: Preisabweichung; Material-Preisabweichung; Lohnsatzabweichung)

Verbrauchs- oder Mengenabweichung

Verbrauchs-
abweichung

In der Plankostenrechnung steht die Verbrauchsabweichung (ΔV) im Vordergrund. Sie stellt die Differenz zwischen den Istkosten der Plankostenrechnung und den Sollkosten dar:

> **! Merke**
>
> ΔV = Istkosten der Plankostenrechnung – Sollkosten

Sollkosten

Aus Gründen der Vergleichbarkeit müssen die Plankosten auf die Istbeschäftigung umgerechnet werden. Diese umgerechneten Plankosten nennt man dann *Sollkosten*, d. h. Sollkosten sind die auf die Istbeschäftigung umgerechneten Plankosten. Oder in anderen Worten: Hätte man bei der Planung die spätere Istbeschäftigung bereits gekannt, so hätte man in Höhe der Sollkosten geplant. Da sich aufgrund einer abweichenden Beschäftigung nur die variablen Plankosten verändern, nicht jedoch die fixen Plankosten, berechnen sich die Sollkosten wie folgt:

> **! Merke**
>
> $$\text{Sollkosten} = \text{geplante Fixkosten} + \frac{\text{geplante variable Kosten}}{\text{Planbeschäftigung}} \cdot \text{Istbeschäftigung}$$

Während die *Istkosten* der Plankostenrechnung die *tatsächliche*, zu *Planpreisen* bewertete Verbrauchs*menge* darstellt, setzen sich die *Sollkosten* aus dem planmäßigen Verbrauch bei der *Istbeschäftigung* (= Sollverbrauchsmenge) – ebenfalls zu *Planpreisen* bewertet – zusammen. In beiden Vergleichsgrößen ist somit das Wertgerüst (Planpreise) identisch. Die Verbrauchsabweichung entsteht nur durch die Differenz zwischen *Istverbrauchsmengen* und *Sollverbrauchsmengen*.

Einzelkosten-
Verbrauchs-
abweichung

Bei der Kontrolle der Einzelkosten ermittelt sich die Verbrauchsabweichung wie folgt:

> **! Merke**
>
> ΔV
> = Istkosten der Plankostenrechnung – Sollkosten
> = (Istverbrauchsmenge · Planpreis) – (Sollverbrauchsmenge · Planpreis)
> = (Istverbrauchsmenge – Sollverbrauchsmenge) · Planpreis

Spezial-
abweichungen/
Restabweichung

Eine aussagefähige Ursachenforschung macht eine Zerlegung der (globalen) Verbrauchsabweichung in weitere *Spezialabweichungen* erforderlich. Den nach Abspaltung der verschiedenen Spezialabweichungen noch verbleibende Rest bezeichnet man als Restabweichung. Da wegen ihrer Vielzahl nicht für alle Kostenbestimmungsfaktoren Spezialabweichungen ermittelbar sind, stellt die innerbetriebliche Unwirtschaftlichkeit wiederum nur einen Teil der *Restabweichung* dar. Abbildung 7.10 zeigt die bedeutsamsten Spezialabweichungen bei den *Gemeinkosten*.

(Globale) Verbrauchsabweichung der Gemeinkosten:
1. Spezialabweichungen wegen veränderter Produktionsbedingungen
Seriengrößenabweichung (Auftrags-/Losgrößen-/Rüstkostenabweichung) Bedienungsverhältnisabweichung Intensitätsabweichung Ausbeuteabweichung Verfahrensabweichung (Maschinenbelegungs-/Arbeitsablaufabweichung) Produktfolgeabweichung Abweichung wegen Mehrarbeit Abweichungen wegen organisatorischer oder technischer Veränderungen
2. Restabweichung

Abb. 7.10: Hauptformen der Spezialabweichungen der Gemeinkosten

Unter der Lupe   !

Neben eindeutig aus Preisänderungen oder Mengenänderungen resultierenden Effekten (den sog. Abweichungen 1. Grades) gibt es auch die sog. Abweichung 2. Grades. Hier überlappen sich Preiseffekt und Mengeneffekt, d. h. es kam z. B. zu einem Mehrverbrauch und dieser Mehrverbrauch hatte zudem höhere Istpreise gegenüber den Planpreisen. Die Abweichung 2. Grades könnte separat ausgewiesen werden, wird aber üblicherweise der Preisabweichung zugeschlagen (in obenstehender Formel bereits berücksichtigt).

Beschäftigungsabweichung

Die Beschäftigungsabweichung (ΔB) zeigt, wie viel Fixkosten zu viel oder zu wenig verrechnet worden sind, wenn die Istbeschäftigung von der Planbeschäftigung abweicht. Sie wird wie folgt ermittelt:

Merke   !

ΔB = Sollkosten – *verrechnete* Plankosten bei Istbeschäftigung

Die verrechneten Plankosten ergeben sich, indem der Planverrechnungssatz auf Basis von Plankosten und Planbeschäftigung ermittelt wird und mit der Istbeschäftigung multipliziert wird. Alternativ können die Plankosten mit dem Beschäftigungsgrad multipliziert werden, der das Verhältnis aus Istbeschäftigung zu Planbeschäftigung darstellt:

> **❗ Merke**
>
> $$\text{Verrechnete Plankosten} = \frac{\text{Plankosten} \cdot \text{Istbeschäftigung}}{\text{Planbeschäftigung}} = \text{Plankosten} \cdot \text{Beschäftigungsgrad}$$

Im Gegensatz zur Preis- und zur Verbrauchsabweichung ist die Beschäftigungsabweichung keine echte Abweichung auf Kostenstellenebene, sondern vielmehr ein in der Methodik der Flexiblen Plankostenrechnung liegender »Rechenfehler«. Sie tritt immer auf, wenn die Planbeschäftigung von der Istbeschäftigung abweicht, und zwar unabhängig davon, wie wirtschaftlich gearbeitet wurde. Der Grund liegt in der Proportionalisierung der Fixkosten bei der Ermittlung der verrechneten Plankosten. Der vollkostenbasierte Planverrechnungssatz wird durch Division der gesamten Plankosten durch die Planbeschäftigung errechnet. Dadurch ergibt sich ein bestimmter fixer Anteil im Planverrechnungssatz. Multipliziert man diesen mit der Istbeschäftigung, entsteht ein bestimmtes rechnerisches Fixkostenvolumen, das von der eigentlichen, in den Sollkosten richtig enthaltenen Fixkostensumme abweicht:

- Wenn die Istbeschäftigung größer als die Planbeschäftigung ist, werden zu viele Fixkosten verrechnet. Man spricht auch von Fixkostenüberdeckung.
- Wenn die Istbeschäftigung kleiner als die Planbeschäftigung ist, werden zu wenige Fixkosten verrechnet. Man spricht auch von Fixkostenunterdeckung.

Damit tritt eine Beschäftigungsabweichung nur in der Plankostenrechnung auf Vollkostenbasis auf. Hier wird bei der flexiblen *Plankostenrechnung auf Vollkostenbasis* die Auslastung der Kapazität eines Betriebes anhand der Beschäftigungsabweichung aufgezeigt.

Da in einer Grenzplankostenrechnung keine Fixkosten verrechnet werden, tritt keine Beschäftigungsabweichung auf. Im Rahmen der Abweichungsanalyse ist für die Fixkosten daher eine gesonderte *Nutz- und Leerkostenanalyse* anzustellen.

> **❗ Merke**
>
> *Nutzkosten* stellen den Teil der Fixkosten dar, die auf die genutzte Kapazität entfällt. *Leerkosten* sind dagegen derjenige Teil der Fixkosten, der auf die nicht genutzte Kapazität entfällt.

In dem Maße, wie die Nutzkosten steigen, sinken die Leerkosten (siehe Abbildung 7.11).

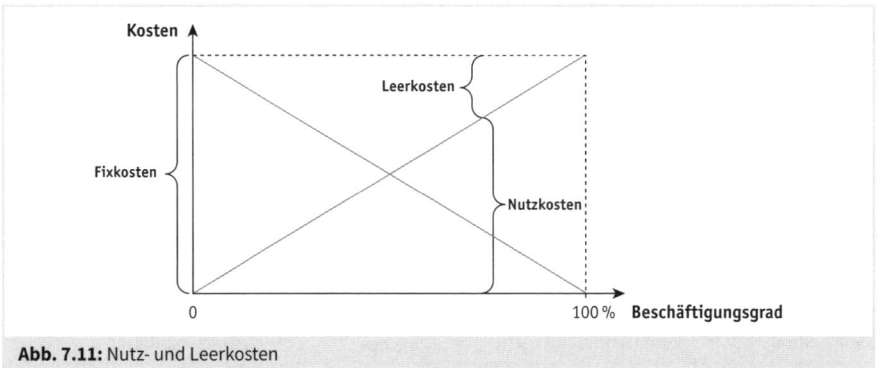

Abb. 7.11: Nutz- und Leerkosten

In diesem Zusammenhang ist jedoch darauf hinzuweisen, dass die Beschäftigungsabwei- chung nur dann den Leerkosten entspricht, wenn zur Ermittlung der Planbeschäftigung die Kapazitätsplanung zugrunde gelegt wurde. Da bei der Engpassplanung die Planbe- schäftigung typischerweise kleiner ist als die Kapazität (außer in einer Engpasskosten- stelle selbst), ergibt sich ein rechnerisch höherer Beschäftigungsgrad. Dementsprechend wird der nicht genutzte Anteil der Fixkosten stets kleiner sein als die auf Basis der Kapazi- tätsplanung ermittelten Leerkosten. Dies wird in dem unten aufgeführten Beispiel eben- falls erläutert.

Beschäftigungs- abweichung bei Kapazitäts- und Engpassplanung

Grafisch lassen sich die verschiedenen Abweichungsarten der Flexiblen Plankostenrech- nung wie in Abbildung 7.12 darstellen. In Tabellenform zeigt Abbildung 7.13 den Zusam- menhang zwischen den Rechengrößen und den Abweichungsarten.

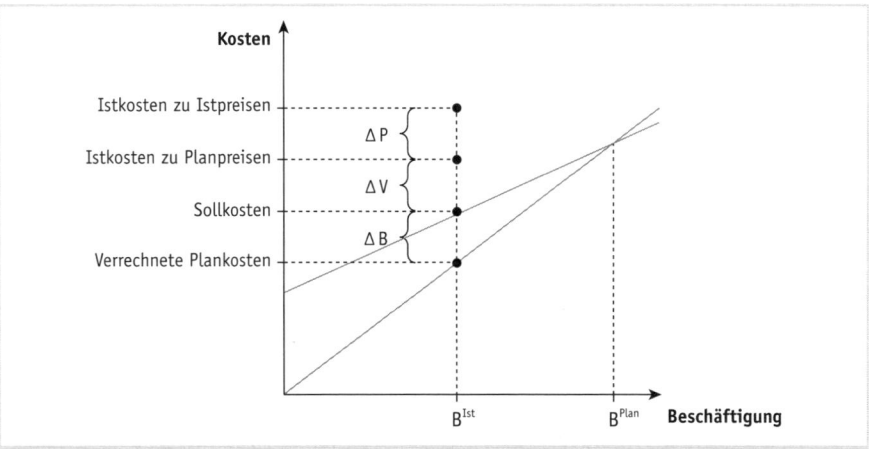

Abb. 7.12: Grafische Darstellung der Abweichungsarten – bei angenommener Unterbeschäftigung gegen- über der Planbeschäftigung und Preissteigerungen gegenüber den Planpreisen.

Rechengröße		Berechnung		Beschäftigung
Verrechnete Plankosten	= Planverbrauch	·	Planpreis	→ Istbeschäftigung
		Beschäftigungsabweichung		↕ Umrechnung ohne Kostenspaltung
Plankosten	= Planverbrauch	·	Planpreis	Planbeschäftigung
				↕ Umrechnung mit Kostenspaltung
Sollkosten	= Planverbrauch	·	Planpreis	↳ Istbeschäftigung
	↕ Verbrauchs- abweichung			
Istkosten zu Planpreisen	= Istverbrauch	·	Planpreis	Istbeschäftigung
		↕ Preisabweichung		
Istkosten zu Istpreisen	= Istverbrauch	·	Istpreis	Istbeschäftigung

Abb. 7.13: Zusammenhang zwischen Rechengrößen und Abweichungsarten bei der Flexiblen Plankostenrechnung

Da sich die Gesamtabweichung aus
- der Preisabweichung,
- der Verbrauchsabweichung und
- der Beschäftigungsabweichung

zusammensetzt, sollte in der Reihenfolge
1. Istkosten zu Istpreisen – Istkosten zu Planpreisen = ΔP
2. Istkosten zu Planpreisen – Sollkosten = ΔV
3. Sollkosten – verrechnete Plankosten = ΔB

gerechnet werden, damit die Ergebnisse im Hinblick auf die Gesamtabweichung mit dem richtigen Vorzeichen versehen werden.

Beispiel: Soll-Ist-Vergleich in der flexiblen Plankostenrechnung

Zur Darstellung der Rechentechnik wird der in Abbildung 7.7 erläuterte Kostenstellenplan zugrunde gelegt. Er ist nachstehend bereits um die Sollkosten bei einer Unterbeschäftigung (Beschäftigungsgrad: 80 %) und alternativ bei einer Überbeschäftigung

(Beschäftigungsgrad 120 %) ergänzt worden, indem die in den Plankosten enthaltenen variablen Kosten auf die jeweilige Istbeschäftigung umgerechnet wurden.

Kostenstellenplan			
Zeitraum	**Kostenstellenleiter**	**Kostenstellen-bezeichnung**	**Kostenstellen-Nr.**
Ausgewählte Kostenarten:	Plankosten (EUR) bei BG: 100 %		Sollkosten (EUR) bei
	gesamt	variabel	fix	BG: 80 %	BG: 120 %
Zusatzlöhne	720	720		576	864
Hilfslöhne	6.000	3.600			6.720
Sozialkosten	25.190	23.222	1.968	20.545,60	29.834,40
Schmieröl- und Fettkosten					102
Werkzeugkosten	540	540		432	648
Reparatur- und Instandhaltungs-kosten	2.800	2.490	310	2.302	3.298
Kalkulatorische Abschreibungen	10.000		10.000	10.000	10.000
Kalkulatorische Zinsen auf das Anlagevermögen	1.333		1.333	1.333	1.333
Stromkosten	272	272		217,60	326,40
Raumkosten	3.200		3.200	3.200	3.200
Transportkosten	800	800		640	960
Leitungskosten	4.000			4.000	4.000
Sekundäre Fixkosten	12.800		12.800	12.800	12.800
Plankostensummen	*67.745*	*31.704*	*36.041*	*61.404,20*	*74.085,80*
Plankalkulationssatz (EUR/Maschinenstunde)	*18,82*	*8,81*			

Gegeben sei weiterhin:

Kosten (EUR)	bei Unterbeschäftigung (BG 80 %)	bei Überbeschäftigung (BG 120 %)
Istkosten zu Istpreisen	61.320	91.612
Istkosten zu Planpreisen	60.110	92.034
Verrechnete Plankosten	54.196[1]	81.294[1]

[1]Bei BG 80 %: 18,82 EUR/Maschinenstunde · 2.880 Maschinenstunden = 54.196 EUR
Bei BG 120 %: 18,82 EUR/Maschinenstunde · 4.320 Maschinenstunden = 81.294 EUR

Fall a: Unterbeschäftigung (BG: 80 %)

Kosten (EUR)	ΔP	ΔV	ΔB
Istkosten zu Istpreisen	61.320,00		
Istkosten zu Planpreisen	60.110,00	60.110,00	
Sollkosten		61.404,20	61.404,20
Verrechnete Plankosten			54.196,00
Einzelabweichungen	+ 1.210,00	- 1.294,20	+ 7.208,20
Gesamtabweichung			+ 7.124
Probe: 61.320 EUR (Istkosten zu Istpreisen) – 54.196 EUR (verrechnete Plankosten) = 7.124 EUR (Gesamtabweichung)			

Fall b: Überbeschäftigung (BG: 120 %)

Kosten (EUR)	ΔP	ΔV	ΔB
Istkosten zu Istpreisen	91.612,00		
Istkosten zu Planpreisen	92.034,00	92.034,00	
Sollkosten		74.085,80	74.085,80
Verrechnete Plankosten			81.294,00
Einzelabweichungen	– 422,00	+ 17.948,20	– 7.208,20
Gesamtabweichung			+ 10.318
Probe: 91.612 EUR (Istkosten zu Istpreisen) – 81.294 EUR (verrechnete Plankosten) = 10.318 EUR (Gesamtabweichung)			

Unter der Lupe

Welche Vorzeichen weisen die Einzelabweichungen auf und wie sind sie zu interpretieren?
- ΔP: Die Preisabweichung kann ein positives oder ein negatives Vorzeichen annehmen. Bei einem positivem (negativen) Betrag kam es gegenüber der Planung zu Preissteigerungen, d. h. Istpreise > Planpreise (Preissenkungen, d. h. Istpreise < Planpreise).
- ΔV: Die Verbrauchsabweichung kann ebenfalls ein positives oder ein negatives Vorzeichen annehmen. Bei einem positivem (negativen) Betrag kam es gegenüber der Planung zu Mehrverbräuchen, d. h. Istmengen > Planmengen (Minderverbräuchen, d. h. Istmengen < Planmengen).
- ΔB: Die Beschäftigungsabweichung kann ebenfalls ein positives oder ein negatives Vorzeichen annehmen. Im Gegensatz zur Preis- und zur Verbrauchsabweichung lässt sich das Vorzeichen der Beschäftigungsabweichung jedoch vorhersagen: Bei einer Unterbeschäftigung (BG < 100 %) weist die Beschäftigungsabweichung stets einen positiven Wert auf, bei

einer Überbeschäftigung (BG > 100 %) weist die Beschäftigungsabweichung stets einen negativen Wert auf.

Zusammenfassend ist also festzustellen, dass das mathematische Vorzeichen einer Abweichung (positiv im Sinne von >0 bzw. negativ im Sinne von <0) nicht damit verwechselt werden darf, ob die Abweichungsart als positiv im Sinne von vorteilhaft bzw. als negativ im Sinne von nachteilig zu interpretieren ist!

Da die in der Tabelle ausgewiesenen Abweichungen (ΔP, ΔV und ΔB) hier jeweils Gesamtsummen darstellen, ist der Kostenstellenplan für eine weitergehende Analyse der Verbrauchsabweichung kostenartenweise um die entsprechenden Istkosten zu ergänzen. Damit kann – nach Kostenarten getrennt – die Verbrauchsabweichung differenziert werden. Der nächste Schritt wäre, bei bedeutsamen Verbrauchsabweichungen pro Kostenart Spezialabweichungen mit dem Kostenstellenverantwortlichen festzustellen, um gegebenenfalls Maßnahmen ergreifen zu können.

Zwischen der Beschäftigungsabweichung und den Leerkosten, die nur im Falle der Unterbeschäftigung existieren, bestehen folgende Beziehungen:
1. Beschäftigungsabweichung und Leerkosten sind identisch
   Lag die Kapazitätsplanung für die Festlegung der Planbeschäftigung (3.600 Maschinenstunden) zugrunde, entsprechen die Leerkosten im Falle der Unterbeschäftigung der Beschäftigungsabweichung:

80 % (Auslastung) von 36.041 EUR Fixkosten	= 28.832,80 EUR	= Nutzkosten
20 % (Unterauslastung) von 36.041 EUR Fixkosten	= 7.208,20 EUR	= Leerkosten

   Beschäftigungsabweichung (s. o. Fall a): 7.208,20 EUR
2. Beschäftigungsabweichung und Leerkosten differieren
   Lag die Engpassplanung für die Festlegung der Planbeschäftigung zugrunde, weichen die Leerkosten im Falle der Unterbeschäftigung von der Beschäftigungsabweichung ab. Nehmen wir hierzu an, dass aufgrund der Absatzplanung für die Fertigungskostenstelle eine Planbeschäftigung von 3.300 Maschinenstunden zugrunde zu legen ist.

Demgemäß ergeben sich 65.103 EUR Plankosten: Die fixen Plankosten bleiben bei 36.041 EUR, während die variablen Plankosten auf die geringere Planbeschäftigung (3.300 Std. statt bislang 3.600 Std.) anzupassen sind und nun 29.062 EUR betragen (31.704 EUR : 3.600 Std. · 3.300 Std.). Als Sollkosten ergeben sich 59.290,60 EUR (36.041 EUR + 29.062 EUR · Beschäftigungsgrad 80 %). Die verrechneten Plankosten betragen 52.082,40 EUR (65.103 EUR Plankosten · Beschäftigungsgrad 80 %).

ΔB = Sollkosten – verrechnete Plankosten = 59.290,60 EUR – 52.082,40 EUR = 7.208,20 EUR.

Die Leerkosten ermitteln sich wie folgt: Istkapazität 2.640 Std (3.300 Std. · BG 80 %). Die genutzte Kapazität beträgt demnach 73,3 % (2.640 Std.: 3.600 Std.), die ungenutzte Kapazität somit 26,7 % (100 % – 73,3 %). Die Leerkosten ergeben sich demnach in Höhe von 9.610,93 EUR (36.041 EUR · 26,7 %) und sind damit höher als die ausgewiesene Beschäftigungsabweichung.

7.5.2   Leistungsabweichungen

Analyse der
Leistungsseite

Für Abweichungsanalysen des *Betriebserfolges* darf sich die Kosten- und Leistungsrechnung nicht nur auf die Analyse der Kostenabweichungen konzentrieren, sie muss sich auch der Analyse der *Leistungsseite* zuwenden. Kosten- und Leistungsabweichungen (Umsatzabweichungen) stellen Bestandteile der Gewinnabweichung dar. Die Abweichungsanalysen des Betriebserfolges dienen der Ermittlung von Ursachen für die Abweichung zwischen dem budgetierten *Plan-* und dem effektiven *Istgewinn*. Abbildung 7.14 gibt einen Überblick über die Komponenten der Gewinnabweichungsanalyse.

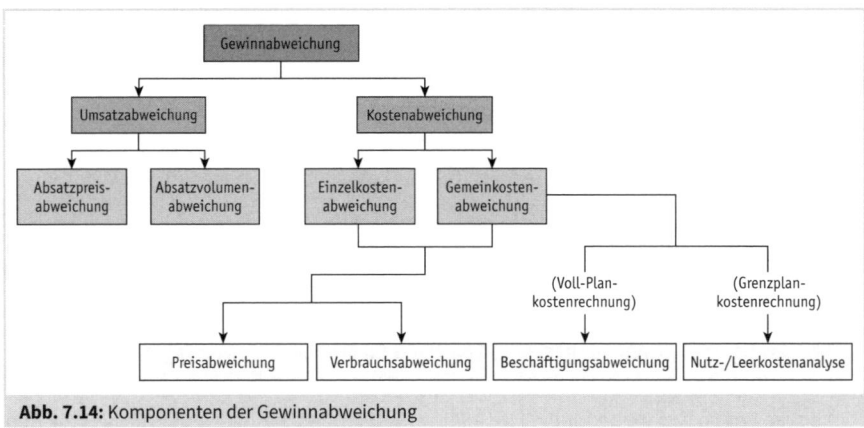

Abb. 7.14: Komponenten der Gewinnabweichung

Komponenten
der Umsatz-
abweichung

Da die Kostenabweichung bereits im vorangegangenen Abschnitt behandelt wurde, steht die Umsatzabweichung im Mittelpunkt der nachstehenden Ausführungen.

In Analogie zur Kostenseite setzt sich die Umsatzanalyse aus *Preis-* und *Mengendifferenzen* zwischen den geplanten Umsatzerlösen und den effektiv erzielten Umsatzerlösen einer Abrechnungsperiode zusammen. Daher unterscheidet man
- die Absatzpreisabweichung und
- die Absatzvolumenabweichung.

Letztlich geht es um die beiden Differenzen zwischen geplanten und tatsächlichen Verkaufspreisen sowie zwischen geplantem und tatsächlichem Absatzvolumen einer Periode.

> **Merke**
>
> Umsatzabweichung
>
> = Istumsatz – Planumsatz
>
> = (Istabsatzmenge · Istpreis) – (Planabsatzmenge · Planpreis)
>
> = Absatzpreisabweichung + Absatzvolumenabweichung
>
> = (Istpreis – Planpreis) · Istabsatzmenge +(Istabsatzmenge – Planabsatzmenge) · Planpreis

Da sich die Differenz zwischen den geplanten und tatsächlichen Verkaufspreisen ebenso auf das Ergebnis auswirkt wie eine Abweichung zwischen der Ist- und der Planabsatzmenge, ist für eine aussagefähige Abweichungsanalyse eine Unterscheidung in die Preis- und Mengenkomponente vorzunehmen.

Beispiel: Ermittlung der Abweichungsarten auf der Leistungsseite

Ausgangsdaten zur Umsatzabweichungsanalyse

In der folgenden Tabelle sind die für die Umsatzabweichungsanalyse relevanten Daten eingetragen.

	Produkt 1		Produkt 2		Gesamt	
	Ist	**Plan**	**Ist**	**Plan**	**Ist**	**Plan**
Absatzmenge (Stück)	110	100	200	220	310	320
Absatzpreis (EUR/Stück)	4	5	8	6		
Umsatz (EUR)	440	500	1.600	1.320	2.040	1.820
Umsatzabweichung (EUR)	– 60		+ 280		+ 220	

Zunächst ist erkennbar, dass der Istumsatz (2.040 EUR) um 220 EUR über dem Planumsatz (1.820 EUR) liegt. Eine differenzierte Betrachtung auf Produktebene zeigt, dass diese positive Abweichung von Produkt 2 hervorgerufen wird, während Produkt 1 unter dem Planumsatz liegt.

Lösung

Mithilfe der *Absatzpreisabweichung* und der *Absatzvolumenabweichung* können Preis- und Mengeneffekte quantifiziert werden:

Absatzpreisabweichung:

	Produkt 1		Produkt 2
=	(4 EUR/Stück – 5 EUR/Stück) · 110 Stück	+	(8 EUR/Stück – 6 EUR/Stück) · 200 Stück
=	– 110 EUR	+	+ 400 EUR
=	+ 290 EUR		

Absatzvolumenabweichung:

	Produkt 1		Produkt 2
=	(110 Stück – 100 Stück) · 5 EUR/Stück	+	(200 Stück – 220 Stück) · 6 EUR/Stück
=	+ 50 EUR	+	– 120 EUR
=	– 70 EUR		

Absatzpreis-
abweichung

Die *Absatzpreisabweichung* zeigt an, wie sich die Unterschiede zwischen den geplanten Preisen und den tatsächlich erzielten Preisen für die tatsächlichen abgesetzten Absatzmengen der Produkte auf den Umsatz der betrachteten Periode auswirken. In dem Beispiel trägt Produkt 2 mit + 400 EUR umsatzerhöhend, Produkt 1 mit – 110 EUR umsatzmindernd bei. Insgesamt ergibt sich durch Preisabweichungen ein positiver Effekt von 290 EUR.

Absatzvolumen-
abweichung

Die *Absatzvolumenabweichung* hingegen zeigt den Unterschied zwischen dem effektiven Istumsatz und dem ursprünglich budgetierten Planumsatz auf, der auf einer Veränderung der abgesetzten Verkaufsmengen beruht. In dem Beispiel wirkt nun Produkt 1 positiv auf das Ergebnis (+ 50 EUR), Produkt 2 wirkt diesmal negativ (– 120 EUR). Produkt 2 überkompensiert den positiven Einfluss von Produkt 1 somit um – 70 EUR.

Die Umsatzabweichung von +220 EUR setzt sich somit zusammen aus
- der Absatzpreisabweichung (= + 290 EUR) und
- der Absatzvolumenabweichung (= – 70 EUR).

!   Unter der Lupe

In Analogie zur Kostenseite kann auch auf der Leistungsseite eine Abweichung 2. Grades auftreten, bei der sich Preiseffekt und Mengeneffekt überlappen. D. h. es wurden z. B. mehr Produkte verkauft und zudem zu einem höheren Preis gegenüber der Planung. Auch hier gilt: diese Abweichung 2. Grades könnte separat ausgewiesen werden, wird aber üblicherweise der Absatzpreisabweichung zugeschlagen (in obenstehender Formel bereits berücksichtigt).

Die Absatzvolumenabweichung kann auch auf Basis der Deckungsbeiträge der betrachteten Periode untersucht werden. Für das Verständnis der folgenden Absätze ist die vorherige Lektüre des Kapitels 8 hilfreich.

Diese Analyse stellt eine *Sonderform der Absatzvolumenabweichung* dar. Sie zeigt die Beeinflussung des geplanten Deckungsbeitrages durch eine Veränderung des Absatzvolumens.

Deckungs-
beitrags-
Absatzvolumen-
abweichung

> **Merke**
>
> Deckungsbeitrags-Absatzvolumenabweichung
> = Istumsatzmenge · Plan-Stückdeckungsbeitrag – Planumsatzmenge ·
>   Plan-Stückdeckungsbeitrag
> = (Istumsatzmenge – Planumsatzmenge) · Plan-Stückdeckungsbeitrag

!

Beispiel: Sonderform: Deckungsbeitrags-Absatzvolumenabweichung

Ausgangsdaten zur Deckungsbeitragsabweichung

Zur Fortführung des verwendeten Beispiels müssen ergänzende Angaben gemacht werden.

	Produkt 1		Produkt 2		Gesamt	
	Ist	**Plan**	**Ist**	**Plan**	**Ist**	**Plan**
Absatzmenge (Stück)	110	100	200	220	310	320
Absatzpreis (EUR/Stück)	4	5	8	6		
variable Plankosten (EUR/Stück)		3		2		
Umsatz (EUR)	440	500	1.600	1.320	2.040	1.820
Umsatzabweichung (EUR)	– 60		+ 280		+ 220	
variable Kosten (EUR)	330[1]	300	400[1]	440	730[1]	740
Deckungsbeitrag	110	200	1.200	880	1.310	1.080
Deckungsbeitragsabweichung (EUR)	– 90		+ 320		+ 230	

[1] Variable Istkosten zu Planpreisen bewertet

Die Tabelle wurde erweitert um die variablen (Plan-)Stückkosten und die damit errechenbaren gesamten variablen Kosten und Deckungsbeiträge. Es zeigt sich, dass im Ist ein Deckungsbeitrag von 1.310 EUR eintrat, während man nur einen Deckungsbeitrag von 1.080 EUR erwartete. Damit hat sich die Ergebnissituation gegenüber dem Plan um 230 EUR verbessert.

Auf Produktebene setzen sich diese 230 EUR aus Produkt 1 i. H. v. – 90 EUR und aus Produkt 2 i. H. v. + 320 EUR zusammen. Doch diese Teilabweichungen sind mit Umsatzpreisabweichungen belastet. Eine Preisbereinigung ergibt sich durch die Ermittlung der Deckungsbeitrags-Absatzvolumenabweichung:

Lösung

Produkt 1: (110 Stück – 100 Stück) · 2 EUR/Stück[1]	=	+ 20 EUR
Produkt 2: (200 Stück – 220 Stück) · 4 EUR/Stück[1]	=	– 80 EUR
Gesamt-Ergebnisveränderung	=	– 60 EUR

[1]Produkt 1: 5 EUR/Stück (Planstückpreis) – 3 EUR/Stück (variable Planstückkosten) = 2 EUR/Stück; Produkt 2: 6 EUR/Stück (Planstückpreis) – 2 EUR/Stück (variable Planstückkosten) = 4 EUR/Stück

Die gesamte (sich positiv auf das Ergebnis auswirkende) Deckungsbeitragsabweichung i. H. v. 230 EUR setzt sich somit zusammen aus

- der (ergebnisverschlechternden) Deckungsbeitrags-Absatzvolumenabweichung von – 60 EUR (!) und
- der (bereits oben ermittelten) Umsatzpreisabweichung von +290 EUR.

Zum Abschluss der Abweichungsanalysen sei folgendes Beispiel dargestellt, das sowohl die Kosten- als auch die Leistungsseite berücksichtigt.

Beispiel: Kosten- und Leistungsabweichungen

Ausgangsdaten Kosten- und Umsatzabweichung

Eine Sparte der Speedy GmbH stellt ein hochwertiges Fahrrad her. Man erwartete für die laufende Abrechnungsperiode einen Absatz von 500 Stück. Die Planungen gingen bei dieser Planbeschäftigung von einem Stückpreis von 1.800 EUR aus. Damit ergab sich ein Planumsatz von 900.000 EUR. Als Plankosten wurden 800.000 EUR unterstellt, wovon 300.000 EUR als variabel angenommen wurden. Demnach erwarteten die Planer einen Gewinn von 100.000 EUR. Nach Ablauf der Abrechnungsperiode stellte man fest, dass 300 Fahrräder bei einem Stückpreis von 2.500 EUR einen Käufer fanden, was einem Istumsatz von 750.000 EUR entspricht. Die Gesamtkosten betrugen insgesamt 704.000 EUR (zu Planpreisen). Der tatsächliche Gewinn beträgt somit nur 46.000 EUR. Es stellt sich die Frage, wie die Gewinnabweichung i. H. v. – 54.000 EUR (= 46.000 EUR -100.000 EUR) im Detail erklärt werden kann?

Lösung
Analyse der Kostenseite

Zunächst sind die Ausgangsdaten für die verschiedenen Kostenabweichungen zu ermitteln: Bei 800.000 EUR gesamten Plankosten und einer Planbeschäftigung von 500 Stück ermittelt sich ein Planverrechnungssatz von 1.600 EUR. Als verrechnete Plankosten wurden damit 480.000 EUR (= 1.600 EUR/Stück · 300 Stück) verrechnet.

Der Beschäftigungsgrad beträgt 60 % (300 Stück : 500 Stück). Die Sollkosten betragen bei diesem Beschäftigungsgrad 680.000 EUR (= 500.000 fixe Plankosten + 300.000 EUR variable Plankosten · BG 60 %). Da die Istkosten zu Planpreisen vorliegen, ist keine kostenseitige Preisabweichung zu ermitteln. Damit ergeben sich:

ΔP	=	0
ΔV	=	Istkosten der Plankostenrechnung – Sollkosten
	=	704.000 EUR – 680.000 EUR
	=	+ 24.000 EUR
ΔB	=	Sollkosten – verrechnete Plankosten
	=	680.000 EUR – 480.000 EUR
	=	+ 200.000 EUR

Δ Gesamt = ΔP + ΔV + ΔB = +224.000 EUR

Analyse der Leistungsseite

$$
\begin{aligned}
\text{Umsatzabweichung} &= \text{Absatzpreisabweichung + Absatzvolumenabweichung} \\
&= (2.500\,\text{EUR/Stück} - 1.800\,\text{EUR/Stück}) \cdot 300\,\text{Stück} \\
&\quad + (300\,\text{Stück} - 500\,\text{Stück}) \cdot 1.800\,\text{EUR/Stück} \\
&= 210.000\,\text{EUR} + (-360.000\,\text{EUR}) \\
&= -150.000\,\text{EUR}
\end{aligned}
$$

Zusammengefasst ergeben sich folgende Komponenten für die Überleitung des Plangewinns (+ 100.000 EUR) zum Istgewinn (+ 46.000 EUR):

Gesamtabweichung

900.000 EUR Planumsatz	+ 210.000 EUR Absatzpreis-abweichung	– 360.000 EUR Absatzvolumen-abweichung	(–150.000 EUR) Umsatz-abweichung	= 750.000 EUR Istumsatz
–			–	–
800.000 EUR Plankosten	– 120.000 EUR (siehe Erläuterung im Text unten)	+ 24.000 EUR Verbrauchs abweichung	(–96.000 EUR)	704.000 EUR Istkosten [1]
=			=	=
100.000 EUR Plangewinn			(–54.000 EUR)	46.000 EUR Istgewinn

[1] zu Planpreisen bewertet

Will man nun bei der Überleitung der Ergebnisse insbesondere die Preis- und Mengenkomponente herausarbeiten, so zeigt die Übersicht, dass die Gewinnabweichung auf die umsatzseitige Preisabweichung (+ 210.000 EUR), die umsatzseitige Mengenabweichung (– 360.000 EUR) und die kostenseitige Mengenabweichung (+ 24.000 EUR) zurück zu führen ist.

Die 120.000 EUR dienen dazu, dass von den Plan- auf die Istkosten übergeleitet werden kann. Sie stellen die Differenz zwischen den Plankosten auf Basis der Planbeschäftigung (800.000 EUR) und den Sollkosten (= Plankosten auf Basis der Istbeschäftigung = 680.000 EUR) dar und haben somit in dieser Überleitung keine Aussagekraft. Die oben errechnete Beschäftigungsabweichung (200.000 EUR) kann in diese Darstellung nicht eingebunden werden.

Aufgaben Kapitel 7

1. Wieso ist mit der Starren Plankostenrechnung keine wirksame Kostenkontrolle möglich?
2. Was besagt die Beschäftigungsabweichung?
3. Was besagt die Verbrauchsabweichung?
4. Erläutern Sie die prinzipielle Vorgehensweise bei der Flexiblen Plankostenrechnung auf Vollkostenbasis.
5. Worin unterscheidet sich die Grenzplankostenrechnung von der Flexiblen Plankostenrechnung auf Vollkostenbasis?
6. In einer Fertigungshauptkostenstelle wurde eine Periodenleistung von 9.000 Stück erwartet. Dabei wurden Fixkosten in Höhe von 18.000 EUR und ein Plan-Vollkostenverrechnungssatz von 6 EUR/Stück geplant. Nach Ablauf der Periode waren Ist-Gesamtkosten (zu Planpreisen) von 62.000 EUR bei einer Istbeschäftigung von 10.000 Stück entstanden. Ermitteln Sie die Beschäftigungsabweichung und die Verbrauchsabweichung.

7. Berechnen Sie die Sollkosten, die variablen Plankosten pro Stück und die Fixkosten
   für eine Istbeschäftigung von 800 t. Gegeben sind:

Planbeschäftigung	1.000 t
Verrechnete volle Plankosten	5 EUR/Stück
Beschäftigungsabweichung	+ 400 EUR

Lösungen

Die Lösungen zu den Aufgaben finden Sie im Online-Bereich des Schäffer-Poeschel-Verlags:
www.sp-mybook.de

Literatur Kapitel 7

Becker, W./Baltzer, B./Ulrich, P.: Kosten-, Erlös- und Ergebnisrechnung, in: Schmeisser, W. u. a.
    (Hrsg.): Neue Betriebswirtschaft, München 2018, S. 177-206.

Coenenberg, A. G./Fischer, T. M./Günther, T.: Kostenrechnung und Kostenanalyse, 9. Auflage,
    Stuttgart 2016.

Däumler, K.-D./Grabe, J.: Kostenrechnung 3 – Plankostenrechnung und Kostenmanagement,
    9. Auflage, Herne/Berlin 2014.

Haberstock, L.: Kostenrechnung II – (Grenz-)Plankostenrechnung, 10. Auflage, Hamburg 2008.

Hahn, D./Hungenberg, H.: PuK, 6. Auflage, Wiesbaden 2001.

Hummel, S./Männel, W.: Kostenrechnung 2, 3. Auflage, Wiesbaden 1983.

Jórasz, W.: Kostenauflösung, in: Brecht, U. (Hrsg.): Praxis-Lexikon Controlling, Landsberg/Lech
    2001, S. 168–172.

Jórasz, W.: Kosten- und Erfolgscontrolling, in: Carl, N. u. a.: BWL kompakt und verständlich,
    4. Auflage, Wiesbaden 2017.

Kilger, W./Pampel, J./Vikas, K.: Flexible Plankostenrechnung und Deckungsbeitragsrechnung,
    13. Auflage, Wiesbaden 2012.

Plaut, H.-G.: Die Grenz-Plankostenrechnung. 1. und 2. Teil, in: Zeitschrift für Betriebswirtschaft,
    1953, S. 347–363 und S. 402-413.

Wild, J.: Grundlagen der Unternehmensplanung, Opladen 1982.

8 Entscheidungsorientierte Kosten- und Leistungsrechnung

LEITFRAGEN

Wie ist eine entscheidungsorientierte Kosten- und Leistungsrechnung aufgebaut?
- Was besagt das Teilkostenprinzip?
- Was versteht man unter einem Deckungsbeitrag?
- Was besagt die kurzfristige Preisuntergrenze?
- Inwiefern beseitigt die Teilkostenrechnung Mängel der Vollkostenrechnung?

Welche unterschiedlichen Teilkostenrechnungssysteme gibt es?
- Was ist der Unterschied zwischen Direct Costing und der stufenweisen Fix-kostendeckungsrechnung?
- Welchen Ansatz wählt die Deckungsbeitragsrechnung mit relativen Einzel-kosten?
- Wie kann die Teilkostenrechnung mit der Plankostenrechnung kombiniert werden?

Für welche konkreten Entscheidungssituationen kann die Teilkosten-rechnung verwendet werden?

Beispiel: Speedy GmbH

Manfred Kolb kennt nun die Funktionsweise der Vollkostenrechnung auf Basis von Istkosten wie auch auf Basis von Plankosten. Er weiß, wie die Kosten in den verschiedenen Abrechnungsstufen verrechnet und auch geplant werden, wie ein Betriebsergebnis ermittelt wird und welche Möglichkeiten einer Kostenkontrolle es gibt. Es zeigten sich hierbei schon einige Ansatzpunkte (z. B. Umsatzkostenverfahren, Soll-Ist-Vergleich), wie man die Speedy GmbH gezielt steuern kann. Doch dies stellt Manfred Kolb noch nicht zufrieden. Alltäglich werden von ihm Informationen zur Unterstützung von Entscheidungen eingefordert, mit denen die Ergebnissituation der Speedy GmbH noch weiter verbessert werden soll: Lohnt es sich, einen bestimmten Auftrag anzunehmen? Wie wirkt sich eine Veränderung des Produktionsprogramms auf das Ergebnis aus? Produziert die Speedy GmbH bestimmte Produktkomponenten günstiger als der Markt? In welche neue Produktionsanlage soll investiert werden? Um für diese und weitere Fragestellungen in geeigneter Form Informationen bereitstellen zu können, möchte Manfred Kolb sich nun auch mit der Teilkostenrechnung befassen.

8.1   Aufbau und Prinzipien der Teilkostenrechnung

Die Teilkostenrechnung, auch Deckungsbeitragsrechnung genannt, ist ein Kostenrechnungssystem, das die fixen und die variablen Kosten in den Abrechnungsstufen Kostenstellenrechnung, Kostenträgerrechnung und ggf. Kostenartenrechnung konsequent

Trennung von fixen und variablen Kosten getrennt behandelt. Voraussetzung ist demnach eine Kostenauflösung, wobei die in Abschnitt 7.3 bereits besprochenen Verfahren zur Anwendung kommen. Die Beschränkung auf die Weiterverrechnung lediglich eines Teils der Kosten (nämlich der variablen Kosten) ist maßgeblich für die Bezeichnung Teilkostenrechnung. Der Vergleich einer Kalkulation zu Vollkosten mit einer Kalkulation zu Teilkosten lässt erkennen, dass die Teilkostenkalkulation beschäftigungsunabhängig ist, während die Vollkostenkalkulation im Falle einer Unterbeschäftigung (Überbeschäftigung) zu Fixkostenprogressionen (-degressionen) führt. Dennoch verzichtet die Teilkostenrechnung nicht etwa auf die Berücksichtigung der fixen Kosten, sondern nur auf deren Verrechnung auf einzelne Kostenträger. Fixkosten werden nicht mehr den Erzeugnissen zugerechnet, sondern gehen als Periodenkosten in die Betriebsergebnisrechnung ein.

Rechnungsfluss In einer Teilkostenrechnung müssen die Kosten als fixe und variable Kosten erfasst werden, so dass ggfs. bereits in der Kostenartenrechnung, spätestens aber in der Kostenstellenrechnung diese Kostenkategorien bei den einzelnen primären Kostenarten bekannt sind. Letztlich werden nur die variablen Kosten der Kostenträger kalkuliert. In der Ergebnisrechnung hingegen erscheinen alle Kosten. Der Rechnungsfluss stellt sich schematisch wie in Abbildung 8.1 gezeigt dar Die Deckungsbeitragsrechnung mit relativen Einzelkosten wählt einen etwas anderen Weg, auf den wir in Abschnitt 8.3.3 eingehen.

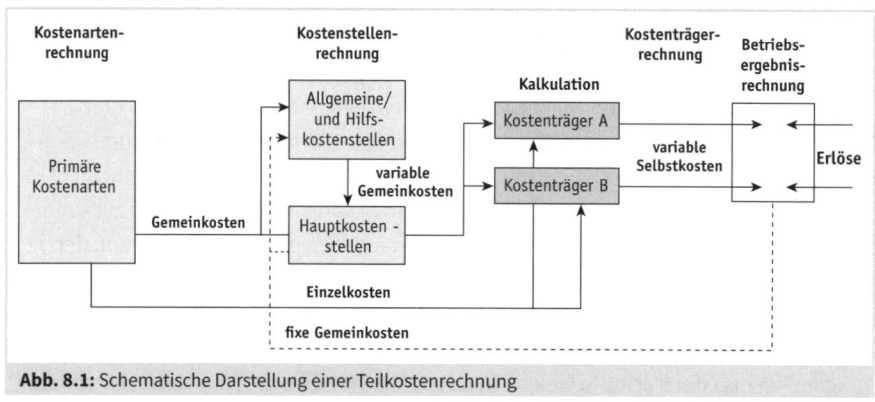

Abb. 8.1: Schematische Darstellung einer Teilkostenrechnung

Zunächst werden die Einzelkosten – wie in der Vollkostenrechnung – den einzelnen Kostenträgern direkt zugerechnet. Da Einzelkosten i. d. R. variablen Charakter haben, sind den Kalkulationsobjekten damit bereits ein Teil der gesamten variablen Kosten zugeordnet worden.

Der andere Teil der variablen Kosten – die variablen Gemeinkosten – werden über die Kostenstellenrechnung wie in einer Vollkostenrechnung verrechnet. D. h. es erfolgt zunächst im Teil I des BAB eine Verteilung der variablen Gemeinkosten auf die Kostenstellen. Dann findet im Teil II des BAB die innerbetriebliche Leistungsverrechnung mithilfe eines ausgewählten, bereits im Kapitel 4 besprochenen Verfahrens statt. Im Teil III sind danach die variablen Gemeinkostenzuschlagsätze zu errechnen, mit denen die variablen Stückgemeinkosten in der Kalkulation ermittelt werden.

Da die variablen Kosten als Einzelkosten direkt und als variable Gemeinkosten indirekt (über die Kostenstellenrechnung) in die Kalkulation einfließen, können nunmehr die variablen Stückherstell- und/oder -selbstkosten ermittelt werden.

Wird im Teil IV des BAB eine Kostenkontrolle durchgeführt, stellt man den variablen Ist-Gemeinkosten die variablen Normal- oder Sollkosten gegenüber.

Die bisher noch fehlenden fixen *Gemeinkosten* können im Falle eines globalen Fixkostenausweises (siehe Abschnitt 8.3.1) die Kostenstellenrechnung und die Kostenträgerstückrechnung »überspringen«. Sie können dann direkt aus der Kostenartenrechnung in die Kostenträgerzeitrechnung übernommen werden. Ist ein differenzierter Fixkostenausweis gewünscht (siehe Abschnitt 8.3.2), so erfolgt die Kostenauflösung erst auf den Kostenstellen. In diesem Fall werden – wie bei der Vollkostenrechnung - die gesamten Gemeinkosten in die Kostenstellenrechnung übernommen. Nach der Kostenauflösung werden dann die variablen Gemeinkosten wie oben dargestellt weiterverrechnet, die fixen Gemeinkosten werden von den Kostenstellen in die gestufte Betriebsergebnisrechnung übernommen.

Beim Umsatzkostenverfahren fließen die variablen Kosten über die Kalkulation in die Ergebnisrechnung ein, indem die variablen Stückkosten mit dem entsprechenden Mengengerüst multipliziert werden. Bestandsveränderungen werden mit variablen Stückherstellkosten bewertet. Die Verwendung des Gesamtkostenverfahrens ist bei einem Teilkostenrechnungssystem unüblich. Der genaue Aufbau der Betriebsergebnisrechnung auf Teilkostenbasis ist konzeptabhängig und erfolgt daher in Abschnitt 8.3.

Während die Vollkostenrechnung ihren Schwerpunkt auf die Kostenverrechnung legt, stellen in der Deckungsbeitragsrechnung auch die Erlöse eine bedeutsame Rechengröße dar. Die Vollkostenrechnung kann damit als progressives Abrechnungssystem aufgefasst werden, weil sie die Kosten von der Kostenartenrechnung aus und teilweise über die Kostenstellenrechnung in die Kostenträgerrechnung übernimmt. *Progressive Abrechnung*

Die Deckungsbeitragsrechnung hingegen stellt ein *retrogrades Abrechnungssystem* dar, da man von den Erlösen ausgeht und hiervon schrittweise – konzeptabhängig verschiedene – Kosten abzieht. *Retrograde Abrechnung*

Grundform Die Grundform der Deckungsbeitragsrechnung lautet dabei (unabhängig davon, ob es sich um Ist- oder Planwerte bzw. um Stück- oder Gesamtwerte handelt):

> **!**
>
> **Merke**
>
> Erlöse
> – variable Kosten
> = Deckungsbeitrag
> – fixe Kosten
> = Ergebnis

Die variablen Kosten umfassen dabei die Einzelkosten und die variablen Anteile der Gemeinkosten, während sich die Fixkosten aus den fixen Anteilen der Gemeinkosten sowie aus den seltenen fixen Einzelkosten ergeben.

Absoluter Deckungsbeitrag Die Differenz zwischen den Erlösen und den variablen Kosten nennt man *Deckungsbeitrag*. Solange der Deckungsbeitrag positiv ist, trägt er zur Deckung der (im nächsten Rechenschritt gegenüberzustellenden) Fixkosten bei (daher sein Name). Für kurzfristige Entscheidungsrechnungen (ohne Engpasssituation) sollten deshalb diejenigen Produkte, die einen positiven absoluten Deckungsbeitrag aufweisen, nicht aus dem Programm genommen werden. Übersteigt der Deckungsbeitrag zudem die fixen Kosten, ist das Ergebnis positiv. Ist der Deckungsbeitrag zwar positiv, aber niedriger als die Fixkosten, so sollten die Produkte dennoch nicht aus dem Programm genommen werden. Es entsteht zwar ein Verlust, dennoch wird noch immer zumindest ein Teil der Fixkosten gedeckt. Oder mit anderen Worten: der Verlust wäre noch höher, wenn man die Produkte mit positivem absoluten Deckungsbeitrag aus dem Programm nehmen würde. (Hierbei wird zunächst unterstellt, dass es keine alternativen Produkte mit einem höheren absoluten Deckungsbeitrag gibt).

Nicht entscheidungsrelevante Kosten Die *Fixkosten* stellen für kurzfristige (im Sinne von nicht dauerhaft angelegten) Entscheidungsrechnungen nicht entscheidungsrelevante Kosten dar. Beispiele für solche kurzfristigen Entscheidungsrechnungen können sein (siehe Abschnitt 8.4):

- Eigenfertigung oder Fremdbezug,
- Annahme oder Ablehnung eines Auftrags,
- Programmoptimierungen.

Ziel ist es letztlich immer, das Betriebsergebnis zu optimieren. Da sich die Fixkosten bei derartigen kurzfristigen Entscheidungssituationen oft nicht verändern, müssen sie auch nicht in die Entscheidungsrechnung einbezogen werden. In Einzelfällen können allerdings die Fixkosten von der Entscheidung berührt werden. Würde z. B. die Annahme eines Auftrags zu zusätzlichen Fixkosten führen (sprungfixe Kosten), müsste dieser Sachverhalt berücksichtigt werden. Gleiches gilt für den Fall, dass die Herausnahme eines Produktes aus dem Produktionsprogramm umgehend zu einer Reduzierung bestehender Fixkosten führt.

Bei langfristigen Entscheidungen wie z.B. über zu tätigende Investitionen (siehe Abschnitt 8.4) ist eine Aufteilung in fixe und variable Kosten ebenfalls sinnvoll. Da langfristig gesehen auch fixe Kosten veränderlich sind, sind diese bei langfristigen Entscheidungsrechnungen grundsätzlich mit zu betrachten.

Unter der Lupe   **!**

Bei genauer Betrachtung ist die Unterscheidung zwischen fixen und variablen Kosten (Beschäftigungsabhängigkeit) und die Unterscheidung zwischen kurzfristiger und nur langfristiger Abbaubarkeit von Kosten also nicht dasselbe. Da beide Einteilungen jedoch eine hohe Deckung aufweisen, werden sie häufig gleichgesetzt: Variable Kosten werden als kurzfristig abbaubar angenommen, fixe Kosten als nur langfristig abbaubar. Wichtig ist jedoch die Feststellung, dass es sich hierbei nur um eine vereinfachende Annahme handelt, von der es durchaus auch Ausnahmen gibt.

Beispiel: Aussagekraft des Deckungsbeitrags

(EUR)	Fall a	Fall b	Fall c	Fall d	Nicht-produktion
Erlöse	100	110	120	170	0
– variable Kosten	– 110	– 110	– 110	– 110	0
= Deckungsbeitrag	– 10	0	+ 10	+ 60	0
– Fixkosten	– 50	– 50	– 50	– 50	– 50
= Gewinn/Verlust	– 60	– 50	– 40	+ 10	– 50

Fall a

Im Fall a sind die Erlöse geringer als die variablen Kosten. Dadurch ergibt sich ein negativer Deckungsbeitrag (– 10 EUR). Es werden durch den Deckungsbeitrag keine Fixkosten gedeckt. Durch die bestehenden Fixkosten in Höhe von 50 EUR entsteht sogar ein Verlust von insgesamt – 60 EUR. Würde dieses Produkt nicht produziert werden, wäre der Verlust nur – 50 EUR (= Höhe der Fixkosten). Konsequenz: Die Produktion des Produkts sollte eingestellt werden.

Fall b

Im Fall b liegt ein Deckungsbeitrag von Null vor, da die Erlöse ebenso hoch sind wie die variablen Kosten. Damit wird keinerlei Beitrag zur Deckung von Fixkosten geleistet. Es entsteht somit ein Verlust in Höhe der Fixkosten. Konsequenz: Es spielt keine Rolle, ob produziert wird oder nicht, der Verlust beträgt in beiden Fällen – 50 EUR.

Fall c

Da die Erlöse um 10 EUR höher sind als die variablen Kosten, entsteht ein positiver Deckungsbeitrag von + 10 EUR. Von den bestehenden Fixkosten (50 EUR) werden dadurch zumindest 10 EUR gedeckt. Da 40 EUR Fixkosten nicht gedeckt werden, entsteht in dieser Höhe ein Verlust. Doch der Verlust ist um 10 EUR niedriger, als wenn das Produkt nicht produziert werden würde. Konsequenz: Die Produktion lohnt sich kurzfristig (sofern es keine besseren Alternativen gibt), da ein positiver Deckungsbeitrag erwirtschaftet wird.

Fall d

Aufgrund der hohen Erlöse liegt nunmehr ein deutlich positiver Deckungsbeitrag vor (+ 60 EUR), der die Fixkosten (50 EUR) nicht nur deckt, sondern sie sogar um 10 EUR übersteigt. Dadurch entsteht ein Gewinn (+ 10 EUR). Konsequenz: Die Produktion lohnt sich auch langfristig, da der Deckungsbeitrag die fixen Kosten vollständig decken kann.

Die Fälle a bis d zeigen: Solange ein positiver Deckungsbeitrag vorliegt, lohnt sich grundsätzlich die Produktion. Wünschenswert ist natürlich der Fall d. Aber auch der Fall c zeigt: Selbst wenn keine Vollkostendeckung erreicht wird, lohnt sich die Produktion aus kurzfristiger Sicht. Allerdings muss hier eingeschränkt werden, dass diese Situation nicht dauerhaft eintreten darf. Langfristig kann auf die Deckung der Fixkosten nicht verzichtet werden

Das Beispiel sollte nur grundsätzlich in das Arbeiten mit Deckungsbeiträgen einführen. Weitere Betrachtungsweisen (z. B. Engpasssituationen) werden an späterer Stelle angesprochen.

Aus dem Beispiel kann auch abgeleitet werden, dass bei der Festlegung der kostenmäßigen *Preisuntergrenze* eines Produktes die Länge der betrachteten Periode von entscheidender Bedeutung ist:

Kurzfristige Preisuntergrenze

Kurzfristig bilden die *variablen Stückkosten* eines Erzeugnisses dessen *Preisuntergrenze*, bei kurzfristig als unveränderlich angenommenen Fixkosten. Jeder Preis, der diese Grenze überschreitet, trägt dazu bei, die ohnehin anfallenden Fixkosten zu decken. Falls notwendig kann vorübergehend auf eine vollständige Fixkostendeckung verzichtet werden.

Langfristige Preisuntergrenze

Langfristig hingegen darf der Preis nicht unter die *vollen (variablen und fixen) Stückkosten* eines Produktes sinken.

Nicht der Deckungsbeitrag, sondern die variablen oder die vollen Stückkosten stellen die jeweilige Preisuntergrenze dar.

8.2 Mängel von Vollkostenrechnungen

Vollkostenrechnungen verrechnen bekanntermaßen volle Kosten auf die Kostenträger, d. h. variable und anteilige fixe Kosten. Die so ermittelten vollen Selbstkosten pro Leistungseinheit müssen langfristig über den Marktpreis gedeckt werden und stellen somit die *langfristige Preisuntergrenze dar*. Auch öffentliche Aufträge sind zu vollen Selbstkosten abzurechnen.

Daneben ist auch die Ermittlung der vollen Herstellkosten für die Bestandsbewertung nach Handels- und Steuerbilanz relevant (siehe Abschnitt 5.2.2.2) Des Weiteren können volle Herstellkosten auch als Transferpreise (siehe Abschnitt 10.2) in Frage kommen. Vor diesem Hintergrund wird klar, dass auf Vollkostenrechnungen nicht verzichtet werden kann. Dennoch weisen Vollkostenrechnungen verschiedene, nachfolgend dargestellte Schwachstellen auf, die durch Teilkostenrechnungen behoben bzw. zumindest verringert werden können.

Notwendigkeit von Vollkostenrechnungen

Zur Verrechnung aller Kosten auf die Kostenträger gehören auch die *Gemeinkosten*. Deren Zurechnung stellt einen kritischen Punkt in der Vollkostenrechnung dar, da unter Umständen eine mehrfache Schlüsselung erfolgt:

Schlüsselung von Gemeinkosten

- das Herunterbrechen von Jahreskosten auf Monatswerte,
- die Schlüsselung echter oder unechter Kostenstellengemeinkosten auf Kostenstellen in der Kostenstellenrechnung,
- die Verrechnung von sekundären Kosten auf empfangende Kostenstellen mittels Schlüsseln in der Kostenstellenrechnung, und
- die Schlüsselung von Kostenträgergemeinkosten mittels Zuschlagssätzen in der Kostenträgerrechnung.

Es sollten dabei stets Schlüsselgrößen eingesetzt werden, die sich *proportional* zu den Gemeinkosten verhalten. Von dieser Proportionalität hängt es ab (auch bei den variablen Gemeinkosten), ob das Verursachungsprinzip eingehalten werden kann. Im Falle der *fixen* Gemeinkosten wird jedoch naturgemäß eine solche verursachungsgerechte Schlüsselung nicht möglich sein.

Vollkosten weisen darüber hinaus den Mangel auf, dass die in den Gemeinkosten enthaltenen Fixkostenbestandteile proportionalisiert, d. h. wie variable Kosten behandelt werden. Fixkosten sind aber Kosten der Betriebsbereitschaft, somit zeitabhängig, und stehen in keinem proportionalen Verhältnis zu leistungsabhängigen Bezugsgrößen. Die Vollkostenrechnung verrechnet jedoch die gesamten Gemeinkosten auf der Basis solcher Bezugsgrößen. Diese nicht dem strengen Verursachungsprinzip entsprechende Kostenverteilung birgt die Gefahr von *Fehlinformationen für kurzfristige Entscheidungen* in sich.

Proportionalisierung von Fixkosten

Beispiel: Fehlentscheidung mit einer Vollkostenrechnung

Ausgangsdaten Vollkostendarstellung

Es werden vier Erzeugnisse hergestellt. Folgende Informationen liegen dazu vor:

Erzeugnis	A	B	C	D
Produktions-/Absatzmenge (Stück)	800	1.000	600	400
Stückerlös (EUR)	14	28	15	35
Stückselbstkosten (EUR)	10	20	18	40

Es ist zu untersuchen, wie und aufgrund welcher Überlegungen ein Vollkostenrechner entscheiden würde, wenn

- zunächst Verlustprodukte aus dem Programm gestrichen und
- dann die dadurch freiwerdenden Kapazitäten für die verbleibenden Produkte verwendet werden sollen. Hierbei sind A und C sowie B und D gegeneinander austauschbar.

Danach weist der Teilkostenrechner aufgrund der ihm zur Verfügung stehenden zusätzlichen Informationen dem Vollkostenrechner die tatsächliche Entwicklung nach.

Lösung des Vollkostenrechners

Die vorliegenden Stückangaben legen nahe, dass Erzeugnis C und D Verlustprodukte darstellen, da die Stückselbstkosten die Stückerlöse übersteigen. Die Ergebnisrechnung auf Vollkostenbasis stellt sich wie folgt dar:

Erzeugnis (EUR)	A	B	C	D	Σ
Erlöse	11.200	28.000	9.000	14.000	62.200
– Selbstkosten	8.000	20.000	10.800	16.000	54.800
= Ergebnis	*+3.200*	*+8.000*	*– 1.800*	*– 2.000*	*+7.400*

Der Vollkostenrechner würde nunmehr den Schluss ziehen, dass sich ohne die beiden Verlustprodukte C und D eine Steigerung des Ergebnisses von 7.400 EUR auf 11.200 EUR (= 3.200 EUR + 8.000 EUR) ergeben müsste.

Wenn zudem durch die Streichung der Produkte C und D die frei werdenden Kapazitäten für die Produktion von A (+ 600 Stück) und B (+ 400 Stück) genutzt werden können, müsste sogar ein Gesamtgewinn von 16.800 EUR erzielbar sein.

Stückgewinn von A · Absatzmenge von C = 4 EUR/Stück · 600 Stück = 2.400 EUR

Stückgewinn von B · Absatzmenge von D = 8 EUR/Stück · 400 Stück = 3.200 EUR

Gesamtgewinn = 11.200 EUR + 2.400 EUR + 3.200 EUR = 16.800 EUR.

Der Teilkostenrechner wird dem Vollkostenrechner allerdings nachweisen, dass

1. der Gesamtgewinn bei alleiniger Streichung der Verlustprodukte nicht von 7.400 EUR auf 11.200 EUR steigt, sondern vielmehr auf einen *Verlust* von 4.800 EUR sinkt, und

2. sich der *Gesamtgewinn* bei Erhöhung der Absatzmengen von A und B nicht 16.800 EUR, sondern lediglich 4.000 EUR beträgt.

Ausgangsdaten Teilkostendarstellung

Deckungsbeitragsrechnung für die vier Erzeugnisse:

Erzeugnis (EUR)	A	B	C	D
Erlöse	11.200	28.000	9.000	14.000
variable Stückselbstkosten	8	15	6	18
Stückdeckungsbeitrag	6	13	9	17
– variable Selbstkosten[1]	– 6.400	– 15.000	– 3.600	– 7.200
= Deckungsbeitrag	4.800	13.000	5.400	6.800
Gesamtdeckungsbeitrag	30.000			
– Fixkosten[1]	– 22.600			
Gesamtergebnis	7.400			

[1]Summe der variablen Selbstkosten + Fixkosten = 54.800 EUR = Selbstkosten der Vollkostenrechnung

Lösung des Teilkostenrechners

Zu 1. Deckungsbeitragsrechnung ohne die vermeintlichen Verlustprodukte C und D:

Erzeugnis (EUR)	A	B	C	D
Erlöse	11.200	28.000		
variable Stückselbstkosten	8	15		
Stückdeckungsbeitrag	6	13		
– variable Selbstkosten	– 6.400	– 15.000		
= Deckungsbeitrag	4.800	13.000		
Gesamtdeckungsbeitrag	17.800			
– Fixkosten	– 22.600			
Gesamtergebnis	– 4.800			

Würden C und D wie vom Vollkostenrechner vorgeschlagen gestrichen werden, so erhöht sich der Gesamtgewinn nicht etwa von 7.400 EUR auf 11.200 EUR. Durch den Wegfall der beiden Produkte C und D verzichtet das Unternehmen vielmehr auf einen Deckungsbeitrag von 12.200 EUR (= 5.400 EUR + 6.800 EUR), so dass sogar ein Verlust von 4.800 EUR entsteht.

Zu 2. Deckungsbeitragsrechnung ohne die vermeintlichen Verlustprodukte C und D und stattdessen Erhöhung der Absatzmengen von A (+ 600 Stück) und B (+ 400 Stück):

Erzeugnis (EUR)	A	B	C	D
Erlöse – variable Selbstkosten	19.600 – 11.200	39.200 – 21.000		
= Deckungsbeitrag	8.400	18.200		
Gesamtdeckungsbeitrag	26.600			
– Fixkosten	– 22.600			
Gesamtergebnis	+ 4.000			

Entgegen der Erwartung des Vollkostenrechners steigt der Gewinn nicht auf 16.800 EUR, da durch die Erhöhung der Absatzmengen bei A und B nur ein zusätzlicher Deckungsbeitrag von 8.800 EUR (= 6 EUR Stückdeckungsbeitrag A · 600 Stück + 13 EUR Stückdeckungsbeitrag B · 400 Stück = 3.600 EUR + 5.200 EUR) erzielt werden kann. Die Fixkosten bleiben kurzfristig unverändert. Dadurch verbessert sich das Ergebnis auf nur + 4.000 EUR.

Zusammenfassend bleibt festzuhalten, dass der Teilkostenrechner kurzfristig keines der vier Erzeugnisse aus der Produktpalette herausnehmen würde. Bei ausreichenden Kapazitäten und entsprechender Nachfrage auf dem Absatzmarkt ist ein Produkt so lange zu produzieren und abzusetzen, wie es noch einen Beitrag zur Deckung der Fixkosten leistet.

8.3 Teilkostenrechnungssysteme

In Kapitel 2 (siehe Abbildung 2.8) wurden bereits die verschiedenen Grundformen von Teilkostenrechnungssystemen namentlich dargestellt. Nachstehend werden nun die Unterschiede zwischen diesen drei Grundformen sowie ihre Anwendung vorgestellt. Darüber hinaus wird auch auf die bereits in Abschnitt 7.3 erwähnte Plankostenrechnung auf Teilkostenbasis eingegangen.

8.3.1 Direct Costing

Das Direct Costing stellt die älteste Form der Deckungsbeitragsrechnung dar und geht auf einen Beitrag von Harris aus dem Jahr 1936 zurück.

Die Einzelkostenzurechnung auf die Kostenträger erfolgt direkt, die primären Gemeinkos- Aufbau und
ten werden den Kostenstellen zugeordnet und dort mittels Kostenauflösung in variable Ablauf
und fixe Bestandteile getrennt. Die Kostenträgerzurechnung der Gemeinkosten wird
jedoch nur für den variablen Anteil vorgenommen. Dies bedeutet, dass sowohl die Verrechnungssätze der innerbetrieblichen Leistungsverrechnung als auch die Kalkulationssätze der Zuschlagskalkulation nur auf variablen Gemeinkosten beruhen. Die fixen Gemeinkosten werden von den Kostenstellen direkt in die Betriebsergebnisrechnung
übernommen. Typisch für das Direct Costing ist dabei, dass den Deckungsbeiträgen in der
Betriebsergebnisrechnung diese Fixkosten nur global, d. h. in einer Summe gegenübergestellt werden. Damit ist nur das gesamte Betriebsergebnis darstellbar, jedoch keine
genaueren Informationen zu seinem Zustandekommen.

Beispiel: Direct Costing

Das im vorangegangenen Abschnitt bereits verwendete Beispiel zeigt in der Darstellung des Umsatzkostenverfahrens den typischen Ergebnisausweis nach dem Direct
Costing für ein Mehrproduktunternehmen:

Erzeugnis (EUR)	A	B	C	D
Erlöse	11.200	28.000	9.000	14.000
– variable Selbstkosten	– 6.400	– 15.000	– 3.600	– 7.200
= Deckungsbeitrag	4.800	13.000	5.400	6.800
Gesamtdeckungsbeitrag	30.000			
– gesamte Fixkosten	– 22.600			
Gesamtergebnis	7.400			

Konsequenterweise werden im Direct Costing die Lagerbestände an fertigen und unfer- Auswirkungen
tigen Erzeugnissen – im Gegensatz zur Vollkostenrechnung – lediglich zu variablen Her- auf die
stellkosten bewertet, während die Fixkosten der Abrechnungsperiode angelastet wer- Bestands-
den, in der sie entstanden sind. Daraus folgt, dass das Direct Costing zu einem anderen bewertung
Erfolgsausweis als die Vollkostenrechnung führt, sofern sich die Lagerbestände einer
Abrechnungsperiode erhöhen oder vermindern. Bei Lagerbestandsminderungen ist der
Gewinn beim Direct Costing höher als bei der Vollkostenrechnung, bei Bestandserhöhungen niedriger.

Beispiel: Gewinnausweis beim Direct Costing gegenüber der Vollkostenrechnung

Ausgangsdaten

Für eine Abrechnungsperiode liegen die nachstehenden Daten vor:

Stückerlös	30 EUR	
Herstellkosten	60.000 EUR	(davon fix: 18.000 EUR)
Verwaltungs- und Vertriebskosten	4.760 EUR	(davon fix: 1.960 EUR)
Produzierte Menge	3.000 Stück	
Abgesetzte Menge	2.800 Stück	

Es kam in der Abrechnungsperiode somit zu einem Lageraufbau an fertigen Erzeugnissen von 200 Stück. Zu ermitteln ist das Betriebsergebnis der Abrechnungsperiode auf Vollkostenbasis sowie auf Teilkostenbasis nach Direct Costing, jeweils nach dem Umsatzkostenverfahren und dem Gesamtkostenverfahren.

Lösung

Vollkostenrechnung:

$$k_h \quad = \quad (60.000\ \text{EUR} : 3\,000\ \text{Stück}) = 20{,}00\ \text{EUR/Stück}$$

$$k_{\text{Verw./Vertr.}} = (4.760\ \text{EUR} : 2\,800\ \text{Stück}) = 1{,}70\ \text{EUR/Stück}$$

$$k_s \quad = \quad 21{,}70\ \text{EUR}$$

$$E \quad = \quad 30\ \text{EUR/Stück} \cdot 2\,800\ \text{Stück} = 84.000\ \text{EUR}$$

Umsatzkostenverfahren (EUR)

Umsatzkosten	60.760	Umsatzerlöse	84.000
Gewinn	23.240		

Gesamtkostenverfahren (EUR)

Herstellkosten *(alle produziert)*	60.000	Umsatzerlöse	84.000
Verw.-/Vertr.kosten *(alle abgesetzt)*	4.760	Bestandserhöhung	4.000
Gewinn	23.240		

Direct Costing:

$$k_{h\,var.} \quad = \quad (42.000\,EUR : 3.000\,Stück) = 14,00\,EUR/Stück$$

$$k_{Verw./Vertr.\,var.} \quad = \quad (2.800\,EUR : 2.800\,Stück) = 1,00\,EUR/Stück$$

$$k_{s\,var.} \quad = \quad 15,00\,EUR$$

Umsatzkostenverfahren (EUR)			
Variable Umsatzkosten[1]	42.000	Umsatzerlöse	84.000
Fixkosten	19.960		
Gewinn	22.040		

Gesamtkostenverfahren (EUR)			
Variable Herstellkosten[1]	42.000	Umsatzerlöse	84.000
Variable Verw.-/Vertr.kosten	2.800	Bestandserhöhung	2.800
Fixkosten	19.960		
Gewinn	22.040		

[1]Variable Umsatzkosten = 15 EUR/Stück · 2 800 Stück = 42.000 EUR
Variable Herstellkosten = 14 EUR/Stück · 3 000 Stück = 42.000 EUR

Der Gewinn ist im Direct Costing aufgrund der Bestandserhöhung um 1.200 EUR niedriger. Das liegt daran, dass im Direct Costing die gesamten Fixkosten der Abrechnungsperiode dem Betriebsergebnis angelastet werden, in der Vollkostenrechnung gehen jedoch 200 Stück mit je 6 EUR Fixkostenanteil (18.000 EUR : 3.000 Stück) ins Lager. Sie belasten das Betriebsergebnis erst dann, wenn sie aus dem Lager entnommen und verkauft werden. Über die Totalperiode betrachtet handelt es sich somit lediglich um zeitliche Differenzen beim Ergebnisausweis, das Totalergebnis bleibt beim Direct Costing und bei der Vollkostenrechnung gleich.

Will oder muss man trotz Direct Costing auch die langfristige Preisuntergrenze (Vollkosten) kalkulieren, so sollte dies mit einer parallel stattfindenden Vollkostenkalkulation geschehen. Ist dies nicht möglich, so kann man die Teilkosten mit anteiligen Fixkosten beaufschlagen, wobei dies progressiv oder retrograd geschehen kann.

Überleitung zur Vollkostenkalkulation

Progressive
Kalkulation

Die *progressive Vorgehensweise* zur Ermittlung von Vollkosten im Direct Costing gestaltet sich wie folgt:

> ⚠ **Merke**
>
> Variable Stückselbstkosten
> + anteilige Fixkosten[1]
> _____
> = Vollkosten
>
> 1 $\dfrac{\text{Fixkosten}}{\text{Summe variable Selbstkosten}} \cdot \text{variable Stückselbstkosten}$

Beispiel: Progressive Kalkulation mit den Daten des Direct Costing

In dem eben aufgeführten Beispiel betragen die gesamten variablen Selbstkosten (= gesamte variable Umsatzkosten) 42.000 EUR, die variablen Stückselbstkosten 15 EUR/Stück und die Fixkosten der Abrechnungsperiode 19.960 EUR. Nach der progressiven Methode können die variablen Stückselbstkosten in Stückselbstkosten auf Vollkostenbasis wie folgt übergeleitet werden:

Variable Stückselbstkosten	=	15,00 EUR
+ anteilige Fixkosten $\dfrac{(19.960 - 1.200)\ \text{EUR}}{42.000\ \text{EUR}^1} \cdot 15,00\ \text{EUR}$	=	+ 6,70 EUR
		21,70 EUR

^{1}42.000 EUR   =   2800 Stück · 15 EUR/Stück variable Stückselbstkosten
            =   gesamte variable Umsatzkosten

Beim Vergleich zwischen dem Vollkostenergebnis und dem Ergebnis nach Direct Costing wurde oben bereits ein Unterschied von 1.200 EUR festgestellt, der sich durch die Bestandsveränderung begründet. Dieser Sachverhalt ist auch bei der Überleitung der Stückkosten zu berücksichtigen. Die Vollkostenkalkulation verteilt die gesamten Herstellkosten (also auch die darin enthaltenen 18.000 EUR Fixkosten) auf die produzierte Menge von 3.000 Stück. Dadurch gehen 1.200 EUR Fixkosten (200 Stück · 6 EUR/Stück Stückfixkosten) ins Lager. Da im Direct Costing hingegen die gesamten Fixkosten dem Ergebnis angelastet werden, müssen aus Gründen der Vergleichbarkeit gegenüber der Vollkostenkalkulation die 1.200 EUR abgezogen werden

Retrograd, d. h. ausgehend vom Deckungsbeitrag, ergeben sich die Vollkosten folgendermaßen:

> **Merge**   **!**
>
> 1.   Stückerlös
> 2. – variable Stückselbstkosten
> 3. = Stückdeckungsbeitrag
> 4. – anteilige Fixkosten[1]
> 5. = Ergebnis
>
> [1] $\dfrac{\text{Fixkosten}}{\text{Summe (positive) Deckungsbeiträge}} \cdot \text{Stückdeckungsbeitrag}$

Beispiel: Retrograde Kalkulation mit den Daten des Direct Costing

Die retrograde Methode stellt sich für das eben verwendete Beispiel wie folgt dar:

	Stückerlös	30,00 EUR
–	Variable Stückselbstkosten	15,00 EUR
=	Stückdeckungsbeitrag	15,00 EUR
–	anteilige Stückfixkosten $\dfrac{(19.960 - 1.200)\ \text{EUR}^{1}}{42.000\ \text{EUR}^{2}} \cdot 15,00\ \text{EUR}$	= 6,70 EUR
=	Stückergebnis	8,30 EUR

Vollkosten = 15,00   EUR   (variable Stückselbstkosten)
        +   6,70   EUR   (anteilige Stückfixkosten)
        = 21,70   EUR

[1]Vgl. die Ausführungen zur progressiven Methode.
[2]Die 42.000 EUR stellen hier die Summe der gesamten Deckungsbeiträge dar: 2.800 Stück · 15 EUR Stückdeckungsbeitrag (der Stückdeckungsbeitrag ist rein zufällig betragsgleich mit den variablen Stückselbstkosten).

8.3.2 Stufenweise Fixkostendeckungsrechnung

Die stufenweise Fixkostendeckungsrechnung stellt eine Weiterentwicklung des Direct Costing dar und unterscheidet sich von dieser durch die *differenzierte* Behandlung der Fixkosten. Der Grundaufbau entspricht dem Direct Costing, die Fixkosten werden allerdings nicht global, sondern stufenweise in das Betriebsergebnis übernommen.

Fixkosten-
differenzierung

Dazu werden die Fixkosten üblicherweise in die folgenden Fixkostenschichten unterteilt:

- Fixkosten einzelner Erzeugnisarten
  (z. B. pauschale Lizenzgebühren für eine Erzeugnisart; zeitabhängige kalkulatorische Abschreibungen, Mieten oder kalkulatorische Zinsen für eine Spezialmaschine, auf der nur eine Erzeugnisart gefertigt wird),
- Fixkosten einzelner Erzeugnisgruppen
  (z. B. zeitabhängige kalkulatorische Abschreibungen für Universalmaschinen, die für eine Erzeugnisgruppe genutzt werden),
- Fixkosten einzelner Kostenstellen
  (z. B. Meistergehalt, Raumkosten, Heizungskosten),
- Fixkosten einzelner Unternehmensbereiche
  (z. B. kalkulatorische Abschreibungen auf ein Gebäude, in dem nur ein Unternehmensbereich sitzt; Gehälter der Bereichsleitung) und
- Fixkosten des Gesamtunternehmens
  (z. B. Gehälter der Unternehmensleitung, Kosten des Wachdienstes, Grundsteuer).

Eine solche Differenzierung der Fixkosten führt zu einer Erfassungshierarchie der Fixkosten, wobei abzuwägen ist, welcher Differenzierungsgrad unter Wirtschaftlichkeitsgesichtspunkten den Genauigkeitserfordernissen genügt.

Bedeutung der
Kostenstellen-
rechnung

Der Kostenstellenrechnung kommt bei der Fixkostendeckungsrechnung eine besondere Bedeutung zu: Die auf den Kostenstellen verbleibenden fixen Gemeinkosten werden den verschiedenen Fixkostenschichten dadurch zugeordnet, dass jede Kostenstelle einer Fixkostenschicht ganz oder anteilig zugeordnet wird.

Mehrere
Deckungs-
beiträge

Durch die stufenweise Berücksichtigung der Fixkosten in der Ergebnisrechnung ergeben sich mehrere Deckungsbeiträge, die angeben, inwieweit die den einzelnen Stufen zuordenbaren Fixkosten gedeckt sind. Die Deckungsbeitragsstufen werden üblicherweise mit Nummern bezeichnet (z. B. DB 1, DB 2a, DB 2b, DB 3, ...). Die Definition der Fixkostenschichten und damit des Deckungsbeitragsschemas erfolgt stets unternehmensindividuell.

Einblick in die
Erfolgsstruktur

Durch einen so konzipierten Erfolgsausweis will die Fixkostendeckungsrechnung bessere Einblicke in die Erfolgsstruktur des Unternehmens ermöglichen, indem sie offenlegt, ob und inwieweit die einzelnen Erzeugnisarten oder Erzeugnisgruppen über die Deckung der speziell durch sie verursachten Fixkosten hinaus auch noch einen Beitrag zur Deckung der Bereichs- und Unternehmensfixkosten sowie zur Erzielung von Gewinn leisten.

Stellt man die in Abbildung 5.8 (siehe Abschnitt 5.4.2) ausgewiesene differenzierte Erfolgsrechnung für Mehrproduktunternehmen als Fixkostendeckungsrechnung dar, so könnte sie das Aussehen wie in Abbildung 8.2 haben (wobei sie auch als Direct Costing anpassbar wäre – die Fixkosten müssten dann nur in einer Summe ausgewiesen werden).

Umsatzerlöse/ Kosten/ Deckungsbeiträge	Kostenträgergruppe 4 (z. B. Industriemotoren)	Kostenträger IM 1			

Umsatzerlöse/ Kosten/ Deckungsbeiträge	Kostenträgergruppe 3 (z. B. Geländewagen)	Kostenträger GW 1	Kostenträger GW 2

Umsatzerlöse/ Kosten/ Deckungsbeiträge	Kostenträgergruppe 2 (z. B. Sportwagen)	Kostenträger SPW 1		Kostenträger SPW 2	
		Ausland	Inland	Ausland	Inland

Haupttabelle:

Umsatzerlöse/ Kosten/ Deckungsbeiträge	Kostenträgergruppe1 (z. B. Mittelklassewagen)	Kostenträger MKW 1				Kostenträger MKW 2			
		Ausland		Inland		Ausland		Inland	
	Summen	Land A	Land B	Region 1	Region 2	Land A	Land B	Region 1	Region 2
Umsatzerlöse									
– Materialeinzelkosten – variable Materialgemeinkosten – Fertigungseinzelkosten – variable Fertigungsgemeinkosten – Sondereinzelkosten der Fertigung									
– $\sum$ variable Herstellkosten des Umsatzes									
– Vertriebseinzelkosten – Sondereinzelkosten des Vertriebs – variable Vertriebsgemeinkosten									
– $\sum$ variable Selbstkosten des Umsatzes									
= Deckungsbeitrag I									
– Erzeugnisartenfixkosten									
= Deckungsbeitrag II									
– Erzeugnisgruppenfixkosten									
= Deckungsbeitrag III									
– Kostenstellenfixkosten									
= Deckungsbeitrag IV									
– Bereichsfixkosten									
= Deckungsbeitrag V									
– Unternehmensfixkosten									
= Betriebsergebnis									

Abb. 8.2: Fixkostendeckungsrechnung

Vollkosten-kalkulation

Ist eine Vollkostenkalkulation gewünscht, aber eine parallel stattfindende Vollkostenkalkulation nicht möglich, so bietet es sich in Analogie zum Direct Costing an, in der Fixkostendeckungsrechnung stufenweise differenzierte Fixkostenzuschläge auf Basis der jeweiligen Restdeckungsbeiträge oder der variablen Kosten zu bilden. Auch hier ist wieder eine progressive und eine retrograde Vorgehensweise möglich.

Beispiel: Progressive und retrograde Kalkulation mit den Daten der stufenweisen Fixkostendeckungsrechnung

Ausgangsdaten

Es sind die Vollkosten nach der progressiven und der retrograden Methode zu ermitteln. Folgende Daten aus einer dreistufigen Ergebnisrechnung liegen vor:

Produktgruppe	A		B		Summe (EUR)
Erzeugnis	A_1	A_2	B_1	B_2	
Absatzmenge x_a (Stück)	40	80	40	60	
Stückerlös (EUR)	25	19	20	18	
Variable Stückkosten (EUR)	5	6	4	5	
Umsatz	1.000	1.520	800	1.080	4.400
– variable Kosten	200	480	160	300	1.140
= DB I	800	1.040	640	780	3.260
– Erzeugnisartenfixkosten	400	300	200	500	1.400
= DB II	400	740	440	280	1.860
– Erzeugnisgruppenfixkosten	700		300		1.000
= DB III	440		420		860
– Unternehmensfixkosten	700				700
= Gewinn	160				160

Lösung

Progressive Kalkulation

1. Ermittlung der Zuschlagsätze (Basis: variable Kosten):
   a. beispielhafte Ermittlungsdarstellung für Produkt A_1:

Erzeugnisartenfixkosten	=	400	:	200^1 · 100	=	200,00	%
Erzeugnisgruppenfixkosten	=	700	:	680^2 · 100	=	102,94	%
Unternehmensfixkosten	=	700	:	1.140^3 · 100	=	61,40	%

[1] variable Kosten A_1
[2] variable Kosten A_1 und A_2
[3] variable Kosten A_1, A_2, B_1 und B_2

b.   Zuschlagsätze für alle Produkte:

Zuschlagsätze (%)	A_1	A_2	B_1	B_2
Erzeugnisartenfixkosten	200,00	62,50	125,00	166,67
Erzeugnisgruppenfixkosten	102,94		65,22	
Unternehmensfixkosten	61,40			

2.   Kalkulation

EUR/Stück	A_1	A_2	B_1	B_2
Variable Kosten	5,00	6,00	4,00	5,00
+ Erzeugnisfixkosten	10,00	3,75	5,00	8,33
+ Erzeugnisgruppenfixkosten	5,15	6,18	2,61	3,26
+ Unternehmensfixkosten	3,07	3,68	2,46	3,07
= Vollkosten	*23,22*	*19,61*	*14,07*	*19,66*

3.   Probe:

23,22 EUR/Stück	· 40 Stück	=	928,80 EUR
19,61 EUR/Stück	· 80 Stück	=	1.568,80 EUR
14,07 EUR/Stück	· 40 Stück	=	562,80 EUR
19,66 EUR/Stück	· 60 Stück	=	1.179,60 EUR
Gesamtkosten lt. Ergebnisrechnung		=	4.240,00 EUR

Retrograde Kalkulation

1.   Ermittlung der Zuschlagsätze (auf Basis der Deckungsbeiträge):

Zuschlagsätze (%)	A_1	A_2	B_1	B_2
Erzeugnisartenfixkosten	50,00 (= 400 : 800) · 100	28,85 (= 300 : 1040) · 100	31,25	64,10
Erzeugnisgruppenfixkosten	61,40 = [700 : (400 + 740)] · 100		41,67	
Unternehmensfixkosten	81,40 = [700 : (440 + 420)] · 100			

2. Vollkostenkalkulation

EUR/St.	A_1	A_2	B_1	B_2
Stückerlös	25,00	19,00	20,00	18,00
– variable Stückkosten	5,00	6,00	4,00	5,00
= Stückdeckungsbeitrag I	20,00	13,00	16,00	13,00
– anteilige Erzeugnisartenfixkosten	10,00	3,75	5,00	8,33
= Stückdeckungsbeitrag II	10,00	9,25	11,00	4,67
– anteilige Erzeugnisgruppenfixkosten	6,14	5,68	4,58	1,95
= Stückdeckungsbeitrag III	3,86	3,57	6,42	2,72
– anteilige Unternehmensfixkosten	3,14	2,91	5,23	2,21
= Stückgewinn	0,72	0,66	1,19	0,51

Vollkosten	24,28	18,34	18,81	17,49

3. Probe

24,28 EUR/Stück · 40 Stück	=	971,20 EUR
18,34 EUR/Stück · 80 Stück	=	1.467,20 EUR
18,81 EUR/Stück · 40 Stück	=	752,40 EUR
17,49 EUR/Stück · 60 Stück	=	1.049,40 EUR
Gesamtkosten		4.240,20 EUR

8.3.3   Deckungsbeitragsrechnung mit relativen Einzelkosten

Die Deckungsbeitragsrechnung mit relativen Einzelkosten wurde mit dem Ziel entwickelt, die Auswirkungen von Entscheidungen auf den Erfolg eines Unternehmens offenzulegen. Als Kalkulationsobjekte kommen z. B. Erzeugniseinheiten, Erzeugnisgruppen, Kostenstellen, Abrechnungsperioden, Kundengruppen, Vertriebsregionen und vieles mehr in Betracht.

Deckungsbeitrag   Der Deckungsbeitrag eines Kalkulationsobjektes ist hier definiert als Überschuss der Einzelerlöse über die Einzelkosten. Die Deckungsbeitragsrechnung mit relativen Einzelkosten stellt also wieder die Unterscheidung von Einzelkosten und Gemeinkosten in den Vordergrund. Gemäß dem Identitätsprinzip dürfen bei der Ermittlung des Deckungsbeitrags einer Entscheidung nur diejenigen (Einzel-)Erlöse und (Einzel-)Kosten berücksichtigt werden, die unmittelbar durch diese Entscheidung ausgelöst werden.

Im Vorgrund steht somit die direkte Zurechnung von Kosten und Erlösen unter Verzicht auf jegliche Schlüsselung von Gemeinkosten und Gemeinerlösen. Die Deckungsbeitragsrechnung mit relativen Einzelkosten setzt damit das Ansinnen der Teilkostenrechnung auf Verzicht von Schlüsselungen am konsequentesten um. Relativ sind Kosten und Erlöse insofern, als dieselbe Kostenposition z. B. in Bezug auf eine Kundengruppe Einzelkosten, in Bezug auf eine Vertriebsregion jedoch Gemeinkosten darstellen kann. Diese Grundüberlegung der Relativierung von Einzelkosten (und Einzelerlösen) wird in Abbildung 8.3 dargestellt.

Relative Einzelkosten

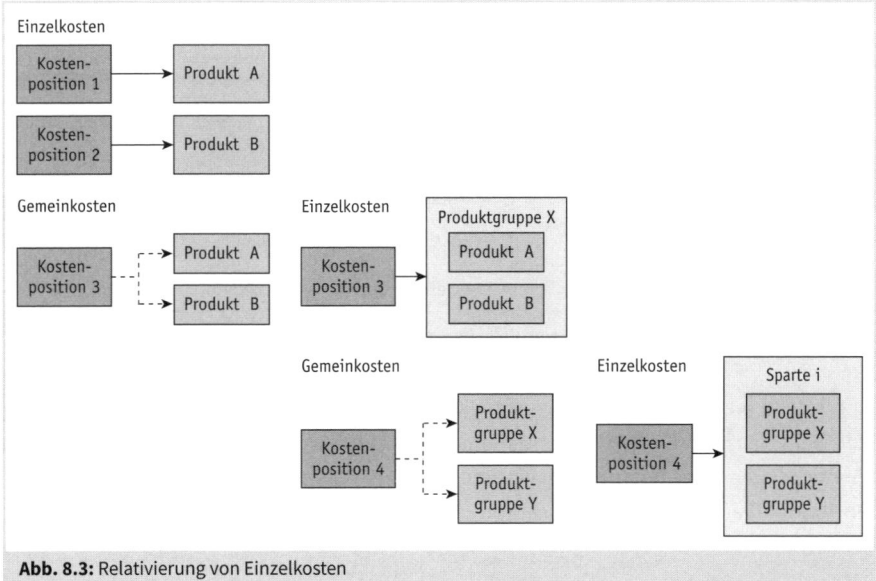

Abb. 8.3: Relativierung von Einzelkosten

Der Deckungsbeitragsrechnung mit relativen Einzelkosten liegen pagatorische Rechengrößen zugrunde. Die für die Erstellung von Deckungsbeitragsrechnungen benötigten Informationen werden in einer *Grundrechnung* gesammelt. Die Grundrechnung der Kosten ersetzt die herkömmliche Kostenarten, -stellen- und -trägerrechnung. In dieser Grundrechnung werden die nach Kostenkategorien untergliederten Kostenarten den für die Kostenauswertung interessierenden Kalkulationsobjekten (z. B. Kostenstellen, Kostenträger) zugerechnet. In fallweisen Auswertungsrechnungen werden aus der Grundrechnung für das jeweils interessierende Kalkulationsobjekt die relevanten (Einzel-) Erlöse und (Einzel-) Kosten extrahiert.

Grundrechnung und Auswertungsrechnung

Problematisch dürfte die Umsetzung der Deckungsbeitragsrechnung mit relativen Einzelkosten in ein durchgängig praktikables Kostenrechnungssystem werden. Dies liegt daran, dass in seiner Reinform weder aussagekräftige Stückkostenkalkulationen von Produkten

Würdigung

noch aussagekräftige Betriebsergebnisrechnungen für Abrechnungsperioden erstellt werden können. Andererseits wird mit dieser Rechnung deutlich herausgestellt, dass der Zweck der Entscheidungsrechnungen die einzubeziehenden Kosten- und Leistungsgrößen bestimmt. Dieses Grundprinzip der entscheidungsorientierten Kosten- und Leistungsrechnung werden wir in Abschnitt 8.4. nutzen.

Darüber hinaus hat die Deckungsbeitragsrechnung mit relativen Einzelkosten verdeutlicht, dass die Kalkulationsobjekte nicht auf die Produkt-Dimension (Produktvarianten, Produkte, Produktgruppen, Unternehmenssparten) beschränkt sein muss. Vielmehr können in einem Unternehmen parallel mehrere Hierarchien von Kalkulationsobjekten definiert werden, so z. B. eine Kundendimension oder eine Regionendimension (siehe Abbildung 8.4).

	Produkte	Kunden	Regionen	...
Ebene 1	Gesamtunternehmen			
Ebene 2	Unternehmenssparte	Kundengruppe	Kontinent	...
Ebene 3	Produktgruppe	Kundenverbund	Land	...
Ebene 4	Produkt	Einzelkunde	Region	...
Ebene 5	Produktvariante	Kundenstandort	Gemeinde	...

Abb. 8.4: Mehrdimensionale Hierarchie von Kalkulationsobjekten

Mehr-
dimensionale
Deckungs-
beitrags-
rechnung

Eine solche mehrdimensionale Deckungsbeitragsrechnung ermöglicht nicht nur einen Wechsel zwischen den einzelnen Dimensionen, sondern auch deren Kombination. So könnte z. B. die Frage beantwortet werden, welche Deckungsbeiträge mit einer bestimmten Produktvariante bei einer bestimmten Kundengruppe im Land Frankreich erzielt wurden.

8.3.4 Grenzplankostenrechnung

Die Flexible Plankostenrechnung auf Vollkostenbasis nahm zwar bereits eine Kostenauflösung in fixe und variable Kosten vor, nutzte diese jedoch lediglich zur Kostenkontrolle auf Kostenstellenebene. Die Planverrechnungssätze und Plankalkulationssätze wurden vollkostenbasiert gebildet und die Kostenträger mit vollen (fixen und variablen) Gemeinkosten belastet. Erst die Grenzplankostenrechnung setzt den Teilkostengedanken konsequent um und kann daher als diejenige Plankostenrechnungsvariante bezeichnet werden, die zur Ist-Teilkostenrechnung passt.

Auf Ebene der Kostenstellen findet demnach eine Kostenauflösung in fixe und variable Gemeinkostenbestandteile statt (siehe zur Kostenauflösung Abschnitt 7.3). Die Planverrechnungssätze zur Bewertung innerbetrieblicher Leistungen werden in den Allgemeinen Kostenstellen und den Hilfskostenstellen dann nur auf Basis der variablen Gemeinkosten gebildet. Genauso werden die Plankalkulationssätze in den Hauptkostenstellen nur auf Basis variabler (primärer und empfangener sekundärer) Gemeinkosten gebildet. Da die Einzelkosten als variabel angenommen werden, erfolgt die Plankalkulation der Kostenträger somit ausschließlich auf Basis variabler Kosten.

Die fixen Plankosten der Kostenstellen werden dann in die Planbetriebsergebnisrechnung übernommen. Erfolgt der Fixkostenausweis undifferenziert en bloc, so ist die Grenzplankostenrechnung als Direct Costing ausgestaltet. Erfolgt der Fixkostenausweis nach Schichten differenziert, so ist die Grenzplankostenrechnung als Stufenweise Fixkostendeckungsrechnung ausgestaltet.

Da die Fixkosten nicht in die Planverrechnungs- und -kalkulationssätze eingehen, kann es zu keiner Beschäftigungsabweichung aufgrund von Fixkostenüberdeckung oder Fixkostenunterdeckung kommen. In der Grenzplankostenrechnung werden folglich nur eine Verbrauchsabweichung und eine Preisabweichung ermittelt. Es kann jedoch eine gesonderte Nutz- und Leerkostenanalyse durchgeführt werden (siehe Abschnitt 7.5.1).

8.4   Anwendungsfälle der entscheidungsorientierten Kosten- und Leistungsrechnung

Im Folgenden werden ausgewählte *Anwendungsfälle* von Teilkostenrechnungen vorgestellt. Zu diesen Anwendungsfällen zählen insbesondere die

- Break-even-Analyse,
- Preispolitik,
- Programmplanung und -analyse,
- Entscheidung zwischen Eigenfertigung und Fremdbezug (make or buy), sowie
- Kosten- und Gewinnvergleichsrechnung bei Investitionsentscheidungen

Bei jedem dieser Anwendungsfälle besteht die Schwierigkeit zunächst darin, die jeweils entscheidungsrelevanten Kosten (und Erlöse) zu identifizieren, da nur diese in das Entscheidungskalkül einbezogen werden dürfen. Entscheidungsrelevant sind jeweils alle diejenigen Positionen, welche durch die Entscheidung (oder durch eine der Entscheidungsalternativen)

Entscheidungs-relevante Kosten

- anfallen (d. h. die ohne die Entscheidung nicht entstehen würden)
- ganz oder teilweise wegfallen (d. h. die ohne die Entscheidung in unveränderter Höhe anfallen würden).

Nicht entscheidungsrelevant (entscheidungsirrelevant) sind dagegen diejenigen Positionen, welche

- in keinem sachlichen Zusammenhang mit der Entscheidung stehen
- zwar in einem sachlichen Zusammenhang mit der Entscheidung stehen, jedoch bereits in der Vergangenheit disponiert wurden. Der Anfall der Kostenposition beruht somit auf einer in der Vergangenheit getroffenen Entscheidung, die nun nicht mehr revidierbar ist. Die Kostenposition ist also durch die aktuelle Entscheidung nicht beeinflussbar und stellt damit sogenannte »sunk costs« dar.

8.4.1 Break-even-Analyse

Die Break-even-Analyse stellt eine wichtige Anwendung der Deckungsbeitragsrechnung in Form des Direct Costing dar. Sie zählt zu den ältesten Methoden der betriebswirtschaftlichen Erfolgsplanung und -kontrolle. Auswirkungen von unternehmerischen Entscheidungen auf die zukünftige Gewinnsituation lassen sich schnell vorausberechnen und einfach darstellen. Beispielsweise lassen sich folgende Fragen beantworten:

- Wie verändert sich das Ergebnis bei einer bestimmten Veränderung des Umsatzes?
- Welche Auswirkung hat eine Kostenveränderung bei den Fixkosten und/oder bei den variablen Stückkosten auf den zukünftigen Gewinn?
- Welche Preiserhöhung ist notwendig, um eine Kostenerhöhung zu kompensieren?
- Welche Absatzerhöhung ist bei einem Preisnachlass erforderlich, um den gleichen Gewinn zu erzielen?
- Welchen Umsatzrückgang kann das Unternehmen in Kauf nehmen, ohne dass es in die Verlustzone gerät?

Break-even-Point *Der Break-even-Point* (oder Gewinnschwelle oder Kostendeckungspunkt) kennzeichnet denjenigen Punkt, an dem sowohl die fixen als auch die variablen Kosten durch die Umsatzerlöse *gedeckt* sind. Hier entsteht also weder Gewinn noch Verlust. Gleichzeitig gilt im Break-even-Point, dass die Deckungsbeiträge gerade die fixen Kosten decken.

> **! Unter der Lupe**
>
> Die Bedeutung des Break-even-Points (im Folgenden als »toter Punkt« bezeichnet) für unterschiedliche Entscheidungssituationen wurde schon sehr früh erkannt, wie die folgende Passage aus dem Lehrbuch von Schär des Jahres 1922 zeigt:
> »Um die Bedeutung und Wichtigkeit der Kalkulation des toten Punktes in vollem Umfange zu erfassen, muß hervorgehoben werden, daß dieser nicht nur für jede wirtschaftliche Unternehmung in ihrer Gesamtheit bestimmbar ist, sondern auch für jede als selbstständig erfassbare Betriebsabteilung der Gesamtunternehmung, ja sogar für jede in gleicher Weise behandelte Arbeitsstelle, jede Maschine usw. Bei der Kalkulation aller dieser und ähnlicher Teilbetriebe wird es Aufgabe der Buchhaltung und Kalkulation sein, den Aufwand an proportionalen und eisernen Kosten und ihr Verhältnis zu dem Ertrag bzw. zur wirtschaftlichen Nutzleistung rechnungsmäßig

festzustellen. Man wird zugeben, daß es zu den interessantesten und wichtigsten Problemen jedes Wirtschaftsbetriebes gehört, wenn man rechnungsmäßig ermitteln kann, ob und wie diese oder jene alte oder neue Betriebsabteilung, eine neue Maschine, eine Arbeitsstelle, eine neue Erfindung, ein neues Verfahren in Vergleich zu dem bisherigen sich rentiert, bis zu welchem Punkt man einzig zur Deckung der eisernen Kosten arbeiten muß, wann und wo dieser überschritten ist und die gewinnbringende Periode anfängt.«

Für ein Ein-Produkt-Unternehmen sieht die Break-even-Rechnung grafisch wie in Abbildung 8.5 dargestellt aus. Dieser Darstellung liegen folgende Annahmen zu Grunde:

Ein-Produkt-Unternehmen

- Die Produktionsmenge entspricht der Absatzmenge und ist zudem beliebig teilbar.
- Die variablen Stückkosten sind direkt proportional.
- Bei den Fixkosten handelt es sich um absolute Fixkosten.
- Die Stückerlöse sind konstant.
- Die Beschäftigung (gemessen mit der Produktionsmenge) ist der einzige Kosteneinflussfaktor.

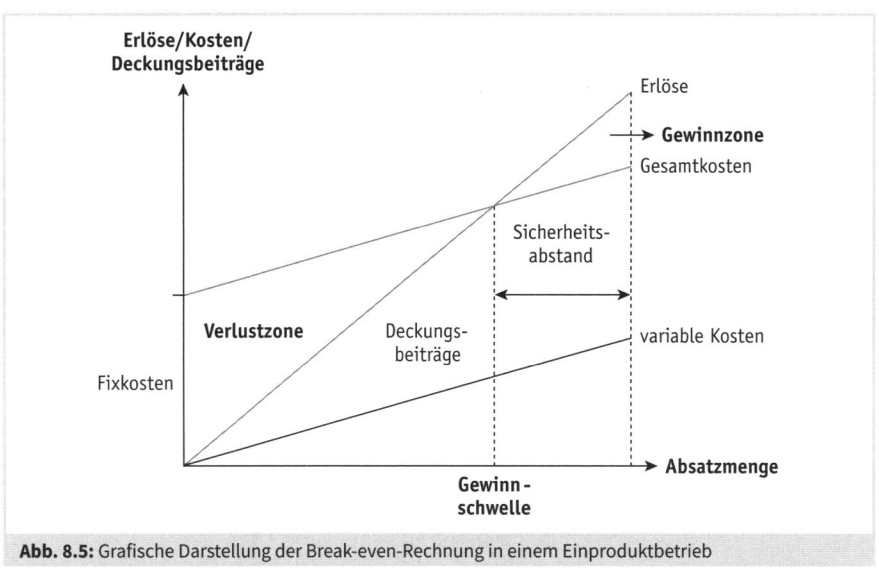

Abb. 8.5: Grafische Darstellung der Break-even-Rechnung in einem Einproduktbetrieb

Die Kennzahl Sicherheitsabstand gibt an, um wie viel Prozent die aktuelle Absatzmenge (effektive Menge) zurückgehen darf, bis die Break-even-Menge erreicht wird. Der Sicherheitsabstand wird in Prozent ausgedrückt und stellt ein Risikomaß dar: Je höher der Sicherheitsabstand, desto besser ist das Unternehmen gegen Absatzrückgänge gewappnet.

Sicherheitsabstand

Rechnerische
Ermittlung

Rechnerisch lassen sich die Break-even-Menge, der Break-even-Umsatz und der Sicherheitsabstand wie folgt ermitteln:

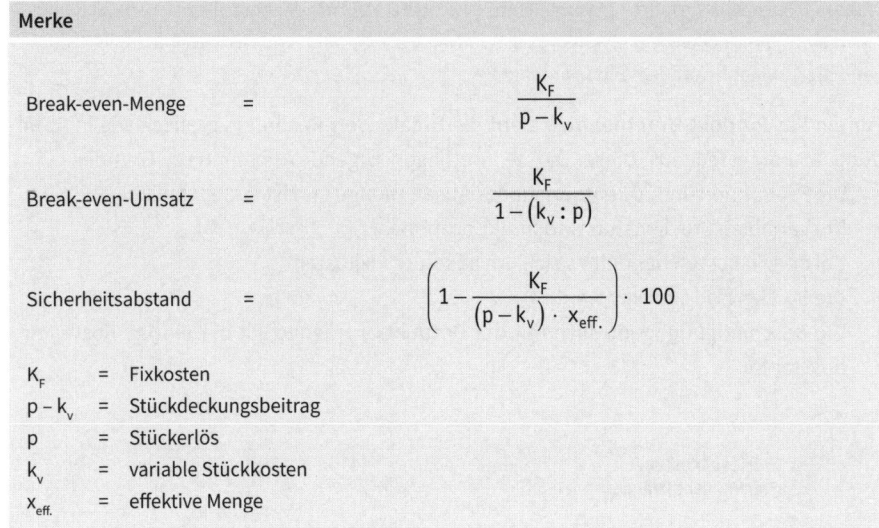

! Merke

Break-even-Menge = $\dfrac{K_F}{p - k_v}$

Break-even-Umsatz = $\dfrac{K_F}{1 - (k_v : p)}$

Sicherheitsabstand = $\left(1 - \dfrac{K_F}{(p - k_v) \cdot x_{eff.}}\right) \cdot 100$

K_F	=	Fixkosten
$p - k_v$	=	Stückdeckungsbeitrag
p	=	Stückerlös
k_v	=	variable Stückkosten
$x_{eff.}$	=	effektive Menge

Beispiel: Break-even-Analyse

In einem Industriebetrieb wird nur ein Produkt hergestellt. Der Stückerlös beträgt 200 EUR, die variablen Stückselbstkosten belaufen sich auf 150 EUR und die Fixkosten auf 50.000 EUR.
Unter Anwendung der obenstehenden Formeln zeigt sich:
- Es müssen mindestens 1.000 Stück abgesetzt werden, um in die Gewinnzone zu gelangen (= Break-even-Menge).
- Dies entspricht einem Umsatz von 200.000 EUR (= Break-even-Umsatz).
- Liegt die effektive Absatzmenge bei z. B. 1.250 Stück, so darf diese maximal um 20 % zurückgehen, um zumindest Kostendeckung zu erzielen.

Auswirkungen von Erlös- und Kostenänderungen lassen sich auch mithilfe der *Deckungsgradlinie* veranschaulichen (siehe Abbildung 8.6). Diese stellt eine alternative Darstellungsform der Break-even-Analyse dar.

Deckungsgradlinie

Das Steigungsmaß Deckungsgradlinie ergibt sich aus dem (konstanten) Verhältnis »Deckungsbeitrag zu Umsatzerlös« *(DBU-Faktor)*

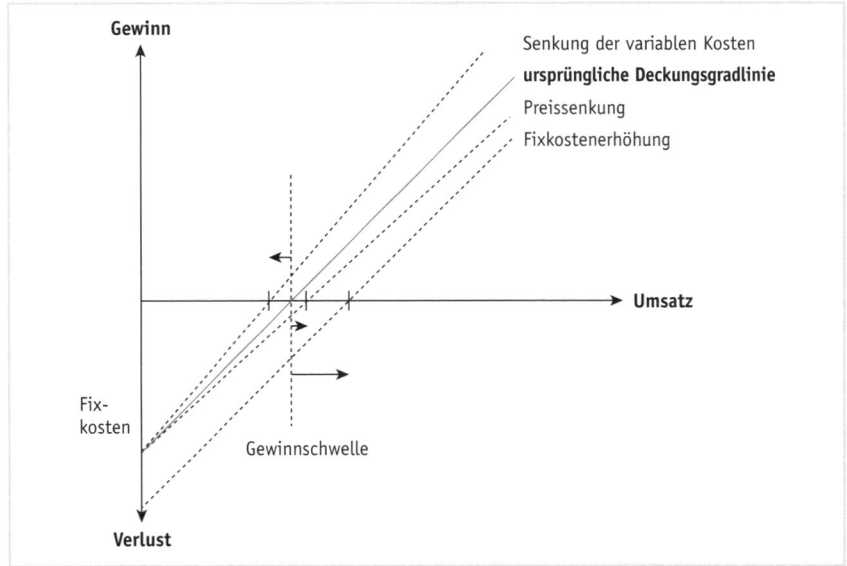

Abb. 8.6: Variation der Deckungsgradlinie

Bei Mehr-Produkt-Unternehmen verläuft die Deckungsgradlinie nicht linear, da die einzelnen Produkte in aller Regel einen unterschiedlichen DBU-Faktor aufweisen werden. Die Darstellung kann jedoch als Deckungsgradlinie mit DBU-Faktoren erfolgen. Die DBU-Faktoren drücken hierbei die relative Vorteilhaftigkeit der Produkte aus, d. h. je höher der DBU-Faktor, desto besser. Die gesamte Deckungsgradlinie setzt sich dann aus den Deckungsgradlinien der einzelnen Produkte zusammen.

Mehr-Produkt-Unternehmen

- Unterstellt man einen optimistischen Fall, so ist die Annahme, dass zunächst die Produkte mit dem höchsten DBU-Faktor verkauft werden, dann die mit dem zweithöchsten DBU-Faktor etc. Bei der Deckungsgradlinie werden daher die Produkte mit absteigendem DBU-Faktor abgetragen (siehe Abbildung 8.6).
- Würde man einen pessimistischen Fall darstellen wollen (nicht in Abbildung 8.6 ersichtlich), bei dem zunächst das Produkt mit dem niedrigsten DBU-Faktor verkauft wird usw., so würde man die Deckungsgradlinie in umgekehrter Reihenfolge mit aufsteigenden DBU-Faktoren erstellen.
- Ein durchschnittlicher Fall lässt sich darstellen, indem man die Deckungsgradlinie für das – fiktive – Durchschnittsprodukt ermittelt (siehe hierzu das nachfolgende Beispiel sowie Abbildung 8.6).

Im Sinne einer horizontalen Risikoanalyse gibt der Vergleich von pessimistischem und optimistischem Fall an, in welcher Umsatzbandbreite der Break-even-Point erreicht wird. Im Sinne einer vertikalen Risikoanalyse lässt der Vergleich von optimistischem und pessimistischem Fall zudem erkennen, welche Bandbreite der Erfolg bei einem bestimmten Umsatzvolumen aufweist.

Beispiel: DBU-Faktor, Deckungsgradlinie

Es werden drei Produkte hergestellt. Die Periodenfixkosten betragen 50.000 EUR. Stückerlöse, variable Kosten und erzielte (oder geplante) Verkaufsmengen sind der nachstehenden Tabelle zu entnehmen.

Produkt	Stückerlös (EUR)	Variable Stückkosten (EUR)	Erzielte bzw. geplante Absatzmengen (Stück)
A	3,00	2,20	20.000
B	7,10	4,07	4.000
C	6,30	2,00	14.000

Daraus lassen sich die Erlöse, variablen Kosten, Deckungsbeiträge und DBU-Faktoren ermitteln:

Produkt	Erlöse (EUR)	Variable Kosten (EUR)	Deckungsbeitrag (EUR)	DBU-Faktoren
A	60.000	44.000	16.000	0,267
B	28.400	16.280	12.120	0,427
C	88.200	28.000	60.200	0,683
Σ / ∅ DBU-F.	176.600	88.280	88.320	0,500

Als durchschnittlicher Break-even-Umsatz bei einem durchschnittlichen Umsatzmix ergeben sich: 50.000 EUR : 0,5 = 100.000 EUR.

Die Reihenfolge, in der die Produkte die Deckungsgradlinie bilden, richtet sich nicht nach deren absoluter, sondern nach deren relativer Vorteilhaftigkeit (DBU-Faktor): zunächst C, dann B, schließlich A.

Bei der Festlegung von Produktprioritäten ist jedoch zu bedenken, dass in diese statischen Momentaufnahmen auch nicht-finanzielle Kriterien wie Phase des Produktlebenszyklus, Auswirkungen auf andere Produkte im Sortiment (Absatzverbundenheit), Produktbekanntheit usw. einzubeziehen sind.

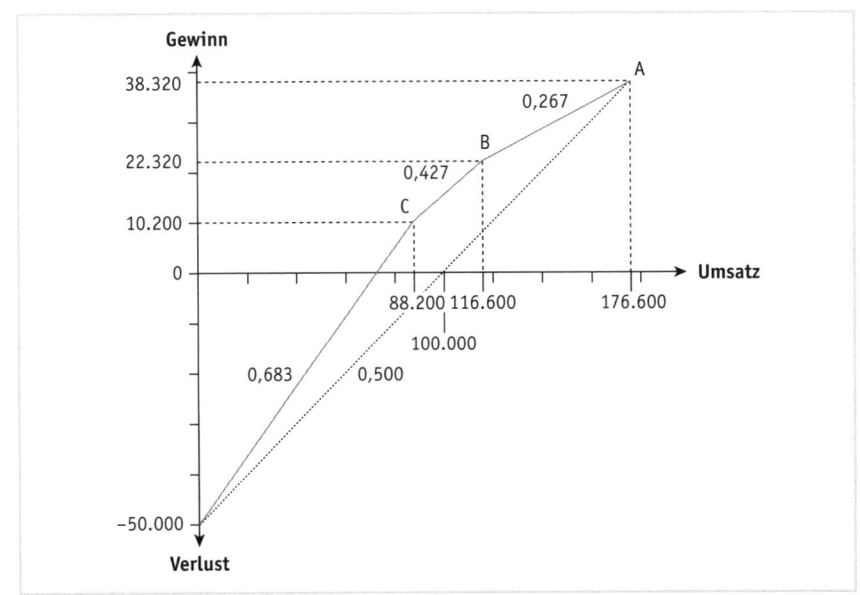

Abb. 8.7: Deckungsgradlinie bei Mehrproduktfertigung

8.4.2   Preispolitik

Für die Preispolitik werden von der Deckungsbeitragsrechnung ebenfalls wertvolle Informationen geliefert. Die Entscheidungssituation könnte sich hier z. B. so gestalten, dass ein wichtiger Kunde die Platzierung eines großen Zusatzauftrags in Aussicht stellt, dabei jedoch nur einen deutlich niedrigeren als den üblichen Preis zu zahlen bereit ist.

Langfristig müssen in jedem Unternehmen Erlöse in der Höhe erzielt werden, dass die gesamten Selbstkosten abgedeckt werden und zudem ein angemessener Gewinn erreicht wird. Es können jedoch auch Situationen wie der oben beschriebene Zusatzauftrag eintreten, in denen die ermittelten Selbstkosten und der angestrebte Gewinn nicht vollständig realisiert werden können oder die Realisierung vorübergehend gar nicht beabsichtigt ist. In diesen Fällen ermittelt man mithilfe der Deckungsbeitragsrechnung, welchen Teil der Kosten der Preis in der jeweiligen Situation kurzfristig (im Sinne von vorübergehend) decken muss. Im Falle des Zusatzauftrags stellt sich also die Frage, ob der vom Kunden angebotene Sonderpreis zumindest diesen Teil der Kosten übersteigt: Falls ja, so sollte der Zusatzauftrag aus finanzieller Sicht angenommen werden, andernfalls nicht.

Langfristige Preisuntergrenze

Wie in Abschnitt 8.1 bereits ausgeführt, stellen zunächst einmal die variablen Kosten grundsätzlich die kurzfristige Preisuntergrenze dar. Für eine differenziertere Betrachtung ist jedoch zu unterscheiden, ob

- Unterbeschäftigung,
- ein Engpass oder
- mehrere Engpässe

vorliegen.

! **Unter der Lupe**

Bei genauer Betrachtung sind es die Grenzkosten, welche in derartigen Entscheidungssituationen die kurzfristige Preisuntergrenze bilden und somit entscheidungsrelevant sind. Unter Grenzkosten versteht man die zusätzlichen Kosten, die durch die jeweils nächste produzierte Einheit verursacht werden. Gleichermaßen sind die Grenzkosten diejenigen Kosten, die bei Verringerung der Produktionsmenge um eine Einheit wegfallen.

Nimmt man die fixen Kosten als absolut fix an, so betragen die Grenzkosten Null. Nimmt man die variablen Kosten als proportional an, so entsprechen die Grenzkosten den konstanten variablen Stückkosten. Unter diesen beiden Annahmen sind es also die variablen Kosten, die als entscheidungsrelevant angesehen werden können.

Kurzfristige Preisuntergrenze bei Unterbeschäftigung Für unterbeschäftigte Betriebe kann kurzfristig jeder Preis akzeptiert werden, der über den variablen Kosten liegt, denn die betreffende Absatzleistung erbringt damit einen zusätzlichen Deckungsbeitrag zur Abdeckung der auf kurze Sicht unveränderlichen und somit ohnehin zu tragenden Fixkosten. Die kurzfristige Preisuntergrenze entspricht damit den *variablen Kosten*. Im Falle freier Kapazitäten wird jede Produktart produziert und abgesetzt, deren Preis nicht unter den variablen Kosten liegt.

! **Merke**

Kurzfristige Preisuntergrenze = Variable Kosten

Dazu bedarf es einer genauen Betrachtung, welcher Teil der Kosten als variabel und welcher als fix anzunehmen ist. Wenn beispielsweise für den Fall der Unterbeschäftigung die (eigentlich als variabel angesehenen) Fertigungslohnkosten aufgrund gesetzlicher oder tarifvertraglicher Regelungen kurzfristig nicht abbaubar sind, gelten sie als fix und kommen für die Ermittlung der kurzfristigen Preisuntergrenze für einen Zusatzauftrag nicht in Betracht. Andererseits kann es durch die Hereinnahme von zusätzlichen Aufträgen in einzelnen Bereichen des Unternehmens (z. B. im Verwaltungsbereich) auch zu Fixkostensteigerungen kommen. Derartige sprungfixe Effekte sind zu prüfen und müssen sofern relevant im Entscheidungskalkül berücksichtigt werden.

Ist darüber zu entscheiden, ob bei Vorliegen eines Engpasses ein sich im Programm befindliches Produkt eingeschränkt oder ganz herausgenommen werden soll, um

- ein zusätzliches Produkt ins Programm aufzunehmen oder
- ein sich bereits im Programm befindliches Produkt zu forcieren,

so sollten die *Opportunitätskosten* als kurzfristige Preisuntergrenze angesetzt werden. Zu den *variablen Kosten* des aufzunehmenden / zu forcierenden Produkts muss dann noch der *Gewinnentgang* des verdrängten Produkts mit aufgenommen werden.

Kurzfristige Preisuntergrenze bei einem Engpass

Merke

Kurzfristige Preisuntergrenze = Variable Kosten + Gewinnentgang

!

Welches Produkt ganz oder teilweise verdrängt wird, ist mittels des Stückdeckungsbeitrags pro Engpasseinheit (z. B. pro Maschinen- oder Arbeitsstunde) zu bestimmen Mit diesem auch als relativ bezeichneten Stückdeckungsbeitrag können somit Produktprioritäten festgelegt werden. Die Produkte mit den geringsten relativen Deckungsbeiträgen sollten durch relativ deckungsbeitragsstärkere Produkte ersetzt werden (siehe für ein Rechenbeispiel zu relativen Deckungsbeiträgen den folgenden Abschnitt »Programmplanung und -analyse«). Gegebenenfalls sind Opportunitätskosten in Form von entgangenen relativen Deckungsbeiträgen in die kurzfristige Preisuntergrenze des aufzunehmenden Produktes hineinzurechnen.

Relativer Deckungsbeitrag

Liegen mehrere Engpässe vor, so lassen sich die Opportunitätskosten nur simultan aus der optimalen Lösung des Produktionsplanungsproblems mithilfe der linearen Programmierung ermitteln. Tabellenkalkulationsprogramme können hier unterstützen, indem sie eine Zielwertsuche unter Nebenbedingungen ermöglichen.

Kurzfristige Preisuntergrenze bei mehreren Engpässen

Wer eine Preispolitik nach den oben beschriebenen Grundsätzen betreibt, der muss allerdings auch prüfen, ob unerwünschte langfristige Auswirkungen auftreten können. Gegebenenfalls ist der Kunde nicht bereit, auf den einmal eingeräumten Sonderpreis zu verzichten. Möglicherweise ergeben sich auch Fernwirkungen auf andere Kunden, die von den Sonderpreisen erfahren und diese ebenfalls für sich beanspruchen. Schnell kann zudem auch im eigenen Unternehmen in Vergessenheit geraten, dass die auf variablen Kosten basierende Preisuntergrenze eben nur für kurzfristige Entscheidungsrechnungen herangezogen werden sollte und nicht grundsätzlich zur Angebotspreisbildung geeignet ist. In diesen Fällen könnten also unbeabsichtigte Erlöseinbußen in der Zukunft eintreten. Sind solche Effekte absehbar, so müssten sie ebenfalls in das Entscheidungskalkül mit einbezogen werden.

Prüfung langfristiger Auswirkungen

8.4.3 Programmplanung und analyse

Kurzfristige Programmplanung

Geht es bei der *kurzfristigen Programmplanung* um die Forcierung oder Eliminierung bestimmter Produkte aus dem bestehenden, auf lange Sicht angelegten Produktions- und Absatzprogramm, so sind für solche Entscheidungen die Bereitschaftskosten ebenfalls irrelevant. Sollten sich jedoch die Fixkosten durch die Forcierung oder Eliminierung eines oder mehrerer Produkte auch für den Kurzfristzeitraum ändern, so ist diese Veränderung (sprungfixe Kosten) ebenfalls zu berücksichtigen.

Programmgestaltung bei Unterbeschäftigung

Liegen keine *Engpässe* vor, so wird man bei der Ermittlung des optimalen Produktionsprogrammes alle Produktarten aufnehmen, die einen *positiven Deckungsbeitrag* erwirtschaften. Aus den zur Verfügung stehenden Alternativen errechnet man die Deckungsbeiträge, stellt eine Reihenfolge entsprechend der Höhe der *absoluten Deckungsbeiträge* auf und leitet daraus die Förderungswürdigkeit bestimmter Produktarten ab.

Programmgestaltung bei Vollbeschäftigung

Liegt hingegen ein betrieblicher *Engpass* vor, so darf man bei der Ermittlung des optimalen Produktionsprogramms nicht mehr vom Kriterium des absoluten Deckungsbeitrags ausgehen, sondern muss den Deckungsbeitrag – aus Gründen der Vergleichbarkeit – auf eine Engpasseinheit beziehen. Der Engpass kann in sämtlichen Betriebsbereichen liegen (z. B. bei der Maschinenkapazität, Arbeitszeit, Raumkapazität, Verfügbarkeit von Rohstoffen usw.). Die zu bildenden *relativen Deckungsbeiträge* stellen dann das Entscheidungskriterium dar.

Beispiel: Optimierung des Betriebsergebnisses mit dem absoluten und dem relativen Deckungsbeitrag

Ausgangsdaten

	Maschine 1	Maschine 2
Periodenfixkosten	45.000 EUR	29.100 EUR
Periodenkapazität	2.000 Stunden	1.500 Stunden

Auf diesen Maschinen können die Produkte A, B, C und D in beliebigen Stückzahlen hergestellt werden. Alle Produkte beanspruchen jeweils beide Maschinen. Zu den Produkten liegen nachstehende Informationen vor:

Produkt	Maximale Absatzmenge (Stück)	Preis (EUR/Stück)	Variable Kosten (EUR/Stück)	Kapazitätsbeanspruchung (Maschinenstunden/Stück)	
				Maschine 1	Maschine 2
A	300	250	120	2,0	1,5
B	300	440	200	3,2	0,4
C	500	290	150	1,0	0,5
D	400	500	450	0,5	1,0

Zu ermitteln ist das gewinnmaximale Produktions- und Absatzprogramm.

Lösung

Produkt	Menge (Stück)	Kapazitätsbeanspruchung (Maschinenstunden)	
		Maschine 1	Maschine 2
A	300	600	450
B	300	960	120
C	500	500	250
D	400	200	400
Benötigte Kapazität		2.260	1.220
Periodenkapazität		2.000	1.500

Auf Maschine 1 besteht somit ein Engpass. Für die Beurteilung der Förderungswürdigkeit bestimmter Produkte ist zunächst deren relativer Deckungsbeitrag zu ermitteln:

Produkt	A	B	C	D
Absoluter Stückdeckungsbeitrag (EUR)	130	240	140	50
Kapazitätsbeanspruchung auf Maschine 1 (Maschinenstunden)	2,0	3,2	1,0	0,5
engpassbezogener (relativer) Stückdeckungsbeitrag (EUR/Maschinenstunde)	65	75	140	100
Priorität	4	3	1	2

Durch die ermittelte Prioritätenfolge ergibt sich folgendes optimales Produktions-programm:

Produkt C:	500 Stück	·	1,0 M'stunden/Stück	=	500 M'stunden
Produkt D:	400 Stück	·	0,5 M'stunden/Stück	=	200 M'stunden
Produkt B:	300 Stück	·	3,2 M'stunden/Stück	=	960 M'stunden
Produkt A:	170 Stück	·	2,0 M'stunden/Stück	=	340 M'stunden
					2.000 M'stunden

Das Gesamtergebnis beträgt dann:

Deckungsbeitrag C:	70.000 EUR
Deckungsbeitrag D:	20.000 EUR
Deckungsbeitrag B:	72.000 EUR
Deckungsbeitrag A:	22.100 EUR
Gesamtdeckungsbeitrag	184.100 EUR
– Fixkosten	74.100 EUR
Gesamtergebnis:	110.000 EUR

Wäre die Produktpriorisierung hingegen an den absoluten Deckungsbeiträgen ausge-richtet worden, ergäbe sich ein niedrigeres Gesamtergebnis:

Produkt	Stückzahlen	Kapazitätsbeanspruchung (M'stunden)	Gesamtdeckungsbeitrag (EUR)
B	300	960	72.000
C	500	500	70.000
A	270	540	35.100
D	0	0	0
Summe		2.000	177.100
Fixkosten			– 74.100
Gesamtergebnis			103.000

Mehrere Engpässe Bei Vorliegen mehrerer Engpässe ist der Aufwand zur Feststellung des optimalen Ferti-gungsprogramms naturgemäß größer als bei nur einem Engpass. Bei mehreren Engpäs-sen und zwei Produkten ist unter anderem eine grafische Ermittlung möglich. Je mehr Produkte jedoch betrachtet werden und je mehr Engpässe vorliegen, umso umfangrei-cher wird die Rechnung. In solchen Fällen bietet sich die Simplex-Methode an. Tabellenkalkulationsprogramme können hier unterstützen, indem sie eine Zielwertsuche unter Nebenbedingungen ermöglichen.

8.4.4   Entscheidung zwischen Eigenfertigung und Fremdbezug (make or buy)

Entscheidungen über Eigenfertigung oder Fremdbezug können sämtliche betriebliche Funktionsbereiche betreffen. Darunter fallen beispielsweise Entscheidungsrechnungen über

- die Eigenherstellung oder den Kauf von Anlagegegenständen,
- die Eigenfertigung oder die Fremdvergabe von Einzelteilen,
- eine eigene Werbeabteilung oder die Inanspruchnahme einer Agentur,
- eine eigene Kantine oder den Bezug von Großküchenessen,
- eine eigene Instandhaltungsabteilung oder die Inanspruchnahme von Fremdhandwerkern.

Würde ein unterbeschäftigter Betrieb in einer Entscheidungsrechnung über die Eigenfertigung oder den Fremdbezug vorübergehend benötigter Leistungen die Vollkosten dem Fremdbezugspreis gegenüberstellen, so wären in den Kosten der Eigenfertigung fixe Bestandteile enthalten, die unabhängig davon anfallen, ob die betreffende Leistung im eigenen Betrieb erstellt oder von außen bezogen wird. Diese Fixkosten sind für die Entscheidungsrechnung irrelevant. Hinzu käme durch die künstliche Fixkostenproportionalisierung der Effekt, dass bei Unterauslastung steigende Verrechnungssätze entstehen. Die Entscheidung fiele dann vermutlich zugunsten des Fremdbezugs und die Unterbeschäftigung würde noch weiter ansteigen. Deshalb sind auch für derartige Entscheidungsrechnungen bei Unterbeschäftigung die *variablen Kosten* dem Fremdbezugspreis gegenüberzustellen.

Kurzfristige Entscheidungen bei Unterbeschäftigung

In Zeiten von Vollbeschäftigung kann die Eigenfertigung nur dadurch realisiert werden, dass ein (oder mehrere) aktuell gefertigte(s) Produkt(e) aus dem Produktionsprogramm gestrichen werden. Da das aktuell gefertigte Produkt einen positiven Deckungsbeitrag aufweisen wird, muss die Eigenfertigung bei Vollbeschäftigung nicht nur als solche günstiger als der Fremdbezug sein, sondern auch unter Berücksichtigung dieser entfallenden Deckungsbeiträge (Opportunitätskosten). Auch bei Vollbeschäftigung sind also nicht die Stückgewinne (Erlöse minus Vollkosten) als Entscheidungsgrundlage heranzuziehen, sondern die Deckungsbeiträge, da die Fixkosten auch hier keine Rolle spielen.

Kurzfristige Entscheidungen bei Vollbeschäftigung

Der Komplexitätsgrad der Rechnungen steigt auch hier mit der Anzahl der Engpässe. Bei mehreren Engpässen wird die lineare Optimierung in Form von Kostenminimierungs- oder Ersparnismaximierungsmodellen einzusetzen sein.

!   **Unter der Lupe**

Neben dem eigentlichen Bezugspreis (Netto-Listenpreis abzüglich Rabatten und Skonto) sind bei umfassender Evaluierung der Entscheidungsalternative Fremdvergabe zahlreiche weitere Kostenpositionen zu berücksichtigen. Da es sich bei der Fremdvergabe im Gegensatz zur Eigenfertigung um eine Transaktion mit einem externen Marktteilnehmer handelt, spricht man hier von Transaktionskosten. Zu den wichtigsten Transaktionskosten zählen:

* Anbahnungskosten: Suche nach einem oder mehreren geeigneten Lieferanten,
* Vereinbarungskosten: Verhandlung und Abschluss von Lieferverträgen,
* Abwicklungskosten: Kosten der Bestellabwicklung und Logistik,
* Kontrollkosten: Wareneingangsprüfung,
* Anpassungskosten: Nachverhandlung, wenn sich Änderungen am beschafften Material ergeben,
* Auflösungskosten: z. B. Konventionalstrafen, wenn im Falle einer Beendigung der Beziehung die vereinbarte Mindestmenge nicht abgenommen wurde.

Langfristige Entscheidungen
: Werden *langfristige* Entscheidungsrechnungen über Eigenfertigung oder Fremdbezug getroffen, so sind auch sachlich zugehörige fixe Kosten als entscheidungsrelevant anzusehen. Da bei langfristigen Entscheidungen jedoch der Übergang zur Investitionsrechnung nahe liegt, werden wir auf diese Form der Kostenvergleichsrechnung im folgenden Abschnitt eingehen.

Nichtfinanzielle Entscheidungskriterien
: Die Make or buy-Analyse kann nur auf finanzieller Ebene eine Entscheidungsempfehlung über Eigenfertigung oder Fremdbezug geben. Neben der finanziellen Ebene müssen aber auch nichtfinanzielle Aspekte Beachtung finden, so z. B. Qualität, Liefertreue, Abhängigkeit vom Lieferanten usw.

Beispiel: Eigenfertigung oder Fremdbezug

Ausgangsdaten
Eine Maschine verfügt über eine Kapazität von 24.750 Maschinenminuten, die sich auf die Produkte A, B, C und D verteilen. Es gelten folgende Daten:

Produkt	A	B	C	D
Menge (Stück)	750	600	900	525
Stück-Erlös (EUR)	18	26	16	22
Fixkosten (EUR)	9.050			
variable Stückkosten (EUR)	6	14	4	8
Fertigungszeit pro Stück (Minuten)	8	15	5	10

Ein zusätzliches Produkt F könnte sowohl auf dieser Maschine hergestellt als auch zugekauft werden. Für F besteht ein Bedarf von 1.050 Stück. Es fallen für F variable Stückkosten von 5 EUR bei einer Fertigungszeit von 10 Minuten pro Stück an. Der Fremdbezugspreis für F beträgt 17 EUR pro Stück.

Frage a)
Ist die Eigenfertigung oder der Fremdbezug von F bei der gegebenen Kapazitätsbeschränkung günstiger?

Lösung
Eigenfertigung:

Produkt	Stück-Deckungsbeitrag (EUR/Stück)	Relativer Stück-Deckungsbeitrag (EUR/Minute)	Priorität	Beanspruchte Kapazität (Minuten)
A	12	1,50	2	6.000
B	12	0,80	4	9.000
C	12	2,40	1	4.500
D	14	1,40	3	5.250
Σ				24.750

Da Produkt F insgesamt 10.500 Minuten Kapazität beansprucht, wäre vollständig auf die Herstellung von Produkt B zu verzichten (= 9.000 Minuten) sowie auf 150 Stück von Produkt D (= 1.500 Minuten).

Produkt	Produktmenge (Stück)	Beanspruchte Kapazität (Minuten)	Gesamter Deckungsbeitrag (EUR)
A	750	6.000	9.000
B	0	0	0
C	900	4.500	10.800
D	375	3.750	5.250
F	1.050	10.500	
Σ		24.750	25.050
Variable Kosten von F			– 5.250
Fixkosten			– 9.050
Gewinn			10.750

Fremdbezug:

Produkt	Produktmenge (Stück)	Beanspruchte Kapazität (Minuten)	gesamter Deckungs- beitrag (EUR)
A	750	6.000	9.000
B	600	9.000	7.200
C	900	4.500	10.800
D	525	5.250	7.350
Σ		24.750	34.350
Beschaffungskosten von F			– 17.850
Fixkosten			– 9.050
Gewinn			7.450

Die Entscheidung ist somit zugunsten der Eigenfertigung zu fällen.

Frage b)
Wie hoch darf der Fremdbezugspreis maximal sein, damit das gleiche Ergebnis wie bei der Eigenfertigung erzielt werden kann?

Lösung
17,00 EUR/Stück – [(10.750 EUR – 7.450 EUR) : 1.050 Stück] = 13,857 EUR/Stück
Probe:

Gesamter Deckungsbeitrag A – D	=	34.350 EUR
– Beschaffungskosten von F (1.050 Stück · 13,857 EUR/Stück)	=	– 14.550 EUR
– Fixkosten	=	– 9.050 EUR
Gewinn	=	10.750 EUR

8.4.5 Kosten- und Gewinnvergleichsrechnung bei Investitionsentscheidungen

Schon die im letzten Abschnitt vorgestellte Make or buy-Entscheidung kann als Kosten-vergleichsrechnung interpretiert werden, da die Kosten mehrerer Handlungsalternativen (Eigenfertigung und Fremdbezug ggf. bei verschiedenen Lieferanten) miteinander vergli-chen werden. Im Folgenden werden Kostenvergleichsrechnungen und Gewinnvergleichs-rechnungen bei Investitionsentscheidungen erläutert.

Auch wenn der Investitionsbegriff umfassend ist, so ist hiermit i.d.R. die Beschaffung eines Vermögensgegenstandes des Anlagevermögens gemeint. Hierzu zählen Vermögensgegenstände wie Sachanlagen (z.B. Maschinen), Finanzanlagen (z.B. Kauf von Anteilen eines anderen Unternehmens) oder immaterielle Vermögensgegenstände (z.B. Kauf eines Patentrechts). Alle diese Vermögensgegenstände haben gemeinsam, dass sie dem Unternehmen dauerhaft zur Verfügung stehen. Investitionsentscheidungen sind also grundsätzlich langfristige Entscheidungen. In der Konsequenz müssen alle den Investitionsalternativen sachlich zuordenbaren fixen wie auch variablen Kosten in das Entscheidungskalkül einbezogen werden. Im Folgenden werden wir Sachinvestitionen wie Maschinen in den Mittelpunkt stellen.

*Investitions-
begriff*

Investitionen können qualitativ (z.B. mit der Nutzwertanalyse = Scoring-Modell) oder monetär beurteilt werden.

Die monetären Beurteilungsverfahren werden auch als Investitionsrechenverfahren bezeichnet und lassen sich in zwei Klassen einteilen:
- statische Investitionsrechenverfahren auf Basis von Erfolgsgrößen (Kosten und Erlöse) sowie
- dynamische Investitionsrechenverfahren auf Basis von Zahlungsgrößen (Auszahlungen und Einzahlungen).

*Investitions-
beurteilung*

Zu den statischen Investitionsrechenverfahren zählen die folgenden Rechnungen:
- Kostenvergleichsrechnung: Ausschließliche Berücksichtigung der Kosten der Investitionsalternativen.
- Gewinnvergleichsrechnung: Neben den den Investitionsalternativen zuordenbaren Kosten werden auch die mit den Investitionsalternativen erwirtschaftbaren Erlöse berücksichtigt.
- Rentabilitätsvergleichsrechnung: Neben den den Investitionsalternativen zuordenbaren Kosten und Erlösen wird auch der für die Tätigung der Investition notwendige Kapitalbedarf berücksichtigt. Es wird somit der Return on Investment (ROI) jeder Investitionsalternative ermittelt.
- Statische Amortisationsrechnung: Hier wird die Amortisationsdauer berechnet, d.h. der Zeitraum, innerhalb dem die Anschaffungskosten der Investition über Rückflüsse wieder vollständig gedeckt wurde (siehe hierzu Abschnitt 9.4).

*Statische
Investitions-
rechenverfahren*

Die Kostenvergleichsrechnung und die Gewinnvergleichsrechnung greifen somit ausschließlich auf Erfolgsgrößen zurück und werden daher im Folgenden vorgestellt. Für die übrigen Verfahren sei auf die Speziallliteratur zum Investitionscontrolling verwiesen.

> **! Unter der Lupe**
>
> Zu den dynamischen Investitionsrechenverfahren zählen:
> - Kapitalwertmethode (mit ihren Varianten Endwertmethode und Annuitätenmethode)
> - Methode des internen Zinssatzes
> - Dynamische Amortisationsrechnung
>
> Die dynamischen Investitionsrechenverfahren zeichnen sich durch folgende Merkmale aus:
> - Berücksichtigung des Zeitwerts des Geldes durch Abzinsung auf einen einheitlichen Betrachtungszeitpunkt (i. d. R. der Investitionszeitpunkt),
> - Verwendung von nicht-periodisierten Zahlungsgrößen (Einzahlungen und Auszahlungen),
> - Es wird grundsätzlich der gesamte Investitionszeitraum betrachtet.

Die statischen Investitionsrechnungsverfahren weisen die folgenden Merkmale auf:

Merkmale statischer Verfahren
- Verwendung von kalkulatorischen Erfolgsgrößen, d. h. den Kosten und Erlösen der Kosten- und Leistungsrechnung.
- Es wird entweder der gesamte Investitionszeitraum betrachtet oder eine als repräsentativ erachtete Durchschnittsperiode. Darüber hinaus kann auch eine Stückbetrachtung vorgenommen werden.
- Der Zeitwert des Geldes wird nicht berücksichtigt, es findet keine Abzinsung auf einen einheitlichen Betrachtungszeitraum statt.

Beurteilung statischer Verfahren
Gegenüber den dynamischen Verfahren sind die statischen Investitionsrechenverfahren als schnell und einfach anwendbar einzuschätzen, wegen der Nicht-Berücksichtigung des Zeitwerts des Geldes jedoch gleichzeitig als recht ungenau. Sie eignen sich daher insbesondere für eine erste Einschätzung der Vorteilhaftigkeit von Investitionsalternativen, z. B. um aus einer Vielzahl möglicher Alternativen in einem ersten Schritt eine Selektion vorzunehmen.

Kostenvergleichsrechnung
Die Kostenvergleichsrechnung sollte dann angewendet werden, wenn die verschiedenen Investitionsalternativen keine oder identische Auswirkungen auf die Erlösseite haben. Es sind dann ausschließlich sämtliche der jeweiligen Investitionsalternative zuordenbaren Kosten zu erfassen. Hierbei ist im Sinne des Total Cost of Ownership-Gedankens darauf zu achten, die Kostenauswirkungen der Investitionsalternativen umfassend zu berücksichtigen. Hierzu zählen insbesondere
- die Anschaffungskosten der Maschine einschließlich Anschaffungsnebenkosten. Diese werden durch i. d. R. lineare Abschreibungen berücksichtigt, die fixe Kosten darstellen.
- die Kosten für Betrieb und Unterhalt der Maschine. Diese Kosten werden häufig einen fixen und einen variablen Anteil aufweisen.
- die Einzelkosten der auf der Maschine gefertigten Produkte: Hierbei handelt es sich weitgehend um variable Kosten.
- kalkulatorische Zinsen auf das während der Nutzungsdauer in der Maschine durchschnittlich gebundene Kapital.

- die am Ende der Maschinennutzungsdauer anfallenden Kosten für Abbau und Entsorgung, wobei es sich hierbei um fixe Kosten handelt. Falls noch ein Resterlös bei Weiterverkauf der gebrauchten Maschine erzielt werden kann, so ist dieser kostenmindernd bei der Ermittlung der Abschreibungen zu berücksichtigen.
- etwaige Opportunitätskosten: Diese wirken sich kostenmindernd aus und fallen an, wenn durch die Investition bislang anfallende Kostenpositionen wegfallen oder reduziert werden.

Die Zielsetzung der Anwendung eines Investitionsrechenverfahrens besteht darin, mittels eines Entscheidungskalküls alle vorteilhaften Alternativen zu identifizieren (absolute Vorteilhaftigkeit) und innerhalb dieser die beste Investitionsalternative zu identifizieren (relative Vorteilhaftigkeit).

Das Entscheidungskalkül der Kostenvergleichsrechnung ist die Minimierung der Gesamtkosten. Da die Investitionsalternativen sich i. d. R. nicht nur hinsichtlich der Höhe, sondern auch hinsichtlich des Verhältnisses von fixen und variablen Kosten unterscheiden, hat die angenommene Beschäftigungssituation eine wesentliche Auswirkung auf die Vorteilhaftigkeit. Es ist daher ratsam, die Kostenvergleichsrechnung um Szenarien und/oder um eine Sensitivitätsanalyse zu ergänzen. Vorteilhaftigkeit liegt bei der Kostenvergleichsrechnung wie folgt vor:

Vorteilhaftigkeit bei Kostenvergleichsrechnung

- absolute Vorteilhaftigkeit: Sie kann nur dann ermittelt werden, falls das Unternehmen eine maximale Kostensumme vorgeben würde.
- relative Vorteilhaftigkeit: Diejenige Investitionsalternative ist relativ vorteilhaft, welche bei der angenommenen Beschäftigung die geringsten Gesamtkosten aufweist.

Beispiel: Kostenvergleichsrechnung

Ausgangsdaten

Die Speedy GmbH denkt darüber nach, einen bislang manuell durchgeführten Prozess zu automatisieren. Die Automatisierung kann entweder durch den teilweisen Ersatz der manuellen Arbeitsschritte mittels einer halbautomatischen Anlage oder aber durch den vollständigen Ersatz der manuellen Arbeitsschritte mittels einer vollautomatischen Anlage erfolgen. Die Entscheidungssituation besteht somit aus drei Handlungsalternativen: Beibehaltung des manuellen Prozesses, Umstieg auf einen halbautomatischen Prozess oder Umstieg auf einen vollautomatischen Prozess. Zu den drei Handlungsalternativen sind die folgenden Daten gesammelt worden:

Prozessart:	Manuell (Status quo)	halb-automatisch	voll-automatisch
Anschaffungskosten Anlage inkl. Nebenkosten (EUR)		800.000	1.400.000
Nutzungsdauer (Jahre)		10	10
Resterlös am Ende der Nutzungsdauer nach Abbaukosten (EUR)		40.000	120.000
Energiekosten pro produziertem Stück (EUR/Stück)		0,04	0,06
Gehalt Fertigungsmitarbeiter pro Monat inkl. Personalnebenkosten (EUR/Monat)		5.000	
Anzahl benötigter Fertigungsmitarbeiter		1	0
Stücklohn pro produziertem Stück (EUR/Stück)	1,20		
Materialkosten pro produziertem Stück unter Berücksichtigung eines durchschnittlichen Ausschusses (EUR/Stück)	2,00	1,80	1,70
Wartungs- und Reparaturkosten pro Jahr (EUR/Jahr)		12.000	30.000
Kalkulatorischer Zinssatz pro Jahr		6 %	

Es soll nun eine Kostenvergleichsrechnung für die drei Handlungsalternativen durchgeführt werden. Hierbei ist zu beachten, dass alle Daten auf einen einheitlichen Vergleichszeitraum zu beziehen sind. Im Folgenden wird ein Jahr als Vergleichszeitraum gewählt. Darüber hinaus hat das angenommene Beschäftigungsniveau einen großen Einfluss auf das Ergebnis der Kostenvergleichsrechnung. Im Folgenden soll davon ausgegangen werden, dass wie bisher 10.000 Stück des Erzeugnisses pro Monat hergestellt werden sollen. Schließlich ist davon auszugehen, dass die Qualität des hergestellten Erzeugnisses nicht durch die Art der Prozessdurchführung beeinflusst wird.

Frage
Welche Art der Prozessdurchführung ist bei den gegebenen Daten und der angenommenen Produktionsmenge die kostengünstigste?

Lösung

Prozessart: (EUR/Jahr)	manuell (Status Quo)	halbautoma- tisch	vollautoma- tisch
Lineare Abschreibungen/Jahr (unter Berücksichtigung der Resterlöse)	0	76.000	128.000
Energiekosten	0	4.800	7.200
Personalkosten	144.000	60.000	0
Materialkosten	240.000	216.000	204.000
Wartungs- und Reparaturkosten	0	12.000	30.000
Kalkulatorische Zinsen (unter Berücksichtigung der Resterlöse)	0	25.200	45.600
Gesamtkosten	384.000	394.000	414.800

Die Kostenvergleichsrechnung führt somit zu dem Ergebnis, dass aus finanzieller Sicht die bisherige manuelle Prozessdurchführung beibehalten werden sollte.

Die Gewinnvergleichsrechnung sollte dann angewendet werden, wenn sich die Investitionsalternativen nicht nur hinsichtlich der Kosten, sondern auch hinsichtlich der erzielbaren Erlöse unterscheiden. Eine unterschiedliche Erlössituation kann sich ergeben, wenn die verschiedenen Maschinen z.B. einen unterschiedlich hohen quantitativen Output haben und/oder wenn sich die Qualität des Outputs unterscheidet, was sich in unterschiedlichen Absatzpreisen widerspiegelt.

Gewinn- vergleichs- rechnung

Da Erlöse und Kosten Berücksichtigung finden, wird für jede Investitionsalternative der Gewinn berechnet.

Bei der Gewinnvergleichsrechnung liegt eine
- absolute Vorteilhaftigkeit dann vor, wenn die Erlös-Kosten-Differenz positiv oder der Gewinn größer als ein vom Unternehmen ggf. definierter Mindestgewinn ist.
- relative Vorteilhaftigkeit für diejenige Investitionsalternative vor, welche bei der angenommenen Beschäftigung den höchsten Gewinn aufweist.

Vorteilhaftigkeit bei Gewinn- vergleichs- rechnung

Beispiel: Gewinnvergleichsrechnung

Ausgangsdaten
Die Datenlage ist gegenüber dem obenstehenden Beispiel zur Kostenvergleichsrechnung unverändert. Die einzige Ausnahme besteht darin, dass nun auch die Qualität des hergestellten Erzeugnisses von der Art der Prozessdurchführung beeinflusst

wird. Dies äußert sich in unterschiedlichen Verkaufspreisen, die für das Erzeugnis in Abhängigkeit der Prozessart erzielt werden können:

Prozessart:	Manuell (Status quo)	halb-automatisch	voll-automatisch
Netto-Verkaufspreis pro Stück (EUR/Stück)	3,90	4,00	4,10

Aufgrund dieser neuen Information ist die Kostenvergleichsrechnung zu einer Gewinnvergleichsrechnung für die drei Handlungsalternativen weiterzuführen. Die Gewinnvergleichsrechnung ist ebenfalls auf den Vergleichszeitraum eines Jahres zu beziehen unter der Annahme, dass weiterhin 10.000 Stück des Erzeugnisses pro Monat hergestellt werden. Die Gesamtkosten können hierbei aus der Kostenvergleichsrechnung übernommen werden.

Frage
Welche Art der Prozessdurchführung ist bei den gegebenen Daten und der angenommenen Produktionsmenge diejenige mit dem höchsten Gewinn?

Lösung

Prozessart: (EUR/Jahr)	Manuell (Status quo)	halb-automatisch	voll-automatisch
Erlöse	468.000	480.000	492.000
Gesamtkosten	384.000	394.000	414.800
Gewinn	84.000	86.000	77.200

Die Gewinnvergleichsrechnung führt somit zu dem Ergebnis, dass aus finanzieller Sicht auf die halbautomatische Prozessdurchführung umgestiegen werden sollte. Da die Ergebnisse der drei Handlungsalternativen jedoch sehr nahe beieinander liegen, ist anzuraten, vor einer Entscheidung noch weitere Szenarien mit abweichenden Produktionsmengen zu berechnen.

Aufgaben Kapitel 8
1. In die Planungsrechnung einer Abrechnungsperiode gehen folgende Daten ein:

Produkt	Absatzmenge	Gesamtdeckungsbeitrag
A	2.000 Stück	20.000 EUR
B	1.000 Stück	18.000 EUR
C	500 Stück	3.000 EUR
D	1.000 Stück	9.000 EUR

Die Fixkosten betragen 30.000 EUR.

Ermitteln Sie die Höhe des geplanten Gewinns.

In welcher Reihenfolge sind die Produkte zu fertigen, damit die Gewinnzone möglichst schnell erreicht werden kann? Zeichnen Sie für diesen Fall auch die Deckungsgradlinie.

2. Ein zu 50 % ausgelasteter Produzent verkauft monatlich 4.000 Stück eines Erzeugnisses zu einem Stückpreis von 50 EUR. Die Fixkosten betragen monatlich 100.000 EUR. Mit einem längerfristigen Zusatzauftrag würde ein Stückpreis von 40 EUR erzielbar sein. Wie viele Stück muss der Zusatzauftrag pro Monat umfassen, wenn bei variablen Stückkosten von 30 EUR ein Gewinn von 10.000 EUR pro Monat erreicht werden soll?

3. Ein Unternehmen hat eine Maschinenkapazität von 600 Stunden pro Abrechnungsperiode. Für die kommende Periode liegen nachstehende Aufträge vor:

Auftrag Nr.	Maschinenzeit	Deckungsbeitrag
1	90 Stunden	18.000 EUR
2	190 Stunden	9.500 EUR
3	130 Stunden	23.400 EUR
4	100 Stunden	12.000 EUR
5	300 Stunden	18.000 EUR
6	20 Stunden	4.800 EUR

Zu ermitteln ist, in welcher Rangfolge welche Aufträge angenommen werden können.

4. Das Hotel Waidmannsheil möchte als attraktives Pauschalangebot »Ein Wochenende für Verliebte« für junge und junggebliebene Paare mit Übernachtung und Frühstück von Freitag bis Sonntag (= zwei Personen à zwei Übernachtungen) einführen. Man rechnet fest mit 450 zusätzlichen Buchungen dieses Angebots im kommenden Jahr, zu dessen Durchführung eine zusätzliche Reinigungskraft (30.389 EUR/Jahr) fest eingestellt werden muss. Außerdem ist davon auszugehen, dass auch Paare, die ohnehin an diesen Tagen im Hause gastieren, von dem Pauschalangebot Gebrauch machen und dadurch im folgenden Jahr 350 Normalbuchungen für Übernachtung mit Frühstück mit einem Deckungsbeitrag von jeweils 167 EUR verloren gehen. Die Pauschalbuchungen verursachen variable Kosten für Verbrauchsstoffe, Verschleiß etc. in Höhe von 1,75 EUR je Übernachtung und Person sowie für Frühstück in Höhe von 4,45 EUR je Übernachtung und Person.

Der Hotelmanager will außerdem ein Neuntel seiner festen Personalkosten (180.000 EUR/Jahr) über das Pauschalangebot verrechnen.

Berechnen Sie den Break-even-Preis für das Pauschalangebot im kommenden Jahr. (Entnommen aus Drees-Behrens/Schmidt)

5. Das Zweisaisonhotel Roter Teufel in Lenggries bietet Übernachtung mit Frühstück an. Das Hotel hat 260 Tage im Jahr geöffnet, ist mit 85 Betten ausgestattet und erzielt eine durchschnittliche Auslastung von 55 %. Die Logisgemeinkosten betragen 505.648 EUR, davon sind 75 % Fixkosten. Der Wareneinsatz für ein Frühstück beträgt 3,64 EUR.

Der Hotelier rechnet derzeit mit einem durchschnittlichen Bettengrundpreis inklusive Frühstück von 59 EUR.

- Berechnen Sie die Kapazität (Betten pro Jahr) und die derzeitige Beschäftigung (Bettenauslastung) sowie den Anteil der fixen Logiskosten und der variablen Logisgemeinkosten je Übernachtung.
- Berechnen Sie den Deckungsbeitrag je Übernachtung und insgesamt sowie das Betriebsergebnis.
- Ermitteln Sie die Mindestauslastung (Break-even-Menge) in Anzahl der Übernachtungen.
- Ein holländisches Reisebüro bietet dem Unternehmer die Abnahme eines festen Kontingents von 2.600 Übernachtungen zum Grundpreis von 38 EUR für das nächste Jahr an. Entscheiden Sie über Annahme oder Ablehnung des Reisebüroangebotes.
- Berechnen Sie das Betriebsergebnis unter Einbeziehung des Reisebüroangebotes. (Entnommen aus Drees-Behrens/Schmidt)

6. Obst- und Gemüsehändler Knolle steht am Freitagmorgen gegen 04:30 Uhr im Großmarkt, um sich für den Wochenendmarkt einzudecken. Da er über kein gekühltes Lager verfügt, darf er sich nur für den Freitag und den Samstag bevorraten. Das Ladevolumen seines Transporters beträgt maximal 18 m^3. Um die Stammkundschaft wie gewohnt zu bedienen, muss er gewisse Mindestmengen der Naturprodukte bereithalten. Im Einzelnen bestehen folgende Vorgaben:

	Mindestmenge	Höchstmenge	Lademenge je m^3
Kartoffeln	500 kg	2.000 kg	16 Säcke à 25 kg
Gemüse	180 kg	1.500 kg	20 Kartons à 12 kg
Erdbeeren	100 kg	1.000 kg	40 Steigen à 10 Schalen zu 500 g
Äpfel	180 kg	1.200 kg	24 Kisten à 10 kg
Birnen	120 kg	600 kg	16 Kartons à 10 kg

An diesem Morgen werden die Naturprodukte am Großmarkt wie folgt angeboten:

Kartoffeln	12,00 EUR/Sack
Gemüse	10,20 EUR/Karton
Erdbeeren	14,30 EUR/Steige
Äpfel	11,00 EUR/Kiste
Birnen	18,00 EUR/Karton.

Im Verkauf wird Knolle hingegen folgende Preise erzielen:

Kartoffeln	1,20 EUR/kg
Gemüse	1,75 EUR/kg
Erdbeeren	2,20 EUR/500 g
Äpfel	2,70 EUR/kg
Birnen	2,90 EUR/kg.

- Knolles Verkaufsstand ist mit 20 m^2 hinreichend groß; die Standmiete für beide Tage beträgt zusammengenommen 24,40 EUR/m^2. Zum Verkauf setzt Knolle Hilfskräfte ein; insgesamt kalkuliert er mit 30 Stunden à 14 EUR/Stunde. Die Reinigungspauschale und die Werbekostenumlage dieses Wochenendmarktes betragen zusammen 610 EUR.
- Berechnen Sie die optimalen Mengen, die Knolle für den Markt einkaufen sollte, sowie den maximalen Erfolgsbeitrag des Wochenendmarktes insgesamt.
- Knolle überlegt, ob er auch einige Steigen neuseeländische Kiwi-Früchte einkaufen sollte. Doch stehen die Verkaufspreise derzeit unter Druck. Der Einkaufspreis je Steige beträgt 18 EUR; jede Steige beinhaltet 60 Kiwi-Früchte. Das erforderliche Ladevolumen je Steige beträgt 0,025 m^3.
- Berechnen Sie unter diesen Bedingungen, welchen Preis je Stück Kiwi Händler Knolle mindestens erzielen muss, damit der zunächst geplante Erfolgsbeitrag des Marktes nicht sinkt.

  (Entnommen aus Drees-Behrens/Schmidt, 2010)

7. Die Firma Holzmann KG ist Hersteller von schallschluckenden und wärmedämmenden Fenstern. Das Produktionsprogramm umfasst folgende Typen:

Typ A	Typ B	Typ C
Zweifachverglasung (Holzrahmen)	Zweifachverglasung (Metallrahmen)	Dreifachverglasung (Metallrahmen)

Für die Fertigung der Produkte gilt:
Typ A und Typ B werden auf Fertigungsanlage 1 (F 1) und Fertigungsanlage 2 (F 2) gefertigt. Produkt C wurde in der Rechnungsperiode erstmals ins Produktionsprogramm aufgenommen und wird allein auf Fertigungsanlage 3 (F 3) produziert.

Zahlen der Ausgangsbasis:

Kosten/Erlöse in EUR	Typ A	Typ B	Typ C
Einzelkosten pro Stück	310	560	680
Gemeinkosten insgesamt	79.800	105.700	64.200
davon variabel	45.600	60.000	23.500
Erzeugnisfixkosten	33.780	56.300	22.520
Unternehmensfixkosten		40.000	
Nettoerlöse	265.500	862.500	180.000
Absatzmengen (Stück)	300	750	150

Das Unternehmen rechnet innerbetrieblich vierteljährlich ab (= Rechnungsperiode RP). Um die Kosten- und Gewinnstruktur des Betriebes zu verbessern, werden die drei Produkte einer Analyse unterzogen:

a) Berechnen Sie DB I und DB II der einzelnen Erzeugnisse sowie das Betriebsergebnis des Unternehmens. Ermitteln Sie zudem den Erfolgsbeitrag pro Stück (DB II) von Typ A.

b) Der Kostenrechner der Holzmann KG untersucht die Kostenentwicklung von Typ C:
   – Das Produkt erbringt einen negativen Deckungsbeitrag II von 8.720 EUR. Was raten Sie der Unternehmensleitung, damit Typ C bei derselben Absatzmenge einen ausgeglichenen DB II erreicht?
   – Der Markt lässt eine Steigerung der Absatzmenge von Typ C zu. Um wie viele Stück müsste der Absatz gesteigert werden, damit ein ausgeglichener DB II erreicht wird?

c) Steuergesetze und Energiebewusstsein haben uns zusätzlich neue Kunden zugeführt, welche die Vorteile von Typ C erkannten. Wir haben deshalb für die nächsten vier Jahre garantierte Aufträge über 480 Stück je RP hereinnehmen können.
   Für diese Absatzausweitung bedarf es einer Neuinvestition in F 3 von 1.200.000 EUR. Die Betriebsleitung stellt die Bedingung, dass diese Investition in der garantierten Absatzzeit wieder in das Unternehmen zurückfließen muss. Da dieses Maschinenaggregat teilweise in die vorhandene Anlage eingebaut wird, verringern sich die bisherigen »Sonstigen Erzeugnisfixkosten« von C um die Hälfte, während die fixen Gemeinkosten von C um 20 % zunehmen. Darüber hinaus wird ein sofort wirkender Anstieg im variablen Kostenbereich von 5 % vorhergesagt. Der garantierte Abnahmepreis konnte auf 1.300 EUR/Stück festgelegt werden.
   – Wo liegt nun die Break-even-Menge für Typ C?
   – Um wie viel EUR wird sich das Gesamtergebnis in der Rechnungsperiode des Unternehmens nun durch C insgesamt verändern?

d) Die Produkte A und B sind ebenfalls sehr gefragt. Ein Absatz von 420 Stück bei Typ A je Rechnungsperiode und von 810 Stück bei Typ B je Rechnungsperiode wäre möglich, wenn wir die Preise der Ausgangsbasis halten können und die variablen

Kosten je Stück der beiden Produkte weiterhin gleich bleiben. Die Produkte A und B beanspruchen ausschließlich F 1 und F 2. Die Durchlaufzeiten sind aus folgender Tabelle zu entnehmen:

	Typ A	Typ B
F1	35 Min.	50 Min.
F2	25 Min.	40 Min.

Die maximale Produktionskapazität beträgt für F 1 = 900 Std. und für F2 = 800 Std.
- Ermitteln Sie die benötigten Fertigungszeiten, den Engpass und die fehlende Kapazität.
- Stellen Sie das optimale Produktionsprogramm fest.
- Welcher DB II ergibt sich bei diesem Programm für A und B?
- Wie groß ist nunmehr das Betriebsergebnis (mit Änderungen bei Typ C aus Aufgabe c)?

(Entnommen aus Rudorfer, 1991)

8. Ein Unternehmen muss eine Ersatzinvestition für eine alte Maschine durchführen und hat hierzu drei Angebote für eine neue Maschine eingeholt. Auf der Maschine wird nur ein Erzeugnis gefertigt, das zum Nettopreis von 14,00 EUR pro Stück abgesetzt werden kann. Pro Monat können maximal 5.000 Stück abgesetzt werden.

Bitte treffen Sie mittels eines geeigneten Verfahrens die Entscheidung, welches der drei Angebote angenommen werden soll.

	Angebot 1	Angebot 2	Angebot 3
Anschaffungskosten (EUR)	600.000	800.000	720.000
Nutzungsdauer (Jahre)	8		
Resterlös (EUR)	0	40.000	20.000
Energiekosten (EUR/Stück)	0,2	0,2	0,3
Wartungs- und Reparaturkosten pro Jahr	10 % der Anschaffungs- kosten	15 % der Anschaffungs- kosten	10 % der Anschaffungs- kosten
Materialkosten inkl. durch- schnittlichem Ausschuss (EUR/Stück)	8,00	7,40	7,50
Kalkulatorischer Zinssatz pro Jahr	8 %		
maximale Produktionsmenge pro Monat	4.000	5.200	4.800

Die Lösungen zu den Aufgaben finden Sie im Online-Bereich des Schäffer-Poeschel-Verlags:
www.sp-mybook.de

Literatur Kapitel 8

Becker, W./Baltzer, B./Ulrich, P.: Wertschöpfungsorientiertes Controlling, Stuttgart 2014.

Becker, W./Baltzer, B./Ulrich, P.: Kosten-, Erlös- und Ergebnisrechnung, in: Schmeisser, W. u. a. (Hrsg.): Neue Betriebswirtschaft, München 2018, S. 177-206.

Coenenberg, A. G./Fischer, T. M./Günther, T.: Kostenrechnung und Kostenanalyse, 9. Auflage, Stuttgart 2016.

Däumler, K.-D./Grabe, J.: Kostenrechnung 2 – Deckungsbeitragsrechnung, 10. Auflage, Herne/Berlin 2013.

Drees-Behrens, C./Schmidt, A.: Aufgaben und Fälle zur Kostenrechnung, 3. Auflage, München/Wien 2010.

Galli, A.: Grundlagen der Investitionsrechnung, Stuttgart 2017.

Haberstock, L.: Kostenrechnung II – (Grenz-)Plankostenrechnung, 10. Auflage, Hamburg 2008.

Harris, J. N.: What did we earn last month?, in: N.A.C.A.-Bulletin, 1936 (17. Jg.), Sect. 1, S. 501-527.

Hummel, S./Männel, W.: Kostenrechnung 2, 3. Auflage, Wiesbaden 1983.

Jórasz, W.: Vollkostenrechnungen versus Teilkostenrechnungen, in: Manufacturing Management, 1995, S. 20–25.

Jórasz, W.: Deckungsbeitragsrechnung (1), in: Industrie Meister, 10/1998, S. 18–20.

Jórasz, W.: Deckungsbeitragsrechnung (2), in: Industrie Meister, 11/1998, S. 19–20.

Jórasz, W.: Deckungsbeitragsrechnung (3), in: Industrie Meister, 12/1998, S. 15–17.

Jórasz, W.: Deckungsbeitragsrechnung (4), in: Industrie Meister, 01/1999, S. 19–20.

Jórasz, W.: Investitionscontrolling, in: Brecht, U. (Hrsg.): Praxis-Lexikon Controlling, Landsberg a. Lech 2001, S. 144-146.

Jórasz, W.: Kosten- und Erfolgscontrolling, in: Carl, N. u. a.: BWL kompakt und verständlich, 4. Auflage, Wiesbaden 2017.

Kilger, W./Pampel, J./Vikas, K.: Flexible Plankostenrechnung und Deckungsbeitragsrechnung, 13. Auflage, Wiesbaden 2012.

Kruschwitz, L.: Investitionsrechnung, 14. Auflage, München/Wien 2014.

Mellerowicz, K.: Kosten und Kostenrechnung – Band II 2. Teil, 4. Auflage, Berlin 1968.

Plaut, H.-G.: Die Grenz-Plankostenrechnung. 1. und 2. Teil, in: Zeitschrift für Betriebswirtschaft, 1953, S. 347–363 und S. 402-413.

Riebel, P.: Einzelerlös-, Einzelkosten- und Deckungsbeitragsrechnung als Kern einer ganzheitlichen Führungsrechnung, in: Männel, W. (Hrsg.): Handbuch Kostenrechnung, Wiesbaden 1992, S. 247-299.

Rudorfer, M: Rechnungswesen für die Fachoberschule, 4. Auflage, Köln-München 1991.

Schär, J. F.: Buchhaltung und Bilanz, 5. Auflage, Berlin 1922.

Vahs, D./Schäfer-Kunz, J.: Einführung in die Betriebswirtschaftslehre, 7. Auflage, Stuttgart 2015.

9 Kostenmanagement

LEITFRAGEN

Worin unterscheidet sich das Kostenmanagement von der Kosten- und Leistungsrechnung?

Mit welchen Instrumenten kann ein effektives und effizientes Kostenmanagement betrieben werden?

- Wie ist eine Prozesskostenrechnung aufgebaut?
- Worin besteht die Verbesserung des Time-driven Activity-based Costing gegenüber der Prozesskostenrechnung?
- Was sind die Besonderheiten des Target Costing?
- Welche Perspektive nimmt das Lifecycle Costing ein?

Beispiel: Speedy GmbH

Manfred Kolb ist sich im Klaren darüber, dass die bisher angesprochenen Möglichkeiten, die sich aus den verschiedenen Kostenrechnungssystemen ergeben, noch nicht ausgereizt sind. Gerade die in den letzten Jahren zunehmenden Veränderungen des Marktes (fallende Marktpreise durch verstärkten internationalen Wettbewerb, kürzer werdende Produktlebenszyklen, neue Produktionstechnologien, steigende Fixkosten, heterogene Kundenwünsche – um nur ein paar Schlagworte zu nennen) beschäftigen Manfred Kolb. Er sucht deshalb nach weiteren Instrumenten, die ergänzend eingesetzt werden können, um z. B. die Gemeinkosten in bestimmten betrieblichen Bereichen noch verursachungsgerechter verrechnen zu können, um die Kosten bereits dann zu beeinflussen, bevor sie entstanden sind oder um die die Kosten eines Produktes über dessen ganzen Lebenszyklus hinweg im Blick zu haben.

9.1 Von der Kosten- und Leistungsrechnung zum Kostenmanagement

Das Umfeld der betrieblichen Leistungserstellung und Wertschöpfung hat sich in den letzten Jahrzehnten grundlegend geändert. Aus den *Verkäufermärkten* für Industrieerzeugnisse entwickelten sich im Laufe der Zeit *Käufermärkte*. Die differenzierten und sich stetig verändernden Kundenwünsche machten es erforderlich, dass sich

- die Variantenzahl der Produkte zunehmend erhöhte,
- die Produktlebenszyklen immer mehr verkürzten und
- die Leistungs- und Qualitätsanforderungen an die Produkte immer weiter erhöhten.
- Weiterhin gewannen die Produkte begleitende Dienstleistungen als Abgrenzungsmöglichkeit gegenüber dem Wettbewerb immer mehr an Bedeutung.

Auch ist der Wettbewerb inzwischen auf den meisten Märkten global und wird somit durch die weltweiten Aktivitäten der Produzenten aus den verschiedensten Ländern bestimmt. Dies setzt die für die Erzeugnisse erzielbaren Preise immer mehr unter Druck.

Flexibilität als Schlüsselfaktor Diese Entwicklungen zeigen, dass sich die Flexibilität der Unternehmen zu einem Schlüsselfaktor zur Sicherung ihres langfristigen Unternehmenserfolges und damit zur Sicherung ihrer Existenz geworden ist. Industrieunternehmen können sich heute dem Zwang zu hoher Angebotsflexibilität und in der Konsequenz zu hoher Produktionsflexibilität kaum mehr entziehen.

Wirtschaftlich kann man auf diese Situation nur durch flexible automatisierte Fertigungsanlagen reagieren. Dadurch verändert sich die Kostenstruktur (der absolute und der relative Anteil der fixen Anlagenkosten an den Gesamtkosten steigen). Die betriebliche Prozessstruktur muss durch die Implementierung neuer Technologien angepasst werden.

In allen indirekten Bereichen (Logistik, Arbeitsvorbereitung, Instandhaltung, Auftragsabwicklung, Produktionsplanung, Qualitätssicherung usw.) führen die Variantenvielfalt, die steigenden Qualitätsansprüche, die erhöhten Anforderungen an die Lieferzeit, die kürzeren Produktlebenszyklen und die kleineren Losgrößen zu einem Anstieg der vorbereitenden, planenden, steuernden, überwachenden und koordinierenden Tätigkeiten.

Steigende Komplexität Die Komplexität der Leistungserstellungsprozesse und deren vor- und nachgelagerten Aktivitäten nimmt zu.

Betrug zu Beginn der zweiten Hälfte des 20. Jahrhunderts der durchschnittliche Gemeinkostenanteil noch 30 %, so stieg er bis zum Ende des 20. Jahrhunderts auf durchschnittlich 60 %. Die Verdoppelung der Gemeinkosten fand hierbei in allen Bereichen statt. Die Materialgemeinkosten / Fertigungsgemeinkosten / Verwaltungs- und Vertriebsgemeinkosten stiegen ungefähr von 5 % / 10 % / 15 % auf etwa 10 % / 20 % / 30 %.

Die fixen *Gemeinkosten* haben zudem ein Übergewicht in der Kostenstruktur gewonnen. Da die Fixkosten i. d. R. auch nur langfristig angepasst werden können, hat sich die strategische Ausgangssituation der Unternehmen verändert (siehe Abbildung 9.1). Damit erweiterten sich wiederum die Anforderungen an die Kosten- und Leistungsrechnung. Hierauf hat die Kosten- und Leistungsrechnung mit der Entwicklung neuer Instrumente reagiert, die unter der Bezeichnung Kostenmanagement zusammengefasst werden können.

Gesamtwirtschaftliche Entwicklungen	→	Herausforderungen für die Unternehmensführung	→	Aufgabenfelder des Kostenmanagements
Öffnung der Ostmärkte Liberalisierung Globalisierung Sättigung Konkurrenz durch Schwellenländer	→	Wettbewerbsdruck führt zu Kostendruck	→	Management von • Kostenhöhe • Kostenstruktur • Kostenverlauf
Automatisierung Nischenpolitik Komplexität	→	Anstieg der Gemeinkosten Anstieg der Fixkosten	→	Gemeinkostenmanagement Fixkostenmanagement
Höhere Relevanz der Kundenwünsche und der Prozessabläufe	→	Kundenorientierung Prozessorientierung	→	Marktorientiertes Kostenmanagement Prozesskostenmanagement
Relevanz zusätzlicher strategischer Erfolgsfaktoren	→	Qualität, Ökologie und Zeit als strategische Erfolgsfaktoren	→	Management von Qualitätskosten, Umweltkosten und Zeitkosten
Stärkere Einbeziehung der Mitarbeiter	→	Probleme der Verhaltenssteuerung	→	Kostenbezogene Mitarbeiterführung

Abb. 9.1: Aufgabenfelder des Kostenmanagements als Folge gesamtwirtschaftlicher Entwicklungen

Während die Kosten- und Leistungsrechnung auf die Ermittlung und Zurechnung der Kosten auf die Kalkulationsobjekte innerhalb gegebener Kapazitäten, Produktionsverfahren und Produktspezifikationen konzipiert ist, möchte das Kostenmanagement die Kosten frühzeitig und vorwegnehmend beeinflussen und damit gestalten.

In Abhängigkeit von der Planungsebene, in der Kostenmanagement betrieben werden soll, kann das Kostenmanagement in ein strategisches und operatives unterschieden werden. Bewegen sich die Kostenbeeinflussungsmaßnahmen im Rahmen gegebener Kapazitäten, handelt es sich um operatives Kostenmanagement. Die oben beschriebene Zunahme der fixen Gemeinkosten lässt allerdings insb. die Bedeutung des strategischen Kostenmanagements steigen, da nun die Betrachtungsweise auf variablen Strukturen und Kapazitäten liegt.

Operatives und strategisches Kostenmanagement

Die Gestaltungsbereiche des Kostenmanagements sind somit das Management
• des Kostenniveaus,
• der Kostenstruktur und
• des Kostenverlaufs.

Kostenniveau-
Management

Das Kostenniveau-Management möchte die Gesamtkosten oder die Kosten bestimmter Leistungsfelder zielorientiert beeinflussen. Eine Senkung bestimmter Kosten kann zum einen an den Verbrauchsmengen, zum anderen am Wertgerüst ansetzen. Befragt man beispielsweise die Kunden nach deren subjektiver Einschätzung zu einem Produkt, können sich Reduzierungen von Verbrauchsmengen durch den Abbau von als nicht notwendig angesehenen Funktionen ergeben. Das Wertgerüst der Kosten kann entsprechend durch Qualitätsreduzierungen bei von den Kunden als weniger bedeutsam eingeschätzten Funktionen erreicht werden.

Kostenstruktur-
Management

Das Kostenstruktur-Management kann an der vorteilhaften Gestaltung von verschiedenen Kostenstrukturen ansetzen. Wird die Zusammensetzung der Primärkosten in den Mittelpunkt gestellt, werden steigende Preise für bestimmte Kostengüter zur Substitutionen dieser Güter führen (z. B. Energiekosteneinsparungen durch den Einsatz neuer Technologien). Steht das Verhältnis von primären und sekundären Kosten im Fokus, geht es in erster Linie um den Abbau von innerbetrieblichen Leistungen durch Outsourcing. Die Beeinflussung des Verhältnisses zwischen Einzel- und Gemeinkosten hat zum Ziel, die Gemeinkosten so weit wie möglich abzubauen.

Gerade in Zeiten, in denen die Fixkostenlastigkeit der Unternehmen immer bedeutender wird, steht die Beeinflussung der Fixkostenstruktur im Mittelpunkt. Das Verhältnis von fixen und variablen Kosten soll durch eine Reduzierung der Fixkosten verbessert werden. Fixkosten lassen sich nur zu bestimmten Zeitpunkten abbauen, weil das Unternehmen aus rechtlichen, technischen oder organisatorischen Gründen Bindungen eingegangen ist. Diese Zeitpunkte sollten nicht in Vergessenheit geraten, sondern z. B. in einer Vertragsdatenbank festgehalten werden. Eine Verkürzung der Bindungsdauer von Fixkostenpotenzialen kann z. B. dadurch erreicht werden, dass eine Anlage geleast und nicht durch Kauf langfristig gebunden wird.

Kostenverlauf-
Management

Die dritte Zielrichtung des Kostenmanagements ist die Beeinflussung des Kostenverhaltens oder des Kostenverlaufs. Hier geht es einerseits um die Gestaltung des Kostenanfalls in zeitlicher Hinsicht. Es sollen Wechselwirkungen zwischen den anfallenden Kosten in den einzelnen Stadien des Lebenszyklus erkannt und im Rahmen einer lebenszyklusbezogenen Kostengestaltung beeinflusst werden. Andererseits wird mit dem Kostenverlauf das Verhalten der Kosten in Abhängigkeit von der Beschäftigung oder anderen Kosteneinflussgrößen bezeichnet. Kostendegressionen sind Gegenstand eines Chancenmanagements, Kostenprogressionen eines Risikomanagements.

Diese drei Gestaltungsbereiche stehen in enger Beziehung zueinander. Ändert sich z. B. die Kostenhöhe eines Objektes, beeinflusst das i. d. R. auch die Kostenstruktur und/oder den Kostenverlauf. So wirkt sich z. B. eine Gemeinkostenreduzierung sowohl auf das Kostenniveau als auch auf das Verhältnis von Einzel- und Gemeinkosten aus.

Mit Hilfe des Kostenniveau-, -struktur- und -verlaufs-Managements müssen nun die verschiedenen Kosteneinflussgrößen bestimmt und erkannt werden. Dazu benötigt man Instrumente. In den folgenden Abschnitten werden ausgewählte bedeutsame Instrumente des Kostenmanagements erläutert. Das prozessorientierte Kostenmanagement rückt – wie der Name bereits erkennen lässt – die ablaufenden Prozesse insb. in den indirekten Bereichen in den Fokus. Das Target Costing bringt die Marktperspektive in das Unternehmen, indem die Marktpreise und die Kundenwünsche bei der Produktgestaltung berücksichtigt werden. Die Lebenszykluskostenrechnung schließlich überwindet die traditionelle Periodenfixierung und rückt den gesamten Lebenszyklus eines Produktes in den Vordergrund.

9.2   Prozessorientiertes Kostenmanagement

Planende, steuernde, kontrollierende und koordinierende Tätigkeiten nahmen aus den oben genannten Gründen im Laufe der Zeit zu, insb. aufgrund von gestiegenem Variantenreichtum und größerer Produktkomplexität. In der Konsequenz stieg der Umfang und Anteil von Tätigkeiten in den *indirekten Unternehmensbereichen* an, so z. B. bei Forschung und Entwicklung, Einkauf, Logistik, Produktionsplanung und -steuerung, Qualitätssicherung und prüfung, Auftragsabwicklung, Vertrieb und Verwaltung. Es bestand daher die Gefahr, dass die Gemeinkosten zu global verrechnet werden, da die sich neu bildenden Zusammenhänge und Abhängigkeiten nicht mehr durch wertmäßige, prozentuale Zuschlagssätze dargestellt werden können. Die Maschinenstundensätze als mengenmäßige Bezugsgröße sind in den indirekten Bereichen nicht verwendbar, da hier Personal und nicht Anlagen den wesentlichen Kostenfaktor darstellt.

Hier musste also ein neues Konzept gefunden werden, um dem Verursachungsprinzip auch in den indirekten Bereichen gerecht zu bleiben. Dieses neue Konzept hat sich in *prozessorientierten* Ansätzen konkretisiert, die nachfolgend vorgestellt werden sollen.

Mit den prozessorientierten Ansätzen zielt man auf

- eine verursachungsgerechtere Kalkulation,
- eine effizientere Planung und Kontrolle der Gemeinkosten sowie
- eine Erhöhung der Kostentransparenz in den indirekten Bereichen ab.

Ziele prozess-
orientierter
Ansätze

Damit können die prozessorientierten Ansätze sowohl der Kostenrechnung als auch dem Kostenmanagement zugeordnet werden.

Auch wenn es im deutschsprachigen Raum bereits entsprechende Vorarbeiten gab (siehe »Aus der Praxis«), so gingen die prozessorientierten Ansätze wesentlich von den USA aus. Im englischsprachigen Raum wird hierbei von Activity-based Costing (ABC) oder von Activity-based Cost Management gesprochen. Im deutschsprachigen Raum wird hierfür der Begriff Prozesskostenrechnung verwendet.

Eine ebenfalls von den USA ausgehende Weiterentwicklung des ABC wird als Time-driven Activity-based Costing (TDABC) bezeichnet. Diese Bezeichnung hat sich auch im deutschsprachigen Raum etabliert.

! Unter der Lupe

Bei den deutschen und englischen Begriffen für die prozessorientierten Ansätze ist Folgendes zu beachten: Die wörtlich übersetzte »aktivitätsbasierte« Kostenrechnung »Activity-based Costing« wird im deutschsprachigen Raum als »Prozesskostenrechnung« bezeichnet. Unter dem englischen Begriff »Process Costing« versteht man im deutschsprachigen Raum hingegen die »Divisionskalkulation«. Der englische Begriff Process Costing kommt daher, dass die Divisionskalkulation häufig in prozessorientierten Industrien Anwendung findet.

! Unter der Lupe

Auch wenn das ABC bzw. die Prozesskostenrechnung erst Mitte bis Ende der 1980er Jahre aufkam, so zeigt das Beispiel der Siemens AG, dass die Grundgedanken durchaus schon vorher in der Praxis bekannt waren (Ziegler 1992):
»Der als unbefriedigend empfundene Zustand hatte in der Siemens AG den Zentralbereich Betriebswirtschaft 1975 veranlasst, eine Arbeitsgruppe einzusetzen, mit dem Auftrag, nach Lösungen zu suchen. [...] Im Protokoll über die erste Arbeitssitzung am 27.10.75 heißt es: ›Um jede Verwechslung zu vermeiden und das neue wesentliche Moment des untersuchten Themas zu betonen, wird der Begriff Prozessorientierte Kostenrechnung (gewählt).‹«

9.2.1 Prozesskostenrechnung

Die für die Anwendung der Prozesskostenrechnung notwendigen *Voraussetzungen* sind:

Prämissen der Prozesskostenrechnung

- Der Prozesskostenrechnung konzentriert sich auf die indirekten Unternehmensbereiche.
- Der Prozesskostenrechnung konzentriert sich auf repetitive (sich wiederholende) und strukturierte Abläufe. Einmalige Abläufe und Abläufe mit großer Varianz zwischen den einzelnen Durchführungen eignen sich nicht für die Prozesskostenrechnung.
- Die für die Prozesskostenrechnung notwendigen Daten über Prozesse und die zugehörigen Kosten sind weder in der klassischen Vollkostenrechnung noch in der Teilkostenrechnung verfügbar und müssen daher zunächst erhoben werden. Hierzu gibt es zwar allgemeine Vorlagen in Form von Prozessmodellen, die Abläufe sind jedoch stets unternehmensspezifisch und müssen daher individuell für jedes Unternehmen ermittelt werden.

Auch die Prozesskostenrechnung bedient sich der Kostenarten-, Kostenstellen- und Kostenträgerrechnung. Der wesentliche Unterschied besteht in der Wahl der Bezugsgrößen zur Kostenverrechnung in der Kostenstellenrechnung und in der Kostenträgerrechnung. Die Prozesskostenrechnung stellt die *Aktivitäten* in den Mittelpunkt ihrer Betrachtung, die die Produkte in Anspruch nehmen. Damit ein Produkt verkauft werden kann, ist eine Vielzahl von Aktivitäten in den unterschiedlichsten Abteilungen der indirekten Bereiche durchzuführen. Diese Aktivitäten können also als kostentreibende Faktoren der entsprechenden Abteilungen angesehen werden. D. h. je mehr Aktivitäten eine Abteilung durchführt, desto größer werden die in dieser Abteilung anfallenden Kosten sein. Wenn es gelingt, diesen Aktivitäten Kosten zuzuordnen, dann können die Produkte in Abhängigkeit der Art und Anzahl der in Anspruch genommenen Aktivitäten entsprechend mit Kosten belastet werden.

Aktivitäten als Ausgangspunkt

In die Welt der Kostenrechnung übertragen bedeutet dies, dass die Kostenträger Prozesse in Anspruch nehmen. Die Kosten für die einmalige Durchführung eines Prozesses werden als Prozesskostensatz bezeichnet. Entsprechend können diese Prozesskostensätze in der Kalkulation der Kostenträger berücksichtigt werden. Die Gemeinkosten der indirekten Bereiche Forschung und Entwicklung, Vertrieb und / oder Verwaltung werden dann also nicht mehr bzw. nicht mehr ausschließlich über prozentuale Zuschlagssätze in der Kalkulation berücksichtigt, sondern (auch) über Prozesskostensätze. Für die Ermittlung der Prozesskostensätze sind folgende Schritte notwendig:

- Festlegung der Unternehmensbereiche und Bestimmung der Aktivitäten,
- Zusammenfassung der Aktivitäten zu Teilprozessen und zu Hauptprozessen,
- Festlegung der Bezugsgrößen und Messung der Prozessmengen, und
- Bestimmung der Prozesskostensätze.

Zunächst ist festzulegen, in welchen indirekten Unternehmensbereichen die Prozesskostenrechnung eingeführt werden soll. Es sind diejenigen Bereiche zu priorisieren, die sehr hohe prozentuale Zuschlagssätze aufweisen. Hier ist das Kostenvolumen also sehr hoch und damit die Konsequenzen einer nicht verursachungsgerechten Verrechnung der Gemeinkosten auf die Kostenträger am gravierendsten.

Wahl der Unternehmensbereiche

Nach dieser Entscheidung ist eine intensive *Aktivitätsanalyse* der betroffenen Bereiche notwendig. In Gesprächen mit den zuständigen Kostenstellenleitern und / oder den einzelnen Mitarbeitern werden die durchgeführten Aktivitäten und der dafür benötigte Zeitbedarf in Prozent der gesamten Personalkapazität der Kostenstelle ermittelt. Es wird empfohlen, strukturierte Interviews durchzuführen und zu dokumentieren. Vorhandene Stellenbeschreibungen oder Selbstaufschreibungen sollten als Erhebungstechniken nur in Ausnahmefällen Verwendung finden. Das Ergebnis der Aktivitätsanalyse ist ein Aktivitätskatalog für jede Kostenstelle.

Aktivitätsanalyse

Teilprozesse   Als nächstes werden die Aktivitäten zu Teilprozessen zusammengefasst. Dies geschieht auf Kostenstellenebene, d. h. ein Teilprozess sind logisch zusammengehörige Aktivitäten, die innerhalb einer bestimmten Kostenstelle stattfinden. Üblicherweise finden in einer Kostenstelle mehrere Teilprozesse statt.

Für jeden Teilprozess ist zudem die wesentliche Kosteneinflussgröße (Kostentreiber) zu ermitteln.

lmi- und lmn-Teilprozesse   Da die Kostentreiber auch die Anzahl der Teilprozessdurchführungen messen, ist an dieser Stelle die Unterscheidung zwischen leistungsmengeninduzierten (lmi) und leistungsmengenneutralen (lmn) Teilprozessen einzuführen. Bei dem Teilprozess »Rohstoffe einkaufen« der Kostenstelle Einkauf im nachfolgenden Beispiel handelt es sich um einen lmi-Prozess, da hier die Anzahl der Prozessdurchführungen gut mit einem Kostentreiber gemessen werden kann. Ein geeigneter Kostentreiber könnte z. B. die Anzahl der Bestellungen oder die Anzahl der Bestellpositionen sein. Der Teilprozess »Kostenstelle leiten« der Kostenstelle Einkauf ist hingegen als leistungsmengenneutral einzustufen. Er findet – wenn auch mit schwankender Intensität – kontinuierlich statt. Es lässt sich also nicht mittels eines Kostentreibers bestimmen, wie oft dieser Teilprozess stattfindet, da er »einmal aber dauerhaft« durchgeführt wird. Es lassen sich somit nur für lmi-Teilprozesse Kostentreiber festlegen, nicht jedoch für lmn-Teilprozesse.

Die Teilprozesse werden dann in einem weiteren Schritt zu kostenstellenübergreifenden Hauptprozessen zusammengefasst. Die Aggregierung von Teilprozessen zu Hauptprozessen hat den Vorteil, dass sie die spätere Kalkulation erleichtert. Für die Verdichtung von Teilprozessen zu Hauptprozessen existieren zwei Ansatzpunkte:

Hauptprozesse   Zum einen können Teilprozesse nach dem Kriterium der sachlichen Zusammengehörigkeit und der gemeinsamen Abdeckung eines Aufgabenkomplexes aggregiert werden (Hauptprozess als Aufgabenkomplex). Zum anderen ist es möglich, bei den Kosteneinflussgrößen (Kostentreiber) anzusetzen und diejenigen Teilprozesse zu einem Hauptprozess zusammen zu fassen, bei denen jeweils derselbe Kostentreiber wirkt (Hauptprozess als Aktivitätenkette). In beiden Fällen werden nur lmi-Teilprozesse zu Hauptprozessen zusammengefasst, die lmn-Teilprozesse bleiben an dieser Stelle unberücksichtigt.

Typischerweise setzt sich ein Hauptprozess aus mehreren Teilprozessen aus verschiedenen Kostenstellen zusammen. Ein Hauptprozess kann auch mehrere Teilprozesse derselben Kostenstelle umfassen, zudem kann ein Teilprozess auch in mehrere Hauptprozesse eingehen. Diese Zusammenhänge sind aus Abbildung 9.2 ersichtlich.

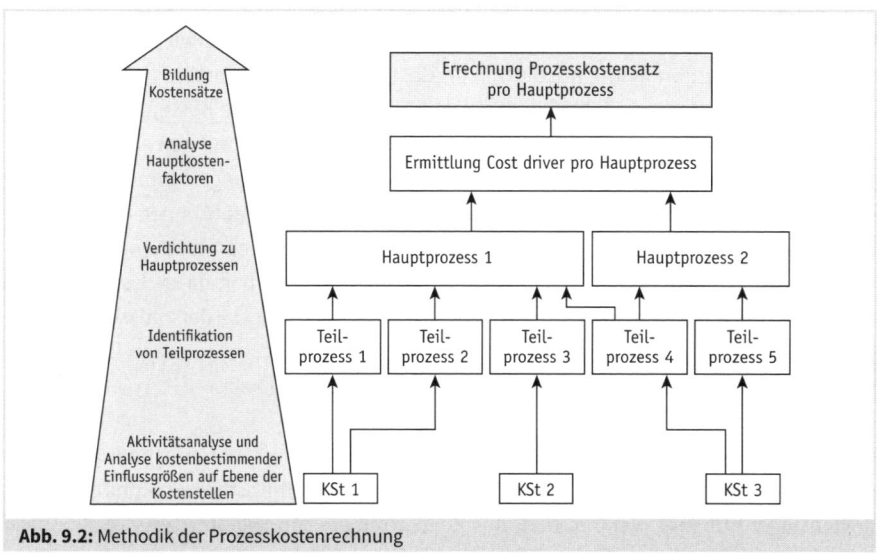

Abb. 9.2: Methodik der Prozesskostenrechnung

Beispiel: Aggregierung von Teilprozessen zu einem Hauptprozess

Aus der für vier Kostenstellen durchgeführten Aktivitätsanalysen lässt sich aus den kursiv gedruckten Teilprozessen der Hauptprozess »Rohstoffe beschaffen« bilden:

Kostenstelle Einkauf	Kostenstelle Warenannahme	Kostenstelle Qualitätsprüfung	Kostenstelle Lager
Teilprozesse:	Teilprozesse:	Teilprozesse:	Teilprozesse:
Rohstoffe einkaufen	*Lieferungen entgegennehmen*	Prüfungen für Werkstofftechnik durchführen	Hilfs- und Betriebs- stoffe lagern
Hilfs- und Betriebs- stoffe einkaufen	Kostenstelle leiten	*Eingangsprüfung für Rohstoffe durchführen*	*Rohstoffe lagern*
Geräte und Anla- gen einkaufen		Chemische Kont- rollen durchführen	Unfertige Erzeug- nisse lagern
Dienstleistungen einkaufen Kostenstelle leiten		Kostenstelle leiten	Fertige Erzeugnisse lagern Kostenstelle leiten

Der Hauptprozess »Rohstoffe beschaffen« besteht aus den Teilprozessen »Rohstoffe einkaufen«, »Lieferungen entgegennehmen«, »Eingangsprüfung für Rohstoffe durchführen« sowie »Rohstoffe lagern« An diesem Hauptprozess sind somit alle vier Kostenstellen mit jeweils einem Teilprozess beteiligt.

Kostentreiber   Nachdem die Teilprozesse zu Hauptprozessen verdichtet wurden, ist wiederum für jeden Hauptprozess der dominante Kostentreiber (Cost Driver) zu bestimmen. Im Falle der Bildung der Hauptprozesse als Aktivitätenkette liegt der einheitliche Kostentreiber bereits vor. Der Kostentreiber eines Hauptprozesses soll mehrere Anforderungen erfüllen:

- Mit dem Kostentreiber wird die Anzahl der Prozessdurchführungen gemessen.
- Zwischen dem Kostentreiber und den durch die Prozessdurchführungen verursachten Kosten soll idealerweise eine (direkt) proportionale Beziehung bestehen.
- Die Kostentreiber sind idealerweise aus IT-Systemen abrufbar, da sie beim späteren Betrieb der Prozesskostenrechnung sonst manuell ermittelt werden müssen, was aufwändig und fehleranfällig ist.
- Die Kostentreiber sollten transparent und nachvollziehbar sein.

Die Kostentreiber werden als Dreh- und Angelpunkt der Prozesskostenrechnung bezeichnet, da von Ihnen die Qualität der verursachungsgerechten Kostenverrechnung auf die Kostenträger abhängt. Bei der Wahl des Kostentreibers pro Hauptprozess ist demnach mit großem Bedacht vorzugehen.

Prozessmenge   Die Quantifizierung der Kostentreiber führt zu den Prozessmengen, d. h. der innerhalb eines bestimmten Zeitraums getätigten oder geplanten Anzahl an Durchführungen der Teilprozesse und Hauptprozesse. Die Planung der Prozessmengen erfolgt im Rahmen der Plankostenrechnung (siehe Kapitel 7).

Bildung von Prozess-kostensätzen   Wenn feststeht, wie oft die einzelnen kostenstellenübergreifenden Hauptprozesse und die kostenstellenbezogenen Teilprozesse in der betrachteten Periode durchgeführt werden, dann sind die Kosten dieser Prozesse zu bestimmen. Grundlage für die Zuordnung von Kosten zu Teilprozessen kann entweder eine analytische Vorgehensweise (durch Berechnungen oder Messungen) oder aber eine pauschale Vorgehensweise sein. Bei Dominanz des Personalkostenanteils werden die Gesamtkosten der Kostenstelle üblicherweise anhand der zeitlichen Beanspruchung pauschal auf die Teilprozesse verteilt. Für die Sachkosten wird dann regelmäßig derselbe prozentuale Schlüssel verwendet, der sich aus der Verteilung der Personalkosten auf die Teilprozesse ergibt. Nur wenn bestimmte Kostenpositionen eindeutig und ausschließlich für einen bestimmten Teilprozess anfallen, so werden sie diesem direkt zugeordnet.

Da man leistungsmengeninduzierte und leistungsmengenneutrale Teilprozesse unterscheidet, wird in zwei Schritten vorgegangen. Zunächst werden die Kosten der Kostenstelle auf alle für diese Kostenstelle definierten lmi- und lmn-Teilprozesse verteilt. Da jedoch nur die lmi-Teilprozesse in die Hauptprozesse eingehen, sind in einem zweiten Schritt die Kosten der lmn-Teilprozesse auf die lmi-Teilprozesse umzulegen. Es werden also zunächst lmi-Teilprozesskostensätze und lmn-Umlagesätze berechnet. Dann wird der lmn-Umlagesatz auf die lmi-Teilprozesskostensätze angewendet, und es ergibt sich der gesamte Teilprozesskostensatz für alle lmi-Teilprozesse. Wenn man eine Analogie zur herkömmlichen Kostenstellenrechnung herstellen möchte, so entspricht diese der Verrechnung sekundärer Kosten von den Vorkostenstellen zu den Endkostenstellen.

Die letztlich für die Kalkulation benötigten (Haupt-)Prozesskostensätze ergeben sich dann aus der Addition der gesamten Teilprozesskostensätze der jeweils zum Hauptprozess zugehörigen Teilprozesse.

$$\text{lmi-Teilprozesskostensatz} = \frac{\text{lmi-Prozesskosten}}{\text{lmi-Prozessmenge}}$$

$$\text{lmn-Umlagesatz} = \frac{\text{lmn-Prozesskosten}}{\text{Summe lmi-Prozesskosten}} \cdot 100$$

gesamter Teilprozesskostensatz = lmi-Teilprozesskostensatz $\cdot$ (1 + lmn-Umlagesatz)

(Haupt-)Prozesskostensatz = Summe der gesamten Teilprozesskostensätze
aller zugehörigen Teilprozesse

Die Würdigung der Prozesskostenrechnung ist insbesondere hinsichtlich der Erfüllung ihrer einleitend genannten Ziele vorzunehmen.

Würdigung

Die Befürworter der Prozesskostenrechnung sehen in ihr eine Weiterentwicklung der traditionellen Zuschlagskalkulation, die eine *verursachungsgerechtere Verrechnung* der Gemeinkosten auf die Kostenträger ermöglicht. Wie hoch der Grad der Prozessorientierung in der Produktkalkulation sein soll, hängt von der Struktur der Produktpalette ab. Die Verwendung der traditionellen Zuschlagskalkulation bei ähnlich komplexen Produkten mit in etwa gleichmäßigen Mengengerüsten dürfte als befriedigend angesehen werden. Sobald jedoch ein aus differenzierten Kundenwünschen hervorgegangenes, breites Produktspektrum vorliegt, dessen Kostenverursachung in den einzelnen indirekten Betriebsbereichen aufgrund von unterschiedlicher Produktkomplexität und / oder unterschiedlichen Mengengerüsten stark voneinander abweicht, ist der Einsatz der Prozesskostenrechnung zu befürworten. Die herkömmliche Vollkostenrechnung hat eine nivellierende und die Prozesskostenrechnung eine differenzierende Wirkung.

Verbesserung des Verursachungsprinzips

Naturgemäß werden durch die am Anfang stehende Aktivitätsanalyse unwirtschaftliche Abläufe erkannt, so dass schon in der Einführungsphase der Prozesskostenrechnung Rationalisierungspotenziale oder Unterauslastungen aufgedeckt werden können. Es erhöht sich nicht nur die *Transparenz der Gemeinkosten*, sondern der Großteil der Gemeinkosten in Form der lmi-Teilprozesse wird zudem als beeinflussbar erkannt. Allerdings steigt der Anteil der lmn-Teilprozesse an, je höher der Anteil heterogener und komplexer Aktivitäten und je höher der Planungs-, Koordinations- und Kontrollaufwand in einer Kostenstelle ist.

Gemeinkostentransparenz

Der angestrebte Zugewinn an Transparenz kann zudem auf Widerstände bei den betroffenen Mitarbeitern im Rahmen der Aktivitätsanalyse führen. Wenn dies der Fall ist, so bedarf es einer umfangreichen Informations- und Überzeugungsarbeit über die Ziele der Prozesskostenrechnung.

Kostenbewusstsein Die Prozesskostenrechnung führt zudem zu einem gestiegenen Kostenbewusstsein und übt damit eine gewisse Verhaltenssteuerung aus. Die Prozesskostenrechnung macht klar, dass viele produktbezogene Entscheidungen Konsequenzen für die in den indirekten Bereichen notwendigen Prozesse haben. Dies tritt nochmals klarer hervor als die innerbetrieblichen Leistungen der traditionellen Kostenstellenrechnung.

Bessere Kostenplanung Die Prozesskostenrechnung stellt über die Hauptprozesse und die zugehörigen Teilprozesse einen Zusammenhang zwischen den Produktmengen und den in den Kostenstellen anfallenden Kosten her. Dadurch ist es möglich, basierend auf der Absatz- bzw. Produktionsplanung auch eine bessere Planung der Kostenstellen der Gemeinkostenbereiche durchzuführen. Die dort oftmals anzutreffende Vorgehensweise »Budget kommendes Jahr = Budget aktuelles Jahr plus x Prozent« kann damit in vielen Fällen durch eine treiberbasierte Planung ersetzt werden.

Vollkostencharakter Die Kritiker der Prozesskostenrechnung weisen insbesondere darauf hin, dass die Produktkalkulation in der Prozesskostenrechnung eine Vollkostenkalkulation ist bzw. bleibt. Vollkostenkalkulationen haben grundsätzlich den Nachteil, dass sie auch fixe Gemeinkosten auf die Kostentreiber verrechnen (müssen), dies aber letztlich nur willkürlich erfolgen kann. Der Prozesskostenrechnung wird zwar eine verursachungsgerechtere Produktkalkulation zugeschrieben, da sie die Gemeinkosten der indirekten Bereiche über Prozesskostensätze statt über Zuschlagssätze auf die Kostenträger verrechnet. Es bleibt jedoch festzuhalten, dass auch diese Prozesskostensätze fixe Gemeinkosten enthalten. Eine vollständig befriedigende Lösung für fixe Gemeinkosten kann also auch die Prozesskostenrechnung nicht bieten.

Vollkostenkalkulationen werden damit begründet, dass sie die Informationen für *langfristige* Preisuntergrenzen liefern. Die Prozesskostenrechnung als Vollkostenrechnung sollte deshalb bei kurzfristigen Entscheidungssituationen, bei denen eine kurzfristige Preisuntergrenze zu ermitteln ist, mit Bedacht Verwendung finden. Da bei kurzfristigen Entscheidungen Fixkosten als nicht entscheidungsrelevant angesehen werden, in den Prozesskostensätzen aber wie erläutert auch fixe Gemeinkosten enthalten sind, könnte die Prozesskostenrechnung hier zu falschen Entscheidungen verleiten.

Hoher Einführungsaufwand Auch unterliegt die Ausgestaltung von Kostenrechnungssystemen stets *wirtschaftlichen Gesichtspunkten*. Die Einführung der Prozesskostenrechnung ist ein sehr zeit- und kostenintensives Unterfangen. Der mit der Einführung der Prozesskostenrechnung verbundene Aufwand erscheint nur in denjenigen Unternehmensbereichen gerechtfertigt, die sich durch ein hohes Kostenvolumen mit gleichzeitig als mangelhaft empfundener Transparenz hinsichtlich der Kostenverursachung auszeichnen.

Aus der Praxis   !

Beim WHU Controller Panel wurden die Teilnehmer in den Jahren 2012 und 2015 auch nach dem Grad der Nutzung der Prozesskostenrechnung und des Activity-based Cost Managements befragt. Auf einer Skala von 1 (keine Nutzung) bis 5 (intensive Nutzung) ergaben sich im Zeitverlauf konstant für die Prozesskostenrechnung der Wert 2,0 und für das Activity-based Cost Management der Wert 1,8. Dies zeigt, dass die prozessorientierten Verfahren (noch) nicht dieselbe Verbreitung aufweisen wie die klassische Vollkostenrechnung und wie die Teilkostenrechnung.

9.2.2   Time-driven Activity-based Costing

Das Time-driven Activity-based Costing (TDABC) ist kein völlig neues Kostenrechnungssystem, sondern es baut in großen Teilen auf der Methodik der Prozesskostenrechnung auf. Es handelt sich somit um eine Weiterentwicklung der Prozesskostenrechnung, die an einigen wichtigen Problemen der Prozesskostenrechnung ansetzt und anstrebt, diese zu verringern oder ganz zu beseitigen. Neben den bereits im vorangegangenen Abschnitt erläuterten Kritikpunkten der Prozesskostenrechnung waren für die Entwicklung des TDABC insbesondere die folgenden Schwachstellen der Prozesskostenrechnung ausschlaggebend:

- Die Prozesskostenrechnung setzt hinsichtlich der einzelnen Prozessdurchführungen homogene Prozesse voraus. Falls heterogene Prozesse vorliegen, so kann die Prozesskostenrechnung hiermit auf zweierlei Arten umgehen: Entweder kann die Prozesskostenrechnung diese Heterogenität ignorieren und homogene Prozesse fingieren. Der resultierende Prozesskostensatz bildet den angefallenen Ressourcenverzehr dann allerdings nur im Durchschnitt korrekt ab, der Ressourcenverzehr einer einzelnen konkreten Prozessdurchführung kann hiervon deutlich abweichen. Oder die Prozesskostenrechnung kann mehrere verschiedene Prozesse für unterschiedlich ressourcenaufwändige Prozessdurchführungen definieren. Hierdurch steigt jedoch die Komplexität des Prozessmodells sehr schnell stark an.

Schwachstellen der Prozesskostenrechnung

- Die erforderliche Aufteilung der Kosten einer Kostenstelle auf die darin ablaufenden Teilprozesse erfolgt zumeist pauschal auf Basis der prozentualen Aufteilung der Arbeitszeit der Mitarbeiter dieser Kostenstelle auf die Teilprozesse. Da diese Aufteilung jedoch zumeist subjektiv und nicht analytisch-objektiv erfolgt, reduziert dies die Genauigkeit der Prozesskostensätze.
- Bei jeder wesentlichen Veränderung im Prozessmodell müsste die Prozesskostenrechnung aktualisiert werden. Da dieser Aufwand jedoch gescheut wird, verwenden Unternehmen häufig veraltete Prozesskosteninformationen.
- Da die Arbeitszeit der Mitarbeiter zumeist vollständig auf die Prozesse verteilt wird, fließen auch etwaige Leerkosten der Kostenstellen in die Prozesskostensätze mit ein.

In Folge einer unterschiedlichen Anzahl an Prozessdurchführungen schwanken die Prozesskostensätze somit in Abhängigkeit des Beschäftigungsgrads.

- Sowohl bei den Teilprozessen als auch bei den Hauptprozessen wird ausschließlich der dominante Kostentreiber beachtet. Bei vielen Prozessen liegen jedoch mehrere Kosteneinflussgrößen vor, was die Prozesskostenrechnung nicht abbilden kann.

Der methodische Kern der Prozesskostenrechnung, Gemeinkosten auf Basis der Inanspruchnahme innerbetrieblicher Prozesse auf die Kostenträger zu verrechnen, bleibt auch beim TDABC unverändert.

Methodik
des TDABC

Die Ermittlung der Prozesskostensätze erfolgt nun jedoch »zeitgetrieben« (time-driven), d. h. die benötigte Dauer für eine Prozessdurchführung bestimmt nun die Höhe des Prozesskostensatzes. Da ein Prozess per Definition einen messbaren Startzeitpunkt und einen messbaren Endzeitpunkt hat, kann die dazwischenliegende Dauer der Prozessdurchführung ermittelt werden.

Diese Dauer der Prozessdurchführung ist jedoch in aller Regel nicht alleine von dem einen Kostentreiber abhängig, sondern wird in vielen Fällen von einer Vielzahl weiterer Einflussgrößen bestimmt. Das TDABC verwendet für diese neben dem Kostentreiber weiteren Kosteneinflussgrößen den Begriff Prozessparameter. So wird bspw. die Dauer eines Bestellvorgangs nicht ausschließlich von der Anzahl der anzulegenden Bestellpositionen (Kostentreiber) beeinflusst, sondern u. a. auch davon, ob der Lieferant im Inland (= geringerer Aufwand) oder im Ausland (= höherer Aufwand) ansässig ist, ob die Bestellung per Fax (= höherer Aufwand) erfolgen muss oder per EDI (= geringerer Aufwand) erfolgen kann, usw. Beim TDABC wird nun angestrebt, neben dem Kostentreiber auch alle wesentlichen Prozessparameter, welche die Dauer der Prozessdurchführung beeinflussen, in einer sog. Zeitverbrauchsfunktion abzubilden.

Zeitverbrauchs-
funktion

Die Zeitverbrauchsfunktion könnte im soeben beschrieben Beispiel wie folgt aussehen:

$$Y = a + b \cdot X_1 + c \cdot X_2 - d \cdot X_3$$

Hierbei gilt:
- Die abhängige Variable »Y« repräsentiert die zu ermittelnde Dauer der Prozessdurchführung.
- Die Konstante »a« ist eine Basiszeit, die unabhängig von der konkreten Prozessdurchführung immer anfällt.
- Es wird die Annahme getroffen, dass jede anzulegende Bestellposition einen bestimmten zeitlichen Aufwand verursacht. Die ganzzahlige Variable »X_1« steht somit für die Anzahl an Bestellpositionen und »b« für die benötigte Zeit für die Anlage einer Bestellposition in Minuten.

- Falls der Lieferant im Ausland sitzt, so wird die binäre Variable »X_2« = 1 gesetzt und wegen des höheren Aufwands wird eine bestimmte Minutenzahl »c« zur Dauer der Prozessdurchführung addiert. Im umgekehrten Fall eines inländischen Lieferanten wird keine zusätzliche Zeit benötigt und »X_2« = 0 gesetzt.
- Da eine Bestellung per EDI (»X_3« = 1) einen Zeitvorteil gegenüber der Bestellung per Fax (»X_3« = 0) darstellt, wird hier eine bestimmte Minutenzahl »d« von der Dauer der Prozessdurchführung abgezogen.

Die Ausprägungen des Kostentreibers wie auch der Prozessparameter sollten einfach und transparent erhoben und im Idealfall automatisiert aus IT-Systemen abgerufen werden können, um Aufwand zu sparen und Fehler zu vermeiden. Die Zeitverbrauchsfunktion kann selbstverständlich deutlich mehr Prozessparameter umfassen und diese mit beliebigem mathematischem Term einfließen lassen (z. B. ... + e · X_4 · X_5).

Eine aufwändigere Prozessdurchführung führt somit mittels der Zeitverbrauchsfunktion zu einer längeren Sollzeit als eine einfachere Prozessdurchführung. Es wird beim TDABC somit keine einheitliche Dauer angenommen, sondern die konkrete Dauer jeder einzelnen Prozessdurchführung erhoben.

Zur Ermittlung des Prozesskostensatzes müssen nun noch die Kosten pro Zeiteinheit (hier gemessen in Minuten) bekannt sein. Dieser Zeitkostensatz lässt sich ermitteln, indem die Gesamtkosten einer Kostenstelle durch die in dieser Kostenstelle maximal verfügbare Produktivzeit (hier in Minuten) geteilt werden. Der Prozesskostensatz ergibt sich dann aus der Multiplikation der über die Zeitverbrauchsfunktion ermittelten Dauer der Prozessdurchführung mit diesem Zeitkostensatz.

Prozesskostensatz

Die Würdigung des Time-driven Activity-based Costing (TDABC) hat wiederum primär an seinen Zielsetzungen zu erfolgen, die ja in der Verringerung bzw. Beseitigung der Schwachstellen der Prozesskostenrechnung bestehen.

- Der Widerspruch zwischen genauen Prozesskostensätzen und einfachem Prozessmodell kann durch die Zeitverbrauchsfunktionen aufgelöst werden, da hierdurch Prozessvarianten zusammengefasst werden können, ohne sie gleichzeitig einheitlich zu behandeln zu müssen.
- Die zeitbasierte Bestimmung der Prozesskostensätze ist transparent und – bei adäquater Modellierung der Zeitverbrauchsfunktion – auch genau.
- Es findet bei der Berechnung des Prozesskostensatzes nicht nur ausschließlich der Kostentreiber Berücksichtigung, sondern eine grundsätzlich unbegrenzte Anzahl an weiteren Prozessparametern.
- Eine Änderung im Prozessmodell kann jederzeit und ohne großen Aufwand durch Anpassung der Zeitverbrauchsfunktionen berücksichtigt werden.
- Da die Berechnung der Prozesskostensätze an der Sollzeit der Prozessdurchführung ansetzt, enthalten diese keine Leerkosten. Am Periodenende ist durch Aggregation

Würdigung des TDABC

der Sollzeiten sämtlicher durchgeführter Prozesse für jede Kostenstelle ersichtlich, in welcher Höhe Leerkapazitäten und damit Leerkosten auftraten. Die Beschäftigungssituation der Kostenstelle hat keinen Einfluss auf die Höhe der Prozesskostensätze. Im Gegensatz zur Top down-Vorgehensweise der Prozesskostenrechnung ist die Vorgehensweise des TDABC somit als Bottom-up zu bezeichnen (siehe Abbildung 9.3).

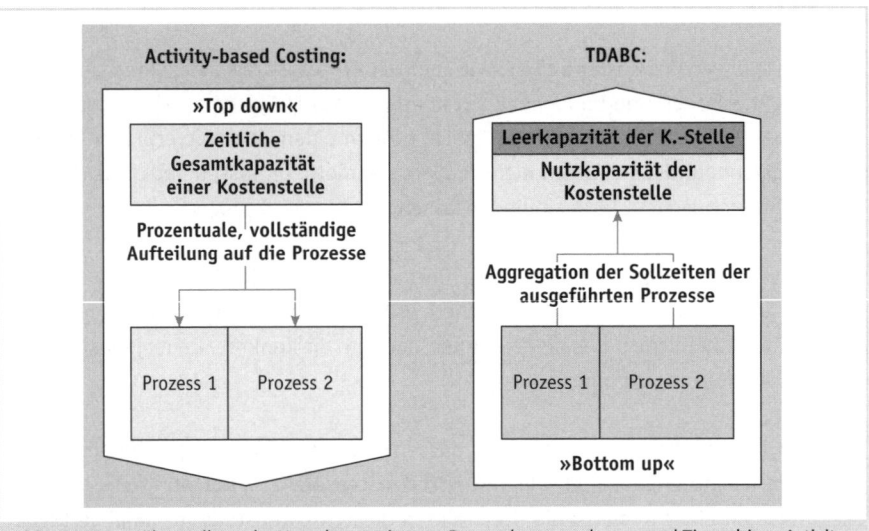

Abb. 9.3: Gegenüberstellung der Vorgehensweise von Prozesskostenrechnung und Time-driven Activity-based Costing

Das TDABC kann somit zwar seine Zielsetzung erfüllen, die Schwachstellen der Prozesskostenrechnung zu verringern oder zu beseitigen. Gleichzeitig weist das TDABC seinerseits ebenfalls einige kritische Punkte bei Einführung und Nutzung auf, die nicht unerwähnt bleiben dürfen:

Kritikpunkte am TDABC

- Oftmals liegen bei der erstmaligen Aufstellung der Zeitverbrauchsfunktionen noch keine historischen Daten in der benötigten Form vor. In diesen Fällen müssen auch die Zeitverbrauchsfunktionen geschätzt werden, was wiederum zu Subjektivität führt.
- Dadurch dass beim TDABC mittels der Zeitverbrauchsfunktionen Sollzeiten für Prozessdurchführungen erhoben werden, kann bei den betroffenen Mitarbeitern das Gefühl des Überwacht-Werdens gegenüber der Prozesskostenrechnung nochmals verstärkt werden. In der Konsequenz kann dies zu Widerständen bei der Implementierung des TDABC von Seiten der Mitarbeiter führen.
- Das TDABC ist mit seiner Methodik der Zeitverbrauchsfunktionen gegenüber der Prozesskostenrechnung unterlegen, wenn die Prozesse nicht stringent durchgeführt, sondern immer wieder unterbrochen werden.
- Aufgrund der Notwendigkeit, Zeitverbrauchsfunktionen aufstellen zu müssen, ist der einmalige Aufwand bei der Einführung des TDABC nochmals höher als bei der Prozesskostenrechnung.

9.3 Target Costing

Das Target Costing (Zielkostenrechnung) verbreitete sich ab Ende der 1980er Jahre von Japan aus. Es handelt sich um ein Instrument des Kostenmanagements und damit auch des strategischen Controllings. Die Kernidee des Target Costing ist, die Kosten eines Produkts aus dem Markt abzuleiten.

Das Leitmotiv des Target Costing lautet: Was darf ein Produkt kosten? *Konzept*

Das Target Costing umfasst eine Methodik für eine marktorientierte Kostenplanung, -steuerung und -kontrolle im Gesamtprozess der Produktentstehung. Der Fokus des Target Costing ist also primär die Phase der *Produktentwicklung* und weniger wie die traditionelle Kosten- und Leistungsrechnung die Produktionsphase. Das Target Costing wurde entwickelt, um

- über die Konzentration auf die Gestaltung und Herstellung der einzelnen Produkte das ganze Unternehmen auf den Markt auszurichten und
- Produktrentabilitäten auch bei hoher Wettbewerbsintensität zu erhalten oder zu steigern.

Beim Target Costing besitzen die frühen Phasen wie Produktentwicklung und -konstruktion sowie die Planung der Produktionstechniken deshalb die größte Bedeutung, da hier nicht nur die späteren Produktionskosten, sondern auch die noch späteren Servicekosten zu einem großen Teil im Voraus bestimmt werden. Kosteneinsparungen während der Produktionsphase und der Nutzungsphase eines Produkts zu erzielen ist deutlich schwieriger, als bereits in der Phase der Produktentwicklung auf eine kostengünstige Produktion und Bewirtschaftung zu achten.

Das Wesentliche am Target Costing ist die umfassende Marktorientierung. Die Aktivitäten werden an den vom Markt gewünschten Produktmerkmalen und -eigenschaften ausgerichtet, die sich in Produktfunktionen ausdrücken lassen. Diese Produktfunktionen werden durch die Produktkomponenten erfüllt, wobei für diese Produktkomponenten Kosten anfallen. Das Target Costing sorgt über diesen Weg für ein direktes Hineinwirken marktlicher Anforderungen in die Kostensicht des Produkts.

Die herkömmliche Kontrollkomponente, insbesondere die fertigungsbezogene *Abweichungsanalyse*, spielt im Rahmen des Zielkostenmanagements wegen deren primären Ausrichtung am Produktentstehungsprozess eine relativ geringe Rolle.

Target Costing soll in erster Linie Unternehmen unterstützen, die auf wettbewerbsinten- *Einsatzbereich*
siven Märkten kurzen Produktlebenszyklen und hohem Preisdruck ausgeliefert sind (z. B.

Elektronik-, Automobil-, Feinmechanikindustrien). Durchaus hohe Bedeutung wird dem Konzept auch in der massenfertigenden Industrie zugesprochen, da dort wegen des relativ geringen Modellwechsels Kostenwirkungen von Produkt- und Produktions-Grundsatzentscheidungen in aller Regel sehr langfristig spürbar sind. Kaum oder keine Bedeutung besitzt Target Costing hingegen in der Veredelungsindustrie.

Das Konzept des Target Costing ist im Überblick in Abbildung 9.4 dargestellt.

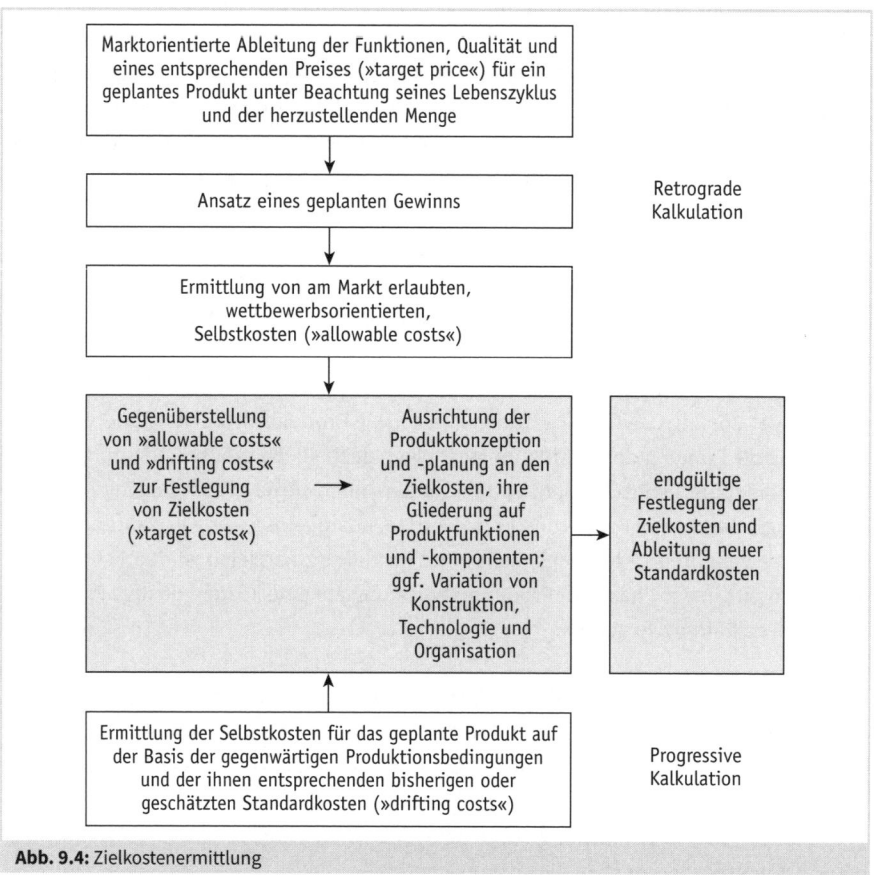

Abb. 9.4: Zielkostenermittlung

Es sind im Grunde vier Arbeitsschritte zur Zielkostenermittlung vorzunehmen (siehe Abbildung 9.5):

Arbeitsschritt 1	Bestimmung der Funktionen und ihrer Gewichtung
Arbeitsschritt 2	Festlegung der Zielkosten und Grobentwurf des neuen Erzeugnisses: 2a Ermittlung der Allowable Costs 2b Ermittlung der Drifting Costs 2c Festlegung der Zielkosten
Arbeitsschritt 3	Zielkostenermittlung für die einzelnen Erzeugniskomponenten
Arbeitsschritt 4	Bestimmung der Zielkostenindizes der Erzeugniskomponenten und ihre Optimierung mittels Zielkostenkontrolldiagramm

Abb. 9.5: Arbeitsschritte zur Zielkostenermittlung

9.3.1   Bestimmung der Funktionen und ihrer Gewichtung

Das Erzeugnis wird in diesem Schritt mittels seiner marktkonformen Funktionen definiert. D. h. das Produkt wird mit Funktionen beschrieben, die für die Kunden Nutzen darstellen und für diese bemerkbar und relevant sind.

Hier findet vielfach die *Conjoint-Analyse* Anwendung, ein Instrument der Marktforschung. Mit der Conjoint-Analyse lässt sich eine Überprüfung der Funktionen bereits bestehender Produkte, eine (Vor-)Auswahl innovativer Produktfunktionen für Neuprodukte sowie eine Messung der jeweiligen Nutzenbeiträge dieser Funktionen ermitteln.

Bestimmung der Funktionen

Die ermittelten Funktionen sind in eine Struktur zu bringen. Als nützlich erweist sich hierbei die Unterscheidung in harte und weiche Funktionen. Harte Funktionen bestimmen die technische Leistung eines Produktes (z. B. Tintenversorgung, Spitzenhalterung, Tintenspeicher eines Füllfederhalters), weiche Funktionen dienen dagegen der Benutzerfreundlichkeit und definieren den Wert des Produktes für den Kunden (z. B. Schreibgefühl, Geschmeidigkeit, Federstrich eines Füllfederhalters).

In einem weiteren Schritt ist durch Kundenbefragung die Gewichtung zwischen den harten und weichen Funktionen zu ermitteln und innerhalb beider Funktionsgruppen die Gewichte der einzelnen Teilfunktionen.

Gewichtung der Funktionen

Die einzelnen Arbeitsschritte beim Target Costing sollen am Beispiel eines Füllfederhalters gezeigt werden.

Beispiel: Bestimmung und Gewichtung von Produktfunktionen (Füllfederhalter)

Der Kunde wünscht sich von einem Füllfederhalter die Funktionen Schreiben, schnelles Öffnen, Auslaufsicherheit sowie ein gelungenes Design. Durch Kundenbefragung mittels Conjoint-Analyse wurde festgestellt, welches Gewicht diese Funktionen für die Kunden haben:

Produktfunktionen	Gewichtung
Schreiben	0,4
Schnelles Öffnen	0,1
Auslaufsicherheit	0,2
Gelungenes Design	0,3
Summe	1,0

9.3.2   Festlegung der Zielkosten und Grobentwurf des neuen Erzeugnisses

Allowable Costs **Teilschritt 2a: Ermittlung der Allowable Costs**
Die Zielkosten sollten aus den am Markt erzielbaren Preisen und der Gewinnplanung abgeleitet werden (»Market into Company«). Bei Market into Company handelt es sich um die präferierte Reinform des Target Costing. Ausgangspunkt ist der am Markt erzielbare Preis für ein geplantes Produkt (Target Price), der durch die Marktforschung ermittelt wird. Durch Abzug des vom Unternehmen angestrebten Gewinns von dem erzielbar erscheinenden Preis werden die *Allowable Costs* errechnet. Hierbei handelt es sich um diejenigen vollen Selbstkosten des Produkts, die bei dem als gegeben angenommenen Marktpreis maximal für das Produkt anfallen dürfen, um die Gewinnerwartung zu erreichen.

Beispiel: Allowable Costs (Füllfederhalter)

Der Marktpreis für vergleichbare Füllfederhalter beträgt 8 EUR. Da ein Gewinn von 3 EUR pro Stück angestrebt wird (was einer Umsatzrendite von 37,5 % entspricht), betragen die Allowable Costs für den Füllfederhalter 5 EUR.

Teilschritt 2b: Ermittlung der Drifting Costs
Drifting Costs **Drifting Costs** sind diejenigen Standardkosten pro Stück für das Produkt, die sich bei Fortsetzung der aktuell im Unternehmen vorhandenen Technologien und der derzeitigen Produktivität ergeben würden. Da das Produkt aus mehreren einzelnen Komponenten besteht, können die Standardkosten je Produktkomponente ausgewiesen werden. Hier-

bei wird auf die Ist- bzw. Plankosten der traditionellen Kosten- und Leistungsrechnung zugegriffen.

Beispiel: Drifting Costs (Füllfederhalter)

Der Füllfederhalter besteht aus den Produktkomponenten Gehäuse, Mine und Kappe. Die Drifting Costs dieser Produktkomponenten betragen für das Gehäuse 1,74 EUR, für die Mine 3,00 EUR und für die Kappe 1,26 EUR ($\sum = 6,00$ EUR). Daraus ergeben sich die folgenden Standardkosten-Anteile, die später bei der Errechnung der Zielkostenindizes benötigt werden:

Komponente	Drifting Costs	Anteil (%)
Gehäuse	1,74 EUR	29
Mine	3,00 EUR	50
Kappe	1,26 EUR	21
Summe	6,00 EUR	100

Teilschritt 2c: Festlegung der Zielkosten

In der Regel werden die Drifting Costs über den Allowable Costs liegen (Zielkostenüberschreitung), so dass Handlungsbedarf vorliegt, da der angestrebte Gewinn sonst nicht erreicht werden kann.

An dieser Stelle müssen *Maßnahmen zur Kostensenkung* identifiziert werden, da alle Aktivitäten auf das Erreichen der Allowable Costs auszurichten sind. Es könnten z. B. Struktur- und Technologieanpassungen im Unternehmen vorgenommen werden, die Fertigungstiefe angepasst werden sowie die Einbeziehung der Zulieferer in die Erzeugnisrealisierung neu gestaltet werden etc. Die Differenz zwischen den Allowable Costs und den Drifting Costs zeigt die Kostenlücke auf, die durch Maßnahmen zu schließen ist.

Differenz zwischen Allowable Costs und Drifting Costs

Beispiel: Kostenabweichung (Füllfederhalter)

Komponente	Allowable Costs	Drifting Costs	Zielkostenüber-/ -unterschreitung
Summe	5,00 EUR	6,00 EUR	– 1,00 EUR

Es liegt also insgesamt für den Füllfederhalter eine Zielkostenüberschreitung von 1,00 EUR vor, die durch geeignete Maßnahmen zu schließen ist.

9.3.3   Zielkostenermittlung für die einzelnen Erzeugniskomponenten

Zielkostenhöhe
der Erzeugnis-
komponenten

Aus der Zielkostenüberschreitung lässt sich zwar die Kostenlücke ersehen, die durch Maßnahmen zu schließen ist, es sind jedoch noch keine konkreten Ansatzpunkte ersichtlich.
In einem weiteren Arbeitsschritt ist deshalb zu identifizieren, wie sich die gesamte Zielkostenüberschreitung auf die einzelnen Produktkomponenten verteilt. Gelingt dies, so
können für jede Produktkomponente konkrete Maßnahmen erarbeitet werden.

Der Grobentwurf des neuen Erzeugnisses bestimmt die erforderlichen Komponenten, die
ihrerseits die angestrebten Funktionen realisieren sollen. Es muss nun eingeschätzt werden,
in welcher Höhe *Zielkosten* zur Fertigung der Erzeugniskomponenten erforderlich sein werden, um davon ausgehend den vorläufigen Kostenanteil an den Gesamtzielkosten zu errechnen. Die grundlegende Schwierigkeit dieses Schrittes besteht darin, die Zielkosten eines
Erzeugnisses auf dessen Komponenten zu verteilen. Zur Lösung dieser Problemstellung
wird folgende Annahme getroffen: Auf der Grundlage der *Wertschätzungen der Kunden* für
einzelne Produktfunktionen wird unterstellt, dass hoch eingeschätzten Funktionen höhere
Kosten verursachen dürfen als niedrig eingeschätzte Funktionen. Da die Kosten aber nicht
von den Funktionen selbst verursacht werden, sondern von den zu ihrer Erfüllung benötigten Produktkomponenten, muss der Beitrag der Produktkomponente zur Erfüllung der Produktfunktionen geschätzt werden. Diese Einschätzung wird vom Produktverantwortlichen
und den Produktkomponentenverantwortlichen gemeinsam festgelegt.

Beispiel: Kostenabweichung auf Komponentenebene (Füllfederhalter)

Der Füllfederhalter besteht aus den Komponenten Gehäuse, Mine und Kappe. Als
Produktfunktionen wurden Schreiben, Öffnen, Auslaufen und Design identifiziert. Es
ist nun zu klären, welchen Beitrag die einzelnen Komponenten zur Erfüllung der einzelnen Funktionen leisten. Die Kappe trägt bspw. zur Funktion Schreiben nichts bei
und erhält 0 %, die Mine leistet den größten Beitrag zur Funktion schreiben und
erhält 80 % sowie das Gehäuse 20 %. Genauso wird auch bei den anderen Funktionen
vorgegangen. Für jede Funktion müssen 100 % auf die Produktkomponenten verteilt
werden, weil die Komponenten insgesamt jede Funktion zu 100 % erfüllen.

Funktion Komponente	Schreiben	Öffnen	Auslaufen	Design
Gehäuse	0,2	0,4	0,3	0,3
Mine	0,8	0	0,3	0,05
Kappe	0	0,6	0,4	0,65
Summe	1	1	1	1

Multipliziert man nun den Beitrag zur Funktionserfüllung einer Komponente mit den Funktionsgewichten aus Arbeitsschritt 1 (Schreiben = 40 %, Öffnen = 10 %, Auslaufen = 20 %, Design = 30 %), so ergibt sich die relative Bedeutung einer Komponente zur gesamten Funktionserfüllung:

Funktion Komponente	Schreiben	Öffnen	Auslaufen	Design	Relative Bedeutung einer Komponente zur gesamten Funktionserfüllung
Gehäuse	$0,2 \cdot 0,4$	$+ 0,4 \cdot 0,1$	$+ 0,3 \cdot 0,2$	$+ 0,3 \cdot 0,3$	$= 0,270$
Mine	$0,8 \cdot 0,4$	$+ 0 \cdot 0,1$	$+ 0,3 \cdot 0,2$	$+ 0,05 \cdot 0,3$	$= 0,395$
Kappe	$0 \cdot 0,4$	$+ 0,6 \cdot 0,1$	$+ 0,4 \cdot 0,2$	$+ 0,65 \cdot 0,3$	$= 0,335$

Diese relative Bedeutung einer Komponente zur gesamten Funktionserfüllung gibt nun Aufschluss darüber, welcher Anteil der gesamten Allowable Costs auf die entsprechende Komponente entfallen darf: Je größer der Beitrag zur gesamten Funktionserfüllung, desto höher dürfen die Kosten einer Komponente sein.

Da die Allowable Costs des Füllfederhalters nur 5 EUR betragen dürfen, stehen als maximale Komponenten-Stückkosten zur Verfügung:

für das Gehäuse 27 % von 5 EUR	=	1,35 EUR,
für die Mine 39,5 % von 5 EUR	=	1,975 EUR
für die Kappe 33,5 % von 5 EUR	=	1,675 EUR

Nun sind die absoluten Werte der Kostenüber- und –unterschreitungen auf Komponentenebene feststellbar:

Komponente	Allowable Costs	Drifting Costs	Zielkostenüber-/ -unterschreitung
Gehäuse	1,35 EUR	1,74 EUR	− 0,39 EUR
Mine	1,975 EUR	3,00 EUR	− 1,025 EUR
Kappe	1,675 EUR	1,26 EUR	+ 0,415 EUR
Summe	5,00 EUR	6,00 EUR	− 1,00 EUR

Zielkostenüberschreitung

Eine Zielkostenüberschreitung zeigt an, dass die Kosten einer Komponente aus Kundensicht zu hoch sind. Anders ausgedrückt: Der Kunde honoriert den Ressourceneinsatz des Unternehmens nicht. Folglich müssen die für die Zielkosten Verantwortlichen prüfen, welche Kostensenkungsmaßnahmen möglich sind.

Zielkostenunterschreitung
Eine Zielkostenunterschreitung signalisiert, dass der Komponente eine höhere Kundeneinschätzung zukommt, als es ihrem derzeitigen Kostenanteil entspricht. Hier sollten Unternehmen mehr Ressourcen einsetzen, um eine Funktionsverbesserung der Komponente zu erreichen.

9.3.4   Bestimmung der Zielkostenindizes der Erzeugniskomponenten und ihre Optimierung mittels Zielkostenkontrolldiagramm

Zielkostenindex Neben den Zielkosten und den absoluten Werten der Kostenüber- und -unterschreitungen können Zielkostenindizes berechnet werden. Damit gewinnt man Anhaltspunkte für die Steuerung von Maßnahmen zur Zielkostenerreichung. Der Zielkostenindex berechnet sich wie folgt:

> **! Merke**
>
> $$\text{Komponentenbezogener Zielkostenindex} = \frac{\text{Relative Bedeutung einer Komponente zur gesamten Funktionserfüllung} = \text{Zielkostenanteil}}{\text{Standardkostenanteil der Komponente}}$$

So lässt sich feststellen, ob die anteiligen Standardkosten im richtigen Verhältnis zu den durch sie realisierten Funktionen stehen:

- Das optimale Verhältnis ist bei einem Zielkostenindex von 1 gegeben. Der Kostenanteil einer Komponente entspricht dann genau dem Gewicht, mit dem die Komponente zur Erfüllung der Produktfunktionen beiträgt.
- Ein Zielkostenindex unter 1 weist die Komponente als »zu teuer« aus. Die Komponente ist im Vergleich zu den anderen zu aufwendig gestaltet, weil ihr kein entsprechender Kundennutzen gegenübersteht.
- Ein Wert über 1 deutet auf die Notwendigkeit einer Nachbesserung hin. Die Komponente ist evtl. zu einfach gestaltet. Die Kundenwertschätzung des Produktes könnte dann möglicherweise durch eine aufwendigere Gestaltung deutlich gesteigert werden.

Würden bei der Ermittlung des komponentenbezogenen Zielkostenindexes Zähler und Nenner getauscht werden, wäre das Ergebnis entsprechend gegenteilig zu interpretieren.

Beispiel: Zielkostenindizes (Füllfederhalter)

Komponente	relative Bedeutung einer Komponente zur gesamten Funktionserfüllung = Zielkostenanteil	Standardkostenanteil der Komponente	Zielkostenindex
Gehäuse	0,270 :	0,29	= 0,93
Mine	0,395 :	0,50	= 0,79
Kappe	0,335 :	0,21	= 1,60

Für eine Optimierung der Zielkostenindizes der einzelnen Produktkomponenten werden die Zielkostenindizes in ein Koordinatensystem eingetragen. Es ergibt sich das sogenannte Zielkostenkontrolldiagramm (siehe Abbildung 9.6). Auf der Abszisse (x-Achse) wird hierbei die relative Bedeutung der Produktkomponente zur gesamten Funktionserfüllung = Zielkostenanteil abgetragen (Bedeutungsgrad in %), auf der Ordinate (y-Achse) wird der prozentuale Standardkostenanteil der Komponente abgetragen. Die im Winkel von 45 % durch den Ursprung verlaufende Gerade verdeutlicht den optimalen Zielkostenindex von 1.

Allerdings erweist sich der Idealwert von genau 1 als zu eng gesteckt, um als Grundlage für Entscheidungen zu dienen. Deshalb wird vorgeschlagen, eine *Zielkostenzone* einzurichten, in der die Zielkostenindizes der einzelnen Komponenten möglichst positioniert sein sollten. Die Breite der Zielkostenzone und damit die noch als akzeptabel erachteten Abweichungen vom optimalen Zielkostenindex von 1 ist vom Management festzulegen.

Zielkostenzone

Durch die Zielkostenzone können akzeptable und nicht akzeptable Abweichungen der Zielkostenindizes selektiert werden. Dabei ist es sinnvoll, bei weniger wichtigen Komponenten eine größere relative Abweichung zuzulassen als bei den bedeutenden Komponenten, da bei den weniger wichtigen Komponenten die Auswirkungen der Kostenabweichungen nicht so gravierend sind. Grafisch bedeutet dies, dass die Zielkostenzone nahe des Ursprungs breiter ist und sich dann verschlankt. Dadurch wird verhindert, dass für eine Optimierung von Komponenten mit geringer Bedeutung zu hohe Kapazitäten gebunden werden und eine Konzentration auf die bedeutsamen Komponenten erfolgt.

Für diejenigen Komponenten, deren Zielkostenindizes nun außerhalb der Zielkostenzone liegen, müssen Maßnahmen erarbeitet werden. Dies wird als Knetphase des Target Costing bezeichnet.

Beispiel: Zielkostenkontrolldiagramm (Füllfederhalter)

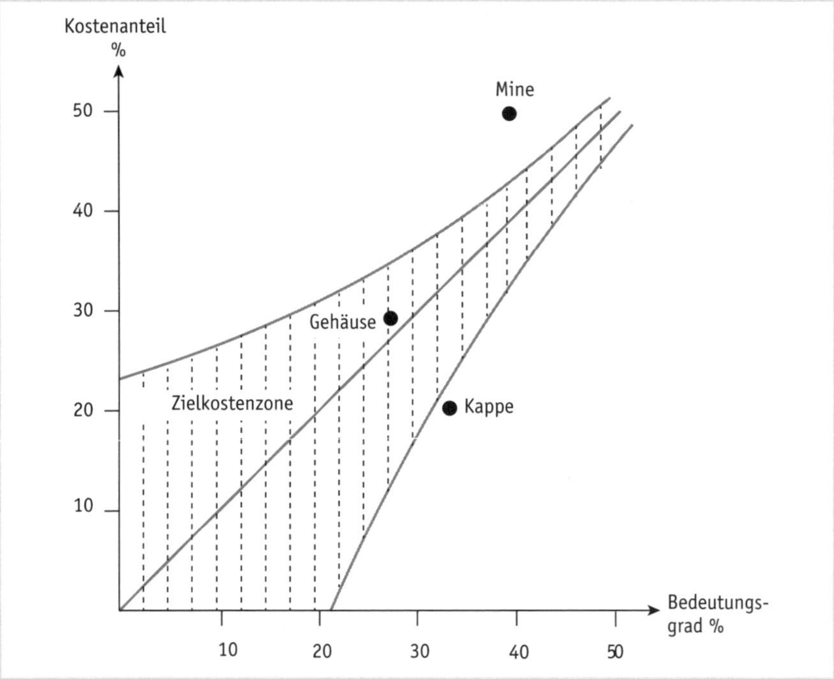

Abb. 9.6: Zielkostenkontrolldiagramm

Würdigung   Target Costing ist ein Instrument des strategischen *Kostenmanagements*, nicht der *Kostenrechnung*. Das bedeutet, dass das Target Costing nicht in das Abrechnungssystem der laufenden Kosten- und Leistungsrechnung eingebunden ist, sondern eine davon entkoppelte, fallweise Rechnung darstellt. Das Target Costing benötigt allerdings traditionelle Formen der Kostenrechnung, insbesondere zur Ermittlung der Standardkosten, d. h. das Target Costing greift auf die dort ermittelten Daten zu.

Zudem ist deutlich geworden, dass der Ausgangspunkt der Betrachtung nicht im Unternehmen selbst, sondern im Markt liegt. Nicht das Unternehmen plant, sondern der Markt gibt vor. Auch bedingen Zielkosten insofern eine neue Sicht, als die Aufmerksamkeit auf ihre prognostische Bestimmung gelenkt wird. Die vom Markt erlaubten Kosten (Allowable Costs) bilden die *langfristige Preisuntergrenze*. Auf vielen wettbewerbsintensiven Märkten sehen sich die Unternehmen sehr kurzen Produktlebenszyklen ausgesetzt. Kurzfristige und langfristige Preisuntergrenze verschmelzen in diesem Fall mit der Konsequenz, dass die Fixkosten nicht außer Acht gelassen werden dürfen, so wie dies in der Deckungsbeitragsrechnung der Fall ist. Das Target Costing ermittelt hingegen Vollkosten.

Aus der Praxis

!

Beim WHU Controller Panel wurden die Teilnehmer in den Jahren 2012 und 2015 auch nach dem Grad der Nutzung des Target Costing befragt. Auf einer Skala von 1 (keine Nutzung) bis 5 (intensive Nutzung) ergaben sich im Jahr 2012 ein Wert von 2,3 und ein Anstieg auf den Wert 2,5 im Jahr 2015.

In der empirischen Studie von Becker/Ulrich/Güler aus dem Jahr 2014 gaben rund 45 % der antwortenden Unternehmen an, Target Costing einzusetzen. Die Einsatzhäufigkeit war hierbei mit rund 86 % bei mittleren und großen Unternehmen deutlich stärker ausgeprägt als bei kleinsten und kleinen Unternehmen mit lediglich rund 36 %. Darüber hinaus konnte statistisch bestätigt werden, dass Unternehmen, die sich einer hohen Wettbewerbsintensität ausgesetzt sehen, Target Costing häufiger einsetzen als Unternehmen, die nur einer geringen Wettbewerbsintensität ausgesetzt sind.

9.4   Lebenszykluskostenrechnung

Alle gängigen Kostenrechnungssysteme der Voll- wie auch der Teilkostenrechnung auf Basis von Ist- wie auch von Plankosten (siehe Abschnitt 2.1.7) zeichnen sich durch einen Periodenbezug aus: Alle in einer Periode (Monat, Quartal, Jahr etc.) angefallenen Kosten werden den gesamten in dieser Periode erwirtschafteten Erlösen gegenübergestellt und somit ein Periodenergebnis ermittelt.

Dies bedeutet aber auch, dass ein Kosten- und Erlösträger der laufenden Periode z. B. Kosten tragen muss, die für die Entwicklung eines zukünftigen Kosten- und Erlösträgers anfallen:

- In der Vollkostenrechnung werden die Entwicklungskosten zukünftiger Produkte über den Gemeinkostenzuschlag für Forschung und Entwicklung in der Kalkulation der aktuellen Produkte berücksichtigt.
- In der Teilkostenrechnung dienen die Deckungsbeiträge der aktuellen Produkte u. a. zur Deckung der fixen Entwicklungskosten für zukünftige Produkte.

Eine solche strikte Periodisierung erscheint jedoch nicht hilfreich, wenn man z. B. eine Entscheidung über die Einführung eines neuen Produktes treffen will. Hier wäre es vielmehr hilfreich, alle Kosten und Erlöse, die sich diesem Produkt über dessen gesamten Lebenszyklus hinweg zuordnen lassen, in einer periodenübergreifenden Rechnung zusammenzufassen. Genau darin besteht die Zielsetzung der Lebenszykluskostenrechnung (engl. Life Cycle Costing).

Zielsetzung

Bei der Lebenszykluskostenrechnung handelt es sich somit über eine produktbezogene und periodenübergreifende Kosten-, Erlös- und Ergebnisrechnung. Hierbei wird für das Produkt eine Analogie zur Biologie gezogen und ein Lebenszyklus vom Werden des Produkts bis zu seinem Vergehen definiert. Um eine strukturierte Erfassung aller dem Produkt entlang seines Lebenszyklus zuordenbaren Kosten und Erlöse zu ermöglichen, wird dieser Lebenszyklus in Phasen unterteilt.

Lebenszyklus-
phasen

Hierbei handelt es sich lediglich um ein vereinfachendes Beschreibungsmodell, da die Länge der Phasen nicht vorbestimmt ist, sondern vom Unternehmen selbst durch geeignete Maßnahmen beeinflussbar ist. Auch werden die Phasen nicht strikt sequenziell durchlaufen, sondern weisen im Zeitablauf Überlappungen auf. Typischerweise werden bei der Lebenszykluskostenrechnung die folgenden Phasen unterschieden:

- Die Vorlaufphase beginnt mit der Idee für das neue Produkt. In der Vorlaufphase wird u. a. Marktforschung betrieben, das Produkt entwickelt und Prototypen gebaut. Die Vorlaufphase endet mit der kommerziellen Verfügbarkeit des Produkts.
- In der Marktphase wird das Produkt produziert und verkauft, jedoch ggf. auch weiterentwickelt. Die Marktphase wird üblicherweise weiter unterteilt, so z. B. in die Phasen der Markteinführung, des Wachstums, der Reife, der Sättigung und der Degeneration. Die Marktphase endet, wenn das Produkt nicht mehr kommerziell verfügbar ist, d. h. keine neuen Exemplare verkauft werden.
- Mit dem Ende der kommerziellen Verfügbarkeit ist der Lebenszyklus des Produkts jedoch noch nicht zu Ende. Vielmehr sind die verkauften Exemplare noch mehr oder weniger lange bei den Kunden in Nutzung und müssen in dieser Zeit u. a. gewartet und repariert werden. Erst wenn das letzte in der Marktphase verkaufte Exemplar stillgelegt wurde, endet die Nachlaufphase und damit auch der gesamte Produktlebenszyklus.

!   Unter der Lupe

Die Lebenszykluskostenrechnung weist eine konzeptionelle Ähnlichkeit mit der Gewinnvergleichsrechnung (siehe Abschnitt 8.4) auf, deren Betrachtungsobjekt jedoch nicht die eigenen Produkte des Unternehmens sind, sondern zu beschaffende Investitionsgüter.

Neben der produktorientierten Lebenszykluskostenrechnung gibt es auch eine kundenorientierte Lebenszykluskostenrechnung, die unter dem Begriff Customer Lifetime Value insb. im Marketing eingesetzt wird.

Darüber hinaus gibt es auch eine Variante der Lebenszykluskostenrechnung aus Kundensicht, die i. d. R. als Total Cost of Ownership-Ansatz bezeichnet wird. Hierbei werden aus Sicht des Kunden die gesamten Kosten der Nutzung eines Produkts erfasst, die neben den Anschaffungskosten (u. a. Kaufpreis, Inbetriebnahme) insb. auch aus Folgekosten (u. a. Betriebskosten, Wartungs- und Reparaturkosten, Stilllegungs- und Entsorgungskosten) bestehen.

Die herkömmliche Kosten- und Leistungsrechnung legt ihren Fokus insb. auf die Produktion und den Verkauf der Produkte und damit auf die Marktphase des Produktlebenszyklus.

Bedeutung der
Lebenszyklus-
kostenrechnung

Die Bedeutung der Lebenszykluskostenrechnung, die demgegenüber auch die Vorlaufphase und die Nachlaufphase in die Betrachtung mit einbezieht, lässt sich an folgenden Entwicklungen ersehen:

- Die Entwicklungskosten in der Vorlaufphase nehmen aufgrund steigender Kundenanforderungen und steigender Wettbewerbsintensität immer weiter zu.
- Aufgrund immer schnellerer Generationswechsel verkürzt sich die Marktphase von Produkten immer weiter.
- Immer öfter ist der eigentliche Verkauf eines Produkts in der Marktphase für ein Unternehmen gar nicht lukrativ, sondern erst mit dem Servicegeschäft in der Nachlaufphase werden Gewinne erzielt.
- Aufgrund von steigendem Umweltbewusstsein werden Hersteller in immer mehr Bereichen in die Pflicht genommen, einmal verkaufte Produkte, die vom Kunden stillgelegt werden, wieder zurückzunehmen. Hierdurch fallen Rücknahmekosten an, denen nur teilweise Verwertungserlöse gegenüberstehen.

Vor diesem Hintergrund gilt es für das Unternehmen Folgendes sicherzustellen:
- Das Produkt muss den Break-even-Point erreichen, d. h. die Kostenüberschüsse der Vorlaufphase müssen durch die Erlösüberschüsse der Marktphase wettgemacht werden.
- Es gilt darauf zu achten, dass ein einmal in der Marktphase erreichter Break-even-Point nicht wieder durch Kostenüberschüsse in der Nachlaufphase aufgezehrt wird.

Die Lebenszykluskostenrechnung kann somit als dynamische Form der Break-even-Analyse (siehe Abschnitt 8.4) interpretiert werden, da sie den Lebenszyklus nicht pauschal gesamthaft, sondern detailliert nach Phasen unterteilt betrachtet. Darüber hinaus kann man die Kostenüberschüsse der Vorlaufphase sowie die Kostenüberschüsse der Nachlaufphase zur sogenannten Deckungslast zusammenfassen. Stellt man dieser Deckungslast die kumulierten Erlösüberschüsse der einzelnen Teilphasen der Marktphase gegenüber, so kann man den Amortisationszeitpunkt und damit die Amortisationsdauer berechnen. Die Lebenszykluskostenrechnung kann somit auch als Investitionsrechnung in Form einer statischen Amortisationsrechnung interpretiert werden. Nur wenn dieser Amortisationszeitpunkt überhaupt und zudem innerhalb eines für das Unternehmen akzeptablen Zeitraums erreicht wird, sollte die Produktidee weiterverfolgt werden. Auch wenn die Lebenszykluskostenrechnung als mitlaufende Rechnung und als Nachrechnung geführt werden kann, so liegt ihr hauptsächlicher Einsatzbereich doch als Planrechnung in der Phase der Produktentstehung.

Vergleich mit Break-even-Analyse und Amortisationsrechnung

Da mit der Lebenszykluskostenrechnung insb. die Entscheidung über die Weiterführung einer Produktidee unterstützt werden soll, sind alle dem Produkt eindeutig zuordenbaren Erlöse und Kosten zu erfassen. Da gleichzeitig fixe und variable Kosten separiert werden sollten, ist die Ergebnisgröße der Lebenszykluskostenrechnung der Deckungsbeitrag II, d. h. die Differenz aus Erlösen, variablen Einzelkosten und Produktfixkosten. Ein typischer (insgesamt positiver) Verlauf des phasenbezogenen und des kumulierten Deckungsbeitrags II ist aus Abbildung 9.7 ersichtlich, während Abbildung 9.8 die kumulierten Erlöse und Kosten über die Phasen hinweg grafisch darstellt.

Rechengrößen

Phase		Periodenbezogener Deckungsbeitrag II	Kumulierter Deckungsbeitrag II
Vorlaufphase		negativ	negativ
Marktphase	Einführung	negativ	negativ
	Wachstum	positiv	negativ
	Reife	positiv	positiv
	Sättigung	positiv	positiv
	Degeneration	positiv oder negativ	positiv
Nachlaufphase		positiv oder negativ	positiv

Abb. 9.7: Idealtypisches periodenbezogenes und kumuliertes Ergebnis der Lebenszykluskostenrechnung

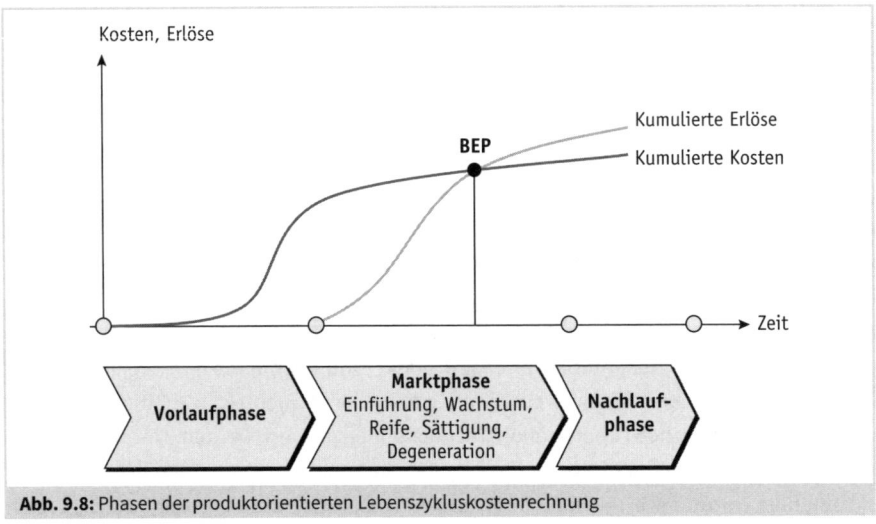

Abb. 9.8: Phasen der produktorientierten Lebenszykluskostenrechnung

Aus der Praxis

Beim WHU Controller Panel wurden die Teilnehmer in den Jahren 2012 und 2015 auch nach dem Grad der Nutzung der produktorientierten Lebenszykluskostenrechnung gefragt. Auf einer Skala von 1 (keine Nutzung) bis 5 (intensive Nutzung) ergaben sich im Jahr 2012 ein Wert von 1,6 sowie ein Anstieg auf den Wert 1,7 im Jahr 2015. Die Lebenszykluskostenrechnung weist somit unter den hier dargestellten Instrumenten des Kostenmanagements die insgesamt geringste Verbreitung auf.

Aufgaben Kapitel 9

1. Wieso wird die Flexibilität zu einem Schlüsselfaktor zur Sicherung des Unternehmenserfolgs?

2. Was unterscheidet das Kostenmanagement im Wesentlichen von der Kosten- und Leistungsrechnung?

3. Welche Prämissen gelten bei der Prozesskostenrechnung?

4. Der Hauptprozess »Vorfertigungsauftrag abwickeln« umfasst sechs Teilprozesse. Die Bezeichnung der Teilprozesse, die ausführenden Kostenstellen, die Kostentreiber und deren Mengen sowie die Teilprozesskostensätze zeigt die folgende Tabelle. Der Kostentreiber des Hauptprozesses ist die Zahl der Vorfertigungsaufträge. Es werden 4.000 Vorfertigungsaufträge erwartet.

   Berechnen Sie anhand der Lösungstabelle die Prozesskosten je Teilprozess und insgesamt. Ermitteln Sie anschließend den Hauptprozess-Kostensatz.

Teilprozess	Ausführende Kostenstelle	Kostentreiber		Kostensatz (EUR)	Summe Teilprozesskosten
		Art	Menge		
Vorf. disponieren	Fertigungssteuerung	Vorfertigungsauftrag	4.000	100	
Pläne bereitstellen	Fertigungsplanung	Fertigungsplan	12.000	7	
Material abrufen	Fertigungssteuerung	Materialpositionen	25.000	4	
Material auslagern	Materiallager	Materialpositionen	25.000	6,40	
Vorf. überwachen	Fertigungssteuerung	Vorf.positionen	60.000	10	
Qualität prüfen	Qualitätssicherung	Vorfertigungsauftrag	4.000	37	
Hauptprozess-Kosten: Hauptprozess-Menge: Hauptprozess-Kostensatz:	4.000				

5. Ergänzen Sie die fehlenden Angaben in der nachstehenden Tabelle (grau unterlegt) zur Ermittlung der Prozesskostensätze für die Kostenstelle Produktionsplanung:

Teilprozess	Cost Driver	Planmenge	Prozesskosten (EUR)		Prozesskostensatz		
			lmi	lmn	lmi	lmn	gesamt
Änderung der Arbeitspläne	Produktänderungen	1.100	650.000				
Betreuung der Produktion	Anzahl Varianten	750	250.000				
Leitung der Abteilung				85.000			
Gesamt			985.000				

6. Wieso spielt die herkömmliche Kontrollkomponente der traditionellen Kostenrechnungssysteme beim Target Costing nur eine untergeordnete Rolle?

7. Das Skiunternehmen Snow Fun hat Absatzschwierigkeiten bei seiner Allroundskibindung für Einsteiger AFE 100. Es führt aus diesem Grund eine Marktstudie durch, um die Wünsche seiner Kunden besser zu verstehen. Die Marktstudie ermittelt die Bedeutung einzelner Produktfunktionen:

Funktion	Sicherheit	Kraftübertragung	Komfort	Gewicht
Funktionsgewichtung laut Marktforschung (Prozent)	40	20	25	15

Daraufhin wird im Unternehmen der Beitrag der drei wesentlichen Komponenten der Skibindung zur Erfüllung dieser Funktionen ermittelt:

Komponente	Anteil der Komponenten zur Erfüllung der Funktionen (%)			
	Sicherheit	Kraftübertragung	Komfort	Gewicht
Frontfixierelement	50	30	35	55
Fersenhalterung	40	30	20	20
Dämpfungsplatte	10	40	45	25
Summe	100	100	100	100

Schließlich ermitteln die Entwicklung und die Fertigung für die Produktion von einem Paar AFE 100 Drifting Costs i. H. v. 25,28 EUR. Diese verteilen sich wie folgt auf die drei Komponenten:

Komponente	Kostenanteil (%)
Frontfixierelement	55
Fersenhalterung	32
Dämpfungsplatte	13

Um mit AFE 100 in den laufenden Preiskampf bei Allroundskibindungen einsteigen zu können, legt das Projektteam »AFE 100 Go!« Zielkosten i. H. v. 20 EUR fest.
a) Berechnen Sie den Kostenanpassungsbedarf der Komponenten.
b) Berechnen Sie die Zielkostenindizes der Produktkomponenten.
   (entnommen aus Friedl/Hofmann/Pedell)

8. Ein Express-Paketlieferservice möchte die Kosten der Paketauslieferung mittels Time-driven Activity-based Costing abbilden. Nach einer Analyse des Auslieferungsprozesses wurde die folgende Zeitverbrauchsfunktion mit dem Kostentreiber »zu fahrende Kilometer« sowie weiteren Prozessparametern aufgestellt:
$$y = a + b \cdot X_1 + c \cdot X_2 + d \cdot X_3$$

Hierbei gilt Folgendes:

y	=	Dauer der Durchführung eines konkreten Auslieferungsprozesses in Minuten
a	=	fixe Basiszeit für die Eingabe der nächsten Kundenadresse im Navigationssystem und Prüfung der besten Route: 5 Minuten
b	=	durchschnittlicher Zeitbedarf pro zu fahrendem Kilometer zur nächsten Kundenadresse: 2 Minuten (Mischsatz aus Stadt- und Überlandfahrt)
X_1	=	zu fahrende Kilometer bis zur nächsten Kundenadresse
c	=	Zeitbedarf pro Stockwerk, in das ausgeliefert werden muss: 3 Minuten
X_2	=	Anzahl der zu besteigenden Stockwerke an der Kundenadresse (0 = Erdgeschoss, 1 = 1. Stock, 2 = 2. Stock usw.)
d	=	Zeitzuschlag, wenn die Lieferung noch nicht vom Versender bezahlt wurde und beim Empfänger kassiert werden muss: 4 Minuten
X_3	=	binäre Variable für Zahlungsstatus (0 = Zahlung bereits durch Versender erfolgt, 1 = Nachnahme beim Empfänger notwendig)

Zugleich wurde der Zeitkostensatz in Höhe von 0,20 EUR pro Minute ermittelt. Berechnen Sie die Kosten für die folgenden drei konkreten Prozessdurchführungen:
a) Distanz 45 km, Kunde wohnt in Erdgeschoss und die Lieferung ist bereits bezahlt
b) Distanz 28 km, Kunde wohnt im 2. Stock und die Lieferung ist noch nicht bezahlt
c) Distanz 60 km, Kunde wohnt im 4. Stock und die Lieferung ist bereits bezahlt

9. Mittels der Lebenszykluskostenrechnung soll analysiert werden, ob die Weiterverfolgung einer neuen Produktidee lohnenswert erscheint. Zu diesem Zweck wurden die folgenden Kosten-, Erlös- und Stückzahlinformationen für die einzelnen Phasen des Lebenszyklus prognostiziert:
   –   In der Vorlaufphase fallen Entwicklungskosten von 10.000 EUR an.
   –   In der Einführungsphase (Marktphase) sollen 1.000 Stück abgesetzt werden zu einem Einführungspreis von 4 EUR/Stück. Die variablen Kosten werden 3 EUR/Stück betragen und die Produktfixkosten 5.000 EUR.
   –   In der Wachstumsphase (Marktphase) soll der Einführungspreis noch beibehalten werden, es wird mit einer Absatzmenge von 3.000 Stück gerechnet. Die Fixkosten können aufgrund von Automatisierung auf 4.000 EUR gesenkt werden.
   –   In der Reifephase (Marktphase) sollen 8.000 Stück abgesetzt werden. Da nun eine marktdominierende Position angenommen wird, soll der Preis auf 5 EUR/Stück erhöht werden. Gleichzeitig können die variablen Kosten aufgrund von Skaleneffekten auf 2,50 EUR/Stück gesenkt werden. Die Fixkosten bleiben unverändert.
   –   In der Sättigungsphase (Marktphase) bleiben Stückerlöse, variable Kosten pro Stück und Fixkosten unverändert. Die Absatzmenge wird jedoch auf 5.000 Stück zurückgehen.

- Um die Degenerationsphase (Marktphase) möglich lange hinaus zu dehnen, soll der Stückpreis nun auf 3,50 EUR gesenkt werden bei unveränderten variablen und fixen Kosten. Es wird mit einer Absatzmenge von 2.000 Stück gerechnet.
- In der Nachsorgephase fallen Entsorgungskosten von insgesamt 2.000 EUR für die in der Marktphase verkauften Stückzahlen an.

a) Berechnen Sie die Deckungslast des Produkts.

b) In welcher Phase wird der Break-even-Point hinsichtlich der Deckungslast erreicht?

Die Lösungen zu den Aufgaben finden Sie im Online-Bereich des Schäffer-Poeschel-Verlags: www.sp-mybook.de

Literatur Kapitel 9

Back-Hock, A.: Produktlebenszyklusorientierte Ergebnisrechnung, in: Männel, W. (Hrsg.): Handbuch Kostenrechnung, Wiesbaden 1992, S. 703-714.

Baltzer, B.: Zum Stand des Time-driven Activity-based Costing, in: Ulrich, P./Baltzer, B. (Hrsg.): Wertschöpfung in der Betriebswirtschaftslehre, Wiesbaden 2019, S. 167-186.

Baltzer, B./Zirkler, B.: Time-driven Activity-based Costing, Saarbrücken 2007.

Becker, W.: Dimensionen der Kostenpolitik, in: Becker, W./Weber, J. (Hrsg.): Kostenrechnung, Wiesbaden 1997, S. 1-25.

Becker, W./Baltzer, B./Ulrich, P.: Kosten-, Erlös- und Ergebnisrechnung, in: Schmeisser, W. u. a. (Hrsg.): Neue Betriebswirtschaft, München 2018, S. 177-206.

Becker, W./Ulrich, P./Güler, H. A.: Umsetzungsstand des Target Costing – Ergebnisse einer empirischen Erhebung, in: Controlling, 2016, S. 136-143.

Coenenberg, A. G./Fischer, T. M.: Prozeßkostenrechnung – Strategische Neuorientierung in der Kostenrechnung, in: Die Betriebswirtschaft, 1991 (51. Jg.), S. 21-38.

Coenenberg, A. G./Fischer, T. M./Günther, T.: Kostenrechnung und Kostenanalyse, 9. Auflage, Stuttgart 2016.

Cooper, R.: Activity-Based Costing, in: Männel, W. (Hrsg.): Handbuch Kostenrechnung, Wiesbaden 1992, S. 360–383.

Friedl, G./Hofmann, C./Pedell, B.: Kostenrechnung, 3. Aufl., München 2017.

Hoch, G./Heupel, T./Kachel, T. Life-Cycle-Costing in der Unternehmenspraxis: Techniken, Strategische Bedeutung, Umsetzungsprobleme, in: Becker, W./Ulrich, P. (Hrsg.): Handbuch Controlling, Wiesbaden 2016, S. 329-344.

Horváth, P./Mayer, R.: Prozeßkostenrechnung – Der neue Weg zu mehr Kostentransparenz und wirkungsvolleren Unternehmensstrategien, in: Controlling, 1989, S. 214–219.

Jórasz, W.: Die Prozesskostenrechnung. Darstellung und Würdigung, in: praxis-perspektiven, 1996, S. 59-62.

Jórasz, W.: Target Costing, in: praxis-perspektiven, 1997, S. 23-26.

Jórasz, W.: Fixkostenmanagement, in: Pepels, W. (Hrsg.): Marketingeffizienz – Kosten senken und Erlöse steigern, 2. Aufl., Berlin 2013, S. 52 – 70.

Kaplan, R. S./Anderson, S. R.: Schneller und besser kalkulieren, in: Harvard Business Manager, 2005, S. 86-98.

Kaplan, R. S./Anderson, S. R.: Time-Driven Activity-Based Costing, Boston 2007.

Kremin-Buch, B.: Strategisches Kostenmanagement, 4. Aufl., Wiesbaden 2007.

Kunz, C./Baltzer, B.: Gemeinkosten in der Produktkalkulation – Vergleich von Zuschlagskalkulation und prozessorientierten Verfahren, in: Das Wirtschaftsstudium, 2009 (38. Jg.), S. 701-704.

Remer, D.: Einführen der Prozesskostenrechnung, 2. Aufl., Stuttgart 2005.

Sakurai, M.: Target Costing and How to Use it, in: Journal of Cost Management, No. 3, 1989, S. 39-50.

Schäffer, U./Weber, J./Fourné, S.: Benchmarks in Incentivierung und Kostenrechnung – Eine Studie des WHU Controller Panels, Vallendar 2015.

Seidenschwarz, W.: Target Costing – Ein japanischer Ansatz für das Kostenmanagement, in: Controlling, 1991, S. 198–203.

Ziegler, H.: Prozeßorientierte Kostenrechnung im Hause Siemens, in: Betriebswirtschaftliche Forschung und Praxis, 1992, S. 304-318.

10 Anwendungsfelder der Kosten- und Leistungsrechnung

LEITFRAGEN

Wie können Unterschiede in der Ausgestaltung der Kosten- und Leistungsrechnung in verschiedenen Unternehmen begründet werden?
Durch welche Besonderheiten zeichnet sich die Kosten- und Leistungsrechnung aus
- in Unternehmen der Medienwirtschaft?
- in Unternehmen der Gesundheitsbranche?
- in kleinen und mittelgroßen Unternehmen?
- in internationalen Großkonzernen?

In den bisherigen Kapiteln dieses Lehrbuchs wurde der gängige Kanon der Kosten- und Leistungsrechnung sowie des Kostenmanagements dargestellt. Der Großteil der Ausführungen wurde hierbei anhand der Speedy GmbH exemplifiziert, einem mittelgroßen Automobilproduzenten. Nur an einigen ausgewählten Stellen wurde bislang darauf hingewiesen, dass unterschiedliche Ausprägungsformen des Unternehmens eine Auswirkung auf die Gestaltung der Kosten- und Leistungsrechnung haben werden. Am deutlichsten wurde dies bislang bei den Kalkulationsverfahren (siehe Abschnitt 5.2.1), wo die Breite des Leistungsprogramms und die Art des Produktionsverfahrens als wesentliche Einflussfaktoren auf die Wahl des Kalkulationsverfahrens diskutiert wurden. Im diesem Kapitel sollen nun grundsätzliche Überlegungen zur Abhängigkeit der Kosten- und Leistungsrechnung von Einflussfaktoren angestellt werden, die auf ein Unternehmen wirken. Die Auswirkungen sollen zudem anhand ausgewählter Beispiele dargestellt werden.

Es erscheint intuitiv nachvollziehbar, dass die Kosten- und Leistungsrechnung in einem kleinen, regional tätigen Dienstleistungsunternehmen eine andere Ausgestaltung haben wird als in einem weltweit tätigen, produzierenden Großkonzern. Die theoretische Begründung hierfür liefert der Situative Ansatz der Organisationslehre.

Der Situative Ansatz besagt, dass die auf eine Organisation wirkenden Kontextfaktoren die Ausgestaltung der Organisationsstruktur beeinflussen werden. Da Organisationen die Sicherung ihrer Existenz anstreben, müssen sie erfolgreich sein. Der Situative Ansatz argumentiert nun, dass der Erfolg einer Organisation umso größer oder wahrscheinlicher sein wird, je besser sich diese Organisation auf die auf sie wirkenden Kontextfaktoren einstellt. Hierzu strebt die Organisation eine Passung (»Fit«) ihrer Organisationsstruktur mit den auf sie wirkenden Kontextfaktoren an.

Situativer Ansatz

Die in einer Organisation im Einsatz befindlichen Systeme und Teilgebiete der Kosten- und Leistungsrechnung sowie Instrumente des Kostenmanagements können hierbei als Elemente der Organisationsstruktur aufgefasst werden. Aus dem Situativen Ansatz kann daher gefolgert werden, dass

Konsequenzen für die KLR

- die Kontextfaktoren einen Einfluss darauf haben werden, ob überhaupt eine Kosten- und Leistungsrechnung durchgeführt wird und ob bestimmte Instrumente des Kostenmanagements eingesetzt werden.
- die Kontextfaktoren einen Einfluss auf die konkrete Ausgestaltung der Teilgebiete Kostenartenrechnung, Kostenstellenrechnung und Kostenträgerrechnung haben werden.
- die Kontextfaktoren einen Einfluss darauf haben werden, welche Systeme der Kosten- und Leistungsrechnung (Voll-, Teil-, Ist-, Plankostenrechnung) wie intensiv genutzt werden.

Unter Kontextfaktoren kann man Eigenschaften der Organisation selbst (interne Kontextfaktoren) sowie der die Organisation umgebenden Marktumwelt und Makroumwelt (externe Kontextfaktoren) verstehen. Manche dieser Kontextfaktoren sind hierbei von der Organisation beeinflussbar, andere nicht.

Kontextfaktoren

Die Liste der in der Organisationslehre diskutierten Kontextfaktoren ist sehr lang. Zu den wesentlichen und gut untersuchten Kontextfaktoren zählen insbesondere

- die Branche, in der die Organisation bzw. die Geschäftsbereiche der Organisation tätig ist/sind. Damit steht häufig auch die Art des Produktionsverfahrens in Verbindung.
- die Größe der Organisation, damit häufig in Zusammenhang stehend das Alter und das Entwicklungsstadium der Organisation.
- die Rechtsform und die Eigentumsverhältnisse der Organisation. Hierzu zählen z. B. die Fragen, ob die Organisation börsennotiert ist oder nicht bzw. ob sie von Mitgliedern der Eigentümerfamilie oder von angestellten Managern geführt wird.
- die Bedeutung der monetären Gewinnerzielung für die Organisation (gewinnorientiertes Unternehmen oder eine auf Kostendeckung abzielende Non-Profit-Organisation).
- die auf die Organisation wirkenden Marktgegebenheiten wie Wettbewerbsintensität oder Kundenstruktur,
- die auf die Organisation wirkenden gesellschaftlichen Gegebenheiten, wie das Wirtschaftssystem oder die (nationale) Kultur.

In den folgenden Abschnitten können nur einige ausgewählte Beispiele für die Wirkung von Kontextfaktoren auf die Kosten- und Leistungsrechnung sowie auf das Kostenmanagement diskutiert werden. Hierbei wird auf die Kontextfaktoren Branche sowie Unternehmensgröße eingegangen.

10.1   Branchenspezifische Anpassung der Kosten- und Leistungsrechnung

Für die Abgrenzung von Branchen (Wirtschaftszweigen) existieren unterschiedliche Konzepte. In Deutschland wird insb. die Klassifikation der Wirtschaftszweige des Statistischen Bundesamts verwendet. In der aktuell gültigen Version aus dem Jahr 2008 werden auf der obersten, mit Buchstaben gekennzeichneten Ebene die folgenden Wirtschaftszweige unterschieden:

- A: Land- und Forstwirtschaft, Fischerei
- B: Bergbau und Gewinnung von Steinen und Erden
- C: Verarbeitendes Gewerbe
- D: Energieversorgung
- E: Wasserversorgung, Abwasser- und Abfallentsorgung und Beseitigung von Umweltverschmutzungen
- F: Baugewerbe
- G: Handel, Instandhaltung und Reparatur von Fahrzeugen
- H: Verkehr und Lagerei
- I: Gastgewerbe
- J: Information und Kommunikation
- K: Erbringung von Finanz- und Versicherungsdienstleistungen
- L: Grundstücks- und Wohnungswesen
- M: Erbringung von freiberuflichen, wissenschaftlichen und technischen Dienstleistungen
- N: Erbringung von sonstigen wirtschaftlichen Dienstleistungen
- O: Öffentliche Verwaltung, Verteidigung, Sozialversicherung
- P: Erziehung und Unterricht
- Q: Gesundheits- und Sozialwesen
- R: Kunst, Unterhaltung und Erholung
- S: Erbringung von sonstigen Dienstleistungen
- T: Private Haushalte mit Hauspersonal, Herstellung von Waren und Erbringung von Dienstleistungen durch private Haushalte für den Eigenbedarf ohne ausgeprägten Schwerpunkt
- U: Exterritoriale Organisationen und Körperschaften

Klassifikation der Wirtschaftszweige

Unterhalb dieser obersten Ebene folgt eine mit Zahlen strukturierte, feingliedrige Unterteilung der Wirtschaftszweige. Im Folgenden werden beispielhaft die Medienwirtschaft sowie das Gesundheitswesen betrachtet.

Medienwirtschaft
Die Medienwirtschaft umfasst zahlreiche Märkte für gedruckte und für elektronische Medien. Entsprechend lassen sich alle Organisationen der Medienwirtschaft zurechnen, die auf einem der folgenden Märkte tätig sind:
- Zeitungs-, Zeitschriften- und Buchmarkt

Medienwirtschaft

- Film- und Fernsehmarkt
- Radio- und Musikmarkt
- Video- und Computerspielmarkt.

Entsprechend der Besonderheiten jedes dieser Teilmärkte ergeben sich Auswirkungen auf die Teilgebiete der Kosten- und Leistungsrechnung.

Auswirkungen auf die Teilgebiete der KLR

Da sich die *Kostenartenrechnung* im Wesentlichen an den jeweils relevanten originären Kostengütern orientiert (siehe Abschnitt 3.2), werden die Kostenartenpläne in Unternehmen der verschiedenen Teilmärkte eine jeweils unterschiedliche Struktur aufweisen. Da die *Kostenstellenbildung* zudem i.d.R. an die Organisationsstruktur angelehnt erfolgt (siehe Abschnitt 4.2), werden auch die Kostenstellenpläne in Unternehmen der verschiedenen Teilmärkte unterschiedlich aussehen. In der *Kostenträgerrechnung* laufen schließlich Kostenartenrechnung und Kostenstellenrechnung zusammen, sodass hier spezifische Kalkulationsverfahren für die unterschiedlichen Medienprodukte zu erwarten sind. Nachfolgend sollen diesbezüglich zwei konkrete Beispiele vorgestellt werden.

Kalkulation von Filmen

Da sich bei Filmproduktionen ein großer Teil der Kosten dem einzelnen Filmprojekt direkt als Einzelkosten zuordnen lässt, sind die Einzelkosten im Kalkulationsschema (siehe Abbildung 10.1) entsprechend detailliert untergliedert. Die Gemeinkosten sind demgegenüber wertmäßig von eher untergeordneter Bedeutung und werden mittels eines summarischen Gemeinkostenzuschlagssatzes auf die einzelnen Filmprojekte verteilt. Zu den Gemeinkosten zählen bspw. Gebäudemieten, Gehälter der Geschäftsleitung oder Beiträge zu Fachverbänden. Die Höhe des summarischen Gemeinkostenzuschlagsatzes bewegt sich typischerweise im Bereich von 10% bis 25%. Der Gewinnzuschlag auf die Selbstkosten hat typischerweise einen Wert von 7,5% bis 20%.

Kalkulationsposition
Vorkosten
+ Rechte
+ Gagen, Honorare
+ Atelier
+ Ausstattung, Ausrüstung
+ Reise, Transport
+ Material, Bearbeitung
+ Endfertigung
+ Versicherung
+ Allgemeine Kosten

=	Summe Einzelkosten
+	prozentualer Gemeinkostenzuschlag
=	Selbstkosten
+	prozentualer Gewinnzuschlag
=	Nettopreis
+	Versand, Verpackung, Vertrieb, Vermarktung
+	Umsatzsteuer
=	Bruttopreis

Abb. 10.1: Summarische Zuschlagskalkulation für Filme

Bei Büchern gibt es in Deutschland die Besonderheit der gesetzlichen Buchpreisbindung. Die Verlage definieren hierbei den Brutto-Ladenpreis, den die Buchhändler von den Endverbrauchern einfordern. Da die Buchhändler ihrerseits jedoch ihre Kosten decken und einen angemessenen Gewinn erzielen wollen, sind diese Positionen als »Sortimenter-Rabatt« in der Verlagskalkulation zu berücksichtigen. Auch bei der Buchkalkulation kommt typischerweise eine summarische Zuschlagskalkulation gemäß der »Leipziger Schule« zur Anwendung (siehe Abbildung 10.2). Die Gemeinkosten werden mit einem summarischen Gemeinkostenzuschlagsatz auf die aus technischen Herstellkosten und Autorenhonorar bestehenden Einzelkosten aufgeschlagen. Bei der Umsatzsteuer ist zu beachten, dass bei Büchern in Deutschland der reduzierte Umsatzsteuersatz von derzeit 7 % Anwendung findet.

Kalkulation von Büchern

	Kalkulationsposition
	Technische Herstellkosten
+	Autorenhonorar
=	Einzelkosten
+	prozentualer Gemeinkostenzuschlag
=	Selbstkosten
+	prozentualer Gewinnzuschlag
=	Netto-Abgabepreis
+	Sortimenter-Rabatt
=	Netto-Ladenpreis
+	Umsatzsteuer
=	Brutto-Ladenpreis

Abb. 10.2: Summarische Zuschlagskalkulation für Bücher gemäß der »Leipziger Schule«

Gesundheitswesen

Zum Gesundheitswesen im engeren Sinne sind alle diejenigen Organisationen zu zählen, die Behandlungs- und Pflegeleistungen an Patienten und Pflegebedürftigen erbringen. Hierunter fallen insbesondere

Gesundheits-
wesen

- Arztpraxen,
- Zahnarztpraxen,
- Pflegeeinrichtungen,
- heilpraktische Einrichtungen,
- Krankenhäuser sowie
- Vorsorge- und Rehabilitationseinrichtungen.

Bei einer erweiterten Definition zählen zum Gesundheitswesen zudem auch

- private und gesetzliche Krankenkassen,
- kassenärztliche und andere Vereinigungen,
- pharmazeutische Unternehmen,
- Hersteller von Medizintechnik sowie
- Apotheken.

In Abschnitt 2.1.1 haben wir die Kosten- und Leistungsrechnung u. a. dadurch charakterisiert, dass sie eine freiwillig aufgestellte Rechnung ist.

Besonderheiten
der KLR für
Krankenhäuser

Für Krankenhäuser besteht diesbezüglich jedoch eine Ausnahme, da es mit der Krankenhausbuchführungsverordnung (KHBV) eine gesetzliche Grundlage gibt, die Krankenhäuser zur Durchführung einer Kosten- und Leistungsrechnung verpflichtet. Die KHBV gilt hierbei für alle Krankenhäuser, auf die das Krankenhausfinanzierungsgesetz Anwendung findet. d. h. deren Investitionen aus den öffentlichen Mitteln der Bundesländer getragen werden. Der die Kosten- und Leistungsrechnung betreffende § 8 KHBV lautet in aktueller Fassung wie folgt:

> **!** **Unter der Lupe**
>
> »Das Krankenhaus hat eine Kosten- und Leistungsrechnung zu führen, die eine betriebsinterne Steuerung sowie eine Beurteilung der Wirtschaftlichkeit und Leistungsfähigkeit erlaubt; [...] Dazu gehören folgende Mindestanforderungen:
>
> 1. Das Krankenhaus hat die auf Grund seiner Aufgaben und Struktur erforderlichen Kostenstellen zu bilden. Es sollen, sofern hierfür Kosten und Leistungen anfallen, mindestens die Kostenstellen gebildet werden, die sich aus dem Kostenstellenrahmen der Anlage 5 ergeben. [...]
> 2. Die Kosten sind aus der Buchführung nachprüfbar herzuleiten.
> 3. Die Kosten und Leistungen sind verursachungsgerecht nach Kostenstellen zu erfassen; sie sind darüber hinaus den anfordernden Kostenstellen zuzuordnen, soweit dies für die in Satz 1 genannten Zwecke erforderlich ist.«

Die Regelungen betreffen damit die Ableitung der Kosten aus den Aufwendungen der Finanzbuchhaltung, die Verteilung der primären Gemeinkosten auf die Kostenstellen und die Verrechnung der sekundären Gemeinkosten. Darüber hinaus gibt es in Anlage 5 der KHBV einen verpflichtend anzuwendenden Kostenstellenrahmen (siehe Abbildung 10.3), auf dem der Kostenstellenplan (siehe Abschnitt 4.2) jedes Krankenhauses aufbauen muss.

Nr.	Bezeichnung	Nr.	Bezeichnung
90	Gemeinsame Kostenstellen	941	Allgemeine Chirurgie
900	Gebäude einschließlich Grundstück und Außenanlagen	942	Unfallchirurgie
		943	Kinderchirurgie
901	Leitung und Verwaltung des Krankenhauses	944	Endoprothetik
902	Werkstätten	945	Gefäßchirurgie
903	Nebenbetriebe	946	Handchirurgie
904	Personaleinrichtungen	947	Plastische Chirurgie
905	Aus-, Fort- und Weiterbildung	948	Thoraxchirurgie
906	Sozialdienst, Patientenbetreuung	949	Herzchirurgie
91	Versorgungseinrichtungen	950	Urologie
910	Speisenversorgung	951	Orthopädie
911	Wäscheversorgung	952	Neurochirurgie
912	Zentraler Reinigungsdienst	953	Gynäkologie
913	Versorgung mit Energie, Wasser, Brennstoffen	954	HNO und Augen
914	Innerbetriebliche Transporte	955	Neurologie
917	Apotheke/Arzneimittelausgabestelle	956	Psychiatrie
918	Zentrale Sterilisation	957	Radiologie
92	Medizinische Institutionen	958	Dermatologie und Venerologie
920	Röntgendiagnostik und -therapie	959	Zahn- und Kieferheilkunde, Mund- und Kieferchirurgie
921	Nukleardiagnostik und -therapie		
922	Laboratorien		
923	Funktionsdiagnostik	96	Pflegefachbereiche – abweichende Pflegeintensität
924	Sonstige diagnostische Einrichtungen		
925	Anästhesie, OP-Einrichtungen und Kreißzimmer	960	Allgemeine Kostenstelle
926	Physikalische Therapie	961	Intensivüberwachung
927	Sonstige therapeutische Einrichtungen	962	Intensivbehandlung
928	Pathologie	964	Intensivmedizin
929	Ambulanzen	965	Minimalpflege
93 – 95	Pflegefachbereiche – Normalpflege	966	Nachsorge
930	Allgemeine Kostenstelle	967	Halbstationäre Leistungen – Tageskliniken
931	Allgemeine Innere Medizin	968	Halbstationäre Leistungen – Nachtkliniken
932	Geriatrie	969	Chronisch- und Langzeitkranke
933	Kardiologie	97	Sonstige Einrichtungen
934	Allgemeine Nephrologie	970	Personaleinrichtungen
935	Hämodialyse/künstliche Niere	971	Ausbildung
936	Gastroenterologie	972	Forschung und Lehre
937	Pädiatrie	98	Ausgliederungen
938	Kinderkardiologie	980	Ambulanzen
939	Infektion	981	Hilfs- und Nebenbetriebe
940	Lungen- und Bronchialheilkunde		

Abb. 10.3: Kostenstellenrahmen für Krankenhäuser gemäß Anlage 5 der Krankenhausbuchführungsverordnung

10.2   Unternehmensgrößenspezifische Anpassung der Kosten- und Leistungsrechnung

Kleine und mittelgroße Unternehmen (KMU)

Alle dem Handelsrecht unterliegenden kleinen und mittelgroßen Unternehmen müssen einen handelsrechtlichen Jahresabschluss erstellen und darauf aufbauend den steuerlichen Gewinn ermitteln. In der einen oder anderen Form müssen somit stets die Verpflichtungen des Externen Rechnungswesens erfüllt werden. Auch wenn das Externe Rechnungswesen wie in Abschnitt 2.1.2 erläutert nur sehr eingeschränkt für das Unternehmenscontrolling geeignet erscheint, so begnügen sich Unternehmen anfangs oftmals damit, diese ohnehin vorliegenden Informationen zur Steuerung des Unternehmens zu verwenden. Vielfach sind erst mit einem Anstieg der Unternehmensgröße die zeitlichen Ressourcen wie auch die fachlichen Kenntnisse vorhanden, um über das Externe Rechnungswesen hinaus eine Kosten- und Leistungsrechnung aufzubauen, mit deren Informationen die Steuerung des Unternehmens verbessert werden kann.

Aufbau des Internen Rechnungswesens

Genau an dieser Schwelle stand in Kapitel 1 dieses Lehrbuchs auch die Speedy GmbH:

»Über die vom Gesetzgeber geforderten Jahresabschlussrechnungen hinaus werden bisher keine Instrumente des internen Rechnungswesens genutzt. Die Geschäftsführung ist sich deshalb sehr schnell einig, dass sofort zeitnah Aktivitäten eingeleitet werden müssen, damit alle Entscheidungsträger zukünftig auch über derartige Informationen verfügen können.«

Genau wie bei der Speedy GmbH (siehe Kapitel 3-5) wird i. a. R. zunächst das grundlegende Kostenrechnungssystem eingeführt werden, die Vollkostenrechnung auf Istkostenbasis. Mit einem weiteren Anstieg der Unternehmensgröße und der damit einhergehenden zunehmenden Komplexität des Unternehmens wird dann typischerweise das Instrumentarium der Unternehmensführung stärker ausdifferenziert, um das Unternehmen trotz der gestiegenen Komplexität weiterhin steuern zu können. Für die Kosten- und Leistungsrechnung bedeutet dies, dass weitere Kostenrechnungssysteme wie die Plankostenrechnung und die Teilkostenrechnung sowie Instrumente des Kostenmanagements eingeführt werden. Genau auf diesem Weg haben wir auch die Speedy GmbH in den Kapiteln 7-9 begleitet.

Empirische Bestätigung

In einer in Deutschland im Jahr 2010 durchgeführten empirischen Studie (vgl. Becker/Ulrich/Botzkowski 2015) wurde die soeben geführte Argumentation zu zwei Hypothesen zusammengefasst, die beide auf Basis des Datenmaterials statistisch signifikant bestätigt werden konnten:

- Der Einsatz der Vollkostenrechnung auf Istkostenbasis (und damit das Vorliegen einer Kosten- und Leistungsrechnung überhaupt) steigt mit der Unternehmensgröße.
- Die Anzahl der eingesetzten Kostenrechnungssysteme und Instrumente des Kostenmanagements steigt mit der Unternehmensgröße.

Großunternehmen

Bei Großunternehmen kann zunächst die soeben bei den KMU geführte Argumentation fortgesetzt werden, dass mit steigender Unternehmensgröße die Anzahl der eingesetzten Kostenrechnungssysteme sowie Instrumente des Kostenmanagements zunehmen wird. Insbesondere bei Großunternehmen sind jedoch zwei weitere Aspekte von Bedeutung, die zusätzliche Konsequenzen für die Kosten- und Leistungsrechnung nach sich ziehen.

Multinationale
Unternehmen

Bei Großunternehmen handelt es sich in aller Regel um Konzerne. Unter einem Konzern ist ein Unternehmensgeflecht zu verstehen, das aus einem Mutterunternehmen und mehreren unter der Leitung dieser Mutter stehenden Tochterunternehmen besteht. Das Recht, die Geschicke der Tochterunternehmen lenken zu dürfen, steht dem Mutterunternehmen insb. deshalb zu, weil es die Mehrheit der Eigenkapitalanteile an diesen hält. Für das Externe Rechnungswesen bedeutet das Vorliegen eines Konzerns, dass neben den handels- und steuerrechtlichen Einzelabschlüssen jedes einzelnen Unternehmens zusätzlich ein konsolidierter handelsrechtlicher Konzernabschluss für den gesamten Konzern zu erstellen ist.

Konzern

Unter Verrechnungspreisen (transfer prices) versteht man die Wertansätze für Sach- oder Dienstleistungen, die ein Konzernunternehmen B von einem anderen Konzernunternehmen A bezieht, wobei A und B in unterschiedlichen Ländern ansässig sind. Da die Wertschöpfungskette internationaler Großkonzerne stark arbeitsteilig und zudem weltweit verstreut ist, kommen solchen konzerninternen Transaktionen eine immer größere Bedeutung zu.

Da im Falle einer willkürlichen Festlegung dieser Verrechnungspreise die Steuerzahlungen beider Konzernunternehmens beeinflusst werden könnten, ist der Fremdvergleichsgrundsatz (Arm's-Length-Principle) international akzeptiert. Dieser Grundsatz besagt, dass der Verrechnungspreis grundsätzlich in der Höhe festzulegen ist, in der sich auch zwei voneinander unabhängige Vertragsparteien preislich geeinigt hätten.

Verrechnungs-
preise

Es gibt insgesamt fünf international akzeptierte Methoden zur konkreten Ermittlung von Verrechnungspreisen. Eine dieser Methoden ist die Kostenaufschlagsmethode (cost-plus-method), bei der ein Gewinnaufschlag auf eine zu definierende Kostenbasis vorgenommen wird. Die Kostenrechnung liefert an dieser Stelle somit die Datenbasis für die Bewertung konzerninterner Transaktionen für den steuerlichen Teil des externen Rechnungswesens.

Nehmen wir an, dass das Konzernunternehmen A eine Komponente herstellt, die vom Konzernunternehmen B bezogen wird und dort in ein Endprodukt Eingang findet. In der Kalkulation der Komponente in Unternehmen A sind – bei entsprechend ausgebauter Kosten- und Leistungsrechnung - alle relevanten Informationen vorhanden:
- die Unterscheidung von Einzel- und Gemeinkosten

Konzernkosten-
rechnung

- die Unterscheidung der Kosten nach Funktionsbereichen (Herstellkosten, F&E-Kosten, Verwaltungskosten, Vertriebskosten)
- die Unterscheidung von fixen und variablen Kosten
- die Unterscheidung von Kosten und Gewinnaufschlag.

Aus Sicht der in Unternehmen B aufgestellten Kalkulation des Endprodukts ist die Komponente jedoch als Materialeinzelkosten zu werten. Dies bedeutet, dass

- die Komponente nun reine Einzelkosten darstellt, obwohl sie aus Sicht von Unternehmen A Einzel- und Gemeinkostenanteile hatte.
- die Komponente nun rein zu den Materialkosten und damit zu den Herstellkosten zählt, obwohl sie aus Sicht von Unternehmen A aus Herstell-, F&E-, Verwaltungs- und Vertriebskosten bestand.
- die Komponente nun reine variable Kosten darstellt, obwohl sie aus Sicht von Unternehmen A aus variablen und fixen Bestandteilen bestand.
- die Komponente nun rein als Kosten interpretiert wird, obwohl sie von Unternehmen A mit Kosten plus Gewinnaufschlag verrechnet wurde.

Wenn Unternehmen B nun ohne die detaillierten, in Unternehmen A vorliegenden Informationen kalkuliert, dann können insb. die folgenden Probleme auftreten:

- Die langfristige Preisuntergrenze wird zu hoch angesetzt, da die Kalkulation des Endprodukts bereits Gewinnanteile enthält, die Unternehmen A für die Komponente einkalkuliert hatte.
- Die kurzfristige Preisuntergrenze wird ebenfalls zu hoch angesetzt, da die Kosten der Komponente als vollständig variabel eingestuft werden, obwohl darin anteilige Fixkosten von Unternehmen A enthalten sind.

Eine solche Situation, bei der die einzelnen Konzernunternehmen jeweils lediglich ihre eigenen Kalkulationen durchführen, aber keine detaillierten Kosteninformationen untereinander austauschen, ist somit aus Konzernsicht als nicht zufriedenstellend einzustufen. Hier muss vielmehr mittels einer konzernweiten Kostenrechnung die Transparenz erhöht werden, um die oben beschriebenen Fehlentwicklungen zu vermeiden. Als Konzernkostenrechnung bezeichnet man daher die Erstellung einer konzernweiten Datenbasis mit Kosten- und Leistungsinformationen. Hierbei wird unabhängig von Gesellschafts- und Landesgrenzen so getan, als wäre der gesamte Konzern ein einziges Unternehmen. Dem Aufbau einer Konzernkostenrechnung kommt es sehr entgegen, wenn in allen Konzernunternehmen dieselbe Kostenrechnungssoftware eingesetzt wird.

Anforderungen der IFRS an die Kostenrechnung

In Deutschland ansässige kapitalmarktorientierte Konzerne, d. h. solche, die Eigenkapital (z.B. Aktien) oder Fremdkapital (z.B. Anleihen) an organisierten Finanzmärkten (z.B. Börsen) aufnehmen, sind verpflichtet, ihren Konzernabschluss nach den IFRS zu erstellen. Nicht-kapitalmarktorientierte Konzerne mit Sitz in Deutschland haben die Wahl, ob sie ihren Konzernabschluss nach den IFRS oder nach HGB aufstellen wollen.

Die International Financial Reporting Standards (IFRS) sind ein Regelwerk für die Finanz-berichterstattung von Unternehmen, das eine große weltweite Verbreitung aufweist. Die IFRS unterscheiden sich in ihrer Herangehensweise an den Ansatz und an die Bewertung von Vermögenswerten und Kapitalpositionen teilweise deutlich vom deutschen HGB, da sie weniger vom Vorsichtsprinzip geleitet sind, sondern vielmehr ein den tatsächlichen Verhältnissen entsprechendes Bild des Unternehmens zeichnen wollen (true and fair view). Die IFRS sind damit der Denkweise des Internen Rechnungswesens deutlich näher als das HGB. Als Konsequenz hieraus werden bei Bilanzierung nach IFRS deutlich mehr Informationen aus der Kosten- und Leistungsrechnung benötigt als nach Bilanzierung nach HGB. Hierzu zählen insbesondere:

*   die Ermittlung der Herstellungskosten von selbsterstellten immateriellen Vermögens-werten
*   die Ermittlung der auszuweisenden Umsatzerlöse bei langfristigen Fertigungsaufträ-gen gemäß dem Fortschrittsgrad (percentage-of-completion-method)
*   die Durchführung von Werthaltigkeitstests (impairment test) bei verschiedenen Ver-mögenspositionen
*   die Berichterstattung segmentspezifischer Informationen
*   die Aufteilung der Gesamterlöse von Mehrkomponentenverträgen auf die einzelnen Komponenten

Da internationale Großkonzerne i. a. R. kapitalmarktorientiert sind, kommen bei diesen somit auf die Kosten- und Leistungsrechnung vielfältige zusätzliche Anforderungen zu.
In den Abschnitten 2.1.1 und 2.1.3 haben wir ausführlich die Unterschiede zwischen Inter-nem und Externem Rechnungswesen dargestellt und erläutert, warum diese Zweiteilung des Rechnungswesens mit jeweils unterschiedlichen Datenbases sinnvoll ist. Dieses soge-nannte Zweikreissystem des Rechnungswesens ist in Deutschland weit verbreitet und hat eine lange Tradition.

Harmonisierung des Rechnungs-wesens

International hingegen ist das Zweikreissystem unüblich. Insb. im angloamerikanischen Raum herrscht ein Einkreissystem vor, d. h. das Interne Rechnungswesen (managerial accounting) und das Externe Rechnungswesen (financial accounting) bauen auf dersel-ben Datenbasis auf. Dies bedeutet insb., dass in einem Einkreissystem keine kalkulatori-schen Kosten angesetzt werden können.
Es gibt deshalb seit ca. Mitte der 1990er Jahre eine intensive Debatte über das Für und Wider des Zweikreissystems. Da die Gegner des Zweikreissystems somit eine Verschmel-zung der Datenbasen von Internem und Externem Rechnungswesen befürworten, wird von der Harmonisierung, Integration oder Konvergenz des Rechnungswesens gesprochen. Insgesamt scheint das Ergebnis der Debatte aktuell jedoch zu sein, dass eine voll-ständige Harmonisierung des Rechnungswesens nicht zielführend ist. Es wird vielmehr eine »partielle« Harmonisierung in Abhängigkeit von der Hierarchieebene des Unterneh-mens empfohlen.

Aufgaben Kapitel 10

1. Was besagt der Situative Ansatz für die Kosten- und Leistungsrechnung sowie für das Kostenmanagement?
2. Welche Besonderheit gilt für die Kosten- und Leistungsrechnung von Krankenhäusern?
3. Welcher grundsätzliche Zusammenhang gilt zwischen der Größe eines Unternehmens und der Kosten- und Leistungsrechnung?
4. Welche Besonderheiten von Großunternehmen haben einen Einfluss auf die Kosten- und Leistungsrechnung?
5. Was versteht man unter der Harmonisierung des Rechnungswesens?

Die Lösungen zu den Aufgaben finden Sie im Online-Bereich des Schäffer-Poeschel-Verlags: www.sp-mybook.de

Literatur Kapitel 10

Becker, W./Nolte, M./Makarowski, D.: Harmonisierung der Rechnungslegung – Einflüsse auf die entscheidungsorientierte Kostenrechnung, in: Controller Magazin, Heft 2 2017, S. 76-79.

Becker, W./Ulrich, P./Botzkowski, T.: Einfluss der Unternehmensgröße auf den Implementierungsstand von Kostenrechnungssystemen in deutschen Unternehmen, in: Zeitschrift für KMU und Entrepreneurship, Heft 3/4 2015, S. 255-280.

Frodl, A.: Gesundheitsbetriebslehre, 2. Aufl., Wiesbaden 2017.

Gläser, M.: Medienmanagement, 3. Aufl., München 2014.

Graumann M./Schmidt-Graumann, A.: Rechnungslegung und Finanzierung der Krankenhäuser, 3. Aufl., Herne 2016.

Kieser, A./Kubicek, H.: Organisation, 3. Aufl., Berlin/New York 1992.

Rasch, S./Ilgner, D./Koch, T.: Verrechnungspreismanagement in der Unternehmenspraxis, in: Becker, W./Ulrich, P. (Hrsg.): Handbuch Controlling, Wiesbaden 2016, S. 345-365.

Trapp, R.: Konsequenzen der Konvergenz des internen und externen Rechnungswesens für das Controlling, in: Controlling, Heft 2 2013, S. 109-114.

Vahs, D./Schäfer-Kunz, J.: Einführung in die Betriebswirtschaftslehre, 7. Auflage, Stuttgart 2015.

Zirkler, B.: Management Accounting in den USA, in: Becker, W./Ulrich, P. (Hrsg.): Handbuch Controlling, Wiesbaden 2016, S. 567-582.

Zirkler, B./Nobach, K.: Bedeutung der IFRS für das Controlling, in: Zeitschrift für internationale und kapitalmarktorientierte Rechnungslegung, Heft 12 2006, S. 737-748.

11 Rückblick, Status quo und Ausblick

LEITFRAGEN

In welchen zeitlichen Etappen hat sich die Kosten- und Leistungsrechnung entwickelt?

Wie ist der aktuelle Stand der Kosten- und Leistungsrechnung in Wissenschaft und Praxis?

Welche mögliche Entwicklung steht der Kosten- und Leistungsrechnung bevor?

Nachdem in den vorausgegangenen Kapiteln die Teilgebiete und Systeme der Kosten- und Leistungsrechnung sowie die Instrumente des Kostenmanagements vorgestellt wurden, möchten wir dieses Buch mit einem kurzen Fazit abschließen. Hierzu werden die wesentlichen Entwicklungsphasen der Kosten- und Leistungsrechnung im deutschsprachigen Raum nachgezeichnet (siehe Abbildung 11.1), der aktuelle Stand in Wissenschaft und Praxis dargestellt und eine mögliche Entwicklungstendenz aufgezeigt.

Die moderne Kostenrechnung nimmt ihren Anfang in etwa zu Beginn des 20. Jahrhunderts und ist zu dieser Zeit eine der prägenden Teilgebiete der jungen Wissenschaftsdisziplin Betriebswirtschaftslehre. In dieser ersten Phase stehen die Rechenzwecke der Dokumentation des Güterverbrauchs und der Güterentstehung sowie die Kalkulation der Erzeugnisse im Vordergrund. Es werden begriffliche Festlegungen getroffen und ein geschlossenes Gesamtkonzept mit den Teilgebieten Kostenarten-, Kostenstellen- und Kostenträgerrechnung entwickelt. In dieser Phase dominiert die Vollkostenrechnung auf Istkostenbasis, darüber hinaus wird die Normalkostenrechnung entwickelt.

Entwicklungsphasen

Eine zweite Phase beginnt in etwa mit der zweiten Hälfte des 20 Jahrhunderts. Nun wendet sich die Kosten- und Leistungsrechnung von der rückwärtsgewandten Kostenerfassung und -abrechnung der zukunftsgerichteten Planung der Kosten zu. Es werden die verschiedenen Varianten der Plankostenrechnung entwickelt und in Kombination mit Kontrollen werden Konzepte der Abweichungsanalyse ausgearbeitet. Eine weitere wichtige Entwicklung in dieser zweiten Phase war die Hinwendung zur Teilkostenrechnung mit der Ausarbeitung ihrer unterschiedlichen Varianten. Dies lässt sich vor dem Hintergrund erklären, dass zu dieser Zeit das entscheidungsorientierte Forschungsprogramm in die Betriebswirtschaftslehre Einzug hielt.

Eine dritte Phase beginnt in etwa Mitte der 1980er Jahre. Nun entwickelt sich die Kosten- und *Leistungsrechnung* zu einem Kosten- und *Leistungsmanagement* weiter, da nun die aktive Beeinflussung der Kosten im Vordergrund steht. Während die Kosten- und Leistungsrechnung als Instrument des operativen Controllings gekennzeichnet wurde (siehe

Abschnitt 1.3), sind die Instrumente des Kostenmanagements deshalb eher dem strategischen Controlling zuzurechnen. Auch treten in dieser dritten Phase Prozesse und Projekte neben die klassischen Betrachtungsobjekte Kostenstellen und Produkte. Eine weitere Entwicklung in dieser Phase ist, dass die Verhaltensauswirkungen von Kostenrechnungsinformationen stärkere Beachtung finden. Auch hier findet diese Entwicklung vor dem Hintergrund einer stärkeren Beachtung verhaltenswissenschaftlicher Aspekte in der deutschsprachigen Betriebswirtschaftslehre im Allgemeinen statt.

Phase	Zeitraum	Orientierung	Neue Rechenzwecke	Neue Instrumente und Systeme
1	1900-1950	retrospektiv	Kostenerfassung, integrierte Abrechnung, Kalkulation	Vollkostenrechnung auf Istkostenbasis, Normalkostenrechnung
2	1950-1985	prospektiv	Kostenplanung, Wirtschaftlichkeitskontrolle, Entscheidungsunterstützung	Plankostenrechnung, Teilkostenrechnung
3	seit 1985	antizipativ	Kostenbeeinflussung, Verhaltenssteuerung	Prozesskostenrechnung, Target Costing, Lebenszykluskostenrechnung, Projektkostenrechnung

Abb. 11.1: Entwicklungsphasen der Kosten- und Leistungsrechnung

Nimmt man nun eine durchschnittliche Phasendauer von etwa 40 Jahren an und überträgt den Gedanken der Kondratjew-Zyklen auf die Kosten- und Leistungsrechnung, so stünde zu vermuten, dass sich die dritte Phase ihrem Ende zuneigt und bald eine neue vierte Phase beginnt. In der Tat fanden die letzten wesentlichen Innovationen allesamt bereits Ende der 1980er und Anfang der 1990er Jahre statt (Target Costing, Lebenszykluskostenrechnung, Prozesskostenrechnung, Projektkostenrechnung). Das Time-driven Activity-based Costing wurde zwar Anfang des 21. Jahrhunderts entwickelt, ist aber letztlich als eine Weiterentwicklung der Prozesskostenrechnung anzusehen.

Industrie 4.0   Ein möglicher Auslöser für eine vierte Phase und damit Neuausrichtung der Kosten- und Leistungsrechnung ist in den aktuellen Entwicklungen im Produktionsbereich industrieller Unternehmen zu vermuten. Dort ist die vierte industrielle Revolution in vollem Gange. Nun wurde an vielen Stellen in diesem Buch offensichtlich (am deutlichsten bei der Übersicht der Kalkulationsverfahren, siehe Abbildung 5.2), dass die Bedingungen im Produktionsbereich ein zentral bedeutsamer Einflussfaktor auf die Gestaltung der Kosten- und Leistungsrechnung sind. Wenn nun cyber-physische Systeme die Produktionsabläufe revolutionieren, dann kann dies nicht ohne Auswirkungen auf die Kosten- und Leistungsrechnung bleiben. Die diesbezüglichen Diskussionen finden bereits statt und ihre Ergebnisse werden möglicherweise in eine zukünftige Auflage dieses Lehrbuchs Eingang finden.

Unter der Lupe   **!**

Als vier industrielle Revolutionen werden üblicherweise bezeichnet:

1. Mechanische Produktionsanlagen aus Basis von Dampfkraft (etwa ab 1785)
2. Arbeitsteilige Massenproduktion auf Basis elektrischer Energie (etwa ab 1870)
3. Produktionsautomatisierung auf Basis von Informationstechnologie (etwa ab 1970)
4. Cyber-physische Systeme auf Basis des Internets (etwa ab 2010).

Aus heutiger Sicht ist festzuhalten, dass die Kosten- und Leistungsrechnung ein fester   Status quo
Kernbestandteil der (Allgemeinen) Betriebswirtschaftslehre ist. Kein betriebswirtschaftlicher Studiengang und kein betriebswirtschaftliches Lehrbuch können auf eine entsprechende Lehrveranstaltung bzw. auf ein entsprechendes Kapitel verzichten.

Alle wesentlichen Kostenrechnungssysteme (Ist-Vollkostenrechnung, Ist-Teilkostenrechnung, Plankostenrechnung) finden in der Praxis große bis sehr große Verbreitung (siehe
Abschnitt 2.1.7) und werden entsprechend intensiv genutzt. Die Verbreitung der Instrumente des Kostenmanagements ist hingegen (noch) deutlich geringer. Insgesamt zeigen
verschiedene Studien, dass die Zufriedenheit der Unternehmen mit der in ihrer Organisation praktizierten Kosten- und Leistungsrechnung mehrheitlich hoch bis sehr hoch ist.
Der am häufigsten geäußerte Anpassungsbedarf wird in der Verbesserung der Kalkulation
und in einer Komplexitätsreduktion der Kostenrechnung gesehen.

Aufgaben Kapitel 11

1. In welchen Etappen hat sich die Kosten- und Leistungsrechnung entwickelt?
2. Warum könnte die vierte industrielle Revolution Auswirkungen auf die Kosten- und
   Leistungsrechnung haben?

Die Lösungen zu den Aufgaben finden Sie im Online-Bereich des Schäffer-Poeschel-Verlags:
www.sp-mybook.de

Literatur Kapitel 11

Becker, W.: Entwicklungslinien der betriebswirtschaftlichen Kostenlehre, in: Kostenrechnungs-
    praxis, Sonderheft 1 1993, S. 5-18.

Becker, W./Baltzer, B./Ulrich, P.: Kosten-, Erlös- und Ergebnisrechnung, in: Schmeisser, W. u. a.
    (Hrsg.): Neue Betriebswirtschaft, München 2018, S. 177-206.

Brandstätter, C./Fellner, M.: Die Anwendung der Kostenrechnung in Klein-, Mittel- und Großunter-
    nehmen – Eine empirische Erhebung, in: Controller Magazin, 2014 (Heft 1), S. 36-39.

Dorn, G.: Geschichtliche Entwicklung der Kostenrechnung, in: Männel, W. (Hrsg.): Handbuch Kos-
    tenrechnung, Wiesbaden 1992, S. 97-104.

Obermaier, R. (Hrsg.): Industrie 4.0 als unternehmerische Gestaltungsaufgabe, Wiesbaden 2016.

Schäffer, U./Weber, J./Fourné, S.: Benchmarks in Incentivierung und Kostenrechnung – Eine Studie des WHU Controller Panels, Vallendar 2015.

Schneider, D.: Geschichte betriebswirtschaftlicher Theorie, München 1981.

Schneider, D.: Entwicklungsschwerpunkte zur heutigen Kostenrechnung, in: Männel, W. (Hrsg.):
   Handbuch Kostenrechnung, Wiesbaden 1992, S. 87-96.

Vahs, D./Schäfer-Kunz, J.: Einführung in die Betriebswirtschaftslehre, 7. Auflage, Stuttgart 2015.

12 Fallstudie »Velo GmbH«

Anhand eines weiteren Musterunternehmens, des Fahrradproduzenten »Velo GmbH«, wird eine umfangreiche und durchgängige, alle wesentlichen Kostenrechnungssysteme (Ist-Vollkostenrechnung, Ist-Teilkostenrechnung und Plankostenrechnung) behandelnde Fallstudie zur Verfügung gestellt. Sie dient zur Überprüfung des Erlernten und kann entweder veranstaltungsbegleitend oder zur gesamthaften Wiederholung am Veranstaltungsende eingesetzt werden. Im Folgenden wird ein Überblick über das Musterunternehmen und die Aufgabestellungen der Fallstudie gegeben. Die genauen Aufgabenstellungen mit Arbeitsvorlagen einerseits und eine kurze Musterlösung andererseits finden Sie wiederum im Online-Bereich des Schäffer-Poeschel-Verlags: www.sp-mybook.de

12.1 Überblick

- Die Velo GmbH wird grundsätzlich als Serienfertiger angenommen. Nur zur Erläuterung weiterer Kalkulationsverfahren gelten als Exkurse die Massenfertigung (7. Abschnitt) bzw. die Sortenfertigung (8. Abschnitt).
- Als ausgewählte primäre Kosten umfasst der Kostenartenplan Hilfslöhne, Gehälter, kalkulatorische Abschreibungen, Gemeinkostenmaterial, Sozialkosten, kalkulatorische Zinsen, Versicherung, Grundsteuer, Fremdreinigung, Wagniskosten (allesamt Gemeinkosten) sowie Materialeinzelkosten und Fertigungslöhne als Einzelkosten.
- Aus Übersichtlichkeitsgründen soll die *Velo GmbH* aus sechs Kostenstellen (A_{1-2} und H_{3-6}) bestehen. Bei A_{1-2} handelt es sich um zwei Allgemeine Kostenstellen, mit denen die innerbetriebliche Leistungsverrechnung dargestellt wird. Bei H_{3-6} handelt es sich um vier Hauptkostenstellen.
- Das zugrunde gelegte Kostenvolumen findet sich durchgängig in allen Rechenschritten wieder. Davon abgewichen wird nur in gekennzeichneten einzelnen Exkursen. Es gilt aus didaktischen Gründen zunächst die Annahme: produzierte = abgesetzte Menge. Bestandsveränderungen werden erst dann gezielt angenommen, wenn sie der Erläuterung einzelner Verfahren dienen.
- Nach und nach werden im Verlauf der Fallstudie die jeweils zusätzlich benötigten Daten eingeführt. Optisch sind *diese neuen Daten* immer im *Kursivdruck* dargestellt.

Die nachstehende Übersicht gibt einen Überblick, welche Abrechnungsstufen und Kostenrechnungssysteme in welchen Abschnitten der Fallstudie behandelt werden.

Abrechnungsstufen	Vollkostenrechnung		Teilkostenrechnung[1]
	Istkosten / Normalkosten	Plankosten	
1. Abrechnungsstufe:			
Kostenartenrechnung	1. Abschnitt		10. Abschnitt
2. Abrechnungsstufe:			
Kostenstellenrechnung:			
BAB, Teil I	2. Abschnitt		11. Abschnitt
BAB, Teil II	3. Abschnitt		
BAB, Teil III	4. Abschnitt		
3. Abrechnungsstufe:			
a) *Kostenträgerstückrechnung*			12. Abschnitt
Zuschlagskalkulation			
Maschinenstundensatz-	5. Abschnitt		
kalkulation	6. Abschnitt		
Divisionskalkulation			
Äquivalenzziffernkalkula-	7. Abschnitt		
tion	8. Abschnitt		
b) *Kostenträgerzeitrechnung*			
Gesamt- und Umsatz-	9. Abschnitt		13. Abschnitt
kostenverfahren			
Ergebnisanalyse	14. Abschnitt		14. Abschnitt
(Voll-/Teilkostenrechnung)			
Kostenkontrolle: BAB, Teil IV	15. Abschnitt	16. Abschnitt	17. Abschnitt
Abweichungsanalyse auf Umsatzseite	18. Abschnitt		

[1] je nach Rechenzweck mit Ist-, Normal- und/oder Plankosten

Abb. 12.1: Überblick über die Abschnitte der Fallstudie »Velo GmbH«

Die Darstellungen bei der *Velo GmbH* sind Schritt für Schritt zu ergänzen. Entsprechender Raum steht auf den Arbeitsunterlagen jeweils zur Verfügung.

Beispiel für ein Arbeitsblatt:

Gesamtkostenverfahren:		Umsatzkostenverfahren:		Wiesel	Flink
Summe Erlöse (Wiesel und Flink)					
		Erlöse			
+ Bestandszunahme Wiesel (200 Stück · EUR/Stück)		− Herstellkosten der abgesetzten Menge			
− Bestandsabnahme Flink 100 Stück · EUR/Stück		− Verwaltungs- u. Vertriebsge-meinkosten			
− Gesamte Kosten der Periode		= Betriebsergebnis der Produkte			
= Gesamtes Betriebsergebnis		Gesamtes Betriebsergebnis			

12.2 Aufbau

Vollkostenrechnung auf Basis von Istkosten (z. T. Normalkosten)

- Abschnitt 1: Um Kosten verrechnen zu können, benötigt man einen Kostenarten- und einen Kostenstellenplan. Die bereits oben genannten und in der Fallstudie verwendeten primären Kostenarten werden in diesem Abschnitt beschrieben und quantifiziert. Für die Vollkostenverrechnung ist dazu auch in Einzel- und Gemeinkosten zu unterscheiden.

- Abschnitt 2: Von den im Rahmen der Kostenerfassung festgestellten Gesamtkosten wird zunächst die Verteilung der primären Gemeinkosten im BAB (Teil I) vorgenommen.

- Abschnitt 3: Die sich anschließende innerbetriebliche Leistungsverrechnung im BAB (Teil II) erfolgt bei einer gegebenen Leistungsaustauschmatrix mithilfe des simultanen Gleichungsverfahrens, des Anbauverfahrens und des Treppenverfahrens. So können bei gleichen Ausgangsdaten die Unterschiede in den Rechenergebnissen bei den drei Verfahren erkannt und nachvollzogen werden.

- Abschnitt 4: Im BAB (Teil III) werden die Gemeinkostenzuschlagsätze für die (Zuschlags-)Kalkulation ermittelt. Die Ergebnisse des simultanen Gleichungsverfahrens aus dem 3. Abschnitt bilden dafür die Grundlage, weil im Rahmen der innerbetrieblichen Leistungsverrechnung ein gegenseitiger Leistungsaustausch besteht.

- Abschnitt 5: Unter Berücksichtigung der nun auch einzuführenden Stückmaterial- und -fertigungseinzelkosten sind die Stückselbstkosten der beiden Erzeugnisse *Wiesel* und *Flink* im Rahmen der differenzierenden Zuschlagskalkulation ermittelbar. Dieses Kalkulationsverfahren wird bei Serienfertigung angewendet und macht die bisherigen Rechenoperationen notwendig. Multipliziert man die jeweiligen Stückkosten mit den zugehörigen Mengen (Annahme: Produktion = Absatz), erhält man als Verprobungswerte wieder das eingangs angenommene Gesamtkostenvolumen. Dieses Kalkulationsverfahren wird auf Ist- und Normalkostenbasis durchgeführt.

Eine grobe, nicht verursachungsgerechte Methode stellt die summarische Zuschlagskalkulation dar. Sie wird in einem Exkurs 1 angesprochen. Dadurch erkennt man, dass die differenzierte Zuschlagskalkulation die Gemeinkosten verursachungsgerechter auf die Kostenträger verrechnet.

Sofern ein Unternehmen Forschung und Entwicklung betreibt und diese Gemeinkosten über eine Hauptkostenstelle verrechnet werden, ist der Aufbau des Kalkulationsschemas in zwei Varianten möglich. Das wird in einem Exkurs 2 gezeigt und es schließt die unterschiedliche Verrechnung auch der Verwaltungs- und Vertriebsgemeinkosten mit ein. Letztlich führen beide Varianten zum gleichen Ergebnis, lediglich der Ausweis der Forschungs- und Entwicklungs-, Verwaltungs- und Vertriebsgemeinkosten ist unterschiedlich.

- Abschnitt 6: Die Maschinenstundensatzrechnung stellt eine Verfeinerung der Zuschlagskalkulation dar. Bei einer angenommenen Maschinenbelegung werden zu ermittelnde Maschinenstundensätze in die bisherige differenzierte Zuschlagskalkulation integriert.

- Abschnitt 7: Mit der Darstellung der Divisionskalkulation werden die Rahmenbedingungen vorübergehend geändert. Die Velo GmbH stellt sich nunmehr als Massenfertiger dar. Das bisherige Gesamtkostenvolumen ändert sich allerdings nicht. Die Stückkostenermittlung wird in drei Varianten gezeigt: Ohne Bestandsveränderungen, mit Bestandsveränderungen von Fertigerzeugnissen und mit Bestandsveränderungen von unfertigen Erzeugnissen.

- Abschnitt 8: Die Äquivalenzziffernkalkulation wird angewendet, wenn ähnliche Produkte zu kalkulieren sind. Auch hier gilt nur vorübergehend die Annahme, dass die Velo GmbH ein Sortenfertiger ist. Sie produziert und verkauft nunmehr die Sorten *Mini, Maxi* und *Standard* bei unverändertem Gesamtkostenvolumen.

- Abschnitt 9: Es folgt der nächste Abrechnungsschritt innerhalb des Vollkostenrechnungssystems, die Ermittlung des Betriebsergebnisses. Sowohl das Gesamt- wie auch das Umsatzkostenverfahren müssen zum gleichen Ergebnis führen. Um auch Bestandsveränderungen in das Gesamtkostenverfahren einbinden zu können, werden nun von der produzierten Menge abweichende abgesetzte Mengen angenommen.

Die bisherigen Verrechnungen sollen zeigen, wie eine Kosten- und Leistungsrechnung als Vollkostenrechnung zum Ersten die Kalkulationsaufgabe, zum Zweiten die Betriebsergebnisermittlungsaufgabe und zum Dritten die Bestandsbewertungsaufgabe erfüllt.

Teilkostenrechnung

Es schließt sich die Weiterentwicklung des bisherigen Vollkostenrechnungssystems zur Teilkostenrechnung an. Auch hier werden die einzelnen Abrechnungsschritte (Kostenstellenrechnung, Kostenträgerstückrechnung und Kostenträgerzeitrechnung) ausführlich dargestellt. Die Grunddaten zum Verteilungsschlüssel der Stellengemeinkosten, zum Kostenstellenplan und zur Leistungsaustauschmatrix bleiben wie in der Vollkostenrechnung bestehen. Es wird das simultane Gleichungsverfahren im Rahmen der innerbetrieblichen Leistungsverrechnung in der Kostenstellenrechnung (Teil II, BAB) zu Grunde gelegt, das Anbau- und das Treppenverfahren werden nicht nochmals behandelt. Die dann zu ermittelnden variablen Gemeinkostenzuschlagsätze gehen in die Zuschlagskalkulation auf Teilkostenbasis ein, so dass die kurzfristige Preisuntergrenze ermittelt werden kann. Damit wird die Velo GmbH wieder als Serienfertiger betrachtet. Auf die erneute Darstellung der anderen Kalkulationsverfahren kann an dieser Stelle verzichtet werden, da sich dort methodisch nur insofern etwas ändert, als dass die variablen Kosten herangezogen werden.

- Abschnitt 10: Zunächst benötigen wir die Teilkostenstruktur, also den Anteil der fixen und variablen Kosten an den Gesamtkosten. Dies geschieht mithilfe von Variatoren als Ergebnis eines der bestehenden Kostenauflösungsverfahren. Diese Teilkostenstruktur der Velo GmbH bildet die Ausgangsbasis für die Rechenschritte im BAB.
- Abschnitt 11: Dieser Abschnitt behandelt die Verrechnung im BAB im Teil I, II und III. Für die Ermittlung der variablen Gemeinkostenzuschlagssätze ergeben sich methodisch keine Unterschiede zur Vollkostenverrechnung; nur der zu verrechnende Kostenumfang beschränkt sich auf die variablen Gemeinkosten.
- Abschnitt 12: Nunmehr können die kurzfristigen Preisuntergrenzen der Produkte Wiesel und Flink ermittelt werden. Multipliziert man weiterhin die Stückmaterial- und fertigungsgemeinkosten mit den produzierten Mengen und die Stückverwaltungs- und vertriebsgemeinkosten mit den abgesetzten Mengen aus, erhält man die Ist-Endstellenkosten der Hauptkostenstellen im BAB.
- Abschnitt 13: Hier erfolgt die Ermittlung des Betriebsergebnisses in unterschiedlichen Ausgestaltungsformen:
  - als Direct Costing nach dem Gesamtkostenverfahren,
  - als Direct Costing nach dem Umsatzkostenverfahren,
  - als stufenweise Fixkostendeckungsrechnung.
  Alle Verfahren müssen zum gleichen Ergebnis führen.
- Abschnitt 14: Stellt man allerdings das Betriebsergebnis auf Teilkostenbasis dem auf Vollkostenbasis (siehe 9. Abschnitt) gegenüber, so erhält man zwei verschiedene Ergebnisse. Die Ursache liegt in der unterschiedlichen Behandlung der Fixkosten in der Voll- und in der Teilkostenrechnung. Das wird in diesem Abschnitt 14 ergänzend erläutert. Zudem wird am *Beispiel der Programmoptimierung gezeigt,* dass es mit einer Vollkostenrechnung zu Fehlentscheidungen bei Entscheidungsrechnungen kommen kann. Zur besseren Verdeutlichung werden speziell für diesen Abschnitt nunmehr eigene Grunddaten angenommen.

Kostenkontrolle und Abweichungsanalyse

Eine Kostenkontrolle erfolgt kostenstellenweise und findet im Teil IV des Betriebsabrechnungsbogens statt. Sie kann auf zwei Arten durchgeführt werden: Als Normal-Ist-Vergleich und als Soll-Ist-Vergleich. Der Normal-Ist-Vergleich wird üblicherweise nur in einer

Vollkostenrechnung, der Soll-Ist-Vergleich in einer Voll- und in einer Teilkostenrechnung durchgeführt. Für den Normal-Ist-Vergleich kann man auf vergangene Istdaten zurück-greifen. Der Soll-Ist-Vergleich setzt eine Kostenplanung voraus.

- Abschnitt 15: Da in der Fallstudie bei der Vollkostendarstellung bisher mit Ist- und Normalkosten gearbeitet wurde, schließt sich zunächst der Normal-Ist-Vergleich an.
- Abschnitt 16: Er zeigt die Plankostenrechnung auf Vollkostenbasis als starre und flexible Plankostenrechnung am Beispiel der Fertigungshauptkostenstelle H_4 mit in sich geschlossenen Daten. Hier soll gezeigt werden, inwieweit eine Kostenkontrolle in Form eines Soll-Ist-Vergleichs durchführbar ist. Die Rechensystematik zur Ermittlung einer Verbrauchs- und Beschäftigungsabweichung innerhalb der flexiblen Plankos-tenrechnung wird im Falle einer Unter- und einer Überbeschäftigung gegenüber der Planbeschäftigung gezeigt. Auch soll die Beziehung zwischen der Beschäftigungsab-weichung und den Leerkosten verdeutlicht werden.
- Abschnitt 17: Dieser Abschnitt zeigt den Soll-Ist-Vergleich in der Grenzplankosten-rechnung (= Plankostenrechnung auf Teilkostenbasis).
- Abschnitt 18: Doch auch auf der Umsatzseite entstehen naturgemäß Abweichungen beim Ist*umsatz* gegenüber dem Plan*umsatz*. Es kann hier in die Umsatzpreis-, Absatz-volumen- und als Spezialform die Absatzvolumendeckungsbeitragsabweichung unterschieden werden. Die Ermittlung dieser Abweichungen rundet die umfangreiche Fallstudie ab.

Abbildungsverzeichnis

Stichwortverzeichnis

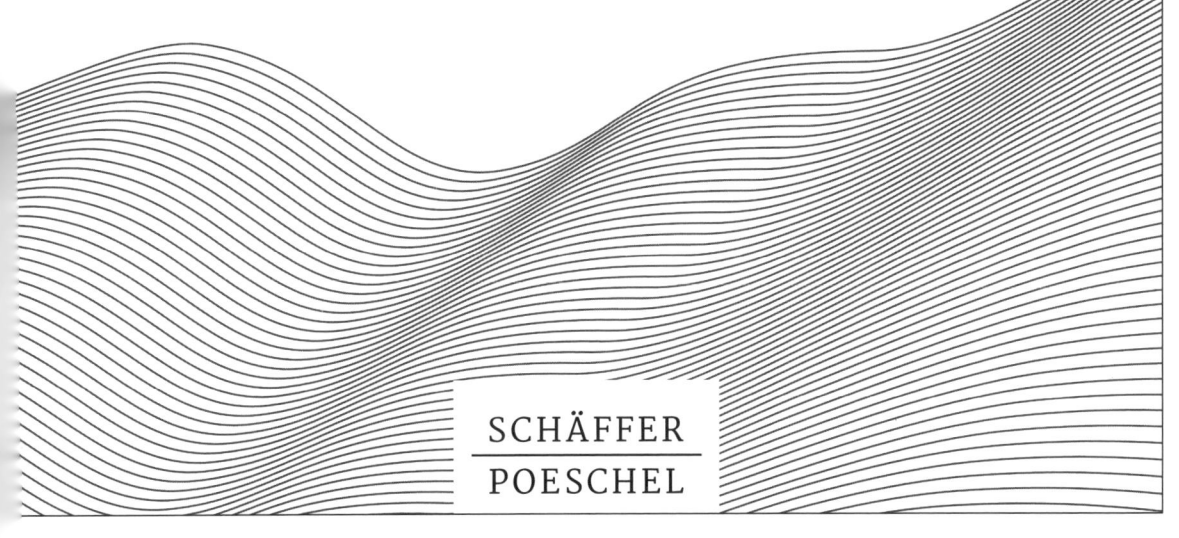

Ihr Feedback ist uns wichtig!
Bitte nehmen Sie sich eine
Minute Zeit:

www.schaeffer-poeschel.de/feedback

SCHÄFFER
POESCHEL